Exos résolus

1re générale

SPÉCIALITÉ

Maths

Claudine RENARD

Geneviève GUILLAUMIN

hachette
ÉDUCATION

Conception graphique :
Couverture : Stéphanie Benoit
Intérieur : Stéphanie Benoit

Composition, mise en pages : STDI – Facompo

Édition : Adeline Pécout

www.hachette-education.com
ISBN : 978-2-01-708164-7

Préface

Ce livre d'exercices traite **l'ensemble du programme 2019 de la spécialité mathématiques de Première.**
L'ouvrage est organisé en 14 chapitres :
– 10 chapitres proposent **l'essentiel du cours, puis des exercices et des sujets d'entraînement au contrôle continu corrigés intégralement** dans un langage simple et rigoureux ;
– 3 chapitres sont consacrés à la résolution de **problèmes,** leurs **corrections étant entièrement détaillées.**

- Après un **test préliminaire Vrai-Faux** des **exercices** sont **regroupés par thème** et rangés par **ordre de difficulté croissante**.

- La difficulté des exercices est signalée par des pictogrammes :
★ **exercice de base,**
★★ **exercice nécessitant davantage de méthode et de réflexion,**
★★★ **exercice difficile destiné à ceux qui souhaitent approfondir des notions du chapitre.**

- Une **durée indicative de résolution** figure avant chaque exercice ; ce temps a été estimé pour un bon élève.

- L'**utilisation de logiciels, d'outils de visualisation et de simulation,** qui favorise les démarches d'investigation, est fréquente et largement commentée.

- L'**algorithmique et la programmation** prennent une place naturelle dans tous les chapitres.

- Un **index** vous permettra de retrouver facilement la notion que vous voulez travailler.

Nous sommes persuadées que cet ouvrage vous apportera une aide précieuse dans votre travail, vous inculquera des **méthodes** durant cette année scolaire et vous préparera efficacement à la classe de Terminale.

Il nous reste à vous souhaiter bon courage !

Les auteures

SOMMAIRE

INDEX DES MOTS CLÉS

Chapitre 1

Mode de génération d'une suite

1 Vocabulaire

A. Définition

Une suite est une fonction de $\mathbb{N}$ dans $\mathbb{R}$.

B. Notations

▶ Une suite peut se noter comme une fonction.
Par exemple, on dit :

la suite $u : n \mapsto -\sqrt{n} + 2$ est définie sur $\mathbb{N}$.

▶ L'image d'un entier naturel n par une suite u, appelée aussi **terme d'indice n** ou **terme de rang n**, est notée u_n.

▶ Une suite u définie sur $\mathbb{N}$ se note aussi (u_n), $(u_n)_{n \geqslant 0}$, $(u_n)_{n \in \mathbb{N}}$.

2 Propriétés

Soit u une suite définie sur $\mathbb{N}$.

A. Suite majorée, minorée, bornée

▶ Dire que u est **majorée** signifie qu'il existe un réel M tel que :

pour tout entier naturel n, $u_n \leqslant M$.

▶ Dire que u est **minorée** signifie qu'il existe un réel m tel que :

pour tout entier naturel n, $m \leqslant u_n$.

▶ Dire que u est **bornée** signifie que u est à la fois majorée et minorée.

B. Sens de variation

▶ Dire que u est **croissante** signifie :

pour tout entier naturel n, $u_n \leqslant u_{n+1}$.

▶ Dire que u est **décroissante** signifie :

pour tout entier naturel n, $u_n \geqslant u_{n+1}$.

▶ Dire que u est **monotone** signifie que u est croissante ou que u est décroissante.

3 Représentation graphique

A. Suite définie par une formule du type $u_n = f(n)$

Considérons, par exemple, la suite (u_n) définie sur $\mathbb{N}$ par :

$$u_n = \frac{2n+10}{n+1}.$$

Alors, pour tout n de $\mathbb{N}$:

$$u_n = f(u_n),$$

où f est la fonction : $x \mapsto \dfrac{2x+10}{x+1}$.

▶ **Utilisation d'un tableur**

B2 | f_x =(2*A2+10)/(A2+1)

	A	B	C	D
1	n	un		
2	0	10		
3	1	6		
4	2	4,66666667		
5	3	4		
6	4	3,6		
7	5	3,33333333		
8	6	3,14285714		
9	7	3		
10	8	2,88888889		
11	9	2,8		
12	10	2,72727273		
13	11	2,66666667		
14	12	2,61538462		
15	13	2,57142857		
16	14	2,53333333		
17	15	2,5		
18	16	2,47058824		
19	17	2,44444444		
20	18	2,42105263		
21	19	2,4		
22	20	2,38095238		

En sélectionnant la plage de cellules **A2:B22**, on obtient avec l'assistant graphique (option **Nuage de points**) :

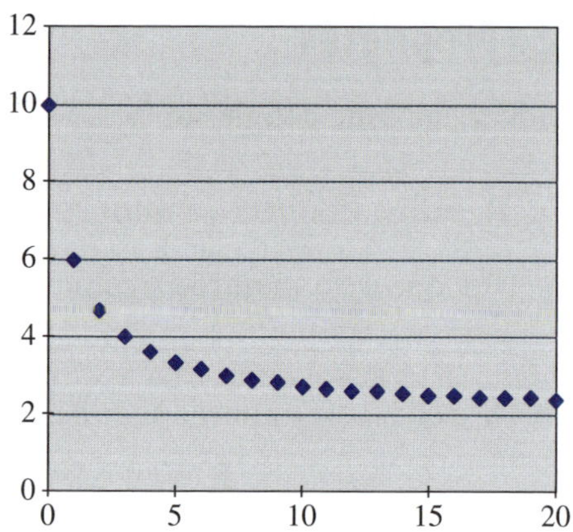

Ce nuage de points représente les termes $u_0, u_1, \ldots, u_{20}$ de la suite (u_n).
Il est constitué des points de coordonnées $(0, u_0), (1, u_1), \ldots, (20, u_{20})$.

B. Suite définie par son premier terme u_0 et une formule du type $u_{n+1} = f(u_n)$

Considérons, par exemple, la suite (u_n) définie par $u_0 = 1$ et la relation de récurrence :

$$u_{n+1} = \frac{1}{4}(u_n - 2)^2.$$

Alors, pour tout n de $\mathbb{N}$:

$$u_{n+1} = f(u_n),$$

où f est la fonction : $x \mapsto \frac{1}{4}(x-2)^2$.

▶ Utilisation d'un tableur

B3 | =(B2-2)^2/4

	A	B	C	D
1	n	un		
2	0	1		
3	1	0,25		
4	2	0,765625		
5	3	0,38092041		
6	4	0,65535468		
7	5	0,45201776		
8	6	0,59906225		
9	7	0,49065664		
10	8	0,56952934		
11	9	0,51156157		
12	10	0,55386224		
13	11	0,52282861		
14	12	0,54550883		
15	13	0,52888614		
16	14	0,541044		
17	15	0,53213815		
18	16	0,5386546		
19	17	0,5338826		
20	18	0,53737506		
21	19	0,53481793		
22	20	0,53668963		

En sélectionnant la plage de cellules **A2:B22**, on obtient avec l'assistant graphique (option **Nuage de points reliés par une courbe**) :

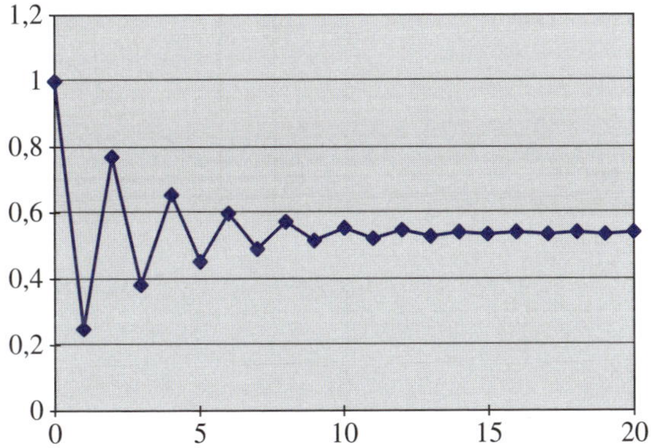

COURS

▶ Utilisation de la courbe représentative de f

On note $\mathscr{C}$ la courbe représentative de la fonction f et Δ la droite d'équation $y = x$.

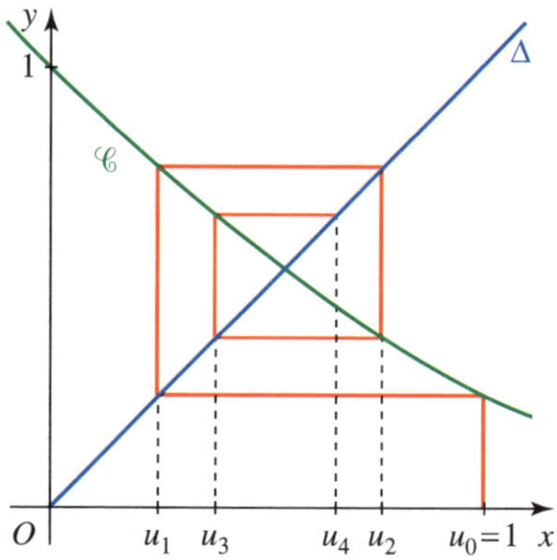

On a construit la ligne polygonale (en rouge sur le graphique) dont les sommets successifs ont pour coordonnées :

$(u_0, 0)$,

(u_0, u_1), (u_1, u_1), $u_1 = f(u_0)$ (u_2, u_3), (u_3, u_3), $u_3 = f(u_2)$

(u_1, u_2), (u_2, u_2), $u_2 = f(u_1)$ (u_3, u_4) et (u_4, u_4). $u_4 = f(u_3)$

Les termes u_0, u_1, …, u_4 sont représentés sur l'axe des abscisses.

Programme Python

```
from lycee import *
# Cadre
a,b = -0.1, 1.2
# Axes
repere.plot([a,b],[0,0],'k')
repere.plot([0,0],[a,b],'k')
# Courbe de f
x = np.arange(a,b,0.01)
repere.plot(x,(x-2)**2/4,'g')
# Droite y = x
repere.plot([0,b],[0,b],'b')
# Ligne polygonale
u0 = 1
u = u0
L = []
for k in range(3):
    u = (u-2)**2/4
    L = L+[u,u]
u = (u-2)**2/4
x = [u0,u0] + L + [u]
y = [0] + L + [u,u]
repere.plot(x,y,'r')
repere.show()
```

Sortie graphique

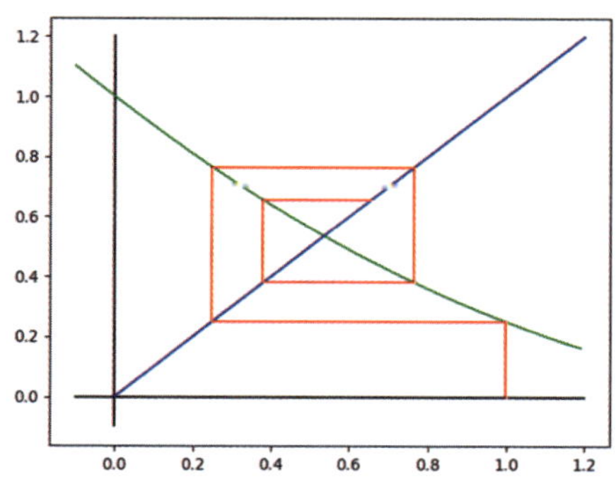

EXERCICES

Dans tous les exercices, le plan est rapporté à un repère orthogonal $(O\ ;\vec{i},\vec{j})$.

Vrai ou faux ?

1

(corrigé p. 22)

1° Soit (u_n) une suite définie sur $\mathbb{N}$.

a. Le centième terme de la suite (u_n) est u_{100}.

b. Si, pour tout n de $\mathbb{N}$, u_n est inférieur ou égal à n, alors (u_n) est majorée.

c. Si la suite (u_n) est croissante, alors $u_2 \leqslant u_{10}$.

2° Soit u la suite : $n \mapsto \dfrac{1}{\sqrt{n}}$.

a. La suite u est définie sur $\mathbb{R}_+^*$.

b. La suite u est décroissante.

c. La suite u est bornée.

3° Soit (u_n) la suite définie sur $\mathbb{N}$ dont les termes successifs sont 1, 2, 3, 1, 2, 3, etc.

a. $u_{100} = 3$.

b. La somme des termes de la suite (u_n) de u_0 à u_{20} est égale à 42.

c. Le produit des termes de la suite (u_n) de u_0 à u_{21} est égal à 6^7.

4° Soit (u_n) la suite définie sur $\mathbb{N}$ par :

$$u_n = \left(-\frac{1}{2}\right)^n.$$

a. Pour tout n de $\mathbb{N}$, $u_{2n} = \dfrac{1}{4^n}$.

b. La suite (u_n) est bornée.

c. La suite (u_n) est décroissante.

5° Soit (u_n) la suite définie sur $\mathbb{N}$ par :

$$u_n = 2n - 3.$$

a. La suite (u_n) est croissante.

b. La suite (u_n) est minorée.

c. Pour tout entier naturel n, $u_{2n+1} = 4n - 1$.

6° Soit (u_n) la suite définie sur $\mathbb{N}$ par $u_0 = 2$ et la relation de récurrence :

$$u_{n+1} = 2u_n - 3.$$

a. La suite (u_n) est croissante.

b. $u_5 = -29$.

c. Pour tout entier naturel n, $u_{n+2} = 4u_n - 9$.

Calculs de termes

2 ★ 10 min (corrigé p. 24)

Calculer u_1, u_2, u_3, u_4 et u_5 dans chacun des cas suivants.

1° (u_n) est définie sur $\mathbb{N}$ par : $u_n = 5 \times 10^n + 2$.

2° (u_n) est définie sur $\mathbb{N}$ par : $u_0 = 1$ et $u_{n+1} = \dfrac{1}{1+u_n}$.

3° u_n est la somme des inverses des n premiers entiers naturels non nuls.

3 ★ 10 min (corrigé p. 24)

Calculer u_5 lorsque la suite (u_n) est définie sur $\mathbb{N}$ par :

$$u_0 = 1 \quad \text{et} \quad u_{n+1} = \frac{u_n}{\sqrt{1+(u_n)^2}}.$$

4 ★★ 10 min (corrigé p. 25)

1° Soit la suite $u : n \mapsto 3n - 7$.
Exprimer u_{n+1} en fonction de u_n.

2° Soit la suite $v : n \mapsto 5^n$.
Exprimer v_{n+1} puis v_{2n} en fonction de v_n.

5 ★★ 10 min (corrigé p. 25)

Soit (u_n) la suite définie sur $\mathbb{N}$ par :

$$u_0 = 1 \quad \text{et} \quad u_{n+1} = \frac{3}{(u_n)^2}.$$

Exprimer u_{n+2} en fonction de u_n.

6 ★★ 10 min (corrigé p. 25)

Trouver le plus petit indice à partir duquel la suite (u_n) est définie.

1° $u_n = \dfrac{1}{n^2}$.

2° $u_n = \dfrac{1}{n-\sqrt{2}}$.

3° $u_n = \sqrt{2n-15}$.

4° $u_n = \dfrac{1}{3^n - 1}$.

5° $u_n = \dfrac{1}{n^2+n+1}$.

7 ★★ 15 min (corrigé p. 26)

1° Soit (u_n) la suite définie sur $\mathbb{N}$ par $u_0 = 2$ et la relation de récurrence :

$$u_{n+1} = 3u_n - 2.$$

Écrire un algorithme de calcul de u_n, l'entier naturel n étant le paramètre d'entrée.
Utiliser la calculatrice pour donner la valeur de u_{15}.

2° Soit (v_n) la suite définie sur $\mathbb{N}$ par :

$$v_n = 1 + 3^n.$$

Pour tout entier naturel n, exprimer v_{n+1} en fonction de v_n.
Que peut-on dire des suites (u_n) et (v_n) ?

8 ★★ 10 min

(corrigé p. 26)

On considère l'algorithme suivant, qui prend en entrée n et donne en sortie u_n, la suite (u_n) étant définie sur $\mathbb{N}$.

> Saisir n
> $u \leftarrow -1$
> Pour k variant de 1 à n, faire
> | $u \leftarrow \dfrac{u^2}{2} - u$
> └ fin Pour
> Afficher u

1° Que vaut u_0 ?
Par quelle formule de récurrence la suite (u_n) est-elle construite ?

2°

	A	B
1	n	un
2	0	-1
3	1	1,5
4	2	-0,375
5	3	0,4453125
6	4	-0,34616089
7	5	0,40607457
8	6	-0,32362629
9	7	0,37599328
10	8	-0,30530781
11	9	0,35191423
12	10	-0,28999242

Après avoir saisi une formule dans la cellule **B3** de la feuille de calcul ci-dessus, la poignée de recopie rapide a été tirée vers le bas.
Quelle formule a été saisie en **B3** ?

9 ★★ 10 min

(corrigé p. 26)

On considère le programme en Python suivant, qui prend en entrée un entier naturel non nul n et donne en sortie le terme d'indice n d'une suite (u_n) définie sur $\mathbb{N}^*$.

EXERCICES

```python
from lycee import *
n = demande("Entrer n :")
u = 0
k = 0
while k < n:
    k = k + 1
    u = u + k**3
print(u)
```

1° Comment peut-on définir d'une phrase le nombre u_n ?

2° Remplacer la boucle **`while`** par une boucle **`for`**.

10 ★★ 15 min *(corrigé p. 26)*

Programmer sur la calculatrice le calcul de u_n, l'entier naturel n non nul étant entré par l'utilisateur, dans chacun des cas suivants.

1° u_n est la somme des entiers de 1 à n.

2° u_n est le produit des entiers de 1 à n.

11 ★★★ 15 min *(corrigé p. 27)*

Soit (u_n) la suite définie sur $\mathbb{N}^*$ par $u_1 = \frac{1}{2}$ et la relation de récurrence :

$$u_n = u_{n-1} + \frac{1}{n(n+1)}.$$

1° Calculer u_2, u_3, u_4 et u_5.

2° Écrire un programme en Python qui prend en entrée un entier naturel n non nul fourni par l'utilisateur, puis à l'aide d'une boucle **`for`** calcule et affiche les valeurs de $u_2, \dots, u_n$.

3° a. Justifier que, pour tout entier naturel n non nul, on a :

$$u_n = \frac{1}{1\times 2} + \frac{1}{2\times 3} + \dots + \frac{1}{n(n+1)}.$$

b. Démontrer que, pour tout entier naturel k non nul, on a :

$$\frac{1}{k(k+1)} = \frac{1}{k} - \frac{1}{k+1}.$$

c. En déduire une expression explicite de u_n en fonction de l'entier naturel n non nul.

Représentation graphique

12 ★ 5 min (corrigé p. 27)

Dans chacun des deux cas suivants, on donne la représentation graphique $\mathscr{C}$ d'une fonction f et on note Δ la droite d'équation $y = x$.
La suite (u_n) est définie sur $\mathbb{N}$ par son premier terme u_0 et $u_{n+1} = f(u_n)$.
Quelles conjectures peut-on formuler sur le sens de variation, les bornes éventuelles de (u_n) ?
De quel nombre semble se rapprocher u_n quand n devient grand ?

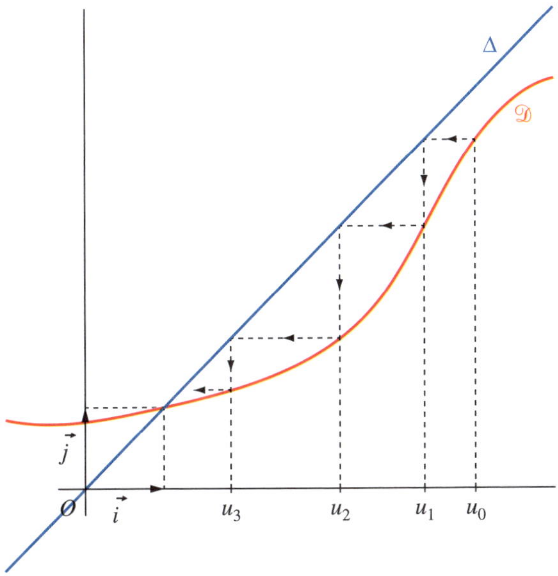

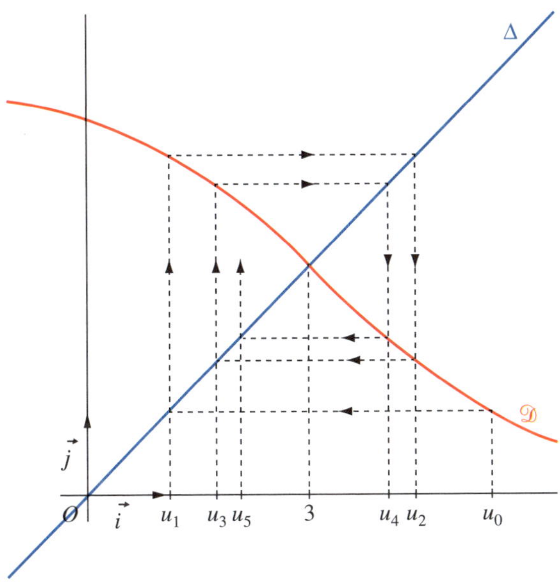

13 ★★ 15 min *(corrigé p. 28)*

On considère deux suites (u_n) et (v_n) définies sur $\mathbb{N}$, la première par :

$$u_0 = 5 \text{ et la relation de récurrence } u_{n+1} = \frac{u_n}{2} + \frac{1}{6u_n},$$

la seconde par :

$$v_0 = 2 \text{ et la relation de récurrence } v_{n+1} = \sqrt{(v_n)^2 + 1} - v_n.$$

1°

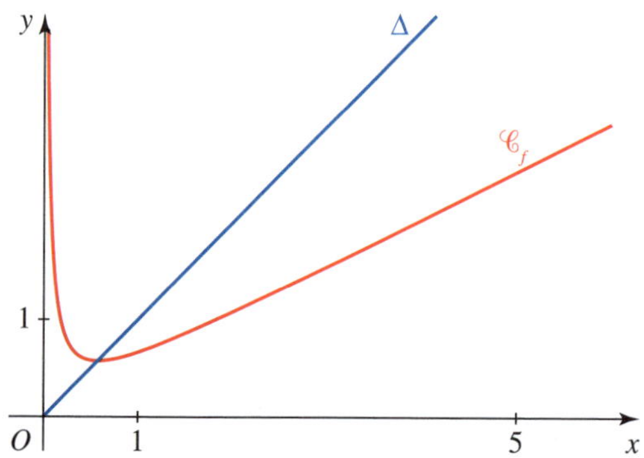

Sur le graphique ci-dessus figurent la droite Δ d'équation $y = x$ et la courbe représentative $\mathscr{C}_f$ de la fonction f définie sur $]0\ ;+\infty[$ par :

$$f(x) = \frac{x}{2} + \frac{1}{6x}.$$

En utilisant $\mathscr{C}_f$ et Δ, représenter sur l'axe des abscisses u_1, u_2, u_3.
De quel nombre semble se rapprocher u_n quand n devient grand ?

2°

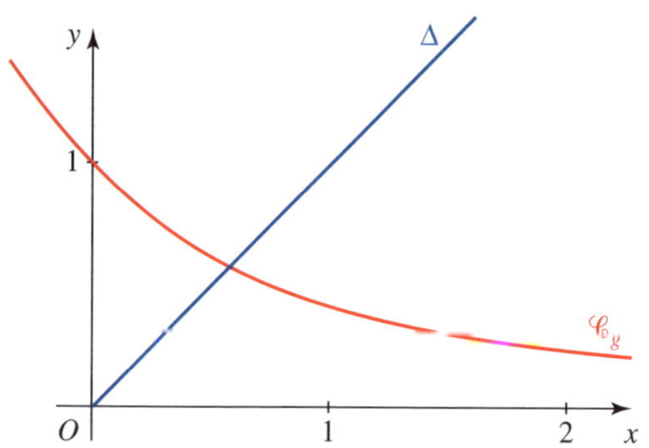

Sur le graphique ci-dessus figurent la courbe représentative $\mathscr{C}_g$ de la fonction $g : x \mapsto \sqrt{x^2+1} - x$ et la droite Δ d'équation $y = x$.
En utilisant $\mathscr{C}_g$ et Δ, représenter sur l'axe des abscisses v_1, v_2, v_3, v_4.
De quel nombre semble se rapprocher v_n quand n devient grand ?

3° Quel est celui des trois nuages de points du graphique de la page suivante qui représente les termes $u_4, u_5, \ldots, u_{12}$?
Et quel est celui des trois nuages de points qui représente les termes $v_4, v_5, \ldots, v_{12}$?

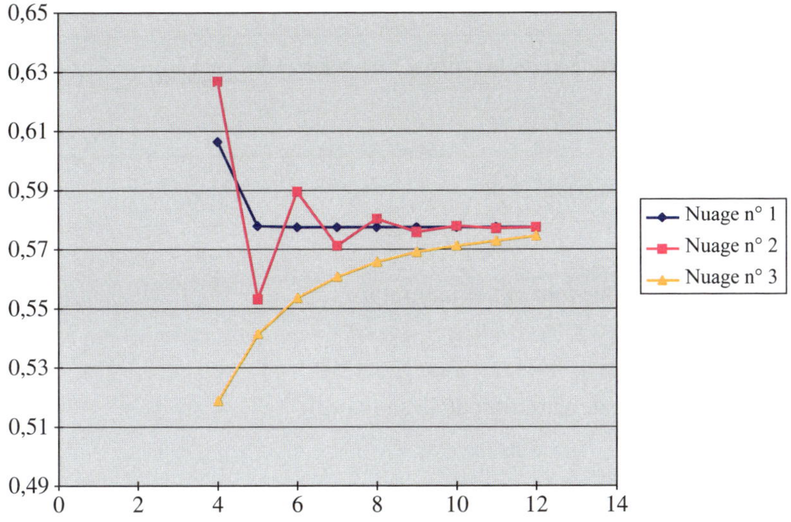

14 ★★ 15 min *(corrigé p. 29)*

Soit (u_n) la suite définie sur $\mathbb{N}$ par :

$$u_0 = -5 \text{ et } u_{n+1} = \sqrt{6+u_n}.$$

Construire dans un même repère orthonormé la droite Δ d'équation $y = x$ et la courbe représentative $\mathscr{C}$ de la fonction $f : x \mapsto \sqrt{6+x}$.

Utiliser $\mathscr{C}$ et Δ pour représenter graphiquement les premiers termes de la suite sur l'axe des abscisses.

Faire une conjecture sur le sens de variation de (u_n), ses bornes éventuelles.

De quel nombre semble se rapprocher u_n quand n devient grand ?

Sens de variation

15 ★ 5 min *(corrigé p. 29)*

1° Déterminer le sens de variation de la suite (u_n) définie sur $\mathbb{N}$ par son premier terme u_0 et la relation de récurrence $u_{n+1} = u_n - 3$.

2° Déterminer le sens de variation de la suite (v_n) définie sur $\mathbb{N}$ par son premier terme v_0 et la relation de récurrence $v_{n+1} = v_n + (v_n)^4$.

16 ★ 10 min *(corrigé p. 29)*

Étudier le sens de variation de la suite u proposée.

1° $n \mapsto (-5)^n$.

2° $n \mapsto n^2 + n - 5$.

3° $u_0 = 4$ et, pour tout n de $\mathbb{N}$, $u_{n+1} = u_n - 0{,}71$.

EXERCICES

17 ★★ 10 min (corrigé p. 30)

Étudier le sens de variation de la suite $u : n \mapsto 2n^3 - 9n^2 + 13n$.

18 ★★ 10 min (corrigé p. 30)

Soit (u_n) la suite définie sur $\mathbb{N}$ par :

$$u_n = \frac{3^n}{n+1}.$$

1° Démontrer que, pour tout entier naturel n :

$$\frac{u_{n+1}}{u_n} = 1 + \frac{2n+1}{n+2}.$$

2° En déduire le sens de variation de la suite (u_n).

Suites majorées, minorées, bornées

19 ★ 5 min (corrigé p. 30)

Soit u la suite $n \mapsto \frac{1}{n^2}$.

Quel est le plus petit naturel n tel que : $u_n \leqslant 10^{-3}$?

20 ★★ 15 min (corrigé p. 31)

Dans chacun des cas suivants, préciser si la suite u est majorée, si elle est minorée.

1° $u : n \mapsto n^2$.

2° $u : n \mapsto -n^4$.

3° $u : n \mapsto \frac{1}{2^n}$.

4° $u : n \mapsto (-2)^n$.

5° $u : n \mapsto \cos(n)$.

21 ★★ 10 min (corrigé p. 31)

Les suites proposées sont-elles bornées ?

$$u : n \mapsto \frac{1}{\sqrt{n}} + 2, \quad v : n \mapsto (-1)^n, \quad w : n \mapsto \frac{\sqrt{n}}{n+2}.$$

22 ★★ 15 min (corrigé p. 32)

Pour tout n de $\mathbb{N}^*$, on note u_n la somme des inverses des entiers de 1 à n.

1° Trouver un entier naturel n_0 tel que :

$$\text{si } n \geqslant n_0, \text{ alors } u_n \geqslant 2.$$

On pourra avec profit revoir l'exercice **2** de ce chapitre.

2° À l'aide de l'outil informatique, déterminer un entier naturel n_1 tel que :

$$\text{si } n \geqslant n_1, \text{ alors } u_n \geqslant 10.$$

CONTRÔLE CONTINU

Exercice n° 1 20 min (7 points) *(corrigé p. 32)*

Les questions **1°** et **2°** sont indépendantes.

1° Pour tout entier naturel n non nul, on note S_n la somme des carrés des entiers de 1 à n.
Écrire un algorithme de calcul de S_n, n étant le paramètre d'entrée.

2° Soit u la suite telle que $u_0 = 4$ et, pour tout entier naturel n :

$$u_{n+1} = u_n - (u_n)^2.$$

Existe-t-il un entier naturel n tel que $u_n \geqslant 4{,}1$?

Exercice n° 2 10 min (5 points) *(corrigé p. 33)*

Minorer et majorer au mieux la suite $u : n \mapsto \dfrac{1}{n}$.

Exercice n° 3 30 min (8 points) *(corrigé p. 33)*

Soit (u_n) la suite définie sur $\mathbb{N}$ par $u_0 = 8$ et la relation de récurrence :

$$u_{n+1} = \frac{1}{2}u_n + 1.$$

1° Tracer les droites $\mathscr{D}$ et Δ d'équations respectives $y = \dfrac{1}{2}x + 1$ et $y = x$.

En utilisant $\mathscr{D}$ et Δ, représenter sur l'axe des abscisses u_1, u_2, u_3, u_4.

2° En déduire des conjectures sur le sens de variation de la suite (u_n) et le nombre duquel se rapproche u_n quand n devient grand.

3° Dire ce que calcule le programme Python ci-dessous.
On ne demande pas une valeur numérique, mais une expression utilisant des termes de la suite (u_n).

```python
u = 8
s = 8
for k in range(10):
    u = u/2 + 1
    s = s + u
print(s)
```

CORRIGÉS

1 1° Soit (u_n) une suite définie sur $\mathbb{N}$.

a. Le centième terme de la suite (u_n) est u_{100}.

Faux.

Le premier terme est u_0, le deuxième u_1, …, le centième u_{99}.

b. Si, pour tout n de $\mathbb{N}$, u_n est inférieur ou égal à n, alors (u_n) est majorée.

Faux.

Considérons, par exemple, la suite (u_n) définie sur $\mathbb{N}$ par :

$$u_n = n.$$

Bien évidemment, pour tout n de $\mathbb{N}$:

$$u_n \leqslant n.$$

De plus, il n'existe pas de réel plus grand que tous les entiers naturels, autrement dit, aucun réel n'est un majorant de la suite (u_n), ce qui signifie que la suite (u_n) n'est pas majorée.

c. Si la suite (u_n) est croissante, alors $u_2 \leqslant u_{10}$.

Vrai.

En effet : $u_2 \leqslant u_3 \leqslant \ldots \leqslant u_9 \leqslant u_{10}$.

Plus généralement, pour tous entiers naturels n et p :

$$\text{si } n \leqslant p, \text{ alors } u_n \leqslant u_p.$$

2° Soit u la suite :

$$n \mapsto \frac{1}{\sqrt{n}}.$$

a. La suite u est définie sur $\mathbb{R}_+^*$.

Faux.

La suite u a pour ensemble de définition $\mathbb{N}^*$.

Elle n'est pas définie en 0 et elle est définie en tout entier naturel n non nul.

L'ensemble de définition d'une suite est inclus dans $\mathbb{N}$.

b. La suite u est décroissante.

Vrai.

En effet, pour tout entier naturel n non nul :

$$0 < \sqrt{n} < \sqrt{n+1},$$

donc, des réels strictement positifs étant rangés dans l'ordre contraire de leurs inverses :

$$\frac{1}{\sqrt{n+1}} < \frac{1}{\sqrt{n}},$$

c'est-à-dire : $u_{n+1} < u_n$.

• Noter que la suite u est définie sur $\mathbb{N}^*$ par :

$$u_n = f(n),$$

où f est la fonction $x \mapsto \frac{1}{\sqrt{x}}$, qui est strictement décroissante sur $]0\,;+\infty[$.

Par conséquent, pour tout n de $\mathbb{N}^*$:

$$f(n+1) < f(n),$$

c'est-à-dire :

$$u_{n+1} < u_n.$$

• Déterminer le sens de variation de la suite (u_n) revient à étudier le signe de $u_{n+1} - u_n$; cette méthode est exposée ci-dessous.

Pour tout entier naturel n non nul :

$$u_{n+1} - u_n = \frac{1}{\sqrt{n+1}} - \frac{1}{\sqrt{n}} = \frac{\sqrt{n} - \sqrt{n+1}}{\sqrt{n}\sqrt{n+1}},$$

or, d'une part : $\sqrt{n} < \sqrt{n+1}$,

donc : $\sqrt{n} - \sqrt{n+1} < 0$,

d'autre part : $\sqrt{n}\sqrt{n+1} > 0$,

d'où : $u_{n+1} - u_n < 0$,

c'est-à-dire : $u_{n+1} < u_n$.

c. La suite u est bornée.

Vrai.

On a évidemment, pour tout n de $\mathbb{N}^*$:

$$u_n > 0,$$

donc la suite u est minorée par 0.

De plus, pour tout n de $\mathbb{N}^*$: $\sqrt{n} \geqslant 1$, donc : $u_n \leqslant 1$, ce qui prouve que la suite u est majorée par 1.

Toute suite décroissante est majorée par son premier terme.

On pourrait démontrer que 0 est le plus grand minorant de la suite u (aucun réel strictement positif n'est un minorant de la suite u).

3° Soit (u_n) la suite définie sur $\mathbb{N}$ dont les termes successifs sont 1, 2, 3, 1, 2, 3, etc.

a. $u_{100} = 3$.

Faux.

Tous les termes de la suite (u_n) d'indice multiple de 3 sont égaux à 1, tous ceux d'indice de la forme $3k+1$ ($k \in \mathbb{N}$) sont égaux à 2, enfin, tous ceux d'indice de la forme $3k+2$ ($k \in \mathbb{N}$) sont égaux à 3.

De plus : $100 = 3 \times 33 + 1$,

donc $u_{100} = 2$.

$100 = 3 \times k + 1$, avec $k = 33$.

b. La somme des termes de la suite (u_n) de u_0 à u_{20} est égale à 42.

Vrai.

Posons : $S = u_0 + u_1 + \ldots + u_{20}$.

On a :

$$S = \underset{\substack{\uparrow \\ 0\times 3}}{(u_0 + u_1 + u_2)} + \underset{\substack{\uparrow \\ 1\times 3}}{(u_3 + u_4 + u_5)} + \ldots + \underset{\substack{\uparrow \\ 6\times 3}}{(u_{18} + u_{19} + u_{20})},$$

donc :

$$S = \underbrace{6 + 6 + \ldots + 6}_{\text{sept termes}} = 7 \times 6 = 42.$$

$u_0 + u_1 + u_2 = u_3 + u_4 + u_5 = \ldots$
$= u_{18} + u_{19} + u_{20} = 6$.

c. Le produit des termes de la suite (u_n) de u_0 à u_{21} est égal à 6^7.

Vrai.

Posons : $P = u_0 \times u_1 \times \ldots \times u_{21}$.

On a :

$$P = (u_0 \times u_1 \times u_2) \times (u_3 \times u_4 \times u_5) \times \ldots \times (u_{18} \times u_{19} \times u_{20}) \times u_{21},$$

donc : $P = \underbrace{6 \times 6 \times \ldots \times 6}_{\text{sept facteurs}} \times 1 = 6^7$.

4° Soit (u_n) la suite définie sur $\mathbb{N}$ par :

$$u_n = \left(-\frac{1}{2}\right)^n.$$

a. Pour tout n de $\mathbb{N}$, $u_{2n} = \frac{1}{4^n}$.

Vrai.

On a, pour tout entier naturel n :

$$u_{2n} = \left(-\frac{1}{2}\right)^{2n} = \left(\left(-\frac{1}{2}\right)^2\right)^n = \left(\frac{1}{4}\right)^n = \frac{1}{4^n}.$$

b. La suite (u_n) est bornée.

Vrai.

$-\frac{1}{2}$ étant compris entre -1 et 1, on a :

$$\text{pour tout } n \text{ de } \mathbb{N}, -1 \leqslant u_n \leqslant 1.$$

Plus précisément, on peut montrer que le minimum de la suite u est $-\frac{1}{2}$ et que le maximum est 1.

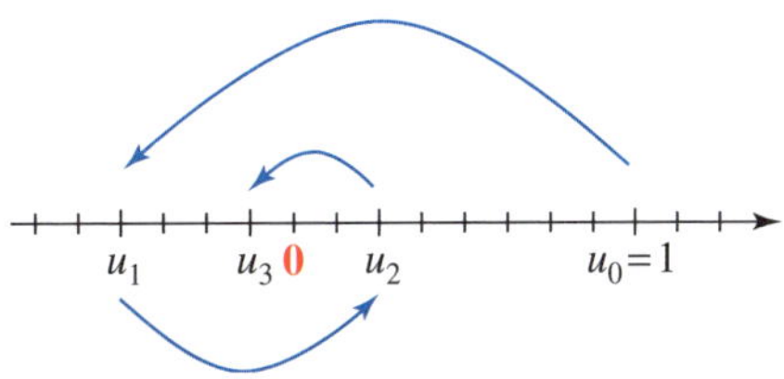

c. La suite (u_n) est décroissante.

Faux.

$$u_1 = -\frac{1}{2} \text{ et } u_2 = \frac{1}{4}, \text{ donc : } u_1 < u_2.$$

La suite n'est pas non plus croissante :

$$u_0 = 1 \text{ et } u_1 = -\frac{1}{2}, \text{ donc : } u_1 < u_0.$$

Plus généralement, tous les termes de la suite (u_n) d'indice pair sont strictement positifs, tous ceux d'indice impair sont strictement négatifs, donc, pour tout entier naturel n :

$u_n > u_{n+1}$ si n est pair,
$u_n < u_{n+1}$ si n est impair.

5° Soit (u_n) la suite définie sur $\mathbb{N}$ par :

$$u_n = 2n - 3.$$

a. La suite (u_n) est croissante.

Vrai.

Pour tout entier naturel n :

$$u_{n+1} - u_n = (2(n+1) - 3) - (2n - 3) = 2,$$
$$u_{n+1} - u_n > 0,$$

d'où : $u_{n+1} > u_n$,

donc la suite (u_n) est strictement croissante.

b. La suite (u_n) est minorée.

Vrai.

Pour tout entier naturel n : $2n \geqslant 0$,

donc : $2n - 3 \geqslant -3$,

c'est-à-dire : $u_n \geqslant -3$.

Toute suite croissante est minorée par son premier terme.

c. Pour tout entier naturel n :

$$u_{2n+1} = 4n - 1.$$

Vrai.

Pour tout entier naturel n :

$$u_{2n+1} = 2 \times (2n+1) - 3 = 4n - 1.$$

6° Soit (u_n) la suite définie sur $\mathbb{N}$ par $u_0 = 2$ et la relation de récurrence :

$$u_{n+1} = 2u_n - 3.$$

a. La suite (u_n) est croissante.

Faux.

$u_0 = 2$ et $u_1 = 2u_0 - 3 = 2 \times 2 - 3 = 1$,

donc : $u_1 < u_0$.

Non seulement la suite (u_n) n'est pas croissante, mais on pourrait même démontrer qu'elle est décroissante.

b. $u_5 = -29$.

Vrai.

On obtient, de proche en proche :

$$u_1 = 2u_0 - 3 = 2 \times 2 - 3 = 1,$$

$$u_2 = 2u_1 - 3 = 2 \times 1 - 3 = -1,$$

$$u_3 = 2u_2 - 3 = 2 \times (-1) - 3 = -5,$$

$$u_4 = 2u_3 - 3 = 2 \times (-5) - 3 = -13,$$

$$u_5 = 2u_4 - 3 = 2 \times (-13) - 3 = -29.$$

c. Pour tout entier naturel n :

$$u_{n+2} = 4u_n - 9.$$

Vrai.

Pour tout entier naturel n :

$$u_{n+2} = u_{(n+1)+1} = 2u_{n+1} - 3$$

$$u_{n+2} = 2 \times (2u_n - 3) - 3 = 4u_n - 6 - 3,$$

donc : $\quad u_{n+2} = 4u_n - 9.$

2 **1°** $u_n = 5 \times 10^n + 2$.

On a :

$$u_1 = 5 \times 10^1 + 2 = 50 + 2 = \mathbf{52},$$

puis :

$$\mathbf{u_2 = 502, \quad u_3 = 5\,002,}$$

$$\mathbf{u_4 = 50\,002 \text{ et } u_5 = 500\,002.}$$

2° $u_0 = 1$ et $u_{n+1} = \dfrac{1}{1+u_n}$.

On obtient successivement :

$$u_1 = \frac{1}{1+1} = \mathbf{\frac{1}{2}}, \quad u_2 = \frac{1}{1+\frac{1}{2}} = \frac{1}{\frac{3}{2}} = \mathbf{\frac{2}{3}},$$

$$u_3 = \frac{1}{1+\frac{2}{3}} = \mathbf{\frac{3}{5}}, \quad u_4 = \frac{1}{1+\frac{3}{5}} = \mathbf{\frac{5}{8}},$$

$$u_5 = \frac{1}{1+\frac{5}{8}} = \mathbf{\frac{8}{13}}.$$

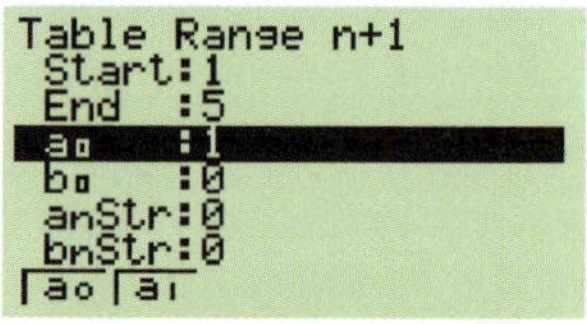

3° u_n est la somme des inverses des n premiers naturels non nuls.

On a :

$$u_1 = \frac{1}{1} = \mathbf{1},$$

$$u_2 = \frac{1}{1} + \frac{1}{2} = \mathbf{\frac{3}{2}},$$

$$u_3 = \left(\frac{1}{1} + \frac{1}{2}\right) + \frac{1}{3} = \frac{3}{2} + \frac{1}{3} = \mathbf{\frac{11}{6}},$$

$$u_4 = \left(\frac{1}{1} + \frac{1}{2} + \frac{1}{3}\right) + \frac{1}{4} = \frac{11}{6} + \frac{1}{4} = \mathbf{\frac{25}{12}},$$

$$u_5 = \left(\frac{1}{1} + \frac{1}{2} + \frac{1}{3} + \frac{1}{4}\right) + \frac{1}{5} = \frac{25}{12} + \frac{1}{5} = \mathbf{\frac{137}{60}}.$$

On peut noter que, pour tout entier naturel n non nul :

$$u_{n+1} = u_n + \frac{1}{n+1}.$$

3 $u_0 = 1$ et $u_{n+1} = \dfrac{u_n}{\sqrt{1+(u_n)^2}}$.

On obtient de proche en proche :

$$\boldsymbol{u_1} = \frac{u_0}{\sqrt{1+(u_0)^2}} = \frac{1}{\sqrt{1+1^2}} = \frac{\mathbf{1}}{\sqrt{\mathbf{2}}},$$

$$\boldsymbol{u_2} = \frac{u_1}{\sqrt{1+(u_1)^2}} = \frac{\frac{1}{\sqrt{2}}}{\sqrt{1+\frac{1}{2}}} = \frac{\frac{1}{\sqrt{2}}}{\sqrt{\frac{3}{2}}} = \frac{\mathbf{1}}{\sqrt{\mathbf{3}}},$$

et de la même manière :

$$\boldsymbol{u_3} = \frac{1}{\sqrt{4}} = \frac{\mathbf{1}}{\mathbf{2}},\ \boldsymbol{u_4} = \frac{\mathbf{1}}{\sqrt{\mathbf{5}}},\ \boldsymbol{u_5} = \frac{\mathbf{1}}{\sqrt{\mathbf{6}}}.$$

Python

```
>>> from lycee import *
>>> u=1
>>> for k in range(5):
...     u=u/sqrt(1+u**2)
...
```

```
>>> u
0.408248290463863
>>> 1/sqrt(6)
0.4082482904638631
>>>
```

Plus généralement, on peut établir que :

pour tout n de $\mathbb{N}$, $u_n = \frac{1}{\sqrt{n+1}}$.

4 1° $u : n \mapsto 3n - 7$.

Pour tout entier naturel n :

$$\begin{aligned} u_{n+1} &= 3(n+1) - 7 \\ &= 3n + 3 - 7 \\ &= 3n - 7 + 3, \end{aligned}$$

donc :

$$\boldsymbol{u_{n+1} = u_n + 3}.$$

« $u_{n+1} = u_n + 3$ » est une relation de récurrence.

2° $v : n \mapsto 5^n$.

Pour tout entier naturel n, on a :

$$v_{n+1} = 5^{n+1} = 5 \times 5^n,$$

donc :

$$\boldsymbol{v_{n+1} = 5v_n}\ ;$$

de même :

$$v_{2n} = 5^{2n} = (5^n)^2,$$

d'où :

$$\boldsymbol{v_{2n} = (v_n)^2}.$$

$$(a^m)^p = a^{mp}$$

5 $u_0 = 1$ et $u_{n+1} = \frac{3}{(u_n)^2}$.

Pour tout n de $\mathbb{N}$, on a :

$$u_{n+2} = \frac{3}{(u_{n+1})^2} = \frac{3}{\frac{9}{(u_n)^4}} = \frac{3}{9} \times (u_n)^4,$$

donc :

$$\boldsymbol{u_{n+2} = \frac{1}{3}(u_n)^4}.$$

6 1° $u_n = \frac{1}{n^2}$.

u_n n'est défini que si $n \geqslant 1$.

On dit que la suite (u_n) est définie à partir de l'indice 1.

On peut écrire :

$$\mathscr{D}_u = \mathbb{N}^*.$$

2° $u_n = \frac{1}{n - \sqrt{2}}$.

Pour tout n de $\mathbb{N}$, $n - \sqrt{2} \neq 0$.

Par conséquent, **la suite (u_n) est définie à partir de l'indice 0, c'est-à-dire sur $\mathbb{N}$.**

$\sqrt{2}$ n'est pas un entier naturel.

3° $u_n = \sqrt{2n - 15}$.

L'entier naturel n vérifie $2n - 15 \geqslant 0$ si, et seulement si : $n \geqslant 7{,}5$; on en déduit que la suite (u_n) **est définie à partir de l'indice 8**.

8 est le plus petit entier supérieur ou égal à 7,5.

4° $u_n = \frac{1}{3^n - 1}$.

Pour tout n de $\mathbb{N}$, on a :

$$3^n - 1 = 0 \Leftrightarrow 3^n = 1 \Leftrightarrow n = 0,$$

donc **la suite (u_n) est définie à partir de l'indice 1.**

(u_n) a pour ensemble de définition $\mathbb{N}^*$.

5° $u_n = \frac{1}{n^2 + n + 1}$.

Pour tout entier naturel n, $n^2 + n + 1 \neq 0$,

(en effet, $n \geqslant 0$, donc $n^2 + n + 1 \geqslant 1$)

donc **la suite (u_n) est définie sur $\mathbb{N}$, c'est-à-dire à partir de l'indice 0.**

CORRIGÉS

7 1° $u_0 = 2,\ u_{n+1} = 3u_n - 2.$

• Algorithme de calcul de u_n :

```
Saisir n
u ← 2
Pour k variant de 1 à n, faire
    u ← 3u – 2
fin Pour
Afficher u
```

• En utilisant le menu spécial de la calculatrice pour les suites vérifiant une relation de récurrence, ou en éditant un programme transcrivant l'algorithme précédent, on obtient à l'affichage :

$$\mathbf{u_{15} = 1\,434\,908.}$$

Noter que tous les termes de la suite (u_n) sont des entiers naturels. Ici, la calculatrice donne la valeur exacte de u_{15}.

2° $v_n = 1 + 3^n.$

• On a, **pour tout entier naturel n :**

$$\begin{aligned} v_{n+1} &= 1 + 3^{n+1} \\ &= 1 + 3 \times 3^n \\ &= 1 + 3 \times (1 + 3^n) - 3 \\ &= 3 \times (1 + 3^n) - 2, \end{aligned}$$

donc : $\mathbf{v_{n+1} = 3v_n - 2.}$

• De plus : $v_0 = 1 + 3^0 = 1 + 1 = 2.$
On en déduit que, pour tout n de $\mathbb{N}$:

$$u_n = v_n,$$

autrement dit, **les suites (u_n) et (v_n) sont égales**.

Des suites qui ont le même premier terme et qui vérifient la même relation de récurrence liant deux termes successifs sont égales.

8 1° D'après l'affectation « $u \leftarrow -1$ » :

$$\mathbf{u_0 = -1}$$

D'après l'instruction « $u \leftarrow \dfrac{u^2}{2} - u$ » dans la boucle **Pour, la suite (u_n) vérifie la relation de récurrence :**

$$\mathbf{u_{n+1} = \frac{(u_n)^2}{2} - u_n.}$$

2°

B3 | f_x =B2^2/2-B2

	A	B	C
1	n	un	
2	0	-1	
3	1	1,5	
4	2	-0,375	
5	3	0,4453125	
6	4	-0,346160889	
7	5	0,406074569	

En **B3** a été saisie la formule :

=B2^2/2–B2

9 1° Le programme est écrit de telle sorte que :

$$\begin{aligned} u_1 &= 0 + 1^3 = 1^3, \\ u_2 &= u_1 + 2^3 = 1^3 + 2^3, \\ &\vdots \\ u_n &= 1^3 + 2^3 + \ldots + n^3, \end{aligned}$$

autrement dit, **pour tout entier naturel n non nul, u_n est la somme des cubes des entiers de 1 à n.**

2° Avec une boucle **for** :

```
from lycee import *
n=demande("Entrer n :")
u=0
for k in range(1,n+1):
    u=u+k**3
print(u)
```

Lorsque a et b sont des entiers tels que $a \leqslant b$, **range(a,b+1)** génère la liste des entiers de a à b.

10 1° u_n est la somme des entiers de 1 à n.

TI	CASIO
Prompt N	"N=" ? → N
1 → U	1 → U
For (I,2,N)	For 2 → I To N
U+I → U	U+I → U
End	Next
Disp U	U

Au chapitre suivant, sera établi que, pour tout entier naturel n non nul :

$$1+2+\ldots+n=\frac{n(n+1)}{2},$$

ce qui peut aussi se noter : $\displaystyle\sum_{k=1}^{n} k=\frac{n(n+1)}{2}$.

2° u_n est le produit des entiers de 1 à n.
Pour tout entier naturel n non nul, le produit des entiers de 1 à n se note $n!$ et se lit « factorielle n » :

$$n!=1\times 2\times\ldots\times n.$$

TI	CASIO
Prompt N 1→U For (I,2,N) U×I→U End Disp U	"N=" ?→N 1→U For 2→I To N U×I→U Next U

11 $u_1=\dfrac{1}{2}$, $u_n=u_{n-1}+\dfrac{1}{n(n+1)}$.

1° On obtient de proche en proche :

$$\boldsymbol{u_2}=u_1+\frac{1}{2\times 3}=\frac{1}{2}+\frac{1}{2\times 3}=\frac{4}{2\times 3}=\mathbf{\frac{2}{3}},$$

$$\boldsymbol{u_3}=u_2+\frac{1}{3\times 4}=\frac{2}{3}+\frac{1}{3\times 4}=\frac{9}{3\times 4}=\mathbf{\frac{3}{4}},$$

$$\boldsymbol{u_4}=u_3+\frac{1}{4\times 5}=\frac{3}{4}+\frac{1}{4\times 5}=\frac{16}{4\times 5}=\mathbf{\frac{4}{5}},$$

$$\boldsymbol{u_5}=u_4+\frac{1}{5\times 6}=\frac{4}{5}+\frac{1}{5\times 6}=\frac{25}{5\times 6}=\mathbf{\frac{5}{6}}.$$

Ces résultats amènent à conjecturer que, pour tout entier naturel n non nul :

$$u_n=\frac{n}{n+1}.$$

2° Calcul et affichage de u_2, …, u_n.

```
from lycee import *
n = demande('Entrer n : ')
u = 0.5
for k in range(2,n+1):
    u = u + 1/(k*(k+1))
    print(u, end=" ")
```

En exécutant le programme avec $n=4$, on obtient dans la console :

```
0.6666666666666666   0.75   0.8
```

3° a. Pour tout entier naturel n non nul :

$$u_1=\frac{1}{1\times 2},$$

$$u_2=u_1+\frac{1}{2\times 3}=\frac{1}{1\times 2}+\frac{1}{2\times 3},$$

$$u_3=u_2+\frac{1}{3\times 4}=\frac{1}{1\times 2}+\frac{1}{2\times 3}+\frac{1}{3\times 4},$$

et, de proche en proche :

$$\boldsymbol{u_n=\frac{1}{1\times 2}+\frac{1}{2\times 3}+\ldots+\frac{1}{n(n+1)}}.$$

b. Pour tout entier naturel k non nul :

$$\frac{1}{k}-\frac{1}{k+1}=\frac{(k+1)-k}{k(k+1)}=\frac{1}{k(k+1)},$$

c'est-à-dire :

$$\boldsymbol{\frac{1}{k(k+1)}=\frac{1}{k}-\frac{1}{k+1}}.$$

c. D'après les questions **3° a.** et **3° b.**, on peut écrire, **pour tout entier naturel n non nul :**

$$u_n=\left(1-\frac{1}{2}\right)+\left(\frac{1}{2}-\frac{1}{3}\right)+\left(\frac{1}{3}-\frac{1}{4}\right)+\ldots+\left(\frac{1}{n}-\frac{1}{n+1}\right)$$

$$=1+\left(-\frac{1}{2}+\frac{1}{2}\right)+\left(-\frac{1}{3}+\frac{1}{3}\right)+\ldots+\left(-\frac{1}{n}+\frac{1}{n}\right)-\frac{1}{n+1}$$

donc, par télescopage additif, il ne reste plus, dans l'expression définissant u_n, que le premier terme et le dernier :

$$\boldsymbol{u_n}=1-\frac{1}{n+1}=\frac{(n+1)-1}{n+1}=\mathbf{\frac{n}{n+1}}.$$

12 L'observation des graphiques nous invite à formuler les **conjectures** suivantes.

1er graphique

La suite (u_n) est décroissante, majorée par son premier terme u_0 ; elle est minorée par 1, nombre duquel u_n « se rapproche » quand n devient grand.

CORRIGÉS

2nd graphique

La suite (u_n) est majorée par son premier terme u_0 et minorée par u_1.

La suite n'est pas monotone. Plus précisément, les termes successifs de la suite sont alternativement supérieurs et inférieurs à 3, la distance qui les en sépare ne cesse de diminuer et u_n est aussi proche que l'on veut de 3 pourvu que n soit suffisamment grand.

On peut encore affiner l'analyse en conjecturant que :

la suite (u_{2n}) des termes d'indice pair de (u_n) est décroissante,

la suite (u_{2n+1}) des termes d'indice impair de (u_n) est croissante.

13 $u_0 = 5,\ u_{n+1} = \dfrac{u_n}{2} + \dfrac{1}{6u_n}$;

$$v_0 = 2,\ v_{n+1} = \sqrt{(v_n)^2+1} - v_n.$$

1°

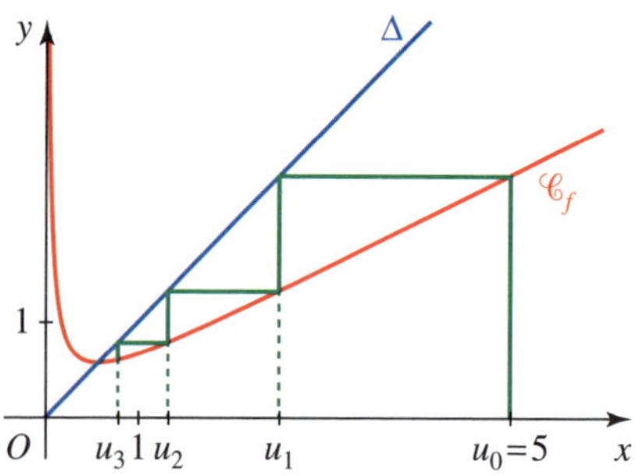

Quand n devient grand, u_n semble se rapprocher de l'abscisse ℓ du point d'intersection de $\mathscr{C}_f$ et Δ.

Ce réel vérifie : $\ell > 0$ et $\dfrac{\ell}{2} + \dfrac{1}{6\ell} = \ell$.

Or, pour tout réel x non nul, on a les équivalences :

$$\frac{x}{2} + \frac{1}{6x} = x \Leftrightarrow \frac{x}{2} = \frac{1}{6x} \Leftrightarrow x^2 = \frac{1}{3},$$

donc :

$$\frac{x}{2} + \frac{1}{6x} = x \Leftrightarrow x = \frac{1}{\sqrt{3}} \text{ ou } x = -\frac{1}{\sqrt{3}}.$$

Le réel ℓ étant positif, on en déduit : **quand n devient grand, u_n semble se rapprocher de $\dfrac{1}{\sqrt{3}}$.**

La suite (u_n) semble admettre pour limite $\dfrac{1}{\sqrt{3}}$:

$$\lim_{n \to +\infty} u_n = \frac{1}{\sqrt{3}}.$$

2°

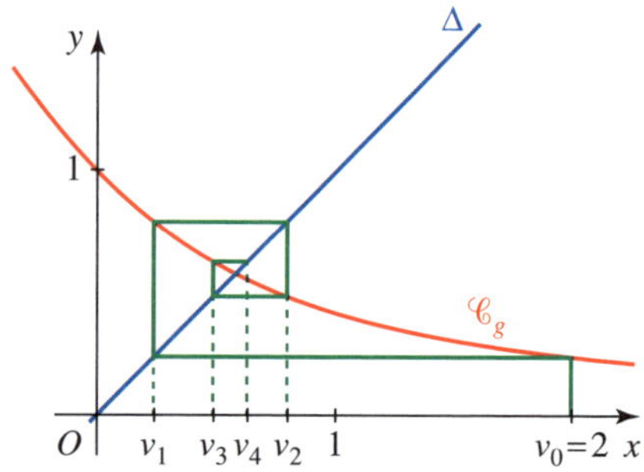

Quand n devient grand, v_n semble se rapprocher de l'abscisse ℓ du point d'intersection de $\mathscr{C}_g$ et Δ.

Ce réel vérifie :

$$\ell > 0 \text{ et } \sqrt{\ell^2+1} - \ell = \ell.$$

Or, pour tout réel x positif, on a les équivalences :

$$\sqrt{x^2+1} - x = x \Leftrightarrow \sqrt{x^2+1} = 2x$$
$$\Leftrightarrow x^2+1 = 4x^2$$
$$\Leftrightarrow x^2 = \frac{1}{3},$$

> Pour tous réels positifs a et b :
> $$a = b \Leftrightarrow a^2 = b^2$$

donc :

$$\sqrt{x^2+1} - x = x \Leftrightarrow x = \frac{1}{\sqrt{3}}.$$

On en déduit que, **quand n devient grand, v_n semble se rapprocher de $\dfrac{1}{\sqrt{3}}$.**

Noter que toutes les conclusions tirées de l'observation des graphiques ne sont, en fait, que des conjectures. Il faut attendre quelques outils supplémentaires en analyse pour pouvoir les démontrer…

3° Les graphiques des questions **1°** et **2°** mettent respectivement en évidence que la suite (u_n) est décroissante et que la suite (v_n) prend des valeurs qui oscillent autour de $\frac{1}{\sqrt{3}}$ (elles sont alternativement supérieures et inférieures à $\frac{1}{\sqrt{3}}$).

Seul le nuage n° 1 peut représenter des termes de la suite (u_n) et seul le nuage n° 2 peut représenter des termes de la suite (v_n).

14

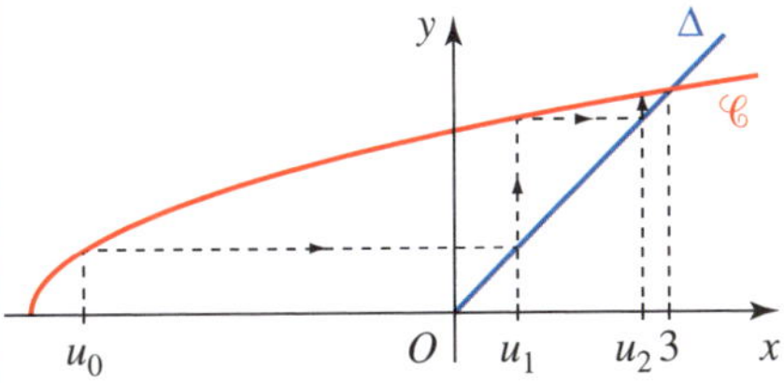

Il semble que la suite (u_n) soit croissante, donc minorée par son premier terme u_0 qui vaut -5.

De plus, il est raisonnable de penser qu'elle est majorée par 3, et que u_n ne cesse de se rapprocher de 3 quand n grandit ; plus précisément : u_n est aussi proche de 3 que l'on veut dès que n est suffisamment grand.

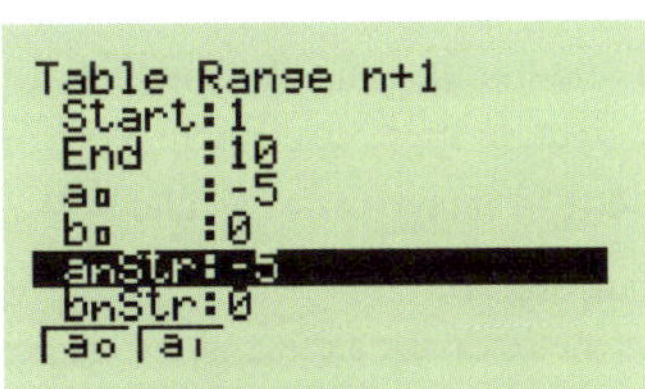

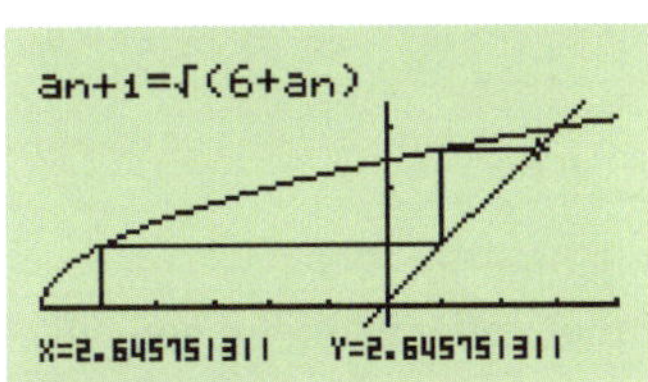

15 1° Pour tout n de $\mathbb{N}$, on a :

$$u_{n+1} = u_n - 3,$$

or : $$u_n - 3 < u_n,$$

donc : $$u_{n+1} < u_n.$$

On en déduit que **la suite (u_n) est strictement décroissante** (sur $\mathbb{N}$).

2° Pour tout n de $\mathbb{N}$, on a :

$$v_{n+1} = v_n + (v_n)^4,$$

or : $$(v_n)^4 \geqslant 0,$$

donc : $$v_n + (v_n)^4 \geqslant v_n,$$

d'où : $$v_{n+1} \geqslant v_n.$$

Cela prouve que **la suite (v_n) est croissante** (sur $\mathbb{N}$).

Dans ces deux cas, le sens de variation ne dépend pas du premier terme.

16 1° $u : n \mapsto (-5)^n$.

La suite u est définie sur $\mathbb{N}$, et, pour tout entier naturel n,

- si n est pair, alors $u_n > 0$;
- si n est impair, alors $u_n < 0$.

***u* n'est donc pas monotone, même à partir d'un certain rang.**

2° $u : n \mapsto n^2 + n - 5$.

La suite u est définie sur $\mathbb{N}$.

Pour tout entier naturel n :

$$\begin{aligned} u_{n+1} - u_n &= (n+1)^2 + (n+1) - 5 \\ &\quad - (n^2 + n - 5) \\ &= n^2 + 3n - 3 - (n^2 + n - 5) \\ &= 2n + 2, \end{aligned}$$

donc : $$u_{n+1} - u_n > 0,$$

autrement dit :

$$u_{n+1} > u_n.$$

Il en résulte que *u* est strictement croissante.

On pouvait aussi observer que la suite u est définie par :

pour tout n de $\mathbb{N}$, $u_n = f(n)$,

où la fonction $f : x \mapsto x^2 + x - 5$ est strictement croissante sur $\left[-\frac{1}{2}, +\infty\right[$, intervalle qui contient $\mathbb{N}$.

Ainsi :

pour tout n de $\mathbb{N}$, $f(n) < f(n+1)$,

autrement dit :

pour tout n de $\mathbb{N}$, $u_n < u_{n+1}$.

CORRIGÉS

3° $u_0 = 4$ et $u_{n+1} = u_n - 0{,}71$.
La suite u est définie sur $\mathbb{N}$ et, pour tout entier naturel n :

$$u_n - 0{,}71 < u_n$$

donc :

$$u_{n+1} < u_n.$$

Par conséquent, u est strictement décroissante.

17 $u : n \mapsto 2n^3 - 9n^2 + 13n$.
La suite u est définie sur $\mathbb{N}$.
Pour tout entier naturel n :

$$\begin{aligned} u_{n+1} - u_n &= 2(n+1)^3 - 9(n+1)^2 + 13(n+1) \\ &\quad - (2n^3 - 9n^2 + 13n) \\ &= 2\left((n+1)^3 - n^3\right) \\ &\quad - 9\left((n+1)^2 - n^2\right) + 13, \end{aligned}$$

or :

$$(n+1)^2 = n^2 + 2n + 1,$$

$$\begin{aligned} (n+1)^3 &= (n+1)^2(n+1) \\ &= (n^2 + 2n + 1)(n+1) \\ &= n^3 + 2n^2 + n + n^2 + 2n + 1 \\ &= n^3 + 3n^2 + 3n + 1, \end{aligned}$$

donc :

$$\begin{aligned} u_{n+1} - u_n &= 2(3n^2 + 3n + 1) - 9(2n+1) + 13 \\ &= 6n^2 - 12n + 6 \\ &= 6(n^2 - 2n + 1) \\ &= 6(n-1)^2. \end{aligned}$$

On en déduit que, pour tout entier naturel n :

$$u_{n+1} - u_n \geqslant 0,$$

c'est-à-dire : $u_{n+1} \geqslant u_n$,
ce qui prouve que **la suite u est croissante**.

On peut écrire :
pour tout n de $\mathbb{N} \backslash \{0 ; 1\}$, $u_{n+1} > u_n$.
On dit que la suite u est strictement croissante à partir du rang 2.

18 $u_n = \dfrac{3^n}{n+1}$.

1° Observons que la suite (u_n) est définie sur $\mathbb{N}$ et à termes strictement positifs.

Pour tout entier naturel n,

$$\begin{aligned} \frac{u_{n+1}}{u_n} &= \frac{3^{n+1}}{n+2} \times \frac{n+1}{3^n} \\ &= \frac{3(n+1)}{n+2} \\ &= \frac{(n+2)+(2n+1)}{n+2} \\ &= \frac{n+2}{n+2} + \frac{2n+1}{n+2} \\ &= 1 + \frac{2n+1}{n+2}. \end{aligned}$$

Ainsi, **pour tout entier naturel n :**

$$\boldsymbol{\frac{u_{n+1}}{u_n} = 1 + \frac{2n+1}{n+2}}.$$

2° D'après la question précédente, pour tout entier naturel n :

$$\frac{u_{n+1}}{u_n} > 1,$$

or $u_n > 0$, donc : $u_{n+1} > u_n$.

> Pour tous réels x et y et tout réel a strictement positif :
> si $x < y$, alors $ax < ay$.

On en déduit que **la suite (u_n) est strictement croissante**.

> Pour étudier le sens de variation d'une suite u à termes strictement positifs, il peut être avantageux de calculer $\frac{u_{n+1}}{u_n}$ et de le comparer à 1.
> Cette méthode est exclue si les termes de la suite n'ont pas tous le même signe.

19 $u : n \mapsto \dfrac{1}{n^2}$.

u est définie sur $\mathbb{N}^*$.
Pour tout entier naturel n non nul :

$$\begin{aligned} u_n \leqslant 10^{-3} &\Leftrightarrow \frac{1}{n^2} \leqslant 10^{-3} \\ &\Leftrightarrow n^2 \geqslant 10^3 ; \end{aligned}$$

or : $31^2 = 961$ et $32^2 = 1\,024$,
donc le plus petit entier naturel n tel que $u_n \leqslant 10^{-3}$ est 32.

20 1° $u : n \mapsto n^2$.

Pour tout n de $\mathbb{N}$, on a :

$$u_n = n^2, \text{ donc } u_n \geqslant 0.$$

En revanche, u_n peut être plus grand que n'importe quel réel A (si $A \geqslant 0$, il suffit de choisir n supérieur à $\sqrt{A}$).

La suite u est minorée par 0, mais n'est pas majorée.

La suite u est la restriction de la fonction carré à $\mathbb{N}$.

2° $u : n \mapsto -n^4$.

Pour tout n de $\mathbb{N}$, on a :

$$u_n = -n^4,$$

donc :

$$u_n \leqslant 0,$$

donc la suite u est majorée par 0.

En revanche, u_n peut être plus petit que n'importe quel réel A, pourvu que n soit suffisamment grand (si $A \leqslant -1$, il suffit de choisir n supérieur à $-A$).

La suite u est majorée par 0, mais n'est pas minorée.

3° $u : n \mapsto \frac{1}{2^n}$.

Pour tout n de $\mathbb{N}$, on a : $u_n = \frac{1}{2^n}$,

donc : $u_n > 0$ et $u_n \leqslant 1$,

d'où : $0 \leqslant u_n \leqslant 1$.

Cela prouve que la suite u est minorée par 0 et majorée par 1.

1 est un majorant de la suite u, donc tout nombre supérieur à 1 est aussi un majorant de u.

0 est un minorant de la suite u, donc tout nombre négatif est aussi un minorant de u.

4° $u : n \mapsto (-2)^n$.

• Si n est un entier pair, on peut écrire $n = 2p$ (où bien sûr $p \in \mathbb{N}$) et :

$$u_n = (-2)^{2p} = ((-2)^2)^p = 4^p.$$

Comme 4^p peut être rendu aussi grand que l'on veut, pourvu que l'entier naturel p soit choisi suffisamment grand, **la suite u n'est pas majorée**.

• Si n est un entier naturel impair, on peut écrire $n = 2p+1$ (où bien sûr $p \in \mathbb{N}$) et :

$u_n = (-2)^{2p+1} = -2 \times (-2)^{2p} = -2 \times 4^p$.

Comme -2×4^p est négatif et peut être rendu aussi loin de 0 que l'on veut, pourvu que l'entier naturel p soit choisi suffisamment grand, **la suite u n'est pas minorée**.

5° $u : n \mapsto \cos(n)$.

Pour tout n de $\mathbb{N}$, on a :

$$u_n = \cos(n),$$

or pour tout réel x :

$$-1 \leqslant \cos(x) \leqslant 1,$$

donc pour tout entier naturel n :

$$-1 \leqslant u_n \leqslant 1.$$

On a prouvé **que la suite u est minorée par -1 et majorée par 1.**

La fonction sinus et la fonction cosinus sont bornées par -1 et 1 sur $\mathbb{R}$.

21 • $u : n \mapsto \frac{1}{\sqrt{n}} + 2$.

u est définie sur $\mathbb{N}^*$.

Pour tout n de $\mathbb{N}^*$, on a :

$$0 < \frac{1}{\sqrt{n}} \leqslant 1,$$

donc : $2 < u_n \leqslant 3$.

On en déduit que la **suite u est bornée par 2 et 3**.

La valeur 3 est atteinte pour $n = 1$, et u_n est aussi proche de 2 que l'on veut (sans jamais l'atteindre), pourvu que n soit suffisamment grand.

• $v : n \mapsto (-1)^n$.

v est définie sur $\mathbb{N}$.

Pour tout n de $\mathbb{N}$, on a :

$$\begin{cases} \text{si } n \text{ est impair, alors } v_n = -1, \\ \text{si } n \text{ est pair, alors } v_n = 1. \end{cases}$$

Donc la suite v est bornée par -1 et 1.

• $w : n \mapsto \frac{\sqrt{n}}{n+2}$.

w est définie sur $\mathbb{N}$.

CORRIGÉS

Pour tout n de $\mathbb{N}$, on a :

$$\frac{\sqrt{n}}{n+2} \geqslant 0,$$

c'est-à-dire : $w_n \geqslant 0$;

de plus : $\sqrt{n} \leqslant n+2,$

pour tout entier naturel n, $\sqrt{n} \leqslant n$

donc : $w_n \leqslant 1.$

Donc la suite w est bornée par 0 et 1.

22 **1°** Dans l'exercice **2**, on a calculé les premiers termes de la suite (u_n) et observé que, pour tout entier naturel n non nul :

$$u_{n+1} = u_n + \frac{1}{n+1},$$

or : $\frac{1}{n+1} > 0,$

d'où : $u_n + \frac{1}{n+1} > u_n,$

donc :

$$u_{n+1} > u_n,$$

ce qui prouve que la suite (u_n) est strictement croissante (sur $\mathbb{N}^*$).

De plus, on avait obtenu : $u_4 = \frac{25}{12}$

et on a : $\frac{25}{12} \geqslant 2.$

On peut donc affirmer :

si $n \geqslant 4$, alors $u_n \geqslant 2$.

On a : $u_3 = \frac{11}{6}$, donc : $u_3 < 2$;

par conséquent, 4 est le plus petit entier naturel n_0 tel que : si $n \geqslant n_0$, alors $u_n \geqslant 2$.

2° Le programme Python suivant affiche le plus petit entier naturel k tel que $u_k \geqslant 10$.

```
u = 0
k = 0
while u < 10:
    k = k + 1
    u = u + 1/k
print(k)
```

À chaque passage dans la boucle **while**, le compteur **k** est incrémenté puis u_k est calculé.

À l'exécution de ce programme, on obtient à l'affichage dans la console :

```
12367
```

On peut légèrement modifier le programme précédent de façon à obtenir en plus à l'affichage les valeurs des deux derniers termes calculés de la suite (u_n).

```
u = 0
k = 0
while u < 10:
    k = k + 1
    v = u
    u = u + 1/k
print(k,v,u)
```

À l'exécution, on obtient à l'affichage dans la console :

```
12367    9.99996214792161
                  10.000043008275778
```

Posons : $n_1 = 12\,367$. En reprenant le raisonnement mené dans la question **1°**, on sait que, **pour tout entier naturel n :**

si $n \geqslant n_1$, alors $u_n \geqslant 10,$

autrement dit :

si $n \geqslant 12\,367$, alors $u_n \geqslant 10$.

CONTRÔLE CONTINU

Exercice n° 1

Partie A

Algorithme de calcul de la somme S_n des carrés des entiers de 1 à n :

Saisir n
$S \leftarrow 0$
Pour k variant de 1 à n, faire
  $S \leftarrow S + k^2$
fin Pour
Afficher S

On peut aussi initialiser S à 1, et, dans ce cas, il faut faire varier le compteur de boucle k de 2 à n.

Partie B

Pour tout entier naturel n :

$$u_{n+1} = u_n - (u_n)^2,$$

or : $-(u_n)^2 \leqslant 0,$

donc : $u_n - (u_n)^2 \leqslant u_n,$

d'où : $u_{n+1} \leqslant u_n,$

ce qui prouve que la suite (u_n) est décroissante.

De plus : $u_0 = 4$, donc :

pour tout entier naturel n, $u_n \leqslant 4$,

ce qui implique :

pour tout entier naturel n, $u_n < 4{,}1$.

Une suite décroissante est majorée par son premier terme.

Finalement, il n'existe pas d'entier naturel n tel que $u_n \geqslant 4{,}1$.

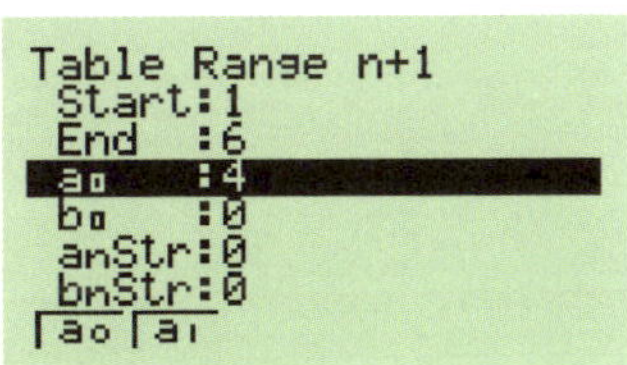

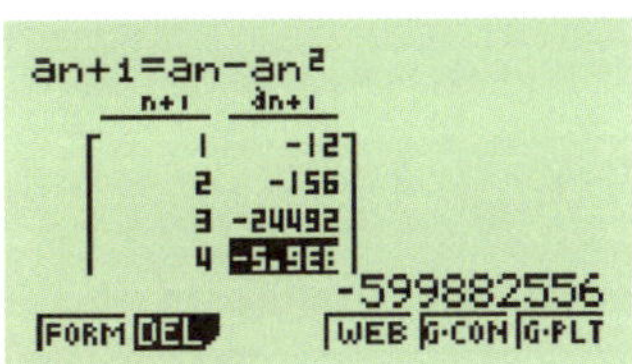

Exercice n° 2

$u : n \mapsto \dfrac{1}{n}.$

u est définie sur $\mathbb{N}^*$.

Pour tout n de $\mathbb{N}^*$, on a :

$$0 < \frac{1}{n} \leqslant 1,$$

c'est-à-dire : $0 < u_n \leqslant 1$.

Donc la suite u est minorée par 0 et majorée par 1.

La suite u, étant décroissante, est majorée par son premier terme u_1.

L'encadrement obtenu est le meilleur possible :

- on ne peut pas améliorer la majoration, car $u_1 = 1$;
- on ne peut pas améliorer la minoration, car u_n est aussi proche de 0 que l'on veut, pourvu que n soit suffisamment grand.

Exercice n° 3

$u_0 = 8,\ u_{n+1} = \dfrac{1}{2}u_n + 1.$

1° $\mathscr{D} : y = \dfrac{1}{2}x + 1, \quad \Delta : y = x.$

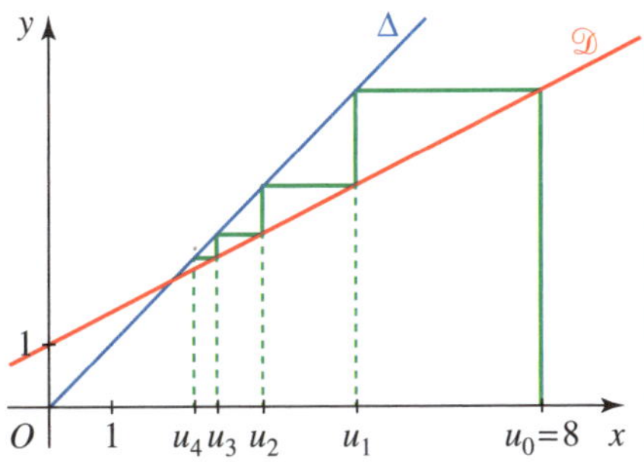

2° Le graphique ci-dessus met en évidence que **la suite (u_n) semble décroissante** et que, quand n devient grand, u_n semble se rapprocher de l'abscisse du point d'intersection des droites $\mathscr{D}$ et Δ.

De plus, pour tout réel x, on a :

$$\frac{1}{2}x + 1 = x \Leftrightarrow x - \frac{1}{2}x = 1$$
$$\Leftrightarrow \frac{1}{2}x = 1$$
$$\Leftrightarrow x = 2,$$

donc, **quand n devient grand, u_n semble se rapprocher de 2 d'aussi près que l'on veut**.

3° Il y a 10 passages dans la boucle **for**, lors desquels sont successivement calculés par les instructions des lignes **4** et **5** :

$$u_1 \text{ et } u_0 + u_1,$$
$$u_2 \text{ et } u_0 + u_1 + u_2,$$
$$\vdots$$
$$u_{10} \text{ et } u_0 + u_1 + \cdots + u_{10}.$$

Enfin, grâce à la dernière instruction, **le programme provoque l'affichage de la valeur de $u_0 + u_1 + \cdots + u_{10}$.**

Python

```
from lycee import *
def f(x):
    return x/2+1
# Cadre
a,b = -0.1, 8.4
# Axes
repere.plot([a,b],[0,0],'k')
repere.plot([0,0],[a,b],'k')
# Courbe de f
x = np.arange(a,b,0.01)
repere.plot(x, f(x),'g')
# Droite y = x
repere.plot([0,b],[0,b],'b')
# Ligne polygonale
u0 = 8
u=u0
L = []
for k in range(3):
    u = f(u)
    L = L+[u,u]
u = f(u)
x = [u0,u0] + L + [u]
y = [0] + L + [u,u]
repere.plot(x,y,'r')
repere.show()
```

Sortie graphique

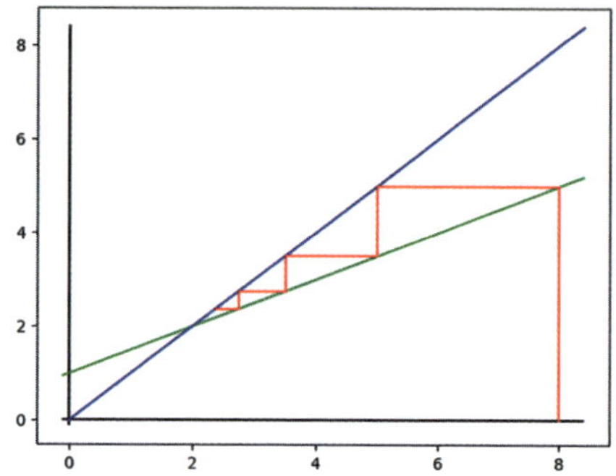

Chapitre 2

Suites arithmétiques Suites géométriques

1 Suites arithmétiques

A. Définition

Dire qu'une suite u définie sur $\mathbb{N}$ est arithmétique signifie qu'il existe un réel r tel que, pour tout entier naturel n :

$$u_{n+1} = u_n + r$$

Le réel r est appelé la **raison** de la suite arithmétique u.

Les suites arithmétiques modélisent les évolutions successives à accroissement constant.

COURS

B. Expression explicite de u_n

Si une suite u définie sur $\mathbb{N}$ est arithmétique de raison r, alors, pour tout entier naturel n :

$$u_n = u_0 + nr$$

C. Somme de termes consécutifs

▶ Si S est une somme de termes consécutifs d'une suite arithmétique, alors :

$$S = \frac{\text{nombre de termes} \times (1^{\text{er}} \text{ terme} + \text{dernier terme})}{2}.$$

▶ En particulier, pour tout entier naturel n non nul :

$$1 + 2 + \ldots + n = \frac{n(n+1)}{2}$$

D. Représentation graphique

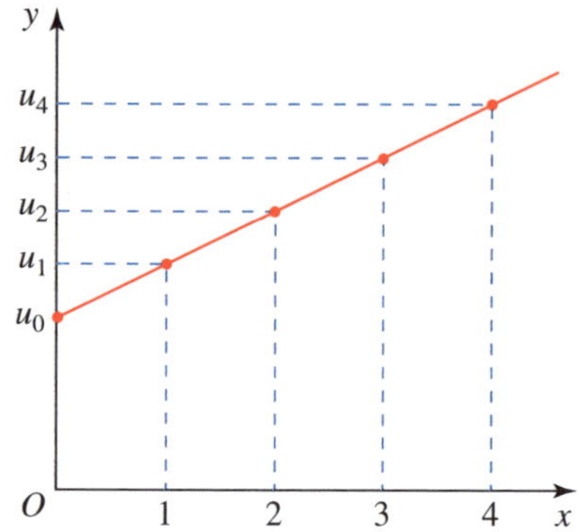

Les points de la représentation graphique d'une suite arithmétique u de raison r définie sur $\mathbb{N}$ sont alignés sur la droite d'équation $y = rx + u_0$.

Les suites arithmétiques modélisent les phénomènes discrets à **croissance linéaire**.

2 Suites géométriques

A. Définition

▶ Dire qu'une suite u définie sur $\mathbb{N}$ est géométrique signifie qu'il existe un réel q tel que, pour tout entier naturel n :

$$u_{n+1} = u_n \times q$$

Le réel q est appelé la **raison** de la suite géométrique u.

B. Expression explicite de u_n

Si une suite u définie sur $\mathbb{N}$ est géométrique de raison non nulle q, alors, pour tout entier naturel n :

$$u_n = u_0 \times q^n$$

C. Somme de termes consécutifs

▶ Si S est une somme de termes consécutifs d'une suite géométrique de raison q différente de 1, alors :

$$S = \frac{1^{\text{er}} \text{ terme} \times \left(1 - q^{\text{nombre de termes}}\right)}{1 - q}$$

▶ En particulier, pour tout réel q différent de 1 et tout entier naturel n non nul :

$$1+q+\ldots+q^n=\frac{1-q^{n+1}}{1-q}.$$

D. Représentation graphique

▶ Graphique obtenu avec un tableur pour la suite $n \mapsto (1,3)^n$ (en bleu) et la suite $n \mapsto (1,5)^n$ (en rouge)

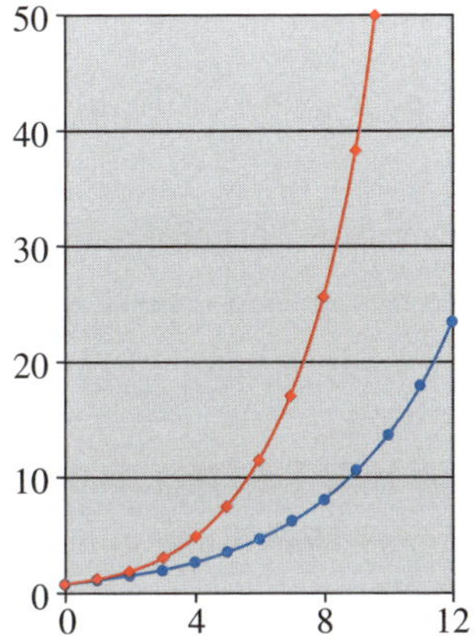

Ces suites modélisent un phénomène discret à **croissance exponentielle**.

▶ Graphique obtenu avec un tableur pour la suite $n \mapsto (0,8)^n$.

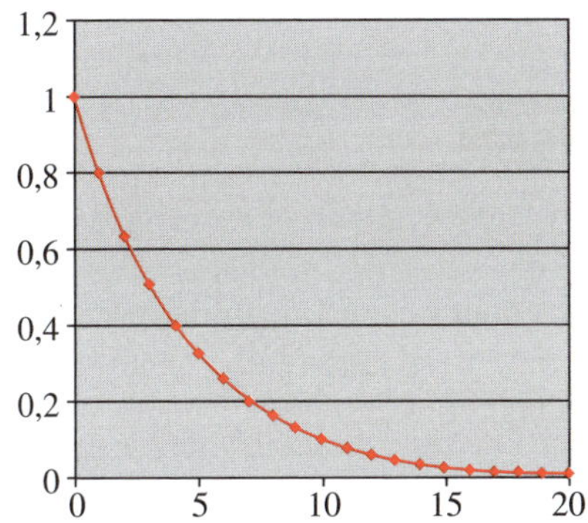

EXERCICES

Vrai ou faux ?

1

(corrigé p. 46)

1° La suite $u : n \mapsto 2 - 3n$ est arithmétique de raison 2.

2° La suite (u_n) définie sur $\mathbb{N}$ par $u_n = \dfrac{2}{3^n}$ est géométrique de raison $\dfrac{2}{3}$.

3° Toute suite (u_n) telle que, pour tout n de $\mathbb{N}$, $u_{n+1} = \dfrac{3u_n}{7}$ est une suite géométrique.

4° Toute suite arithmétique de raison 2 est croissante.

5° Toute suite géométrique de raison 2 est croissante.

6° Pour tout réel q strictement compris entre -1 et 0, la suite géométrique (q^n) est bornée par 1 et q.

7° La somme des entiers naturels de 1 à 1 000 est égale à 500 500.

8° La somme des 1 000 premiers termes d'une suite géométrique de premier terme 0,05 et de raison 1 est égale à 50.

9° Si a, b, c sont trois termes consécutifs, dans cet ordre, d'une suite arithmétique, alors b est la moyenne de a et c.

10° L'exécution du programme Python ci-contre provoque l'affichage du onzième terme d'une suite géométrique de premier terme 3 et de raison 1,2.

```
u = 3
for k in range(10):
    u = u*1.2
print(u)
```

Suites arithmétiques

2 ★ 5 min

(corrigé p. 47)

Une suite arithmétique u a pour raison 1,5 et pour premier terme u_0 avec :

$$u_0 = -4.$$

Quels sont ses six premiers termes ?

3 ★ 10 min

(corrigé p. 47)

Soient a et b des nombres réels, (u_n) la suite arithmétique définie sur $\mathbb{N}$, de premier terme a et de raison b.

1° Donner une relation de récurrence vérifiée par la suite (u_n).

2° En déduire l'écriture d'une fonction **exo3** en Python, qui prend en entrée a, b, n et renvoie la valeur de u_n, calculée à l'aide d'une boucle **for**.

4 ★ 5 min (corrigé p. 47)

Chacun des trois nuages de points représente les termes d'indice 0 à 8 d'une suite définie sur $\mathbb{N}$.

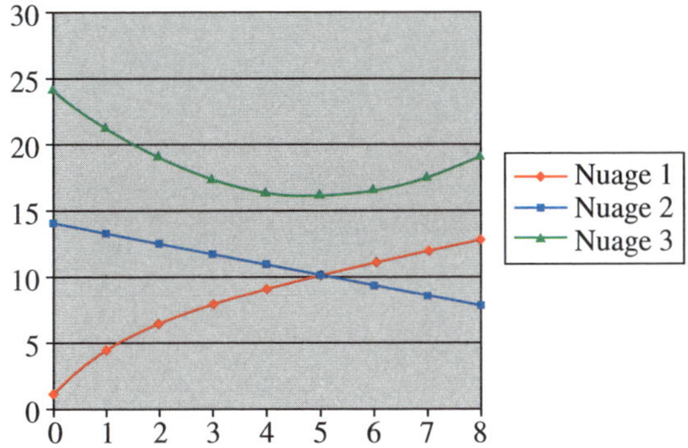

Un seul de ces nuages de points correspond à une suite arithmétique. Lequel ?

5 ★ 10 min (corrigé p. 48)

Démontrer que la suite (u_n) définie sur $\mathbb{N}$ par la relation proposée est arithmétique. Préciser sa raison.

1° $u_0 = 3$ et $u_{n+1} = 6 + u_n$.

2° $u_n = 5n - 3$.

3° $u_n = \dfrac{4-n}{3}$.

4° $u_n = (n+3)^2 - n^2$.

6 ★ 5 min (corrigé p. 48)

Soit (u_n) la suite arithmétique définie sur $\mathbb{N}^*$, de premier terme -2 et de raison 3. Pour tout entier naturel n non nul, exprimer u_n en fonction de n.

Dans les trois exercices suivants, u désigne une suite arithmétique de raison r $(r \in \mathbb{R})$.

7 ★ 5 min (corrigé p. 48)

La fonction **exo7** éditée ci-contre prend en entrée un entier naturel n et renvoie le terme d'indice n d'une suite u définie sur $\mathbb{N}$.
Que peut-on dire de la suite u ?

```
def exo7(n):
    # n entier naturel
    u = 3
    for k in range(n):
        u = u + 0.5
    return u
```

8 ★ 5 min (corrigé p. 48)

Sachant que $u_7 = 3\,000$ et $r = -50$, calculer u_1.

9 ★ 5 min (corrigé p. 48)

Sachant que $u_0 = 100$ et $u_{100} = 50$, calculer la raison r.

10 ★ 5 min (corrigé p. 49)

Sachant que $u_{10} = 9$ et $u_{17} = 17{,}4$ calculer u_{21}.

EXERCICES

11 ★★ 10 min (corrigé p. 49)

Soit (u_n) la suite définie sur $\mathbb{N}$ par $u_0 = 1$ et la relation de récurrence :

$$u_{n+1} = \sqrt{3+(u_n)^2}.$$

1° On pose, pour tout entier naturel n :

$$v_n = (u_n)^2.$$

Démontrer que la suite (v_n) est arithmétique.

2° En déduire, pour tout entier naturel n, une expression explicite de u_n en fonction de n.

12 ★★ 10 min (corrigé p. 49)

Soient r un nombre réel et (u_n) une suite arithmétique, définie sur $\mathbb{N}$ et de raison r. Dans chacun des cas suivants, démontrer que la suite définie par la relation proposée est arithmétique, et préciser sa raison.

1° $v_n = 7u_n - 3$.

2° $w_n = u_{2n}$.

3° $t_n = (u_n)^2 - r^2n^2$.

13 ★★ 10 min (corrigé p. 49)

Soient a, r, r' des nombres réels, (u_n) et (v_n) des suites arithmétiques définies sur $\mathbb{N}$ et de raisons respectives r et r'.
Que peut-on dire :

1° de la suite (au_n) ?

2° de la suite $(u_n + v_n)$?

Suites géométriques

14 ★ 5 min (corrigé p. 50)

Une suite géométrique u a pour raison $-\frac{1}{2}$ et pour premier terme u_0 avec $u_0 = 16$.
Quels sont ses huit premiers termes ?

15 ★★ 10 min (corrigé p. 50)

1° Compléter le programme ci-contre pour qu'à son exécution la variable x prenne successivement pour valeur u_0, u_1, …, u_{100}, où u est la suite géométrique définie sur $\mathbb{N}$, de premier terme 1 et de raison 0,99.

```
x =     
y = 1
for k in range(     ):
    x =         
    y = y*x
print(y)
```

2° Quelle est la valeur exacte Y dont une valeur approchée est calculée et affichée par le programme ? On donnera la réponse sous forme d'une puissance de 0,99.

16 ★ 10 min

(corrigé p. 50)

1° Soient q un réel strictement positif et (u_n) la suite définie sur $\mathbb{N}$ par :

$$u_n = q^n.$$

Étudier le sens de variation de la suite (u_n).

2° En déduire le sens de variation de la suite (v_n) proposée.

a. (v_n) est définie sur $\mathbb{N}$ par : $v_n = 3 \times (0{,}7)^n$.

b. (v_n) est la suite géométrique définie sur $\mathbb{N}$ de premier terme -2 et de raison 1,6.

17 ★★ 10 min

(corrigé p. 51)

Soit (u_n) la suite géométrique définie sur $\mathbb{N}$ de premier terme 2 et de raison $-0{,}9$.

1° On pose, pour tout n de $\mathbb{N}$:

$$v_n = u_{2n}, \quad w_n = u_{2n+1}.$$

Déterminer le sens de variation de chacune des suites (v_n) et (w_n).

2° On pose, pour tout n de $\mathbb{N}$: $\quad t_n = |u_n|$.

Démontrer que la suite (t_n) est géométrique et préciser sa raison.

18 ★★ 5 min

(corrigé p. 51)

1° Sachant que $2^{10} = 1\,024$, trouver un entier naturel n_0 tel que $2^{n_0} > 10^6$.
À l'aide de la calculatrice, déterminer le plus petit entier naturel n tel que $2^n > 10^6$.

2° Trouver de même un entier naturel n_1 tel que $2^{n_1} > 10^{15}$.
L'entier n_1 ainsi obtenu est-il le plus petit entier naturel n tel que $2^n > 10^{15}$?

3° Que peut-on dire, si n est un entier supérieur ou égal à n_1 :

a. de 2^n ? b. de $\left(\frac{1}{2}\right)^n$? c. de $\left(-\frac{1}{2}\right)^n$?

19 ★★ 5 min

(corrigé p. 52)

Chacun des quatre nuages de points du graphique ci-dessous représente les termes d'indice 0 à 8 d'une suite géométrique définie sur $\mathbb{N}$.

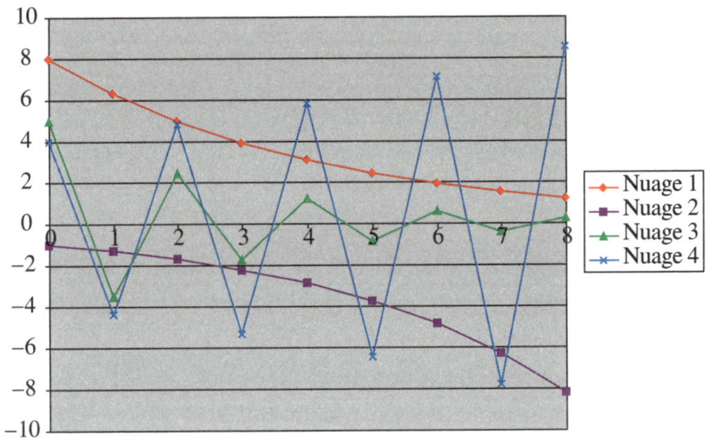

Préciser pour chacun d'eux la position par rapport à -1, 0 et 1 de la raison de la suite géométrique représentée.

Dans les trois exercices suivants, u désigne une suite géométrique de raison q.

20 ★ 5 min *(corrigé p. 53)*

Sachant que $u_5 = 729$ et $q = -3$, calculer les termes u_{10} et u_0.

21 ★ 5 min *(corrigé p. 53)*

Sachant que $u_0 = 1$ et $u_7 = 128$, calculer la raison q.

22 ★ 5 min *(corrigé p. 53)*

Sachant que $u_4 = 44$, $u_{10} = 352$ et que la raison q est positive, calculer u_{13}.

23 ★ 15 min *(corrigé p. 53)*

Démontrer que la suite (u_n) définie sur $\mathbb{N}$ par la relation proposée est géométrique. Préciser sa raison.

1° $u_0 = 3$ et $u_{n+1} = \dfrac{u_n}{6}$.

2° $u_n = 3^{n-1}$.

3° $u_n = 3^n \times 5^n$.

4° $u_n = -3 \times 5^{-n}$.

5° $u_n = 5^{2n+1}$.

6° $u_n = \dfrac{(-1)^n}{3^{n+1}}$.

7° $u_n = 3$.

8° $u_n = 3 \times 2^n + 2^{n+1}$.

24 ★★ 10 min *(corrigé p. 54)*

Soient a, q, q' des nombres réels, (u_n) et (v_n) des suites géométriques définies sur $\mathbb{N}$ et de raisons respectives q et q'.
Que peut-on dire :

1° de la suite (au_n) ?

2° de la suite $(u_n v_n)$?

Calcul de sommes

25 ★ 5 min *(corrigé p. 54)*

Dans chacun des cas suivants, quel est le nombre de termes de la somme S ?

1° $S = u_0 + u_1 + \ldots + u_{10}$.

2° $S = u_1 + u_2 + \ldots + u_{17}$.

3° $S = u_0 + u_1 + \ldots + u_n$, avec n entier naturel.

4° $S = u_1 + u_2 + \ldots + u_n$, avec n entier naturel non nul.

5° $S = u_0 + u_1 + \ldots + u_{n+1}$, avec n entier naturel.

6° $S = u_2 + u_3 + \ldots + u_{n+1}$, avec n entier naturel non nul.

26 ★ 5 min (corrigé p. 54)

Soit n un entier naturel non nul.
Exprimer explicitement en fonction de n la somme S_n des entiers de 1 à $3n$.

27 ★ 5 min (corrigé p. 55)

Calculer (de tête !) les sommes suivantes.

1° La somme S des neuf premiers termes de la suite géométrique (u_n) définie sur $\mathbb{N}$ par $u_0 = 2$ et la relation de récurrence :

$$u_{n+1} = 10u_n.$$

2° La somme T des sept premiers termes d'une suite géométrique de premier terme 3 et de raison $\frac{1}{10}$.

28 ★ 5 min (corrigé p. 55)

	A	B	C
1	*n*	*un*	*Sn*
2	0	0,7	0,7
3	1	1,9	2,6
4	2	3,1	5,7
5	3	4,3	10
6	4	5,5	15,5
7	5	6,7	22,2
8	6	7,9	30,1

Soit (u_n) la suite arithmétique définie sur $\mathbb{N}$, de premier terme 0,7 et de raison 1,2.
Pour tout entier naturel n, on note S_n la somme des termes de la suite (u_n) d'indices 0, 1, …, n.

1° Dans la feuille de calcul ci-dessus, une formule a été éditée dans la cellule **B3**, puis étirée vers le bas, de façon à obtenir dans la colonne **B** les termes successifs de la suite (u_n).
Quelle est cette formule ?

2° De même, une formule a été éditée en **C2**, puis étirée vers le bas, de façon à obtenir dans la colonne **C** les termes successifs de la suite (S_n).
Quelle est cette formule ?

29 ★ 10 min (corrigé p. 55)

Soit u la suite arithmétique définie sur $\mathbb{N}$, de premier terme -5 et de raison 3.
Calculer chacune des deux sommes proposées.

1° S est la somme des cent premiers termes de la suite u.

2° $T = u_{20} + u_{21} + \ldots + u_{59}$.

EXERCICES

30 ★ 10 min (corrigé p. 55)

On pose, pour tout entier naturel n non nul :

$$S_n = 1 + 2 + 2^2 + \ldots + 2^n,$$

c'est-à-dire :

$$S_n = \sum_{k=0}^{n} 2^k.$$

1° Exprimer S_n en fonction de n (sans utiliser de pointillés !).

2° En déduire, pour tout n de $\mathbb{N}$, l'expression en fonction de n de chacune des sommes U_n et V_n suivantes :

a. $U_n = 1 + 2 + 2^2 + \ldots + 2^{2n+1}$;

b. $V_n = 1 + \frac{1}{2} + \frac{1}{2^2} + \ldots + \frac{1}{2^n}$.

31 ★ 5 min (corrigé p. 56)

Soit u la suite géométrique définie sur $\mathbb{N}$, de premier terme -2 et de raison $\sqrt{2}$.
Calculer la somme S des six premiers termes de la suite u.

32 ★★ 10 min (corrigé p. 56)

Pour tout entier naturel n non nul, on pose :

$$u_n = 0,\underbrace{6\ldots6}_{n \text{ chiffres } 6}.$$

1° Montrer que u_n est la somme de n termes consécutifs d'une suite géométrique de premier terme 0,6.

2° En déduire que, pour tout n de $\mathbb{N}^*$, on a :

$$u_n = \frac{2}{3}\left(1 - \frac{1}{10^n}\right).$$

33 ★★ 15 min (corrigé p. 56)

Soit la suite u définie par $u_0 = 1$ et, pour tout entier naturel n :

$$u_{n+1} = 2u_n + 1,$$

et soit la suite v telle que, pour tout entier naturel n :

$$v_n = u_n + 1.$$

1° Prouver que la suite u n'est ni arithmétique, ni géométrique.

2° Démontrer que la suite v est géométrique.
En déduire l'expression de v_n puis celle de u_n en fonction de l'entier naturel n.

3° Déterminer, en fonction de l'entier naturel n, les sommes S et S' telles que :

$$S = v_0 + v_1 + \ldots + v_n$$

et

$$S' = u_0 + u_1 + \ldots + u_n.$$

CONTRÔLE CONTINU

Exercice n° 1 10 min (5 points) (corrigé p. 57)

L'algorithme ci-dessous calcule le terme d'indice n de deux suites (u_n) et (S_n) définies sur $\mathbb{N}$.

```
u ← a
S ← a
Pour k variant de 1 à n faire
   u ← b × u
   S ← S + u
Fin Pour
Afficher u
Afficher S
```

1° Que peut-on dire de la suite (u_n) ?

2° Soit n un entier naturel.
Exprimer explicitement les réels u_n et S_n en fonction de n.

Exercice n° 2 15 min (5 points) (corrigé p. 57)

Soit u la suite arithmétique définie sur $\mathbb{N}$ telle que :

$$u_4 + u_6 + u_8 + u_{10} = -8 \text{ et } u_1 + u_{11} = -3.$$

Déterminer sa raison r et son premier terme u_0.

Exercice n° 3 15 min (5 points) (corrigé p. 57)

Soit u la suite géométrique de raison $-\frac{2}{3}$ et de premier terme u_0 tel que : $u_0 = 9$.

Calculer S, où $S = u_3 + u_4 + \ldots + u_{10}$.

Exercice n° 4 15 min (5 points) (corrigé p. 58)

1° v est la suite : $n \mapsto (-2)^n$, w est la suite : $n \mapsto 3n - 5$.
Démontrer que v est géométrique, démontrer que w est arithmétique.

2° u est la suite : $n \mapsto (-2)^n + 3n - 5$.
Calculer le réel S tel que : $S = u_2 + u_3 + \ldots + u_{10}$.

CORRIGÉS

1 1° La suite $u : n \mapsto 2 - 3n$ est arithmétique de raison 2.

Faux.

Pour tout entier naturel n :

$$u_{n+1} = 2 - 3(n+1) = 2 - 3n - 3,$$

donc : $$u_{n+1} = u_n - 3,$$

ce qui prouve que la suite u est bien arithmétique, mais de raison -3.

La suite $n \mapsto an + b$ est arithmétique de raison a.

2° La suite (u_n) définie sur $\mathbb{N}$ par $u_n = \dfrac{2}{3^n}$ est géométrique de raison $\dfrac{2}{3}$.

Faux.

En écrivant que, pour tout entier naturel n :

$$u_n = 2 \times \left(\frac{1}{3}\right)^n,$$

on reconnaît le terme général d'une suite géométrique de raison $\dfrac{1}{3}$.

3° Toute suite (u_n) telle que, pour tout n de $\mathbb{N}$, $u_{n+1} = \dfrac{3u_n}{7}$ est une suite géométrique.

Vrai.

En effet, pour tout entier naturel n :

$$u_{n+1} = \frac{3}{7} \times u_n,$$

ce qui prouve que (u_n) est une suite géométrique de raison $\dfrac{3}{7}$.

4° Toute suite arithmétique de raison 2 est croissante.

Vrai.

Si (u_n) est une suite arithmétique de raison 2, alors, pour tout entier naturel n, on a : $u_{n+1} = u_n + 2$, or $u_n + 2 > u_n$,

donc : $$u_{n+1} > u_n.$$

Toute suite arithmétique de raison positive est croissante.

5° Toute suite géométrique de raison 2 est croissante.

Faux.

Par exemple, la suite $n \mapsto -2^n$ est géométrique de raison 2, et elle est strictement décroissante.

Ne pas confondre -2^n et $(-2)^n$.

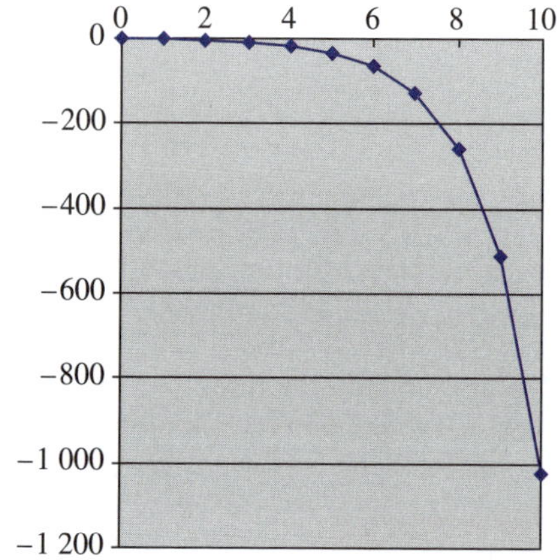

6° Pour tout réel q strictement compris entre -1 et 0, la suite géométrique (q^n) est bornée par 1 et q.

Vrai.

Si q est un réel tel que $-1 < q < 0$, alors, pour tout entier naturel n :

$$q \leqslant q^n \leqslant 1.$$

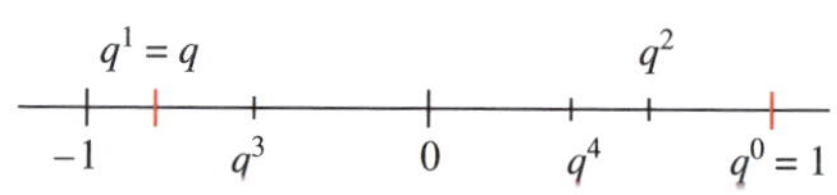

7° La somme des entiers naturels de 1 à 1 000 est égale à 500 500.

Vrai.

$$\begin{aligned} 1 + 2 + \ldots + 1\,000 &= \frac{1\,000 \times (1 + 1\,000)}{2} \\ &= 500 \times 1\,001 \\ &= 500\,500. \end{aligned}$$

$$1 + 2 + \ldots + n = \frac{n(n+1)}{2}$$

8° La somme des 1 000 premiers termes d'une suite géométrique de premier terme 0,05 et de raison 1 est égale à 50.

Vrai.

Une suite géométrique de raison 1 étant constante, la somme à calculer est égale à $1\,000 \times 0{,}05$ c'est-à-dire 50.

9° Si a, b, c sont trois termes consécutifs, dans cet ordre, d'une suite arithmétique, alors $b = \dfrac{a+c}{2}$.

Vrai.

En notant r la raison de la suite arithmétique, on a :

- $a = b - r$ (car $b = a + r$)
- $c = b + r$,

d'où, en additionnant membre à membre ces deux égalités :

$$a + c = 2b,$$

c'est-à-dire : $b = \dfrac{a+c}{2}$.

On démontre de façon analogue que, si a, b, c sont, dans cet ordre, trois termes consécutifs d'une suite géométrique, alors $b^2 = ac$.

10° L'exécution du programme proposé provoque l'affichage du onzième terme d'une suite géométrique de premier terme 3 et de raison 1,2.

Vrai.

Premier terme 3 : ligne 1,
suite géométrique de raison 1,2 : ligne 3,
onzième terme : 10 passages dans la boucle for.

range(10) génère la liste des 10 entiers de 0 à 9.

2 u : suite arithmétique de raison 1,5, $u_0 = -4$.

Les six premiers termes de la suite u sont : u_0, u_1, u_2, u_3, u_4, u_5 avec :

$\boldsymbol{u_0 = -4}$; $\boldsymbol{u_1 = -2{,}5}$; $\boldsymbol{u_2 = -1}$;
$\boldsymbol{u_3 = 0{,}5}$; $\boldsymbol{u_4 = 2}$; $\boldsymbol{u_5 = 3{,}5}$.

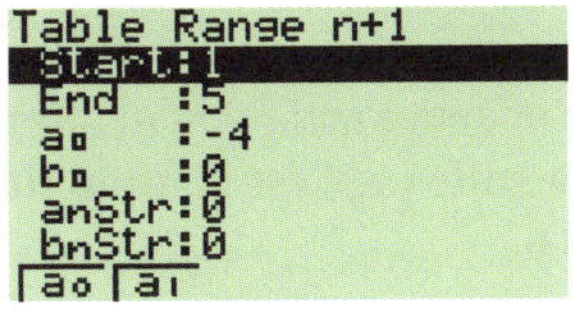

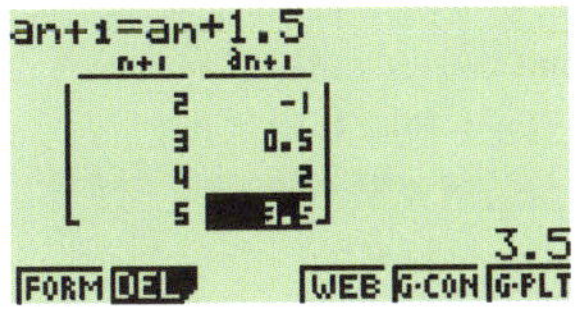

3 **1°** La suite (u_n) est arithmétique de raison b, donc elle vérifie la relation de récurrence :

$$\boldsymbol{u_{n+1} = u_n + b}.$$

2° **Fonction qui renvoie u_n :**

```
def exo3(a,b,n):
    u = a
    for k in range(n):
        u = u + b
    return u
```

Utilisation de la fonction **exo3** dans la console pour créer la liste de composantes $u_1, \ldots, u_5$:

```
>>> [exo3(-4,1.5,n) for n in range(6)]
[-4, -2.5, -1.0, 0.5, 2.0, 3.5]
```

4

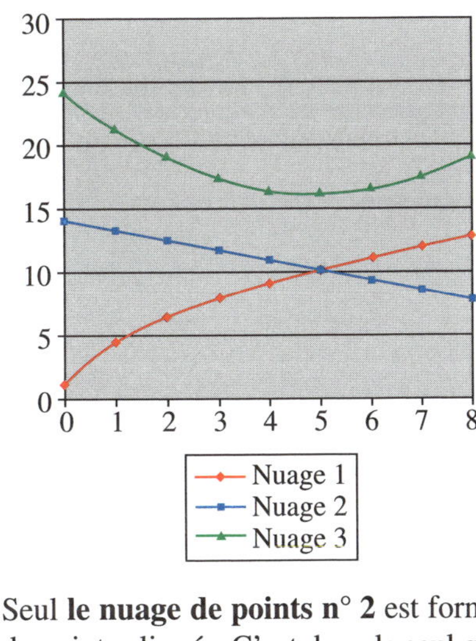

Seul **le nuage de points n° 2** est formé de points alignés. C'est donc le seul qui corresponde à une **suite arithmétique**.

CORRIGÉS

5 1° $u_0 = 3$ et $u_{n+1} = 6 + u_n$.

Pour tout entier naturel n, $u_{n+1} = u_n + 6$, donc **la suite (u_n) est arithmétique de raison 6**.

2° $u_n = 5n - 3$.

Pour tout entier naturel n :

$$\begin{aligned} u_{n+1} &= 5(n+1) - 3 \\ &= 5n + 5 - 3 \\ &= (5n-3) + 5, \end{aligned}$$

donc : $$u_{n+1} = u_n + 5,$$

ce qui prouve que **la suite (u_n) est arithmétique de raison 5**.

La suite $n \mapsto an + b$ est arithmétique de raison a.

On pouvait aussi écrire que, pour tout entier naturel n :

$$\begin{aligned} u_{n+1} - u_n &= \left(5(n+1) - 3\right) - \left(5n - 3\right) \\ &= 5n + 5 - 3 - 5n + 3 \\ &= 5. \end{aligned}$$

Démontrer qu'une suite (v_n) est arithmétique, c'est démontrer que la suite $(v_{n+1} - v_n)$ est constante.

3° $u_n = \dfrac{4-n}{3}$.

Pour tout entier naturel n :

$$u_n = -\frac{1}{3}n + \frac{4}{3},$$

ce qui met en évidence que **la suite (u_n) est arithmétique de raison $-\dfrac{1}{3}$.**

Pour tout entier naturel n :

$$\begin{aligned} u_{n+1} - u_n &= \left(-\frac{1}{3}(n+1) + \frac{4}{3}\right) - \left(-\frac{1}{3}n + \frac{4}{3}\right) \\ &= -\frac{1}{3}n - \frac{1}{3} + \frac{4}{3} + \frac{1}{3}n - \frac{4}{3} \\ &= -\frac{1}{3}. \end{aligned}$$

4° $u_n = (n+3)^2 - n^2$.

Pour tout entier naturel n :

$$u_n = n^2 + 6n + 9 - n^2 = 6n + 9,$$

ce qui met en évidence que **la suite (u_n) est arithmétique de raison 6**.

Pour tout entier naturel n :

$$\begin{aligned} u_{n+1} - u_n &= \left((n+4)^2 - (n+1)^2\right) - \left((n+3)^2 - n^2\right) \\ &= \left((n+4) - (n+1)\right)\left((n+4) + (n+1)\right) \\ &\quad - (n+3-n)(n+3+n) \\ &= 3(2n+5) - 3(2n+3) \\ &= 6n + 15 - 6n - 9 \\ &= 6. \end{aligned}$$

6 (u_n) : suite arithmétique définie sur $\mathbb{N}^*$, de premier terme -2 et de raison 3.

On a : $u_1 = -2 = -2 + \mathbf{0} \times 3$,

$u_2 = u_1 + 3 = -2 + \mathbf{1} \times 3$,

$u_3 = u_2 + 3 = -2 + \mathbf{2} \times 3$.

Pour tout entier naturel n non nul :

$$u_n = u_1 + (n-1) \times 3,$$

d'où :

$$u_n = -2 + (n-1) \times 3 = -2 + 3n - 3,$$

et finalement :

$$u_n = 3n - 5.$$

Si (u_n) est une suite arithmétique de raison r, alors pour tout entier naturel n non nul :

$$u_n = u_1 + (n-1)r.$$

7

```
1 def exo7(n):
2     # n entier naturel
3     u = 3
4     for k in range(n):
5         u = u + 0.5
6     return u
```

D'après la ligne **3** :

$$u_0 = 3,$$

et d'après la ligne **5**, la suite u vérifie la relation de récurrence :

$$u_{n+1} = u_n + 0{,}5.$$

Donc **u est la suite arithmétique définie sur $\mathbb{N}$, de premier terme 3 et de raison 0,5**.

8 $u_7 = 3\,000$ et $r = -50$.

On a : $$u_7 = u_1 + 6r,$$

d'où : $u_1 = u_7 - 6r = 3\,000 - 6 \times (-50)$,

donc : $$\mathbf{u_1 = 3\,300.}$$

9 $u_0 = 100$ et $u_{100} = 50$.

On a : $$u_{100} = u_0 + 100r,$$

d'où : $r = \dfrac{u_{100} - u_0}{100} = \dfrac{50 - 100}{100}$,

donc : $$\mathbf{r = -0{,}5.}$$

10 $u_{10} = 9$ et $u_{17} = 17{,}4$.

• On a l'égalité : $u_{17} = u_{10} + 7r$,

donc : $17{,}4 = 9 + 7r$,

d'où : $r = \dfrac{17{,}4 - 9}{7} = \dfrac{8{,}4}{7} = 1{,}2$.

• On peut écrire : $u_{21} = u_{17} + 4r$,

donc :

$$u_{21} = 17{,}4 + 4 \times 1{,}2 = 17{,}4 + 4{,}8,$$

et finalement : $\boldsymbol{u_{21} = 22{,}2}$.

11 (u_n) : suite définie sur $\mathbb{N}$ par $u_0 = 1$ et la relation de récurrence :

$$u_{n+1} = \sqrt{3 + (u_n)^2}.$$

1° $v_n = (u_n)^2$.

Pour tout entier naturel n :

$$\begin{aligned} v_{n+1} &= (u_{n+1})^2 \\ &= \left(\sqrt{3 + (u_n)^2}\right)^2 \\ &= 3 + (u_n)^2 \\ &= 3 + v_n \\ &= v_n + 3, \end{aligned}$$

donc **la suite (v_n) est arithmétique** de raison 3.

2° $v_0 = (u_0)^2 = 1^2 = 1$ et la suite (v_n) est arithmétique de raison 3, donc, **pour tout entier naturel n** :

$$v_n = v_0 + n \times 3 = 1 + n \times 3 = 3n + 1,$$

or, d'après la définition des suites (u_n) et (v_n) :

$$u_n \geqslant 0 \text{ et } v_n = (u_n)^2,$$

donc : $u_n = \sqrt{v_n}$,

et finalement : $\boldsymbol{u_n = \sqrt{3n + 1}}$.

12 (u_n) : suite arithmétique de raison r.

1° $v_n = 7u_n - 3$.

Pour tout entier naturel n :

$$\begin{aligned} v_{n+1} - v_n &= (7u_{n+1} - 3) - (7u_n - 3) \\ &= 7(u_{n+1} - u_n), \end{aligned}$$

or la suite (u_n) est arithmétique de raison r, donc :

$$u_{n+1} - u_n = r,$$

ce qui implique :

$$v_{n+1} - v_n = 7r.$$

On a ainsi prouvé que **la suite (v_n) est arithmétique de raison $7r$**.

On peut aussi écrire que, pour tout entier naturel n :

$$u_n = u_0 + nr,$$

d'où :

$$v_n = 7(u_0 + nr) - 3 = 7u_0 - 3 + n \times (7r),$$

et on reconnaît le terme général d'une suite arithmétique de raison $7r$.

2° $w_n = u_{2n}$.

Pour tout entier naturel n :

$$\begin{aligned} w_{n+1} - w_n &= u_{2(n+1)} - u_{2n} \\ &= u_{2n+2} - u_{2n} \\ &= u_{2n} + 2r - u_{2n} \\ &= 2r, \end{aligned}$$

$$\begin{aligned} u_{2n+2} &= u_{2n+1} + r \\ &= u_{2n} + r + r \\ &= u_{2n} + 2r. \end{aligned}$$

On en déduit que **la suite (w_n) est arithmétique de raison $2r$**.

On peut aussi écrire que, pour tout entier naturel n :

$$u_n = u_0 + nr,$$

d'où :

$$w_n = u_0 + 2nr = u_0 + n \times (2r),$$

et on reconnaît le terme général d'une suite arithmétique de raison $2r$.

3° $t_n = (u_n)^2 - r^2n^2$.

Pour tout entier naturel n :

$$\begin{aligned} t_n &= (u_n)^2 - r^2n^2 \\ &= (u_0 + nr)^2 - r^2n^2 \\ &= (u_0)^2 + 2 \times u_0 \times nr + (nr)^2 - r^2n^2 \\ &= (u_0)^2 + n \times (2ru_0). \end{aligned}$$

On pouvait aussi écrire :

$$\begin{aligned} t_n &= (u_n)^2 - (rn)^2 \\ &= (u_n - rn)(u_n + rn) \\ &= u_0(u_0 + 2rn) \\ &= (u_0)^2 + n(2ru_0). \end{aligned}$$

On en déduit que **la suite (t_n) est arithmétique de raison $2r\,u_0$**.

13 (u_n), (v_n) : suites arithmétiques définies sur $\mathbb{N}$, de raisons respectives r et r'.

1° Posons, pour tout n de $\mathbb{N}$:

$$t_n = au_n.$$

Ainsi, la suite (t_n) est égale à la suite (au_n).

CORRIGÉS

Alors :
$$t_0 = au_0,$$
et, pour tout n de $\mathbb{N}$:
$$t_{n+1} = au_{n+1} = a(u_n + r) = au_n + ar,$$
donc :
$$t_{n+1} = t_n + ar.$$
On en déduit que **la suite (au_n) est arithmétique de raison ar et de premier terme au_0.**

2° Posons, pour tout n de $\mathbb{N}$:
$$w_n = u_n + v_n.$$
Ainsi, la suite (w_n) est égale à la suite $(u_n + v_n)$.

Alors :
$$w_0 = u_0 + v_0,$$
et, pour tout n de $\mathbb{N}$:
$$\begin{aligned} w_{n+1} &= u_{n+1} + v_{n+1} \\ &= (u_n + r) + (v_n + r') \\ &= (u_n + v_n) + (r + r'), \end{aligned}$$
donc :
$$w_{n+1} = w_n + (r + r').$$
On en déduit que **la suite $(u_n + v_n)$ est arithmétique de raison $r + r'$ et de premier terme $u_0 + v_0$.**

14 u : suite géométrique de raison $-\frac{1}{2}$, $u_0 = 16$.

Les huit premiers termes de u : $\boldsymbol{u_0 = 16}$; $\boldsymbol{u_1 = -8}$; $\boldsymbol{u_2 = 4}$; $\boldsymbol{u_3 = -2}$; $\boldsymbol{u_4 = 1}$; $\boldsymbol{u_5 = -\frac{1}{2}}$; $\boldsymbol{u_6 = \frac{1}{4}}$; $\boldsymbol{u_7 = -\frac{1}{8}}$.

```
>>> u = 16
>>> for k in range(7):
...     u = -0.5*u
...     print(u)
...
-8.0
4.0
-2.0
1.0
-0.5
0.25
-0.125
>>>
```

15 1° $u_0 = 1$, donc x a reçu la valeur 1 (première ligne).

• La suite u étant géométrique de raison 0,99, elle vérifie la relation de récurrence : $u_{n+1} = 0{,}99\, u_n$ (ligne **4**).

• Une fois 1 affecté à la variable x, il reste à calculer successivement les 100 termes $u_1, u_2, \ldots, u_{100}$, ce qui nécessite 100 passages dans la boucle **for** (ligne **3**).

```
1 x = 1
2 y = 1
3 for k in range(100):
4     x = x*0.99
5     y = y*x
6 print(y)
```

2° Le programme calcule et affiche une valeur approchée du produit Y des 101 premiers termes de la suite u :
$$Y = u_0 \times u_1 \times u_2 \times \ldots \times u_{100},$$
or pour tout entier naturel n :
$$u_n = 1 \times 0{,}99^n = 0{,}99^n,$$
donc :
$$\begin{aligned} Y &= 1 \times 0{,}99^1 \times 0{,}99^2 \times \ldots \times 0{,}99^{100} \\ &= 0{,}99^{1+2+\cdots+100}. \end{aligned}$$
De plus :
$$1 + 2 + \cdots + 100 = \frac{100 \times 101}{2} = 5\,050,$$
donc finalement :
$$\boldsymbol{Y = 0{,}99^{5050}}.$$
La première ligne de l'encadré ci-dessous est l'affichage dans la console provoqué par l'exécution du programme.

```
9.07261992632015e-23
>>> 0.99**5050
9.072619926320112e-23
>>>
```

16 1° $q > 0$ et, pour tout n de $\mathbb{N}$:
$$u_n = q^n.$$
On a, pour tout entier naturel n :
$$u_{n+1} - u_n = q^{n+1} - q^n = q \times q^n - q^n,$$
donc :
$$u_{n+1} - u_n = (q - 1)q^n,$$
or $q > 0$, donc $q^n > 0$ et le signe de $u_{n+1} - u_n$ est celui de $q - 1$.

On en déduit que, pour tout entier naturel n :
$$\begin{aligned} u_{n+1} - u_n &< 0 \text{ si } 0 < q < 1, \\ u_{n+1} - u_n &= 0 \text{ si } q = 1, \\ u_{n+1} - u_n &> 0 \text{ si } q > 1, \end{aligned}$$
c'est-à-dire :
$$\begin{aligned} u_{n+1} &< u_n \text{ si } 0 < q < 1, \\ u_{n+1} &= u_n \text{ si } q = 1, \\ u_{n+1} &> u_n \text{ si } q > 1. \end{aligned}$$

En conclusion, **la suite (u_n)**, c'est-à-dire la suite (q^n), **est :**
- **strictement décroissante si $0 < q < 1$,**
- **constante si $q = 1$,**
- **strictement croissante si $q > 1$.**

Si $q = 1$, alors la suite $n \mapsto q^n$ est la suite constante $n \mapsto 1$.

2° a. (v_n) est définie sur $\mathbb{N}$ par :

$$v_n = 3 \times (0{,}7)^n.$$

$0 < 0{,}7 < 1$, donc la suite géométrique $n \mapsto (0{,}7)^n$ est strictement décroissante. De plus, $3 > 0$, donc (v_n) a le même sens de variation que $n \mapsto (0{,}7)^n$, c'est-à-dire :

(v_n) est strictement décroissante.

b. (v_n) est la suite géométrique définie sur $\mathbb{N}$ de premier terme -2 et de raison 1,6, donc on peut écrire, pour tout n de $\mathbb{N}$:

$$v_n = -2 \times (1{,}6)^n.$$

$1{,}6 > 1$, donc la suite géométrique $n \mapsto (1{,}6)^n$ est strictement croissante. De plus, $-2 < 0$ donc (v_n) et $n \mapsto (1{,}6)^n$ ont des sens de variation contraires, c'est-à-dire :

(v_n) est strictement décroissante.

17 1° (u_n) étant la suite géométrique définie sur $\mathbb{N}$ de premier terme 2 et de raison $-0{,}9$, on peut écrire, pour tout n de $\mathbb{N}$:

$$u_n = 2 \times (-0{,}9)^n.$$

- On a, pour tout n de $\mathbb{N}$:

$$v_n = u_{2n},$$

donc :

$$v_n = 2 \times (-0{,}9)^{2n} = 2 \times \left((-0{,}9)^2\right)^n,$$

c'est-à-dire : $v_n = 2 \times (0{,}81)^n$.

$$a^{np} = (a^n)^p$$

Or $0 < 0{,}81 < 1$, donc la suite géométrique $n \mapsto (0{,}81)^n$ est strictement décroissante (voir l'exercice 16). De plus : $2 > 0$, donc (v_n) et $n \mapsto (0{,}81)^n$ ont le même sens de variation.

Finalement, **la suite (v_n) est strictement décroissante**.

- On a, pour tout n de $\mathbb{N}$:

$$w_n = u_{2n+1},$$

donc : $w_n = 2 \times (-0{,}9)^{2n+1}$
$= 2 \times (-0{,}9)^{2n} \times (-0{,}9)$,

d'où :

$$w_n = -1{,}8 \times \left((-0{,}9)^2\right)^n = -1{,}8 \times (0{,}81)^n.$$

Or $-1{,}8 < 0$, donc (w_n) et la suite géométrique $n \mapsto (0{,}81)^n$ sont de sens de variation contraires, ce qui permet de conclure que **la suite (w_n) est strictement croissante**.

2° $t_n = |u_n|$.

On a, pour tout n de $\mathbb{N}$:

$$t_n = |u_n| = \left|2 \times (-0{,}9)^n\right| = 2 \times |-0{,}9|^n,$$

$$|ab| = |a| \times |b|$$
$$|a^n| = |a|^n$$

donc : $t_n = 2 \times (0{,}9)^n$,

ce qui prouve que **la suite (t_n) est géométrique de raison 0,9.**

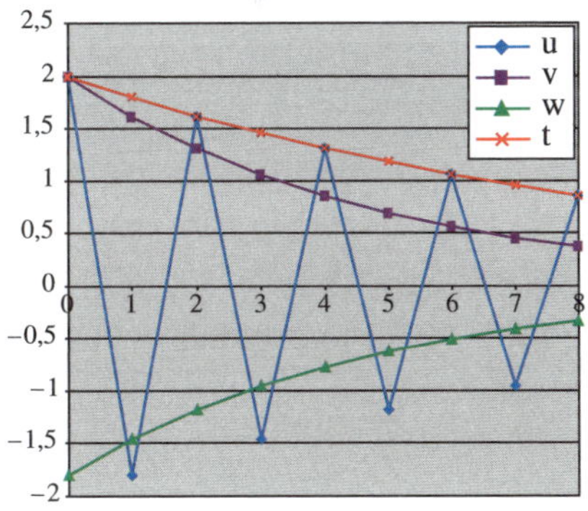

18 1° • On a : $2^{10} = 1\,024$, ainsi : $2^{10} > 10^3$, donc, la fonction carré étant strictement croissante sur $[0\,;+\infty[$: $(2^{10})^2 > (10^3)^2$, c'est-à-dire :

$$2^{20} \geqslant 10^6.$$

$$(a^n)^p = a^{np}$$

Donc, en posant $n_0 = 20$, on a :

$$\mathbf{2^{n_0} > 10^6.}$$

CORRIGÉS

• À l'aide de la calculatrice :

$$2^{19} = 524\,288,\ 2^{20} = 1\,048\,576,$$

donc : $2^{19} < 10^6$ et $2^{20} > 10^6$.

Comme, de plus, la suite $n \mapsto 2^n$ est strictement croissante, on peut affirmer que **le plus petit entier naturel n tel que $2^n > 10^6$ est 20**.

Si $q > 1$, alors la suite géométrique $n \mapsto q^n$ est strictement croissante.

2° • De même, de l'inégalité $2^{10} > 10^3$, on déduit : $(2^{10})^5 > (10^3)^5$,

c'est-à-dire : $2^{50} > 10^{15}$.

Donc, en posant $\boldsymbol{n_1 = 50}$, on a :

$$\mathbf{2^{n_1} > 10^{15}}.$$

• À l'aide de la calculatrice :

$$2^{49} = 562\,949\,953\,421\,312,$$
$$2^{50} = 1\,125\,899\,906\,842\,624,$$

donc : $2^{49} < 10^{15}$ et $2^{50} > 10^{15}$,

ce qui prouve que **50 est le plus petit entier naturel n tel que $2^n \geqslant 10^{15}$.**

3° **a.** La suite $n \mapsto 2^n$ étant strictement croissante, de l'inégalité $2^{50} > 10^{15}$, on déduit que, **pour tout entier n tel que $n \geqslant 50$:**

$$\mathbf{2^n > 10^{15}}.$$

Si $n \geqslant 50$, alors $2^n > 10^{15}$

Plus généralement, 2^n peut être rendu aussi grand que l'on veut, pourvu que l'entier naturel n soit suffisamment grand, ce qui s'écrit :

$$\lim_{n \to +\infty} 2^n = +\infty.$$

b. On a, **pour tout entier n tel que $n \geqslant 50$:**

$$2^n > 10^{15} > 0,$$

donc : $$0 < \frac{1}{2^n} < \frac{1}{10^{15}},$$

c'est-à-dire : $\mathbf{0 < \left(\frac{1}{2}\right)^n < 10^{-15}}$.

Un réel non nul et son inverse sont de même signe.
Des réels strictement positifs sont rangés dans l'ordre contraire de leurs inverses.

Plus généralement, $\left(\frac{1}{2}\right)^n$ peut être rendu aussi proche de 0 que l'on veut, pourvu que l'entier naturel n soit suffisamment grand, ce qui s'écrit :

$$\lim_{n \to +\infty} \left(\frac{1}{2}\right)^n = 0.$$

c. Pour tout entier naturel n :

$$\left(-\frac{1}{2}\right)^n = (-1)^n \left(\frac{1}{2}\right)^n,$$

$(ab)^n = a^n b^n$

de plus : $-1 \leqslant (-1)^n \leqslant 1$,

$$(-1)^n = \begin{cases} 1 & \text{si } n \text{ est pair,} \\ -1 & \text{si } n \text{ est impair.} \end{cases}$$

donc : $-\left(\frac{1}{2}\right)^n \leqslant \left(-\frac{1}{2}\right)^n \leqslant \left(\frac{1}{2}\right)^n$,

donc, d'après la question précédente, **si de plus $n \geqslant 50$** :

$$\mathbf{-10^{-15} < \left(-\frac{1}{2}\right)^n \leqslant 10^{-15}.}$$

Plus généralement, $\left(-\frac{1}{2}\right)^n$ peut être rendu aussi proche de 0 que l'on veut, pourvu que l'entier naturel n soit suffisamment grand, ce qui s'écrit :

$$\lim_{n \to +\infty} \left(-\frac{1}{2}\right)^n = 0.$$

19

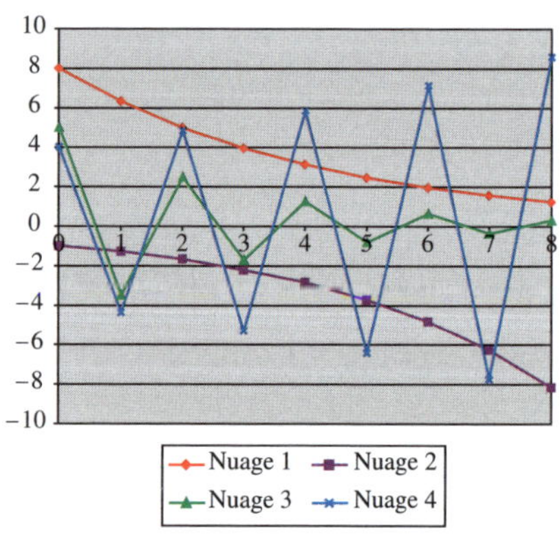

• La suite géométrique représentée par le **nuage de points n° 1** est strictement décroissante, de premier terme positif, donc **sa raison est strictement comprise entre 0 et 1.**

• La suite géométrique représentée par le **nuage de points n° 2** est strictement décroissante, de premier terme négatif, donc **sa raison est strictement supérieure à 1.**

• La suite géométrique représentée par le **nuage de points n° 3** n'est pas monotone et ses termes successifs se rapprochent de 0, donc **sa raison est strictement comprise entre –1 et 0.**

• La suite géométrique représentée par le **nuage de points n° 4** n'est pas monotone et ses termes successifs s'éloignent de 0, donc **sa raison est strictement inférieure à –1.**

Au lieu de s'intéresser au comportement de la suite (monotonie, rapprochement ou éloignement des termes successifs de 0), on pouvait aussi considérer les deux premiers termes de la suite étudiée, et utiliser que la raison de la suite est le réel par lequel multiplier le premier terme pour obtenir le second.

Par exemple, pour le nuage n° 3, le premier terme de la suite est strictement compris entre 4 et 6, le deuxième terme entre – 4 et – 2, donc la raison est nécessairement strictement négative et strictement plus grande que –1.

20 $u_5 = 729$ et $q = -3$.

On a : $u_{10} = u_5 \times q^5 = 729 \times (-3)^5$,

donc : $\boldsymbol{u_{10} = -177\,147}$.

D'autre part :

$$u_5 = u_0 \times q^5 = u_0 \times (-3)^5,$$

donc : $u_0 = \dfrac{u_5}{(-3)^5} = \dfrac{729}{-243}$,

d'où : $\boldsymbol{u_0 = -3}$.

21 $u_0 = 1$ et $u_7 = 128$.

On a : $u_7 = u_0 \times q^7$,

donc : $q^7 = \dfrac{u_7}{u_0} = 128$,

or : $2^7 = 128$,

donc : $\boldsymbol{q = 2}$.

Pour avoir la racine 7e de 128, taper :

7ˣ√128

ou : 128^(1÷7)

22 $u_4 = 44$ et $u_{10} = 352$.

On a : $u_{10} = u_4 q^6$,

donc : $q^6 = \dfrac{u_{10}}{u_4} = \dfrac{352}{44} = 8$.

D'autre part : $u_{13} = u_{10} q^3 = 352 q^3$.

On a : $q^6 = 8$,

c'est-à-dire : $(q^3)^2 = 8$,

de plus : $q \geqslant 0$,

donc : $q^3 \geqslant 0$.

On en déduit : $q^3 = \sqrt{8} = 2\sqrt{2}$.

Finalement :

$$\boldsymbol{u_{13} = 352 \times 2\sqrt{2} = 704\sqrt{2}.}$$

23 1° $u_0 = 3$ et $u_{n+1} = \dfrac{u_n}{6}$.

Pour tout n de $\mathbb{N}$:

$$u_{n+1} = \frac{1}{6} u_n,$$

donc (u_n) **est une suite géométrique de raison** $\boldsymbol{\dfrac{1}{6}}$**.**

2° $u_n = 3^{n-1}$.

Pour tout n de $\mathbb{N}$:

$$u_n = 3^n \times 3^{-1} = \frac{1}{3} \times 3^n.$$

On reconnaît le terme général de la suite géométrique définie sur $\mathbb{N}$, de premier terme $\frac{1}{3}$ et de raison 3.

Donc (u_n) **est une suite géométrique de raison 3**.

$$a^{n+p} = a^n \times a^p$$

3° $u_n = 3^n \times 5^n$.

Pour tout n de $\mathbb{N}$:

$$u_n = (3 \times 5)^n = 15^n,$$

donc (u_n) **est une suite géométrique de raison 15**.

$$a^n b^n = (ab)^n$$

4° $u_n = -3 \times 5^{-n}$.

Pour tout n de $\mathbb{N}$:

$$u_n = -3 \times \left(\frac{1}{5}\right)^n,$$

donc (u_n) **est une suite géométrique de raison** $\boldsymbol{\dfrac{1}{5}}$**.**

CORRIGÉS

$$a^{-n} = \frac{1}{a^n} = \left(\frac{1}{a}\right)^n$$

5° $u_n = 5^{2n+1}$.
Pour tout n de $\mathbb{N}$:

$$u_n = 5^{2n} \times 5 = 5 \times (5^2)^n = 5 \times 25^n,$$

donc (u_n) **est une suite géométrique de raison 25**.

$$a^{np} = (a^n)^p = (a^p)^n$$

6° $u_n = \dfrac{(-1)^n}{3^{n+1}}$.
Pour tout n de $\mathbb{N}$:

$$u_n = \frac{(-1)^n}{3^n \times 3} = \frac{1}{3} \times \frac{(-1)^n}{3^n} = \frac{1}{3} \times \left(-\frac{1}{3}\right)^n,$$

donc (u_n) **est une suite géométrique de raison $-\frac{1}{3}$.**

7° $u_n = 3$.
En écrivant que, pour tout n de $\mathbb{N}$:

$$u_{n+1} = u_n \times 1,$$

ou bien :

$$u_n = 3 \times 1^n,$$

on met en évidence que (u_n) **est une suite géométrique de raison 1.**

Toute suite constante est une suite géométrique de raison 1.

8° $u_n = 3 \times 2^n + 2^{n+1}$.
Pour tout n de $\mathbb{N}$:

$$u_n = 3 \times 2^n + 2 \times 2^n = (3+2) \times 2^n,$$

donc :

$$u_n = 5 \times 2^n,$$

ce qui prouve que (u_n) **est une suite géométrique de raison 2**.

24 $(u_n), (v_n)$: suites géométriques définies sur $\mathbb{N}$, de raisons respectives q et q'.
1° Posons, pour tout n de $\mathbb{N}$:

$$t_n = au_n.$$

Ainsi, la suite (t_n) est égale à la suite (au_n).
Alors :

$$t_0 = au_0,$$

et, pour tout n de $\mathbb{N}$:

$$t_{n+1} = au_{n+1} = a(qu_n) = q(au_n),$$

donc :

$$t_{n+1} = qt_n.$$

On en déduit que **la suite (au_n) est géométrique de raison q et de premier terme au_0.**
2° Posons, pour tout n de $\mathbb{N}$:

$$w_n = u_n v_n.$$

Ainsi, la suite (w_n) est égale à la suite $(u_n v_n)$.
Alors :

$$w_0 = u_0 v_0,$$

et, pour tout n de $\mathbb{N}$:

$$\begin{aligned} w_{n+1} &= u_{n+1} \times v_{n+1} \\ &= (qu_n) \times (q'v_n) \\ &= (qq')(u_n v_n), \end{aligned}$$

donc :

$$w_{n+1} = (qq')w_n.$$

On en déduit que **la suite $(u_n v_n)$ est géométrique de raison qq' et de premier terme $u_0 v_0$.**

25 1° $S = u_0 + u_1 + \dots + u_{10}$.
S est la somme de **11 termes**.
2° $S = u_1 + u_2 + \dots + u_{17}$.
S est la somme de **17 termes**.
3° $S = u_0 + u_1 + \dots + u_n$.
S est la somme de **$(n+1)$ termes**.
4° $S = u_1 + u_2 + \dots + u_n$.
S est la somme de **n termes**.
5° $S = u_0 + u_1 + \dots + u_{n+1}$.
S est la somme de **$(n+2)$ termes**.
6° $S = u_2 + u_3 + \dots + u_{n+1}$.
S est la somme de **n termes**.
Plus généralement, p et n étant des entiers naturels tels que $p < n$, $u_p + \dots + u_n$ est la somme de $(n - p + 1)$ termes.

26 $S_n = 1 + 2 + \dots + 3n$.
On sait que, pour tout entier naturel N non nul :

$$1 + 2 + \dots + N = \frac{N(N+1)}{2},$$

ce qui peut s'écrire : $\displaystyle\sum_{k=1}^{N} k = \frac{N(N+1)}{2}$,

donc, **pour tout entier naturel n non nul :**

$$\boldsymbol{S_n = \frac{3n(3n+1)}{2}},$$

$$S_n = \sum_{k=1}^{3n} k = \frac{3n(3n+1)}{2}$$

27 1° S étant la somme des nombres 2 ; 20 ; 200 ; … ; 200 000 000, on obtient :

$$\mathbf{S = 222\ 222\ 222.}$$

2° T étant la somme des nombres 3 ; 0,3 ; 0,03 ; … ; 0,000 003, on obtient :

$$\mathbf{T = 3,333\ 333.}$$

28

	A	B	C
1	n	un	Sn
2	0	0,7	0,7
3	1	1,9	2,6
4	2	3,1	5,7
5	3	4,3	10
6	4	5,5	15,5
7	5	6,7	22,2
8	6	7,9	30,1

(u_n) : suite arithmétique définie sur $\mathbb{N}$, de premier terme 0,7 et de raison 1,2.

1° La suite (u_n) vérifiant la relation de récurrence :

$$u_{n+1} = u_n + 1{,}2,$$

on entre dans la cellule **B3** la formule :

=B2+1.2

2° Pour tout entier naturel n :

$$S_n = u_0 + \ldots + u_n,$$

donc on entre dans la cellule **C2** la formule : **=SOMME(B$2:B2)**

Noter la présence du symbole **$** (référence absolue).

Ainsi, après recopie vers le bas de la formule dans **C2**, c'est par exemple la formule :

=SOMME(B$2:B8)

qui est éditée dans la cellule **C8**.

29 u : suite arithmétique définie sur $\mathbb{N}$, de premier terme -5 et de raison 3.

1° La suite u est définie sur $\mathbb{N}$, donc son premier terme se note u_0 et son centième u_{99} ; de plus, u est arithmétique de raison 3 et de premier terme -5, donc :

$$u_{99} = -5 + 99 \times 3 = -5 + 297 = 292.$$

S étant la somme des cent premiers termes de la suite u, on obtient :

$$S = 100 \times \frac{u_0 + u_{99}}{2} = 50 \times (-5 + 292) = 50 \times 287,$$

c'est-à-dire :

$$\mathbf{S = 14\ 350.}$$

$$S = \sum_{k=0}^{99} u_k.$$

2° $T = u_{20} + u_{21} + \ldots + u_{59} = \sum_{k=20}^{59} u_k.$

T est la somme des termes de u_{20} à u_{59} de la suite arithmétique u, et cette somme comporte 40 termes,

$$59 - 20 + 1 = 40$$

donc :

$$T = 40 \times \frac{u_{20} + u_{59}}{2} = 20 \times (u_{20} + u_{59}).$$

De plus :

$u_{20} = -5 + 20 \times 3 = -5 + 60 = 55,$

$u_{59} = -5 + 59 \times 3 = -5 + 177 = 172,$

donc : $S = 20 \times (55 + 172) = 20 \times 227,$

et finalement :

$$\mathbf{T = 4\ 540.}$$

30 $S_n = 1 + 2 + 2^2 + \ldots + 2^n = \sum_{k=0}^{n} 2^k.$

1° Pour tout entier naturel n non nul :

$$\boldsymbol{S_n = \frac{1 - 2^{n+1}}{1 - 2} = 2^{n+1} - 1.}$$

Pour tout réel q différent de 1 et tout entier naturel n non nul :

$$1 + q + \ldots + q^n = \frac{1 - q^{n+1}}{1 - q}.$$

2° a. $U_n = 1 + 2 + 2^2 + \ldots + 2^{2n+1} = \sum_{k=0}^{2n+1} 2^k.$

Pour tout entier naturel n non nul :

$$U_n = S_{2n+1} = 2^{(2n+1)+1} - 1,$$

donc : $\boldsymbol{U_n = 2^{2n+2} - 1.}$

On peut aussi écrire :

$$U_n = 2^{2\times(n+1)} - 1 = (2^2)^{n+1} - 1 = 4^{n+1} - 1.$$

b. $V_n = 1 + \frac{1}{2} + \frac{1}{2^2} + \ldots + \frac{1}{2^n} = \sum_{k=0}^{n} \frac{1}{2^k}.$

Pour tout entier naturel n non nul :

$$V_n = \frac{1}{2^n}(2^n + 2^{n-1} + \ldots + 1) = \frac{1}{2^n}(1 + 2 + 2^2 + \ldots + 2^n) = \frac{1}{2^n} \times S_n,$$

CORRIGÉS

donc : $V_n = \frac{1}{2^n}\left(2^{n+1}-1\right)$,

c'est-à-dire : $\boldsymbol{V_n = 2 - \frac{1}{2^n}}$.

On retrouve ce résultat en écrivant :

$$V_n = 1 + \frac{1}{2} + \left(\frac{1}{2}\right)^2 + \ldots + \left(\frac{1}{2}\right)^n$$

$$= \frac{1-\left(\frac{1}{2}\right)^{n+1}}{1-\frac{1}{2}}$$

$$= 2\left(1-\left(\frac{1}{2}\right)^{n+1}\right),$$

$$V_n = 2 - \frac{1}{2^n}.$$

31 u : suite géométrique de raison $\sqrt{2}$, $u_0 = -2$.

$$S = u_0 + u_1 + \ldots + u_5 = \sum_{k=0}^{5} u_k.$$

On a : $S = \dfrac{u_0\left(1-\left(\sqrt{2}\right)^6\right)}{1-\sqrt{2}}$,

or : $\left(\sqrt{2}\right)^6 = \left(\left(\sqrt{2}\right)^2\right)^3 = 2^3 = 8$,

donc :

$$\boldsymbol{S} = \frac{-2(1-8)}{1-\sqrt{2}} = \frac{14}{1-\sqrt{2}} = \boldsymbol{\frac{-14}{\sqrt{2}-1}}.$$

On peut aussi écrire :

$$S = \frac{-14}{\sqrt{2}-1} \times \frac{\sqrt{2}+1}{\sqrt{2}+1} = -14\left(1+\sqrt{2}\right).$$

32 $u_n = 0,\underbrace{6\ldots6}_{n \text{ chiffres } 6}$.

1° On a, pour tout n de $\mathbb{N}$:

$$u_n = 0{,}6 + 0{,}06 + 0{,}006 + \ldots + 0,\underbrace{0\ldots06}_{n \text{ chiffres}}$$

$$= 0{,}6 + \frac{6}{100} + \frac{6}{1\,000} + \ldots + \frac{6}{10^n}$$

$$= 0{,}6 + 0{,}6 \times \frac{1}{10} + 0{,}6 \times \left(\frac{1}{10}\right)^2 + \ldots + 0{,}6 \times \left(\frac{1}{10}\right)^{n-1},$$

ce qui met en évidence que **u_n est la somme des n premiers termes de la suite géométrique de premier terme 0,6 et de raison $\frac{1}{10}$.**

2° On en déduit, **pour tout n de $\mathbb{N}^*$:**

$$u_n = \frac{0{,}6 \times \left(1-\left(\frac{1}{10}\right)^n\right)}{1-\frac{1}{10}},$$

donc :

$$u_n = 0{,}6 \times \frac{1-\left(\frac{1}{10}\right)^n}{0{,}9} = \frac{0{,}6}{0{,}9} \times \left(1-\left(\frac{1}{10}\right)^n\right),$$

c'est-à-dire :

$$\boldsymbol{u_n = \frac{2}{3}\left(1-\frac{1}{10^n}\right)}.$$

Comme l'on pouvait s'y attendre, u_n peut être rendu aussi proche de $\frac{2}{3}$ que l'on veut, pourvu que n soit suffisamment grand, ce qui s'écrit :

$$\lim_{n\to+\infty} u_n = \frac{2}{3}.$$

33 Les suites u et v sont définies sur $\mathbb{N}$.

1° $u_0 = 1$,
$u_1 = 2u_0 + 1 = 3$,
$u_2 = 2u_1 + 1 = 7$.

• Si u est arithmétique, alors :

$$u_2 - u_1 = u_1 - u_0,$$

or : $u_2 - u_1 \neq u_1 - u_0$,

donc **u n'est pas une suite arithmétique.**

• Si u est géométrique, alors :

$$\frac{u_2}{u_1} = \frac{u_1}{u_0},$$

or : $\frac{u_2}{u_1} \neq \frac{u_1}{u_0}$,

donc **u n'est pas une suite géométrique.**

L'égalité $u_2 - u_1 = u_1 - u_0$ ne suffit pas pour affirmer que la suite u est arithmétique. De même, l'égalité $\frac{u_2}{u_1} = \frac{u_1}{u_0}$ ne suffit pas pour affirmer que la suite u est géométrique.

2° • Pour tout entier naturel n :

$v_{n+1} = u_{n+1} + 1 = 2u_n + 1 + 1 = 2(u_n + 1)$,

donc $v_{n+1} = 2v_n$,

donc **v est une suite géométrique** de raison 2, son premier terme v_0 est tel que :

$$v_0 = u_0 + 1 = 2.$$

• Pour tout entier naturel n :

$$\boldsymbol{v_n} = v_0 \times 2^n = 2 \times 2^n = \mathbf{2^{n+1}},$$

$$\boldsymbol{u_n} = v_n - 1 = \mathbf{2^{n+1} - 1}.$$

3° S est la somme de $n+1$ termes consécutifs de la suite géométrique v de raison 2, et dont le premier terme est v_0, donc :

$$S = \frac{v_0\left(1-2^{n+1}\right)}{1-2} = \frac{2\left(1-2^{n+1}\right)}{-1},$$

d'où : $\boldsymbol{S = 2(2^{n+1} - 1)}$.

D'autre part :

$$S' = u_0 + u_1 + \ldots + u_n,$$

$$S' = v_0 + v_1 + \ldots + v_n + (n+1)\times(-1),$$

$$S' = 2\left(2^{n+1} - 1\right) - n - 1,$$

donc : $\boldsymbol{S' = 2^{n+2} - n - 3}$.

CONTRÔLE CONTINU

Exercice n° 1

1° La suite (u_n) est définie par $u_0 = a$ et la relation de récurrence :

$$u_{n+1} = b \times u_n.$$

Donc $(\boldsymbol{u_n})$ **est la suite géométrique définie sur $\mathbb{N}$, de premier terme $\boldsymbol{a}$ et de raison $\boldsymbol{b}$.**

2° Soit n un entier naturel.

• D'après la question précédente :

$$\boldsymbol{u_n = a \times b^n}.$$

• D'après l'algorithme :

$$S_n = u_0 + u_1 + \cdots + u_n,$$

donc, si $\boldsymbol{b \neq 1}$, **alors** :

$$\boldsymbol{S_n} = u_0 \times \frac{1-b^{n+1}}{1-b} = \boldsymbol{a \times \frac{1-b^{n+1}}{1-b}},$$

et si $\boldsymbol{b = 1}$, **alors** S_n est la somme de $n+1$ termes tous égaux à a, donc :

$$\boldsymbol{S_n = (n+1)a}.$$

Exercice n° 2

u est une suite arithmétique de raison r et de premier terme u_0, donc, pour tout entier naturel n : $u_n = u_0 + nr$.

On en déduit :

$$u_4 + u_6 + u_8 + u_{10} = 4u_0 + (4+6+8+10)r = 4u_0 + 28r,$$

$$u_1 + u_{11} = 2u_0 + (1+11)r = 2u_0 + 12r.$$

Or : $u_4 + u_6 + u_8 + u_{10} = -8$

et $u_1 + u_{11} = -3$,

donc : $\begin{cases} 4u_0 + 28r = -8 \\ 2u_0 + 12r = -3. \end{cases}$

Le système est équivalent à :

$$\begin{cases} u_0 + 7r = -2 \\ -u_0 - 6r = 1{,}5. \end{cases}$$

En ajoutant membre à membre les deux égalités, on obtient : $r = -0{,}5$; puis, d'après la première égalité :

$$u_0 = -2 - 7\times(-0{,}5) = 1{,}5.$$

Finalement :

$$\boldsymbol{u_0 = \frac{3}{2}} \text{ et } \boldsymbol{r = -\frac{1}{2}}.$$

Exercice n° 3

u : suite géométrique de raison $-\dfrac{2}{3}$, $u_0 = 9$.

$$S = u_3 + u_4 + \ldots + u_{10} = \sum_{k=3}^{10} u_k.$$

S est la somme de huit termes consécutifs d'une suite géométrique de raison $-\dfrac{2}{3}$, le premier des huit termes étant u_3, donc on peut écrire :

$$S = u_3 \frac{1-\left(-\frac{2}{3}\right)^8}{1-\left(-\frac{2}{3}\right)},$$

c'est-à-dire :

$$S = u_3 \frac{1-\left(\frac{2}{3}\right)^8}{1+\frac{2}{3}} = u_3 \frac{1-\left(\frac{2}{3}\right)^8}{\frac{5}{3}},$$

$$S = \frac{3}{5}u_3\left(1-\left(\frac{2}{3}\right)^8\right).$$

De plus :

$$u_3 = u_0 \times \left(-\frac{2}{3}\right)^3 = -u_0 \times \left(\frac{2}{3}\right)^3,$$

et comme $u_0 = 9$:

$$u_3 = -9 \times \left(\frac{2}{3}\right)^3 = -9 \times \frac{8}{3\times 9} = -\frac{8}{3}.$$

CORRIGÉS

On en déduit :

$$S=-\frac{8}{5}\left(1-\left(\frac{2}{3}\right)^{8}\right)=-\frac{8}{5}\times\frac{3^8-2^8}{3^8},$$

c'est-à-dire, tous calculs effectués :

$$\boldsymbol{S=-\frac{10\,088}{6\,561}}.$$

$S\approx -1{,}538.$

Exercice n° 4

1° $v : n \mapsto (-2)^n$, $w : n \mapsto 3n-5$.

• Pour tout entier naturel n,

$$v_{n+1}=(-2)^{n+1}=(-2)\times(-2)^n,$$

donc : $v_{n+1}=-2v_n$.

Cela prouve que **v est une suite géométrique.**

Sa raison est -2, son premier terme v_0 est égal à 1.

Bien savoir manipuler les exposants :

$$\begin{aligned}(-2)^{n+1}&=(-2)^n\times(-2)^1\\&=(-2)^n\times(-2)\\&=(-2)\times(-2)^n.\end{aligned}$$

• Pour tout entier naturel n :

$$\begin{aligned}w_{n+1}&=3(n+1)-5=3n+3-5\\&=3n-5+3,\end{aligned}$$

donc : $w_{n+1}=w_n+3$.

Cela prouve que **w est une suite arithmétique**.

Sa raison est 3, son premier terme w_0 est égal à -5.

2° $u : n\mapsto(-2)^n+3n-5$, $S=\sum_{k=2}^{10}u_k$.

La suite u est la somme :

• de la suite géométrique v :

$$n\mapsto(-2)^n,$$

de raison -2, avec $v_0=1$,

• et de la suite arithmétique w :

$$n\mapsto 3n-5,$$

de raison 3, avec $w_0=-5$.

On en déduit :

$$S=V+W,$$

où :

$$\begin{aligned}V&=v_2+v_3+\ldots+v_{10}\\&=v_2\times\frac{1-(-2)^9}{1-(-2)}\\&=4\times\frac{1+2^9}{3}\\&=684,\end{aligned}$$

$$\begin{aligned}W&=w_2+w_3+\ldots+w_{10}\\&=9\times\frac{w_2+w_{10}}{2}\\&=\frac{9}{2}\times 26\\&=117.\end{aligned}$$

On obtient donc : $S=684+117$,

c'est-à-dire : $\boldsymbol{S=801.}$

Chapitre 3

Suites et problèmes

EXERCICES

Récréations

1 ★★ 15 min (corrigé p. 67)

1° On organise un tournoi individuel de tennis avec 128 participants.
Sachant que chaque joueur ayant perdu une partie est éliminé, quel est le nombre de parties du 1er tour, du 2e tour, du 3e tour ?
Quel est le nombre total de parties à prévoir ?

2° Reprendre l'énoncé du 1° en remplaçant les 128 participants par 2^n participants, où n est un entier naturel non nul.

2 ★★ 20 min (corrigé p. 67)

Un jeu télévisé est organisé de la façon suivante :
• si le candidat répond correctement à la première question, il gagne 60 € ;
• ensuite, chaque bonne réponse lui rapporte 35 € de plus que la précédente, et le jeu s'arrête à la première réponse fausse.
On note u_n le gain en euros pour une réponse correcte à la n-ième question.

1° Définir la suite (u_n) par récurrence.
En déduire l'expression explicite de u_n en fonction de n.

2° Quel est le nombre minimal de bonnes réponses que doit donner le candidat pour que le total de ses gains s'élève au moins à 1 000 € ?

3 ★★★ 20 min (corrigé p. 68)

Une balle en caoutchouc est lâchée d'une hauteur de 1 mètre au-dessus du sol. À chaque rebond, la balle remonte aux $\frac{7}{10}$ de la hauteur atteinte précédemment.
Pour tout entier naturel n non nul, on note h_n la hauteur en cm du n-ième rebond.

1° Définir la suite (h_n) par récurrence.
En déduire l'expression explicite de h_n en fonction de n.

2° Déterminer le numéro du dernier rebond après lequel la balle s'élève au moins à 10 cm du sol.
Démontrer que la balle parcourt plus de 4,99 m entre le lâcher et le moment où elle atteint sa hauteur maximale après ce rebond.

Économie

4 ★★ 15 min

(corrigé p. 68)

On effectue un placement de 100 000 € au taux annuel de 7 % à intérêts composés.

1° De combien dispose-t-on au bout de quatre ans ? au bout de dix ans ?

2° Combien d'années sont nécessaires pour voir le capital doubler ? pour voir le capital tripler ?

5 ★★ 20 min

(corrigé p. 69)

Noémie, une jeune diplômée, se voit proposer par le directeur des ressources humaines d'une entreprise deux contrats différents :
avec le contrat *A*, le salaire mensuel net d'embauche est de 2 100 €, il est ensuite augmenté tous les ans de 130 € ;
avec le contrat *B*, le salaire mensuel net d'embauche est de 2 100 €, il est ensuite augmenté tous les ans de 6 %.
On notera u_n le salaire mensuel net en euros de Noémie la n-ième année de travail si elle choisit le contrat *A*, et v_n le salaire mensuel net en euros de Noémie la n-ième année de travail si elle choisit le contrat *B*.

1° Expliciter u_n en fonction de l'entier naturel non nul n, puis déterminer le montant total S_n en euros des salaires perçus par Noémie au cours de n années de travail dans l'entreprise si elle choisit le contrat *A*.

2° Expliciter v_n en fonction de l'entier naturel non nul n, puis déterminer le montant total T_n des salaires en euros perçus par Noémie au cours de n années de travail dans l'entreprise si elle choisit le contrat *B*.

3°

	A	B	C	D	E
1	n	u(n)	v(n)	S(n)	T(n)
2	1	2100	2100	25200	25200
3	2	2230	2226	51960	51912
4	3	2360	2360	80280	80227
5	4	2490	2501	110160	110240
6	5	2620	2651	141600	142055
7	6	2750	2810	174600	175778
8	7	2880	2979	209160	211525
9	8	3010	3158	245280	249416
10	9	3140	3347	282960	289581

Dans la feuille de calcul ci-avant, les valeurs des salaires et des salaires cumulés affichées ont été arrondies à l'euro.

a. Après avoir entré en **B2** et **C2** la valeur 2 100, on a édité une formule dans chacune des cellules **B3** et **C3**, puis étiré ces formules vers le bas.
Quelles formules ont été entrées respectivement en **B3** et **C3** ?

b. De même, une formule a été entrée en **D2**, puis étirée vers le bas, vers la droite.
Quelle peut être cette formule ?

c. Quel est le contrat le plus avantageux pour Noémie si elle compte rester trois ans dans l'entreprise ? quatre ans ? cinq ans ?

Géométrie

6 ★★ 30 min (corrigé p. 70)

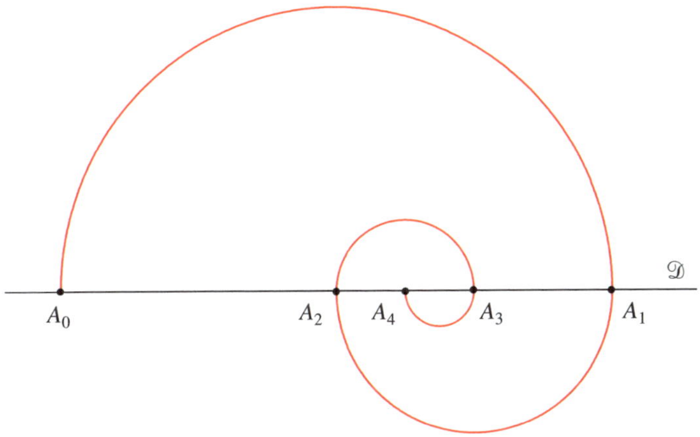

On construit une spirale en mettant bout à bout des demi-cercles, le premier ayant un rayon de 8 cm et chacun des suivants ayant un rayon deux fois plus petit que le précédent.

1° Pour tout entier naturel n non nul, on note $\mathscr{S}_n$ la spirale constituée des n premiers demi-cercles et L_n la longueur de $\mathscr{S}_n$ en cm.
Pour tout n de $\mathbb{N}^*$, expliciter L_n en fonction de n et comparer les longueurs de $\mathscr{S}_n$ et du cercle de diamètre $[A_0A_1]$ (voir la figure).

2° Les demi-cercles successifs ont pour points d'intersection avec la droite $\mathscr{D}$ les points A_0 et A_1, A_1 et A_2, A_2 et A_3 … (voir la figure).
On munit la droite $\mathscr{D}$ du repère $\left(A_0\ ;\ \frac{1}{16}\overrightarrow{A_0A_1}\right)$ et, pour tout entier naturel n, on note x_n l'abscisse du point A_n.

a. Donner la valeur de x_0, x_1, x_2, x_3 et x_4.

b. Soit n un entier naturel.
Que peut-on dire du point A_{n+2} pour le segment $[A_nA_{n+1}]$?
En déduire une expression de x_{n+2} en fonction de x_n et x_{n+1}.

c. On pose, pour tout n de $\mathbb{N}^*$:

$$a_n = x_n - x_{n-1}.$$

Démontrer que la suite (a_n) est géométrique.
En déduire l'expression explicite de a_n en fonction de n.
d. Soit n un entier naturel non nul.
Que vaut la somme $a_1 + a_2 + \ldots + a_n$?
En déduire l'expression explicite de x_n en fonction de n.

3° On observe que la spirale « converge » vers un point A de la droite $\mathcal{D}$.
a. Donner la position du point A.
b. À partir de quelle valeur de l'entier naturel non nul n la distance de A_n à A est-elle inférieure à 1 mm ?

7 ★★★ 30 min (corrigé p. 73)

• Les points $A_0, A_1, \ldots, A_{11}$ de la figure ci-dessous sont les douze sommets d'un dodécagone régulier de centre O.
• A_0 et O sont distants de 3 cm.
• $P_0 = A_0$.
• P_1 est le projeté orthogonal de P_0 sur la droite (OA_1).
• P_2 est le projeté orthogonal de P_1 sur la droite (OA_2), et ainsi de suite.

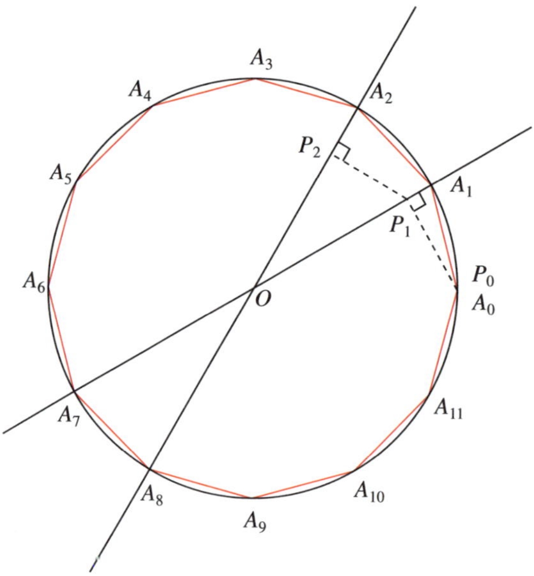

Calculer la longueur L, en cm, de la ligne brisée ainsi construite de P_0 à P_{10}.

Systèmes dynamiques

8 ★★ 20 min (corrigé p. 73)

1° Un laboratoire de biologie animale a mené une étude pendant dix années sur un insecte qui ne vit que trois ans et se reproduit la troisième année ; cette étude a montré que, d'une année sur l'autre :

• ne survit que la moitié des insectes de premier âge ;
• ne survit que le tiers des insectes de deuxième âge ;
• le groupe des insectes de troisième âge donne naissance à une nouvelle génération d'insectes, dont l'effectif est égal à six fois celui des insectes de troisième âge.
On note a_n, b_n, c_n les effectifs des groupes respectivement des premier, deuxième et troisième âges à la fin de la n-ième année.
a. Pour tout entier naturel n inférieur ou égal à 9, exprimer a_{n+1}, b_{n+1}, c_{n+1} en fonction de a_n, b_n, c_n.
b. Initialement, chacun des groupes d'insectes des premier, deuxième et troisième âges est composé de 3 000 individus :

$$a_0 = b_0 = c_0 = 3\,000.$$

Donner l'effectif de chacun des trois groupes d'insectes à la fin des première, deuxième et troisième années.
Quel est l'effectif de chacun des trois groupes d'insectes à la fin de la neuvième année ? à la fin de la dixième année ?

2° Dans un cadre plus général, on considère des suites (u_n), (v_n), (w_n) définies sur $\mathbb{N}$ et qui vérifient les relations de récurrence :

$$u_{n+1} = 6w_n, \quad v_{n+1} = \frac{1}{2}u_n, \quad w_{n+1} = \frac{1}{3}v_n.$$

a. Pour tout n de $\mathbb{N}$, exprimer u_{n+3}, v_{n+3}, w_{n+3} en fonction de u_n, v_n, w_n.
b. En déduire l'expression explicite de u_n, v_n, w_n en fonction de u_0, v_0, w_0 et de l'entier naturel n.

9 ★★★ 30 min

(corrigé p. 75)

On considère trois suites (u_n), (v_n), (w_n) définies sur $\mathbb{N}$ par leurs premiers termes u_0, v_0, w_0 (u_0, v_0, w_0 réels) et les relations de récurrence :

$$u_{n+1} = \frac{1}{2}u_n + \frac{1}{2}w_n, \quad v_{n+1} = \frac{1}{2}v_n + \frac{1}{2}w_n, \quad w_{n+1} = \frac{1}{2}u_n + \frac{1}{2}v_n.$$

1° a. Écrire un algorithme :
• qui prend en entrée u_0, v_0, w_0 et un entier naturel n,
• calcule et affiche k, u_k, v_k, w_k, l'entier naturel k variant de 1 à n.
b. Transcrire l'algorithme précédent sur la calculatrice.
Exécuter le programme en prenant $n = 10$ et diverses valeurs « simples » de u_0, v_0, w_0, comme par exemple :

$$u_0 = 1, \quad v_0 = 10, \quad w_0 = 49 ;$$
$$u_0 = -100, \quad v_0 = 50, \quad w_0 = 200.$$

Qu'observe-t-on ?

2° On pose, pour tout entier naturel n :

$$U_n = u_n + v_n + w_n,$$
$$V_n = u_n + v_n - 2w_n.$$

a. Démontrer que la suite (U_n) est constante.
b. Démontrer que la suite (V_n) est géométrique.
c. Démontrer que, pour tout n de $\mathbb{N}$:

$$U_n - V_n = 3w_n.$$

EXERCICES

En déduire l'expression explicite de w_n en fonction de l'entier naturel n. Ce résultat est-il cohérent avec les observations formulées à la question **1° b.** ?

10 ★★★ 30 min (corrigé p. 76)

Initialement, des pièces sont réparties entre trois boîtes A, B et C :

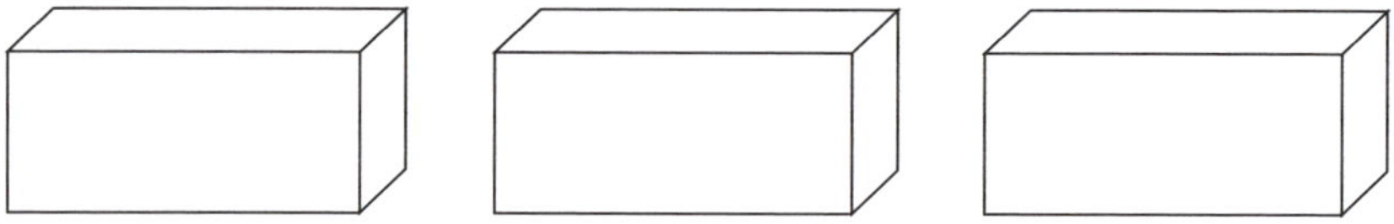

boîte A : 512 pièces — boîte B : 1 024 pièces — boîte C : 1 536 pièces

On considère la manipulation suivante :
• première étape : retirer toutes les pièces de la boîte C ;
• deuxième étape : placer la moitié des pièces de la boîte A dans la boîte C (l'autre moitié reste dans A) et la moitié des pièces de la boîte B dans la boîte C (l'autre moitié reste dans B) ;
• troisième étape : partager équitablement les pièces retirées de la boîte C lors de la première étape entre les boîtes A et B.
On répète cette manipulation jusqu'à ce qu'un partage soit impossible (une boîte contient un nombre impair de pièces).

1° Que contient chacune des trois boîtes A, B, C à l'issue de la première manipulation ? à l'issue de la deuxième ?

2° Pour tout n de $\mathbb{N}^*$ tel que la n-ième manipulation est réalisable, on note a_n, b_n, c_n le nombre de pièces respectivement dans les boîtes A, B et C à l'issue de la n-ième manipulation.
En supposant les n premières manipulations réalisables, à quelle condition sur a_n, b_n, c_n la $(n+1)$-ième manipulation est-elle encore réalisable ?
En supposant la $(n+1)$-ième manipulation réalisable, exprimer a_{n+1}, b_{n+1}, c_{n+1} en fonction de a_n, b_n, c_n.

3° Utiliser le programme de l'exercice **9** édité sur la calculatrice pour déterminer à quelle étape le processus s'arrête.

Une relation de récurrence

11 ★★★ 40 min (corrigé p. 77)

On note (u_n) la suite définie par son premier terme u_0 $(u_0 \in \mathbb{R})$ et qui vérifie la relation de récurrence :

$$u_{n+1} = \frac{1}{2 - u_n}.$$

1° On suppose, dans cette question : $u_0 = 0$.
a. Calculer u_1, u_2, u_3.
Qu'est-on conduit à conjecturer sur l'expression explicite de u_n en fonction de l'entier naturel n ?

b. Programmer le calcul de u_n sur la calculatrice, l'entier naturel n étant fourni en entrée. La valeur de u_{99} obtenue à l'affichage est-elle en accord avec la conjecture précédente ?

2° Que peut-on dire de la suite (u_n) si :

a. $u_0 = 1$?

b. $u_0 = \dfrac{5}{4}$?

3° On suppose, dans cette question : $0 \leqslant u_0 < 1$.

a. Démontrer que $0 \leqslant u_1 < 1$.

Il est facile de comprendre que, de l'encadrement $0 \leqslant u_1 < 1$, on déduit de même $0 \leqslant u_2 < 1$, qui lui-même entraîne $0 \leqslant u_3 < 1$, etc.

On admettra qu'effectivement on peut écrire que, pour tout entier naturel n :

$$0 \leqslant u_n < 1.$$

b. Pour tout entier naturel n, exprimer $u_{n+1} - u_n$ en fonction de u_n.

En déduire le sens de variation de la suite (u_n).

c. On pose, pour tout entier naturel n :

$$v_n = \frac{1}{u_n - 1}.$$

Pour tout entier naturel n, exprimer v_{n+1} en fonction de u_n, puis prouver que la suite (v_n) est arithmétique.

En déduire l'expression explicite de u_n en fonction de u_0 et de n.

Le résultat est-il en accord avec celui de la question **1°** ?

4° Dans cette dernière question : $u_0 = \dfrac{1}{2}$.

a. De quel nombre se rapproche u_n quand n devient grand ?

b. Déterminer un entier naturel N tel que $1 - u_N < 10^{-3}$.

Que peut-on dire des termes de la suite (u_n) dont l'indice est supérieur ou égal à N ?

CONTRÔLE CONTINU

Exercice n° 1 40 min (12 points) *(corrigé p. 80)*

u est la suite définie par $u_0 = 3$ et, pour tout entier naturel n,

$$u_{n+1} = \sqrt{6 - u_n}.$$

On admettra que u est définie sur $\mathbb{N}$.

1° Dans le plan muni d'un repère orthogonal $\left(O ; \vec{i}, \vec{j}\right)$, placer les points de la droite $\left(O ; \vec{i}\right)$ d'abscisses u_0, u_1, u_2.

L'observation du graphique amène à conjecturer que u_n se rapproche d'une valeur fixe l pour de grandes valeurs de n.
Quelle est cette valeur l ?

2° a. Démontrer que, pour tout entier naturel n non nul :

$$u_n - 2 = \frac{2 - u_{n-1}}{\sqrt{6 - u_{n-1}} + 2},$$

$$|u_n - 2| \leqslant \frac{|u_{n-1} - 2|}{2}.$$

b. En déduire que, pour tout entier naturel n :

$$|u_n - 2| \leqslant \frac{1}{2^n}.$$

Ce résultat est-il en accord avec la conjecture de la question **1°** ?

3° Écrire un programme qui demande un entier naturel n et affiche les valeurs u_0, u_1, …, u_n.

Exercice n° 2 20 min (8 points) *(corrigé p. 81)*

Monsieur A ouvre un compte et, pendant douze années consécutives, il y dépose une somme de 10 000 euros le 1er janvier de chaque année au taux d'intérêt annuel de 6 %.
Monsieur B ouvre un compte et il y dépose une somme de 30 000 euros le 1er janvier des 1re, 4e, 7e et 10e années au même taux d'intérêt annuel de 6 %.

De combien dispose chacun au bout des douze années ?

CORRIGÉS

1 1° Il y aura :
- 64 parties au 1er tour,
- 32 parties au 2e tour (pour 64 joueurs),
- 16 parties au 3e tour (pour 32 joueurs),

et ainsi de suite jusqu'au 7e tour où les deux finalistes se rencontrent.

Or :

$$64 + 32 + 16 + 8 + 4 + 2 + 1 = 127$$

donc, **le nombre total de parties à prévoir est 127**.

2° Il y aura $\frac{2^n}{2}$ parties, c'est-à-dire 2^{n-1} parties au 1er tour.

D'un tour au tour suivant, le nombre de parties est divisé par 2.

Le nombre total de parties est :

$$2^{n-1} + 2^{n-2} + \ldots + 2^1 + 2^0.$$

Il s'agit de calculer la somme S_n des n premiers termes consécutifs de la suite géométrique de raison 2 et de premier terme 1 :

$$S_n = 1 \times \left(\frac{1-2^n}{1-2}\right) = 2^n - 1.$$

$$1 + q + \ldots + q^n = \frac{1-q^{n+1}}{1-q} \text{ si } q \neq 1.$$

Il faudra prévoir $2^n - 1$ parties.

Qui a été suffisamment astucieux pour s'apercevoir qu'il y a autant de parties à prévoir que de joueurs à éliminer, c'est-à-dire $2^n - 1$?

2 u_n : gain en euros pour une réponse correcte à la n-ième question.

1° • **(u_n) est la suite arithmétique définie sur $\mathbb{N}^*$ par :**

$$\boldsymbol{u_1 = 60}$$

(le candidat gagne 60 € s'il répond correctement à la première question)

et la relation de récurrence :

$$\boldsymbol{u_{n+1} = u_n + 35,}$$

(chaque bonne réponse rapporte au candidat 35 € de plus que la précédente).

• On en déduit que (u_n) est la suite arithmétique, définie sur $\mathbb{N}^*$, de premier terme 60 et de raison 35, donc, **pour tout n de $\mathbb{N}^*$:**

$$\begin{aligned} u_n &= u_1 + (n-1) \times 35 \\ &= 60 + (n-1) \times 35 \\ &= 60 + n \times 35 - 35, \end{aligned}$$

c'est-à-dire :

$$\boldsymbol{u_n = 35n + 25.}$$

2° Pour tout entier naturel n non nul, notons S_n le gain en euros du candidat lorsqu'il donne n bonnes réponses. S_n est la somme des n premiers termes de la suite (u_n), donc :

$$S_n = n \times \frac{u_1 + u_n}{2},$$

d'où :

$$S_n = n \times \frac{60 + 35n + 25}{2} = \frac{n}{2}(35n + 85).$$

Déterminons le plus petit entier naturel n non nul tel que $S_n \geqslant 1\,000$.

La suite (S_n) est croissante,

pour tout n de $\mathbb{N}^*$,

$$S_{n+1} = S_n + u_{n+1} \text{ et } u_{n+1} > 0,$$

de plus, à l'aide de la calculatrice ou du tableur :

$$S_6 = 885 \quad \text{et} \quad S_7 = 1\,155,$$

$$S_6 < 1\,000 \quad \text{et} \quad S_7 \geqslant 1\,000$$

ce qui permet de conclure que, **pour gagner au moins 1 000 €, le candidat doit donner au minimum 7 bonnes réponses.**

C2 =SOMME(B$2:B2)

	A	B	C	D
1	n	$u(n)$	$S(n)$	
2	1	60	60	
3	2	95	155	
4	3	130	285	
5	4	165	450	
6	5	200	650	
7	6	235	885	
8	7	270	1155	
9	8	305	1460	
10	9	340	1800	
11	10	375	2175	

CORRIGÉS

3 h_n : hauteur en cm du n-ième rebond.

1° • La balle est lâchée d'une hauteur de 100 cm au-dessus du sol et remonte aux $\frac{7}{10}$ de cette hauteur, donc :

$$h_1 = \frac{7}{10} \times 100 = 70.$$

À chaque rebond, la balle remonte aux $\frac{7}{10}$ de la hauteur atteinte précédemment, donc, pour tout entier naturel n non nul :

$$h_{n+1} = \frac{7}{10} \times h_n.$$

On peut ainsi affirmer **que la suite (h_n) est définie sur $\mathbb{N}^*$ par $h_1 = 70$ et la relation de récurrence :**

$$\boldsymbol{h_{n+1} = \frac{7}{10} \times h_n}.$$

(h_n) est la suite géométrique de premier terme h_1 égal à 70 et de raison $\frac{7}{10}$.

• On en déduit que, **pour tout entier naturel n non nul :**

$$h_n = 70 \times \left(\frac{7}{10}\right)^{n-1},$$

ce que l'on peut encore écrire, puisque $h_1 = 100 \times \frac{7}{10}$:

$$\boldsymbol{h_n = 100 \times \left(\frac{7}{10}\right)^n}.$$

2° • Le numéro du dernier rebond après lequel la balle s'élève au moins à 10 cm du sol est le plus grand entier naturel n non nul tel que :

$$h_n \geqslant 10,$$

et on a :

$$h_n \geqslant 10 \Leftrightarrow 100 \times \left(\frac{7}{10}\right)^n \geqslant 10$$

$$\Leftrightarrow \left(\frac{7}{10}\right)^n \geqslant \frac{1}{10}$$

$$\Leftrightarrow (0,7)^n \geqslant 0,1.$$

À l'aide de la calculatrice, on obtient à 10^{-3} près :

$$(0,7)^6 \approx 0,118 \text{ et } (0,7)^7 \approx 0,082,$$

donc :

$$(0,7)^6 \geqslant 0,1 \text{ et } (0,7)^7 < 0,1,$$

ce qui permet de conclure que **le dernier rebond après lequel la balle s'élève au moins à 10 cm du sol est le sixième**.

La suite (h_n) est décroissante, donc, si l'un de ses termes est inférieur à 0,1, alors il en est de même pour tous les suivants.

• Notons d la distance en cm parcourue par la balle entre le lâcher et le moment où elle atteint sa hauteur maximale après le sixième rebond.

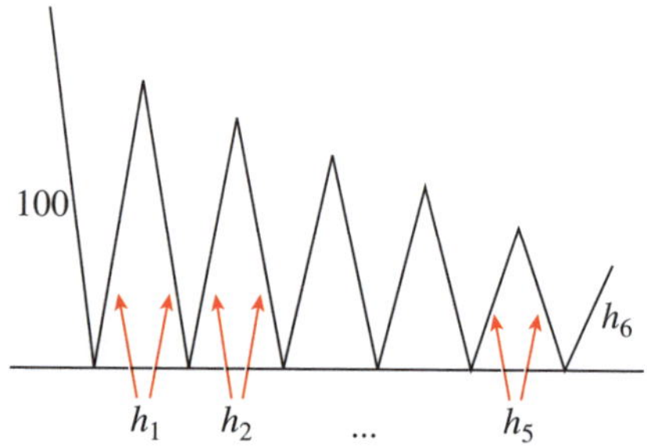

On a l'égalité :

$$d = 100 + 2h_1 + 2h_2 + \ldots + 2h_5 + h_6,$$

donc :

$$d = 100 + 2(h_1 + h_2 + \ldots + h_5) + h_6$$

$$= 100 + 2 \times h_1 \times \frac{1 - \left(\frac{7}{10}\right)^5}{1 - \frac{7}{10}} + 100 \times \left(\frac{7}{10}\right)^6$$

$$= 100 \times \left(1 + 2 \times 0,7 \times \frac{1 - (0,7)^5}{0,3} + (0,7)^6\right)$$

$$= 100 \times \left(1 + 14 \times \frac{1 - (0,7)^5}{3} + (0,7)^6\right).$$

À l'aide de la calculatrice, on obtient à 10^{-4} près :

$$d \approx 499,998\,9$$

donc **la balle parcourt plus de 4,99 m entre le lâcher et le moment où elle atteint sa hauteur maximale après le sixième rebond**.

4 Placement de 100 000 € au taux annuel de 7 % à intérêts composés.

1° Notons u_n le capital en euros au bout de n années.

On a donc : $u_0 = 100\,000$,

$$u_1 = u_0 + \frac{7}{100} u_0 = 1,07 u_0,$$

$$u_2 = u_1 + \frac{7}{100}u_1 = 1{,}07u_1,$$

et, pour tout entier naturel n :

$$u_{n+1} = u_n + \frac{7}{100}u_n,$$

soit :

$$u_{n+1} = 1{,}07u_n.$$

Augmenter de 7 % revient à multiplier par 1,07.

Cela prouve que la suite $n \mapsto u_n$, définie sur $\mathbb{N}$, est géométrique ; sa raison est 1,07 et son premier terme est 100 000.
On a donc, pour tout entier naturel n :

$$u_n = (1{,}07)^n \times u_0,$$

soit :

$$u_n = (1{,}07)^n \times 100\,000.$$

On en déduit :

$$u_4 = (1{,}07)^4 \times 100\,000 = 131\,079{,}601$$

et :

$$u_{10} = (1{,}07)^{10} \times 100\,000,$$

d'où :

$$u_{10} \approx 196\,715{,}1357 \text{ à } 10^{-4} \text{ près.}$$

Par conséquent, **le capital, au centime près, est de 131 079,60 euros au bout de quatre ans, et de 196 715,14 euros au bout de dix ans.**

2° • Le capital aura doublé au bout de la n-ième année dès que l'on aura :

$$\frac{u_n}{u_0} \geqslant 2,$$

c'est-à-dire :

$$(1{,}07)^n \geqslant 2.$$

À l'aide de la calculatrice, on obtient :

$$(1{,}07)^{10} \approx 1{,}97 \text{ à } 10^{-2} \text{ près,}$$
$$(1{,}07)^{11} \approx 2{,}10 \text{ à } 10^{-2} \text{ près.}$$

On en déduit que **le capital doublera au bout de la 11e année.**

La suite géométrique $n \mapsto (1{,}07)^n$ est croissante car : $1{,}07 > 1$.

• Suivons la même démarche.
Cherchons le plus petit entier naturel n tel que :

$$(1{,}07)^n \geqslant 3.$$

À l'aide de la calculatrice, on obtient :

$$(1{,}07)^{16} \approx 2{,}95 \text{ à } 10^{-2} \text{ près,}$$
$$(1{,}07)^{17} \approx 3{,}16 \text{ à } 10^{-2} \text{ près.}$$

Finalement, **le capital triplera au bout de la 17e année.**

5 1° **Contrat *A* :** salaire mensuel net d'embauche de 2 100 €, augmenté tous les ans de 130 €.

• u_n : salaire mensuel net en euros la n-ième année de travail.
(u_n) est la suite arithmétique de raison 130 et de premier terme u_1 égal à 2 100, donc, pour tout n de $\mathbb{N}^*$:

$$u_n = u_1 + (n-1) \times 130$$
$$= 2\,100 + 130n - 130,$$

c'est-à-dire :

$$\boldsymbol{u_n = 130n + 1\,970.}$$

• Pour tout n de $\mathbb{N}^*$, le montant total en euros des salaires perçus par Noémie la n-ième année de travail est $12u_n$.

$$12u_n = 12 \times (u_1 + (n-1) \times 130)$$
$$= 12 \times u_1 + (n-1) \times (12 \times 130)$$

$(12u_n)$ est une suite arithmétique définie sur $\mathbb{N}^*$, de premier terme $12u_1$ et de raison 12×130, donc le montant total S_n en euros des salaires perçus par Noémie au cours de n années de travail vérifie :

$$S_n = n \times \frac{12u_1 + 12u_n}{2},$$

d'où :

$$S_n = 6n \times (2\,100 + 130n + 1\,970)$$
$$= 6n \times (130n + 4\,070)$$
$$= 60n(13n + 407),$$

donc $\boldsymbol{S_n = 60(13n^2 + 407n)}$.

2° **Contrat *B* :** salaire mensuel net d'embauche de 2 100 €, augmenté tous les ans de 6 %.

• v_n : salaire mensuel net en euros la n-ième année de travail.
(v_n) est la suite géométrique de raison 1,06 et de premier terme v_1 égal à 2 100, donc, pour tout n de $\mathbb{N}^*$:

$$v_n = v_1 \times (1{,}06)^{n-1},$$

c'est-à-dire :

$$\boldsymbol{v_n = 2\,100 \times (1{,}06)^{n-1}.}$$

• Pour tout n de $\mathbb{N}^*$, le montant total en euros des salaires perçus par Noémie la n-ième année de travail est $12v_n$.

$$12v_n = 12 \times v_1 \times (1{,}06)^{n-1}.$$

$(12v_n)$ est une suite géométrique définie sur $\mathbb{N}^*$, de premier terme $12v_1$ et de raison 1,06, donc le montant total T_n en euros des salaires perçus par Noémie au cours de n années de travail vérifie :

$$T_n = 12v_1 \times \frac{1-(1{,}06)^n}{1-1{,}06},$$

d'où :

$$T_n = 12 \times 2\,100 \times \frac{(1{,}06)^n - 1}{0{,}06}$$

et finalement :

$$\boldsymbol{T_n = 420\,000 \times \left((1{,}06)^n - 1\right).}$$

3°

E5 | =12*SOMME(C$2:C5)

	A	B	C	D	E
1	n	u(n)	v(n)	S(n)	T(n)
2	1	2100	2100	25200	25200
3	2	2230	2226	51960	51912
4	3	2360	2360	80280	80227
5	4	2490	2501	110160	110240
6	5	2620	2651	141600	142055
7	6	2750	2810	174600	175778
8	7	2880	2979	209160	211525
9	8	3010	3158	245280	249416
10	9	3140	3347	282960	289581
11	10	3270	3548	322200	332156

a. Sachant que, pour tout n de $\mathbb{N}^*$, $u_{n+1} = u_n + 130$, on peut entrer en **B3** la formule :

=B2+130

De même, sachant que, pour tout n de $\mathbb{N}^*$, $v_{n+1} = 1{,}06 \times v_n$, on peut entrer en **C3** la formule :

=C2*1,06

b. On peut entrer en **D2** la formule :

=12*SOMME(B$2:B2)

En étirant cette formule vers la droite, la formule entrée en **E2** est :

=12*SOMME(C$2:C2)

Grâce au symbole **$** (référence absolue), en étirant ensuite les formules de la plage **D2:E2** vers le bas, la formule entrée par exemple dans la cellule **E5** est la suivante :

=12*SOMME(C$2:C5)

c. On lit dans la feuille de calcul :
• si $n \leqslant 3$, alors $S_n > T_n$,
• si $4 \leqslant n \leqslant 10$, alors $S_n < T_n$.

Il est possible d'établir, pour tout entier n supérieur ou égal à 4 :

$$S_n < T_n.$$

On en déduit que **le contrat A est plus avantageux pour Noémie si elle compte rester trois ans dans l'entreprise, et que c'est le contrat B si elle compte y rester quatre ou cinq ans**.

En utilisant les formules donnant S_n et T_n obtenues aux questions **1°** et **2°**, on retrouve à l'aide de la calculatrice :

$$S_3 = 80\,280$$
$$S_4 = 110\,160$$

et, plus précisément :

$$T_3 \approx 80\,226{,}72$$
$$T_4 \approx 110\,240{,}32.$$

6

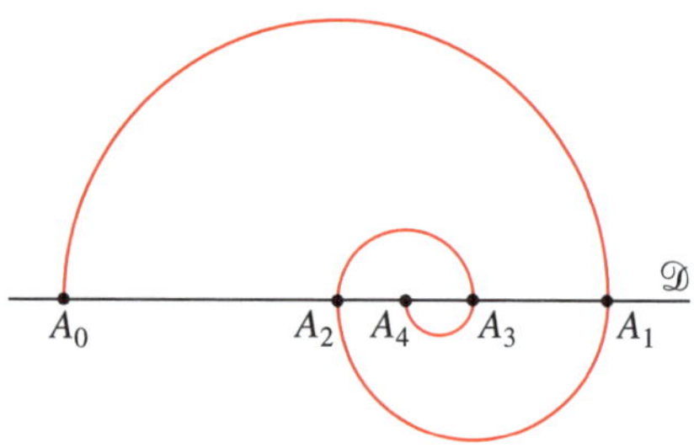

1° $\mathcal{S}_n$: spirale constituée des n premiers demi-cercles,
L_n : longueur en cm de $\mathcal{S}_n$.

• Pour tout entier naturel n non nul, en notant respectivement r_n et c_n le rayon et la longueur en cm du n-ième demi-cercle :

$$r_1 = 8 \text{ et } r_{n+1} = \frac{1}{2} r_n,$$

(r_n) est la suite géométrique de premier terme r_1 égal à 8 et de raison $\frac{1}{2}$,
donc :

$$r_n = 8 \times \left(\frac{1}{2}\right)^{n-1},$$

or :

$$c_n = \pi r_n,$$

La longueur d'un cercle de rayon R est égale à $2\pi R$.

donc : $c_n = 8\pi \times \left(\frac{1}{2}\right)^{n-1}$.

(c_n) est la suite géométrique de premier terme c_1 égal à 8π et de raison $\frac{1}{2}$.

• **Pour tout n de** $\mathbb{N}^*$, par définition de L_n :

$$L_n = c_1 + c_2 + \ldots + c_n,$$

on peut aussi écrire :

$$L_n = \sum_{k=1}^{n} c_k,$$

donc :

$$L_n = c_1 \times \frac{1-\left(\frac{1}{2}\right)^n}{1-\frac{1}{2}}$$

$$= 8\pi \times \frac{1-\left(\frac{1}{2}\right)^n}{1-\frac{1}{2}},$$

c'est-à-dire :

$$\boldsymbol{L_n = 16\pi \times \left(1-\left(\frac{1}{2}\right)^n\right)}.$$

• En notant **L la longueur en cm du cercle de diamètre $[A_0A_1]$** :

$$L = 2\pi \times 8 = 16\pi,$$

et, **pour tout n de** $\mathbb{N}^*$ **:**

$$L - L_n = 16\pi - 16\pi \times \left(1-\left(\frac{1}{2}\right)^n\right),$$

c'est-à-dire :

$$L - L_n = 16\pi \times \left(\frac{1}{2}\right)^n,$$

or : $16\pi \times \left(\frac{1}{2}\right)^n > 0,$

donc : $L - L_n > 0,$

ce qui prouve :

$$\boldsymbol{L > L_n}$$

et met en évidence que L_n peut être rendu aussi proche de L que l'on veut pourvu que n soit suffisamment grand.

2° $\mathscr{D}$ munie du repère $\left(A_0\ ;\ \frac{1}{16}\overrightarrow{A_0A_1}\right)$,

x_n : abscisse du point A_n.

a. Le repère a pour origine A_0, donc :

$$\boldsymbol{x_0 = 0.}$$

De plus, par construction, en posant $\vec{i} = \frac{1}{16}\overrightarrow{A_0A_1}$:

$$\overrightarrow{A_0A_1} = 16\vec{i},\quad \overrightarrow{A_0A_2} = 8\vec{i},$$
$$\overrightarrow{A_0A_3} = 12\vec{i},\quad \overrightarrow{A_0A_4} = 10\vec{i},$$

donc :

$$\boldsymbol{x_1 = 16,\ \ x_2 = 8,}$$
$$\boldsymbol{x_3 = 12} \text{ et } \boldsymbol{x_4 = 10.}$$

b. Soit n un entier naturel.
Par construction, le point **A_{n+2} est le milieu du segment $[A_nA_{n+1}]$**, donc :

$$\boldsymbol{x_{n+2} = \frac{x_n + x_{n+1}}{2}.}$$

L'abscisse du milieu d'un segment est la demi-somme des abscisses des extrémités de ce segment.

c. $a_n = x_n - x_{n-1}$.

Pour tout n de $\mathbb{N}^*$:

$$a_{n+1} = x_{n+1} - x_n,$$

donc, d'après la question précédente :

$$a_{n+1} = \frac{x_{n-1} + x_n}{2} - x_n$$
$$= \frac{x_{n-1} + x_n - 2x_n}{2}$$
$$= \frac{x_{n-1} - x_n}{2}$$
$$= -\frac{1}{2}(x_n - x_{n-1}),$$

autrement dit :

$$a_{n+1} = -\frac{1}{2}a_n.$$

On a ainsi démontré que **la suite (a_n) est géométrique de raison $-\frac{1}{2}$.**

On en déduit, **pour tout n de** $\mathbb{N}^*$ **:**

$$a_n = a_1 \times \left(-\frac{1}{2}\right)^{n-1},$$

or : $a_1 = x_1 - x_0 = 16,$

donc : $\boldsymbol{a_n = 16\left(-\frac{1}{2}\right)^{n-1}}$.

CORRIGÉS

d. Soit n un entier naturel non nul.

• On a :

$$a_1 + a_2 + \ldots + a_n = (x_1 - x_0) + (x_2 - x_1) + \ldots + (x_n - x_{n-1}),$$

ce qui peut aussi s'écrire en réorganisant le calcul dans le second membre :

$$a_1 + a_2 + \ldots + a_n = -x_0 + (x_1 - x_1) + \ldots + (x_{n-1} - x_{n-1}) + x_n,$$

donc, par télescopage additif, ne subsistent dans la somme que $-x_0$ et x_n, c'est-à-dire :

$$a_1 + a_2 + \ldots + a_n = x_n - x_0,$$

soit (puisque $x_0 = 0$) :

$$\boldsymbol{a_1 + a_2 + \ldots + a_n = x_n}.$$

• On en déduit, la suite $(a_n)_{n \geqslant 1}$ étant géométrique de raison $-\frac{1}{2}$:

$$x_n = a_1 \times \frac{1 - \left(-\frac{1}{2}\right)^n}{1 - \left(-\frac{1}{2}\right)} = 16 \times \frac{1 - \left(-\frac{1}{2}\right)^n}{\frac{3}{2}},$$

c'est-à-dire :

$$\boldsymbol{x_n = \frac{32}{3} \times \left(1 - \left(-\frac{1}{2}\right)^n\right)}.$$

3° a. Pourvu que l'entier naturel n soit suffisamment grand, $\left(-\frac{1}{2}\right)^n$ peut être aussi proche de 0 que l'on veut, et x_n peut être aussi proche de $\frac{32}{3}$ que l'on veut.

$$\lim_{n \to +\infty} x_n = \frac{32}{3}$$

On peut donc dire que la spirale « converge » vers le point A de la droite $\mathscr{D}$ d'abscisse $\frac{32}{3}$ dans le repère de l'énoncé.

***A* est le point du segment $[A_0A_1]$ tel que :**

$$\boldsymbol{A_0A = \frac{2}{3} A_0A_1}.$$

b. Pour tout entier naturel n non nul, en notant AA_n la distance en cm du point A au point A_n :

$$AA_n = |x_n - x_A| = \left|\frac{32}{3} - \frac{32}{3} \times \left(1 - \left(-\frac{1}{2}\right)^n\right)\right| = \left|\frac{32}{3}\left(-\frac{1}{2}\right)^n\right| = \frac{32}{3}\left(\frac{1}{2}\right)^n,$$

donc :

$$AA_n = \frac{32}{3 \times 2^n}.$$

Dire que la distance de A_n à A est inférieure à 1 mm signifie :

$$AA_n < 0{,}1$$

1 mm = 0,1 cm

et on a l'équivalence :

$$AA_n < 0{,}1 \Leftrightarrow \frac{32}{3 \times 2^n} < 0{,}1.$$

À l'aide de la calculatrice, on obtient, à 10^{-3} près :

$$\frac{32}{3 \times 2^6} > 0{,}167, \quad \frac{32}{3 \times 2^7} < 0{,}083,$$

donc :

$$\frac{32}{3 \times 2^6} > 0{,}1, \quad \frac{32}{3 \times 2^7} < 0{,}1.$$

Comme la suite $n \mapsto \frac{32}{3 \times 2^n}$ est décroissante, on a ainsi établi, pour tout entier naturel n non nul :

$$AA_n < 0{,}1 \Leftrightarrow n \geqslant 7,$$

ce qui permet de conclure que **la distance de A_n à A est inférieure à 1 mm si, et seulement si, $n \geqslant 7$.**

Si $n \leqslant 6$, alors $AA_n > 0{,}1$.

Si $n \geqslant 7$, alors $AA_n < 0{,}1$.

7 Pour tout entier naturel n, les triangles OP_nP_{n+1} et $OP_{n+1}P_{n+2}$ sont rectangles et leurs angles de sommet O mesurent 30°.
Les longueurs de leurs côtés sont donc deux à deux proportionnelles (triangles de même forme).
On obtient :

$$\frac{P_{n+1}P_{n+2}}{P_nP_{n+1}} = \frac{OP_{n+1}}{OP_n} = \cos(30°) = \frac{\sqrt{3}}{2}.$$

Soit u la suite $n \mapsto P_nP_{n+1}$.
Pour tout entier naturel n :

$$\frac{u_{n+1}}{u_n} = \frac{\sqrt{3}}{2}.$$

u est donc une suite géométrique ; sa raison est $\frac{\sqrt{3}}{2}$ et son premier terme u_0 vérifie :

$$u_0 = P_0P_1 = OP_0 \sin(30°) = 3 \times \frac{1}{2},$$

c'est-à-dire : $u_0 = \frac{3}{2}$.

La longueur L, en cm, de la ligne brisée joignant P_0 à P_{10} est la somme des dix premiers termes de la suite u, donc :

$$L = u_0 \times \frac{1 - \left(\frac{\sqrt{3}}{2}\right)^{10}}{1 - \frac{\sqrt{3}}{2}}$$

$$\left(\sqrt{3}\right)^{10} = \left(\sqrt{3}\right)^{2\times5} = \left(\sqrt{3}^2\right)^5 = 3^5$$

$$L = \frac{3}{2} \times \frac{\frac{2^{10} - 3^5}{2^{10}}}{\frac{2 - \sqrt{3}}{2}}$$

$$= \frac{3}{2^{10}} \times \frac{2^{10} - 3^5}{2 - \sqrt{3}}$$

$$= \frac{3}{2^{10}}\left(2^{10} - 3^5\right)\left(2 + \sqrt{3}\right).$$

Finalement, $\boldsymbol{L = \frac{2\,343}{1\,024}\left(2 + \sqrt{3}\right)}$.

8,5 est une approximation de L à 10^{-1} près.

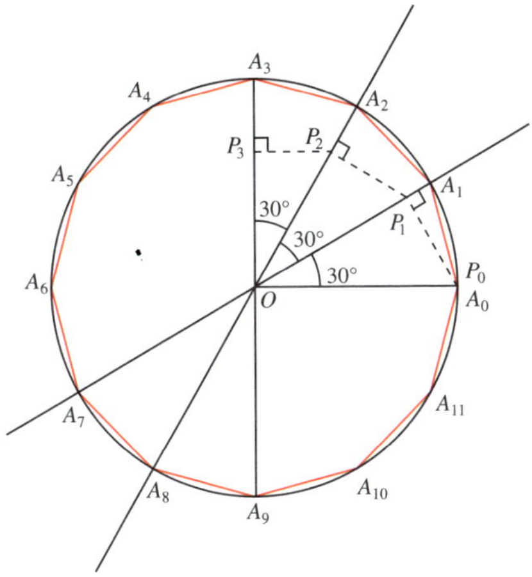

8 **1°** a_n, b_n, c_n : effectifs des groupes respectivement des premier, deuxième et troisième âges à la fin de la n-ième année.

a. D'après l'énoncé, pour tout entier naturel n inférieur ou égal à 9 :

$$\boldsymbol{a_{n+1} = 6c_n}$$

(d'une année sur l'autre, le groupe des insectes de troisième âge donne naissance à une nouvelle génération d'insectes, dont l'effectif est égal à six fois celui des insectes de troisième âge),

$$\boldsymbol{b_{n+1} = \frac{1}{2}a_n}$$

(d'une année sur l'autre, ne survit que la moitié des insectes de premier âge),

$$\boldsymbol{c_{n+1} = \frac{1}{3}b_n}$$

(d'une année sur l'autre, ne survit que le tiers des insectes de deuxième âge).

b. $a_0 = b_0 = c_0 = 3\,000$.

• Sans difficulté, on obtient pour les effectifs des trois groupes d'insectes à la fin de la première année :

$$\boldsymbol{a_1} = 6c_0 = 6 \times 3\,000 = \boldsymbol{18\,000},$$

$$\boldsymbol{b_1} = \frac{1}{2}a_0 = \frac{1}{2} \times 3\,000 = \boldsymbol{1\,500},$$

$$\boldsymbol{c_1} = \frac{1}{3}b_0 = \frac{1}{3} \times 3\,000 = \boldsymbol{1\,000},$$

à la fin de la deuxième année :

$$\boldsymbol{a_2} = 6c_1 = 6 \times 1\,000 = \mathbf{6\,000},$$

$$\boldsymbol{b_2} = \frac{1}{2}a_1 = \frac{1}{2} \times 18\,000 = \mathbf{9\,000},$$

$$\boldsymbol{c_2} = \frac{1}{3}b_1 = \frac{1}{3} \times 1\,500 = \mathbf{500},$$

et à la fin de la troisième année :

$$\boldsymbol{a_3} = 6c_2 = 6 \times 500 = \mathbf{3\,000},$$

$$\boldsymbol{b_3} = \frac{1}{2}a_2 = \frac{1}{2} \times 6\,000 = \mathbf{3\,000},$$

$$\boldsymbol{c_3} = \frac{1}{3}b_2 = \frac{1}{3} \times 9\,000 = \mathbf{3\,000}.$$

• On constate que :

$$a_3 = a_0,\ b_3 = b_0,\ c_3 = c_0,$$

autrement dit, les effectifs de chacun des trois groupes d'insectes à la fin de la troisième année sont ceux de départ : il y a réinitialisation du processus.

Le phénomène est cyclique.

On en déduit d'une part :

$$a_0 = a_3 = a_6 = a_9,$$

donc :

$$\boldsymbol{a_9} = \mathbf{3\,000},$$

de même :

$$\boldsymbol{b_9} = \boldsymbol{c_9} = \mathbf{3\,000},$$

d'autre part :

$$a_1 = a_4 = a_7 = a_{10},$$

donc :

$$\boldsymbol{a_{10}} = \mathbf{18\,000},$$

de même :

$$\boldsymbol{b_{10}} = b_1 = \mathbf{1\,500},$$

$$\boldsymbol{c_{10}} = c_1 = \mathbf{1\,000}.$$

2° $u_{n+1} = 6w_n$, $v_{n+1} = \frac{1}{2}u_n$, $w_{n+1} = \frac{1}{3}v_n$.

a. Pour tout n de $\mathbb{N}$:

$$u_{n+3} = 6w_{n+2} = 6 \times \frac{1}{3}v_{n+1} = 6 \times \frac{1}{3} \times \frac{1}{2}u_n,$$

donc :

$$u_{n+3} = u_n,$$

et on obtient de façon analogue :

$$v_{n+3} = \frac{1}{2}u_{n+2} = \frac{1}{2} \times 6w_{n+1} = \frac{1}{2} \times 6 \times \frac{1}{3}v_n,$$

donc :

$$\boldsymbol{v_{n+3}} = \boldsymbol{v_n},$$

$$w_{n+3} = \frac{1}{3}v_{n+2} = \frac{1}{3} \times \frac{1}{2}u_{n+1} = \frac{1}{3} \times \frac{1}{2} \times 6w_n,$$

donc :

$$\boldsymbol{w_{n+3}} = \boldsymbol{w_n}.$$

Les suites (u_n), (v_n) et (w_n) sont périodiques de période 3.

b. On en déduit que, pour tout entier naturel n :

• **si n est multiple de 3,** c'est-à-dire si n est de la forme $3p$ $(p \in \mathbb{N})$, **alors :**

$$\boldsymbol{u_n} = \boldsymbol{u_0},$$

$u_0 = u_3 = u_6 = u_9 = \ldots$

$$\boldsymbol{v_n} = \boldsymbol{v_0},$$

$$\boldsymbol{w_n} = \boldsymbol{w_0}\ ;$$

• **si n est de la forme $3p + 1$ $(p \in \mathbb{N})$, alors :**

$$\boldsymbol{u_n} = \boldsymbol{u_1} = \mathbf{6}\boldsymbol{w_0},$$

$u_1 = u_4 = u_7 = u_{10} = \ldots$

$$\boldsymbol{v_n} = v_1 = \frac{\mathbf{1}}{\mathbf{2}}\boldsymbol{u_0},$$

$$\boldsymbol{w_n} = w_1 = \frac{\mathbf{1}}{\mathbf{3}}\boldsymbol{v_0};$$

• enfin, **si n est de la forme $3p + 2$ $(p \in \mathbb{N})$, alors :**

$$\boldsymbol{u_n} = u_2 = 6w_1 = 6 \times \frac{1}{3}v_0 = \mathbf{2}\boldsymbol{v_0},$$

$u_2 = u_5 = u_8 = u_{11} = \ldots$

$$\boldsymbol{v_n} = v_2 = \frac{1}{2}u_1 = \frac{1}{2} \times 6w_0 = \mathbf{3}\boldsymbol{w_0},$$

$$\boldsymbol{w_n} = w_2 = \frac{1}{3}v_1 = \frac{1}{3} \times \frac{1}{2}u_0 = \frac{\mathbf{1}}{\mathbf{6}}\boldsymbol{u_0}.$$

9 $u_{n+1} = \frac{1}{2}u_n + \frac{1}{2}w_n,$

$$v_{n+1} = \frac{1}{2}v_n + \frac{1}{2}w_n,$$

$$w_{n+1} = \frac{1}{2}u_n + \frac{1}{2}v_n.$$

1° a. Algorithme de calcul de u_k, v_k, w_k, l'entier k variant de 1 à n

> $u \leftarrow u_0$
> $v \leftarrow v_0$
> $w \leftarrow w_0$
> Entrer n
> Pour k variant de 1 à n faire
> $a \leftarrow \frac{1}{2}u + \frac{1}{2}w$
> $b \leftarrow \frac{1}{2}v + \frac{1}{2}w$
> $c \leftarrow \frac{1}{2}u + \frac{1}{2}v$
> $u \leftarrow a$
> $v \leftarrow b$
> $w \leftarrow c$
> afficher k, u, v, w
> fin Pour

Noter le rôle des variables a, b, c, appelées variables « tampon ».
À l'entrée du k-ième passage dans la boucle, les variables u, v, w contiennent respectivement u_{k-1}, v_{k-1}, w_{k-1}. La valeur u_{k-1}, par exemple, intervient dans le calcul non seulement de u_k mais aussi de w_k.
Sans ces variables « tampon », l'instruction :

$$u \text{ prend la valeur } \frac{1}{2}u + \frac{1}{2}w$$

affecterait à u la valeur u_k et ne permettrait plus de faire le calcul de w_k avec l'instruction :

$$w \text{ prend la valeur } \frac{1}{2}u + \frac{1}{2}v$$

b. • Transcription de l'algorithme sur la calculatrice

TI

```
Prompt N
1 →U
10 →V
49 →W
For (K,1,N)
(U+W)/ 2 →A
(V+W)/ 2 →B
(U+V)/ 2 →C
A →U
B →V
C →W
Disp «K=», K
Pause
Disp «U=», U
Disp «V=», V
Disp «W=», W
Pause
END
```

CASIO

```
«N=» ? →N
1 →U
10 →V
49 →W
For 1 →K To N
(U+W) ÷ 2 →A
(V+W) ÷ 2 →B
(U+V) ÷ 2 →C
A →U
B →V
C →W
«K=» : K ◢
«U=» : U ◢
«V=» : V ◢
«W=» : W ◢
Next
«FIN»
```

Python

```
1 def exo9(u0,v0,w0,n):
2     u,v,w = u0,v0,w0
3     for k in range(n):
4         u,v,w = (u+w)/2,(v+w)/2,(u+v)/2
5     print(u,v,w)
```

```
>>> exo9(1,10,49,10)
19.9814453125 19.990234375 20.0283203125
>>>
```

L'affectation simultanée spécifique à Python (lignes **2** et **4**) autorise une transcription très simple de l'algorithme étudié.
Pour que s'affichent tous les triplets (u_k, v_k, w_k) lorsque l'entier k varie de 1 à n, il suffit d'indenter l'instruction de la ligne **5**.

• En exécutant sur la calculatrice le programme avec $u_0 = 1$, $v_0 = 10$, $w_0 = 49$, on obtient à l'affichage pour $n = 10$:

$$u_{10} \approx 19{,}981\,445\,31,$$
$$v_{10} \approx 19{,}990\,234\,38,$$
$$w_{10} \approx 20{,}028\,320\,31,$$

et on constate que u_{10}, v_{10}, w_{10} se sont « rapprochés » de 20, qui est la moyenne de u_0, v_0, w_0.
L'écart entre 20 et chacun des trois nombres u_{10}, v_{10}, w_{10} est inférieur à 10^{-1}.
On obtient pour $n = 20$:

$$u_{20} \approx 19{,}999\,981\,88,$$
$$v_{20} \approx 19{,}999\,990\,46,$$
$$w_{20} \approx 20{,}000\,027\,66,$$

CORRIGÉS

et l'écart entre 20 et chacun des trois nombres u_{20}, v_{20}, w_{20} est inférieur à 10^{-4}. De plus, à partir de $n = 33$, l'affichage se stabilise sur 20.

En prenant d'autres valeurs de u_0, v_0, w_0, on observe que le phénomène se répète : **lorsque n augmente, u_n, v_n, w_n semblent se rapprocher de la moyenne $\dfrac{u_0 + v_0 + w_0}{3}$ de u_0, v_0, w_0.**

Pour de grandes valeurs de n, la précision de la calculatrice ne permet pas de distinguer u_n, v_n, w_n de $\dfrac{u_0+v_0+w_0}{3}$.

2° $U_n = u_n + v_n + w_n$,
$V_n = u_n + v_n - 2w_n$.

a. Pour tout n de $\mathbb{N}$:

$$\begin{aligned} U_{n+1} &= u_{n+1} + v_{n+1} + w_{n+1} \\ &= \left(\frac{1}{2}u_n + \frac{1}{2}w_n\right) + \left(\frac{1}{2}v_n + \frac{1}{2}w_n\right) + \left(\frac{1}{2}u_n + \frac{1}{2}v_n\right) \\ &= \left(\frac{1}{2}u_n + \frac{1}{2}u_n\right) + \left(\frac{1}{2}v_n + \frac{1}{2}v_n\right) + \left(\frac{1}{2}w_n + \frac{1}{2}w_n\right) \\ &= u_n + v_n + w_n \\ &= U_n, \end{aligned}$$

ce qui prouve que **la suite (U_n) est constante**.

b. Pour tout n de $\mathbb{N}$:

$$\begin{aligned} V_{n+1} &= u_{n+1} + v_{n+1} - 2w_{n+1} \\ &= \left(\frac{1}{2}u_n + \frac{1}{2}w_n\right) + \left(\frac{1}{2}v_n + \frac{1}{2}w_n\right) - 2\left(\frac{1}{2}u_n + \frac{1}{2}v_n\right) \\ &= \left(\frac{1}{2}u_n - u_n\right) + \left(\frac{1}{2}v_n - v_n\right) + \left(\frac{1}{2}w_n + \frac{1}{2}w_n\right) \\ &= -\frac{1}{2}u_n - \frac{1}{2}v_n + w_n \\ &= -\frac{1}{2}(u_n + v_n - 2w_n) \\ &= -\frac{1}{2}V_n, \end{aligned}$$

ce qui prouve que **la suite (V_n) est géométrique de raison $-\dfrac{1}{2}$.**

c. Pour tout n de $\mathbb{N}$:

$$\begin{aligned} U_n - V_n &= (u_n + v_n + w_n) - (u_n + v_n - 2w_n) \\ &= u_n + v_n + w_n - u_n - v_n + 2w_n, \end{aligned}$$

donc on a bien :

$$\boldsymbol{U_n - V_n = 3w_n},$$

autrement dit :

$$w_n = \frac{1}{3}U_n - \frac{1}{3}V_n.$$

Pour tout n de $\mathbb{N}$:

- d'après la question **2° a.** :
$$U_n = U_0 = u_0 + v_0 + c_0,$$
- d'après la question **2° b.** :
$$\begin{aligned} V_n &= \left(-\frac{1}{2}\right)^n V_0 \\ &= \left(-\frac{1}{2}\right)^n (u_0 + v_0 - 2w_0), \end{aligned}$$

donc :

$$\boldsymbol{w_n = \frac{u_0 + v_0 + w_0}{3} - \left(-\frac{1}{2}\right)^n \frac{u_0 + v_0 - 2w_0}{3}}.$$

On sait que $\left(-\dfrac{1}{2}\right)^n$ est aussi proche de 0 que l'on veut, pourvu que l'entier naturel n soit suffisamment grand ; il est alors facile de se convaincre que w_n est aussi proche de $\dfrac{u_0 + v_0 + w_0}{3}$ que l'on veut, pourvu que n soit suffisamment grand, **ce qui est cohérent avec les observations formulées à la question 1° b.**

On dit que la suite (w_n) a pour limite $\dfrac{u_0+v_0+w_0}{3}$ et on écrit :

$$\lim_{n \to +\infty} w_n = \frac{u_0+v_0+w_0}{3}.$$

On pourrait démontrer qu'il en est de même pour les suites (u_n) et (v_n).

10 **Boîte A : 512 pièces,**
boîte B : 1 024 pièces,
boîte C : 1 536 pièces.

1° • **Après la première manipulation, les boîtes A, B, C contiennent respectivement un nombre de pièces égal à :**

$$\frac{512}{2}+\frac{1\,536}{2},\ \frac{1\,024}{2}+\frac{1\,536}{2}$$
$$\text{et}\ \frac{512}{2}+\frac{1\,024}{2},$$

c'est-à-dire :

1 024, 1 280 et 768.

• **Après la deuxième manipulation, les boîtes A, B, C contiennent respectivement un nombre de pièces égal à :**

$$\frac{1\,024}{2}+\frac{768}{2},\ \frac{1\,280}{2}+\frac{768}{2}$$
$$\text{et}\ \frac{1\,024}{2}+\frac{1\,280}{2},$$

c'est-à-dire :

896, 1 024 et 1 152.

2° a_n, b_n, c_n : nombre de pièces respectivement dans les boîtes A, B et C à l'issue de la n-ième manipulation.

• **En supposant les n premières manipulations réalisables, la $(n+1)$-ième manipulation n'est réalisable** qu'à la condition que chacune des trois boîtes contienne un nombre pair de pièces, c'est-à-dire **qu'à la condition que les entiers naturels a_n, b_n, c_n soient pairs**.

• D'après la description de la manipulation, **en supposant la $(n+1)$-ième manipulation réalisable :**

$$a_{n+1}=\frac{1}{2}a_n+\frac{1}{2}c_n,$$

$$b_{n+1}=\frac{1}{2}b_n+\frac{1}{2}c_n,$$

$$c_{n+1}=\frac{1}{2}a_n+\frac{1}{2}b_n.$$

3° Utilisons le programme de l'exercice **9** édité sur la calculatrice en prenant $n=10$ et :

$$u_0=512,\ v_0=1\,024,\ w_0=1\,536.$$

On lit à l'affichage :

$$u_1=1\,024,\ v_1=1\,280,\ w_1=768,$$
$$\vdots$$
$$u_9=1\,024,\ v_9=1\,025,\ w_9=1\,023,$$
$$u_{10}=1\,023{,}5,\ v_{10}=1\,024,\ w_{10}=1\,024{,}5.$$

Tous les nombres $u_1, v_1, w_1, \ldots, u_9, v_9, w_9$ sont des entiers (positifs) ; ils sont donc respectivement égaux aux nombres a_1, b_1, c_1, …, a_9, b_9, c_9, et les neuf premières manipulations sont réalisables.

En revanche, il n'est pas possible de réaliser une dixième manipulation, car les entiers a_9, b_9, c_9 ne sont pas tous pairs.

b_9 et c_9 sont impairs.

On en déduit que **le processus s'arrête à l'issue de la neuvième manipulation**.

Comme on pouvait s'y attendre, u_9, v_9 et w_9 sont « proches » de 1 024, moyenne arithmétique de 512, 1 024 et 1 536.

$$\frac{512+1\,024+1\,536}{3}=1\,024.$$

11 $u_{n+1}=\dfrac{1}{2-u_n}$.

1° $u_0=0$.

a. On obtient successivement :

$$u_1=\frac{1}{2-u_0}=\frac{1}{2-0}=\frac{1}{2},$$

$$u_2=\frac{1}{2-u_1}=\frac{1}{2-\frac{1}{2}}=\frac{1}{\frac{3}{2}}=\frac{2}{3},$$

$$u_3=\frac{1}{2-u_2}=\frac{1}{2-\frac{2}{3}}=\frac{1}{\frac{4}{3}}=\frac{3}{4},$$

ce qui conduit à conjecturer que, pour tout entier naturel n :

$$u_n=\frac{n}{n+1}.$$

b. Programme de calcul de u_n

TI	CASIO
Prompt N 0 →U For (I,1,N) 1/(2-U) →U End Disp U	«N=» ? →N 0 →U For 1 →I To N 1÷(2-U) →U Next U

En demandant le calcul de u_{99}, on obtient 0,99 à l'affichage de la calculatrice, ce qui est en accord avec la conjecture précédente.

CORRIGÉS

$$0{,}99=\frac{99}{100}$$

Python

```
def exo11(n):
    u = 0
    for k in range(n):
        u = 1/(2 - u)
    return u
```

```
>>> exo11(99)
0.9899999999999998
```

2° a. $u_0 = 1$.

On a :

$$u_1 = \frac{1}{2-u_0} = \frac{1}{2-1} = \frac{1}{1} = 1,$$

$$u_2 = \frac{1}{2-u_1} = \frac{1}{2-1} = \frac{1}{1} = 1,$$

etc.

et il n'est pas difficile de se convaincre que tous les termes suivants de la suite (u_n) restent égaux à 1, autrement dit que **(u_n) est la suite constante $n \mapsto 1$.**

b. $u_0 = \frac{5}{4}$.

Alors, de proche en proche :

$$u_1 = \frac{1}{2-u_0} = \frac{1}{2-\frac{5}{4}} = \frac{1}{\frac{3}{4}} = \frac{4}{3},$$

$$u_2 = \frac{1}{2-u_1} = \frac{1}{2-\frac{4}{3}} = \frac{1}{\frac{2}{3}} = \frac{3}{2},$$

$$u_3 = \frac{1}{2-u_2} = \frac{1}{2-\frac{3}{2}} = \frac{1}{\frac{1}{2}} = 2.$$

u_3 valant 2, cela interdit de pouvoir calculer u_4.
u_4 n'existe pas, ni aucun terme u_n d'indice supérieur à 4.

On en déduit que **la suite (u_n) n'est définie que sur** $\{0\ ;\ 1\ ;\ 2\ ;\ 3\}$.

3° $0 \leqslant u_0 < 1$.

a. Des inégalités $0 \leqslant u_0 < 1$, on déduit successivement :

$$-1 < -u_0 \leqslant 0,$$

$$1 < 2 - u_0 \leqslant 2,$$

et, des réels strictement positifs étant rangés dans l'ordre contraire de leurs inverses :

$$\frac{1}{2} \leqslant \frac{1}{2-u_0} < 1,$$

c'est-à-dire :

$$\frac{1}{2} \leqslant u_1 < 1,$$

et *a fortiori* :

$$\mathbf{0 \leqslant u_1 < 1.}$$

b. • Pour tout entier naturel n :

$$u_{n+1} - u_n = \frac{1}{2-u_n} - u_n$$

$$= \frac{1-(2-u_n)u_n}{2-u_n}$$

$$= \frac{1-2u_n+(u_n)^2}{2-u_n},$$

d'où : $$\boldsymbol{u_{n+1} - u_n = \frac{(1-u_n)^2}{2-u_n}}.$$

$a^2 - 2ab + b^2 = (a-b)^2$

Pour tout entier naturel n :

$$(1-u_n)^2 \geqslant 0,$$

$$2 - u_n > 0 \text{ (car } u_n < 1),$$

donc : $u_{n+1} - u_n \geqslant 0$,

c'est-à-dire : $u_{n+1} \geqslant u_n$,

ce qui prouve que **la suite (u_n) est croissante**.

c. $v_n = \frac{1}{u_n - 1}$.

Noter que la suite (v_n) est définie sur $\mathbb{N}$, car, pour tout n de $\mathbb{N}$, $u_n \neq 1$.

• Pour tout entier naturel n :

$$v_{n+1} = \frac{1}{u_{n+1}-1} = \frac{1}{\frac{1}{2-u_n} - 1},$$

$$v_{n+1} = \frac{1}{\frac{1-2+u_n}{2-u_n}} = \frac{1}{\frac{u_n-1}{2-u_n}},$$

$$\boldsymbol{v_{n+1} = \frac{2-u_n}{u_n-1}},$$

d'où : $$v_{n+1} - v_n = \frac{2-u_n}{u_n-1} - \frac{1}{u_n-1}$$

$$= \frac{2-u_n-1}{u_n-1}$$

$$= \frac{1-u_n}{u_n-1},$$

c'est-à-dire :

$$v_{n+1} - v_n = -1,$$

et finalement :

$$v_{n+1} = v_n - 1,$$

ce qui prouve que (v_n) **est une suite arithmétique de raison –1**.

• On en déduit que, pour tout entier naturel n :

$$v_n = v_0 + n \times (-1) = \frac{1}{u_0 - 1} - n,$$

c'est-à-dire :

$$v_n = \frac{1 - n(u_0 - 1)}{u_0 - 1} = \frac{n + 1 - nu_0}{u_0 - 1},$$

or :

$$v_n = \frac{1}{u_n - 1} \Leftrightarrow \frac{1}{v_n} = u_n - 1$$

$$\Leftrightarrow u_n = 1 + \frac{1}{v_n},$$

$\frac{1}{u_n - 1}$ étant non nul, il en est de même de v_n, ce qui justifie le passage à l'inverse.

donc :

$$u_n = 1 + \frac{u_0 - 1}{n + 1 - nu_0}$$

$$= \frac{n + 1 - nu_0 + u_0 - 1}{n + 1 - nu_0}.$$

En conclusion, **pour tout entier naturel n :**

$$\boldsymbol{u_n = \frac{n - (n-1)u_0}{n + 1 - nu_0}}.$$

• Dans le cas où $u_0 = 0$, les conditions d'application du résultat précédent sont satisfaites $(0 \leqslant u_0 < 1)$ et on obtient que, pour tout entier naturel n :

$$u_n = \frac{n}{n+1},$$

la conjecture énoncée dans la question 1° est ainsi démontrée.

4° $u_0 = \frac{1}{2}$.

a. Les conditions d'application du résultat de la question précédente sont satisfaites $(0 \leqslant u_0 < 1)$ et l'on obtient que, pour tout entier naturel n :

$$u_n = \frac{n - (n-1) \times \frac{1}{2}}{n + 1 - n \times \frac{1}{2}},$$

c'est-à-dire, en multipliant numérateur et dénominateur par 2 :

$$u_n = \frac{2n - (n-1)}{2n + 2 - n} = \frac{n+1}{n+2},$$

ce qui peut encore s'écrire :

$$u_n = \frac{(n+2) - 1}{n+2} = 1 - \frac{1}{n+2},$$

et met en évidence que $\boldsymbol{u_n}$ **se rapproche de 1 quand n devient grand.**

Plus précisément, u_n est aussi proche de 1 que l'on veut, pourvu que n soit suffisamment grand, car $\frac{1}{n+2}$ est aussi proche de 0 que l'on veut, pourvu que n soit suffisamment grand. On peut écrire :

$$\lim_{n \to +\infty} \frac{1}{n+2} = 0, \quad \lim_{n \to +\infty} u_n = 1.$$

b. Pour tout n de $\mathbb{N}$:

$$1 - u_n < 10^{-3} \Leftrightarrow 1 - \left(1 - \frac{1}{n+2}\right) < 10^{-3}$$

$$\Leftrightarrow \frac{1}{n+2} < 10^{-3}$$

$$\Leftrightarrow n + 2 > 10^3$$

$$\Leftrightarrow n > 998.$$

Donc, **en posant $N = 999$, on a :**

$$\boldsymbol{1 - u_N < 10^{-3}}.$$

Les équivalences, vérifiées pour tout n de $\mathbb{N}$:

$$1 - u_n < 10^{-3} \Leftrightarrow n \geqslant 999$$

prouvent que, **pour tout entier naturel n supérieur ou égal à N, on a :**

$$1 - u_n < 10^{-3}$$

et, comme tous les termes de la suite (u_n) sont strictement inférieurs à 1 :

$$\boldsymbol{0 < 1 - u_n < 10^{-3}}.$$

On pourrait démontrer que u_n est aussi proche que l'on veut de 1, pourvu que n soit suffisamment grand, ce qui signifie que la suite (u_n) a pour limite 1 et s'écrit :

$$\lim_{n \to +\infty} u_n = 1.$$

CORRIGÉS

On établirait plus généralement que, pour tout u_0 tel que $0 \leqslant u_0 < 1$, la suite (u_n) a pour limite 1, ce qui se conçoit bien en observant que, pour tout entier naturel n :

$$u_n = \frac{1 - u_0 + \frac{u_0}{n}}{1 - u_0 + \frac{1}{n}}.$$

CONTRÔLE CONTINU

Exercice n° 1

$u_0 = 3$ et, pour tout entier naturel n, $u_{n+1} = \sqrt{6 - u_n}$.

1° On trace la demi-parabole représentative de la fonction :

$$x \mapsto \sqrt{6 - x}$$

et la droite d'équation :

$$y = x.$$

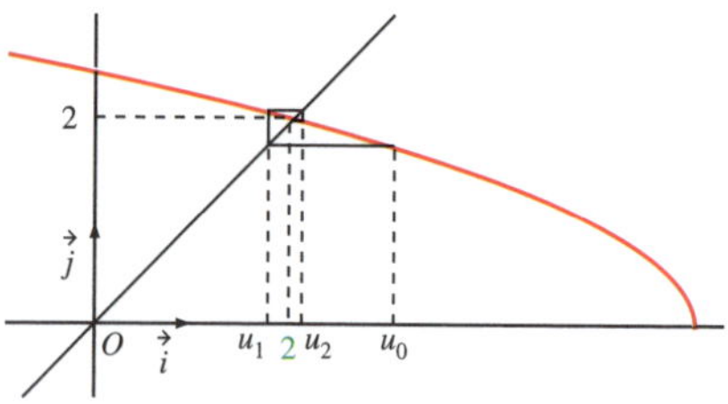

L'observation du graphique amène à conjecturer que, pour de grandes valeurs de n, u_n se rapproche de 2 et u_n semble aussi proche de 2 que l'on veut, pourvu que n soit assez grand.

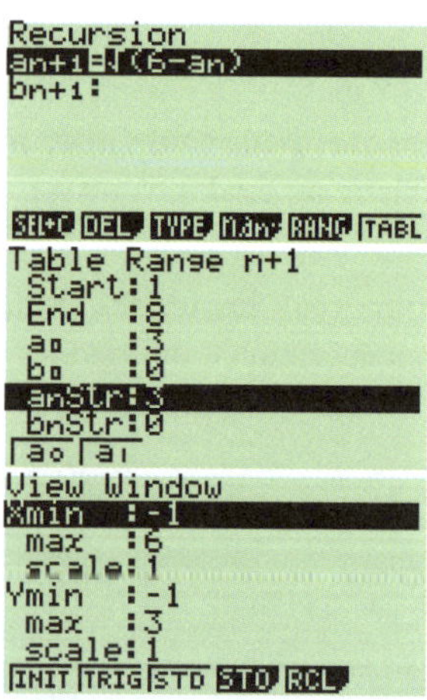

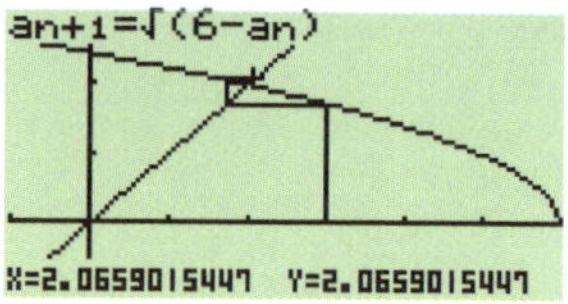

2° a. • **Pour tout entier naturel n non nul :**

$$u_n - 2 = \sqrt{6 - u_{n-1}} - 2$$

$$\text{et } \sqrt{6 - u_{n-1}} + 2 \neq 0,$$

donc :

$$u_n - 2 = \frac{\left(\sqrt{6 - u_{n-1}} - 2\right)\left(\sqrt{6 - u_{n-1}} + 2\right)}{\sqrt{6 - u_{n-1}} + 2},$$

$$u_n - 2 = \frac{6 - u_{n-1} - 4}{\sqrt{6 - u_{n-1}} + 2},$$

$(a - b)(a + b) = a^2 - b^2$

d'où $$\boldsymbol{u_n - 2 = \frac{2 - u_{n-1}}{\sqrt{6 - u_{n-1}} + 2}}.$$

• On en déduit, **pour tout entier naturel n non nul :**

$$|u_n - 2| = \frac{|u_{n-1} - 2|}{\sqrt{6 - u_{n-1}} + 2},$$

$|x - 2| = |2 - x|$

or : $$\sqrt{6 - u_{n-1}} + 2 \geqslant 2,$$

donc : $$\boldsymbol{|u_n - 2| \leqslant \frac{|u_{n-1} - 2|}{2}}.$$

b. D'après la question précédente, on obtient successivement :

$$|u_1 - 2| \leqslant \frac{|u_0 - 2|}{2},$$

$$|u_2 - 2| \leqslant \frac{|u_1 - 2|}{2} \leqslant \frac{|u_0 - 2|}{2^2},$$

$$|u_3 - 2| \leqslant \frac{|u_2 - 2|}{2} \leqslant \frac{|u_0 - 2|}{2^3},$$

et, de proche en proche :

$$|u_n - 2| \leqslant \frac{|u_0 - 2|}{2^n}.$$

Cette dernière inégalité est vérifiée si $n = 0$. De plus, $u_0 = 3$, donc, **pour tout entier naturel n :**

$$\boldsymbol{|u_n - 2| \leqslant \frac{1}{2^n}}.$$

$|u_0 - 2| = |3 - 2| = 1.$

Pourvu que n soit suffisamment grand, $\frac{1}{2^n}$ est aussi proche de 0 que l'on veut, par conséquent u_n est aussi proche de 2 que l'on veut.

On dit que la suite u a pour limite 2 et l'on écrit :

$$\lim_{n \to +\infty} u_n = 2.$$

Ce résultat est bien en accord avec la conjecture de la question 1°.

On peut démontrer que, quel que soit le choix du réel u_0, avec $u_0 \leqslant 6$, la suite u telle que, pour tout entier naturel n, $u_{n+1} = \sqrt{6 - u_n}$ est définie sur $\mathbb{N}$ et a pour limite 2 : la solution de l'équation $\sqrt{6 - x} = x$.

Langage naturel

```
Entrer n
3 ← u
Afficher u
Pour k variant de 1 à n :
        u ← √(6−u)
        Afficher u
Fin Pour
```

Python

```python
from lycee import *
n = demande('Entrer n :')
u = 3
print(u)
for k in range(n):
    u = sqrt(6-u)
    print(u)
```

Exercice n° 2

• Placement de Monsieur A

10 000 euros ont été placés pendant exactement 12 ans,

10 000 autres euros ont été placés pendant exactement 11 ans, …

enfin, 10 000 euros ont été placés pendant exactement 1 an.

Le capital C_1, en euros, de Monsieur A vérifie donc :

$$C_1 = (1{,}06)^{12} \times 10\,000 + (1{,}06)^{11} \times 10\,000 + \ldots + 1{,}06 \times 10\,000,$$

c'est-à-dire :

$$C_1 = 1{,}06 \times 10\,000 \times [(1{,}06)^{11} + (1{,}06)^{10} + \ldots + 1].$$

$1 = (1{,}06)^0$ et il y a douze entiers compris au sens large entre 0 et 11.

On reconnaît à l'intérieur des crochets la somme des 12 premiers termes d'une suite géométrique de raison 1,06 et de premier terme 1.

On a donc :

$$C_1 = 1{,}06 \times 10\,000 \times \frac{1 - (1{,}06)^{12}}{1 - 1{,}06},$$

soit : $$C_1 = 10\,600 \times \frac{(1{,}06)^{12} - 1}{0{,}06}.$$

Par conséquent, **au bout de douze années, Monsieur A dispose de 178 821,38 euros, au centime près**.

• Placement de Monsieur B

30 000 euros ont été placés pendant exactement 12 ans,

30 000 euros ont été placés pendant exactement 9 ans,

30 000 euros ont été placés pendant exactement 6 ans,

30 000 euros ont été placés pendant exactement 3 ans.

Le capital C_2, en euros, de Monsieur B vérifie donc :

$$C_2 = (1{,}06)^{12} \times 30\,000 + (1{,}06)^9 \times 30\,000 + (1{,}06)^6 \times 30\,000 + (1{,}06)^3 \times 30\,000,$$

c'est-à-dire :

$$C_2 = (1{,}06)^3 \times 30\,000 \times [(1{,}06)^9 + (1{,}06)^6 + (1{,}06)^3 + 1].$$

On reconnaît à l'intérieur des crochets la somme des 4 premiers termes d'une suite géométrique de raison $(1{,}06)^3$ et de premier terme 1.

On a donc :

$$C_2 = (1{,}06)^3 \times 30\,000 \times \frac{1 - \left[(1{,}06)^3\right]^4}{1 - (1{,}06)^3},$$

soit :

$$C_2 = 35\,730{,}48 \times \frac{(1{,}06)^{12} - 1}{0{,}191\,016}.$$

Par conséquent, **au bout des douze années, Monsieur B dispose de 189 336,32 euros, au centime près.**

Équations. Fonctions polynômes du second degré

Chapitre 4

1 Fonctions polynômes du second degré

A. Définitions

▶ On dit qu'une fonction f définie sur $\mathbb{R}$ est une fonction polynôme du second degré lorsqu'il existe des réels a, b et c avec a non nul tels que pour tout réel x :

$$f(x) = ax^2 + bx + c \quad \textit{forme développée}$$

▶ Les **racines** de f sont les solutions de l'équation du second degré :

$$ax^2 + bx + c = 0.$$

▶ Le **discriminant** de f est le réel Δ tel que :

$$\Delta = b^2 - 4ac.$$

Dans la suite de ce cours, f désigne une fonction polynôme du second degré, définie sur $\mathbb{R}$ par :

$$f(x) = ax^2 + bx + c.$$

B. Forme canonique

On peut écrire, pour tout réel x :

$$f(x) = a\left(x + \frac{b}{2a}\right)^2 - \frac{b^2 - 4ac}{4a} \quad \textit{forme canonique}$$

ou encore :

$$f(x) - a\left(x + \frac{b}{2a}\right)^2 - \frac{\Delta}{4a}.$$

C. Racines et factorisation

▶ Si $\Delta > 0$, alors f admet deux racines distinctes x_1 et x_2 :

$$x_1 = \frac{-b-\sqrt{\Delta}}{2a} \quad \text{et} \quad x_2 = \frac{-b+\sqrt{\Delta}}{2a}$$

et pour tout réel x :

$$f(x) = a(x-x_1)(x-x_2) \quad \textit{forme factorisée}$$

▶ Si $\Delta = 0$, alors f admet une seule racine x_0 :

$$x_0 = \frac{-b}{2a}$$ (on dit que x_0 est racine double)

et pour tout réel x :

$$f(x) = a(x-x_0)^2 \quad \textit{forme factorisée}$$

▶ Si $\Delta < 0$, alors f n'admet pas de racine.

Remarque

Les fonctions polynômes du second degré qui s'annulent en deux réels distincts x_1 et x_2 sont les fonctions :

$$x \mapsto k(x-x_1)(x-x_2)$$

avec k décrivant $\mathbb{R}$.

D. Somme et produit

Si f admet deux racines x_1 et x_2, alors :

$$x_1 + x_2 = -\frac{b}{a} \quad \text{et} \quad x_1 x_2 = \frac{c}{a}$$

E. Signe

▶ Si $\Delta > 0$, alors en notant x_1 et x_2 (avec $x_1 < x_2$) les racines de f :

x	$-\infty$	x_1		x_2	$+\infty$
signe de $f(x)$	signe de a	0	signe contraire de a	0	signe de a

▶ Si $\Delta = 0$, alors en notant x_0 la seule racine de f :

x	$-\infty$	x_0	$+\infty$
signe de $f(x)$	signe de a	0	signe de a

COURS

▶ Si $\Delta < 0$, alors f est toujours du signe de a :

x	$-\infty$ $\qquad\qquad\qquad$ $+\infty$
signe de $f(x)$	signe de a

F. Allure de la courbe

La courbe représentative de f est une parabole qui admet pour axe de symétrie la droite d'équation $x = -\dfrac{b}{2a}$.

Le sommet de cette parabole est son point d'abscisse $-\dfrac{b}{2a}$.

1er cas : $\Delta > 0$ et $a > 0$

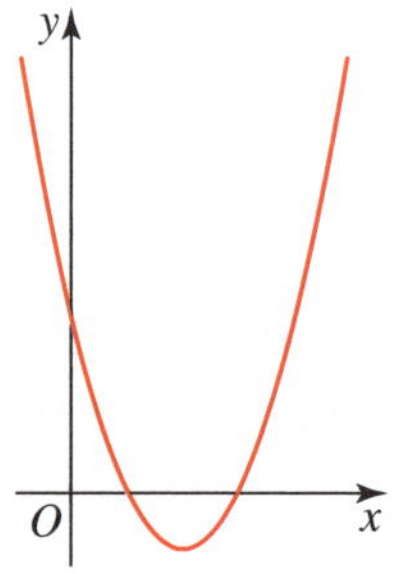

2e cas : $\Delta > 0$ et $a < 0$

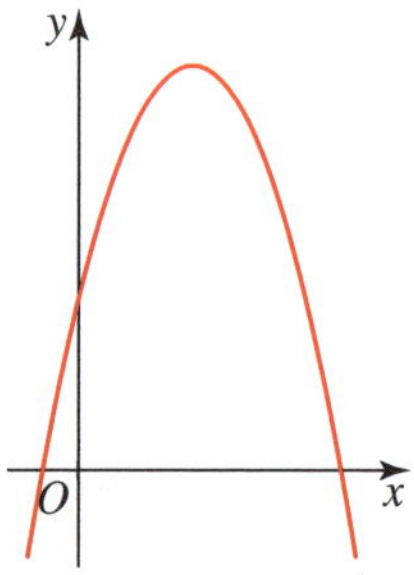

3e cas : $\Delta = 0$ et $a > 0$

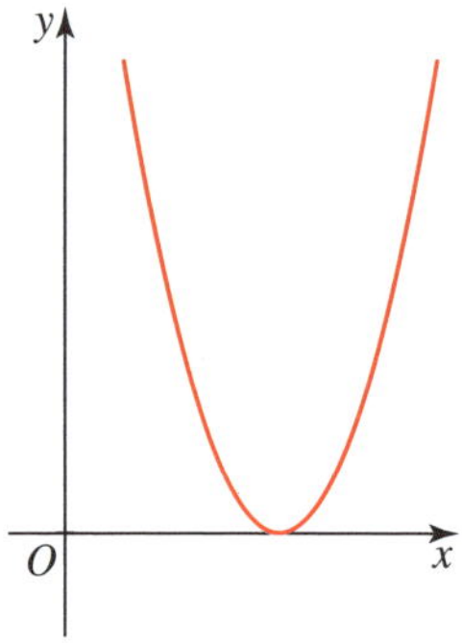

4e cas : $\Delta = 0$ et $a < 0$

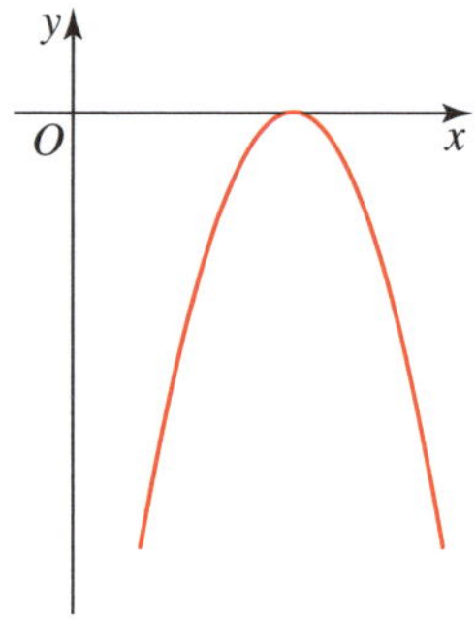

5e cas : $\Delta < 0$ et $a > 0$

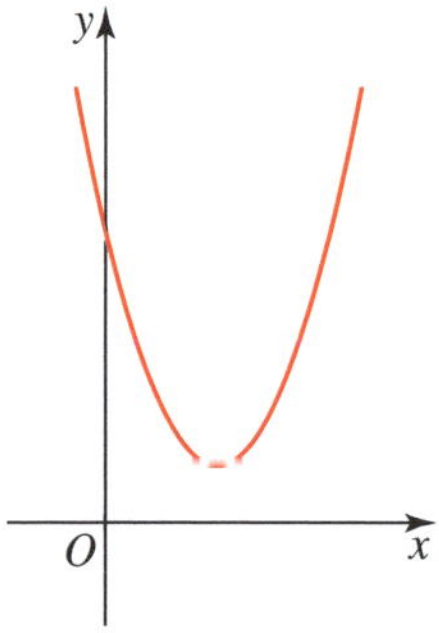

6e cas : $\Delta < 0$ et $a < 0$

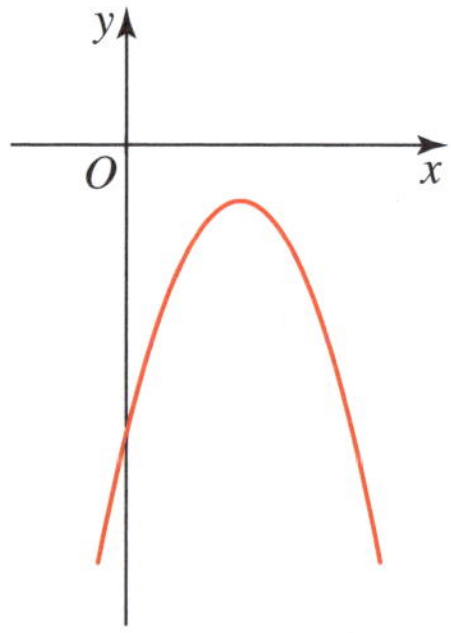

G. Tableau de variation

1er cas : $a > 0$

x	$-\infty$	$-\dfrac{b}{2a}$	$+\infty$
variations de f	↘	$f\left(-\dfrac{b}{2a}\right)$	↗

2e cas : $a < 0$

x	$-\infty$	$-\dfrac{b}{2a}$	$+\infty$
variations de f	↗	$f\left(-\dfrac{b}{2a}\right)$	↘

2 Fonctions polynômes

A. Définition

Une fonction polynôme est une fonction définie sur $\mathbb{R}$ qui peut s'écrire sous la forme :

$$x \mapsto a_n x^n + a_{n-1}x^{n-1} + \ldots + a_1 x + a_0 ,$$

où n est un entier naturel et a_n, a_{n-1}, …, a_1, a_0 sont des réels.

Si a_n est non nul, alors :
- n est le degré du polynôme,
- a_n, a_{n-1}, … , a_1, a_0 sont ses coefficients.

La fonction nulle $x \mapsto 0$ n'a pas de degré.

B. Égalité de deux polynômes

Deux polynômes sont égaux si et seulement s'ils ont le même degré et si les coefficients des « termes de même degré » sont égaux.

COURS

EXERCICES

Vrai ou faux ?

1 (corrigé p. 98)

1° Il existe (au moins) un nombre x tel que : $(x+3)(2x-4)<0$.

2° Pour tout réel x, $-x(-x-8)<0$.

3° Pour tout réel x, $-7(x+5)^2-9<0$.

4° Il existe un seul réel x tel que $x^2=10$.

5° L'ensemble des solutions de l'inéquation $x^2<9$ est $[0\,;3[$.

6° La somme des carrés de deux nombres est le carré de la somme de ces deux nombres.

7° Le point $A\left(\sqrt{2}\,;2\right)$ appartient à la courbe de la fonction carré.

8° La fonction $x \mapsto x^2-5x+9$ admet un maximum.

9° La fonction polynôme $x \mapsto (x-3)(x+5)$ a deux racines.

10° La fonction $x \mapsto x^2+7$ ne s'annule pas.

Forme factorisée, racines d'une fonction polynôme du second degré

2 ★ 5 min (corrigé p. 98)

Écrire sans aucun calcul chaque polynôme du second degré comme produit de polynômes du premier degré.

$f(x)=x^2-2x+1$

$g(x)=x^2+6x+9$

$h(x)=x^2-64$

$k(x)=4x^2-4x+1$

$l(x)=2-x^2$

$m(x)=100x^2+20x+1$

$n(x)=100x^2+20x$

$p(x)=100x^2+80x+16$

3 ★★ 10 min (corrigé p. 98)

On note f, g, k et l les fonctions polynômes définies par :

$f(x)=(x-1)(x+3)$, $k(x)=-4(x+5)(x+\pi)$,

$g(x)=(2x+1)(3x-2)$, $l(x)=-6(x-1)^2$.

1° Quelles sont les racines de f, de g ? de k ? de l ?

2° Quels sont la somme et le produit des racines de f ? de g ? de k ?

3° Dresser les tableaux de signes de $f(x)$, de $g(x)$, de $k(x)$ et de $l(x)$.

4° Déterminer les formes développées de $f(x)$, de $g(x)$, de $k(x)$ et de $l(x)$.

5° Vérifier les formules du cours sur somme et produit pour les fonctions f, g et k.

4 ★★ 10 min (corrigé p. 99)

On considère la fonction polynôme f définie sur $\mathbb{R}$ par

$$f(x) = x^2 - (\sqrt{5} + \sqrt{7})x + \sqrt{35}.$$

1° Supposons que f admette des racines. Que vaut leur somme ? Que vaut leur produit ?

2° Trouver de tête deux réels dont la somme vaut $\sqrt{5} + \sqrt{7}$ et dont le produit vaut $\sqrt{35}$.

Ces nombres sont-ils racines de f ?

5 ★★ 10 min (corrigé p. 99)

Soit f la fonction : $x \mapsto 2x^2 + 5x - 3$.

Après avoir vérifié que l'on a :

$$\text{pour tout réel } x,\ f(x) = (2x-1)(x+3) = 2\left(x + \frac{5}{4}\right)^2 - \frac{49}{8},$$

choisir la meilleure expression de $f(x)$ pour :

1° déterminer le minimum de f ;

2° étudier le signe de $f(x)$;

3° résoudre l'inéquation $f(x) < -3$.

EXERCICES

Équation du second degré

6 ★ 10 min (corrigé p. 100)

Résoudre l'équation (E) proposée.

1° $x^2 - 4x + 7 = 0$;

2° $2x^2 + \sqrt{5}x + \frac{1}{2} = 0$;

3° $x^2 - 3x + 2{,}25 = 0$.

7 ★ 2 min (corrigé p. 100)

Quel est le discriminant de :

$$x \mapsto (1\,234x - 4\,321)^2 \ ?$$

8 ★★ 5 min (corrigé p. 100)

Écrire en Python un programme qui demande les valeurs de a, b, c et affiche la valeur du discriminant de l'équation $ax^2 + bx + c = 0$, où a, b, c sont des réels, a étant non nul.

9 ★★ 15 min (corrigé p. 100)

Écrire en Python une fonction **`second_degre`** qui prend en entrée a, b, c et retourne la liste (éventuellement vide) des solutions de l'équation $ax^2 + bx + c = 0$, où a, b, c sont des réels, a étant non nul.

10 ★★ 10 min (corrigé p. 101)

Justifier rapidement que l'équation :

$$2\,221x^2 - 3\,332x - 4\,443 = 0$$

admet deux solutions de signes contraires.

11 ★★ 10 min (corrigé p. 101)

Un jardin rectangulaire a une aire de 12 ares et un périmètre de 140 mètres. Quelles sont les dimensions de ce jardin ?

12 ★★ 15 min (corrigé p. 101)

Deux automobilistes effectuent le même parcours de 400 km, mais le second le fait à 20 km/h de plus que le premier et en une heure de moins.
Donner la vitesse de chacun d'eux et le temps nécessaire à chacun pour parcourir le trajet.

Signe d'une fonction polynôme du second degré

13 ★ 5 min (corrigé p. 102)

Déterminer (de tête !) le signe de chacune des expressions suivantes en fonction du réel x :

1° $(x+2)(x-3)$; **2°** $(x+2)(2-3x)$; **3°** x^2+x+1.

14 ★ 10 min (corrigé p. 102)

Déterminer le signe de $f(x)$ selon les valeurs du réel x pour la fonction polynôme du second degré f proposée.

1° $f : x \mapsto -3x^2 + 5x + 7$;

2° $f : x \mapsto \dfrac{1}{2}x^2 + x + 9$;

3° $f : x \mapsto -x^2 + 2\sqrt{3}x - 3$.

15 ★★ 5 min (corrigé p. 103)

Soient a, b, c des réels ($a \neq 0$) tels que le trinôme du second degré f :

$$x \mapsto ax^2 + bx + c$$

admette un discriminant Δ strictement négatif.
Peut-on affirmer que, pour tout réel x, $f(x)$ est du signe de c ?

16 ★★ 5 min (corrigé p. 103)

Soient a, b, c des réels ($a \neq 0$) tels que le trinôme du second degré f :

$$x \mapsto ax^2 + bx + c$$

admette deux racines x_1 et x_2.

Que peut-on dire du signe de $f\left(\dfrac{x_1 + 2x_2}{3}\right)$?

17 ★★ 15 min (corrigé p. 103)

Des études statistiques ont montré que, dans la salle de concert de 300 places de la ville, le nombre de spectateurs est fonction du prix d'entrée.
Si x est le nombre de spectateurs et p le prix du billet en euros, alors x et p vérifient la relation $x = 300 - 12p$.
Les charges fixes de la salle se montent à 1 848 euros.
Déterminer le prix du billet qui permet d'amortir les dépenses et d'avoir le maximum de spectateurs.

Sens de variation et extremum d'une fonction polynôme du second degré

18 ★★ 10 min (corrigé p. 103)

En revenant à la définition, étudier le sens de variation de la fonction f :

$$x \mapsto 2x^2 + 3x$$

sur l'intervalle $\left[0 ; +\infty\right[$.

19 ★ 10 min (corrigé p. 104)

Soit f la fonction :

$$x \mapsto x^2 + 4x + 5.$$

1° Factoriser $f(x) - 1$.

2° En déduire le minimum de f sur $\mathbb{R}$.

20 ★ 10 min (corrigé p. 104)

Soit f la fonction :

$$x \mapsto -x^2 - 2x + 3.$$

1° Factoriser $f(x) - 4$.

2° En déduire le maximum de f sur $\mathbb{R}$.

EXERCICES

21 ★ 5 min

(corrigé p. 104)

Soient f et g les fonctions définies sur $\mathbb{R}$ par :

$$f(x) = 21(x-3)^2 - 4 \quad \text{et} \quad g(x) = -6(x+5)^2 + 47{,}2.$$

1° Donner le sens de variation de chacune des fonctions f et g.

2° Pour chacune des deux fonctions f et g, préciser si l'extremum est un maximum ou un minimum et en quel réel il est atteint.

22 ★★ 10 min

(corrigé p. 104)

On considère les fonctions polynômes du second degré :

$$f_1 : x \mapsto x^2 - 2x + 1,$$

$$f_2 : x \mapsto 2x^2 - 4x + 2,$$

$$f : x \mapsto 2x^2 - 4x + 5.$$

1° Déterminer la forme canonique de chacune des fonctions définies ci-dessus.

2° Donner le sens de variation de la fonction f.

23 ★★ 20 min

(corrigé p. 105)

$ABCD$ est un carré de côté 4.
On considère les points I, J, K, L appartenant respectivement aux segments $[AB]$, $[BC]$, $[CD]$, $[DA]$ tels que :

$$AI = BJ = CK = DL.$$

On pose : $AI = x$.

1° Faire une figure.

2° À quel intervalle le réel x appartient-il ?

3° Déterminer l'aire de $IJKL$ en fonction de x.

4° Déterminer pour quelle valeur de x l'aire de $IJKL$ est minimale et préciser la valeur de l'aire minimale.

24 ★★ 20 min

(corrigé p. 105)

On considère un carré $ABCD$ de côté 10 cm et on note I le milieu de $[AD]$.
M est un point de $[AB]$, N est le point de $[BC]$ qui vérifie $BN = AM$.

1° Soient x le réel tel que $AM = x$ cm, et $\mathscr{A}(x)$ l'aire du triangle MIN en cm^2.

a. Quel est l'ensemble des valeurs possibles de x ?

b. Calculer $\mathscr{A}(0)$ et $\mathscr{A}(10)$.

c. Exprimer $\mathscr{A}(x)$ en fonction de x.

d. Dresser le tableau de variation de $\mathscr{A}$.

2° En déduire l'aire maximale et l'aire minimale du triangle MIN.

25 ★★ 20 min (corrigé p. 106)

ABC est un triangle rectangle en *A* tel que :

$$AB = 6 \text{ et } AC = 3.$$

M est un point du segment [*AB*], *N* et *P* sont des points appartenant respectivement aux segments [*BC*] et [*AC*] tels que le quadrilatère *AMNP* soit un rectangle.
On pose : $AM = x$ et il s'agit de trouver la position de *M* telle que l'aire de *AMNP* soit maximale.

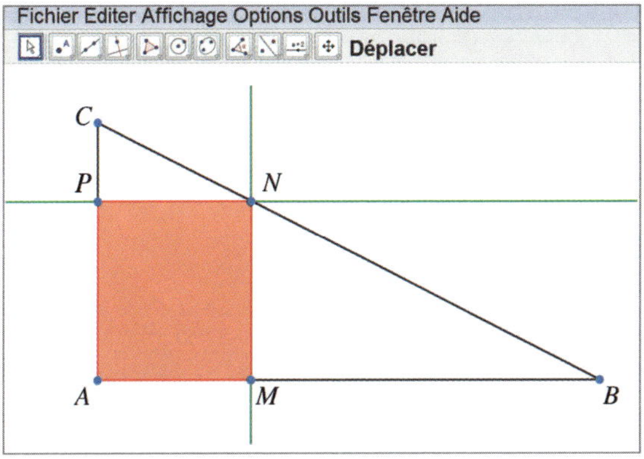

1° Déterminer la longueur du segment [*AP*] en fonction de x.

2° Quelle est l'aire $a(x)$ du rectangle *AMNP* en fonction de x ?

3° a. Démontrer que, pour tout réel x, $x^2 - 6x + 9 \geqslant 0$.

b. En déduire que, pour tout réel x, $-x^2 + 6x \leqslant 9$.

4° Quelle est la valeur maximale de l'aire du rectangle *AMNP* ?
En quel réel ce maximum est-il atteint ? Pourquoi ?

Courbe d'une fonction polynôme du second degré

26 ★ 5 min (corrigé p. 107)

Dans chacun des cas suivants, écrire $f(x)$ sous la forme $(x - \alpha)^2 + \beta$, puis donner les coordonnées du sommet *S* de la parabole représentant *f* dans un repère orthonormal.

1° $f(x) = x^2 - 10x + 25$.

2° $f(x) = x^2 - 10x + 26$.

3° $f(x) = x^2 - 10x + 24$.

4° $f(x) = x^2 + 8x + 16$.

5° $f(x) = x^2 + 8x + 19$.

6° $f(x) = x^2 + 8x + 14$.

EXERCICES

27 ★ 15 min (corrigé p. 107)

Voici la courbe représentative d'une fonction polynôme du second degré f obtenue avec le logiciel Python.

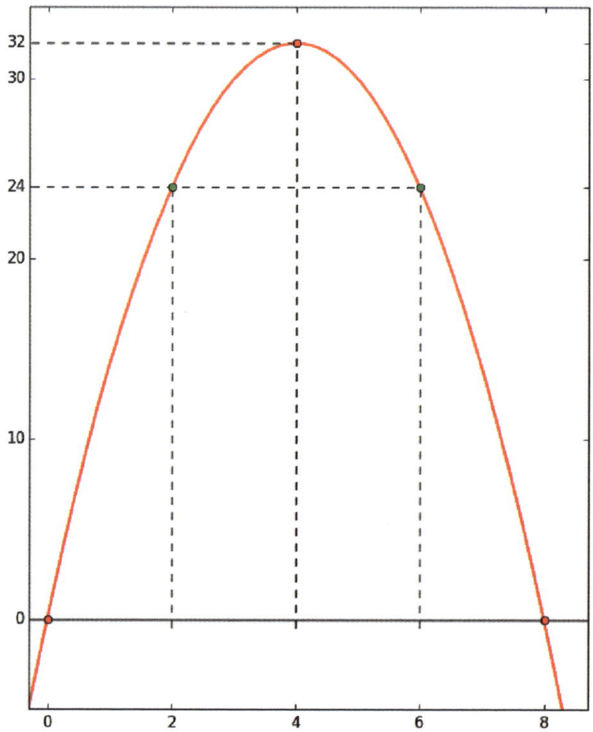

1° Dresser le tableau de variation de la fonction f sur [0 ; 6].

2° Résoudre graphiquement dans [0 ; 6] l'équation $f(x) = 24$.

3° Résoudre graphiquement dans [0 ; 6] l'inéquation $f(x) \geqslant 24$.

4° Donner le minimum de f sur [0 ; 6]. En quelle valeur est-il atteint ?

5° Donner le maximum de f sur [0 ; 6]. En quelle valeur est-il atteint ?

6° Expliciter $f(x)$ en fonction du réel x.

28 ★ 15 min (corrigé p. 108)

On considère la parabole $\mathcal{P}$ représentant, dans un repère orthonormal, la fonction f définie pour tout réel x par :

$$f(x) = x^2 + 4x - 5.$$

1° a. Déterminer la forme canonique, puis la forme factorisée de f.

b. Déterminer les coordonnées du sommet S de la parabole $\mathcal{P}$, une équation de l'axe de symétrie de $\mathcal{P}$, les coordonnées des points d'intersection de $\mathcal{P}$ et de l'axe des abscisses, les coordonnées du point d'intersection de $\mathcal{P}$ et de l'axe des ordonnées.

2° La parabole $\mathcal{P}$ est-elle superposable avec celle de la fonction carré ?

3° Tracer $\mathcal{P}$.

29 ★★ 15 min (corrigé p. 108)

Soit f la fonction définie sur $\mathbb{R}$ par : $f(x) = -x^2 + 2x + 4$.
On note $\mathscr{C}$ la courbe représentative de f dans un repère orthonormal.

1° Calculer l'image de 1 et l'image de $-\frac{1}{2}$ par f.

2° Déterminer les antécédents de 4 par f.

3° Vérifier :

$$\text{pour tout réel } x,\ f(x) = -(x-1)^2 + 5.$$

4° Quel est le sens de variation de f ?
Dresser le tableau de variation de f.

5° La fonction f admet-elle un extremum ? Si oui, lequel et en quelle valeur est-il atteint ?
Quelle est la nature de $\mathscr{C}$? Quels sont ses éléments caractéristiques ?
Tracer la courbe $\mathscr{C}$.

Équations

30 ★★ 10 min (corrigé p. 109)

1° Résoudre l'équation (E) :

$$3x^2 - 5x - 2 = 0.$$

2° En déduire les solutions de l'équation (E') :

$$3x^4 - 5x^2 - 2 = 0.$$

31 ★★ 10 min (corrigé p. 109)

Résoudre l'équation (E) proposée.

1° $x^3 + 4x^2 + 5x = 0$;

2° $x + 2 + \frac{1}{x} = 0$.

32 ★★ 10 min (corrigé p. 109)

1° Résoudre graphiquement l'équation (E) : $\frac{1}{x} = 2x + 1$.

2° Soit x un réel non nul.
Démontrer que, si x est solution de (E), alors : $2x^2 + x - 1 = 0$.
Retrouver alors le résultat de la première question.

33 ★★ 10 min (corrigé p. 110)

1° Résoudre graphiquement l'équation (E) : $\sqrt{x} = 6 - x$.

2° Soit x un réel positif ou nul.
Démontrer que, si x est solution de (E), alors : $x^2 - 13x + 36 = 0$.
Retrouver alors le résultat de la première question.

EXERCICES

Fonctions polynômes

34 ★ 5 min (corrigé p. 111)

Trouver le degré et le coefficient du terme de plus haut degré du polynôme $P(x)$ proposé.

1° $P(x) = (x^2 + 1)(3 - x^4)$;

2° $P(x) = (x - 2)^4 - 7x^2 + 13\,x$;

3° $P(x) = (x + 1)(x^3 - 5) + x(7x^2 - x^3)$.

35 ★ 5 min (corrigé p. 111)

Dans chacun des cas suivants, déterminer une fonction polynôme P de degré 4 telle que :

1° P ne prend que des valeurs strictement négatives ;

2° P s'annule exactement une fois ;

3° P s'annule exactement trois fois.

36 ★★ 10 min (corrigé p. 111)

Dans chacun des cas suivants, indiquer si f est une fonction polynôme. Si oui, en préciser le degré.

1° $f : x \mapsto \sqrt{5}$;

2° $f : x \mapsto 0{,}3\sin^2(x) - 3 \times 10^{-1} + 0{,}3\cos^2(x)$;

3° $f : x \mapsto \dfrac{x^2 - 4}{x + 2}$;

4° $f : x \mapsto 0{,}5x^{10} + 3x^5 - 7x + \sqrt{x} + 2$;

5° $f : x \mapsto x^7 - 0{,}5x^6 - x^7 + 3x^5 - 2{,}7x^2 + \dfrac{1}{2}x^6 + 4$;

6° $f : x \mapsto \dfrac{x + 5}{\pi}$.

37 ★★ 5 min (corrigé p. 112)

Que peut-on dire des réels a et b si, pour tout réel x :

$$ax^2 + 4x - 3 = bx - 3 \text{ ?}$$

38 ★★ 15 min (corrigé p. 112)

1°

```
>>> def polynome_Alice(x):
...   return ((2*x+1.7)*x-6.3)*x+9.2
```

```
>>> def polynome_Bob(x):
...       return 2*x**3+1.7*x**2-6.3*x+9.2
```

Alice et Bob ont chacun écrit une fonction Python qui prend en entrée un réel et retourne l'image de ce réel par une fonction polynôme. Quelle observation peut-on formuler ?

2° Soit g la fonction polynôme $x \mapsto \frac{7}{10}x^4 - \frac{3}{2}x^3 + 5x + 1$.
Écrire en Python une fonction **`eval_g`** qui prend en entrée un réel x et retourne la valeur de $g(x)$, le calcul de $g(x)$ étant programmé sans utiliser l'exponentiation.

39 ★★ 15 min

(corrigé p. 112)

Soit f la fonction polynôme :

$$x \mapsto x^4 - 2x^3 - 17x^2 + 4x + 30.$$

1° Démontrer qu'il existe des réels a et b, à déterminer, tels que :

$$\text{pour tout réel } x,\ f(x) = (x^2 - 2)(x^2 + ax + b).$$

2° En déduire les racines de f.

40 ★★★ 20 min

(corrigé p. 113)

1° On considère la fonction polynôme p définie sur $\mathbb{R}$ par : $p(x) = x^3 + 4x - 16$.
a. Quel est le degré de p ? Quels en sont les coefficients ?
b. Calculer $p(2)$; que peut-on dire du réel 2 ?
c. Déterminer les réels a, b et c tels que :

$$\text{pour tout } x \text{ de } \mathbb{R},\ p(x) = (x-2)(ax^2 + bx + c).$$

2° On considère la fonction polynôme f définie sur $\mathbb{R}$ par : $f(x) = x^2 + 2x + 8$.
a. Quel est le degré de f ? Quels en sont les coefficients ?
b. Déterminer les racines de f.

3° On considère la fonction polynôme g définie sur $\mathbb{R}$ par : $g(x) = x^2 - 12x + 35$.
a. Quel est le degré de g ? Quels en sont les coefficients ?
b. Déterminer les racines de g.

4° Résoudre dans $\mathbb{R}$ l'inéquation (I) : $\dfrac{x^3 + 4x - 16}{x^2 - 12x + 35} \geqslant 0$.

EXERCICES

CONTRÔLE CONTINU

Exercice n° 1 15 min (5 points) (corrigé p. 114)

Le parallélogramme $MNPQ$ est inscrit dans le rectangle $ABCD$, de telle sorte que l'on a : $DM = DQ = BN = BP$.

On appelle x la longueur DM.

On cherche la valeur de x telle que l'aire de MNPQ soit maximale.

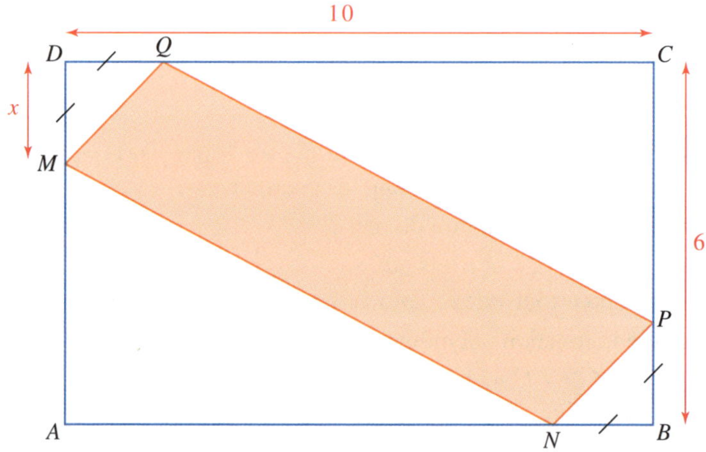

Partie A

1° Pour quelles valeurs de x la figure est-elle réalisable ?

2° Exprimer l'aire $\mathcal{A}(x)$ du parallélogramme $MNPQ$ en fonction de x.

Partie B

On considère la fonction f définie sur $\mathbb{R}$ par : $f(x) = -2x^2 + 16x$.

1° Démontrer que, pour tout réel x, $f(x) = -2(x-4)^2 + 32$.

2° Déterminer le maximum de la fonction f et préciser en quel réel il est atteint.

3° En déduire pour quelle valeur de x l'aire de $MNPQ$ est maximale.

Exercice n° 2 15 min (5 points) (corrigé p. 114)

Le but de l'exercice est de calculer par deux méthodes les racines du polynôme f : $x \mapsto x^2 - \left(\sqrt{2} + \sqrt{3}\right)x + \sqrt{6}$, et de comparer ces deux méthodes.

1° Donner sans calcul les racines de f.

2° Déterminer les racines de f par la méthode du discriminant.

3° Vérifier que les deux méthodes conduisent bien au même résultat.

On pourra développer $\left(\sqrt{3} - \sqrt{2}\right)^2$.

Exercice n° 3 15 min (5 points) (*corrigé p. 115*)

Déterminer l'ensemble de définition $\mathcal{D}_f$ de la fonction f :

$$x \mapsto \sqrt{-x^2+9x-8}.$$

Exercice n° 4 15 min (5 points) (*corrigé p. 115*)

Un lycée projette un voyage pédagogique et le transporteur a fixé un prix global de 1 200 €. Quatre élèves, qui n'étaient pas inscrits, se décident à participer à cette excursion ; ainsi, le prix du voyage baisse de 10 euros pour chaque élève.

Quel est le nombre d'élèves qui participent au voyage ? Quel est le montant payé par chaque élève ?

CORRIGÉS

1 1° Il existe (au moins) un nombre x tel que : $(x+3)(2x-4)<0$.

Vrai. Il suffit de prendre : $x=0$.

2° Pour tout réel x, $-x(-x-8)<0$.

Faux. Il suffit de choisir : $x=1$, alors $-x(-x-8)=9$, donc :

si $x=1$, alors $-x(-x-8)>0$.

$-x(-x-8)=x(x+8)$.

3° Pour tout réel x, $-7(x+5)^2-9<0$.

Vrai. Un carré étant toujours positif ou nul, pour tout réel x :

$$-7(x+5)^2 \leqslant 0,$$

donc : $-7(x+5)^2-9 \leqslant -9$,

d'où : $-7(x+5)^2-9<0$.

4° Il existe un seul réel x tel que $x^2=10$.

Faux. $-\sqrt{10}$ et $\sqrt{10}$ sont les deux réels qui ont pour carré 10.

5° L'ensemble des solutions de l'inéquation $x^2<9$ est $[0\,;3[$.

Faux. L'ensemble des solutions de l'inéquation est $]-3\,;3[$.

6° La somme des carrés de deux nombres est le carré de la somme de ces deux nombres.

Faux. Voici un contre-exemple :

$$3^2+4^2=25 \text{ et } (3+4)^2=49.$$

7° Le point $A(\sqrt{2}\,;2)$ appartient à la courbe de la fonction carré.

Vrai. En effet : $(\sqrt{2})^2=2$.

La courbe de la fonction carré a pour équation $y=x^2$.

8° La fonction $x \mapsto x^2-5x+9$ admet un maximum.

Faux. La courbe de la fonction $x \mapsto x^2-5x+9$ est une parabole « tournée vers le haut ».

9° La fonction polynôme $x \mapsto (x-3)(x+5)$ a deux racines.

Vrai. Ses racines sont -5 et 3.

10° La fonction $x \mapsto x^2+7$ ne s'annule pas.

Vrai. Son minimum est 7.

2

$$a^2+2ab+b^2=(a+b)^2$$
$$a^2-2ab+b^2=(a-b)^2$$
$$a^2-b^2=(a+b)(a-b)$$

Pour tout réel x :

$\boldsymbol{f(x)}=x^2-2x+1=\boldsymbol{(x-1)^2}$,

$\boldsymbol{g(x)}=x^2+6x+9=\boldsymbol{(x+3)^2}$,

$\boldsymbol{h(x)}=x^2-64=\boldsymbol{(x-8)(x+8)}$,

$\boldsymbol{k(x)}=4x^2-4x+1=\boldsymbol{(2x-1)^2}$,

$\boldsymbol{l(x)}=2-x^2=\boldsymbol{(\sqrt{2}-x)(\sqrt{2}+x)}$,

$\boldsymbol{m(x)}=100x^2+20x+1=\boldsymbol{(10x+1)^2}$,

$\boldsymbol{n(x)}=100x^2+20x$
$=x(100x+20)$
$=\boldsymbol{10x(10x+2)}$,

pas d'identité remarquable, mais mise en facteur de x.

$\boldsymbol{p(x)}=100x^2+80x+16$
$=\boldsymbol{(10x+4)^2}$.

3

Les racines d'une fonction polynôme f sont les solutions de l'équation $f(x)=0$.

1° Pour tout réel x :

$f(x)=0 \Leftrightarrow (x-1)(x+3)=0$
$\Leftrightarrow x=1$ ou $x=-3$;

$g(x)=0 \Leftrightarrow 2x+1=0$ ou $3x-2=0$
$\Leftrightarrow x=-\dfrac{1}{2}$ ou $x=\dfrac{2}{3}$;

$k(x)=0 \Leftrightarrow x+5=0$ ou $x+\pi=0$
$\Leftrightarrow x=-5$ ou $x=-\pi$;

$l(x)=0 \Leftrightarrow (x-1)^2=0$
$\Leftrightarrow x=1$.

Les racines de f sont 1 et –3, celles de g sont $-\dfrac{1}{2}$ et $\dfrac{2}{3}$, celles de k sont –5 et $-\pi$.

1 est racine double du polynôme du second degré l.

2°

	Somme des racines	Produit des racines
f	-2	-3
g	$\dfrac{1}{6}$	$\dfrac{-1}{3}$
k	$-5-\pi$	5π

3°

x	$-\infty$		-3		1		$+\infty$
Signe de $(x-1)(x+3)$		$+$	0	$-$	0	$+$	
Signe de $f(x)$		$+$	0	$-$	0	$+$	

x	$-\infty$		$-\frac{1}{2}$		$\frac{2}{3}$		$+\infty$
Signe de $(2x+1)(3x-2)$		$+$	0	$-$	0	$+$	
Signe de $g(x)$		$+$	0	$-$	0	$+$	

x	$-\infty$		-5		$-\pi$		$+\infty$
Signe de $(x+5)(x+\pi)$		$+$	0	$-$	0	$+$	
Signe de $k(x)$		$-$	0	$+$	0	$-$	

x	$-\infty$		1		$+\infty$
Signe de $(x-1)^2$		$+$	0	$+$	
Signe de $l(x)$		$-$	0	$-$	

4° Pour tout réel x :

$$f(x)=(x-1)(x+3)$$
$$=x^2-x+3x-3,$$

donc $\boldsymbol{f(x)=x^2+2x-3}$;

$$g(x)=(2x+1)(3x-2)$$
$$=6x^2+3x-4x-2,$$

donc $\boldsymbol{g(x)=6x^2-x-2}$;

$$k(x)=-4(x+5)(x+\pi)$$
$$=-4(x^2+5x+\pi x+5\pi),$$

donc $\boldsymbol{k(x)=-4x^2-4(5+\pi)x-20\pi}$.

5° Pour tout réel x : $f(x)=ax^2+bx+c$, avec $a=1$, $b=2$ et $c=-3$.

On a ainsi : $-\dfrac{b}{a}=-2$, $\dfrac{c}{a}=-3$,

et l'on reconnaît la somme et le produit des racines 1 et -3 de f.

Pour tout réel x : $g(x)=ax^2+bx+c$, avec $a=6$, $b=-1$ et $c=-2$.

On a ainsi : $-\dfrac{b}{a}=\dfrac{1}{6}$, $\dfrac{c}{a}=-\dfrac{1}{3}$,

et l'on reconnaît la somme et le produit des racines $-\dfrac{1}{2}$ et $\dfrac{2}{3}$ de g.

Pour tout réel x : $k(x)=ax^2+bx+c$, avec $a=-4$, $b=-4(5+\pi)$ et $c=-20\pi$.

On a ainsi : $-\dfrac{b}{a}=-\dfrac{4(5+\pi)}{4}=-5-\pi$,

$$\frac{c}{a}=\frac{-20\pi}{-4}=\frac{20\pi}{4}=5\pi,$$

et l'on reconnaît la somme et le produit des racines -5 et $-\pi$ de k.

> Si une fonction polynôme f :
> $$x\mapsto ax^2+bx+c$$
> admet deux racines x_1 et x_2, alors :
> $$x_1+x_2=-\frac{b}{a} \text{ et } x_1x_2=\frac{c}{a}.$$

4 Pour tout réel x :

$$f(x)=x^2-(\sqrt{5}+\sqrt{7})x+\sqrt{35}.$$

1° Supposons que f admette des racines. Alors d'après le cours, **leur somme vaut $\sqrt{5}+\sqrt{7}$, leur produit vaut $\sqrt{35}$.**

2° Les réels $\sqrt{5}$ et $\sqrt{7}$ ont pour somme $\sqrt{5}+\sqrt{7}$ et pour produit $\sqrt{35}$.

$$\sqrt{5}\times\sqrt{7}=\sqrt{5\times 7}$$

$$f(\sqrt{5})=\sqrt{5}^2-(\sqrt{5}+\sqrt{7})\sqrt{5}+\sqrt{35}$$
$$=5-5-\sqrt{35}+\sqrt{35}$$
$$=0,$$

$$f(\sqrt{7})=\sqrt{7}^2-(\sqrt{5}+\sqrt{7})\sqrt{7}+\sqrt{35}$$
$$=7-\sqrt{35}-7+\sqrt{35}$$
$$=0.$$

On en déduit que **$\sqrt{5}$ et $\sqrt{7}$ sont racines de f.**

$$f(x)=(x-\sqrt{5})(x-\sqrt{7})$$

5 $f: x\mapsto 2x^2+5x-3$.

Pour tout réel x :

- $(2x-1)(x+3)=2x^2+6x-x-3$
$$=2x^2+5x-3,$$
- $2\left(x+\dfrac{5}{4}\right)^2-\dfrac{49}{8}$
$$=2\left(x^2+2\times\frac{5}{4}\times x+\frac{25}{16}\right)-\frac{49}{8}$$
$$=2x^2+5x+\frac{25-49}{8}$$
$$=2x^2+5x-3,$$

ce qui permet d'affirmer que, **pour tout réel x** :

$$\boldsymbol{f(x)=(2x-1)(x+3)}$$
$$\boldsymbol{=2\left(x+\frac{5}{4}\right)^2-\frac{49}{8}}.$$

1° « $f(x)=2\left(x+\frac{5}{4}\right)^2-\frac{49}{8}$ » met en évidence que le minimum de f sur $\mathbb{R}$ est $-\frac{49}{8}$ (et qu'il est atteint en $-\frac{5}{4}$).

$-\frac{49}{8}=-6{,}125$

2° « $f(x)=(2x-1)(x+3)$ » permet d'étudier le signe de $f(x)$.

Faire un tableau de signes.

3° « $f(x)=2x^2+5x-3$ » met en évidence que l'inéquation $f(x)<-3$ est équivalente à $2x^2+5x<0$.

$2x^2+5x<0 \Leftrightarrow x(2x+5)<0$

Copie d'écran de calculatrice obtenue :
- en entrant :

Y1=2X²+5X-3

- avec le cadrage :

$-4<x<1,$
$-8<y<2.$

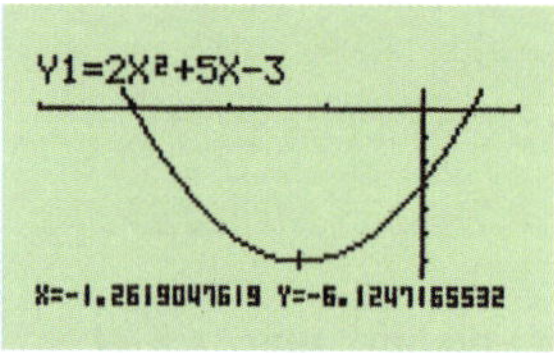

6 **1°** $(E) : x^2-4x+7=0$.

Le discriminant Δ de l'équation du second degré (E) vérifie :

$\Delta=(-4)^2-4\times 1\times 7=16-28=-12.$

$\Delta<0$, donc **(E) n'admet pas de solution**.

2° $(E) : 2x^2+\sqrt{5}x+\frac{1}{2}=0.$

Soit Δ le discriminant de l'équation du second degré (E) :

$$\Delta=\left(\sqrt{5}\right)^2-4\times 2\times\frac{1}{2}=5-4=1.$$

$\Delta>0$, donc **(E) admet deux solutions x_1 et x_2 :**

$$x_1=\frac{-\sqrt{5}-\sqrt{1}}{2\times 2}=-\frac{1+\sqrt{5}}{4},$$

$$x_2=\frac{-\sqrt{5}+\sqrt{1}}{2\times 2}=\frac{1-\sqrt{5}}{4}.$$

3° $(E) : x^2-3x+2{,}25=0$.

Le discriminant Δ de l'équation du second degré (E) vérifie :

$\Delta=(-3)^2-4\times 1\times 2{,}25=9-9=0.$

$\Delta=0$, donc **(E) admet une seule solution x_0 :**

$$x_0=\frac{-(-3)}{2\times 1}=\frac{3}{2}=\mathbf{1{,}5}.$$

On aurait aussi pu remarquer que, pour tout réel x :

$x^2-3x+2{,}25=(x-1{,}5)^2.$

7 Le polynôme du second degré :

$x\mapsto(1\,234x-4\,321)^2$

admet une seule racine (qui est $\frac{4\,321}{1\,234}$), donc **le discriminant de $x\mapsto(1\,234x-4\,321)^2$ est égal à 0.**

Il était inutile (et pénible !) de calculer le discriminant.

8 Discriminant du polynôme du second degré $x\mapsto ax^2+bx+c$.

```
from lycee import *
print("Entrer les valeurs de a,b,c\
 séparées par des virgules.")
a,b,c = liste_demande('Valeurs\
 de a,b,c:')
print("Le discriminant est égal\
 à",end=" ")
print(b**2 - 4*a*c)
```

9 Liste des solutions de l'équation du second degré $ax^2+bx+c-0$.

```
1  from lycee import *
2  def second_degre(a,b,c):
3      delta=b**2-4*a*c
4      if delta<0:
5          return []
6      if delta==0:
7          return [-b/(2*a)]
8      if delta>0:
9          x1=(-b-sqrt(delta))/(2*a)
10         x2=(-b+sqrt(delta))/(2*a)
11         return [x1,x2]
```

Dans la ligne **7**, on peut remplacer l'expression **`-b/(2*a)`** par **`-b/2/a`** ou par **`-b/a*0.5`**.

Dans la seconde version ci-dessous, on a utilisé l'instruction conditionnelle **`if`** … **`elif`** … **`else`**, et une variable **`r`** qui évite de calculer deux fois la racine carrée du discriminant.

```
from lycee import *
def second_degre(a,b,c):
    delta=b**2-4*a*c
    if delta<0:
        return []
    elif delta==0:
        return [-b/(2*a)]
    else:
        r = sqrt(delta)
        x1=(-b-r)/(2*a)
        x2=(-b+r)/(2*a)
        return [x1,x2]
```

Appels de la fonction **second_degre** dans la console :

```
>>> second_degre(1,-5,6)
[2.0, 3.0]
>>> second_degre(1,-2,1)
[1.0]
>>> second_degre(1,2,3)
[]
>>> second_degre(6,-5,1)
[0.3333333333333333, 0.5]
```

10 Notons (E) l'équation du second degré :

$$2\,221x^2 - 3\,332x - 4\,443 = 0.$$

Son discriminant Δ vérifie :

$$\Delta = (-3\,332)^2 - 4 \times 2\,221 \times (-4\,443)$$
$$= 3\,332^2 + 4 \times 2\,221 \times 4\,443.$$

Inutile de terminer le calcul de Δ pour connaître son signe.

Donc $\Delta > 0$, ce qui prouve que (E) **admet deux solutions distinctes x_1 et x_2**.

De plus, le produit de ces solutions est égal à $\dfrac{-4\,443}{2\,221}$, donc $x_1 \times x_2 < 0$, ce qui signifie que **x_1 et x_2 sont de signes contraires**.

Si deux nombres ont un produit strictement négatif, alors ils sont de signes contraires. Plus généralement, si $ac < 0$, alors l'équation $ax^2 + bx + c = 0$ admet deux solutions de signes contraires.

11 En premier lieu, rappelons que 1 are vaut 100 m^2.

12 ares = 1 200 m^2.

Appelons x et y les dimensions, en mètres, du jardin ; les réels positifs x et y satisfont au système d'équation (S) :

$$\begin{cases} xy = 1\,200 \\ 2(x+y) = 140, \end{cases}$$

$$(S) \Leftrightarrow \begin{cases} xy = 1\,200 \\ y = 70 - x \end{cases}$$

$$\Leftrightarrow \begin{cases} x(70-x) = 1\,200 \\ y = 70 - x \end{cases}$$

$$\Leftrightarrow \begin{cases} x^2 - 70x + 1\,200 = 0 \\ y = 70 - x. \end{cases}$$

Soit (E) l'équation du second degré :

$$x^2 - 70x + 1\,200 = 0.$$

Son discriminant Δ vérifie :

$$\Delta = (-70)^2 - 4 \times 1 \times 1\,200,$$
$$\Delta = 4\,900 - 4\,800 = 100 ;$$

$\Delta > 0$, donc (E) admet deux solutions distinctes x_1 et x_2 :

$$x_1 = \frac{-(-70) - \sqrt{100}}{2 \times 1} = \frac{70 - 10}{2} = 30,$$

$$x_2 = \frac{-(-70) + \sqrt{100}}{2 \times 1} = \frac{70 + 10}{2} = 40.$$

$x_1 > 0$, $x_2 > 0$: le problème posé a bien une solution.

Il vient :

$$(S) \Leftrightarrow \begin{cases} x = 30 \text{ ou } x = 40 \\ y = 70 - x \end{cases}$$

$$\Leftrightarrow \begin{cases} x = 30 \\ y = 70 - x \end{cases} \text{ ou } \begin{cases} x = 40 \\ y = 70 - x, \end{cases}$$

c'est-à-dire :

$$(S) \Leftrightarrow \begin{cases} x = 30 \\ y = 40 \end{cases} \text{ ou } \begin{cases} x = 40 \\ y = 30. \end{cases}$$

Finalement, **la longueur du jardin est de 40 m et la largeur de 30 m**.

12 Appelons v la vitesse en km/h du premier automobiliste et t le temps en heures qu'il met pour parcourir le trajet.

On a :

$$v \times t = 400 \quad (1).$$

(1) donne : $t = \dfrac{400}{v}$.

Par ailleurs, le second automobiliste effectue le même trajet avec une vitesse de $(v + 20)$ km/h et un temps de parcours de $(t - 1)$ heures.

CORRIGÉS

On a donc :

$$(v+20)\times(t-1)=400 \quad (2).$$

De (1) et (2), on déduit :

$$(v+20)\times\left(\frac{400}{v}-1\right)=400 \quad (3)$$

$$(3) \Leftrightarrow 400-v+\frac{8\,000}{v}-20-400=0$$

$$(3) \Leftrightarrow v-\frac{8\,000}{v}+20=0$$

$$(3) \Leftrightarrow \frac{v^2-8\,000+20v}{v}=0$$

$$(3) \Leftrightarrow v^2+20v-8\,000=0.$$

Soit (E) l'équation du second degré :

$$v^2+20v-8\,000=0\,;$$

son discriminant Δ vérifie :

$$\Delta=20^2-4\times1\times(-8\,000),$$

$$\Delta=400+32\,000=32\,400.$$

$\Delta>0$, donc (E) admet deux solutions distinctes v_1 et v_2 :

$$v_1=\frac{-20+\sqrt{32\,400}}{2\times1}=\frac{-20+180}{2}=80,$$

$$v_2=\frac{-20-\sqrt{32\,400}}{2\times1}=\frac{-20-180}{2}$$

$$v_2=-100,$$

v étant un réel positif, la seule valeur possible pour v est 80.

• $t=\frac{400}{80}=5$; **le premier automobiliste roule à 80 km/h, la durée de son trajet étant de 5 h.**

• $v+20=80+20=100$, $t-1=5-1=4$; **le second roule à 100 km/h, la durée de son trajet étant de 4 h.**

13 **1°** $(x+2)(x-3)$ est un polynôme du second degré, dont le coefficient de x^2 est positif, et qui a pour racines -2 et 3.

x	$-\infty$		-2		3		$+\infty$
$(x+2)(x-3)$		+	0	−	0	+	

2° $(x+2)(2-3x)$ est un polynôme du second degré dont le coefficient de x^2 est négatif (il vaut -3) ; de plus, ses racines sont -2 et $\frac{2}{3}$.

x	$-\infty$		-2		$\frac{2}{3}$		$+\infty$
$(x+2)(2-3x)$		−	0	+	0	−	

3° x^2+x+1 est un polynôme du second degré dont le discriminant Δ est strictement négatif.

$$\Delta=1^2-4\times1\times1=-3$$

De plus, le coefficient de x^2 est positif, donc :

pour tout réel x, $x^2+x+1>0$.

14 **1°** $f: x\mapsto -3x^2+5x+7$.

Soit Δ le discriminant de f :

$\Delta=5^2-4\times(-3)\times7=25+84=109$.

$\Delta>0$, donc f admet deux racines distinctes x_1 et x_2 :

$$x_1=\frac{-5-\sqrt{109}}{2\times(-3)}=\frac{5+\sqrt{109}}{6},$$

$$x_2=\frac{-5+\sqrt{109}}{2\times(-3)}=\frac{5-\sqrt{109}}{6}.$$

En remarquant que le coefficient de x^2 de f est négatif et $x_2<x_1$, on obtient le tableau de signes suivant :

x	$-\infty$		x_2		x_1		$+\infty$
$f(x)$		−	0	+	0	−	

Finalement :

• **si $x\in\,]-\infty\,;x_2[\,\cup\,]x_1\,;+\infty[$, alors $f(x)<0$,**

• **si $x\in\,]x_2\,;x_1[$, alors $f(x)>0$,**

• **si $x=x_2$ ou $x=x_1$, alors $f(x)=0$.**

2° $f: x\mapsto \frac{1}{2}x^2+x+9$.

Soit Δ le discriminant de f :

$$\Delta=1^2-4\times\frac{1}{2}\times9=1-18=-17.$$

$\Delta<0$, donc f garde un signe constant et, puisque $\frac{1}{2}>0$:

pour tout réel x, $f(x)>0$.

3° $f: x\mapsto -x^2+2\sqrt{3}x-3$.

Soit Δ le discriminant de f :

$$\Delta=\left(2\sqrt{3}\right)^2-4\times(-1)\times(-3)$$
$$=12-12$$
$$=0.$$

$\Delta = 0$, donc f admet une seule racine x_0 :

$$x_0 = \frac{-2\sqrt{3}}{2\times(-1)} = \sqrt{3}.$$

On pouvait également remarquer que, pour tout réel x :

$$f(x) = -\left(x^2 - 2\sqrt{3}x + 3\right) = -\left(x - \sqrt{3}\right)^2.$$

Le signe de $f(x)$ est donné dans le tableau suivant :

x	$-\infty$		$\sqrt{3}$		$+\infty$
$f(x)$		$-$	0	$-$	

Finalement : **$f(\sqrt{3}) = 0$ et, pour tout réel x distinct de $\sqrt{3}$, $f(x) < 0$.**

15 Par hypothèse, le trinôme du second degré f :

$$x \mapsto ax^2 + bx + c$$

admet un discriminant Δ strictement négatif ; on sait qu'alors f garde un signe constant, qui est en particulier celui de $f(0)$, c'est-à-dire celui de c.

On a ainsi prouvé que :

pour tout réel x, $f(x)$ est du signe de c.

Attention ! Ne pas dire : « $f(x)$ n'est pas du signe de c car il est du signe de a ».

Ici, pour tout réel x, $f(x)$ est du signe de a **et** du signe de c.

16 f : $x \mapsto ax^2 + bx + c$, x_1 et x_2 ses racines.

Remarquons que $\dfrac{x_1 + 2x_2}{3}$ est strictement compris entre x_1 et x_2 :

• dans le cas où $x_1 < x_2$:

$$x_1 + 2x_1 < x_1 + 2x_2 < x_2 + 2x_2,$$

c'est-à-dire : $3x_1 < x_1 + 2x_2 < 3x_2$,

donc : $\quad x_1 < \dfrac{x_1 + 2x_2}{3} < x_2$;

• dans le cas où $x_2 < x_1$, on obtient de même :

$$x_2 < \frac{x_1 + 2x_2}{3} < x_1.$$

On en déduit que :

$f\left(\dfrac{x_1 + 2x_2}{3}\right)$ est du signe contraire de celui de a.

$\dfrac{x_1 + 2x_2}{3}$ est la moyenne pondérée de x_1 et x_2 affectés des coefficients 1 et 2.

17 • $p > 0$, $x = 300 - 12p$

$x > 0$, donc $12\,p < 300$, donc $p < 25$.

• En notant $R(p)$ la recette en euros :

$$\begin{aligned} R(p) &= (300 - 12\,p)p - 1\,848 \\ &= -12p^2 + 300p - 1\,848 \\ &= 12(-p^2 + 25p - 154), \end{aligned}$$

donc : $\qquad R(p) = 12\,f(p)$,

où f est la fonction polynôme du second degré :

$$x \mapsto -x^2 + 25x - 154.$$

• « Amortir les dépenses » se traduit par $R(p) \geqslant 0$, c'est-à-dire par :

$$f(p) \geqslant 0.$$

Le discriminant Δ de f vérifie :

$\Delta = 25^2 - 4 \times 154 = 625 - 616 = 9 = 3^2$.

f admet donc deux racines x_1 et x_2 :

$$x_1 = \frac{-25-3}{-2} = 14 \text{ et } x_2 = \frac{-25+3}{-2} = 11,$$

et :

$$-x^2 + 25x - 154 \geqslant 0 \Leftrightarrow 11 \leqslant x \leqslant 14.$$

Le trinôme $ax^2 + bx + c$ est du signe contraire de a entre ses racines.

On en déduit :

$$-p^2 + 25p - 154 \geqslant 0 \Leftrightarrow 11 \leqslant p \leqslant 14.$$

Enfin, le nombre de spectateurs est maximal lorsque le prix du billet est minimal, c'est-à-dire lorsque $p = 11$.

Finalement :

le prix du billet qui permet d'amortir les dépenses et d'avoir le maximum de spectateurs s'élève à 11 euros.

$300 - 12 \times 11 = 300 - 132 = 168$; on peut donc alors compter sur 168 spectateurs.

18 f : $x \mapsto 2x^2 + 3x$.

Soient x et x' des réels tels que :

$$0 \leqslant x < x'.$$

$$\begin{aligned} f(x') - f(x) &= \left(2x'^2 + 3x'\right) - \left(2x^2 + 3x\right) \\ &= 2\left(x'^2 - x^2\right) + 3(x' - x) \\ &= 2(x' - x)(x' + x) \\ &\qquad + 3(x' - x) \\ &= (x' - x)\left(2(x' + x) + 3\right) \\ &= (x' - x)(2x + 2x' + 3) ; \end{aligned}$$

Pour comparer deux nombres, penser à étudier le signe de leur différence.

or : $2x+2x'+3>0$ (car x et x' sont positifs) et $x'-x>0$ (car $x<x'$), donc : $f(x')-f(x)>0$,
c'est-à-dire : $f(x)<f(x')$.

On a ainsi démontré que, pour tous réels x et x' appartenant à l'intervalle $[0\ ;+\infty[$:

si $x<x'$, alors $f(x)<f(x')$,

autrement dit que la fonction ***f*** :

$$\boldsymbol{x \mapsto 2x^2+3x}$$

est strictement croissante sur [0 ; +∞[.

19 $f : x \mapsto x^2+4x+5$.

1° Pour tout réel x :

$$\begin{aligned} f(x)-1 &= x^2+4x+4 \\ &= x^2+2\times 2\times x+2^2 \\ &= (x+2)^2. \end{aligned}$$

$(a+b)^2=a^2+2ab+b^2$

2° D'après 1° :

pour tout réel x, $f(x)-1 \geqslant 0$,

$(x+2)^2 \geqslant 0$

donc :

pour tout réel x, $f(x) \geqslant 1$.

1 est un minorant de f.

De plus : $f(-2)=1$, donc 1 est une valeur prise par f.

Des relations :

$$\begin{cases} \text{pour tout réel } x, f(x) \geqslant 1, \\ f(-2)=1, \end{cases}$$

on déduit que **1 est le minimum de *f* sur ℝ.**

20 $f : x \mapsto -x^2-2x+3$.

1° Pour tout réel x :

$$\begin{aligned} f(x)-4 &= -x^2-2x-1 \\ &= -\left(x^2+2x+1\right) \\ &= -(x+1)^2. \end{aligned}$$

2° D'après 1° :

pour tout réel x, $f(x)=-(x+1)^2+4$,

or :

pour tout réel x, $-(x+1)^2 \leqslant 0$,

donc : pour tout réel x, $f(x) \leqslant 4$.

4 est un majorant de f

De plus : $f(-1)=4$.

4 est une valeur prise par f

Des relations :

$$\begin{cases} \text{pour tout réel } x, f(x) \leqslant 4, \\ f(-1)=4, \end{cases}$$

on déduit que **4 est le maximum de *f* sur ℝ.**

21 $f(x)=21(x-3)^2-4$,
$g(x)=-6(x+5)^2+47{,}2$.

Sachant que $x \mapsto a(x-\alpha)^2+\beta$ est la forme canonique d'une fonction polynôme f du second degré, on peut affirmer que :
- si $a>0$, alors f est strictement décroissante sur $]-\infty\ ;\alpha]$ et strictement croissante sur $[\alpha\ ;+\infty[$;
- si $a<0$, alors f est strictement croissante sur $]-\infty\ ;\alpha]$ et strictement décroissante sur $[\alpha\ ;+\infty[$.

1° • Le coefficient 21 étant positif, f est strictement décroissante sur]–∞ ; 3] et strictement croissante sur [3 ; +∞[.
• Le coefficient –6 étant négatif, g est strictement croissante sur]–∞ ; –5] et strictement décroissante sur [–5 ; +∞[.

2° L'extremum de f est un **minimum** ; il vaut –4 et il est atteint en **3**.
L'extremum de g est un **maximum** ; il vaut 47,2 et il est atteint en **–5**.

22 $f_1 : x \mapsto x^2-2x+1$,
$f_2 : x \mapsto 2x^2-4x+2$,
$f : x \mapsto 2x^2-4x+5$.

1° • La forme canonique de f_1 est :

$$\boldsymbol{x \mapsto (x-1)^2.}$$

• Pour tout réel x :

$$\begin{aligned} f_2(x) &= 2x^2-4x+2 \\ &= 2\left(x^2-2x+1\right) \\ &= 2(x-1)^2. \end{aligned}$$

Par conséquent, la forme canonique de f_2 est $\boldsymbol{x \mapsto 2(x-1)^2}$.

• Pour tout réel x :

$$f(x)=f_2(x)+3=2(x-1)^2+3.$$

On en déduit que la forme canonique de f est $\boldsymbol{x \mapsto 2(x-1)^2+3}$.

2° D'après sa forme canonique, ***f* est strictement décroissante sur]–∞ ; 1] et strictement croissante sur [1 ; +∞[.**

23

On peut commencer par construire la figure avec un logiciel de géométrie dynamique et afficher l'aire du carré *IJKL* suivant la valeur du réel *x*.

1° x : 2.916   a : 9.676

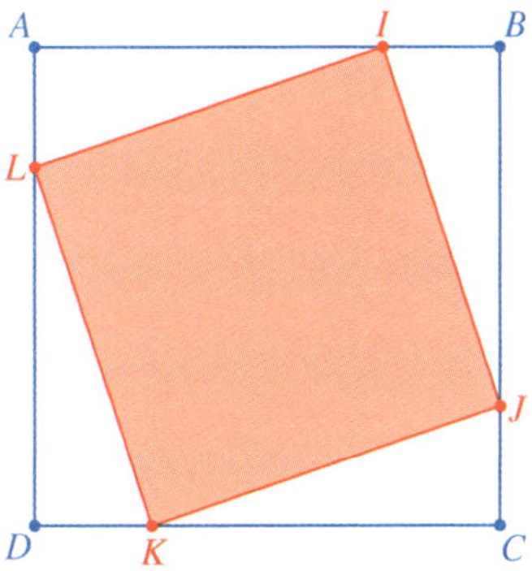

x : 2   a : 8

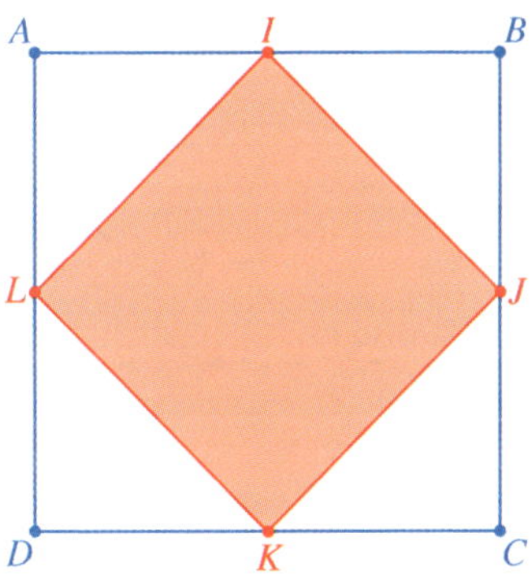

x : 3.6   a : 13.12

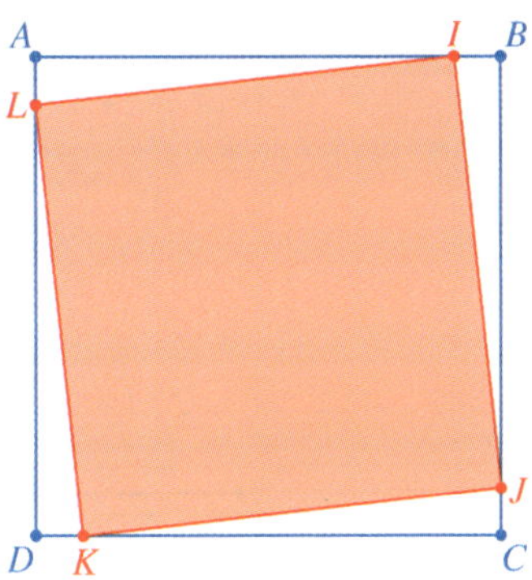

2° Le réel *x* appartient à [0 ; 4] puisque x est une mesure de longueur ($x > 0$) inférieure ou égale à celle du côté du carré *ABCD* ($x < 4$).

3°

$$\begin{aligned} \text{aire}(IJKL) &= \text{aire}(ABCD) - 4 \times \text{aire}(AIL) \\ &= 16 - 4 \times \frac{x(4-x)}{2} \\ &= 16 - 2x(4-x) \\ &= 2x^2 - 8x + 16, \end{aligned}$$

donc **l'aire de *IJKL* est $2(x^2 - 4x + 8)$**.

On démontrerait facilement que *IJKL* est un carré.

4° Notons a la fonction polynôme du second degré :

$$x \mapsto 2x^2 - 8x + 16.$$

Pour tout réel :

$$\begin{aligned} a(x) &= 2(x^2 - 4x + 8) \\ &= 2(x^2 - 4x + 4 + 4) \\ &= 2(x-2)^2 + 8. \end{aligned}$$

D'après la forme canonique de a, **l'aire de *IJKL* est minimale pour $x = 2$**

2 appartient bien à [0 ; 4]

et **la valeur minimale de l'aire de *IJKL* est 8.**

Dans ce cas, l'aire de *IJKL* vaut la moitié de celle de *ABCD* (voir 2e figure).

24

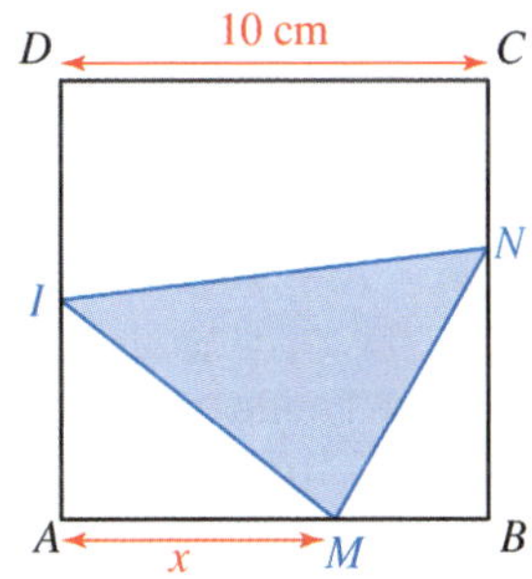

1° $\mathscr{A}(x)$ est l'aire en cm² du triangle *MIN*.

a. M est un point de $[AB]$ et $AB = 10$, donc :

$$0 < AM < 10,$$

c'est-à-dire :

$$0 < x < 10.$$

Réciproquement, pour tout x de $[0 ; 10]$, il existe un seul point M de $[AB]$, un seul point N de $[BC]$ tels que $AM = BN = x$. **L'ensemble des valeurs possibles de x est donc $[0 ; 10]$.**

b.

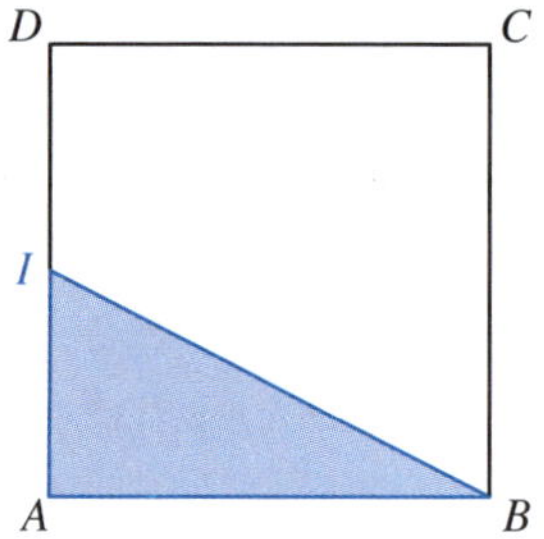

• $\mathcal{A}(0)$ est l'aire en cm² du triangle *IAB*, donc : $\mathbf{\mathcal{A}(0) = 25}$.

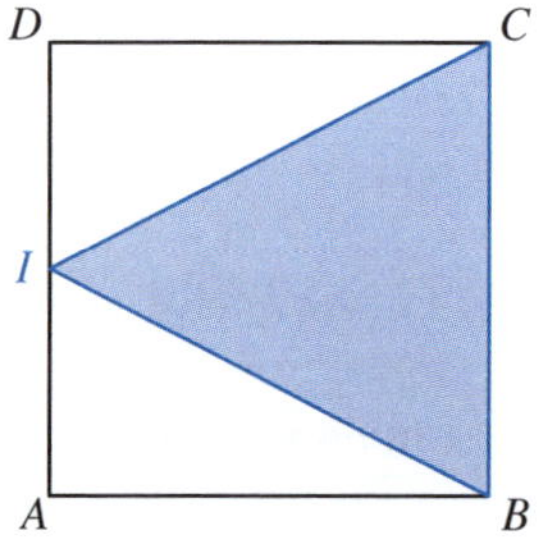

• $\mathcal{A}(10)$ est l'aire en cm² du triangle *BIC*, donc : $\mathbf{\mathcal{A}(10) = 50}$.

c. Le carré *ABCD* a une aire de 100 cm² ; d'autre part, l'aire du carré *ABCD* est égale à la somme des aires :

• du triangle *MIN*,

• du triangle *AMI*, rectangle en *A*, tel que :

$$AI = 5 \text{ et } AM = x,$$

• du triangle *MBN*, rectangle en *B*, tel que :

$$BM = 10 - x \text{ et } BN = x,$$

• du trapèze *DINC*, de bases [*DI*], [*CN*], de hauteur [*DC*], telles que :

$$DI = 5,\ CN = 10 - x \text{ et } DC = 10,$$

donc :

$$\begin{aligned}100 &= \mathcal{A}(x) + \frac{5\times x}{2} + \frac{(10-x)\times x}{2} + \frac{5+(10-x)}{2}\times 10\\ &= \mathcal{A}(x) + \frac{5}{2}x + 5x - \frac{1}{2}x^2 + 75 - 5x\\ &= \mathcal{A}(x) - \frac{1}{2}x^2 + \frac{5}{2}x + 75,\end{aligned}$$

donc : $\mathcal{A}(x) = \frac{1}{2}x^2 - \frac{5}{2}x + 100 - 75$

$$= \frac{1}{2}x^2 - \frac{5}{2}x + 25.$$

Finalement : **pour tout x de [0 ; 10],**

$$\mathbf{\mathcal{A}(x) = \frac{1}{2}x^2 - \frac{5}{2}x + 25.}$$

d. Pour obtenir le tableau de variation de $\mathcal{A}$, déterminons la forme canonique du polynôme du second degré :

$$x \mapsto \frac{1}{2}x^2 - \frac{5}{2}x + 25.$$

Pour tout réel x :

$$\begin{aligned}\frac{1}{2}x^2 - \frac{5}{2}x + 25 &= \frac{1}{2}\left(x^2 - 5x\right) + 25\\ &= \frac{1}{2}\left(x - \frac{5}{2}\right)^2 - \frac{1}{2}\times\frac{25}{4} + 25.\end{aligned}$$

On en déduit, pour tout x de [0 ; 10] :

$$\mathcal{A}(x) = \frac{1}{2}\left(x - \frac{5}{2}\right)^2 + \frac{175}{8},$$

et le tableau de variation de $\mathcal{A}$ sur [0 ; 10] :

x	0	$\frac{5}{2}$	10
$\mathcal{A}(x)$	25 ↘	$\frac{175}{8}$	↗ 50

$\frac{175}{8} = 21{,}875$

2° D'après le tableau de variation de $\mathcal{A}$:

• **l'aire maximale du triangle *MIN* est 50 cm²,**

• **l'aire minimale du triangle *MIN* est 21,875 cm².**

25

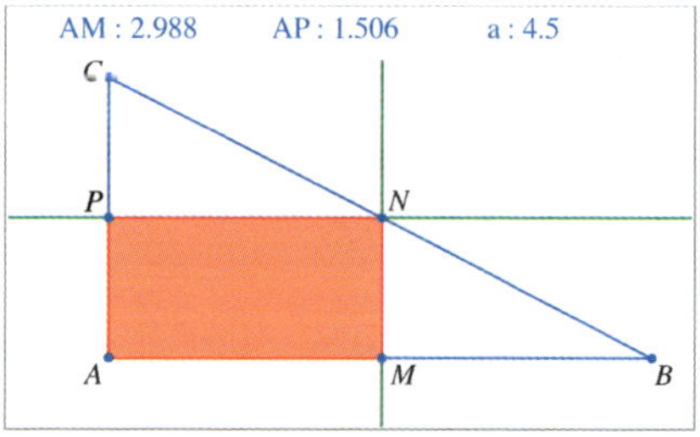

1° On reconnaît une configuration de Thalès : les droites (*PN*) et (*AB*) sont parallèles et les droites (*AP*) et (*BN*) sont sécantes en *C*.

D'après le théorème de Thalès, on a :

$$\frac{CP}{CA} = \frac{PN}{AB},$$

donc :

$$\frac{CP}{3} = \frac{x}{6},$$

d'où :

$$CP = 3 \times \frac{x}{6} = \frac{1}{2}x,$$

et par conséquent :

$$\boldsymbol{AP = 3 - \frac{1}{2}x = 3 - 0{,}5x.}$$

2° $\boldsymbol{a(x) = x(3 - 0{,}5x) = -0{,}5x^2 + 3x.}$

L'aire d'un rectangle est le produit de sa longueur par sa largeur.

3° **a.** Pour tout réel x,

$$x^2 - 6x + 9 = (x-3)^2,$$

donc : $\boldsymbol{x^2 - 6x + 9 \geqslant 0.}$

Un carré est toujours positif ou nul.

b. Pour tout réel x :

$$x^2 - 6x + 9 \geqslant 0,$$

donc : $-x^2 + 6x - 9 \leqslant 0,$

d'où : $\boldsymbol{-x^2 + 6x \leqslant 9.}$

4° **La valeur maximale de l'aire du rectangle *AMNP* est 4,5 et elle est atteinte pour $x = 3$.**

En effet, pour tout réel x :

$$a(x) = -0{,}5x^2 + 3x = 0{,}5(-x^2 + 6x)$$

et : $-x^2 + 6x \leqslant 9,$

d'où : $a(x) \leqslant 4{,}5.$

De plus : $a(3) = 4{,}5.$

26

Sachant que $x \mapsto a(x-\alpha)^2 + \beta$ est la forme canonique d'une fonction polynôme p du second degré, on peut affirmer que le sommet de la parabole représentant p a pour coordonnées $(\alpha\ ;\ \beta)$.

1° Pour tout réel x :

$f(x) = x^2 - 10x + 25 = x^2 - 2 \times x \times 5 + 5^2$

donc : $\boldsymbol{f(x) = (x-5)^2}$ forme canonique.

$$a^2 - 2ab + b^2 = (a-b)^2$$

Le sommet $\boldsymbol{S}$ de la parabole représentant f a pour coordonnées **(5 ; 0)**.

2° Pour tout réel x :

$f(x) = x^2 - 10x + 26 = x^2 - 10x + 25 + 1$

donc :

$\boldsymbol{f(x) = (x-5)^2 + 1}$ forme canonique.

Le sommet $\boldsymbol{S}$ de la parabole représentant f a pour coordonnées **(5 ; 1)**.

3° Pour tout réel x :

$f(x) = x^2 - 10x + 24 = x^2 - 10x + 25 - 1$

donc :

$\boldsymbol{f(x) = (x-5)^2 - 1}$ forme canonique.

Le sommet $\boldsymbol{S}$ de la parabole représentant f a pour coordonnées **(5 ; –1)**.

4° Pour tout réel x :

$f(x) = x^2 + 8x + 16 = x^2 + 2 \times x \times 4 + 4^2$

donc :

$\boldsymbol{f(x) = (x+4)^2}$ forme canonique.

$$a^2 + 2ab + b^2 = (a+b)^2$$

Le sommet $\boldsymbol{S}$ de la parabole représentant f a pour coordonnées **(–4 ; 0)**.

5° Pour tout réel x :

$f(x) = x^2 + 8x + 19 = x^2 + 8x + 16 + 3,$

donc :

$\boldsymbol{f(x) = (x+4)^2 + 3}$ forme canonique.

Le sommet $\boldsymbol{S}$ de la parabole représentant f a pour coordonnées **(–4 ; 3)**.

6° Pour tout réel x :

$f(x) = x^2 + 8x + 14 = x^2 + 8x + 16 - 2,$

donc :

$\boldsymbol{f(x) = (x+4)^2 - 2}$ forme canonique.

Le sommet $\boldsymbol{S}$ de la parabole représentant f a pour coordonnées **(–4 ; –2)**.

27

1° Tableau de variation de la fonction f sur [0 ; 6] :

x	0	4	6
$f(x)$	0 ↗	32 ↘	24

2° Dans [0 ; 6], l'équation $f(x) = 24$ admet deux solutions : 2 et 6.

3° Dans [0 ; 6], l'ensemble des solutions de l'inéquation $f(x) \geqslant 24$ est [2 ; 6].

4° Le minimum de f sur [0 ; 6] est 0 et il est atteint en 0.

5° Le maximum de f sur [0 ; 6] est 32 et il est atteint en 4.

CORRIGÉS

6° f est une fonction polynôme du second degré qui s'annule en 0 et 8, donc il existe un réel k tel que, pour tout réel x :

$$f(x) = k(x - 0)(x - 8) = kx(x - 8).$$

de plus :

$$f(4) = 32,$$

donc le réel k vérifie :

$$k \times 4(4 - 8) = 32,$$

d'où :

$$k = -2.$$

On peut donc écrire, pour tout réel x :

$$\boldsymbol{f(x) = -2x(x - 8) = -2x^2 + 16x.}$$

28 $\mathcal{P}$ représente la fonction f :

$$x \mapsto x^2 + 4x - 5.$$

1° a. • La forme canonique de f est :

$$\boldsymbol{x \mapsto (x+2)^2 - 9.}$$

$$(x+2)^2 = x^2 + 4x + 4$$

• La forme factorisée est :

$$x \mapsto (x + 2 + 3)(x + 2 - 3),$$

c'est-à-dire : $\boldsymbol{x \mapsto (x+5)(x-1)}$.

b. D'après la forme canonique de f :

• les coordonnées du sommet S de $\mathcal{P}$ sont donc $(\mathbf{-2\ ;\ -9})$,

• et $\boldsymbol{x = -2}$ est une équation de l'axe de symétrie de $\mathcal{P}$.

D'après la forme factorisée de f :

$\mathcal{P}$ coupe l'axe des abscisses aux points de coordonnées (– 5 ; 0) et (1 ; 0).

D'après la forme développée de f :

$\mathcal{P}$ coupe l'axe des ordonnées au point de coordonnées (0 ; –5).

2° $\mathcal{P}$ est superposable avec la parabole de la fonction carré, car le coefficient de x^2 dans l'expression développée de $f(x)$ est 1.

$\mathcal{P}$ est l'image de la parabole d'équation $y = x^2$ par la translation de vecteur $-2\vec{i} - 9\vec{j}$.

3°

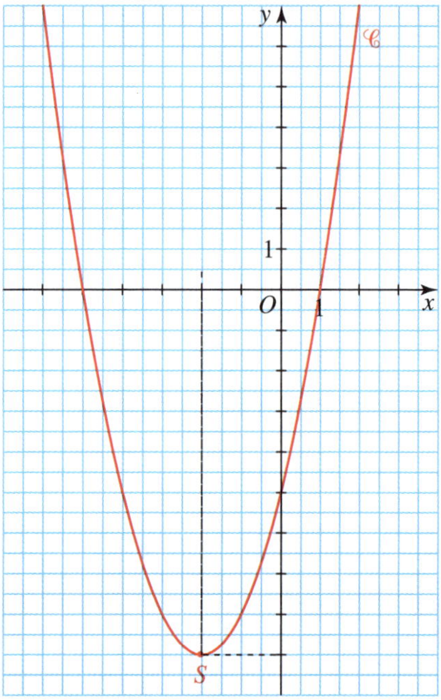

29 $f(x) = -x^2 + 2x + 4.$

1° $\boldsymbol{f(1) = 5}$

et $f\left(\dfrac{-1}{2}\right) = -\dfrac{1}{4} - 1 + 4 = \boldsymbol{\dfrac{11}{4}}.$

2° Les antécédents de 4 par f sont les solutions de l'équation $f(x) = 4$.

Pour tout réel x :

$$\begin{aligned} f(x) = 4 &\Leftrightarrow -x^2 + 2x + 4 = 4 \\ &\Leftrightarrow -x(x-2) = 0 \\ &\Leftrightarrow x = 0 \text{ ou } x = 2, \end{aligned}$$

donc **les antécédents de 4 par f sont 0 et 2**.

3° Pour tout réel x :

$$\begin{aligned} -(\boldsymbol{x}-\mathbf{1})^2 + \mathbf{5} &= -(x^2 - 2x + 1) + 5 \\ &= -x^2 + 2x + 4 \\ &= \boldsymbol{f(x)}. \end{aligned}$$

Pour tout réel x :

$$\begin{aligned} f(x) &= -x^2 + 2x + 4 \\ &= -(x^2 - 2x - 4) \\ &= -[(x^2 - 2x + 1) - 5] \\ &= -(x-1)^2 + 5. \end{aligned}$$

On note que $x \mapsto -(x-1)^2 + 5$ est la forme canonique de f.

4° f est strictement croissante sur $]-\infty\ ;\ 1]$ et strictement décroissante sur $[1\ ;\ +\infty[$.

x	$-\infty$	1	$+\infty$
$f(x)$	↗	5	↘

5° La fonction f admet un **maximum** qui vaut **5** et qui est **atteint en 1**.
La courbe représentative $\mathscr{C}$ de f est une parabole de sommet $S(1\ ;\ 5)$ et dont l'axe de symétrie est la droite d'équation $x = 1$.

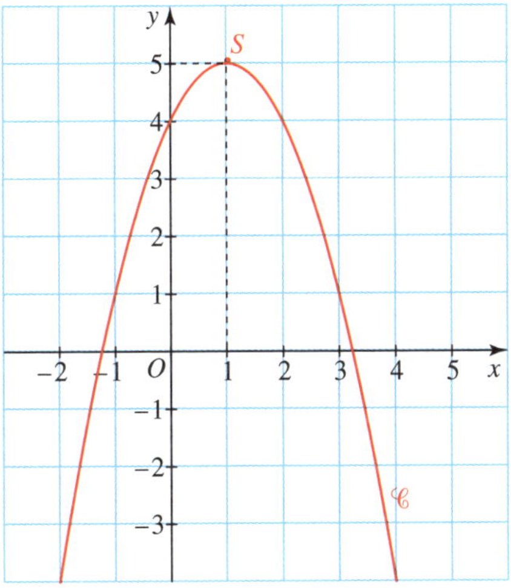

30 **1°** $(E) : 3x^2 - 5x - 2 = 0$.
Soit Δ le discriminant de l'équation du second degré (E) :
$\Delta = (-5)^2 - 4 \times 3 \times (-2) = 25 + 24 = 49$.
$\Delta > 0$, donc **(E) admet deux solutions distinctes x_1 et x_2 :**

$$\boldsymbol{x_1} = \frac{-(-5)-\sqrt{49}}{2\times 3} = \frac{5-7}{6} = \boldsymbol{-\frac{1}{3}},$$

$$\boldsymbol{x_2} = \frac{-(-5)+\sqrt{49}}{2\times 3} = \frac{5+7}{6} = \boldsymbol{2}.$$

2° $(E') : 3x^4 - 5x^2 - 2 = 0$.
x est solution de (E') si, et seulement si, x^2 est solution de (E).

Pour tout réel x :

$$\begin{aligned} 3x^4 - 5x^2 - 2 = 0 &\Leftrightarrow 3(x^2)^2 - 5x^2 - 2 = 0 \\ &\Leftrightarrow x^2 = -\frac{1}{3} \text{ ou } x^2 = 2 \\ &\Leftrightarrow x^2 = 2 \\ &\Leftrightarrow x = -\sqrt{2} \text{ ou } x = \sqrt{2} \end{aligned}$$

$-\frac{1}{3} < 0$, donc l'équation $x^2 = -\frac{1}{3}$ n'admet pas de solution.

Finalement, **les solutions de (E') sont :**
$-\sqrt{2}$ et $\sqrt{2}$.

31 **1°** $(E) : x^3 + 4x^2 + 5x = 0$.
Pour tout réel x :

$$\begin{aligned} x^3 + 4x^2 + 5x = 0 &\Leftrightarrow x(x^2 + 4x + 5) = 0 \\ &\Leftrightarrow x = 0 \text{ ou } x^2 + 4x + 5 = 0. \end{aligned}$$

Soit (E') l'équation du second degré $x^2 + 4x + 5 = 0$; en notant Δ son discriminant :
$\Delta = 4^2 - 4 \times 1 \times 5 = 16 - 20 = -4$.
$\Delta < 0$, donc (E') n'admet pas de solution.
En conclusion :
la seule solution de l'équation (E) est 0.

2° $(E) : x + 2 + \frac{1}{x} = 0$.
Si un réel x est solution de (E), il est nécessairement non nul.
Pour tout réel x non nul :

$$\begin{aligned} x + 2 + \frac{1}{x} = 0 &\Leftrightarrow \frac{x^2 + 2x + 1}{x} = 0 \\ &\Leftrightarrow x^2 + 2x + 1 = 0 \\ &\Leftrightarrow (x+1)^2 = 0 \\ &\Leftrightarrow x + 1 = 0 \\ &\Leftrightarrow x = -1 \end{aligned}$$

$(a + b)^2 = a^2 + 2ab + b^2$

On a ainsi démontré que :
-1 est la seule solution de (E).

32 **1°** $(E) : \frac{1}{x} = 2x + 1$.
Les solutions de l'équation (E) sont les abscisses des points d'intersection de la courbe $\mathscr{C}$ d'équation $y = \frac{1}{x}$ et de la droite Δ d'équation $y = 2x + 1$.

CORRIGÉS

La courbe représentative de la fonction inverse est l'hyperbole d'équation $y = \frac{1}{x}$. Ses asymptotes sont la droite des abscisses et la droite des ordonnées.

Traçons la courbe $\mathscr{C}$ et la droite Δ dans un même repère.

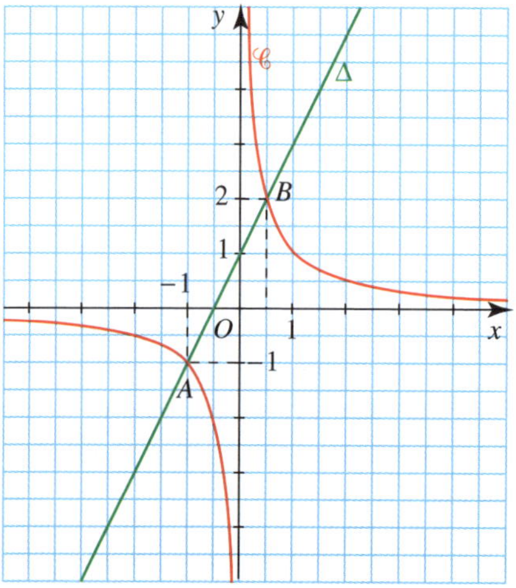

$\mathscr{C}$ et Δ ont deux points d'intersection A et B, dont les abscisses sont respectivement -1 et $\frac{1}{2}$.

$\frac{1}{-1} = 2\times(-1)+1$ et $\frac{1}{\frac{1}{2}} = 2\times\frac{1}{2}+1.$

Par conséquent, **les solutions de l'équation (*E*) : $\frac{1}{x} = 2x+1$ sont -1 et $\frac{1}{2}$.**

2° Soit x un réel non nul.

• Supposons que x est solution de (*E*), alors x vérifie : $\frac{1}{x} = 2x+1$,

donc, en multipliant par x :

$$1 = 2x^2 + x,$$

d'où : $\quad 2x^2 + x - 1 = 0.$

On a prouvé que, **si x est solution de (*E*), alors $2x^2 + x - 1 = 0$.**

• Résolvons l'équation du second degré $2x^2 + x - 1 = 0$.

Son discriminant Δ est tel que :

$\Delta = 1^2 - 4\times(-1)\times 2 = 1 + 8 = 9 = 3^2$,

donc $\Delta > 0$ et l'équation $2x^2 + x - 1 = 0$ admet deux solutions : $\frac{-1-3}{2\times 2}$ et $\frac{-1+3}{2\times 2}$,

c'est-à-dire -1 et $\frac{1}{2}$.

On en déduit que, **si x est solution de (*E*), alors $x = -1$ ou $x = \frac{1}{2}$.**

• Réciproquement :

si $x = -1$, alors :

$$\frac{1}{x} = -1 \text{ et } 2x+1 = -1,$$

si $x = \frac{1}{2}$, alors :

$$\frac{1}{x} = 2 \text{ et } 2x+1 = 1+1 = 2.$$

Donc, si $x = -1$ ou $x = \frac{1}{2}$, alors :

$$\frac{1}{x} = 2x+1.$$

• On a prouvé que x est solution de (*E*) si, et seulement si : $x = -1$ ou $x = \frac{1}{2}$.

Autrement dit, **les solutions de l'équation (*E*) : $\frac{1}{x} = 2x+1$ sont -1 et $\frac{1}{2}$.**

On retrouve bien le résultat de la première question.

33 1° $(E) : \sqrt{x} = 6 - x$.

Les solutions de l'équation (*E*) sont les abscisses des points d'intersection de la courbe $\mathscr{C}$ d'équation $y = \sqrt{x}$ et de la droite Δ d'équation $y = 6 - x$.

La courbe représentative de la fonction racine carrée est la demi-parabole d'équation $y = \sqrt{x}$.

Traçons la courbe $\mathscr{C}$ et la droite Δ dans un même repère.

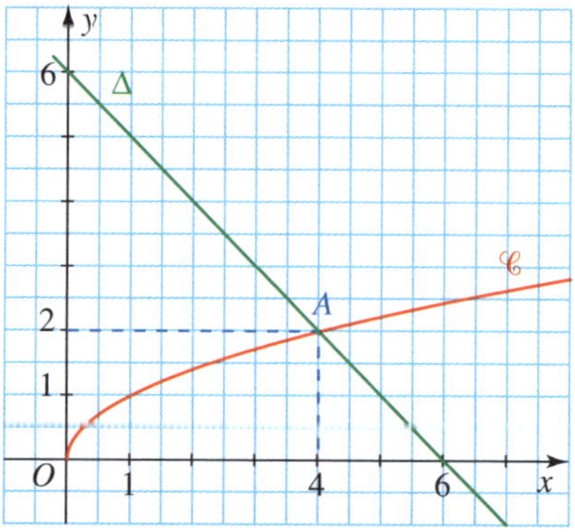

$\mathscr{C}$ et Δ ont un seul point d'intersection A dont l'abscisse est 4.

$$\sqrt{4} = 6 - 4.$$

Par conséquent, **l'équation (*E*) : $\sqrt{x} = 6 - x$ a pour seule solution 4.**

2° • Soit x un réel positif ou nul.
Supposons que x est solution de (*E*).
Alors x vérifie : $\sqrt{x} = 6 - x$,
donc : $\left(\sqrt{x}\right)^2 = (6 - x)^2$,

si deux nombres sont égaux, alors bien sûr leurs carrés sont égaux

d'où : $x = 36 - 12x + x^2$,
et, par conséquent :

$$x^2 - 13x + 36 = 0.$$

On a prouvé que, **si x est solution de (*E*), alors $x^2 - 13x + 36 = 0$.**

• Résolvons l'équation du second degré $x^2 - 13x + 36 = 0$.
Son discriminant Δ est tel que :

$$\Delta = (-13)^2 - 4 \times 1 \times 36 = 169 - 144$$
$$\Delta = 25 = 5^2.$$

$\Delta > 0$ et l'équation $x^2 - 13x + 36 = 0$ admet deux solutions : $\dfrac{13-5}{2\times1}$ et $\dfrac{13+5}{2\times1}$, c'est-à-dire : 4 et 9.
On en déduit que, si x est solution de (*E*), alors $x = 4$ ou $x = 9$.

• Réciproquement :
si $x = 4$, alors :

$$\sqrt{x} = \sqrt{4} = 2 \text{ et } 6 - x = 6 - 4 = 2,$$

donc 4 vérifie l'équation $\sqrt{x} = 6 - x$, ce qui prouve que 4 est une solution de (*E*) ;
si $x = 9$, alors :

$$\sqrt{x} = \sqrt{9} = 3 \text{ et } 6 - x = 6 - 9 = -3,$$

donc 9 n'est pas solution de l'équation $\sqrt{x} = 6 - x$.
On a ainsi prouvé que x est solution de (*E*) si, et seulement si, $x = 4$.
Autrement dit, **4 est la seule solution de l'équation (*E*) : $\sqrt{x} = 6 - x$.**

On retrouve bien le résultat de la première question.

34 1° $P(x) = (x^2 + 1)(3 - x^4)$.
P est le produit d'un polynôme de degré 2 par un polynôme de degré 4, donc ***P* est un polynôme de degré 6**.
De plus : $x^2 \times (-x^4) = -x^6$,
donc le **coefficient du terme de plus haut degré de *P* est –1**.

2° $P(x) = (x - 2)^4 - 7x^2 + 13x$.
Le polynôme *P* est de degré 4 et le coefficient de son terme de plus haut degré est celui de $(x - 2)^4$, c'est-à-dire **1**.

3° $P(x) = (x + 1)(x^3 - 5) + x(7x^2 - x^3)$.
Pour tout réel x :

$$P(x) = x^4 + x^3 - 5x - 5 + 7x^3 - x^4$$
$$= 8x^3 - 5x - 5,$$

donc **le polynôme *P* est de degré 3 et le coefficient de son terme de plus haut degré est 8**.

P n'est pas de degré 4 car les termes en x^4 s'annulent.

35 1° Pour tout réel x, $-x^4 - 1 < 0$.
La fonction polynôme *P* :

$$x \mapsto -x^4 - 1$$

est de degré 4 et ne prend que des valeurs strictement négatives.

Autres exemples :

$x \mapsto -3x^4 - 2$,
$x \mapsto -x^4 - x^2 - 1$,
$x \mapsto -x^4 - 0{,}001$, etc.

2° La fonction polynôme *P* :

$$x \mapsto (x - 2)^4$$

est de degré 4 et s'annule exactement une fois (en 2).

Autres exemples :

$x \mapsto -3x^4$,
$x \mapsto 5(x - 0{,}1)^4$, etc.

3° La fonction polynôme *P* :

$$x \mapsto x(x - 1)(x - 2)^2$$

est de degré 4 et s'annule exactement trois fois (en 0, 1 et 2).

Autres exemples :

$x \mapsto -3x^2(x + 2)(x - 1)$,
$x \mapsto 5(x + 3)^2(x - \pi)(x - 1)$,
etc.

36 1° $f : x \mapsto \sqrt{5}$.
La fonction *f* est une fonction constante non nulle, définie sur R.
Donc ***f* est un polynôme de degré 0**.

2°

$$\sin^2(x) = (\sin(x))^2$$
$$\cos^2(x) = (\cos(x))^2$$

$f : x \mapsto 0{,}3\sin^2(x) - 3 \times 10^{-1} + 0{,}3\cos^2(x)$.

CORRIGÉS

Pour tout réel x :

$$f(x) = 0{,}3\,(\sin^2(x) + \cos^2(x)) - 0{,}3$$
$$= 0{,}3 \times 1 - 0{,}3$$
$$= 0.$$

$\sin^2(x) + \cos^2(x) = 1.$

Donc f est le polynôme nul $x \mapsto 0$; il n'a pas de degré.

3° $f : x \mapsto \dfrac{x^2 - 4}{x + 2}.$

La fonction f n'est pas définie en -2. Son ensemble de définition n'est pas $\mathbb{R}$, donc **f n'est pas un polynôme**.

4° $f : x \mapsto 0{,}5x^{10} + 3x^5 - 7x + \sqrt{x} + 2.$

L'ensemble de définition de f est $\mathbb{R}^+$, donc **f n'est pas un polynôme**.

5° $f : x \mapsto x^7 - 0{,}5x^6 - x^7 + 3x^5 - 2{,}7x^2 + \dfrac{1}{2}x^6 + 4.$

Pour tout réel x, $f(x) = 3x^5 - 2{,}7x^2 + 4$.

Donc f est un polynôme de degré 5.

6° $f : x \mapsto \dfrac{x + 5}{\pi}.$

Pour tout réel x, $f(x) = \dfrac{1}{\pi}x + \dfrac{5}{\pi}.$

Donc f est un polynôme de degré 1.

f est une fonction affine

37 Si, pour tout réel x :

$$ax^2 + 4x - 3 = bx - 3,$$

alors les polynômes :

$$x \mapsto ax^2 + 4x - 3 \text{ et } x \mapsto bx - 3$$

sont égaux, donc ils ont le même degré et les mêmes coefficients, c'est-à-dire :

$$\boldsymbol{a = 0 \text{ et } b = 4}.$$

Réciproquement, si $a = 0$ et $b = 4$, alors :

pour tout réel x, $ax^2 + 4x - 3 = bx - 3$.

38 1°

```
>>> def polynome_Alice(x):
...     return ((2*x+1.7)*x-6.3)*x+9.2
```

```
>>> def polynome_Bob(x):
...     return 2*x**3+1.7*x**2-6.3*x+9.2
```

Les fonctions polynome_Alice et polynome_Bob permettent d'évaluer le même polynôme :

$$\boldsymbol{x \mapsto 2x^3 + 1{,}7x^2 - 6{,}3x + 9{,}2}.$$

On remarque que **polynome_Alice** n'utilise pas l'exponentiation.

Les seules opérations utilisées sont l'addition et la multiplication.

Les résultats affichés peuvent parfois légèrement différer (problème de la représentation des nombres en machine).

```
le discriminant est égal à -3
>>> polynome_Alice(2),polynome_Bob(2)
(19.4, 19.4)
>>> polynome_Alice(3),polynome_Bob(3)
(59.60000000000001, 59.599999999999994)
```

2° $g : x \mapsto \dfrac{7}{10}x^4 - \dfrac{3}{2}x^3 + 5x + 1.$

```
def eval_g(x):
    return (((0.7*x-1.5)*x)*x+5)*x+1
```

En effet, pour tout réel x :

$$g(x) = \frac{7}{10}x^4 - \frac{3}{2}x^3 + 5x + 1$$
$$= \left(\frac{7}{10}x^3 - \frac{3}{2}x^2 + 5\right)x + 1$$
$$= \left(\left(\frac{7}{10}x^2 - \frac{3}{2}x\right)x + 5\right)x + 1$$
$$= \left(\left(\left(\frac{7}{10}x - \frac{3}{2}\right)x\right)x + 5\right)x + 1$$

39 $f : x \mapsto x^4 - 2x^3 - 17x^2 + 4x + 30.$

1° Pour tout réel x,

$$(x^2 - 2)(x^2 + ax + b)$$
$$= x^4 + ax^3 + bx^2 - 2x^2 - 2ax - 2b$$
$$= x^4 + ax^3 + (b - 2)x^2 - 2ax - 2b.$$

Donc, dire :

pour tout réel x,
$f(x) = (x^2 - 2)(x^2 + ax + b)$

signifie que le polynôme :

$$x \mapsto x^4 - 2x^3 - 17x^2 + 4x + 30$$

et le polynôme :

$$x \mapsto x^4 + ax^3 + (b - 2)x^2 - 2ax - 2b$$

sont égaux, ce qui se traduit par :

$$\begin{cases} a = -2 \\ b - 2 = -17 \\ -2a = 4 \\ -2b = 30, \end{cases}$$

c'est-à-dire :

$$\boldsymbol{a = -2 \text{ et } b = -15}.$$

2° D'après la première question : pour tout réel x,

$$f(x) = (x^2 - 2)(x^2 - 2x - 15),$$

donc :

$f(x) = 0 \Leftrightarrow x^2 - 2 = 0$

ou $x^2 - 2x - 15 = 0$.

• Les solutions de l'équation $x^2 - 2 = 0$ sont $-\sqrt{2}$ et $\sqrt{2}$.

• Soient (E) l'équation du second degré :

$$x^2 - 2x - 15 = 0,$$

et Δ son discriminant :

$\Delta = (-2)^2 - 4 \times 1 \times (-15) = 4 + 60 = 64$.

$\Delta > 0$, donc (E) admet deux solutions distinctes x_1 et x_2 :

$$x_1 = \frac{-(-2) - \sqrt{64}}{2 \times 1} = \frac{2-8}{2} = -3,$$

$$x_2 = \frac{-(-2) + \sqrt{64}}{2 \times 1} = \frac{2+8}{2} = 5.$$

Finalement, **les racines de f sont $-\sqrt{2}$, $\sqrt{2}$, –3 et 5.**

40 1° $p(x) = x^3 + 4x - 16$.

a. Le **degré de p** est **3** ;

les **coefficients de p** dans l'ordre des puissances décroissantes de x sont :

1 ; 0 ; 4 ; –16.

$p(x) = 1x^3 + 0x^2 + 4x - 16$

b. $p(2) = 2^3 + 4 \times 2 - 16 = 8 + 8 - 16 = \mathbf{0}$.

2 est donc une racine de p.

c. Pour tout réel x, on a :

$$p(x) = x^3 + 4x - 16,$$

$(x - 2)(ax^2 + bx + c)$

$= ax^3 + bx^2 + cx - 2ax^2 - 2bx - 2c$

$= ax^3 + (b - 2a)x^2 + (c - 2b)x - 2c$.

Deux polynômes sont égaux lorsqu'ils ont les mêmes coefficients.

De plus, le système :

$a = 1, b - 2a = 0, c - 2b = 4, -2c = -16$,

équivaut à :

$$a = 1,\ b = 2,\ c = 8.$$

Donc, **pour tout réel x** :

$$\mathbf{p(x) = (x - 2)(x^2 + 2x + 8)}.$$

Remarques

• Penser à développer pour vérifier.

• Il est facile, sans calcul, de voir que $a = 1$ et $c = 8$; il suffit de regarder le coefficient de x^3 et le terme constant dans chacun des polynômes :

$x^3 + 4x - 16$ et $(x - 2)(ax^2 + bx + c)$.

$(x - 2)(ax^2 + bx + c) = ax^3 + ... + (-2c)$

2° $f(x) = x^2 + 2x + 8$.

a. Le **degré de f** est **2** ;

les **coefficients de f** dans l'ordre des puissances décroissantes de x sont :

1 ; 2 ; 8.

b. $\Delta = 4 - 32 = -28$.

Le discriminant de f est strictement négatif, donc **f n'a pas de racine**.

3° $g(x) = x^2 - 12x + 35$.

a. Le **degré de g** est **2** ;

les **coefficients de g** dans l'ordre des puissances décroissantes de x sont :

1 ; –12 ; 35.

b. $\Delta = 144 - 140 = 4$.

Les racines de g sont donc :

$$\frac{12-2}{2} \text{ et } \frac{12+2}{2},$$

c'est-à-dire :

5 et 7.

4° (I) : $\dfrac{x^3 + 4x - 16}{x^2 - 12x + 35} \geqslant 0$.

L'ensemble de définition de (I) est $\mathbb{R} \setminus \{5 ; 7\}$.

Pour tout réel x distinct de 5 et 7 :

$$(I) \Leftrightarrow \frac{(x-2)(x^2+2x+8)}{x^2 - 12x + 35} \geqslant 0$$

$$\Leftrightarrow \frac{(x-2)f(x)}{g(x)} \geqslant 0.$$

x	$-\infty$		2		5		7		$+\infty$
$x - 2$		–	0	+	|	+	|	+	
$x^2 + 2x + 8$		+	|	+	|	+	|	+	
$x^2 - 12x + 35$		+	|	+	0	–	0	+	
$\dfrac{x^3 + 4x - 16}{x^2 - 12x + 35}$		–	0	+	||	–	||	+	

Par conséquent, **l'ensemble des solutions de l'inéquation (I) est :**

$$[2 ; 5[\cup]7 ; +\infty[.$$

CORRIGÉS

CONTRÔLE CONTINU

Exercice n° 1

Partie A

1° La figure n'est réalisable que si $0 \leqslant x \leqslant 6$.

• Si la figure est réalisable, alors :

$x \geqslant 0$ car $x = DM$

$x \leqslant 6$ car $M \in [AD]$ et $AD = 6$,

donc : $0 \leqslant x \leqslant 6$.

• Réciproquement, il est clair que, si $0 \leqslant x \leqslant 6$, alors la figure est réalisable.

2° On a :

$$\mathscr{A}(x) = \text{aire}(ABCD) - 2 \times \text{aire}(DMQ) - 2 \times \text{aire}(AMN)$$

et : $\text{aire}(ABCD) = 10 \times 6 = 60$,

$2 \times \text{aire}(DMQ) = x^2$,

$2 \times \text{aire}(AMN) = (6 - x)(10 - x) = x^2 - 16x + 60$

donc $\mathscr{A}(x) = 60 - x^2 - x^2 + 16x - 60$,

d'où : $\boldsymbol{\mathscr{A}(x) = -2x^2 + 16x}$.

Partie B

Pour tout réel x, $f(x) = -2x^2 + 16x$.

1° **Pour tout réel x :**

$-2(x-4)^2 + 32 = -2x^2 + 16x - 32 + 32$

donc : $\boldsymbol{f(x) = -2(x-4)^2 + 32}$.

2° Pour tout réel x :

$$f(x) = -2(x-4)^2 + 32,$$
$$-2(x-4)^2 \leqslant 0,$$

d'où : $f(x) \leqslant 32$

et, de plus : $f(4) = 32$.

Par conséquent, **le maximum de la fonction f est 32 et il est atteint en 4.**

C'est un résultat que l'on a visualisé dans l'exercice 27.

3° **L'aire de $MNPQ$ est maximale pour $x = 4$.**

Si $x \in [0\,;6]$, alors $f(x) = \mathscr{A}(x)$.

Exercice n° 2

$f : x \mapsto x^2 - (\sqrt{2} + \sqrt{3})x + \sqrt{6}$.

1° • Pour tout réel x :

$f(x) = x^2 - (\sqrt{2} + \sqrt{3})x + \sqrt{2} \times \sqrt{3}$,

ce qui met en évidence que les **racines de f sont $\sqrt{2}$ et $\sqrt{3}$.**

$f(x) = (x - \sqrt{2})(x - \sqrt{3})$

2° En notant Δ le discriminant de f :

$$\Delta = \left(-(\sqrt{2} + \sqrt{3})\right)^2 - 4 \times 1 \times \sqrt{6}$$
$$= 2 + 3 + 2\sqrt{6} - 4\sqrt{6}$$
$$= 5 - 2\sqrt{6}.$$

• Déterminons le signe de Δ, c'est-à-dire comparons les nombres 5 et $2\sqrt{6}$.

$$5^2 = 25 \text{ et } (2\sqrt{6})^2 = 4 \times 6 = 24,$$

donc : $5^2 > (2\sqrt{6})^2$,

donc, deux réels positifs étant rangés comme leurs carrés :

$$5 > 2\sqrt{6},$$

ce qui prouve : $\Delta > 0$.

$2\sqrt{6} \approx 4{,}9$

• $\Delta > 0$, donc f admet deux racines distinctes x_1 et x_2 :

$$\boldsymbol{x_1} = \frac{-\left(-(\sqrt{2} + \sqrt{3})\right) - \sqrt{5 - 2\sqrt{6}}}{2 \times 1} = \boldsymbol{\frac{\sqrt{2} + \sqrt{3} - \sqrt{5 - 2\sqrt{6}}}{2}},$$

$$\boldsymbol{x_2} = \frac{-\left(-(\sqrt{2} + \sqrt{3})\right) + \sqrt{5 - 2\sqrt{6}}}{2 \times 1} = \boldsymbol{\frac{\sqrt{2} + \sqrt{3} + \sqrt{5 - 2\sqrt{6}}}{2}}.$$

3° Les écritures des racines obtenues par les deux méthodes sont très différentes, car, dans la seconde, l'expression de $\sqrt{\Delta}$ n'a pas été simplifiée.

En notant que :

$(\sqrt{3} - \sqrt{2})^2 = 3 + 2 - 2\sqrt{6} = 5 - 2\sqrt{6}$ et $\sqrt{3} - \sqrt{2} > 0$, on peut écrire :

$$\sqrt{5 - 2\sqrt{6}} = \sqrt{3} - \sqrt{2},$$

et l'on obtient :

$$x_1 = \frac{\sqrt{2} + \sqrt{3} - (\sqrt{3} - \sqrt{2})}{2} = \sqrt{2},$$

$$x_2 = \frac{\sqrt{2} + \sqrt{3} + (\sqrt{3} - \sqrt{2})}{2} = \sqrt{3}.$$

Les deux méthodes conduisent bien au même résultat !

Exercice n° 3

$f : x \mapsto \sqrt{-x^2+9x-8}$.

Pour tout réel x :

$$x \in \mathcal{D}_f \Leftrightarrow -x^2+9x-8 \geqslant 0.$$

Pour tout réel x, posons :

$$g(x) = -x^2+9x-8.$$

Si une fonction polynôme f :

$$x \mapsto ax^2+bx+c$$

admet deux racines x_1 et x_2, alors :

$$x_1+x_2 = -\frac{b}{a} \text{ et } x_1x_2 = \frac{c}{a}.$$

1 est racine évidente de g et le produit des racines est 8 donc l'autre racine de g est 8.

$\Delta = 9^2 - 4 \times (-1) \times (-8) = 81 - 32 = 49 = 7^2$,
g admet donc deux racines :

$$\frac{-9-7}{-2} \text{ et } \frac{-9+7}{-2},$$

c'est-à-dire 8 et 1.

Le coefficient du terme de plus haut degré de g est -1, de plus $-1 < 0$, donc g est positive entre ses racines.

On en déduit :

$$\begin{aligned} x \in \mathcal{D}_f &\Leftrightarrow -x^2+9x-8 \geqslant 0 \\ &\Leftrightarrow 1 \leqslant x \leqslant 8 \\ &\Leftrightarrow x \in [1 ; 8]. \end{aligned}$$

Finalement : $\mathcal{D}_f$ **= [1 ; 8]**.

Exercice n° 4

Notons x le nombre d'élèves inscrits au préalable et y le prix initial, en euros, du voyage.

On a :

$$xy = 1\,200 \text{ et } (x+4)(y-10) = 1\,200,$$

c'est-à-dire :

$$\begin{cases} y = \dfrac{1\,200}{x} \\ (x+4)\left(\dfrac{1\,200}{x} - 10\right) = 1\,200, \end{cases}$$

donc x est solution de l'équation (1) :

$$1\,200x - 10x^2 + 4\,800 - 40x = 1\,200x$$

(1) est équivalente à :

$$-10x^2 - 40x + 4\,800 = 0,$$

et (1) est aussi équivalente à (E) :

$$x^2 + 4x - 480 = 0$$

on a divisé par -10 les deux membres de l'équation.

Le discriminant Δ de cette équation (E) du second degré vérifie :

$$\begin{aligned} \Delta &= 4^2 - 4 \times (-480) \\ &= 16 + 1\,920 \\ &= 1\,936 \\ &= 44^2. \end{aligned}$$

Les solutions de (E) sont donc :

$$\frac{-4-44}{2} \text{ et } \frac{-4+44}{2},$$

c'est-à-dire : -24 et 20.

La seule solution positive est 20, de plus :

$$20+4 = 24 \text{ et } \frac{1\,200}{24} = 50.$$

On peut donc conclure que **24 élèves participent au voyage et que chaque élève paie 50 euros**.

On a bien :

$$20 \times 60 = 1\,200$$

et :

$$(20+4)(60-10) = 24 \times 50 = 1\,200.$$

CORRIGÉS

Chapitre 5

Dérivation

f est une fonction dont l'ensemble de définition est un intervalle I, et a est un réel de I.

1 Nombre dérivé

▶ Pour tout réel h tel que $a+h$ appartienne à l'intervalle I, le taux d'accroissement de f entre a et $a+h$ est le réel $\dfrac{f(a+h)-f(a)}{h}$.

▶ Dire que f est dérivable en a signifie que $\dfrac{f(a+h)-f(a)}{h}$ admet une limite finie ℓ quand h tend vers 0.

Le nombre ℓ est alors appelé le nombre dérivé de f en a, et noté $f'(a)$:

$$\lim_{h\to 0}\frac{f(a+h)-f(a)}{h}=f'(a).$$

2 Interprétation graphique : tangente

▶ Si f est dérivable en a, alors la courbe représentative $\mathscr{C}$ de f admet, au point A d'abscisse a, une tangente non verticale de coefficient directeur $f'(a)$ et d'équation :

$$y-f(a)=f'(a)(x-a).$$

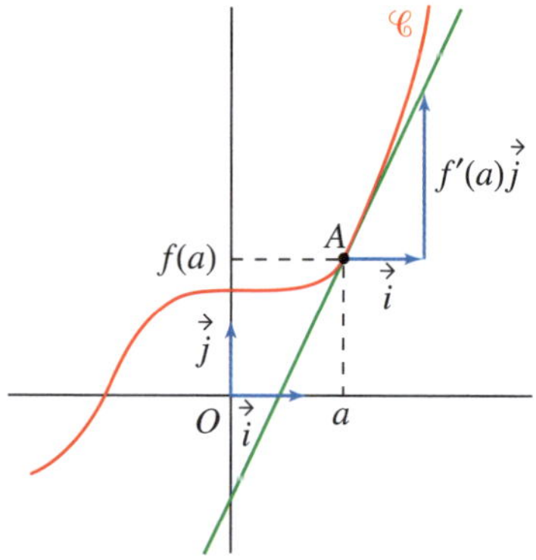

▶ Si $\lim\limits_{h \to 0} \dfrac{f(a+h)-f(a)}{h} = +\infty$

ou si $\lim\limits_{h \to 0} \dfrac{f(a+h)-f(a)}{h} = -\infty$,

alors f n'est pas dérivable en a.

La courbe représentative $\mathscr{C}$ de f admet, au point A d'abscisse a, une tangente verticale d'équation $x = a$.

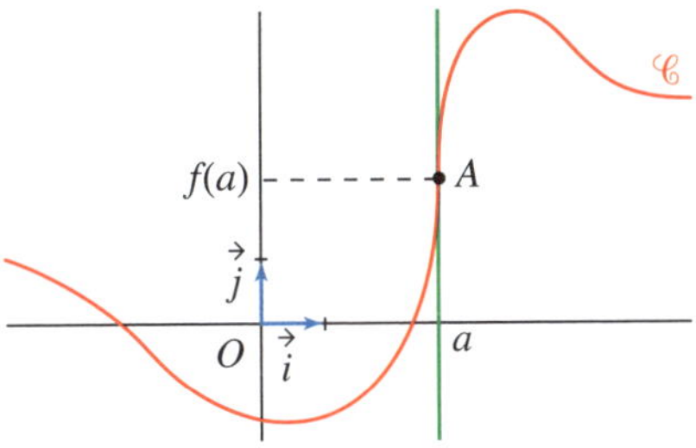

3 Dérivation sur un intervalle - Fonction dérivée

On dit que f est dérivable sur I lorsque f est dérivable en tout réel de I, et la fonction dérivée de f sur I est alors la fonction f' qui, à tout réel x de I, associe $f'(x)$ (c'est-à-dire le nombre dérivé de f en x).

A. Dérivées des fonctions usuelles

f	f'	Ensemble de définition	Ensemble de dérivabilité
$x \mapsto k\ (k \in \mathbb{R})$	$x \mapsto 0$	$\mathbb{R}$	$\mathbb{R}$
$x \mapsto x^n\ (n \in \mathbb{N}^*)$	$x \mapsto nx^{n-1}$	$\mathbb{R}$	$\mathbb{R}$
$x \mapsto \dfrac{1}{x}$	$x \mapsto -\dfrac{1}{x^2}$	$]-\infty\,;0[\,\cup\,]0\,;+\infty[$	$]-\infty\,;0[\,\cup\,]0\,;+\infty[$
$x \mapsto \sqrt{x}$	$x \mapsto \dfrac{1}{2\sqrt{x}}$	$[0\,;+\infty[$	$]0\,;+\infty[$

▶ La fonction racine carrée n'est pas dérivable en 0.

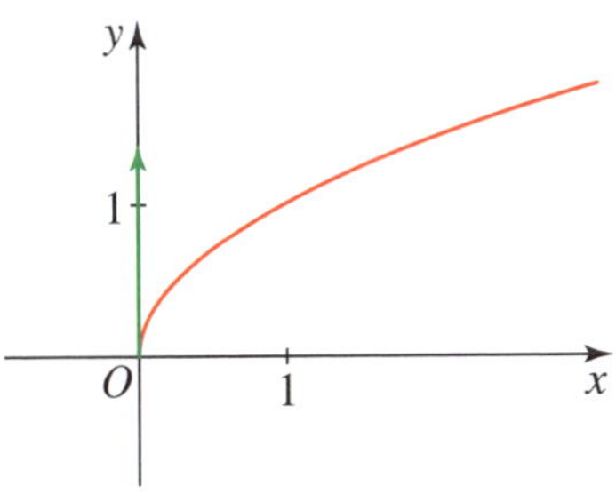

La courbe représentative de la fonction $x \mapsto \sqrt{x}$ admet une tangente verticale à l'origine O.

▶ La fonction valeur absolue n'est pas dérivable en 0.

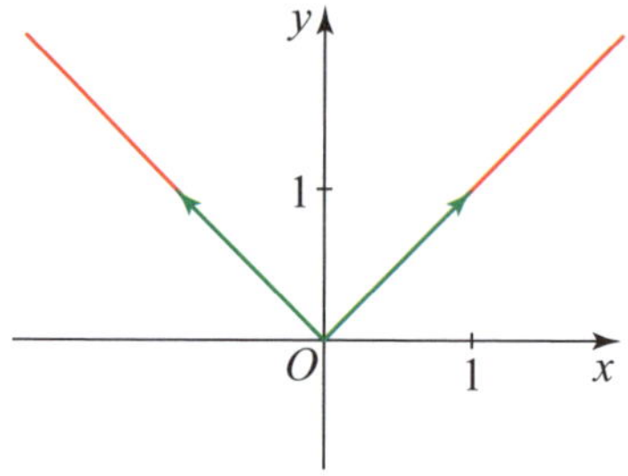

L'origine O est un point anguleux de la courbe représentative de la fonction $x \mapsto |x|$.

La courbe représentative de la fonction $x \mapsto |x|$ n'admet pas de tangente à l'origine.

B. Dérivées et opérations

▶ u et v sont des fonctions dérivables sur un intervalle I ; λ est un réel.

Formule	Conditions
$(u+v)' = u' + v'$	
$(\lambda u)' = \lambda u'$	
$(uv)' = u'v + uv'$	
$\left(\frac{1}{u}\right)' = -\frac{u'}{u^2}$	u ne s'annule pas sur I
$\left(\frac{u}{v}\right)' = \frac{u'v - uv'}{v^2}$	v ne s'annule pas sur I

▶ Si f est une fonction qui s'écrit : $x \mapsto g(ax+b)$ avec a et b des réels, et g une fonction dérivable sur $\mathbb{R}$, alors f est dérivable sur $\mathbb{R}$ et pour tout réel x :

$$f'(x) = ag'(ax+b).$$

C. Fonctions polynômes et fonctions rationnelles

▶ Toute fonction polynôme est dérivable sur $\mathbb{R}$.

▶ Toute fonction rationnelle (c'est-à-dire qui est le quotient de deux fonctions polynômes) est dérivable sur tout intervalle inclus dans son ensemble de définition.

EXERCICES

Dans tous les exercices, le plan est rapporté à un repère orthogonal $(O\ ;\ \vec{i},\ \vec{j})$.

Vrai ou faux ?

1 (corrigé p. 124)

1° Si f est dérivable en -3, alors $f'(-3)=\lim\limits_{h\to 0}\dfrac{f(-3+h)-f(-3)}{h}$.

2° La fonction $h\mapsto h+2h^3-\sqrt{h}$ a pour limite 0 en 0.

3° La fonction $x\mapsto \dfrac{1}{3}x^3+\dfrac{1}{2}x^2+x+1$ a pour dérivée $x\mapsto x^2+x+1$.

4° Les fonctions $x\mapsto (x-1)^2$ et $x\mapsto x^2-2x$ ont la même dérivée.

5° La fonction inverse est dérivable en tout réel de son ensemble de définition.

6° La fonction racine carrée est dérivable sur son ensemble de définition.

7° La fonction $x\mapsto \dfrac{1}{\sqrt{x}}$ est la dérivée de la fonction $x\mapsto 2\sqrt{x}$.

8° Si f est une fonction constante définie sur $\mathbb{R}$, alors $f'(3)=0$.

9° Soit a un nombre réel fixé. La fonction : $x\mapsto x^2-a^3$ admet pour dérivée $x\mapsto 2x-3a^2$.

10° Si la courbe représentative d'une fonction admet une tangente en un point d'abscisse a, alors la fonction est dérivable en a.

Nombre dérivé et tangente

2 ★ 2 min (corrigé p. 125)

Sur la figure ci-contre, la courbe représentative $\mathscr{C}$ d'une fonction f a été tracée, ainsi que trois de ses tangentes.
Déterminer graphiquement $f'(-3)$, $f'(0)$ et $f'(2)$.

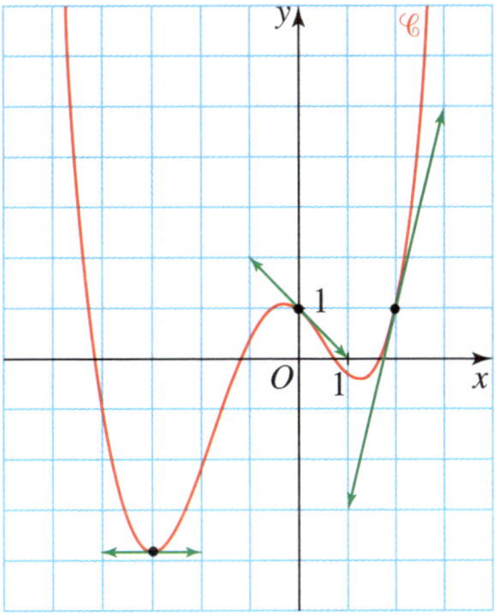

3 ★★ 10 min

(corrigé p. 125)

On considère la fonction $f : x \mapsto x^2 - 3x + 5$ et on note $\mathscr{C}$ sa courbe représentative.

1° En utilisant la définition, déterminer le nombre dérivé de f en –1.

2° Déterminer une équation de la tangente $\mathscr{T}$ à $\mathscr{C}$ au point d'abscisse –1.

4 ★★ 10 min

(corrigé p. 125)

	A	B	C	D
1	*h*	*x*	*f*(*x*)	
2	1	2	2,64575131	0,64575131
3	0,1	1,1	2,05182845	0,51828453
4	0,01	1,01	2,0050187	0,50187032
5	0,001	1,001	2,00050019	0,50018745
6	0,0001	1,0001	2,00005	0,50001875
7	0,00001	1,00001	2,000005	0,50000188
8	0,000001	1,000001	2,0000005	0,50000019
9	0,0000001	1,0000001	2,00000005	0,50000002
10	0,00000001	1,00000001	2,00000001	0,5
11				

On considère la copie d'écran ci-dessus, où a été tabulée la fonction f :

$$x \mapsto \sqrt{x^2 + 3}.$$

Dans la cellule **D2** a été entrée la formule :

=(C2–2)/A2

puis la poignée de recopie rapide a été tirée vers le bas à partir de la cellule **D2**.
Quelle conjecture est-on amené à formuler ?

5 ★★ 10 min

(corrigé p. 126)

On appelle f la fonction : $x \mapsto x^3 - 7x^2 + 3x - 2$.

1° Pour tout réel h, calculer $f(2+h) - f(2)$.

2° Montrer que f est dérivable en 2. Que vaut $f'(2)$?

6 ★★ 10 min

(corrigé p. 126)

1° Démontrer que la fonction $f : x \mapsto x\sqrt{x}$ est dérivable en 0 et préciser $f'(0)$.
Justifier que f est dérivable sur $[0 ; +\infty[$.

2° Soient u et v des fonctions définies sur un intervalle I.
Est-il nécessaire que u et v soient dérivables sur I pour que la fonction $u \times v$ soit dérivable sur I ?

7 ★★ 20 min

(corrigé p. 127)

Soit f la fonction : $x \mapsto x^2 + 4x - 7$.

1° Montrer en utilisant la définition du nombre dérivé que f est dérivable en 1 et préciser $f'(1)$.

2° Soit $\mathscr{C}_f$ la courbe représentative de f ; donner une équation de la tangente $\mathscr{T}$ à $\mathscr{C}_f$ au point A d'abscisse 1.

3° Tracer $\mathscr{T}$ et $\mathscr{C}_f$.

8 ★★ 20 min (corrigé p. 127)

Soit f la fonction : $x \mapsto \sqrt{x+2}$.

1° Montrer en utilisant la définition du nombre dérivé que f est dérivable en –1, et déterminer $f'(-1)$.

2° Donner une équation de la tangente $\mathcal{T}$ au point A d'abscisse –1 à la courbe $\mathcal{C}_f$ représentative de f.

3° Tracer $\mathcal{T}$ et $\mathcal{C}_f$.

9 ★★ 15 min (corrigé p. 128)

Démontrer que les courbes représentatives des fonctions $f : x \mapsto -x^2$ et $g : x \mapsto x^2 + 8x + 8$ ont la même tangente au point d'abscisse –2.

10 ★★ 15 min (corrigé p. 128)

On considère la courbe $\mathcal{C}$ d'équation : $y = x^3 - 3x^2 + 1$.
Déterminer les points de $\mathcal{C}$ en lesquels :

1° la tangente est parallèle à la droite des abscisses ;

2° la tangente est parallèle à la droite $\mathcal{D}$ d'équation $y = 9x - 7$.

11 ★★★ 20 min (corrigé p. 129)

Le plan est muni d'un repère orthonormal $(O ; \vec{i}, \vec{j})$.
On appelle P et P' les paraboles d'équations respectives :

$$y = x^2 \quad \text{et} \quad y = -\frac{1}{3}x^2 + 1.$$

1° Démontrer que P et P' ont exactement deux points en commun dont on déterminera les coordonnées. On appellera A celui d'abscisse négative et B celui d'abscisse positive.

2° Soient d et d' les tangentes respectives à P et P' en A.
a. Déterminer les coefficients directeurs de d et d'.
b. En déduire que d et d' sont perpendiculaires.

3° Soient Δ et Δ' les tangentes respectives à P et P' en B ; montrer que Δ et Δ' sont perpendiculaires.

4° Tracer P, P' d, d', Δ et Δ' sur un même graphique.

Calculs de dérivées

12 ★★ 20 min (corrigé p. 130)

Préciser l'ensemble de dérivabilité de la fonction f proposée et calculer $f'(x)$ pour tout x de cet ensemble.

1° $f : x \mapsto 3x^2 - 2$. **2°** $f : x \mapsto \sqrt{3} - \frac{1}{3}$.

EXERCICES

3° $f : x \mapsto 1 - 5x^2 + x^5$.

4° $f : x \mapsto (x-3)^2$.

5° $f : x \mapsto \dfrac{1}{x} + x$.

6° $f : x \mapsto \dfrac{x^3 - 1}{x}$.

7° $f : x \mapsto \dfrac{1}{x^2}$.

8° $f : x \mapsto \dfrac{1}{\sqrt{x}}$.

9° $f : x \mapsto \dfrac{1}{x^2 - 6x + 10}$.

10° $f : x \mapsto \dfrac{x^3 - 1}{x^2 + 1}$.

11° $f : x \mapsto (-6x + 5)^{14}$.

12° $f : x \mapsto (2x+1)^{2025}$.

13 ★★ 10 min

(corrigé p. 132)

Calculer le nombre dérivé en a de la fonction f proposée.

1° $f : x \mapsto 3\sqrt{x} - \dfrac{2}{x}$, $\quad a = 1$.

2° $f : x \mapsto \left(x^3 - 3\right)\left(x^2 + x + 1\right)$, $\quad a = -1$.

3° $f : x \mapsto x^2\sqrt{x}$, $\quad a = 4$.

4° $f : x \mapsto \dfrac{2x - 1}{3x - 2}$, $\quad a = 0$.

14 ★★ 10 min

(corrigé p. 133)

Soit g une fonction dérivable sur $\mathbb{R}$.
Déterminer la dérivée de la fonction f proposée et préciser $f'(0)$.

1° $f : x \mapsto g(x) - x^3$.

2° $f : x \mapsto xg(x)$.

3° $f : x \mapsto \left(g(x)\right)^2$.

4° $f : x \mapsto \left(x^3 - x\right)g(x)$.

5° $f : x \mapsto \dfrac{g(x)}{x^2 + 1}$.

15 ★★ 10 min

(corrigé p. 133)

Que fait le programme suivant ?

```
from lycee import *
print("Entrer les coefficients du polynôme \
dans l'ordre des puissances croissantes, \
en les séparant par des virgules.")
P=liste_demande('Coefficients :')
print(P)
for k in range(len(P)):
    P[k]=k*P[k]
P.pop(0)
print(P)
```

CONTRÔLE CONTINU

Exercice n° 1 20 min (7 points) (corrigé p. 134)

On considère la fonction $f : x \mapsto x^2 + 5x - 1$ et on note $\mathscr{C}$ sa courbe représentative.

1° En utilisant la définition, déterminer le nombre dérivé de f en 1.

2° Déterminer une équation de la tangente $\mathscr{T}$ à $\mathscr{C}$ au point d'abscisse 1.

Exercice n° 2 20 min (5,5 points) (corrigé p. 134)

On considère la courbe $\mathscr{C}$ d'équation : $y = 2\sqrt{x} - x$.
Déterminer le point de $\mathscr{C}$ en lequel la tangente a pour ordonnée à l'origine 2.

Exercice n° 3 20 min (7,5 points) (corrigé p. 134)

Préciser l'ensemble de dérivabilité de la fonction f proposée et calculer $f'(x)$ pour tout x de cet ensemble.

1° $f : x \mapsto 3x^2 - 5x + 2$.

2° $f : x \mapsto \dfrac{1}{x^3}$.

3° $f : x \mapsto (2x+3)(3x-5)$.

4° $f : x \mapsto \dfrac{2x+7}{x-2}$.

5° $f : x \mapsto (3x+7)^5$.

CORRIGÉS

1 1° Si f est dérivable en -3, alors $f'(-3)=\lim\limits_{h\to 0}\dfrac{f(-3+h)-f(-3)}{h}$.

Vrai. Car si f est dérivable en -3, alors elle admet un nombre dérivé en -3, noté $f'(-3)$, et $f'(-3)$ est la limite du taux d'accroissement de f entre -3 et $-3+h$ quand h tend vers 0.

2° La fonction $h\mapsto h+2h^3-\sqrt{h}$ a pour limite 0 en 0.

Vrai. En effet, chacune des fonctions $h\mapsto h$, $h\mapsto h^3$, $h\mapsto\sqrt{h}$ a pour limite 0 en 0, la valeur qu'elle prend en 0.

3° La fonction $x\mapsto\dfrac{1}{3}x^3+\dfrac{1}{2}x^2+x+1$ a pour dérivée $x\mapsto x^2+x+1$.

Vrai. En notant f la fonction polynôme $x\mapsto\dfrac{1}{3}x^3+\dfrac{1}{2}x^2+x+1$, dérivable sur $\mathbb{R}$, on a, pour tout réel x :

$$f'(x)=\frac{1}{3}\times 3x^2+\frac{1}{2}\times 2x+1=x^2+x+1.$$

4° Les fonctions $x\mapsto(x-1)^2$ et $x\mapsto x^2-2x$ ont la même dérivée.

Vrai. On peut écrire, pour tout réel x :

$$(x-1)^2=x^2-2x+1.$$

Les fonctions $x\mapsto(x-1)^2$ et $x\mapsto x^2-2x$ ont toutes deux pour dérivée la fonction $x\mapsto 2x-2$.

On dit que les fonctions $x\mapsto(x-1)^2$ et $x\mapsto x^2-2x$ diffèrent d'une constante.

5° La fonction inverse est dérivable en tout réel de son ensemble de définition.

Vrai. C'est un résultat du cours.

La fonction $x\mapsto x$ est dérivable et ne s'annule pas sur chacun des intervalles $]-\infty\,;0[$, $]0\,;+\infty[$ donc la fonction $x\mapsto\dfrac{1}{x}$ est dérivable sur $]-\infty\,;0[$ et sur $]0\,;+\infty[$, autrement dit la fonction inverse est dérivable en tout réel de son ensemble de définition $\mathbb{R}^*$.

6° La fonction racine carrée est dérivable sur son ensemble de définition.

Faux.

En effet, d'après le cours, la fonction racine carrée :

- a pour ensemble de définition $[0\,;+\infty[$,
- est dérivable sur $]0\,;+\infty[$, non dérivable en 0.

Montrons que $x\mapsto\sqrt{x}$ n'est pas dérivable en 0.

On a, pour tout réel h strictement positif :

$$\frac{\sqrt{0+h}-\sqrt{0}}{h}=\frac{\sqrt{h}}{h}=\frac{1}{\sqrt{h}},$$

et $\dfrac{1}{\sqrt{h}}$ peut être rendu aussi grand que l'on veut pourvu que le réel strictement positif h soit suffisamment proche de 0, donc le taux d'accroissement entre 0 et h n'admet pas une limite finie quand h tend vers 0.

B3 | f_x =1/RACINE(A3)

	A	B	C
1	h	$1/\sqrt{h}$	
2	1	1	
3	0,1	3,162278	
4	0,01	10,000000	
5	0,001	31,622777	
6	0,0001	100,000000	
7	0,00001	316,227766	
8	0,000001	1000,000000	
9	0,0000001	3162,277660	
10	0,00000001	10000,000000	
11			

7° La fonction $x\mapsto\dfrac{1}{\sqrt{x}}$ est la dérivée de la fonction $x\mapsto 2\sqrt{x}$.

Vrai. La fonction $x\mapsto\sqrt{x}$ admet pour dérivée $x\mapsto\dfrac{1}{2\sqrt{x}}$,

donc la fonction $x\mapsto 2\sqrt{x}$ admet pour dérivée $x\mapsto 2\times\dfrac{1}{2\sqrt{x}}$,

c'est-à-dire $x\mapsto\dfrac{1}{\sqrt{x}}$.

8° Si f est une fonction constante définie sur $\mathbb{R}$, alors $f'(3)=0$.

Vrai.

Toute fonction constante dont l'ensemble de définition est un intervalle I est dérivable sur I et admet pour dérivée la fonction nulle sur I.

9° Soit a un nombre réel fixé. La fonction : $x \mapsto x^2 - a^3$ admet pour dérivée $x \mapsto 2x - 3a^2$.

Faux. La dérivée de $x \mapsto x^2 - a^3$ est $x \mapsto 2x$.

La fonction $x \mapsto x^2 - a^3$ est la somme de la fonction carré et de la fonction constante $x \mapsto -a^3$, et cette fonction constante sur $\mathbb{R}$ admet pour dérivée la fonction nulle $x \mapsto 0$.

10° Si la courbe représentative d'une fonction admet une tangente en un point d'abscisse a, alors la fonction est dérivable en a.

Faux. Par exemple, la courbe représentative de la fonction racine carrée admet une tangente en son point d'abscisse 0, et la fonction racine carrée n'est pas dérivable en 0.

En revanche, la réciproque est vraie :
« si une fonction est dérivable en un réel a, alors sa courbe représentative admet une tangente en son point d'abscisse a », et on peut préciser que cette tangente n'est pas verticale.

2 • La tangente à $\mathscr{C}$ au point d'abscisse –3 est parallèle à la droite des abscisses, donc admet 0 pour coefficient directeur.

On en déduit :

$$\boldsymbol{f'(-3) = 0.}$$

• La tangente à $\mathscr{C}$ au point d'abscisse 0 admet –1 pour coefficient directeur, donc :

$$\boldsymbol{f'(0) = -1.}$$

La tangente passe par les points $A(-1\,;2)$, $B(1\,;0)$ et :

$$\frac{y_B - y_A}{x_B - x_A} = \frac{0-2}{1-(-1)} = \frac{-2}{2} = -1.$$

• De même, la tangente à $\mathscr{C}$ au point d'abscisse 2 admet 4 pour coefficient directeur, donc :

$$\boldsymbol{f'(2) = 4.}$$

3 $f : x \mapsto x^2 - 3x + 5.$

1° La fonction f étant une fonction polynôme, elle est définie sur $\mathbb{R}$.

Pour tout réel h non nul, on a :

$$\frac{f(-1+h)-f(-1)}{h} = \frac{(-1+h)^2 - 3(-1+h) + 5 - 9}{h} = \frac{1 - 2h + h^2 + 3 - 3h - 4}{h} = \frac{h^2 - 5h}{h} = h - 5,$$

de plus : $\lim\limits_{h \to 0} (h-5) = -5$,

donc : $\lim\limits_{h \to 0} \dfrac{f(-1+h)-f(-1)}{h} = -5.$

Cela prouve que **f est dérivable en –1 et $f'(-1) = -5$.**

2° La tangente $\mathscr{T}$ à $\mathscr{C}$ au point d'abscisse –1 admet pour équation :

$$y - f(-1) = f'(-1)(x - (-1)).$$

Or : $f'(-1) = -5$,

$f(-1) = 1 + 3 + 5 = 9$,

donc $\mathscr{T}$ **admet pour équation :**

$$y - 9 = -5(x+1),$$

ou encore : $y = \boldsymbol{-5x + 4}$.

On peut obtenir une équation de la tangente $\mathscr{T}$ sans utiliser la « formule ». Le coefficient directeur de $\mathscr{T}$ est $f'(-1)$, c'est-à-dire –5, donc une équation de $\mathscr{T}$ est du type $y = -5x + b$; de plus, le point de coordonnées $(-1\,;9)$ appartient à $\mathscr{T}$, donc : $9 = -5 \times (-1) + b$, d'où : $b = 4$.

4

	A	B	C	D
1	*h*	*x*	*f*(*x*)	
2	1	2	2,64575131	0,64575131
3	0,1	1,1	2,05182845	0,51828453
4	0,01	1,01	2,0050187	0,50187032
5	0,001	1,001	2,00050019	0,50018745
6	0,0001	1,0001	2,00005	0,50001875
7	0,00001	1,00001	2,000005	0,50000188
8	0,000001	1,000001	2,0000005	0,50000019
9	0,0000001	1,0000001	2,00000005	0,50000002
10	0,00000001	1,00000001	2,00000001	0,5
11				

$f : x \mapsto \sqrt{x^2 + 3}.$

CORRIGÉS

La formule **=(C2-2)/A2** entrée dans la cellule **D2** correspond au calcul de $\frac{f(1+h)-f(1)}{h}$ (car $f(1)=\sqrt{4}=2$), c'est-à-dire au taux d'accroissement de la fonction f entre 1 et $1+h$.

Les valeurs de la colonne **D** montrent que, lorsque h se rapproche de 0, $\frac{f(1+h)-f(1)}{h}$ est de plus en plus proche de 0,5 ; lorsque $h=10^{-8}$, la précision du tableur ne permet plus de distinguer $\frac{f(1+h)-f(1)}{h}$ de 0,5.

On est donc amené à conjecturer que f **admet un nombre dérivé en 1, égal à 0,5**.

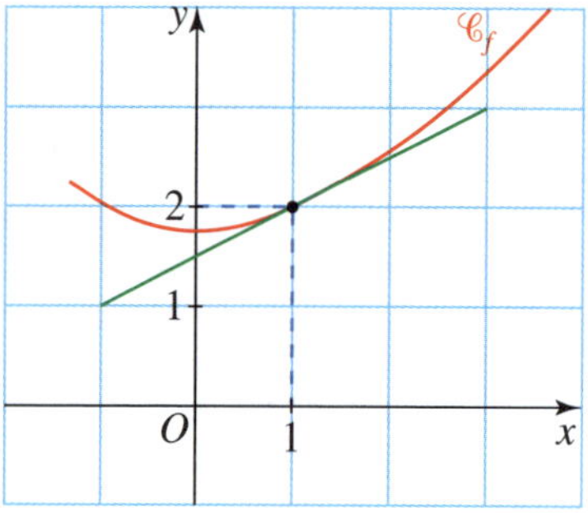

5 $f : x \mapsto x^3-7x^2+3x-2$.

La fonction f étant une fonction polynôme, elle est définie sur $\mathbb{R}$.

1° Pour tout réel h, on a :

$$f(2+h)-f(2)=(2+h)^3-7(2+h)^2 + 3(2+h)-2-(-16)$$
$$= 8 + 12h + 6h^2 + h^3 - 28 - 28h - 7h^2 + 6 + 3h + 14$$

donc :

$$\boldsymbol{f(2+h)-f(2)=-13h-h^2+h^3}.$$

$$(a+b)^3=a^3+3a^2b+3ab^2+b^3$$

2° Pour tout réel h non nul, on a :

$$\frac{f(2+h)-f(2)}{h}=-13-h+h^2,$$

et : $\lim\limits_{h\to 0}\left(-h+h^2\right)=0$

donc : $\lim\limits_{h\to 0}\frac{f(2+h)-f(2)}{h}=-13$.

Cela prouve que ***f* est dérivable en 2 et que $f'(2)$ est égal à –13.**

6 1° $f : x \mapsto x\sqrt{x}$.

• L'ensemble de définition de f est $[0\,;+\infty[$.

La fonction f est le produit de la fonction $x \mapsto x$, dérivable sur $\mathbb{R}$, et de la fonction $x \mapsto \sqrt{x}$, dérivable seulement sur $]0\,;+\infty[$.

Comme produit de deux fonctions dérivables sur $]0\,;+\infty[$, f est dérivable sur $]0\,;+\infty[$ (au moins).

Pour étudier la dérivabilité de f en 0, intéressons-nous au taux d'accroissement de f entre 0 et h.

Pour tout réel h strictement positif :

$$\frac{f(0+h)-f(0)}{h}=\frac{h\sqrt{h}}{h}=\sqrt{h},$$

et $\lim\limits_{h\to 0}\sqrt{h}=0$,

donc $\lim\limits_{h\to 0}\frac{f(0+h)-f(0)}{h}=0$,

ce qui prouve que ***f* est dérivable en 0 et $f'(0)=0$.**

• La fonction f est dérivable en 0 et sur $]0\,;+\infty[$, donc f est dérivable en tout réel de $[0\,;+\infty[$, autrement dit ***f* est dérivable sur son ensemble de définition $[0\,;+\infty[$.**

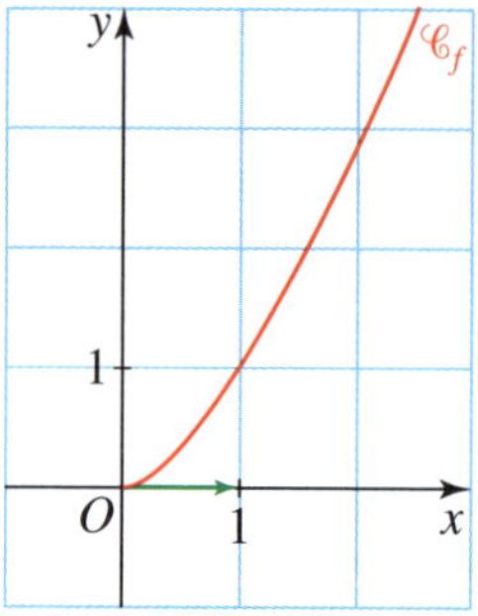

2° Notons u la fonction $x \mapsto x$, v la fonction racine carrée et I l'intervalle $[0\,;+\infty[$.

D'après la question précédente, la fonction $u \times v$ est dérivable sur I sans que la fonction v soit dérivable sur cet intervalle.

Donc **« *u* et *v* sont dérivables sur *I* » n'est pas une condition nécessaire pour que *u* × *v* soit dérivable sur *I*.**

En revanche, d'après le cours : si u et v sont dérivables sur I, alors $u \times v$ est dérivable sur I, donc « u et v sont dérivables sur I » est une condition suffisante pour que $u \times v$ soit dérivable sur I.

7 $f : x \mapsto x^2 + 4x - 7$.

1° La fonction f étant un polynôme, elle est définie sur $\mathbb{R}$.

Pour tout réel h, on a :

$$\frac{f(1+h)-f(1)}{h} = \frac{(1+h)^2+4(1+h)-7-(-2)}{h} = \frac{1+2h+h^2+4+4h-5}{h} = \frac{h^2+6h}{h} = h+6,$$

et : $\lim_{h\to 0}(h+6) = 6$

donc : $\lim_{h\to 0}\frac{f(1+h)-f(1)}{h} = 6$.

Donc f est dérivable en 1 et le nombre dérivé de f en 1, c'est-à-dire $f'(1)$, est 6.

2° Le coefficient directeur de $\mathcal{T}$ est $f'(1)$, c'est-à-dire 6.

A est un point de $\mathcal{T}$; il a pour abscisse 1 et donc pour ordonnée $f(1)$, soit -2.

$\mathcal{T}$ admet donc une équation de la forme :

$$y = 6x + q.$$

Déterminons le réel q :

A est un point de $\mathcal{T}$, donc :

$$y_A = 6x_A + q,$$

soit : $-2 = 6 \times 1 + q$,

d'où : $q = -8$.

Donc $\mathcal{T}$ admet pour équation :

$$\mathbf{y = 6x - 8.}$$

On peut aussi utiliser le fait que $y - f(1) = f'(1)(x-1)$ est une équation de $\mathcal{T}$.

3° Pour tout réel x,

$$f(x) = (x+2)^2 - 11.$$

Donc $\mathcal{C}_f$ est la parabole déduite de celle d'équation $y = x^2$ par la translation de vecteur $-2\vec{i} - 11\vec{j}$.

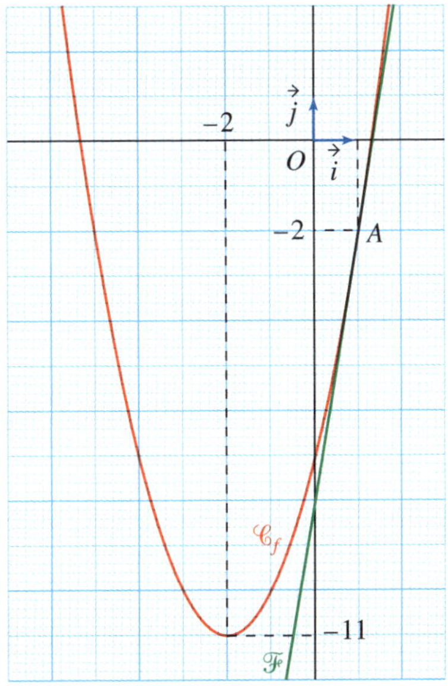

8 $f : x \mapsto \sqrt{x+2}$.

1° L'ensemble de définition de f est $[-2\,;+\infty[$.

Pour tout réel h non nul tel que :

$$-1+h \geqslant -2$$

(c'est-à-dire $h \in [-1\,;0[\,\cup\,]0\,;+\infty[$),

calculons le taux de variation $t(h)$ de f entre -1 et $-1+h$:

$$t(h) = \frac{f(-1+h)-f(-1)}{h} = \frac{\sqrt{1+h}-\sqrt{1}}{h} = \frac{\left(\sqrt{1+h}-1\right)\left(\sqrt{1+h}+1\right)}{h\left(\sqrt{1+h}+1\right)}$$

(technique de l'expression conjuguée)

$$= \frac{1+h-1}{h\left(\sqrt{1+h}+1\right)} = \frac{1}{\sqrt{1+h}+1}.$$

La limite de t en 0 est $\frac{1}{2}$, car $\sqrt{1+h}$ tend vers 1 quand h tend vers 0.

La limite, quand h tend vers 0, du taux de variation $t(h)$ de f entre -1 et $-1+h$ est $\frac{1}{2}$, ce qui signifie :

f est dérivable en -1 et $f'(-1) = \frac{1}{2}$.

CORRIGÉS

2° $\mathcal{T}$ est la droite :

• de coefficient directeur $f'(-1)$, soit $\dfrac{1}{2}$,

• qui passe par le point $A(-1\,;f(-1))$, avec $f(-1)=1$.

Donc $\mathcal{T}$ admet pour équation :

$$y-1=\frac{1}{2}[x-(-1)],$$

ou encore : $\boldsymbol{y=\dfrac{1}{2}x+\dfrac{3}{2}}$.

3° $\mathcal{C}_f$ se déduit de la demi-parabole d'équation $y=\sqrt{x}$ par la translation de vecteur $-2\vec{i}$.

$\mathcal{T} : y=\dfrac{1}{2}x+\dfrac{3}{2}$.

$\mathcal{T}$ a donc pour coefficient directeur $\dfrac{1}{2}$ et pour ordonnée à l'origine $\dfrac{3}{2}$.

$\mathcal{T}$ coupe la droite $(O\,;\vec{j})$ au point d'ordonnée $\dfrac{3}{2}$.

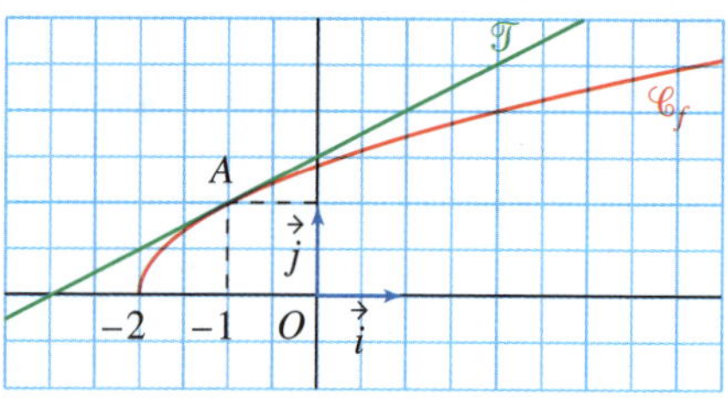

9 $f : x \mapsto -x^2$ et $g : x \mapsto x^2+8x+8$.

D'une part :

$$f(-2)=-(-2)^2=-4,$$
$$g(-2)=4-16+8=-4.$$

D'autre part, en tant que fonctions polynômes, f et g sont toutes deux dérivables sur $\mathbb{R}$, et pour tout réel x :

$$f'(x)=-2x \text{ et } g'(x)=2x+8,$$

donc :

$$f'(-2)=4,\ g'(-2)=-4+8=4.$$

On en déduit que **la droite $\mathcal{T}$ passant par le point de coordonnées $(-2\,;-4)$ et de coefficient directeur 4 est la tangente à chacune des courbes représentatives de f et g en leur point d'abscisse -2.**

La droite $\mathcal{T}$ admet pour équation :

$$y-(-4)=4(x-(-2)),$$

c'est-à-dire :

$$y+4=4(x+2),$$

ou encore, plus simplement :

$$y=4x+4.$$

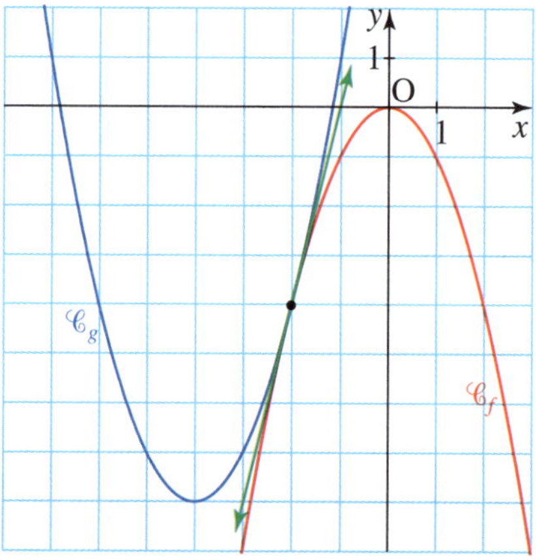

10 $\mathcal{C} : y=x^3-3x^2+1$.

$\mathcal{C}$ est la courbe représentative de la fonction polynôme $f : x \mapsto x^3-3x^2+1$, dérivable sur $\mathbb{R}$.

D'une part, on sait que, pour tout réel a, $f'(a)$ est le coefficient directeur de la tangente à $\mathcal{C}$ au point d'abscisse a.

D'autre part, pour tout réel x :

$$f'(x)=3x^2-6x=3x(x-2).$$

1° La tangente à $\mathcal{C}$ au point d'abscisse a est parallèle à la droite des abscisses si, et seulement si, son coefficient directeur $f'(a)$ est nul, or :

$$f'(a)=0 \Leftrightarrow 3a(a-2)=0$$
$$\Leftrightarrow a=0 \text{ ou } a=2.$$

De plus :

$$f(0)=1 \text{ et } f(2)=8-12+1=-3.$$

On en déduit que **les points de $\mathcal{C}$ en lesquels la tangente est parallèle à la droite des abscisses sont $A(0\,;1)$ et $B(2\,;-3)$.**

2° La tangente à $\mathcal{C}$ au point d'abscisse a est parallèle à la droite $\mathcal{D}$ d'équation $y=9x-7$ si, et seulement si, son coefficient directeur $f'(a)$ est égal à 9, or :

$$f'(a)=9 \Leftrightarrow 3a^2-6a=9$$
$$\Leftrightarrow a^2-2a-3=0.$$

L'équation du second degré $x^2-2x-3=0$ admet pour discriminant le réel Δ tel que :
$$\Delta=(-2)^2-4\times1\times(-3)=4+12=16.$$
donc les solutions de cette équation sont les réels x_1 et x_2 définis par :
$$x_1=\frac{-(-2)-\sqrt{\Delta}}{2}=\frac{2-4}{2}=-1,$$
$$x_2=\frac{-(-2)+\sqrt{\Delta}}{2}=\frac{2+4}{2}=3.$$
On pouvait aussi ne pas mettre en œuvre la méthode standard basée sur le discriminant en observant que -1 est solution de l'équation. L'autre solution α vérifie alors : $-1\times\alpha=\frac{-3}{1}$ (le produit des solutions est égal au quotient du coefficient constant par le coefficient du terme de degré 2), donc $\alpha=3$.

On peut donc écrire :
$$f'(a)=9\Leftrightarrow a=-1 \text{ ou } a=3.$$
De plus : $f(-1)=-1-3+1=-3$.
$$f(3)=27-27+1=1.$$
On en déduit que **les points de $\mathscr{C}$ en lesquels la tangente est parallèle à la droite $\mathscr{D}$ d'équation $y=9x-7$ sont $C(-1\ ;-3)$ et $D(3\ ;1)$.**

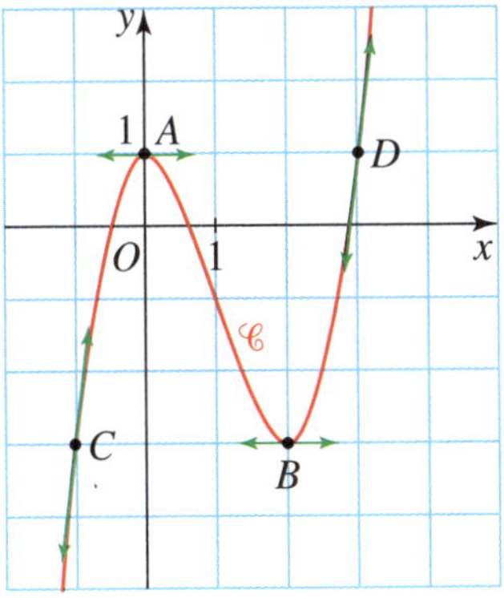

11 $P : y=x^2$ et $P' : y=-\frac{1}{3}x^2+1$.

1° Les abscisses des points d'intersection de P et P' sont les solutions de l'équation :
$$x^2=-\frac{1}{3}x^2+1,$$
qui est équivalente à : $x^2=\frac{3}{4}$.

$$x^2=-\frac{1}{3}x^2+1\Leftrightarrow\frac{4}{3}x^2=1$$
$$\Leftrightarrow x^2=\frac{3}{4}$$
$$\Leftrightarrow x=-\frac{\sqrt{3}}{2} \text{ ou } x=\frac{\sqrt{3}}{2}.$$

Donc **les points d'intersection de P et P' sont :**
$$A\left(-\frac{\sqrt{3}}{2}\ ;\ \frac{3}{4}\right) \text{ et } B\left(\frac{\sqrt{3}}{2}\ ;\ \frac{3}{4}\right).$$
A et B sont symétriques par rapport à la droite des ordonnées, résultat que l'on pouvait prévoir puisque chacune des courbes P et P' admet la droite des ordonnées pour axe de symétrie.

2° a. P et P' sont les courbes représentatives respectives des fonctions :
$$f : x\mapsto x^2 \text{ et } g : x\mapsto-\frac{1}{3}x^2+1.$$
f et g étant des polynômes, elles sont dérivables sur $\mathbb{R}$.

Leurs fonctions dérivées respectives sont :
$$f' : x\mapsto 2x \text{ et } g' : x\mapsto-\frac{2}{3}x.$$
Le coefficient directeur de la tangente à P en A est $f'\left(-\frac{\sqrt{3}}{2}\right)$, soit $-\sqrt{3}$;

celui de la tangente à P' en A est $g'\left(-\frac{\sqrt{3}}{2}\right)$, soit $\frac{1}{\sqrt{3}}$.

Finalement, ***d* et *d'* ont respectivement pour coefficient directeur $-\sqrt{3}$ et $\frac{1}{\sqrt{3}}$.**

b. $-\sqrt{3}\times\frac{1}{\sqrt{3}}=-1$; le produit des coefficients directeurs de d et d' est égal à -1, ce qui prouve que d et d' sont perpendiculaires.

$\vec{i}-\sqrt{3}\vec{j}$ et $\vec{i}+\frac{1}{\sqrt{3}}\vec{j}$ sont des vecteurs directeurs respectivement de d et d' ; leur produit scalaire est :
$$1\times1-\sqrt{3}\times\frac{1}{\sqrt{3}},$$
c'est-à-dire 0.

3° De la même façon, on démontre :
$$f'\left(\frac{\sqrt{3}}{2}\right)\times g'\left(\frac{\sqrt{3}}{2}\right)=-1,$$
donc Δ et Δ' sont perpendiculaires.

CORRIGÉS

Δ et Δ' sont les images respectives de d et d' par la symétrie orthogonale d'axe la droite des ordonnées ; or, toute symétrie orthogonale conserve l'orthogonalité ; on retrouve ainsi géométriquement que Δ et Δ' sont perpendiculaires.

4°

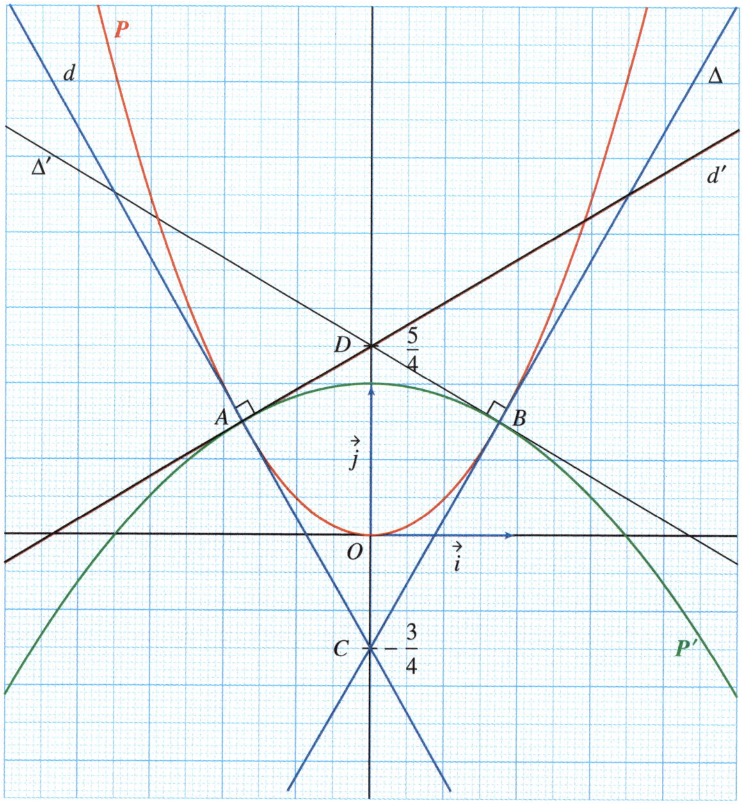

Pour tracer d, il est bon de noter que d admet pour équation $y-\frac{3}{4}=-\sqrt{3}\left(x+\frac{\sqrt{3}}{2}\right)$, ou encore $y=-\sqrt{3}x-\frac{3}{4}$.

d est donc la droite (AC), où C est le point de coordonnées $\left(0\ ;\ -\frac{3}{4}\right)$. De la même façon, on obtient que d' est la droite (AD), où D est le point de coordonnées $\left(0\ ;\ \frac{5}{4}\right)$.

On a alors également : $\Delta=(BC)$ et $\Delta'=(BD)$.

12 **1°** $f: x \mapsto 3x^2-2$.

• f est une fonction polynôme, donc **f est dérivable sur $\mathbb{R}$**.

• **Pour tout réel x,**

$$f'(x)=3\times 2x=6x.$$

• $(u+v)'=u'+v'$

• $(\lambda u)'=\lambda u'$

• la dérivée de $x\mapsto x^2$ est $x\mapsto 2x$

• la dérivée d'une fonction constante est la fonction nulle.

2° $f: x\mapsto \sqrt{3}-\frac{1}{3}$.

f est une fonction constante définie sur $\mathbb{R}$, donc **f est dérivable sur $\mathbb{R}$** et sa dérivée est la fonction nulle $x\mapsto 0$, autrement dit :

pour tout réel x, $f'(x)=0$.

3° $f: x\mapsto 1-5x^2+x^5$.

• f est une fonction polynôme, donc **f est dérivable sur $\mathbb{R}$**.

• **Pour tout réel x :**

$$f'(x) = -5 \times 2x + 5x^4,$$

$$f'(x) = -10x + 5x^4 = \mathbf{5x(x^3 - 2)}.$$

4° $f : x \mapsto (x-3)^2$.

• La fonction f est un polynôme, donc f **est dérivable sur $\mathbb{R}$.**

• **Pour tout réel x :**

$$f(x) = x^2 - 6x + 9,$$

$$f'(x) = 2x - 6 = \mathbf{2(x-3)}.$$

On pouvait aussi écrire, pour tout réel x :

$$f(x) = (x-3) \times (x-3),$$

d'où, en utilisant la formule $(uv)' = u'v + uv'$:

$$f'(x) = 1 \times (x-3) + (x-3) \times 1 = 2(x-3).$$

5° $f : x \mapsto \dfrac{1}{x} + x$.

• La fonction f est la somme de la fonction inverse, dérivable en tout réel non nul, et de la fonction $x \mapsto x$, dérivable sur $\mathbb{R}$, donc f est dérivable sur chacun des intervalles $]-\infty\,;0[$, $]0\,;+\infty[$.

L'ensemble de dérivabilité de f est égal à son ensemble de définition $\mathbb{R}^*$.

• **Pour tout réel x non nul :**

$$f'(x) = -\frac{1}{x^2} + 1 = \mathbf{\frac{x^2 - 1}{x^2}}.$$

6° $f : x \mapsto \dfrac{x^3 - 1}{x}$.

• La fonction f est une fonction rationnelle dont l'ensemble de définition est $\mathbb{R}^*$, donc **l'ensemble de dérivabilité de f est $\mathbb{R}^*$.**

L'ensemble de dérivabilité d'une fonction rationnelle est égal à son ensemble de définition.

• **Pour tout réel x non nul :**

$$f'(x) = \frac{3x^2 \times x - (x^3 - 1) \times 1}{x^2} = \mathbf{\frac{2x^3 + 1}{x^2}}.$$

$$\left(\frac{u}{v}\right)' = \frac{u'v - uv'}{v^2}$$

On pouvait aussi mener le calcul en écrivant que, pour tout réel x non nul :

$$f(x) = x^2 - \frac{1}{x},$$

d'où : $f'(x) = 2x - \dfrac{-1}{x^2} = 2x + \dfrac{1}{x^2}$.

7° $f : x \mapsto \dfrac{1}{x^2}$.

• La fonction f est une fonction rationnelle dont l'ensemble de définition est $\mathbb{R}^*$, donc **l'ensemble de dérivabilité de f est $\mathbb{R}^*$.**

f est dérivable sur chacun des intervalles $]-\infty\,;0[$, $]0\,;+\infty[$.

• **Pour tout réel x non nul :**

$$f'(x) = -\frac{2x}{(x^2)^2} = -\frac{2x}{x^4} = -\mathbf{\frac{2}{x^3}}.$$

$$\left(\frac{1}{u}\right)' = -\frac{u'}{u^2}.$$

8° $f : x \mapsto \dfrac{1}{\sqrt{x}}$.

• La fonction f a pour ensemble de définition $]0\,;+\infty[$. De plus, f est l'inverse de la fonction racine carrée, dérivable et ne s'annulant pas sur $]0\,;+\infty[$, donc **l'ensemble de dérivabilité de f est $]0\,;+\infty[$.**

• **Pour tout réel x strictement positif :**

$$f'(x) = -\frac{\frac{1}{2\sqrt{x}}}{(\sqrt{x})^2} = -\frac{1}{2\sqrt{x}} \times \frac{1}{x} = -\mathbf{\frac{1}{2x\sqrt{x}}}.$$

$$\left(\frac{1}{u}\right)' = -\frac{u'}{u^2}$$

La dérivée de $x \mapsto \sqrt{x}$ est $x \mapsto \dfrac{1}{2\sqrt{x}}$.

9° $f : x \mapsto \dfrac{1}{x^2 - 6x + 10}$.

• Le polynôme du second degré :

$$x \mapsto x^2 - 6x + 10$$

admet pour discriminant le réel Δ défini par :

$$\Delta = (-6)^2 - 4 \times 10 = 36 - 40 = -4.$$

$\Delta < 0$, donc le polynôme ne s'annule pas sur $\mathbb{R}$.

On pouvait aussi écrire que, pour tout réel x :

$$x^2 - 6x + 10 = (x-3)^2 + 1,$$

ce qui prouve : $x^2 - 6x + 10 > 0$.

Comme inverse du polynôme :

$$x \mapsto x^2 - 6x + 10,$$

dérivable et ne s'annulant pas sur $\mathbb{R}$, **la fonction f est dérivable sur $\mathbb{R}$.**

CORRIGÉS

• **Pour tout réel x :**

$$f'(x) = -\frac{2x-6}{\left(x^2-6x+10\right)^2}$$
$$= \frac{\mathbf{2(3-x)}}{\left(\mathbf{x^2-6x+10}\right)^2}.$$

10° $f : x \mapsto \dfrac{x^3-1}{x^2+1}$.

• La fonction rationnelle f est définie sur $\mathbb{R}$, donc **f est dérivable sur $\mathbb{R}$**.

Pour tout réel x :
$$x^2+1>0,$$
donc : $$x^2+1 \neq 0.$$

• **Pour tout réel x :**

$$f'(x) = \frac{3x^2 \times \left(x^2+1\right) - \left(x^3-1\right) \times 2x}{\left(x^2+1\right)^2}$$
$$= \frac{3x^4+3x^2-2x^4+2x}{\left(x^2+1\right)^2},$$
$$f'(x) = \frac{x^4+3x^2+2x}{\left(x^2+1\right)^2} = \frac{\mathbf{x\left(x^3+3x+2\right)}}{\left(\mathbf{x^2+1}\right)^2}.$$

11° $f : x \mapsto (-6x+5)^{14}$

f s'écrit : $x \mapsto g(ax+b)$ avec $a=-6$, $b=5$, et $g : x \mapsto x^{14}$ fonction dérivable sur $\mathbb{R}$, donc f est dérivable sur $\mathbb{R}$ et pour tout réel x :

$$f'(x) = -6 \times 14(-6x+5)^{13}$$
$$= \mathbf{-84(-6x+5)^{13}}.$$

12° $f : x \mapsto (2x+1)^{2025}$

f s'écrit : $x \mapsto g(ax+b)$ avec $a=2$, $b=1$, et $g : x \mapsto x^{2025}$ fonction dérivable sur $\mathbb{R}$, donc f est dérivable sur $\mathbb{R}$ et pour tout réel x :

$$f'(x) = 2 \times 2025(2x+1)^{2024}$$
$$= \mathbf{4050(2x+1)^{2024}}.$$

13 **1°** $f : x \mapsto 3\sqrt{x} - \dfrac{2}{x}$, $a=1$.

La fonction f a pour ensemble de définition $]0\,;+\infty[$, et f est dérivable sur cet intervalle car $x \mapsto \sqrt{x}$ et $x \mapsto \dfrac{1}{x}$ sont toutes deux dérivables sur $]0\,;+\infty[$.

Pour tout réel x strictement positif :

$$f'(x) = 3 \times \frac{1}{2\sqrt{x}} - 2 \times \frac{-1}{x^2} = \frac{3}{2\sqrt{x}} + \frac{2}{x^2},$$

donc : $$f'(1) = \frac{3}{2} + 2 = \frac{\mathbf{7}}{\mathbf{2}}.$$

2° $f : x \mapsto \left(x^3-3\right)\left(x^2+x+1\right)$, $a=-1$.

La fonction f est le produit de deux polynômes, donc f est un polynôme et est dérivable sur $\mathbb{R}$.

Pour tout réel x :

$$f'(x) = 3x^2 \times \left(x^2+x+1\right) + \left(x^3-3\right) \times (2x+1),$$

donc :

$$f'(-1) = 3 \times 1 + (-4) \times (-1) = \mathbf{7}.$$

En développant le produit définissant $f(x)$, on obtient, pour tout réel x :

$$f(x) = x^3\left(x^2+x+1\right) - 3\left(x^2+x+1\right)$$
$$= x^5+x^4+x^3-3x^2-3x-3,$$

d'où : $f'(x) = 5x^4+4x^3+3x^2-6x-3$,

et : $f'(-1) = 5-4+3+6-3 = 7$.

3° $f : x \mapsto x^2\sqrt{x}$, $a=4$.

La fonction f est le produit de la fonction carré, dérivable sur $\mathbb{R}$, par la fonction racine carrée, dérivable sur $]0\,;+\infty[$, donc f est dérivable sur $]0\,;+\infty[$.

Pour tout réel x strictement positif :

$$f'(x) = 2x \times \sqrt{x} + x^2 \times \frac{1}{2\sqrt{x}}$$
$$= 2x\sqrt{x} + \frac{x^2}{2\sqrt{x}},$$

donc : $$f'(4) = 2 \times 4 \times 2 + \frac{16}{2 \times 2} = \mathbf{20}.$$

La fonction f a pour ensemble de définition $[0\,;+\infty[$ et, avec les théorèmes généraux, on a démontré que f est dérivable sur l'intervalle $]0\,;+\infty[$.

On peut prouver que f est aussi dérivable en 0 et que $f'(0)=0$; en effet, pour tout réel h strictement positif :

$$\frac{f(0+h)-f(0)}{h} = \frac{h^2\sqrt{h}}{h} = h\sqrt{h},$$

or : $\lim\limits_{h \to 0} h\sqrt{h} = 0 \times \sqrt{0} = 0,$

donc : $\lim\limits_{h \to 0} \dfrac{f(0+h)-f(0)}{h} = 0.$

4° $f : x \mapsto \dfrac{2x-1}{3x-2}$, $a=0$.

La fonction homographique f a pour ensemble de définition $\mathbb{R} \setminus \left\{\dfrac{2}{3}\right\}$, donc f est dérivable sur chacun des intervalles $\left]-\infty\,;\dfrac{2}{3}\right[$ et $\left]\dfrac{2}{3}\,;+\infty\right[$.

Toute fonction homographique est le quotient de deux fonctions affines. Toute fonction affine étant un polynôme, une fonction homographique est aussi une fonction rationnelle.

Pour tout réel x distinct de $\frac{2}{3}$:

$$f'(x)=\frac{2\times(3x-2)-(2x-1)\times 3}{(3x-2)^2}=\frac{6x-4-6x+3}{(3x-2)^2}=\frac{-1}{(3x-2)^2},$$

donc : $\boldsymbol{f'(0)}=\frac{-1}{(-2)^2}=\boldsymbol{\frac{-1}{4}}$.

14 g est une fonction dérivable sur $\mathbb{R}$.

1° $f : x \mapsto g(x)-x^3$.

• Comme différence des fonctions g et $x \mapsto x^3$, toutes deux dérivables sur $\mathbb{R}$, f est dérivable sur $\mathbb{R}$.

• **Pour tout réel x :**

$$\boldsymbol{f'(x)=g'(x)-3x^2},$$

donc : $\boldsymbol{f'(0)=g'(0)}$.

2° $f : x \mapsto xg(x)$.

• Comme produit des fonctions g et $x \mapsto x$, toutes deux dérivables sur $\mathbb{R}$, f est dérivable sur $\mathbb{R}$.

• **Pour tout réel x :**

$$\boldsymbol{f'(x)}=1\times g(x)+x\times g'(x)=\boldsymbol{g(x)+xg'(x)},$$

donc : $\boldsymbol{f'(0)=g(0)}$.

Ici, il était possible de déterminer $f'(0)$ sans calculer au préalable $f'(x)$ pour tout réel x. En effet, pour tout réel h non nul :

$$\frac{f(0+h)-f(0)}{h}=\frac{hg(h)}{h}=g(h),$$

or : $\lim\limits_{h\to 0} g(h)=g(0)$,

donc : $\lim\limits_{h\to 0}\frac{f(0+h)-f(0)}{h}=g(0)$.

3° $f : x \mapsto (g(x))^2$.

• La fonction f est le produit de la fonction g par elle-même. Or, g est dérivable sur $\mathbb{R}$, donc f est dérivable sur $\mathbb{R}$.

• **Pour tout réel x :**

$$f(x)=g(x)\times g(x),$$

$$\boldsymbol{f'(x)}=g'(x)\times g(x)+g(x)\times g'(x)=\boldsymbol{2g'(x)g(x)},$$

donc : $\boldsymbol{f'(0)=2g'(0)g(0)}$.

4° $f : x \mapsto (x^3-x)g(x)$.

• Comme produit des fonctions g et $x \mapsto x^3-x$, toutes deux dérivables sur $\mathbb{R}$, f est dérivable sur $\mathbb{R}$.

• **Pour tout réel x :**

$$\boldsymbol{f'(x)=(3x^2-1)\times g(x)+(x^3-x)\times g'(x)},$$

donc : $\boldsymbol{f'(0)=-g(0)}$.

5° $f : x \mapsto \frac{g(x)}{x^2+1}$.

• La fonction f est le quotient de la fonction g, dérivable sur $\mathbb{R}$, par la fonction $x \mapsto x^2+1$, dérivable et ne s'annulant pas sur $\mathbb{R}$, donc f est dérivable sur $\mathbb{R}$.

• **Pour tout réel x :**

$$\boldsymbol{f'(x)}=\frac{g'(x)\times(x^2+1)-g(x)\times 2x}{(x^2+1)^2}=\boldsymbol{\frac{(x^2+1)g'(x)-2xg(x)}{(x^2+1)^2}},$$

donc : $\boldsymbol{f'(0)=g'(0)}$.

15 Choisissons d'exécuter le programme en prenant par exemple le polynôme f : $x \mapsto a+bx+cx^2+dx^3+ex^4$, où a, b, c, d, e sont des réels quelconques. À la ligne **5**, la variable `P` prend la valeur `[a, b, c, d, e]`.

À l'issue de la boucle `for`, `P` a pour valeur `[0, b, 2c, 3d, 4e]`.

Enfin, l'instruction `P.pop(0)` supprime la première composante de `P`, de telle sorte que la dernière instruction provoque l'affichage dans la console de la liste `[b, 2c, 3d, 4e]`, associée au polynôme $x \mapsto b+2cx+3dx^2+4ex^3$, et l'on reconnaît en ce polynôme la dérivée f' de f.

`L.pop(i)` supprime la composante d'indice i d'une liste L.

Plus généralement, **après que l'utilisateur a entré les coefficients dans l'ordre des puissances croissantes d'un polynôme f, le programme affiche la liste**

CORRIGÉS

des coefficients dans l'ordre des puissances croissantes du polynôme f'.

CONTRÔLE CONTINU

Exercice n° 1

$f : x \mapsto x^2 + 5x - 1.$

1° On a, pour tout réel h non nul :

$$\frac{f(1+h)-f(1)}{h} = \frac{(1+h)^2+5(1+h)-1-5}{h} = \frac{1+2h+h^2+5+5h-6}{h},$$

$$\frac{f(1+h)-f(1)}{h} = \frac{h^2+7h}{h} = h+7,$$

or : $\lim_{h\to 0}(h+7) = 7$,

donc $\lim_{h\to 0}\frac{f(1+h)-f(1)}{h} = 7$,

ce qui prouve que f est dérivable en 1 et **$f'(1) = 7$.**

Noter que, f étant une fonction polynôme, on savait dès le départ que f était dérivable en tout réel, et en particulier en 1.

2° **La tangente $\mathcal{T}$ à $\mathcal{C}$ au point d'abscisse 1 admet pour équation :**

$$y - f(1) = f'(1)(x-1),$$

c'est-à-dire : $y - 5 = 7(x-1)$,

ou encore : $\boldsymbol{y = 7x - 2}$.

$y - f(a) = f'(a)(x-a)$

Exercice n° 2

$\mathcal{C} : y = 2\sqrt{x} - x$.

$\mathcal{C}$ est la courbe représentative de la fonction $f : x \mapsto 2\sqrt{x} - x$, définie sur $[0 ; +\infty[$ et dérivable sur $]0 ; +\infty[$.

On démontrerait facilement que f n'est pas dérivable en 0, car :

$$\lim_{h\to 0}\frac{f(0+h)-f(0)}{h} = +\infty.$$

Comme de plus $f(0) = 0$, on sait qu'alors la droite d'équation $x = 0$, c'est-à-dire l'axe des ordonnées, est la tangente à $\mathcal{C}$ en l'origine O.

On a, pour tout réel x strictement positif :

$$f'(x) = 2 \times \frac{1}{2\sqrt{x}} - 1 = \frac{1}{\sqrt{x}} - 1.$$

Soit a un réel strictement positif. La tangente à $\mathcal{C}$ au point d'abscisse a admet pour équation :

$$y - f(a) = f'(a)(x-a),$$

c'est-à-dire :

$$y - 2\sqrt{a} + a = \left(\frac{1}{\sqrt{a}} - 1\right)(x-a),$$

soit :

$$y = \left(\frac{1}{\sqrt{a}} - 1\right)x - \frac{a}{\sqrt{a}} + a + 2\sqrt{a} - a,$$

$\frac{a}{\sqrt{a}} = \sqrt{a}$

ou encore : $y = \left(\frac{1}{\sqrt{a}} - 1\right)x + \sqrt{a}$.

On en déduit que la tangente à $\mathcal{C}$ au point d'abscisse a admet 2 pour ordonnée à l'origine si, et seulement si, $\sqrt{a} = 2$, c'est-à-dire si, et seulement si, $a = 4$.

De plus : $f(4) = 2\sqrt{4} - 4 = 0$, donc **le point de $\mathcal{C}$ en lequel la tangente a pour ordonnée à l'origine 2 est $A(4 ; 0)$.**

La tangente à $\mathcal{C}$ en $A(4 ; 0)$ admet pour équation $y = -\frac{1}{2}x + 2$.

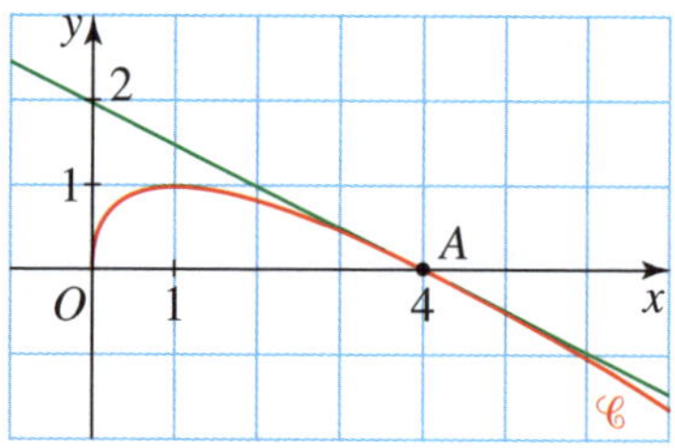

Exercice n° 3

1° $f : x \mapsto 3x^2 - 5x + 2$.

• La fonction f est une fonction polynôme, donc **f est dérivable sur $\mathbb{R}$.**

• **Pour tout réel x :**

$$f'(x) = 3 \times 2x - 5 = \boldsymbol{6x - 5}.$$

2° $f : x \mapsto \frac{1}{x^3}$.

• La fonction f est une fonction rationnelle dont l'ensemble de définition est $\mathbb{R}^*$, donc **l'ensemble de dérivabilité de f est $\mathbb{R}^*$**

$\left(\frac{1}{u}\right)' = \frac{-u'}{u^2}$

• **Pour tout réel x non nul :**

$$f'(x) = -\frac{3x^2}{\left(x^3\right)^2} = -\frac{3x^2}{x^6} = -\frac{\mathbf{3}}{\mathbf{x^4}}.$$

3° $f : x \mapsto (2x+3)(3x-5)$.

• La fonction f est le produit de deux fonctions affines, donc f est un polynôme, ce qui prouve que f est dérivable sur $\mathbb{R}$.

$(uv)' = u'v - uv'$

• **Pour tout réel x** :

$$\begin{aligned} f'(x) &= 2\times(3x-5)+(2x+3)\times 3 \\ &= 6x-10+6x+9 \\ &= \mathbf{12x-1}. \end{aligned}$$

On pouvait aussi commencer par développer $f(x)$:

$$f(x) = 6x^2 - 10x + 9x - 15 = 6x^2 - x - 15,$$

on obtient alors :

$$f'(x) = 6\times 2x - 1 = 12x - 1.$$

4° $f : x \mapsto \dfrac{2x+7}{x-2}$.

• f est une fonction rationnelle, donc **l'ensemble de dérivabilité de f est son ensemble de définition $\mathbb{R}\backslash\{2\}$**.

$$\left(\frac{u}{v}\right)' = \frac{u'v - uv'}{v^2}$$

• **Pour tout réel x distinct de 2 :**

$$\begin{aligned} f'(x) &= \frac{2\times(x-2)-(2x+7)\times 1}{(x-2)^2} \\ &= \frac{2x-4-2x-7}{(x-2)^2}, \end{aligned}$$

$$f'(x) = \frac{\mathbf{-11}}{\mathbf{(x-2)^2}}.$$

5° $f : x \mapsto (3x+7)^5$

f s'écrit : $x \mapsto g(ax+b)$ avec $a = 3$, $b = 7$, et $g : x \mapsto x^7$ fonction dérivable sur $\mathbb{R}$, donc f est dérivable sur $\mathbb{R}$ et **pour tout réel x** :

$$f'(x) = 5\times 3(3x+7)^4 = \mathbf{15(3x+7)^4}.$$

CORRIGÉS

Chapitre 6

Applications de la dérivation

Les théorèmes suivants précisent le lien entre le signe de la dérivée et le sens de variation d'une fonction sur un intervalle.

1 Théorèmes de monotonie

f désigne une fonction dérivable sur un intervalle I.

▶ Si f' est positive sur I, c'est-à-dire si : pour tout x de I, $f'(x) \geqslant 0$, alors f est croissante sur I.

▶ Si f' est négative sur I, c'est-à-dire si : pour tout x de I, $f'(x) \leqslant 0$, alors f est décroissante sur I.

▶ Si f' est nulle sur I, c'est-à-dire si : pour tout x de I, $f'(x) = 0$, alors f est constante sur I.

2 Théorèmes de stricte monotonie

f désigne une fonction dérivable sur un intervalle I.

▶ Si, pour tout x de I : $f'(x) > 0$, alors f est strictement croissante sur I.

▶ Si, pour tout x de I : $f'(x) < 0$, alors f est strictement décroissante sur I.

Plus généralement :

▶ Si f' est positive sur I et si f' ne s'annule éventuellement qu'en un nombre fini de réels de I, alors f est strictement croissante sur I.

▶ Si f' est négative sur I et si f' ne s'annule éventuellement qu'en un nombre fini de réels de I, alors f est strictement décroissante sur I.

3 Caractérisation des fonctions constantes

Une fonction dérivable sur un intervalle I est constante sur I si, et seulement si, sa dérivée est nulle sur I.

EXERCICES

Dans tous les exercices, le plan est rapporté à un repère orthogonal $\left(O ; \vec{i}, \vec{j}\right)$.

Vrai ou faux ?

1 (corrigé p. 143)

1° Soit f la fonction : $x \mapsto 2x^3 - 6x + 1$.

a. Pour tout réel x, $f'(x) = 6(x^2 - 1)$.

b. La fonction f est croissante sur $]-\infty ; -1] \cup [1 ; +\infty[$.

c. Le maximum de f sur $]-\infty ; 3]$ est 5.

d. La fonction f n'admet ni maximum, ni minimum sur $\mathbb{R}$.

2° Soit f une fonction dérivable sur $[-1 ; 1]$.

a. Si, pour tout x appartenant à $[-1 ; 1]$, $f'(x) > 0$, alors f est strictement croissante sur $[-1 ; 1]$.

b. Si f est strictement croissante sur $[-1 ; 1]$, alors, pour tout x appartenant à $[-1 ; 1]$, $f'(x) > 0$.

c. Si $f'(0) = 0$, alors f admet un extremum en 0.

d. Si f admet un extremum en 0, alors $f'(0) = 0$.

Sens de variation

2 ★ 5 min (corrigé p. 143)

Dans chacun des deux cas suivants, comparer les nombres $f(a)$ et $f(b)$ sachant que $\mathscr{C}'$ est la représentation graphique de la dérivée f' d'une fonction f, dérivable sur le segment $[a ; b]$.

1°

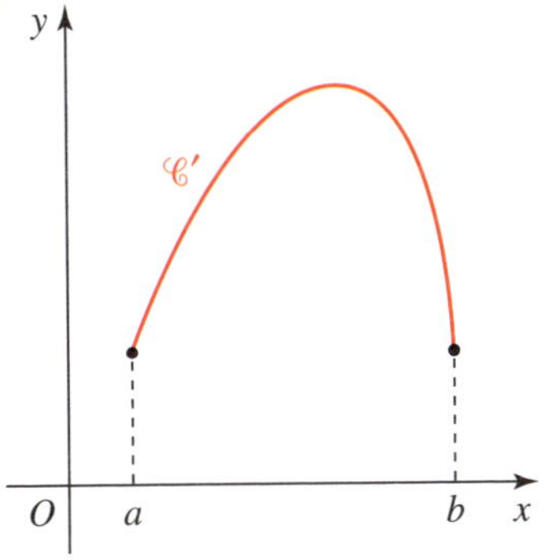

2°

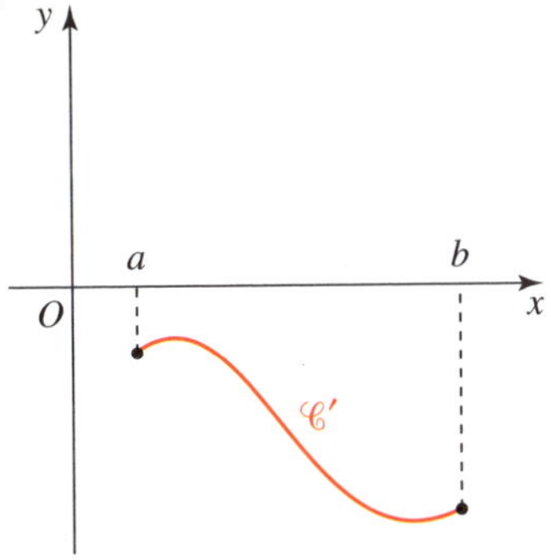

3 ★ 5 min (corrigé p. 144)

Les courbes $\mathscr{C}_1$, $\mathscr{C}_2$, $\mathscr{C}_3$ (première colonne) sont les courbes représentatives respectives de trois fonctions f_1, f_2, f_3.
Pour chacune de ces fonctions, déterminer la courbe représentative de sa fonction dérivée, à choisir parmi les courbes $\mathscr{E}$, $\mathscr{F}$, $\mathscr{G}$ de la seconde colonne.

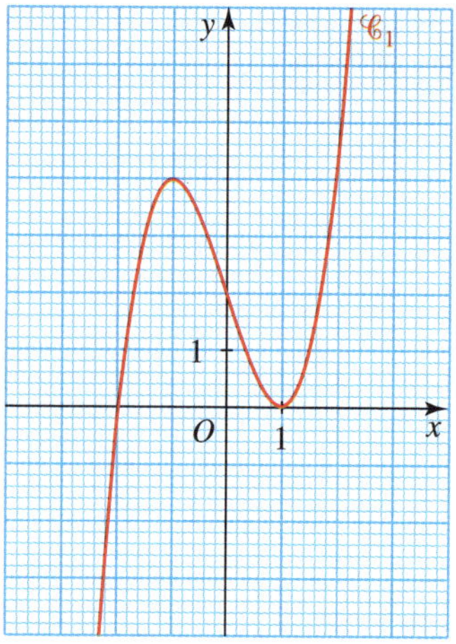
y
$\mathscr{C}_1$
1
O
1
x

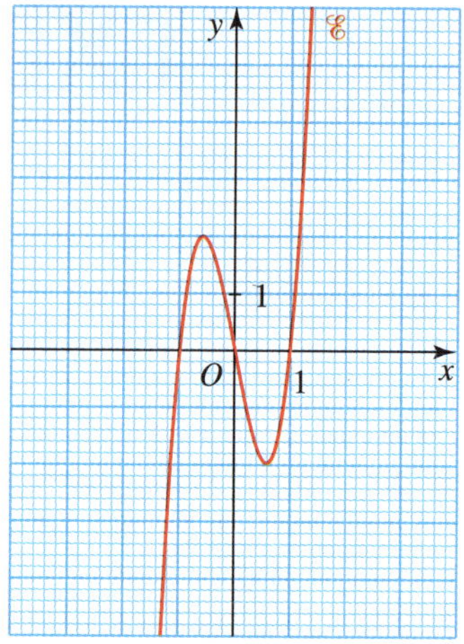
y
$\mathscr{E}$
1
O
1
x

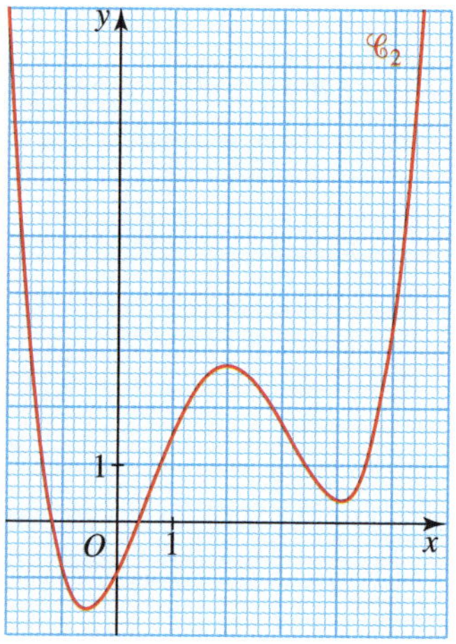
y
$\mathscr{C}_2$
1
O
1
x

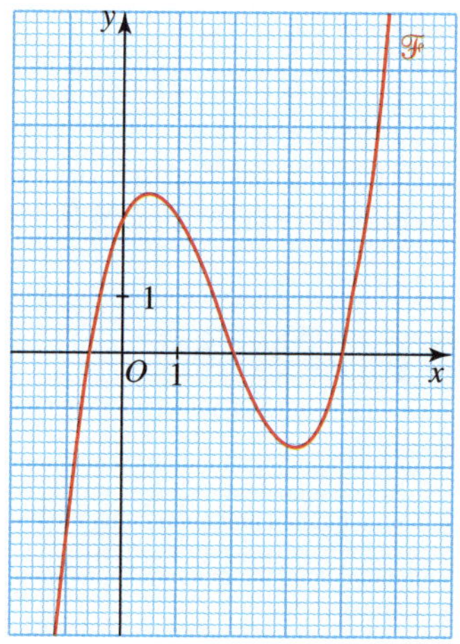
y
$\mathscr{F}$
1
O
1
x

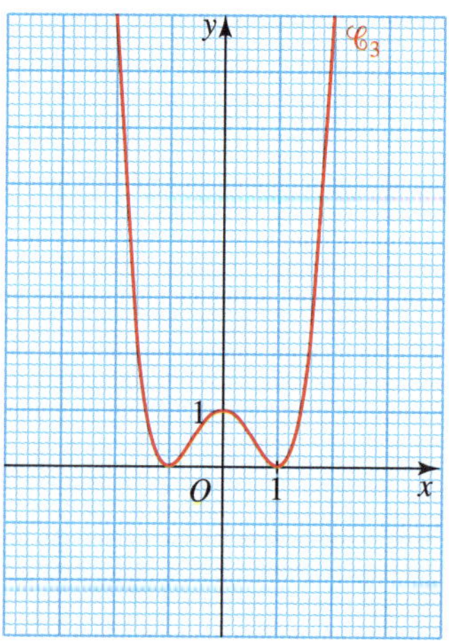
y
$\mathscr{C}_3$
1
O
1
x

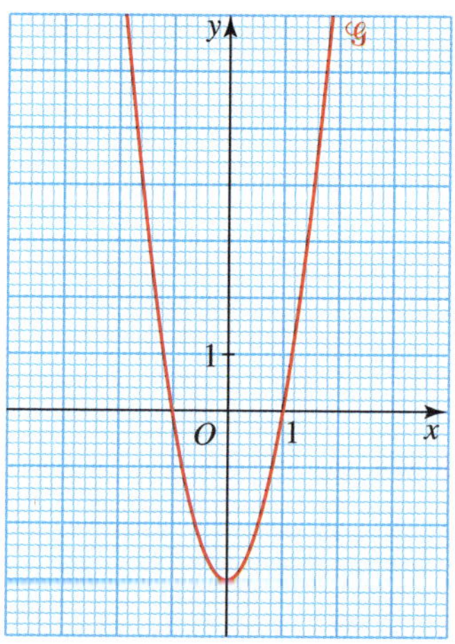
y
$\mathscr{G}$
1
O
1
x

4 ★ 20 min (corrigé p. 144)

Déterminer la dérivée de la fonction f proposée, puis étudier le sens de variation de f.

1° Fonction polynôme

a. $x \mapsto -3x^2+4x+5$.

b. $x \mapsto \frac{1}{8}x^2+x-1$.

c. $x \mapsto \frac{4}{3}x^3-10x^2+25x-20$.

2° Fonction rationnelle

a. $x \mapsto 5-\frac{3}{2x-1}$.

b. $x \mapsto \frac{2x+0{,}7}{3x+1}$.

3° Fonction irrationnelle

a. f définie sur $]0\,;+\infty[$ par $f(x)=(x-3)\sqrt{x}$.

b. $x \mapsto \frac{4}{x}+\sqrt{x}$.

5 ★★ 15 min (corrigé p. 146)

Étudier le sens de variation de la fonction f :

$$x \mapsto \frac{x^2+1}{x^2-4x+3}.$$

6 ★★ 15 min (corrigé p. 147)

Comparer les réels A et B définis par :

$$A=\frac{(5{,}012013014015016)^2+3}{3{,}012013014015016},$$

$$B=\frac{(5{,}012013014015017)^2+3}{3{,}012013014015017}.$$

7 ★★ 20 min (corrigé p. 148)

f est une fonction dérivable sur $[-3\,;5]$.
$\mathscr{C}'$ est la courbe représentative de la fonction dérivée f' de f.

1° Étudier le sens de variation de f.

2° Déterminer l'allure de la courbe représentative $\mathscr{C}$ de f sachant qu'elle passe par les points A, B, C.

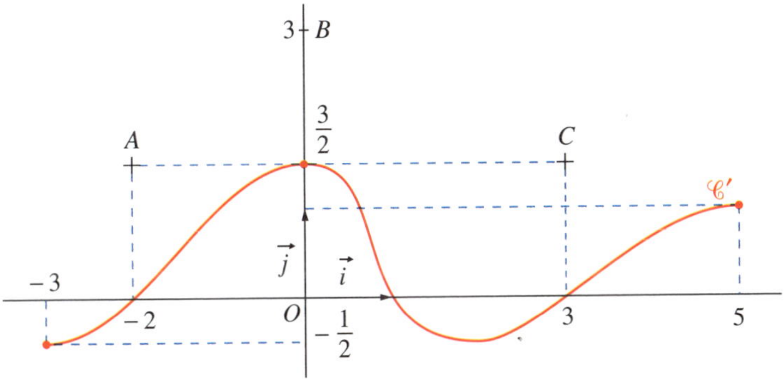

8 ★★★ 15 min

(corrigé p. 148)

L'objectif de cet exercice est de prouver que si une fonction dérivable sur $\mathbb{R}$ est égale à sa dérivée et prend la valeur 1 en 0, alors elle ne s'annule pas.
Notons f une fonction dérivable sur $\mathbb{R}$, telle que $f' = f$ et $f(0) = 1$, et notons g la fonction $x \mapsto f(x)f(-x)$.

1° Étudier le sens de variation de la fonction $g : x \mapsto f(x)f(-x)$.

2° Démontrer : pour tout réel x, $f(x)f(-x) = 1$.

3° Conclure.

Minimum, maximum, extremum

9 ★ 10 min

(corrigé p. 148)

Soit f la fonction :

$$x \mapsto x^4 - 4x + 2.$$

Démontrer que f admet un minimum sur $\mathbb{R}$; préciser la valeur de ce minimum.

10 ★★ 10 min

(corrigé p. 149)

Déterminer le maximum sur l'intervalle $[-1 ; 1]$ de la fonction f :

$$x \mapsto 2x^3 - \frac{1}{2}x^2 - 2x + 1.$$

11 ★★ 15 min

(corrigé p. 149)

Soit f la fonction :

$$x \mapsto x^3 - x^2 - x.$$

1° Dresser le tableau de variation de la fonction f.

2° Encadrer au mieux $f(x)$ lorsque x appartient à l'intervalle :

a. $[0 ; 1]$;
b. $[-1 ; 0]$;
c. $[-2 ; 2]$.

12 ★★★ 20 min

(corrigé p. 151)

Le but de l'exercice est d'obtenir un encadrement de $a^3 - 8a^2$ sachant que le réel a appartient au segment $[5,2 ; 5,3]$.

1° Donner un encadrement de a^3, puis de $-8a^2$.
En déduire un encadrement de $a^3 - 8a^2$.

2° Démontrer que la fonction $f : x \mapsto x^3 - 8x^2$ est décroissante sur $\left[0 ; \frac{16}{3}\right]$.
En déduire un nouvel encadrement de $a^3 - 8a^2$.

3° Comparer les amplitudes des deux encadrements obtenus.
Quelle est la méthode la plus efficace ?

Comparaison de fonctions

13 ★★ 15 min *(corrigé p. 152)*

On considère la fonction $f\colon x \mapsto \dfrac{1}{6}x^3 - x^2 + x + \dfrac{5}{3}$ et on note $\mathscr{C}$ sa courbe représentative.

1° Déterminer une équation de la tangente $\mathscr{T}$ à la courbe $\mathscr{C}$ en son point d'abscisse 2.

2° Soit g la fonction : $x \mapsto f(x) + x - 3$.

a. Déterminer le sens de variation de g sur $\mathbb{R}$.
Quel est le signe de la fonction g sur $\mathbb{R}$?

b. En déduire la position de la courbe $\mathscr{C}$ par rapport à la droite $\mathscr{T}$.

14 ★★ 15 min *(corrigé p. 152)*

Ci-dessous figurent des lignes de code en Python et la sortie graphique retournée après leur exécution.

```
from lycee import *
x = np.arange(0.25, 2, 0.01)
y = 1/np.sqrt(x)
repere.plot(x, y)
repere.plot(x, 1.5 - 0.5*x)
repere.show()
```

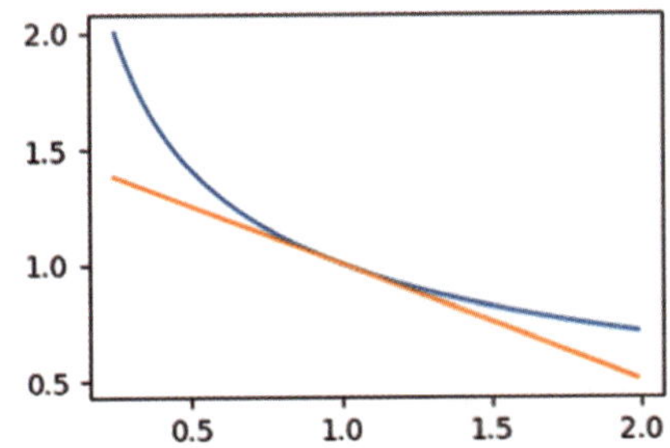

1° Quelles inégalités la sortie graphique invite-t-elle à conjecturer ?

2° Soit f la fonction : $x \mapsto \dfrac{1}{\sqrt{x}} + \dfrac{1}{2}x - \dfrac{3}{2}$.

a. Justifier que f est décroissante sur $]0\,;1]$ et croissante sur $[1\,;+\infty[$.

b. Que peut-on en déduire concernant la conjecture formulée à la question **1°** ?

15 ★★★ 20 min *(corrigé p. 153)*

Le but de l'exercice est de démontrer l'inégalité de Bernoulli :

pour tout entier naturel n non nul et pour tout réel x positif ou nul,

$$x^n - 1 \geqslant n(x-1).$$

1° a. Étudier le cas où n est égal à 1.

b. Dans cette question, l'entier n est supérieur ou égal à 2.
Déterminer le tableau de variation de la fonction $f\colon x \mapsto x^n - 1 - n(x-1)$ sur $[0\,;+\infty[$.
En déduire le signe de f sur $[0\,;+\infty[$, puis conclure.

2° Interprétation graphique

Soit n un entier naturel supérieur ou égal à 2.
On note g la fonction définie sur $[0\,;+\infty[$ par $g(x) = x^n$ et $\mathscr{C}$ sa courbe représentative.

a. Déterminer une équation de la tangente $\mathscr{T}$ à la courbe $\mathscr{C}$ en son point d'abscisse 1.

b. Interpréter alors graphiquement le résultat de la question **1° b**.

CONTRÔLE CONTINU

Exercice n° 1 10 min (5 points) (corrigé p. 154)

Étudier le sens de variation de la fonction $f : x \mapsto x - 2\sqrt{x}$ sur l'intervalle $]0 ; +\infty[$.

Exercice n° 2 15 min (5 points) (corrigé p. 154)

On pose :

$$A = 0{,}999\,998 + \frac{1}{0{,}999\,998} \quad \text{et} \quad B = 0{,}999\,999 + \frac{1}{0{,}999\,999}.$$

Comparer les nombres A et B.

Exercice n° 3 20 min (5 points) (corrigé p. 154)

Soit f la fonction : $x \mapsto \dfrac{6x^2 - 9x + 4}{x^3}$.

1° Préciser l'ensemble de dérivabilité de f, calculer $f'(x)$ pour tout x de cet ensemble et démontrer que $f'(x)$ est du signe de $-x^2 + 3x - 2$.

2° Déterminer le sens de variation de f sur $]0 ; +\infty[$, puis dresser le tableau de variation de f sur $]0 ; +\infty[$.

3° Déterminer le minimum et le maximum de f sur l'intervalle $[1 ; 4]$.

Exercice n° 4 15 min (5 points) (corrigé p. 156)

On donne le programme en Python et la sortie graphique suivante.

```
1 from lycee import *
2 x = np.arange(-3, 3, 0.01)
3 repere.plot(x, x**3 - 12*x)
4 repere.plot(x, x**3 + x)
5 repere.plot(x, x**3 - 3*x**2)
6 repere.show()
```

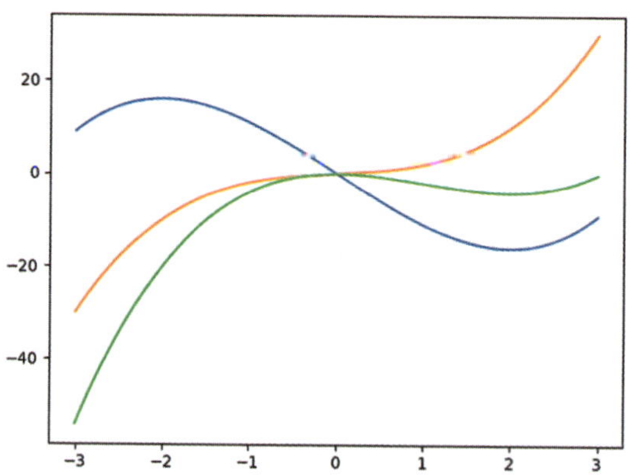

Associer chacune des lignes 3, 4, 5 à sa courbe représentative.

CORRIGÉS

1 **1°** $f : x \mapsto 2x^3 - 6x + 1$.

a. Pour tout réel x, $f'(x) = 6(x^2 - 1)$.

Vrai. Pour tout réel x :

$$f'(x) = 2 \times 3x^2 - 6 = 6x^2 - 6 = 6(x^2 - 1).$$

b. La fonction f est croissante sur $]-\infty ; -1] \cup [1 ; +\infty[$.

Faux.

Dressons le tableau de variation de f.

x	$-\infty$		-1		1		$+\infty$
$f'(x)$		+	0	−	0	+	
$f(x)$		↗	5	↘	−3	↗	

La fonction f est croissante sur chacun des intervalles $]-\infty ; -1]$, $[1 ; +\infty[$, mais pas sur leur réunion, comme le prouve les relations :

$$-1 < 1 \text{ et } f(-1) > f(1).$$

$f(-1)$ et $f(1)$ ne sont pas rangés dans le même ordre que -1 et 1.

c. Le maximum de f sur $]-\infty ; 3]$ est 5.

Faux.

D'après le tableau de variation de f :

- le maximum de f sur $]-\infty ; 1]$ est 5,
- le maximum de f sur $[1 ; 3]$ est $f(3)$,

or : $f(3) = 2 \times 27 - 18 + 1 = 37$,

donc le maximum de f sur $]-\infty ; 3]$ est 37.

d. La fonction f n'admet ni maximum, ni minimum sur $\mathbb{R}$.

Vrai. S'en convaincre avec la calculatrice.

- La fonction f n'est pas majorée, car $f(x)$ peut être rendu aussi grand que l'on veut, pourvu que x soit suffisamment grand.

On notera alors : $\lim\limits_{x \to +\infty} f(x) = +\infty$.

On peut vérifier que, pour tout réel A supérieur ou égal à 2, il suffit que $x \geqslant A$ pour que $f(x) \geqslant A$.

- Pour des raisons analogues, f n'est pas minorée.

$$\lim_{x \to -\infty} f(x) = -\infty.$$

2° Soit f une fonction dérivable sur $[-1 ; 1]$.

a. Si, pour tout x appartenant à $[-1 ; 1]$, $f'(x) > 0$, alors f est strictement croissante sur $[-1 ; 1]$.

Vrai. C'est un résultat du cours.

b. Si f est strictement croissante sur $[-1 ; 1]$, alors, pour tout x appartenant à $[-1 ; 1]$, $f'(x) > 0$.

Faux.

Considérer, par exemple, la fonction $x \mapsto x^3$.

Elle est strictement croissante, dérivable sur $[-1 ; 1]$ et sa dérivée $x \mapsto 3x^2$ s'annule en 0.

c. Si $f'(0) = 0$, alors f admet un extremum en 0.

Faux.

Un extremum est un minimum ou un maximum.

Reprenons l'exemple de la fonction $x \mapsto x^3$.

Elle est dérivable sur $[-1 ; 1]$ et sa dérivée s'annule en 0 ; de plus, étant strictement croissante, la fonction $x \mapsto x^3$ n'admet pas d'extremum en 0.

Étant strictement croissante sur $\mathbb{R}$, la fonction $x \mapsto x^3$ n'admet aucun extremum.

d. Si f admet un extremum en 0, alors $f'(0) = 0$.

Vrai. Mais il manque encore quelques outils en analyse pour le démontrer en classe de Première.

2 **1°** La fonction dérivée f' de f est strictement positive sur l'intervalle $[a ; b]$, donc la fonction f est strictement croissante sur cet intervalle. Comme, de plus, $a < b$, il vient : $\boldsymbol{f(a) < f(b)}$.

2° La fonction f' étant strictement négative sur $[a ; b]$, la fonction f est strictement décroissante sur cet intervalle.

CORRIGÉS

Comme, de plus, $a < b$, on peut conclure : $\boldsymbol{f(a) > f(b)}$.

3 • **Fonction f_1**

f_1 est décroissante sur $[-1 ; 1]$, sa dérivée est donc négative sur $[-1 ; 1]$. **La seule** courbe qui puisse être celle de la dérivée **de f_1 est $\mathscr{G}$.**

• **Fonction f_2**

f_2 n'est pas monotone sur $[1 ; 5]$, donc sa dérivée n'est pas de signe constant sur cet intervalle. Or, seule $\mathscr{F}$ possède des points dont l'abscisse est comprise entre 1 et 5 et dont l'ordonnée n'est pas de signe constant.

On en déduit que la courbe de la dérivée de f_2 est $\mathscr{F}$.

• **Fonction f_3**

D'après ce qui précède, **la courbe de la dérivée de f_3 ne peut être que** $\mathscr{E}$, ce qui est confirmé par la cohérence du tableau suivant :

x	$-\infty$		-1		0		1		$+\infty$
$f_3'(x)$		$-$	0	$+$	0	$-$	0	$+$	
$f_3(x)$		↘		↗		↘		↗	

4 **1° a.** $f : x \mapsto -3x^2 + 4x + 5$.

La fonction f étant un polynôme, elle est définie et dérivable sur $\mathbb{R}$.

Pour tout réel x :

$$\boldsymbol{f'(x) = -6x + 4 = 2(-3x + 2)},$$

donc : • $f'\left(\frac{2}{3}\right) = 0$,

• si $x < \frac{2}{3}$, alors $f'(x) > 0$,

• si $x > \frac{2}{3}$, alors $f'(x) < 0$.

On en déduit que **f est strictement croissante sur $\left]-\infty ; \frac{2}{3}\right]$ et strictement décroissante sur $\left[\frac{2}{3} ; +\infty\right[$.**

On retrouve le sens de variation de f en écrivant que, pour tout réel x :

$$f(x) = -3\left(x - \frac{2}{3}\right)^2 + \frac{19}{3}.$$

b. $f : x \mapsto \frac{1}{8}x^2 + x - 1$.

La fonction f est un polynôme ; elle est donc définie et dérivable sur $\mathbb{R}$.

Pour tout réel x :

$$\boldsymbol{f'(x) = \frac{1}{4}x + 1 = \frac{1}{4}(x + 4)},$$

donc : • $f'(-4) = 0$,

• si $x < -4$, alors $f'(x) < 0$,

• si $x > -4$, alors $f'(x) > 0$.

On en déduit que **f est strictement décroissante sur $]-\infty ; -4]$ et strictement croissante sur $[-4 ; +\infty[$.**

On retrouve le sens de variation de f en écrivant que, pour tout réel x :

$$f(x) = \frac{1}{8}(x + 4)^2 - 3.$$

c. $f : x \mapsto \frac{4}{3}x^3 - 10x^2 + 25x - 20$.

La fonction f est un polynôme ; elle est donc définie et dérivable sur $\mathbb{R}$.

Pour tout réel x :

$$\boldsymbol{f'(x) = 4x^2 - 20x + 25 = (2x - 5)^2},$$

$a^2 - 2ab + b^2 = (a - b)^2$

donc : • $f'\left(\frac{5}{2}\right) = 0$,

• si $x \neq \frac{5}{2}$, alors $f'(x) > 0$.

On en déduit que **f est strictement croissante sur $\mathbb{R}$.**

Copie d'écran de calculatrice obtenue :

• en entrant :

Y1=4X^3÷3-10X²+25X-20

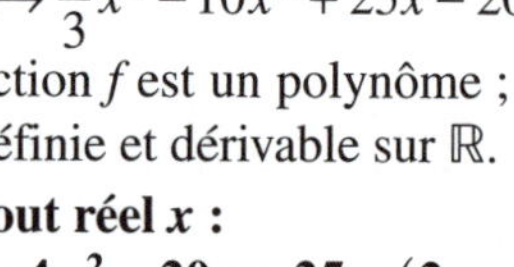

• avec le cadrage :

$-1 \leqslant x \leqslant 4$,

$-1{,}5 \leqslant y \leqslant 2{,}5$.

2° a. $f : x \mapsto 5 - \frac{3}{2x - 1}$.

La fonction f a pour ensemble de définition $\left]-\infty ; \frac{1}{2}\right[\cup \left]\frac{1}{2} ; +\infty\right[$.

f étant une fonction rationnelle, elle est dérivable en tout réel de son ensemble de définition.

Pour tout réel x différent de $\frac{1}{2}$:

$$f'(x) = -3 \times \frac{-2}{(2x-1)^2} = \frac{6}{(2x-1)^2},$$

$$\left(\frac{1}{u}\right)' = -\frac{u'}{u^2}$$

donc : $f'(x) > 0$.

Il en résulte que **f est strictement croissante sur chacun des intervalles $\left]-\infty\,;\frac{1}{2}\right[$ et $\left]\frac{1}{2}\,;+\infty\right[$.**

Attention !

f n'est pas croissante sur la réunion de ces deux intervalles ; considérer, par exemple :

$f(-1) = 6$, $f(1) = 2$.

b. $f : x \mapsto \frac{2x+0{,}7}{3x+1}$.

f est une fonction rationnelle dont l'ensemble de définition est $\mathbb{R} \setminus \left\{-\frac{1}{3}\right\}$, donc f est dérivable sur chacun des intervalles $\left]-\infty\,;-\frac{1}{3}\right[$ et $\left]-\frac{1}{3}\,;+\infty\right[$.

Pour tout réel x différent de $-\frac{1}{3}$:

$$f'(x) = \frac{2(3x+1)-3(2x+0{,}7)}{(3x+1)^2}$$

$$= \frac{-0{,}1}{(3x+1)^2},$$

$$\left(\frac{u}{v}\right)' = \frac{u'v-uv'}{v^2}$$

donc : $f'(x) < 0$.

Il en résulte que **f est strictement décroissante sur chacun des intervalles $\left]-\infty\,;-\frac{1}{3}\right[$ et $\left]-\frac{1}{3}\,;+\infty\right[$.**

Copie d'écran de calculatrice obtenue :

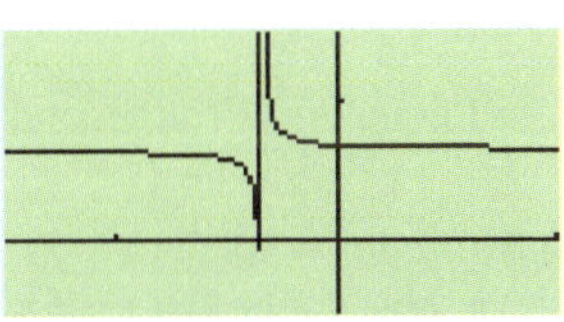

• en entrant :

Y1=(2X+.7)÷(3X+1)

• avec le cadrage :

$-1{,}5 \leqslant x \leqslant 1,$

$-0{,}5 \leqslant y \leqslant 1{,}5.$

Le graphique fait apparaître un trait vertical ; c'est en fait un segment qui joint deux points dont les abscisses sont proches de $-1/3$, l'une étant strictement inférieure à $-1/3$ et l'autre strictement supérieure à $-1/3$. C'est le mode de tracé en points connectés qui donne ce résultat (en mode « points séparés », le trait vertical disparaît).

Noter que ce trait vertical matérialise une asymptote à la courbe représentative de la fonction f (la droite d'équation $x = -1/3$) ; en effet, on pourrait démontrer que :

• $f(x)$ tend vers $-\infty$ quand x tend vers $-1/3$ par valeurs inférieures,

• $f(x)$ tend vers $+\infty$ quand x tend vers $-1/3$ par valeurs supérieures.

3° a. Pour tout x de $]0\,;+\infty[$,

$$f(x) = (x-3)\sqrt{x}.$$

Comme produit des fonctions $x \mapsto x-3$ et $x \mapsto \sqrt{x}$, toutes deux dérivables sur $]0\,;+\infty[$, f est dérivable sur $]0\,;+\infty[$.

Pour tout réel x strictement positif :

$$f'(x) = 1 \times \sqrt{x} + (x-3) \times \frac{1}{2\sqrt{x}}$$

$$= \frac{2\sqrt{x} \times \sqrt{x} + x - 3}{2\sqrt{x}}$$

$$= \frac{2x + x - 3}{2\sqrt{x}},$$

$$(uv)' = u'v + uv'$$

$$f'(x) = \frac{3(x-1)}{2\sqrt{x}},$$

et $f'(x)$ est du signe de $x-1$,

donc :

• $f'(1) = 0$,

• si $0 < x < 1$, alors $f'(x) < 0$,

• si $x > 1$, alors $f'(x) > 0$.

On en déduit que **f est strictement décroissante sur $]0\,;1]$ et strictement croissante sur $[1\,;+\infty[$.**

b. $f : x \mapsto \dfrac{4}{x} + \sqrt{x}$.

Un réel x appartient à l'ensemble de définition $\mathcal{D}_f$ de f si, et seulement si :

$$x \neq 0 \quad \text{et} \quad x \geqslant 0,$$

donc : $\mathcal{D}_f =]0\ ;+\infty[$.

f est la somme des fonctions $x \mapsto \dfrac{4}{x}$ et $x \mapsto \sqrt{x}$, toutes deux dérivables sur $]0\ ;+\infty[$, donc f est dérivable sur $]0\ ;+\infty[$.

Pour tout réel x strictement positif :

$$f'(x) = -\frac{4}{x^2} + \frac{1}{2\sqrt{x}} = \frac{-8\sqrt{x} + x^2}{2x^2\sqrt{x}}$$

$x^2 = x \times x = x\sqrt{x} \times \sqrt{x}$

$$f'(x) = \frac{\left(-8 + x\sqrt{x}\right)\sqrt{x}}{2x^2\sqrt{x}} = \frac{-8 + x\sqrt{x}}{2x^2},$$

$$\boldsymbol{f'(x) = \frac{x\sqrt{x} - 8}{2x^2}},$$

ce qui met en évidence que le signe de $f'(x)$ est celui de $x\sqrt{x} - 8$.

Il vient, pour tout x de $]0\ ;+\infty[$:

$$f'(x) > 0 \Leftrightarrow x\sqrt{x} - 8 > 0$$
$$\Leftrightarrow \left(\sqrt{x}\right)^3 > 2^3,$$

$\left(\sqrt{x}\right)^3 = \left(\sqrt{x} \times \sqrt{x}\right) \times \sqrt{x} = x\sqrt{x}$

donc, la fonction cube $x \mapsto x^3$ étant strictement croissante sur $\mathbb{R}$:

$$f'(x) > 0 \Leftrightarrow \sqrt{x} > 2,$$

c'est-à-dire, des réels positifs étant rangés comme leurs carrés :

$$f'(x) > 0 \Leftrightarrow x > 4\ ;$$

on obtient de manière analogue :

$$f'(x) = 0 \Leftrightarrow x = 4.$$

Finalement : $\begin{cases} f'(4) = 0, \\ f'(x) < 0 \text{ si } 0 < x < 4, \\ f'(x) > 0 \text{ si } x > 4, \end{cases}$

ce qui prouve que **f est strictement décroissante sur $]0\ ;4]$ et strictement croissante sur $[4\ ;+\infty[$.**

Copie d'écran de calculatrice obtenue :

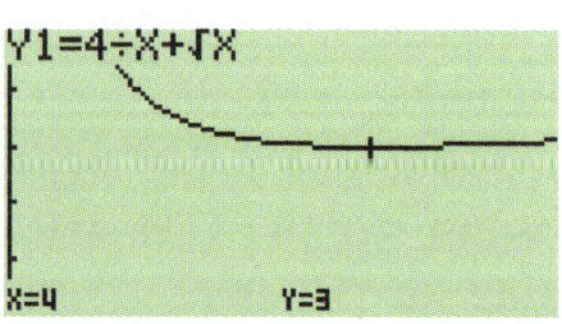

- en entrant : Y1=4÷X+√X
- avec le cadrage :

$$0 \leqslant x \leqslant 6,$$
$$0 \leqslant y \leqslant 5.$$

5 $f : x \mapsto \dfrac{x^2 + 1}{x^2 - 4x + 3}$.

- L'ensemble de définition de f est l'ensemble des réels x tels que :

$$x^2 - 4x + 3 \neq 0.$$

Soit (E) l'équation du second degré :

$$x^2 - 4x + 3 = 0.$$

Son discriminant Δ vérifie :

$$\Delta = (-4)^2 - 4 \times 1 \times 3 = 16 - 12 = 4.$$

$\Delta > 0$, donc les solutions de (E) sont les réels x_1 et x_2 définis par :

$$x_1 = \frac{-(-4) - \sqrt{4}}{2 \times 1} = \frac{4 - 2}{2} = 1,$$
$$x_2 = \frac{-(-4) + \sqrt{4}}{2 \times 1} = \frac{4 + 2}{2} = 3.$$

On pouvait éviter ces calculs en remarquant que 1 est solution de (E) ; or le produit des solutions d'une équation du second degré $ax^2 + bx + c = 0$ est égal à $\dfrac{c}{a}$, donc l'autre solution de (E), notée α, vérifie : $\alpha \times 1 = \dfrac{3}{1}$, autrement dit : $\alpha = 3$.

On en déduit que la fonction f a pour ensemble de définition $\mathbb{R} \setminus \{1\ ;3\}$, c'est-à-dire $]-\infty\ ;1[\cup]1\ ;3[\cup]3\ ;+\infty[$

- f étant une fonction rationnelle, elle est dérivable en tout réel de son ensemble de définition.

Pour tout réel x différent de 1 et de 3 :

$$f'(x) = \frac{2x\left(x^2 - 4x + 3\right) - \left(x^2 + 1\right)(2x - 4)}{\left(x^2 - 4x + 3\right)^2}$$
$$= \frac{2x^3 - 8x^2 + 6x - 2x^3 - 2x + 4x^2 + 4}{\left(x^2 - 4x + 3\right)^2}$$
$$= \frac{4\left(-x^2 + x + 1\right)}{\left(x^2 - 4x + 3\right)^2},$$

donc le signe de $f'(x)$ est celui de $-x^2 + x + 1$.

Résolvons l'équation (F) du second degré :

$$-x^2 + x + 1 = 0.$$

Son discriminant Δ vérifie :

$$\Delta = 1^2 - 4 \times (-1) \times 1 = 5.$$

$\Delta > 0$, donc (F) admet deux solutions x_1 et x_2 :

$$x_1 = \frac{-1+\sqrt{5}}{2\times(-1)} = \frac{1-\sqrt{5}}{2},$$

$$x_2 = \frac{-1-\sqrt{5}}{2\times(-1)} = \frac{1+\sqrt{5}}{2}.$$

$\frac{1-\sqrt{5}}{2} \approx -0{,}62$, $\frac{1+\sqrt{5}}{2} \approx 1{,}62$.

Après avoir remarqué :

$$\frac{1-\sqrt{5}}{2} < 1 < \frac{1+\sqrt{5}}{2} < 3,$$

dressons le tableau de signes de $f'(x)$:

x	$-\infty$		$\frac{1-\sqrt{5}}{2}$		1		$\frac{1+\sqrt{5}}{2}$		3		$+\infty$
$f'(x)$		$-$	0	$+$	‖	$+$	0	$-$	‖	$-$	

On en déduit que f **est strictement décroissante sur chacun des intervalles** $\left]-\infty\,;\frac{1-\sqrt{5}}{2}\right]$, $\left[\frac{1+\sqrt{5}}{2}\,;3\right[$ **et** $]3\,;+\infty[$**, et strictement croissante sur chacun des intervalles** $\left[\frac{1-\sqrt{5}}{2}\,;1\right[$ **et** $\left]1\,;\frac{1+\sqrt{5}}{2}\right]$.

Copie d'écran de calculatrice obtenue :

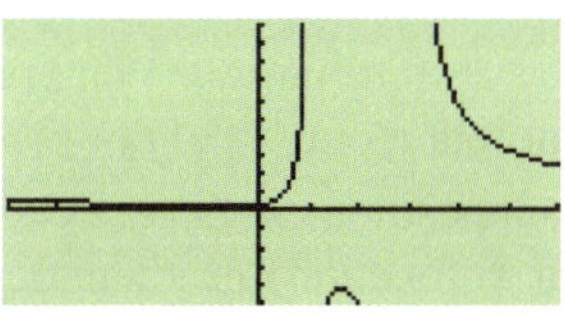

• en entrant :

Y1=(X²+1)÷(X²−4X+3)

• avec le cadrage :

$$-5 \leqslant x \leqslant 6,$$
$$-5 \leqslant y \leqslant 10.$$

6 $A = \frac{(5{,}012013014015016)^2+3}{3{,}012013014015016}$,

$$B = \frac{(5{,}012013014015017)^2+3}{3{,}012013014015017}.$$

La plupart des calculatrices utilisées dans une classe de 1re n'ont pas une précision suffisante pour comparer A et B.

Posons : $a = 5{,}012013014015016$
$b = 5{,}012013014015017$;

alors A et B sont les images respectives de a et b par la fonction f :

$$x \mapsto \frac{x^2+3}{x-2}.$$

Étudions le sens de variation de la fonction f.

f est dérivable sur son ensemble de définition $]-\infty\,;2[\,\cup\,]2\,;+\infty[$ et, pour tout réel x différent de 2 :

$$f'(x) = \frac{2x(x-2)-(x^2+3)\times 1}{(x-2)^2}$$
$$= \frac{2x^2-4x-x^2-3}{(x-2)^2}$$
$$= \frac{x^2-4x-3}{(x-2)^2},$$

donc $f'(x)$ est du signe de x^2-4x-3.

Résolvons l'équation (E) du second degré : $x^2-4x-3=0$.

Son discriminant Δ vérifie :

$$\Delta = (-4)^2 - 4\times 1\times(-3) = 28.$$

$\Delta > 0$, donc (E) admet deux solutions x_1 et x_2 :

$$x_1 = \frac{4-\sqrt{28}}{2\times 1} = \frac{4-2\sqrt{7}}{2} = 2-\sqrt{7},$$

$$x_2 = \frac{4+\sqrt{28}}{2\times 1} = \frac{4+2\sqrt{7}}{2} = 2+\sqrt{7}.$$

$2-\sqrt{7} \approx -0{,}65$, $2+\sqrt{7} \approx 4{,}65$.

Dressons le tableau de signes de $f'(x)$:

x	$-\infty$		$2-\sqrt{7}$		2		$2+\sqrt{7}$		$+\infty$
$f'(x)$		$+$	0	$-$	‖	$-$	0	$+$	

Les réels a et b appartiennent tous les deux à l'intervalle $\left[2+\sqrt{7}\,;+\infty\right[$ sur lequel f est strictement croissante, d'après le tableau précédent.

Comme, de plus : $a < b$, on peut affirmer :

$$f(a) < f(b),$$

c'est-à-dire : **$A < B$.**

On a pu comparer $f(a)$ et $f(b)$ par cette méthode, car a et b appartiennent à un même intervalle de stricte monotonie de f.

7 1° Nous constatons sur le graphique que :

• $f'(-2) = f'(1) = f'(3) = 0$;

• pour tout x de $[-3 ; 5]$:

si $x < -2$, alors $f'(x) < 0$,

si $-2 < x < 1$, alors $f'(x) > 0$,

si $1 < x < 3$, alors $f'(x) < 0$,

si $x > 3$, alors $f'(x) > 0$.

On en déduit :

• f est strictement décroissante sur chacun des intervalles $[-3 ; -2]$ et $[1 ; 3]$,

• f est strictement croissante sur chacun des intervalles $[-2 ; 1]$ et $[3 ; 5]$.

2° f est dérivable sur $[-3 ; 5]$, donc $\mathscr{C}$ est « bien régulière », c'est-à-dire qu'elle admet une tangente en chacun de ses points ; pour tout x de $[-3 ; 5]$, $f'(x)$ est la pente de la tangente à $\mathscr{C}$ au point d'abscisse x.

En particulier :

• $f'(-2) = f'(1) = f'(3) = 0$, donc $\mathscr{C}$ admet une tangente horizontale en A, C et au point d'abscisse 1.

• $f'(0) = \frac{3}{2}$, donc la pente de la tangente en B est $\frac{3}{2}$.

• $f'(-3) = -\frac{1}{2}$ et $f'(5) = 1$, donc les tangentes à $\mathscr{C}$ aux points d'abscisses -3 et 5 ont respectivement pour pente $-\frac{1}{2}$ et 1.

Résumons tous ces renseignements dans un tableau :

x	-3		-2		0		1		3		5
$f'(x)$	$-\frac{1}{2}$	$-$	0	$+$	$\frac{3}{2}$	$+$	0	$-$	0	$+$	1
f		↘	$\frac{3}{2}$	↗		↗	3	↘	$\frac{3}{2}$	↗	

On constate que le minimum de f sur $[-3 ; 5]$ est $\frac{3}{2}$,

il est atteint en -2 et 3 :

$$f(-2) = f(3) = \frac{3}{2}.$$

Utilisons tous les résultats obtenus pour tracer l'allure de $\mathscr{C}$:

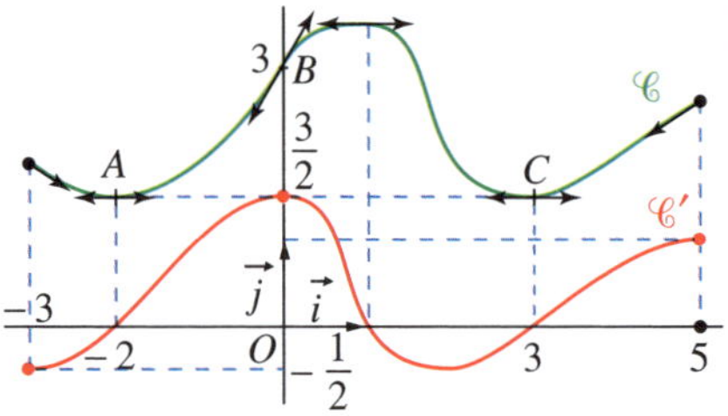

8 1° Pour tout réel x :

$g(x) = f(x)f(-x)$,

$g'(x) = f'(x)f(-x) + f(x) \times (-f'(-x))$

$= f(x)f(-x) + f(x) \times (-f(-x))$

$= 0$.

La dérivée de la fonction g est nulle sur l'intervalle $\mathbb{R}$, donc :

g est constante sur $\mathbb{R}$.

2° On a : $g(0) = f(0)f(-0) = 1 \times 1 = 1$, et g est constante sur $\mathbb{R}$, donc :

pour tout réel x, $g(x) = 1$,

c'est-à-dire :

pour tout réel x, $f(x)f(-x) = 1$.

3° Supposons que la fonction f s'annule en un réel a. Alors :

$$f(a)f(-a) = 0,$$

ce qui est absurde puisque l'on a prouvé :

pour tout réel x, $f(x)f(-x) = 1$.

Notre supposition est fausse. On en déduit que la fonction f ne s'annule pas.

On a prouvé que **si une fonction est égale à sa dérivée et prend la valeur 1 en 0, alors elle ne s'annule pas.**

C'est le cas de la fonction exp.

9 $f : x \mapsto x^4 - 4x + 2$.

f est une fonction polynôme, elle est définie et dérivable sur $\mathbb{R}$.

Pour tout réel x :

$$f'(x) = 4x^3 - 4 = 4(x^3 - 1),$$

donc le signe de $f'(x)$ est celui de $x^3 - 1$; or la fonction $x \mapsto x^3 - 1$ est strictement croissante sur $\mathbb{R}$ et s'annule en 1, donc $x^3 - 1$ et $x - 1$ ont le même signe ;

on en déduit le tableau suivant :

x	$-\infty$		1		$+\infty$
$f'(x)$		$-$	0	$+$	

Par conséquent, f est strictement décroissante sur $]-\infty\,;1]$ et strictement croissante sur $[1\,;+\infty[$, ce qui implique que f admet $f(1)$ pour minimum sur $\mathbb{R}$ (et que 1 est le seul réel en lequel f atteint ce minimum).

$f(1)=-1$, donc, finalement :

f admet -1 pour minimum sur $\mathbb{R}$.

-1 est le minimum (absolu) de f sur $\mathbb{R}$; on peut remarquer que -1 est également le seul minimum relatif de f sur $\mathbb{R}$.

Copie d'écran de calculatrice obtenue :

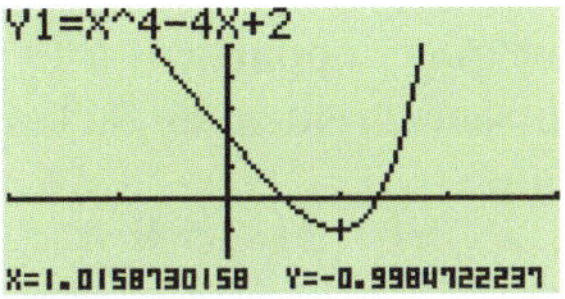

• en entrant :

Y1=X^4-4X+2

• avec le cadrage :

$$-2\leqslant x\leqslant 3,$$
$$-3\leqslant y\leqslant 6.$$

10 $f:x\mapsto 2x^3-\frac{1}{2}x^2-2x+1.$

En tant que fonction polynôme, f est définie, dérivable sur $\mathbb{R}$.

Pour tout réel x : $f'(x)=6x^2-x-2$.

Soit Δ le discriminant du polynôme du second degré f' :

$\Delta=(-1)^2-4\times 6\times(-2)=1+48=49.$

$\Delta>0$, donc f' admet deux racines distinctes x_1 et x_2 :

$$x_1=\frac{-(-1)-\sqrt{49}}{2\times 6}=\frac{1-7}{2\times 6}=-\frac{1}{2},$$
$$x_2=\frac{-(-1)+\sqrt{49}}{2\times 6}=\frac{1+7}{2\times 6}=\frac{2}{3}.$$

Pour tout réel x :

$$f'(x)=6\left(x+\frac{1}{2}\right)\left(x-\frac{2}{3}\right).$$

Nous sommes en mesure de dresser le tableau de variation de f sur $[-1\,;1]$ (en n'y consignant que les renseignements utiles pour répondre à la question posée) :

x	-1		$-\frac{1}{2}$		$\frac{2}{3}$		1
$f'(x)$		$+$	0	$-$	0	$+$	
f		↗		↘		↗	

Penser à vérifier :

$$-1<-\frac{1}{2}<\frac{2}{3}<1.$$

On en déduit que le maximum de f sur $[-1\,;1]$ est le plus grand des deux nombres $f\left(-\frac{1}{2}\right)$ et $f(1)$, or :

• $f\left(-\frac{1}{2}\right)=2\times\left(-\frac{1}{2}\right)^3-\frac{1}{2}\times\left(-\frac{1}{2}\right)^2-2\times\left(-\frac{1}{2}\right)+1$

$$=-\frac{1}{4}-\frac{1}{8}+2$$
$$=\frac{13}{8},$$

• $f(1)=2-\frac{1}{2}-2+1=\frac{1}{2},$

• $\frac{13}{8}>\frac{1}{2},$

donc le maximum de f sur $[-1\,;1]$ est $\frac{13}{8}$.

Copie d'écran de calculatrice obtenue :

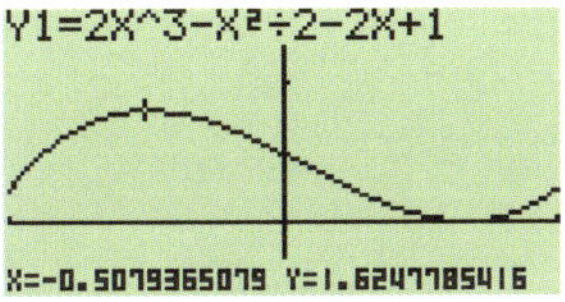

• en entrant :

Y1=2X^3-X²÷2-2X+1

• avec le cadrage :

$$-1\leqslant x\leqslant 1,$$
$$-1\leqslant y\leqslant 3.$$

11 $f:x\mapsto x^3-x^2-x.$

1° f est une fonction polynôme, donc f est dérivable sur $\mathbb{R}$.

Pour tout réel x :

$$f'(x)=3x^2-2x-1.$$

Le polynôme du second degré f' admet pour discriminant le réel Δ tel que :

CORRIGÉS

$\Delta = (-2)^2 - 4\times 3\times(-1) = 4+12 = 16.$

$\Delta > 0$, donc les racines de f' sont les réels x_1 et x_2 définis par :

$$x_1 = \frac{-(-2)-\sqrt{16}}{2\times 3} = \frac{2-4}{2\times 3} = -\frac{1}{3},$$

$$x_2 = \frac{-(-2)+\sqrt{16}}{2\times 3} = \frac{2+4}{2\times 3} = 1.$$

On pouvait aussi ne pas mettre en œuvre la méthode standard basée sur le discriminant en observant que 1 est racine évidente de f'. L'autre racine α vérifie alors : $1\times\alpha = \frac{-1}{3}$, donc $\alpha = -\frac{1}{3}$.

Le produit des racines d'un polynôme du second degré est égal au quotient du coefficient du terme constant par le coefficient du terme de degré 2.

On en déduit, pour tout réel x :

$$f'(x) = 3\left(x+\frac{1}{3}\right)(x-1)$$

donc :

- $f'\left(-\frac{1}{3}\right) = f'(1) = 0,$
- si $x < -\frac{1}{3}$ ou $x > 1$, alors $f'(x) > 0,$
- si $-\frac{1}{3} < x < 1$, alors $f'(x) < 0.$

De plus :

$$f\left(-\frac{1}{3}\right) = -\frac{1}{27} - \frac{1}{9} + \frac{1}{3} = \frac{-1-3+9}{27} = \frac{5}{27},$$

$$f\left(-\frac{1}{3}\right) \approx 0{,}185 \text{ à } 10^{-3} \text{ près},$$

$$f(1) = -1.$$

On obtient le tableau de variation suivant :

x	$-\infty$		$-\frac{1}{3}$		1		$+\infty$
$f'(x)$		+	0	−	0	+	
$f(x)$		↗	$\frac{5}{27}$	↘	-1	↗	

2° a. x appartient à $[0 ; 1]$.

$-\frac{1}{3} \leqslant 0 \leqslant 1$ et f est décroissante sur $\left[-\frac{1}{3} ; 1\right]$,

$[0 ; 1]$ est inclus dans $\left[-\frac{1}{3} ; 1\right]$, ce qui se note :

$$[0 ; 1] \subset \left[-\frac{1}{3} ; 1\right]$$

donc f admet sur $[0 ; 1]$ pour minimum $f(1)$ et pour maximum $f(0)$, c'est-à-dire pour minimum -1 et pour maximum 0.

Pour bien visualiser la situation, on peut s'aider du tableau suivant :

x	$-\frac{1}{3}$		0		1
$f(x)$	$\frac{5}{27}$	↘	0	↘	-1

Sachant que x appartient à $[0 ; 1]$, le meilleur encadrement de $f(x)$ est donc le suivant :

$$\mathbf{-1 \leqslant f(x) \leqslant 0.}$$

On parle de « meilleur encadrement » au sens où il n'existe pas d'encadrement d'amplitude plus petite, puisque $f(1) = -1$ et $f(0) = 0$.

b. x appartient à $[-1 ; 0]$.

On a les inégalités : $-1 \leqslant -\frac{1}{3} \leqslant 0 \leqslant 1.$

La fonction f n'est pas monotone sur $[-1 ; 0]$.

- La fonction f est croissante sur $\left[-1 ; -\frac{1}{3}\right]$,

$$\left[-1 ; -\frac{1}{3}\right] \subset \left]-\infty ; -\frac{1}{3}\right]$$

et : $f(-1) = -1-1+1 = -1,$

$$f\left(-\frac{1}{3}\right) = \frac{5}{27},$$

donc, sur $\left[-1 ; -\frac{1}{3}\right]$, f admet pour minimum -1 et pour maximum $\frac{5}{27}$.

- La fonction f est décroissante sur $\left[-\frac{1}{3} ; 0\right]$ et :

$$f\left(-\frac{1}{3}\right) = \frac{5}{27},\ f(0) = 0,$$

donc, sur $\left[-\frac{1}{3} ; 0\right]$, f admet pour minimum 0 et pour maximum $\frac{5}{27}$.

On en déduit que f admet sur [–1 ; 0] pour minimum –1 et pour maximum $\frac{5}{27}$. Donc, **sachant que x appartient à [–1 ; 0], le meilleur encadrement de $f(x)$ est le suivant :**

$$\mathbf{-1 \leqslant f(x) \leqslant \frac{5}{27}.}$$

c. x appartient à [–2 ; 2].

La fonction f n'est pas monotone sur [–2 ; 2].

On a les égalités :

$$f(-2) = (-2)^3 - (-2)^2 + 2$$
$$= -8 - 4 + 2$$
$$= -10,$$

$$f(2) = 2^3 - 2^2 - 2 = 8 - 4 - 2 = 2,$$

d'où les inégalités :

$$f(-2) < -1 < \frac{5}{27} < 2.$$

Par un raisonnement analogue à celui mené dans la question précédente, on obtient que f admet sur [–2 ; 2] pour minimum –10 et pour maximum 2.

Pour bien visualiser la situation, on peut s'aider du tableau suivant :

x	-2		$-\frac{1}{3}$		1		2
$f'(x)$		+	0	–	0	+	
$f(x)$	-10	↗	$\frac{5}{27}$	↘	-1	↗	2

Donc, **sachant que x appartient à $[-2 ; 2]$, le meilleur encadrement de $f(x)$ est le suivant** :

$$\mathbf{-10 \leqslant f(x) \leqslant 2.}$$

12 $a \in [5,2 ; 5,3]$.

1° • $5,2 \leqslant a \leqslant 5,3$ et la fonction $x \mapsto x^3$ est croissante,

($x \mapsto x^3$ est dérivable sur $\mathbb{R}$, sa dérivée $x \mapsto 3x^2$ est positive sur $\mathbb{R}$)

donc : $(5,2)^3 \leqslant a^3 \leqslant (5,3)^3$,

c'est-à-dire : $\mathbf{140,608 \leqslant a^3 \leqslant 148,877.}$

• $5,2 \leqslant a \leqslant 5,3$ et la fonction $x \mapsto -8x^2$ est décroissante sur $[0 ; +\infty[$,

(car $x \mapsto x^2$ est croissante sur $[0 ; +\infty[$ et $-8 < 0$)

donc :

$$-8 \times (5,3)^2 \leqslant -8a^2 \leqslant -8 \times (5,2)^2,$$

c'est-à-dire :

$$\mathbf{-224,72 \leqslant -8a^2 \leqslant -216,32.}$$

En additionnant membre à membre les deux encadrements précédents, on obtient :

$$\mathbf{-84,112 \leqslant a^3 - 8a^2 \leqslant -67,443.}$$

2° $f : x \mapsto x^3 - 8x^2$

• f étant une fonction polynôme, elle est dérivable sur $\mathbb{R}$.

Pour tout réel x :

$$f'(x) = 3x^2 - 8 \times 2x = 3x^2 - 16x$$
$$= x(3x - 16).$$

f' est un polynôme du second degré qui admet pour racines 0 et $\frac{16}{3}$.

x	$-\infty$		0		$\frac{16}{3}$		$+\infty$
$f'(x)$		+	0	–	0	+	

On en déduit :

pour tout x de $\left[0 ; \frac{16}{3}\right]$, $f'(x) \leqslant 0$,

ce qui prouve que **f est décroissante sur $\left[0 ; \frac{16}{3}\right]$.**

• $\frac{16}{3} \approx 5,333$ à 10^{-3} près, donc on peut écrire :

$$0 \leqslant 5,2 \leqslant a \leqslant 5,3 \leqslant \frac{16}{3},$$

d'où, la fonction f étant décroissante sur $\left[0 ; \frac{16}{3}\right]$:

$$f(5,3) \leqslant f(a) \leqslant f(5,2),$$

c'est-à-dire, après calculs :

$$\mathbf{-75,843 \leqslant a^3 - 8a^2 \leqslant -75,712.}$$

Penser à éditer la fonction f dans la calculatrice pour obtenir les images par f de 5,2 et 5,3.

3° • $-67,443 - (-84,112)$

$$= 84,112 - 67,443 = 16,669,$$

donc **l'encadrement obtenu à la question 1° a pour amplitude 16,669**.

• $-75,712 - (-75,843)$

$$= 75,843 - 75,712 = 0,131,$$

donc **l'encadrement obtenu à la question 2° a pour amplitude 0,131**.

L'amplitude du second encadrement obtenu est inférieure à celle du premier, donc la seconde méthode s'est révélée plus efficace.

La méthode algébrique est moins performante, car les fonctions $x \mapsto x^3$ et $x \mapsto -8x^2$ ont des sens de variation contraires sur $[5,2 ; 5,3]$.

13 1° **a.** **Si n est égal à 1, alors, pour tout réel x positif ou nul :**

$$x^n - 1 = x^1 - 1 = x - 1,$$
$$n(x-1) = 1 \times (x-1) = x - 1,$$

donc on a bien : $\boldsymbol{x^n - 1 \geqslant n(x-1)}$.

b. $n \geqslant 2$, $f : x \mapsto x^n - 1 - n(x-1)$.

• f est une fonction polynôme, donc f est dérivable sur $\mathbb{R}$.

Pour tout réel x :

$$f'(x) = nx^{n-1} - n \times 1 = n\left(x^{n-1} - 1\right).$$

De plus, la fonction $x \mapsto x^{n-1} - 1$ est strictement croissante sur $[0 ; +\infty[$ et s'annule en 1.

Si $n = 2$, alors $x \mapsto x^{n-1} - 1$ est la fonction affine $x \mapsto x - 1$,

si $n \geqslant 3$, alors $x \mapsto x^{n-1} - 1$ a pour dérivée $x \mapsto (n-1)x^{n-2}$, qui est positive sur $[0 ; +\infty[$ et ne s'annule qu'en 0.

On en déduit :

si $0 \leqslant x < 1$, alors $f'(x) < 0$,

si $x = 1$, alors $f'(x) = 0$,

si $x > 1$, alors $f'(x) > 0$.

Enfin :

$f(0) = 0^n - 1 - n \times (-1) = -1 + n = n - 1$,

$f(1) = 1^n - 1 - n \times (1-1) = 1 - 1 = 0$.

x	0		1		$+\infty$
$f'(x)$		$-$	0	$+$	
$f(x)$	$n-1$	↘	0	↗	

• D'après le tableau de variation précédent, la fonction f admet pour minimum 0 sur $[0 ; +\infty[$, ce qui permet de conclure :

pour tout x de $[0 ; +\infty[$, $f(x) \geqslant 0$.

• Cette dernière relation peut s'écrire : pour tout x de $[0 ; +\infty[$,

$$x^n - 1 - n(x-1) \geqslant 0,$$

ce qui équivaut à :

pour tout x de $[0 ; +\infty[$,

$$\boldsymbol{x^n - 1 \geqslant n(x-1).}$$

2° $n \geqslant 2$, g définie sur $[0 ; +\infty[$ par $g(x) = x^n$.

a. La fonction g est dérivable sur $[0 ; +\infty[$ et, pour tout x de cet intervalle :

$$g'(x) = nx^{n-1}.$$

On a : $g(1) = 1$, $g'(1) = n \times 1^{n-1} = n$,

et **la tangente $\mathcal{T}$ à la courbe représentative $\mathcal{C}$ de g en son point d'abscisse 1 admet pour équation :**

$$y - g(1) = g'(1)(x-1)$$

c'est-à-dire : $y - 1 = n(x-1)$,

ou encore : $\boldsymbol{y = n(x-1) + 1}$.

b. D'après la question 1° **b.** :

pour tout x de $[0 ; +\infty[$, $x^n \geqslant n(x-1) + 1$,

c'est-à-dire :

pour tout x de $[0 ; +\infty[$,

$$g(x) \geqslant n(x-1) + 1.$$

On en déduit que **la courbe $\mathcal{C}$ est située au-dessus de sa tangente $\mathcal{T}$**.

14 1° Les lignes de code provoquent l'affichage de la courbe représentative de la fonction $x \mapsto \dfrac{1}{\sqrt{x}}$ et de la droite d'équation $y = -\dfrac{1}{2}x + \dfrac{3}{2}$, ceci pour des abscisses comprises entre $\dfrac{1}{4}$ et 2.

La sortie graphique invite à conjecturer :

pour tout x de $\left[\dfrac{1}{4} ; 2\right]$, $\dfrac{1}{\sqrt{x}} \geqslant -\dfrac{1}{2}x + \dfrac{3}{2}$.

La courbe en bleu est située au-dessus de la droite en orange.

2° $f : x \mapsto \dfrac{1}{\sqrt{x}} + \dfrac{1}{2}x - \dfrac{3}{2}$.

a. • La fonction f est dérivable sur $]0, +\infty[$ et pour tout x de cet intervalle :

$$f'(x) = \frac{-1}{2x\sqrt{x}} + \frac{1}{2}.$$

(voir exercice **12** question 8° du chapitre **5**), donc :

$$f'(x) = \frac{-1}{2x\sqrt{x}} + \frac{1}{2} = \frac{-1 + x\sqrt{x}}{2x\sqrt{x}},$$

ce qui prouve que $f'(x)$ est du signe de $x\sqrt{x}-1$.

• Si $0<x\leqslant 1$, alors on a aussi $0<\sqrt{x}\leqslant 1$, ce qui implique $0<x\sqrt{x}\leqslant 1$.

De même, si $x\geqslant 1$, alors on a aussi $\sqrt{x}\geqslant 1$, ce qui implique $x\sqrt{x}\geqslant 1$.

Si : $0\leqslant a\leqslant b$ et $0\leqslant c\leqslant d$,
alors : $0\leqslant ac\leqslant bd$.

Il s'ensuit :

$$\begin{cases}\text{si } 0<x\leqslant 1, \text{ alors } f'(x)\leqslant 0,\\ \text{si } 1\leqslant x, \text{ alors } f'(x)\geqslant 0.\end{cases}$$

ce qui permet de conclure : **la fonction f est décroissante sur $]0\,;1]$ et croissante sur $[1\,;+\infty[$.**

b. D'après la question précédente, f admet pour minimum $f(1)$, or :

$$f(1)=1+\frac{1}{2}-\frac{3}{2}=0,$$

donc :

pour tout x de $]0\,;+\infty[$, $f(x)\geq 0$,

autrement dit :

pour tout x de $]0\,;+\infty[$, $\dfrac{1}{\sqrt{x}}\geqslant -\dfrac{1}{2}x+\dfrac{3}{2}$.

Il en découle bien sûr :

pour tout x de $\left[\dfrac{1}{4}\,;\,2\right]$, $\dfrac{1}{\sqrt{x}}\geqslant -\dfrac{1}{2}x+\dfrac{3}{2}$,

ce qui autorise à conclure : **la conjecture formulée à la question 1° est vraie.**

On peut vérifier que la droite d'équation $y=-\dfrac{1}{2}x+\dfrac{3}{2}$ est la tangente à la courbe représentative de la fonction $x\mapsto\dfrac{1}{\sqrt{x}}$ en son point d'abscisse 1.

15 $f : x\mapsto \dfrac{1}{6}x^3-x^2+x+\dfrac{5}{3}$.

1° La fonction f est un polynôme, donc f est dérivable sur $\mathbb{R}$.

Pour tout réel x :

$$f'(x)=\frac{1}{6}\times 3x^2-2x+1=\frac{1}{2}x^2-2x+1.$$

On a :

$$f(2)=\frac{8}{6}-4+2+\frac{5}{3}=1,$$

$$f'(2)=\frac{4}{2}-4+1=-1,$$

donc **la tangente $\mathcal{T}$ à la courbe représentative $\mathcal{C}$ de f en son point d'abscisse 2 admet pour équation :**

$$y-1=(-1)\times(x-2),$$

$y-f(a)=f'(a)(x-a)$

ou encore : $\quad \boldsymbol{y=-x+3}$.

2° $g : x\mapsto f(x)+x-3$.

a. • La fonction g est dérivable sur $\mathbb{R}$ et, pour tout réel x :

$$\begin{aligned}g'(x)&=f'(x)+1\\&=\frac{1}{2}x^2-2x+2\\&=\frac{1}{2}\left(x^2-4x+4\right),\end{aligned}$$

donc : $\quad g'(x)=\dfrac{1}{2}(x-2)^2$.

$a^2-2ab+b^2=(a-b)^2$

On en déduit : $g'(2)=0$,

pour tout réel x distinct de 2, $g'(x)>0$,

ce qui prouve que **g est strictement croissante sur $\mathbb{R}$.**

• Comme, de plus :

$$g(2)=f(2)+2-3=1-1=0,$$

on obtient :

$$\begin{cases}\textbf{pour tout } x \textbf{ de }]-\infty\,;\,2[,\ g(x)<0,\\ g(2)=0,\\ \textbf{pour tout } x \textbf{ de }]2\,;\,+\infty[,\ g(x)>0,\end{cases}$$

x	$-\infty$	2	$+\infty$
$g(x)$	↗	0	↗

b. $\mathcal{C}$ est la courbe d'équation $y=f(x)$, $\mathcal{T}$ la droite d'équation $y=-x+3$. De plus, d'après la question précédente :

$$\begin{cases}\text{si } x<2, \text{ alors } f(x)<-x+3,\\ \text{si } x=2, \text{ alors } f(x)=-x+3,\\ \text{si } x>2, \text{ alors } f(x)>-x+3.\end{cases}$$

On en déduit que **$\mathcal{C}$ et $\mathcal{T}$ ont un seul point commun, le point $A(2\,;\,1)$, et que $\mathcal{C}$ est située en dessous de $\mathcal{T}$ dans le demi-plan d'inéquation $x<2$, au-dessus dans le demi-plan d'inéquation $x>2$.**

$\mathscr{C}$ traverse sa tangente au point A : on dit que A est un point d'inflexion de $\mathscr{C}$.

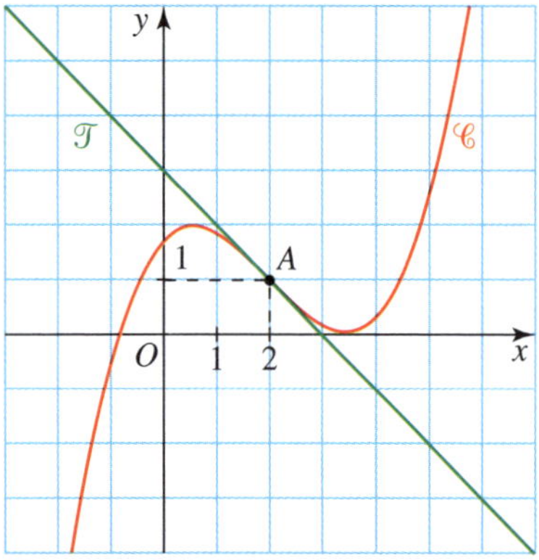

CONTRÔLE CONTINU

Exercice n° 1

$f : x \mapsto x - 2\sqrt{x}$.

La fonction f est la différence des fonctions $x \mapsto x$ et $x \mapsto 2\sqrt{x}$, toutes deux dérivables sur $]0\,;+\infty[$, donc f est dérivable sur $]0\,;+\infty[$.

Pour tout réel x strictement positif :

$$f'(x) = 1 - 2 \times \frac{1}{2\sqrt{x}} = 1 - \frac{1}{\sqrt{x}} = \frac{\sqrt{x}-1}{\sqrt{x}},$$

donc $f'(x)$ est du signe de $\sqrt{x}-1$, c'est-à-dire :

$$\begin{cases} f'(1) = 0, \\ \text{si } 0 < x < 1, \text{ alors } f'(x) < 0, \\ \text{si } x > 1, \text{ alors } f'(x) > 0. \end{cases}$$

$x \mapsto \sqrt{x} - 1$ est une fonction strictement croissante qui s'annule en 1.

On en déduit que **la fonction f est strictement décroissante sur $]0\,;1]$ et strictement croissante sur $[1\,;+\infty[$.**

On n'a étudié le sens de variation de f que sur $]0\,;+\infty[$, alors que f est définie sur $[0\,;+\infty[$. On pourrait prouver que f est strictement décroissante sur $[0\,;1]$.

Exercice n° 2

$$A = 0{,}999\,998 + \frac{1}{0{,}999\,998}$$

$$B = 0{,}999\,999 + \frac{1}{0{,}999\,999}.$$

Lorsque l'on édite le calcul de A et B sur une calculatrice de niveau Lycée, on obtient 2 à l'affichage...

Posons :

$$a = 0{,}999\,998 \text{ et } b = 0{,}999\,999.$$

Alors : $A = f(a)$, $B = f(b)$, où f est la fonction $x \mapsto x + \dfrac{1}{x}$.

La fonction f est définie sur chacun des intervalles $]-\infty\,;0[$, $]0\,;+\infty[$.

L'idée est d'étudier le sens de variation de f sur $]0\,;+\infty[$, intervalle où se trouvent a et b.

Comme somme des fonctions $x \mapsto x$ et $x \mapsto \dfrac{1}{x}$, toutes deux dérivables sur $]0\,;+\infty[$, f est dérivable sur $]0\,;+\infty[$.

Pour tout réel x strictement positif :

$$f'(x) = 1 - \frac{1}{x^2} = \frac{x^2-1}{x^2} = \frac{x+1}{x^2}(x-1),$$

$x+1>0$ et $x^2>0$

donc $f'(x)$ est du signe de $x-1$, et en particulier :

$$\begin{cases} f'(1) = 0 \\ \text{si } 0 < x < 1, \text{ alors } f'(x) < 0, \end{cases}$$

ce qui prouve que f est strictement décroissante sur $]0\,;1]$.

Des inégalités : $0 < a < b < 1$, on déduit : $f(a) > f(b)$, autrement dit :

$$\mathbf{A > B.}$$

À 10^{-12} près :

$A \approx 2{,}000\,000\,000\,004$,

$B \approx 2{,}000\,000\,000\,001$.

Exercice n° 3

$$f : x \mapsto \frac{6x^2 - 9x + 4}{x^3}.$$

1° La fonction f est une fonction rationnelle, donc **l'ensemble de dérivabilité de f est son ensemble de définition $\mathbb{R}^*$.**

Pour tout réel x non nul :

$f'(x)$

$$= \frac{(12x-9)\times x^3 - \left(6x^2-9x+4\right)\times 3x^2}{\left(x^3\right)^2}$$

$$= \frac{3x^2\left((4x-3)\times x - \left(6x^2-9x+4\right)\right)}{x^6}$$

$$= \frac{3\left(4x^2-3x-6x^2+9x-4\right)}{x^4}$$

$$= \frac{3\left(-2x^2+6x-4\right)}{x^4},$$

et finalement :

$$\boldsymbol{f'(x) = \frac{6\left(-x^2+3x-2\right)}{x^4}},$$

ce qui met en évidence que **$f'(x)$ est du signe de $-x^2+3x-2$.**

Pour tout réel x non nul, $x^4 > 0$.

2° Le polynôme du second degré $x \mapsto -x^2+3x-2$ admet pour discriminant le réel Δ tel que :

$$\Delta = 3^2 - 4\times(-1)\times(-2) = 9-8 = 1.$$

$\Delta > 0$, donc les racines de ce polynôme sont les réels x_1 et x_2 définis par :

$$x_1 = \frac{-3-\sqrt{1}}{2\times(-1)} = \frac{-3-1}{-2} = 2,$$

$$x_2 = \frac{-3+\sqrt{1}}{2\times(-1)} = \frac{-3+1}{-2} = 1.$$

On pouvait aussi ne pas mettre en œuvre la méthode standard basée sur le discriminant en observant que 1 est racine du polynôme. L'autre racine α vérifie alors : $1\times\alpha = \frac{-2}{-1}$ (le produit des racines est égal au quotient du coefficient constant par le coefficient du terme de degré 2), donc $\alpha = 2$.

On en déduit, pour tout réel x :

- si $x = 1$ ou $x = 2$, alors
  $$-x^2+3x-2 = 0,$$
- si $x < 1$ ou $x > 2$, alors
  $$-x^2+3x-2 < 0,$$
- si $1 < x < 2$, alors
  $$-x^2+3x-2 > 0,$$

le coefficient du terme de degré 2 du polynôme $x \mapsto -x^2+3x-2$ est strictement négatif, donc ce polynôme prend des valeurs positives entre ses racines 1 et 2

ce qui permet de donner le signe de f' sur $]0\,;+\infty[$:

- si $x = 1$ ou $x = 2$, alors $f'(x) = 0$,
- si $0 < x < 1$ ou $x > 2$, alors $f'(x) < 0$,
- si $1 < x < 2$, alors $f'(x) > 0$.

On peut donc affirmer que **f est strictement croissante sur $[1\,;2]$ et strictement décroissante sur chacun des intervalles $]0\,;1]$, $[2\,;+\infty[$.**

On a : $f(1) = \frac{6-9+4}{1} = 1$,

$$f(2) = \frac{6\times4-18+4}{8} = \frac{10}{8} = \frac{5}{4} = 1{,}25.$$

On est en mesure de dresser le tableau de variation de f sur $]0\,;+\infty[$:

x	0		1		2		$+\infty$
$f'(x)$	‖	$-$	0	$+$	0	$-$	
$f(x)$	‖	↘	1	↗	$\frac{5}{4}$	↘	

3° La fonction f n'est pas monotone sur $[1\,;4]$.

- La fonction f est croissante sur $[1\,;2]$, et : $f(1) = 1$, $f(2) = \frac{5}{4}$,

donc, sur $[1\,;2]$, f admet pour minimum 1 et pour maximum $\frac{5}{4}$.

- La fonction f est décroissante sur $[2\,;4]$, et :

$$f(2) = \frac{5}{4},$$

$$f(4) = \frac{6\times16-9\times4+4}{4^3} = \frac{6\times4-9+1}{4^2} = \frac{6-2}{4} = 1,$$

donc, sur $[2\,;4]$, f admet aussi pour minimum 1 et pour maximum $\frac{5}{4}$.

Pour bien visualiser la situation, on peut s'aider du tableau suivant :

x	1		2		4
$f(x)$	1	↗	$\frac{5}{4}$	↘	1

CORRIGÉS

On en déduit que **le minimum de f sur $[1\ ;\ 4]$ est 1 et que le maximum est $\frac{5}{4}$.**

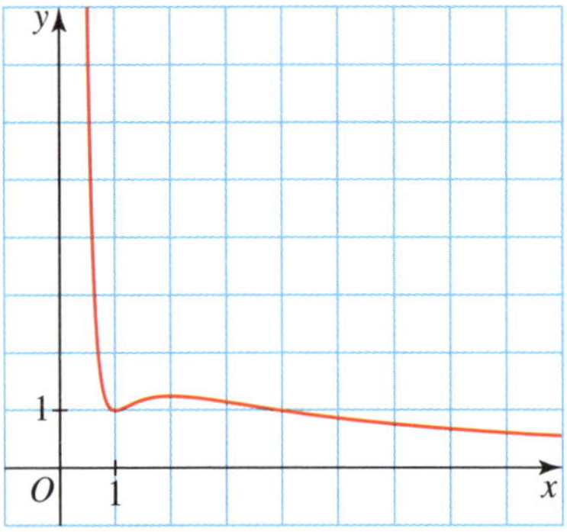

Exercice n° 4

• La fonction f définie par la ligne **3** est telle que pour tout x de $[-3\ ;\ 3]$:

$$f(x) = x^3 - 12x,$$
$$f'(x) = 3x^2 - 12$$
$$= 3(x^2 - 4)$$
$$= 3(x-2)(x+2)$$

La fonction dérivée de f s'annule et change de signe en -2 et en 2, donc f admet un extremum en -2 et un extremum en 2.

• La fonction g définie par la ligne **4** est telle que pour tout x de $[-3\ ;\ 3]$:

$$g(x) = x^3 + x,$$
$$g'(x) = 3x^2 + 1.$$

La fonction dérivée de g est à valeurs strictement positives, donc g est strictement croissante.

• La fonction k définie par la ligne **5** est telle que pour tout x de $[-3\ ;\ 3]$:

$$k(x) = x^3 - 3x^2,$$
$$k'(x) = 3x^2 - 6x$$
$$= 3x(x-2).$$

La fonction dérivée de k s'annule et change de signe en 0 et en 2, donc k admet un extremum en 0 et un extremum en 2.

On en déduit que **la ligne 3 est associée à la courbe bleue, la ligne 4 est associée à la courbe orange, la ligne 5 est associée à la courbe verte.**

## Chapitre 7

Fonctions et problèmes

EXERCICES

Étude de fonctions

1 ★★ 15 min (corrigé p. 167)

Voici la courbe obtenue à l'écran d'une calculatrice pour la fonction f définie sur l'intervalle $[-3\ ;\ 3]$ par :

$$f(x)=\frac{1}{4}x^4+\frac{1}{3}x^3-x^2.$$

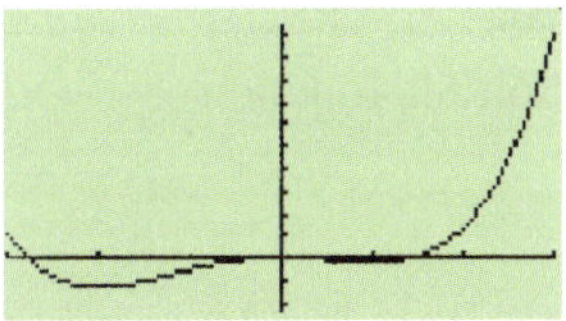

Approche graphique

1° Quelle conjecture est-on amené à formuler à propos du sens de variation de f sur $[-3\ ;\ -2]$? Comment utiliser la calculatrice pour conforter cette conjecture ?

2° Que dire du sens de variation de f sur $[-2\ ;\ 3]$?

Étude analytique

3° Étudier le signe de $f'(x)$.

4° Déterminer le sens de variation de f.

2 ★★ 20 min (corrigé p. 167)

On considère la fonction f définie sur $[1\ ;\ +\infty[$ par $f(x)=\frac{x}{2}-1+\frac{2}{x}$.

On note $\mathscr{C}$ la courbe représentative de f et Δ la droite d'équation $y=\frac{x}{2}-1$.

1° Étudier le sens de variation de f.

2° Soit x un réel quelconque de $[1\ ;\ +\infty[$.
On note M le point de $\mathscr{C}$ et P le point de Δ tous deux de même abscisse x.
a. Calculer $y_M - y_P$.
b. Quel est le signe de $y_M - y_P$?
Comment peut-on interpréter graphiquement ce résultat ?
c. Que peut-on dire de $y_M - y_P$ lorsque x prend de grandes valeurs ?
Tracer Δ et $\mathscr{C}$.

3 ★★ 20 min

(corrigé p. 168)

On considère la fonction f définie sur $\mathbb{R}^*$ par $f(x) = x + \frac{4}{x}$.

On note $\mathscr{C}$ la courbe représentative de f et Δ la droite d'équation $y = x$.

1° Démontrer que f est impaire.
Interpréter graphiquement ce résultat.

2° Étudier le sens de variation de f.

3° Soit x un réel non nul quelconque.
On note M le point de $\mathscr{C}$ d'abscisse x et P le point de Δ de même abscisse x.

a. Calculer $y_M - y_P$.

b. Quel est le signe de $y_M - y_P$?
Comment peut-on interpréter graphiquement ce résultat ?

c. Que peut-on dire de $y_M - y_P$ lorsque x prend de grandes valeurs ?

4° Tracer Δ et $\mathscr{C}$.

4 ★★ 30 min

(corrigé p. 169)

Soit f la fonction : $[-3\ ;4] \to \mathbb{R}$

$$x \mapsto \frac{3(2x-1)}{2x^2-2x+5}.$$

1° Vérifier que f est effectivement définie sur $[-3\ ;4]$ et justifier que, pour tout x de $[-3\ ;4]$, $f(x)$ est du signe de $2x - 1$.

2° Déterminer le sens de variation de f, puis dresser son tableau de variation.

3° Tracer $\mathscr{C}_f$ en prenant pour unités graphiques 1 cm sur (Ox), 4 cm sur (Oy).

4° Écrire des commandes Python pour obtenir la représentation graphique de f.

5 ★★ 30 min

(corrigé p. 171)

Soit f la fonction : $x \mapsto 3x^3 - 4x - 1$.

1° Étudier le sens de variation de f.

2° a. Déterminer une équation de la tangente T à $\mathscr{C}_f$ en son point I d'abscisse 0.

b. Étudier la position de $\mathscr{C}_f$ par rapport à T.

3° a. Pour tout réel x, développer le produit $(x + 1)(3x^2 - 3x - 1)$.

b. En déduire les abscisses des points d'intersection de $\mathscr{C}_f$ et de la droite des abscisses.

4° Écrire des commandes en Python pour obtenir sur une même sortie graphique la droite T en vert et la courbe $\mathscr{C}_f$ en rouge pour la plage d'abscisses $[-3\ ;3]$.

5° Tracer T et $\mathscr{C}_f$.

6° Déterminer graphiquement le nombre $N(m)$ de solutions de l'équation $f(x) = m$ suivant les valeurs du réel m (présenter les résultats dans un tableau).

6 ★★★ 30 min (corrigé p. 172)

Soit f la fonction : $x \mapsto \sqrt{x} + \sqrt{4-x}$.

1° Déterminer l'ensemble de définition de f.

2° Démontrer que la droite Δ d'équation $x = 2$ est un axe de symétrie de $\mathscr{C}_f$.

3° **a.** Démontrer que, pour tout h de $]0\,;4[$, le taux de variation de f entre 0 et h est égal à :

$$\frac{1}{\sqrt{h}} - \frac{1}{\sqrt{4-h}+2}.$$

En déduire que f n'est pas dérivable en 0. La courbe $\mathscr{C}_f$ admet-elle une tangente en son point d'abscisse 0 ?

b. Justifier que f n'est pas dérivable en 4 et que $\mathscr{C}_f$ admet une tangente verticale en son point d'abscisse 4.

4° Pour x appartenant à $]0\,;4[$, déterminer $f'(x)$ et étudier son signe.

5° Déterminer le sens de variation de f, dresser son tableau de variation.

6° Tracer $\mathscr{C}_f$.

Demi-cercle

7 ★★ 20 min (corrigé p. 174)

On rappelle que le cercle de centre I et de rayon R admet pour équation :

$$(x - x_I)^2 + (y - y_I)^2 = R^2.$$

1° Justifier que le demi-cercle sur la figure ci-dessous est la courbe représentative de la fonction f :

$$x \mapsto \sqrt{1-x^2}.$$

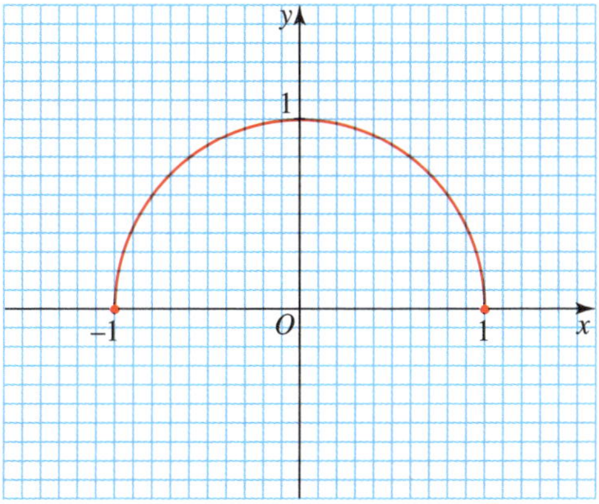

2° Tracer la courbe représentative de chacune des fonctions proposées :

$$f_1 : x \mapsto -\sqrt{1-x^2},$$
$$f_2 : x \mapsto -\sqrt{4-x^2},$$
$$f_3 : x \mapsto \sqrt{2x-x^2}.$$

Optimisation

8 ★★ 20 min (corrigé p. 175)

Un livre doit contenir, par page, 500 cm^2 de texte imprimé.
Chaque page est rectangulaire et possède des marges gauche et droite de 4 cm, des marges inférieure et supérieure de 5 cm.
Quelles sont les dimensions d'une page du livre si l'on veut que la consommation de papier soit minimale ?

9 ★★ 25 min (corrigé p. 176)

Partie A

Le plan est rapporté à un repère orthonormal $\left(O\,;\vec{i}\,;\vec{j}\right)$.
L'unité graphique est de 2 cm.

1° Tracer la courbe $\mathscr{C}$ de la fonction inverse dans le demi-plan d'inéquation $x > 0$.

2° Soit x un réel strictement positif. On note M le point de $\mathscr{C}$ d'abscisse x, N le point de la droite des ordonnées de même ordonnée que M, P le point de la droite des abscisses de même abscisse que M.
Placer approximativement M, N et P de telle sorte que le rectangle $ONMP$ ait un périmètre le plus petit possible.
Exprimer le périmètre du rectangle $ONMP$ en fonction de x.

Partie B

On considère la fonction f définie sur $]0\,;+\infty[$ par :

$$f(x) = x + \frac{1}{x}.$$

1° Pour tout réel x strictement positif, déterminer $f'(x)$.

2° Pour tout réel x strictement positif, étudier le signe de $f'(x)$.

3° Dresser le tableau de variation de f sur $]0\,;+\infty[$.

4° Pour quelle valeur de x le rectangle $ONMP$ a-t-il un périmètre le plus petit possible ? Exprimer alors le périmètre en cm.

Résolution d'équations

10 ★★ 15 min (corrigé p. 176)

Dans chacun des cas suivants, trouver une solution de l'équation (E) proposée, puis démontrer que c'est la seule.

1° $(E) : x + 2x^3 + 4x^5 = -7$.

2° $(E) : \dfrac{1}{\sqrt{x}} + \dfrac{1}{x^2} = 2$.

3° $(E) : x^2\sqrt{x} = 32$.

4° $(E) : 2x - \cos(x) = \pi$.

11 ★★ 15 min (corrigé p. 178)

Soit f la fonction définie sur $]0, +\infty[$ par :

$$f(x) = \frac{6x^2 - 9x + 4}{x^3}.$$

On pourra utiliser le tableau de variation sur $]0, +\infty[$ de la fonction étudiée dans l'**Exercice n° 3** du contrôle continu du Chapitre **6**.

1° Résoudre l'équation (E_1) : $f(x) = 1$.

2° Calculer $f(0{,}5)$, puis résoudre l'équation (E_2) : $f(x) = 8$.

3° Combien l'équation (E_3) : $f(x) = 1{,}25$ admet-elle de solutions ?

12 ★★★ 30 min (corrigé p. 179)

On dispose d'un récipient cylindrique de diamètre 80 cm contenant de l'eau dont la hauteur est 20 cm. On y plonge une bille sphérique de diamètre d cm. On constate que le niveau de l'eau est tangent à la bille. Le but de cet exercice est de calculer le diamètre d de la bille.

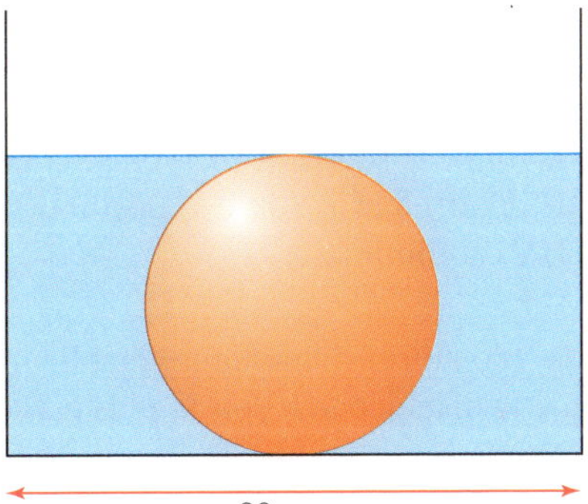

1° Justifier que d appartient à l'intervalle $[0 ; 80]$.

2° Démontrer que d vérifie la relation :

$$d^3 - 9\,600\,d + 192\,000 = 0.$$

3° Soit f la fonction définie sur $[0 ; 80]$ par :

$$f(x) = x^3 - 9\,600\,x + 192\,000.$$

a. Étudier le sens de variation de f.

b. Pourquoi l'équation $f(x) = 0$ admet-elle une seule solution dans $[0 ; 80]$?

4° À l'aide de la calculatrice, déterminer un encadrement de d d'amplitude 0,01.

Avec un logiciel de géométrie dynamique

13 ★★★ 30 min (corrigé p. 180)

Le plan est rapporté à un repère orthonormé.
Soient le point A de coordonnées $(1 ; 2)$ et le point B de coordonnées $(1 ; 0)$.

À chaque point P de la demi-droite $]Bx)$, on associe le point Q de la demi-droite $]Oy)$ de façon que A, P et Q soient alignés. Il s'agit de déterminer la position du point P pour que le triangle OPQ ait l'aire la plus petite possible. On note x l'abscisse de P.

1° À l'aide d'un logiciel de géométrie dynamique, établir une conjecture sur la position du point P pour que le triangle OPQ ait l'aire la plus petite possible.

2° Démontrer que l'ordonnée du point Q est égale à $\dfrac{2x}{x-1}$.

En déduire l'aire du triangle OPQ en fonction de x.

3° Soit la fonction f :

$$x \mapsto \frac{x^2}{x-1}.$$

Étudier le sens de variation de f sur $]1 ; +\infty[$.

4° Conclure.

14 ★★★ 30 min

(corrigé p. 181)

$ABCD$ est un carré de côté 1.
$\mathscr{C}$ est le cercle de centre D et de rayon 1.
E est un point de l'arc $\overset{\frown}{AC}$, intérieur au carré, distinct de A et C.
La tangente au cercle $\mathscr{C}$ en E coupe le segment $[AB]$ en M et le segment $[BC]$ en N.
Le but de ce problème est de déterminer la (ou les) position(s) de M pour laquelle (ou lesquelles) la distance MN est minimale.
On pose : $AM = x$ et $MN = y$.

1° À l'aide d'un logiciel de géométrie dynamique, établir une conjecture sur la position du point M pour que la distance MN soit la plus petite possible.

2° Justifier : $AM = ME$ et $EN = CN$.
En déduire : $BN = 1 + x - y$.

3° Démontrer la relation : $y^2 = (1 - x)^2 + (1 + x - y)^2$.

4° Exprimer MN en fonction de x.

5° Dresser le tableau de variation de la fonction f définie sur $[0 ; 1]$ par :

$$f(x) = \frac{x^2+1}{x+1}.$$

6° Répondre au problème posé.

Cinématique

15 ★★ 15 min

(corrigé p. 182)

À un instant pris comme origine, on lance une balle verticalement, vers le haut, à partir du sol.
On admet que la hauteur $x(t)$ mètres de la balle, à l'instant t secondes, est donnée par :

$$x(t) = -5t^2 + 60t.$$

1° Démontrer que la hauteur maximale atteinte par la balle est 180 mètres.
À quel instant la balle est-elle au point le plus haut ?

2° On admet que la vitesse $v(t)$ de la balle est $x'(t)$.
Quelle est la vitesse de la balle à son point le plus haut ?

16 ★★ 15 min *(corrigé p. 183)*

À l'instant $t = 0$, on abandonne sans vitesse initiale une bille à une hauteur de 122,50 mètres.
La distance (en mètres) $x(t)$ parcourue à l'instant t (en secondes), entre le lâcher et l'arrivée au sol, vérifie : $x(t) = 4{,}9\,t^2$.

1° À quel instant la bille arrive-t-elle au sol ?

2° On admet que la vitesse $v(t)$ de la balle est $x'(t)$.
Quelle est la vitesse de la balle à son arrivée au sol ?

Économie

17 ★★ 15 min *(corrigé p. 183)*

En économie, on constate souvent que le nombre n d'objets vendus diminue quand le prix de vente p de cet objet augmente. Une des lois formulées est : $n = a - ep$, où a et e sont des constantes réelles ($e > 0$).
Un magasin met en vente des bouteilles de champagne au prix de 18 € l'unité, chacune ayant été achetée 12 € chez le grossiste ; au bout d'une semaine, 200 bouteilles sont vendues. Le directeur décide alors de baisser le prix de la bouteille de 0,50 € ; il constate qu'à la fin de la deuxième semaine, la vente hebdomadaire a augmenté de 50 bouteilles.

1° En supposant que la loi $n = a - ep$ s'applique dans cet exemple, quelles sont les valeurs des coefficients a et e ?

2° Exprimer alors le bénéfice b en fonction de p, puis calculer le prix de vente d'une bouteille de champagne assurant un bénéfice maximal (on néglige les frais de tous ordres).

18 ★★ 15 min *(corrigé p. 183)*

Dans une usine qui fabrique des pièces mécaniques, le coût en euros pour produire n pièces vérifie :

$$C(n) = n^2 - 6n + 144.$$

1° Quel est le coût moyen $C_M(n)$ de fabrication d'une pièce mécanique en fonction du nombre n de pièces produites ?

2° Étudier le sens de variation de la fonction f définie sur $]0\,;+\infty[$ par :

$$f(x) = x - 6 + \frac{144}{x}.$$

3° Pour quelle valeur du nombre n de pièces produites le coût moyen de fabrication d'une pièce est-il minimal ?

EXERCICES

19 ★★ 15 min *(corrigé p. 184)*

On admet que le coût total de production $C(q)$ d'une quantité q d'un produit industriel vérifie :

$$C(q) = q^3 - 24q^2 + 144q + 1\,169.$$

1° Calculer le coût marginal $C(q+1) - C(q)$.

2° Étudier le sens de variation de la fonction C sur $]0\,;+\infty[$.

3° Pour quel entier q le coût total de fabrication $C(q)$ est-il minimal ?

CONTRÔLE CONTINU

Exercice n° 1 15 min (5 points) (corrigé p. 184)

On considère la fonction f définie sur $\mathbb{R}^*$ par :

$$f(x) = x^2 + \frac{16}{x}.$$

On note $\mathscr{C}$ la courbe représentative de f et $\mathscr{P}$ la parabole d'équation $y = x^2$.

1° Étudier le sens de variation de f.

2° Soit x un réel quelconque non nul.
On note M le point de $\mathscr{C}$ et P le point de $\mathscr{P}$ ayant tous deux pour abscisse x.
a. Calculer $y_M - y_P$.
Quel est le signe de $y_M - y_P$?
Comment peut-on interpréter graphiquement ce résultat ?
b. Que peut-on dire de $y_M - y_P$ lorsque x prend de grandes valeurs ?

3° Tracer $\mathscr{P}$ et $\mathscr{C}$.

Exercice n° 2 15 min (5 points) (corrigé p. 185)

Pendant les mois d'été, la commune de Viltenis propose pour la location d'un court de tennis la formule suivante : un abonnement mensuel de 30 €, puis une location de 2 € par heure.
On note f la fonction qui, au nombre x d'heures de location, associe le prix moyen horaire en euros.

1° Déterminer $f(x)$ en fonction de x.

2° Étudier le sens de variation sur $]0\,;+\infty[$ de la fonction :

$$x \mapsto \frac{30}{x} + 2.$$

3° Pour quel nombre d'heures de tennis le coût horaire est-il inférieur à 4 € ?

Exercice n° 3 30 min (10 points) (corrigé p. 186)

Une usine achète des feuilles cartonnées carrées de 30 cm de côté et fabrique dans chacune une boîte qui a la forme d'un pavé droit ; une de ses dimensions est égale à x cm, avec x un réel strictement positif (voir les schémas page suivante).

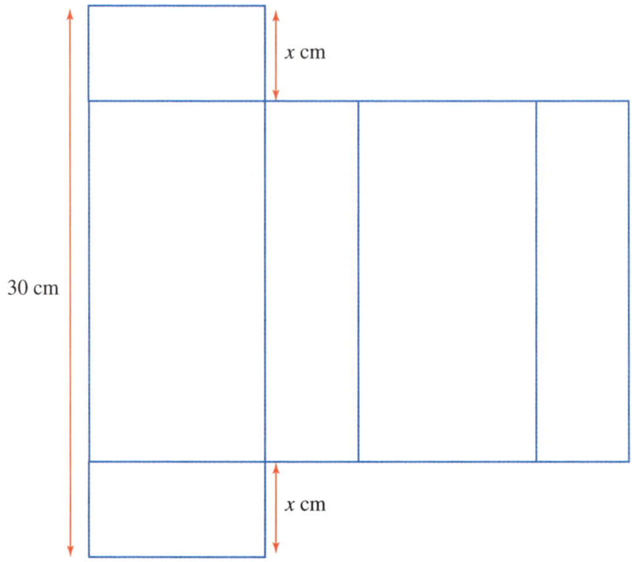

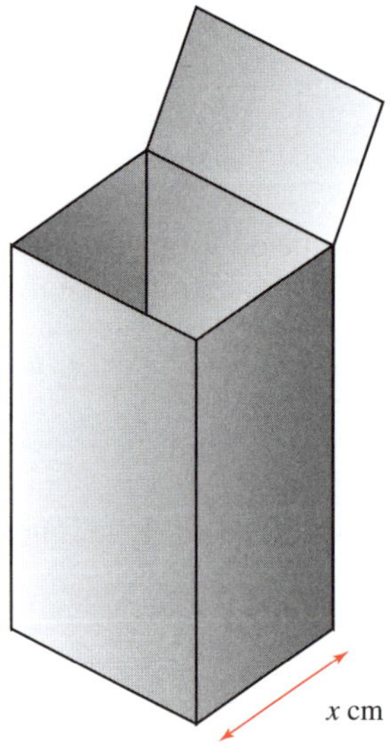

1° Justifier que x appartient à [0 ; 15].

2° Exprimer le volume $v(x)$ de la boîte (en cm^3) en fonction de x.

3° Dresser le tableau de variation de la fonction v sur [0 ; 15].

4° Quel est le volume maximal ? Pour quelle valeur de x est-il atteint ?

5° Le but de cette question est de déterminer les valeurs de x pour lesquelles la boîte a un volume de 0,5 litre.

a. Quels renseignements donne le tableau de variation de v ?

b. À l'aide de la calculatrice ou d'un tableur, préciser la réponse formulée à la question précédente.

c. On pose, pour tout réel x :

$$f(x) = (x - 10)(x^2 - 20x + 25).$$

Développer $f(x)$, puis donner la valeur exacte des solutions au problème posé.

CORRIGÉS

1 Pour tout x de $[-3\ ;\ 3]$:

$$f(x)=\frac{1}{4}x^4+\frac{1}{3}x^3-x^2.$$

1° Il semble que f soit strictement décroissante sur $[-3\ ;\ -2]$. En affichant la table de $f(x)$ sur $[-3\ ;-2]$ avec un pas de 0,1 ou même de 0,01, la conjecture est confortée. Mais ce n'est qu'une conjecture.

2° f peut paraître croissante sur $[-2\ ;\ 3]$, ce qui est faux puisque l'on a :

$$0<1 \text{ et } f(0)>f(1)$$

$$f(0)=0 \text{ et } f(1)=-\frac{5}{12}.$$

3° f est dérivable sur $[-3\ ;\ 3]$, et pour tout x de $[-3\ ;\ 3]$:

$$f'(x)=\frac{1}{4}\times 4x^3+\frac{1}{3}\times 3x^2-2x$$
$$=x\left(x^2+x-2\right),$$
$$f'(x)=0 \Leftrightarrow x=0 \text{ ou } x^2+x-2=0.$$

Le discriminant Δ de $x^2+x-2=0$ est tel que :

$$\Delta=1^2-4\times 1\times(-2)=1+8=9=3^2,$$

donc les solutions de $x^2+x-2=0$ sont $\frac{-1+3}{2}$ et $\frac{-1-3}{2}$, c'est-à-dire 1 et -2.

1 est une solution évidente de $x^2+x-2=0$, le produit des solutions vaut -2, donc l'autre solution est -2.

On peut alors déterminer le signe de $f'(x)$:

x	-3		-2		0		1		3
x		$-$	|	$-$	0	$+$	|	$+$	
x^2+x-2		$+$	0	$-$	|	$-$	0	$+$	
$f'(x)$		$-$	0	$+$	0	$-$	0	$+$	

4° On en déduit que f **est :**

- **strictement décroissante sur $[-3\ ;\ -2]$ et sur $[0\ ;\ 1]$,**
- **strictement croissante sur $[-2\ ;\ 0]$ et sur $[1\ ;\ 3]$.**

Contrairement à ce que laisse penser la copie d'écran de la calculatrice, la fonction f n'est pas monotone sur $[-2\ ;\ 3]$.

2 Pour tout x de $[1\ ;\ +\infty[$,

$$f(x)=\frac{x}{2}-1+\frac{2}{x}.$$

$\mathscr{C} : y=f(x)$,

$\Delta : y=\frac{x}{2}-1.$

1° f est dérivable sur $[1\ ;\ +\infty[$, et pour tout x de $[1\ ;\ +\infty[$:

$$f'(x)=\frac{1}{2}-\frac{2}{x^2}=\frac{x^2-4}{2x^2}=\frac{(x-2)(x+2)}{2x^2},$$

or : $2x^2>0$ et $x+2>0$,

donc le signe de $f'(x)$ est celui de $x-2$.

Par conséquent :

- si $1 \leqslant x<2$, alors $f'(x)<0$,
- $f'(2)=0$,
- si $x>2$, alors $f'(x)>0$.

On en déduit que **f est strictement décroissante sur $[1\ ;\ 2]$ et strictement croissante sur $[2\ ;\ +\infty[$.**

$f(1)=\frac{1}{2}-1+2=1{,}5\ ;$

$f(2)=1-1+1=1\ ;$

$f'(1)=-1{,}5.$

Le coefficient directeur de la tangente à $\mathscr{C}_f$ au point d'abscisse 1 est égal à $-1{,}5$.

x	1		2		$+\infty$
$f'(x)$	$-1{,}5$	$-$	0	$+$	
$f(x)$	$1{,}5$	↘	1	↗	

2° $M \in \mathscr{C}$, $P \in \Delta$, M et P d'abscisse x $(x \geqslant 1)$.

a. $y_M - y_P = f(x) - \left(\frac{x}{2} - 1\right)$

$$= \frac{x}{2} - 1 + \frac{2}{x} - \frac{x}{2} + 1$$

$$= \boldsymbol{\frac{2}{x}}.$$

b. $\boldsymbol{y_M - y_p > 0}$**,** donc $y_M > y_P$, ce qui permet d'affirmer que **la courbe $\mathscr{C}$ est au-dessus de Δ.**

c. Lorsque x prend de grandes valeurs, $\frac{2}{x}$ devient très proche de zéro, donc $\boldsymbol{y_M - y_P}$ **se rapproche de zéro**.

On dit que, lorsque x tend vers $+\infty$, $\frac{2}{x}$ tend vers 0.

Les points de $\mathscr{C}$ et Δ de même abscisse x sont aussi proches que l'on veut pourvu que x soit suffisamment grand.

On dit que la droite Δ est asymptote à la courbe $\mathscr{C}$ au voisinage de $+\infty$.

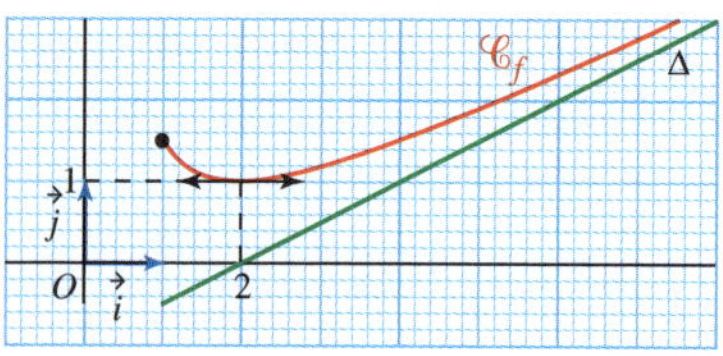

Mieux vaut commencer par tracer Δ, le tracé de $\mathscr{C}$ en est facilité.

3 Pour tout x de $\mathbb{R}^*$, $f(x) = x + \frac{4}{x}$.

$\mathscr{C} : y = f(x)$,

$\Delta : y = x$.

1° Pour tout x de $\mathbb{R}^*$:

- $-x \in \mathbb{R}^*$,
- $f(-x) = -x + \frac{4}{-x} = -\left(x + \frac{4}{x}\right) = -f(x)$.

Donc ***f* est une fonction impaire**.

On en déduit que **la courbe $\mathscr{C}$ est symétrique par rapport à l'origine O du repère**.

2° f est une fonction rationnelle, donc f est dérivable sur son ensemble de définition $\mathbb{R}^*$, et pour tout réel x non nul :

$$f'(x) = 1 - \frac{4}{x^2} = \frac{x^2 - 4}{x^2},$$

$$f'(x) = \frac{(x-2)(x+2)}{x^2},$$

or $x^2 > 0$,

donc le signe de $f'(x)$ est celui de $(x-2)(x+2)$.

Par conséquent :

- $f'(-2) = f'(2) = 0$,
- si $x < -2$, alors $f'(x) > 0$,
- si $-2 < x < 0$ ou $0 < x < 2$, alors $f'(x) < 0$,
- si $x > 2$, alors $f'(x) > 0$.

On en déduit que ***f* est strictement croissante sur $]-\infty\ ;\ -2]$, strictement décroissante sur $[-2\ ;\ 0[$, strictement décroissante sur $]0\ ;\ 2]$ et strictement croissante sur $[2\ ;\ +\infty[$.**

f n'est pas définie en 0, donc n'est pas dérivable en 0.

Le tableau de variation de f sur $\mathbb{R}_+^*$ est le suivant :

x	0		2		$+\infty$
$f'(x)$	‖	$-$	0	$+$	
f	‖	↘	4	↗	

3° x est un réel non nul.

a. $y_M - y_P = x + \frac{4}{x} - x = \frac{4}{x}$.

b. 1er cas : $x > 0$

Alors $\frac{4}{x} > 0$,

donc $y_M - y_P > 0$,

d'où $y_M > y_P$,

ce qui permet d'affirmer que **la courbe $\mathscr{C}$ est au-dessus de Δ dans le demi-plan d'inéquation $x > 0$.**

2e cas : $x < 0$

Alors $\frac{4}{x} < 0$,

donc $y_M - y_P < 0$,

d'où $y_M < y_P$,

ce qui permet d'affirmer que **la courbe $\mathscr{C}$ est en dessous de Δ dans le demi-plan d'inéquation $x < 0$.**

c. Lorsque x prend de grandes valeurs, $\frac{4}{x}$ devient très proche de zéro, donc **$y_M - y_P$ se rapproche de zéro**.

On dit que, lorsque x tend vers $+\infty$, $\frac{4}{x}$ tend vers 0.
Les points de $\mathscr{C}$ et Δ de même abscisse x sont aussi proches que l'on veut pourvu que x soit suffisamment grand.
On dit que la droite Δ est asymptote à la courbe $\mathscr{C}$ au voisinage de $+\infty$.

4°

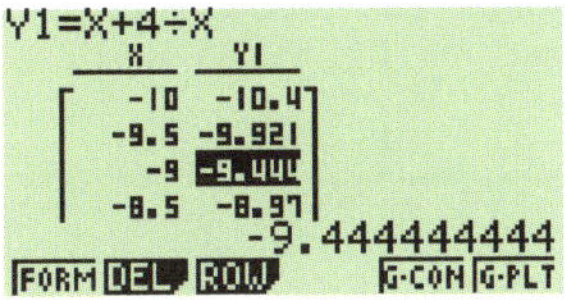

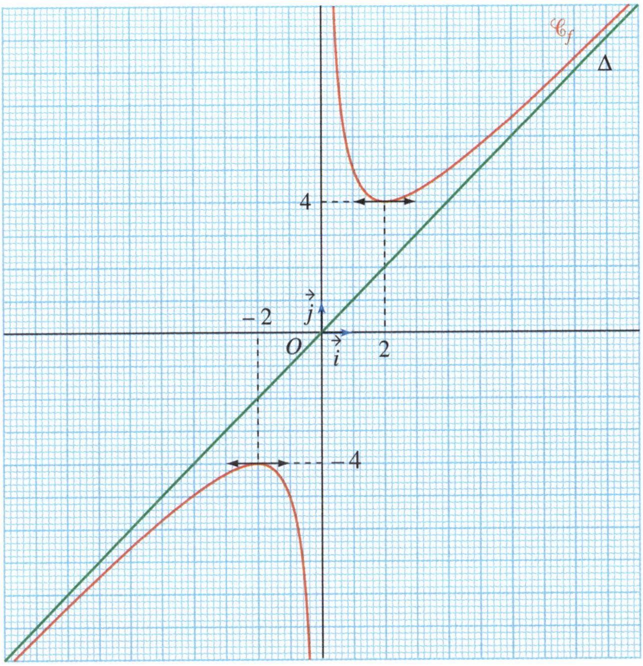

4 $f : [-3 ; 4] \to \mathbb{R}$

$$x \mapsto \frac{3(2x-1)}{2x^2-2x+5}$$

1° L'ensemble de définition de f est l'ensemble des réels x de $[-3 ; 4]$ tels que :

$$2x^2 - 2x + 5 \neq 0.$$

Soit (E) l'équation du second degré :

$$2x^2 - 2x + 5 = 0.$$

Son discriminant Δ vérifie :

$$\Delta = (-2)^2 - 4 \times 2 \times 5$$
$$= 4 - 40$$
$$= -36.$$

$\Delta < 0$, donc (E) n'admet pas de solution et :

pour tout réel x, $2x^2 - 2x + 5 > 0$.

$2x^2 - 2x + 5$ est du signe du coefficient de x^2.

On en déduit :

l'ensemble de définition de f est $[-3 ; 4]$ et que, pour tout x de $[-3 ; 4]$, $f(x)$ est du signe de $2x - 1$.

2° f est la restriction à $[-3 ; 4]$ d'une fonction rationnelle définie sur $\mathbb{R}$, donc f est dérivable sur $[-3 ; 4]$.

$$\left(\frac{u}{v}\right)' = \frac{u'v - uv'}{v^2}.$$

Pour tout x de $[-3 ; 4]$:

$$f'(x)=$$

$$3\times\frac{2(2x^2-2x+5)-(2x-1)(4x-2)}{(2x^2-2x+5)^2}$$

$$=3\times\frac{4x^2-4x+10-8x^2+4x+4x-2}{(2x^2-2x+5)^2}$$

$$=3\times\frac{-4x^2+4x+8}{(2x^2-2x+5)^2}$$

$$=\frac{12(-x^2+x+2)}{(2x^2-2x+5)^2},$$

donc $f'(x)$ est du signe de $-x^2+x+2$.

Soit g le polynôme du second degré :

$$x\mapsto -x^2+x+2,$$

Le produit des racines d'une fonction polynôme du second degré $x\mapsto ax^2+bx+c$ vaut $\frac{c}{a}$.

-1 étant une racine de g, son autre racine, notée α, vérifie :

$$\alpha\times(-1)=\frac{2}{-1},$$

donc :

$$\alpha=2.$$

On peut aussi calculer le discriminant pour calculer les racines de g.

On en déduit le tableau de signes de $g(x)$:

x	$-\infty$		-1		2		$+\infty$
$g(x)$		$-$	0	$+$	0	$-$	

puis :

- $f'(-1)=f'(2)=0$,
- pour tout x de $[-3;-1[\,\cup\,]2;4]$,

$$f'(x)<0,$$

- pour tout x de $]-1 ; 2[$,

$$f'(x)>0,$$

ce qui implique que f **est strictement croissante sur $[-1 ; 2]$ et strictement décroissante sur chacun des intervalles $[-3 ; -1]$ et $[2 ; 4]$.**

$f(-3)=\frac{-21}{29}\approx -0{,}72,$

$f'(-3)=\frac{-120}{841}\approx -0{,}14,$

$f(4)=-f(-3),$

$f'(4)=f'(-3).$

x	-3		-1		2		4
$f'(x)$		$-$	0	$+$	0	$-$	
$f(x)$	$\frac{-21}{29}$	↘	-1	↗	1	↘	$\frac{21}{29}$

3°

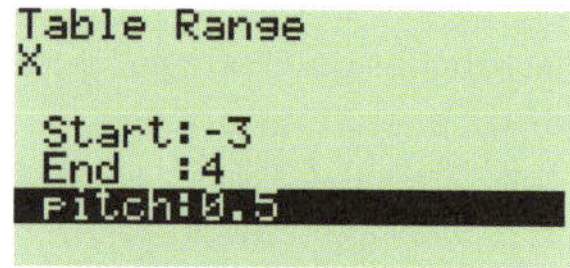

Pour tracer $\mathscr{C}_f$ en prenant pour unités graphiques 1 cm sur (Ox), 4 cm sur (Oy), il est avantageux de programmer $4f$ plutôt que f.

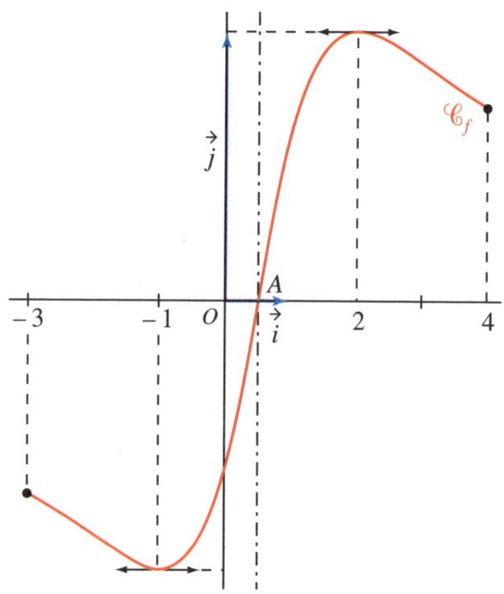

4°

```
from lycee import *
x = np.arange(-3, 4, 0.01)
y = 3*(2*x - 1)/(2*x**2 - 2*x + 5)
repere.plot(x, y)
repere.show()
```

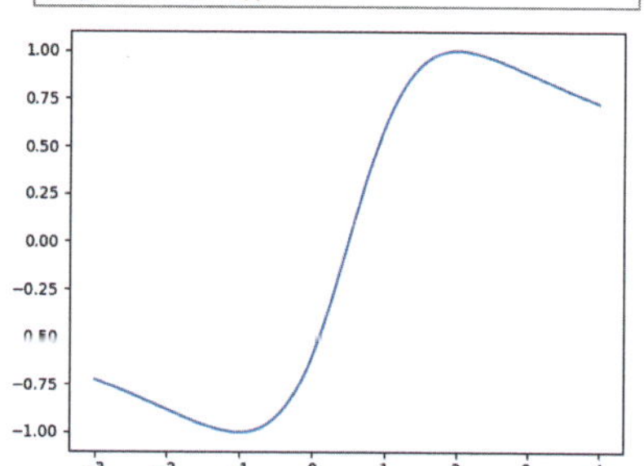

On peut démontrer que le point $A\left(\frac{1}{2};0\right)$ est un centre de symétrie de $\mathscr{C}_f$ en prouvant que la fonction $x \mapsto f\left(x+\frac{1}{2}\right)$ est impaire.

5 $f : x \mapsto 3x^3 - 4x - 1.$

1° f est dérivable sur $\mathbb{R}$ (f est un polynôme), et, pour tout réel x :

$$f'(x) = 9x^2 - 4 = (3x+2)(3x-2).$$

On en déduit le tableau de variation de la fonction f :

x	$-\infty$		$-\frac{2}{3}$		$\frac{2}{3}$		$+\infty$
$f'(x)$		+	0	−	0	+	
$f(x)$		↗	$\frac{7}{9}$	↘	$-\frac{25}{9}$	↗	

2° a. L'équation réduite de la tangente T à $\mathscr{C}_f$ au point I d'abscisse 0 est :

$$y = f'(0)(x-0) + f(0),$$

or : $f(0) = -1$, $f'(0) = -4$.

donc I a pour ordonnée -1 et :

T a pour équation $y = -4x - 1$.

b. Soient x un réel, M le point de $\mathscr{C}_f$ d'abscisse x et P celui de T de même abscisse :

$$y_M - y_P = f(x) - (-4x-1)$$
$$= 3x^3 - 4x - 1 - (-4x-1)$$
$$= 3x^3,$$

x et x^3 sont de même signe

donc $y_M - y_P$ est du signe de x, ce qui prouve que **la courbe $\mathscr{C}_f$ est au-dessus de T dans le demi-plan d'inéquation $x \geqslant 0$, et en dessous dans le demi-plan d'inéquation $x \leqslant 0$; de plus, I est leur seul point d'intersection.**

On peut démontrer que le point $I\,(0\,;-1)$ est un centre de symétrie de $\mathscr{C}_f$. Cela revient à prouver que la fonction $x \mapsto f(x)+1$ est impaire.

3° a. Pour tout réel x :

$$(x+1)(3x^2 - 3x - 1)$$
$$= 3x^3 + 3x^2 - 3x^2 - 3x - x - 1$$
$$= \mathbf{3x^3 - 4x - 1.}$$

b. Les abscisses des points d'intersection de $\mathscr{C}_f$ et de la droite des abscisses sont les solutions de l'équation $f(x) = 0$, et :

$$f(x) = 0 \Leftrightarrow 3x^2 - 4x - 1 = 0,$$

donc, d'après la question **3° a.** :

$$f(x) = 0 \Leftrightarrow (x+1)(3x^2-3x-1) = 0$$
$$\Leftrightarrow x+1 = 0 \text{ ou } 3x^2-3x-1 = 0$$
$$\Leftrightarrow x = -1 \text{ ou } 3x^2-3x-1 = 0.$$

Résolvons l'équation (E) du second degré :

$$3x^2 - 3x - 1 = 0.$$

Son discriminant Δ vérifie :

$$\Delta = (-3)^2 - 4 \times 3 \times (-1)$$
$$= 9 + 12$$
$$= 21.$$

$\Delta > 0$, donc (E) admet deux solutions x_1 et x_2 :

$$x_1 = \frac{-(-3)-\sqrt{21}}{2\times 3} = \frac{3-\sqrt{21}}{6},$$

$$x_2 = \frac{-(-3)+\sqrt{21}}{2\times 3} = \frac{3+\sqrt{21}}{6}.$$

$\frac{3-\sqrt{21}}{6} \approx -0{,}26$, $\frac{3+\sqrt{21}}{6} \approx 1{,}26$.

Finalement, **les points d'intersection de $\mathscr{C}_f$ et de la droite des abscisses sont les trois points A, B, C d'abscisses respectives :**

$$\mathbf{-1,\ \frac{3-\sqrt{21}}{6} \text{ et } \frac{3+\sqrt{21}}{6}.}$$

4°
```
from lycee import *
x = np.arange(-3, 3, 0.01)
y = -4*x - 1
repere.plot(x, y,'-g')
y = 3*x**3 - 4*x - 1
repere.plot(x, y,'-r')
repere.show()
```

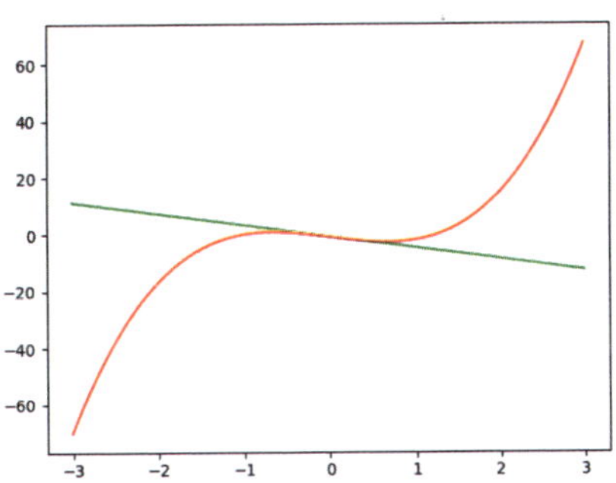

5°

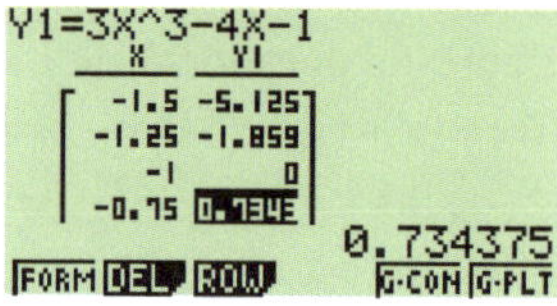

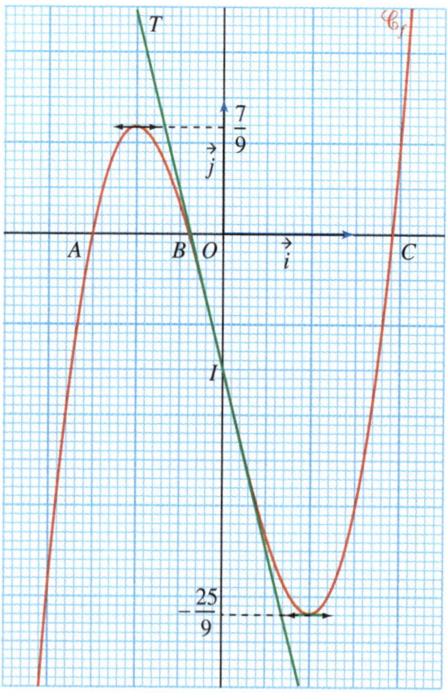

6° Le nombre $N(m)$ de solutions de l'équation $f(x) = m$ est le nombre de points d'intersection de $\mathscr{C}_f$ et de la droite d'équation $y = m$ (qui est parallèle à la droite des abscisses).

Par conséquent :

m	$-\infty$		$-\frac{25}{9}$		$\frac{7}{9}$		$+\infty$
$N(m)$		1	2	3	2	1	

6 $f : x \mapsto \sqrt{x} + \sqrt{4-x}$.

1° Un réel x appartient à l'ensemble de définition $\mathscr{D}_f$ de f si, et seulement si :

$$x \geqslant 0 \text{ et } 4 - x \geqslant 0,$$

$4 - x \geqslant 0 \Leftrightarrow 4 \geqslant x \Leftrightarrow x \leqslant 4$

c'est-à-dire si, et seulement si :

$$0 \leqslant x \leqslant 4,$$

donc : $\mathscr{D}_f = \left[\mathbf{0}\,;\mathbf{4}\right]$

2° $\Delta : x = 2$.

Notons A le point de coordonnées (2 ; 0). Soient M un point du plan, (x, y) ses coordonnées dans le repère $\left(\mathrm{O}\,;\vec{i},\vec{j}\right)$ et (X, Y) ses coordonnées dans le repère $\left(\mathrm{A}\,;\vec{i},\vec{j}\right)$.

$\overrightarrow{OM} = \overrightarrow{OA} + \overrightarrow{AM}$, donc :

$$x\vec{i} + y\vec{j} = (2+X)\vec{i} + Y\vec{j}.$$

On en déduit les formules de changement de repère :

$$\begin{cases} x = X + 2 \\ y = Y \end{cases}$$

Dans le repère $\left(O\,;\vec{i},\vec{j}\right)$, $\mathscr{C}_f$ a pour équation $y = f(x)$, donc dans le repère $\left(A\,;\vec{i},\vec{j}\right)$, $\mathscr{C}_f$ a pour équation :

$$Y = f(X+2).$$

Or, pour tout réel X tel que $X + 2$ appartienne à [0 ; 4], c'est-à-dire tel que X appartienne à [–2 ; 2] :

$$f(X+2) = \sqrt{X+2} + \sqrt{4-(X+2)}$$
$$= \sqrt{X+2} + \sqrt{2-X}.$$

La fonction F définie sur [–2 ; 2] par :

$$F(X) = \sqrt{X+2} + \sqrt{2-X}$$

est paire ; en effet, pour tout X de [–2 ; 2] : $-X$ appartient à [–2 ; 2],

et :

$$F(-X) = \sqrt{-X+2} + \sqrt{2+X}$$
$$= \sqrt{X+2} + \sqrt{2-X}$$
$$= F(X)$$

On a ainsi prouvé : **la droite Δ d'équation $x = 2$ est axe de symétrie de $\mathscr{C}_f$.**

En résumé, démontrer que la droite d'équation $x = 2$ est un axe de symétrie de $\mathscr{C}_f$, c'est démontrer que la fonction : $x \mapsto f\left(x+2\right)$ est paire.

3° a. • Pour tout h de]0 ; 4[:

$$\frac{f(h) - f(0)}{h} = \frac{\sqrt{h} + \sqrt{4-h} - 2}{h}$$
$$= \frac{\sqrt{h}}{h} + \frac{\sqrt{4-h} - 2}{h},$$

or : $\dfrac{\sqrt{h}}{h}=\dfrac{\sqrt{h}}{\sqrt{h}\times\sqrt{h}}=\dfrac{1}{\sqrt{h}}$,

et, en multipliant le numérateur et le dénominateur de $\dfrac{\sqrt{4-h}-2}{h}$ par le réel strictement positif $\sqrt{4-h}+2$:

$$\frac{\sqrt{4-h}-2}{h}=\frac{\left(\sqrt{4-h}\right)^2-2^2}{h\left(\sqrt{4-h}+2\right)}=\frac{4-h-4}{h\left(\sqrt{4-h}+2\right)}=\frac{-1}{\sqrt{4-h}+2},$$

donc, finalement :

$$\boldsymbol{\frac{f(h)-f(0)}{h}=\frac{1}{\sqrt{h}}-\frac{1}{\sqrt{4-h}+2}}.$$

• $\lim\limits_{h\to 0}\dfrac{1}{\sqrt{h}}=+\infty$,

$\lim\limits_{h\to 0}\dfrac{1}{\sqrt{4-h}+2}=\dfrac{1}{4}$,

donc : $\lim\limits_{h\to 0}\dfrac{f(h)-f(0)}{h}=+\infty$,

ce qui prouve que :
***f* n'est pas dérivable en 0 et que la courbe $\mathscr{C}_f$ admet une tangente verticale en son point d'abscisse 0**.

Noter que, f étant la somme de $x\mapsto\sqrt{x}$, non dérivable en 0, et de $x\mapsto\sqrt{4-x}$, dérivable en 0, f n'est pas dérivable en 0.

b. $\mathscr{C}_f$ admet une tangente verticale en son point d'abscisse 0 et elle est symétrique par rapport à la droite Δ d'équation $x=2$, donc **$\mathscr{C}_f$ admet une tangente verticale en son point d'abscisse 4,** ce qui prouve que ***f* n'est pas dérivable en 4**.

Si f était dérivable en 4, alors $\mathscr{C}_f$ admettrait une tangente non verticale en son point d'abscisse 4.

4° • Pour tout x de $]0\,;4[$:

$$f'(x)=\frac{1}{2\sqrt{x}}+\frac{-1}{2\sqrt{4-x}}=\frac{\sqrt{4-x}-\sqrt{x}}{2\sqrt{x}\sqrt{4-x}},$$

$$f(x)=g(ax+b)$$
$$f'(x)=ag'(ax+b)$$

donc :

$$f'(x)>0\Leftrightarrow\sqrt{4-x}-\sqrt{x}>0\Leftrightarrow\sqrt{4-x}>\sqrt{x}\Leftrightarrow 4-x>x,$$

Des nombres positifs sont rangés dans le même ordre que leurs carrés.

$$f'(x)>0\Leftrightarrow 4>2x\Leftrightarrow x<2,$$

de même :

$$f'(x)=0\Leftrightarrow x=2.$$

Finalement, pour tout x de $]0\,;4[$:

$$\begin{cases}\boldsymbol{f'(x)>0 \text{ si } 0<x<2,}\\ \boldsymbol{f'(2)=0,}\\ \boldsymbol{f'(x)<0 \text{ si } 2<x<4.}\end{cases}$$

5° On en déduit que ***f* est strictement croissante sur $]0\,;2]$ et strictement décroissante sur $[2\,;4[$**.

Ces résultats sont bien en accord avec le fait que la droite Δ d'équation $x=2$ est axe de symétrie de $\mathscr{C}_f$.
On aurait d'ailleurs pu se limiter à étudier le sens de variation de f sur $[0\,;2]$.

$$f(2)=\sqrt{2}+\sqrt{4-2}=2\sqrt{2}$$

x	0		2		4
$f'(x)$	‖	+	0	−	‖
$f(x)$	2	↗	$2\sqrt{2}$	↘	2

6°

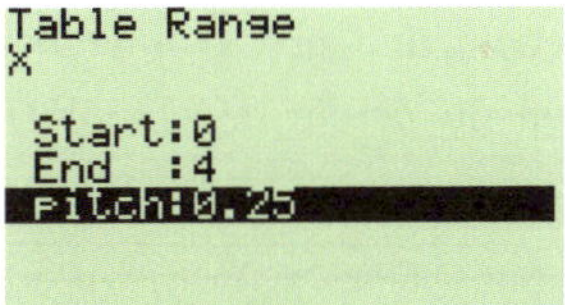

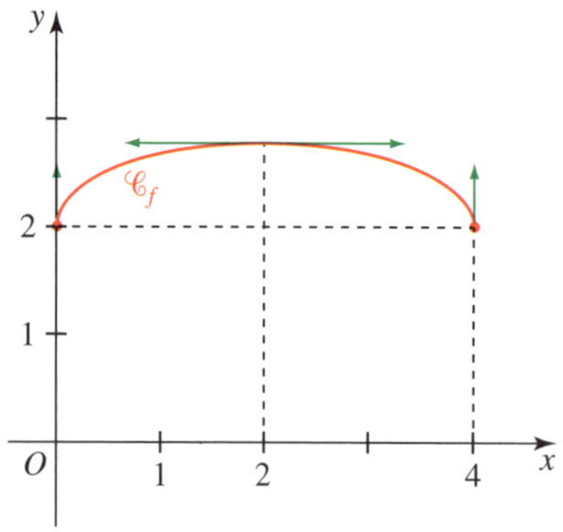

7 **1°** $f : x \mapsto \sqrt{1-x^2}$.

L'ensemble de définition de f est l'ensemble des réels x tels que : $1-x^2 \geqslant 0$, or :

$$1-x^2 \geqslant 0 \Leftrightarrow x^2 \leqslant 1 \Leftrightarrow -1 \leqslant x \leqslant 1,$$

donc l'ensemble de définition de f est l'intervalle $[-1 ; 1]$.

Dire qu'un point $M(x ; y)$ appartient à la courbe $\mathscr{C}_f$ signifie que son abscisse x appartient à $[-1 ; 1]$ et que son ordonnée y vérifie :

$$y = f(x),$$

c'est-à-dire :

$$y = \sqrt{1-x^2}.$$

De plus, pour tout x de $[-1 ; 1]$, pour tout réel y :

$$y = \sqrt{1-x^2} \Leftrightarrow y^2 = 1-x^2 \text{ et } y \geqslant 0,$$

Des réels sont égaux si et seulement s'ils ont le même carré et le même signe.

donc :

$$y = \sqrt{1-x^2} \Leftrightarrow x^2+y^2 = 1 \text{ et } y \geqslant 0.$$

On reconnaît en $x^2+y^2=1$ une équation du cercle de centre O et de rayon 1.

$$x^2+y^2=1 \Leftrightarrow (x-x_O)^2+(y-y_O)^2=1^2.$$

On en déduit que $\mathscr{C}_f$ **est l'ensemble des points d'ordonnée positive ou nulle du cercle de centre O et de rayon 1, c'est-à-dire le demi-cercle (fermé) dessiné ci-après.**

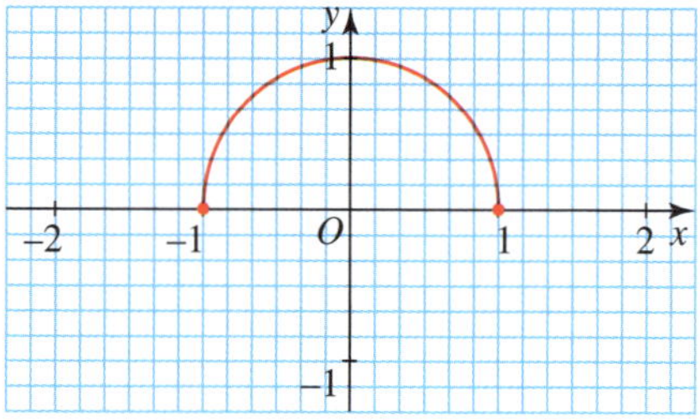

2° $f_1 : x \mapsto -\sqrt{1-x^2}$.

$f_1 = -f$, donc la courbe de f_1 est l'image de celle de f par la symétrie orthogonale d'axe la droite des abscisses.

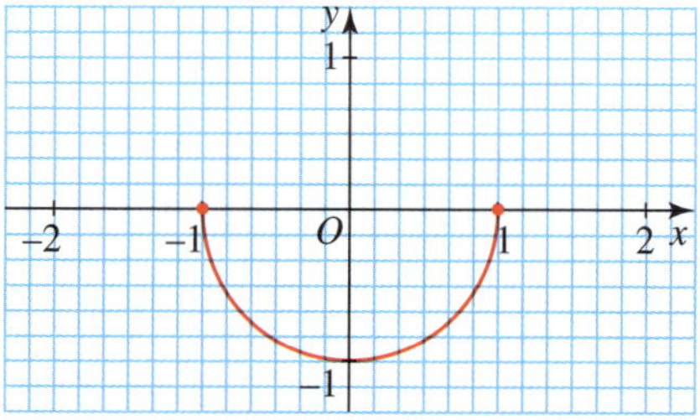

$f_2 : x \mapsto -\sqrt{4-x^2}$.

L'ensemble de définition de f_2 est l'ensemble des réels x tels que : $4-x^2 \geqslant 0$, or :

$$4-x^2 \geqslant 0 \Leftrightarrow x^2 \leqslant 4 \Leftrightarrow -2 \leqslant x \leqslant 2,$$

donc l'ensemble de définition de f_2 est l'intervalle $[-2 ; 2]$.

Dire qu'un point $M(x ; y)$ appartient à la courbe de f_2 signifie que son abscisse x appartient à $[-2 ; 2]$ et que son ordonnée y vérifie :

$$y = f_2(x),$$

c'est-à-dire :

$$y = -\sqrt{4-x^2}.$$

De plus, pour tout x de $[-2 ; 2]$:

$$y = -\sqrt{4-x^2} \Leftrightarrow (y^2 = 4-x^2 \text{ et } y \leqslant 0),$$
$$\Leftrightarrow (x^2+y^2 = 4 \text{ et } y \leqslant 0),$$
$$\Leftrightarrow (x^2+y^2 = 2^2 \text{ et } y \leqslant 0).$$

Par conséquent, **la courbe de f_2 est l'ensemble des points d'ordonnée négative ou nulle du cercle de centre O et de rayon 2, c'est-à-dire le demi-cercle (fermé) dessiné ci-après.**

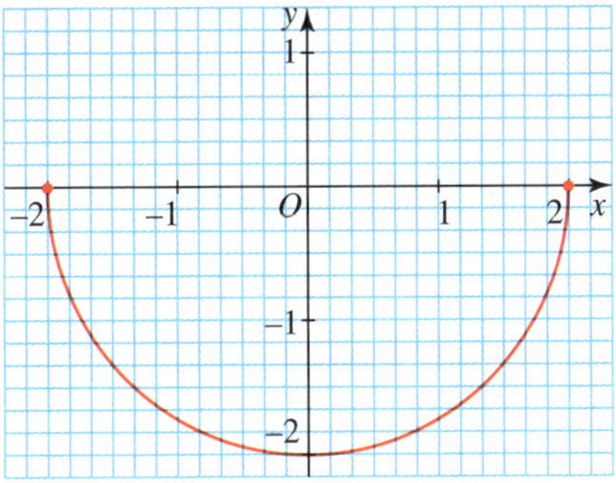

$f_3 : x \mapsto \sqrt{2x - x^2}$.

L'ensemble de définition de f_3 est l'ensemble des réels x tels que :

$$2x - x^2 \geqslant 0,$$

or :

$$2x - x^2 \geqslant 0 \Leftrightarrow x(2-x) \geqslant 0$$
$$\Leftrightarrow 0 \leqslant x \leqslant 2,$$

donc l'ensemble de définition de f_3 est l'intervalle $[0 ; 2]$.

Dire qu'un point $M(x ; y)$ appartient à la courbe de f_3 signifie que son abscisse x appartient à $[0 ; 2]$ et que son ordonnée y vérifie :

$$y = f_3(x),$$

c'est-à-dire :

$$y = \sqrt{2x - x^2}.$$

De plus, pour tout x de $[0 ; 2]$:

$y = \sqrt{2x - x^2}$

$$\Leftrightarrow (y^2 = 2x - x^2 \text{ et } y \geqslant 0),$$
$$\Leftrightarrow (x^2 - 2x + y^2 = 0 \text{ et } y \geqslant 0),$$
$$\Leftrightarrow (x^2 - 2x + 1 + y^2 = 1 \text{ et } y \geqslant 0),$$
$$\Leftrightarrow ((x-1)^2 + y^2 = 1 \text{ et } y \geqslant 0).$$

Finalement, **la courbe de f_3 est l'ensemble des points d'ordonnée positive ou nulle du cercle de centre $I(1 ; 0)$ et de rayon 1, c'est-à-dire le demi-cercle (fermé) dessiné ci-dessous.**

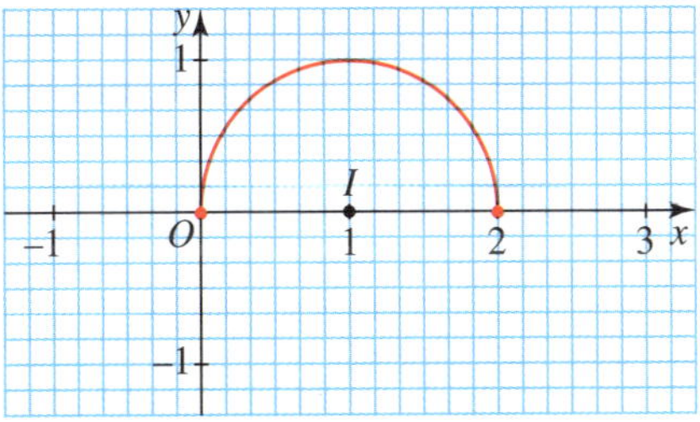

8 Soit y la dimension, en cm, des bords inférieur et supérieur de la partie imprimée d'une page ; soit x celle, en cm, des bords gauche et droit.

L'aire, en cm^2, de cette partie de page vaut 500,

d'où : $xy = 500$,

c'est-à-dire : $y = \dfrac{500}{x}$.

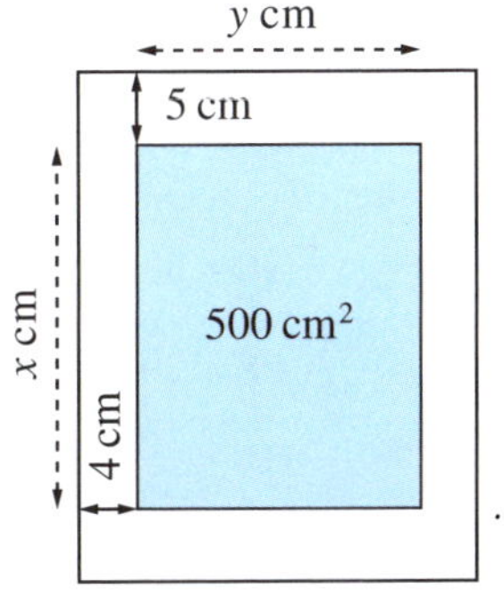

Les dimensions de la page entière, en cm, sont alors :

$$x + (2 \times 5) \quad \text{et} \quad y + (2 \times 4),$$

c'est-à-dire :

$$x + 10 \quad \text{et} \quad \frac{500}{x} + 8.$$

Appelons f la fonction (définie seulement sur $\mathbb{R}_+^*$) qui, au réel x, associe l'aire en cm^2 de la page entière. Alors :

$$f(x) = (x+10)\left(\frac{500}{x} + 8\right)$$
$$= 500 + \frac{5\,000}{x} + 8x + 80,$$
$$f(x) = 8x + \frac{5\,000}{x} + 580.$$

Étudions le sens de variation de f.

f est dérivable sur $\mathbb{R}_+^*$ et, pour tout x de $\mathbb{R}_+^*$:

$$f'(x) = 8 - \frac{5\,000}{x^2}$$
$$= \frac{8x^2 - 5\,000}{x^2}$$
$$= \frac{8(x^2 - 625)}{x^2}$$
$$= \frac{8(x+25)(x-25)}{x^2}.$$

Si $x > 0$, alors : $x + 25 > 0$ et $x^2 > 0$.

Le signe de $f'(x)$ est donc celui de $x - 25$.

Le sens de variation de f sur $\mathbb{R}_+^*$ est donné par le tableau suivant :

x	0		25		$+\infty$
$f'(x)$	‖	$-$	0	$+$	
$f(x)$	‖	↘	980	↗	

Le minimum de f sur $\mathbb{R}_+^*$ est atteint en 25. Les dimensions recherchées sont obtenues pour $x = 25$. On a alors :

$$x + 10 = 35,$$

$$y + 8 = \frac{500}{25} + 8 = 20 + 8 = 28.$$

Si $x = 25$, alors $y = \frac{500}{25} = 20$.

On en déduit que **les bords inférieur et supérieur d'une page du livre doivent mesurer 28 cm et les bords gauche et droit, 35 cm.**

9 Partie A

1° Partie de la courbe de la fonction inverse dont les points ont une abscisse strictement positive.

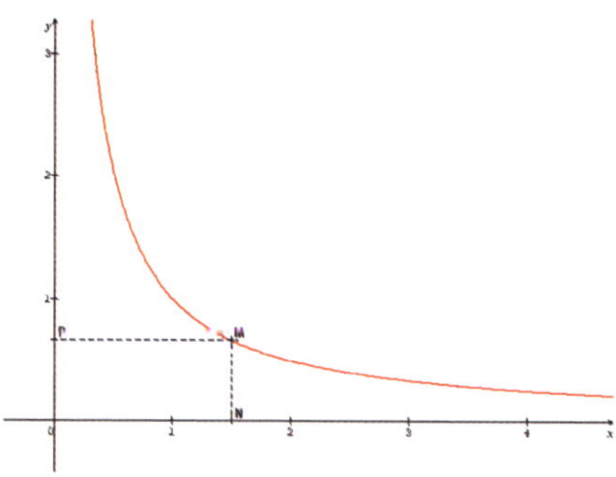

2° Le point M appartient à $\mathscr{C}$ et il a pour abscisse x, donc M a pour ordonnée $\frac{1}{x}$.

Le point N appartient à la droite des ordonnées, il a pour abscisse 0 et son ordonnée est la même que celle de M, donc N a pour ordonnée $\frac{1}{x}$.

Le point P appartient à la droite des abscisses, il a pour ordonnée 0 et il a la même abscisse x que M.

Les dimensions du rectangle sont donc x unités de longueur et $\frac{1}{x}$ unités de longueur, c'est-à-dire donc $2x$ cm et $\frac{2}{x}$ cm.

Le périmètre du rectangle *ONMP* vaut $4\left(x + \frac{1}{x}\right)$ cm.

Partie B

Pour tout x de $]0\ ; +\infty[$, $f(x) = x + \frac{1}{x}$.

On remarque que le périmètre du rectangle *ONMP* vaut $4f(x)$ cm.

1° **Pour tout réel x strictement positif :**

$$f'(x) = 1 - \frac{1}{x^2} = \frac{x^2 - 1}{x^2} = \frac{(x-1)(x+1)}{x^2}.$$

2° Pour tout x strictement positif :

$$x + 1 > 0 \text{ et } x^2 > 0$$

donc **$f'(x)$ est du signe de $x - 1$.**

3°

x	0		1		$+\infty$
signe de $f'(x)$	‖	$-$	0	$+$	
sens de variation de f	‖	↘	2	↗	

4° Le minimum de la fonction f est atteint en 1 et il vaut 2 donc le rectangle *ONMP* a un périmètre le plus petit possible pour $x = 1$.

Finalement, **le périmètre minimal du rectangle *ONMP* est obtenu lorsque M a pour abscisse 1 et il vaut** 4 unités de longueur, c'est-à-dire **8 cm.**

10 1° (E) : $x + 2x^3 + 4x^5 = -7$.

L'ensemble de définition de (E) est $\mathbb{R}$.

Tout d'abord, -1 est une solution évidente de (E).

En effet :

$-1 + 2 \times (-1)^3 + 4 \times (-1)^5 = -1 - 2 - 4 = -7$.

De plus, la fonction f :

$$x \mapsto x + 2x^3 + 4x^5$$

est strictement croissante sur $\mathbb{R}$, car elle est la somme des fonctions

$$x \mapsto x, \quad x \mapsto 2x^3, \quad x \mapsto 4x^5$$

toutes strictement croissantes sur $\mathbb{R}$.

Pour tout réel x :

$$f'(x) = 1 + 2 \times 3x^2 + 4 \times 5x^4$$
$$= 1 + 6x^2 + 20x^4,$$

donc : $f'(x) > 0$,

ce qui prouve que f est strictement croissante sur $\mathbb{R}$.

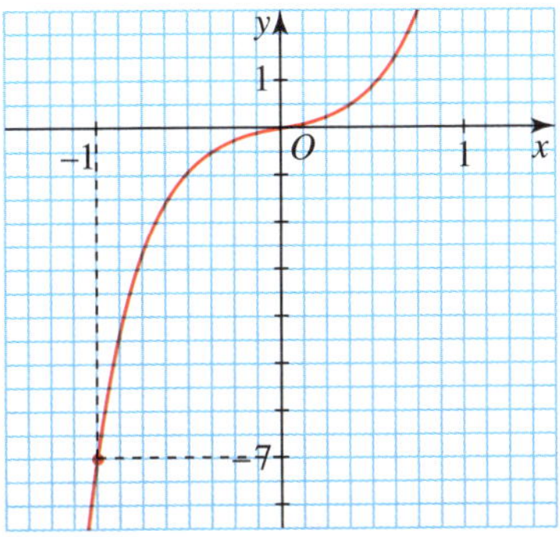

x	$-\infty$	-1	$+\infty$
$f(x)$	↗	-7	↗

Donc f ne prend qu'une seule fois la valeur -7.

On peut alors conclure que **-1 est la seule solution de (E) : $x + 2x^3 + 4x^5 = -7$.**

Une fonction strictement croissante ne prend pas deux fois la même valeur.

2° $(E) : \dfrac{1}{\sqrt{x}} + \dfrac{1}{x^2} = 2.$

L'ensemble de définition de (E) est $]0 ; +\infty[$.

1 est une solution évidente de (E).

En effet : $\dfrac{1}{\sqrt{1}} + \dfrac{1}{1^2} = 1 + 1 = 2.$

De plus, la fonction f :

$$x \mapsto \frac{1}{\sqrt{x}} + \frac{1}{x^2}$$

est strictement décroissante sur $]0 ; +\infty[$, car elle est la somme de deux fonctions

$$x \mapsto \frac{1}{\sqrt{x}} \quad \text{et} \quad x \mapsto \frac{1}{x^2}$$

toutes deux strictement décroissantes sur $]0 ; +\infty[$.

Pour tout x de $]0 ; +\infty[$:

$$f'(x) = \frac{-\dfrac{1}{2\sqrt{x}}}{\left(\sqrt{x}\right)^2} + \frac{-2x}{\left(x^2\right)^2}$$

$$f'(x) > 0.$$

x	0	1	$+\infty$
$f(x)$	‖ ↘	2	↘

Donc, sur $]0 ; +\infty[$, f ne prend qu'une fois la valeur 2.

On en déduit que **1 est la seule solution de (E) : $\dfrac{1}{\sqrt{x}} + \dfrac{1}{x^2} = 2$.**

3° $(E) : x^2\sqrt{x} = 32.$

L'ensemble de définition de (E) est $[0 ; +\infty[$.

Il est clair que 4 est une solution de (E).

En effet :

$$4^2\sqrt{4} = 16 \times 2 = 32.$$

Étudions le sens de variation de la fonction f :

$$x \mapsto x^2\sqrt{x}.$$

Soient a et b des réels positifs ou nuls.

Supposons : $0 \leqslant a < b,$

alors : $0 \leqslant a^2 < b^2$

et : $0 \leqslant \sqrt{a} < \sqrt{b},$

donc, en multipliant membre à membre ces inégalités qui portent sur des réels positifs :

$$0 \leqslant a^2\sqrt{a} < b^2\sqrt{b},$$

CORRIGÉS

ce qui prouve que la fonction f :

$$x \mapsto x^2\sqrt{x}$$

est strictement croissante sur $[0\,;+\infty[$.

La fonction f est strictement croissante sur $[0\,;+\infty[$, car elle est le produit de deux fonctions strictement croissantes et positives sur $[0\,;+\infty[$.

x	0	4	$+\infty$
$f(x)$	↗	32	↗

Finalement, **4 est la seule solution de l'équation :**

$$\textbf{(E) : } x^2\sqrt{x} = 32.$$

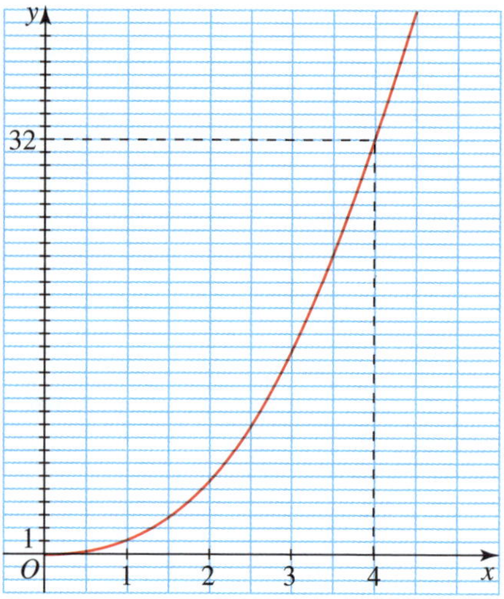

$4°$ (E) : $2x - \cos(x) = \pi$.

L'ensemble de définition de (E) est $\mathbb{R}$.

Tout d'abord, $\frac{\pi}{2}$ est une solution de (E).

En effet :

$$2\times\frac{\pi}{2} - \cos\left(\frac{\pi}{2}\right) = \pi - 0 = \pi.$$

La fonction f :

$$x \mapsto 2x - \cos(x)$$

est dérivable sur $\mathbb{R}$ et sa dérivée f' :

$$x \mapsto 2 + \sin(x)$$

est à valeurs strictement positives sur $\mathbb{R}$, donc f est strictement croissante sur $\mathbb{R}$.

Pour tout x de $\mathbb{R}$, $-1 \leqslant \sin(x) \leqslant 1$.

x	0	$\frac{\pi}{2}$	$+\infty$
$f(x)$	↗	π	↗

Comme f ne prend qu'une seule fois la valeur π, on peut alors conclure que $\boldsymbol{\frac{\pi}{2}}$ **est la seule solution de l'équation :**

$$\textbf{(E) : } 2x - \cos(x) = \pi.$$

11 f définie sur $]0\,;+\infty[$ par :

$$f(x) = \frac{6x^2 - 9x + 4}{x^3}.$$

x	0		1		2	4	$+\infty$
$f'(x)$		$-$	0	$+$	0	$-$	
$f(x)$		↘	1	↗	$\frac{5}{4}$	1 ↘	

$1°$ (E_1) : $f(x) = 1$

D'après le tableau de variation de f, **l'équation $f(x) = 1$ admet exactement deux solutions 1 et 4.**

Le minimum de f sur $]0\,;1]$ est 1 et il est atteint seulement en 1 ; le maximum de f sur $[4\,;+\infty[$ est 1 et il est atteint seulement en 4 ; enfin, pour tout x de $]1\,;4[$, $f(x) > 1$.

$2°$ (E_2) : $f(x) = 8$

$$f(0{,}5) = \frac{6\times 0{,}5^2 - 9\times 0{,}5 + 4}{0{,}5^3} = \frac{6\times 0{,}25 - 4{,}5 + 4}{0{,}125} = \frac{1{,}5 - 4{,}5 + 4}{0{,}125} = \frac{1}{0{,}125},$$

donc : $\boldsymbol{f(0{,}5) = 8}$.

On en déduit que 0,5 est une solution de (E_2).

Puisque, de plus, f est strictement décroissante sur $]0\,;1]$, 0,5 est la seule solution de (E_2) sur $]0\,;1]$.

D'après le tableau de variation de f, l'équation (E_2) n'admet pas de solution dans $[1 ; +\infty[$ (le maximum de f sur cet intervalle est $\frac{5}{4}$, c'est-à-dire 1,25).

Finalement : **0,5 est la seule solution de (E_2).**

3° (E_3) : $f(x) = 1{,}25$

x	0	0,5	1		2		4	$+\infty$
$f'(x)$	‖	−	0	+	0	−		
$f(x)$	‖	↘ 8 ↘	1	↗	1,25	↘ 1 ↘		

D'après le tableau de variation de f, on peut alors affirmer que **l'équation (E_3) admet exactement deux solutions** (l'une est 2, l'autre appartient à $]0{,}5 ; 1[$).

12

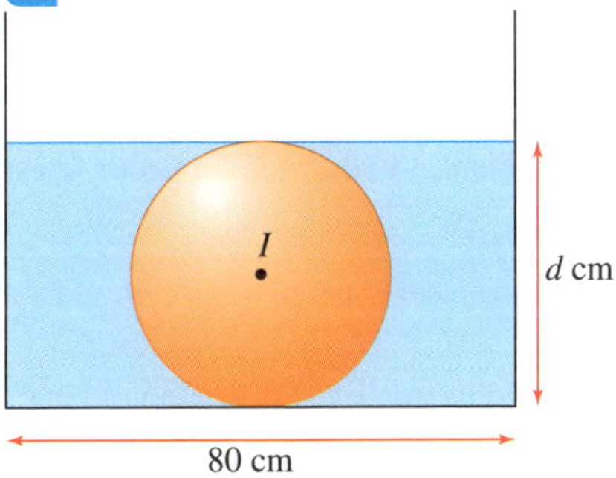

1° • d est un réel positif car d est une mesure de longueur,

• d est inférieur ou égal à 80, car le diamètre du récipient est 80 cm.

Par conséquent :

$$\boldsymbol{d \in [0 ; 80]}.$$

2° Cylindre de rayon 40 cm contenant de l'eau dont la hauteur est 20 cm.

Le volume d'un cylindre de rayon R et de hauteur h est $\pi R^2 h$.

En notant V_1 le volume, en cm^3, de l'eau dans le cylindre avant l'arrivée de la bille :

$$V_1 = \pi \times 40^2 \times 20 = 32\,000\pi.$$

Le volume d'une boule de rayon R est $\frac{4}{3}\pi R^3$.

En notant V_2 le volume, en cm^3, de la bille :

$$V_2 = \frac{4}{3}\pi\left(\frac{d}{2}\right)^3 = \frac{4}{3}\pi \times \frac{d^3}{8} = \frac{\pi \times d^3}{6}.$$

Comme le niveau d'eau est tangent à la bille, $V_1 + V_2$ est le volume, en cm^3, d'un cylindre de hauteur d, donc :

$$V_1 + V_2 = \pi \times 40^2 \times d = 1\,600\pi d,$$

d'où : $32\,000\pi + \frac{\pi \times d^3}{6} = 1\,600\pi d$,

d'où : $192\,000 + d^3 = 9\,600d$,

on a multiplié les deux membres de l'égalité par 6 et on les a divisés par π.

On en déduit que ***d* vérifie :**

$$\boldsymbol{d^3 - 9\,600d + 192\,000 = 0.}$$

3° f est la fonction définie sur $[0 ; 80]$ par :

$$f(x) = x^3 - 9\,600x + 192\,000.$$

a. f est dérivable sur $[0 ; 80]$ et, pour tout x de cet intervalle :

$$f'(x) = 3x^2 - 9\,600$$
$$= 3(x^2 - 3\,200)$$
$$= 3\left(x + \sqrt{3\,200}\right)\left(x - \sqrt{3\,200}\right)$$
$$= 3\left(x + 40\sqrt{2}\right)\left(x - 40\sqrt{2}\right),$$

or : $3\left(x + 40\sqrt{2}\right) > 0$,

donc le signe de $f'(x)$ est celui de $x - 40\sqrt{2}$.

x	0		$40\sqrt{2}$		80
$f'(x)$		−	0	+	
$f(x)$	192 000	↘	$f(40\sqrt{2})$	↗	$f(80)$

b. • f est à valeurs strictement négatives sur $\left[40\sqrt{2} ; 80\right]$,

on a : $f\left(40\sqrt{2}\right) \approx -170\,040$ à 10 près

et $f(80) = -64\,000$,

donc l'équation $f(x) = 0$ n'admet pas de solution dans $\left[40\sqrt{2} ; 80\right]$.

• De plus, f est dérivable et strictement décroissante sur $\left[0 ; 40\sqrt{2}\right]$,

et f change de signe entre 0 et $40\sqrt{2}$,

$f(0) = 192\,000$ et $f\left(40\sqrt{2}\right) \approx -170\,040$ à 10 près, donc :

$$f(0) > 0 \text{ et } f\left(40\sqrt{2}\right) < 0.$$

CORRIGÉS

Par conséquent, f s'annule une seule fois sur $\left[0\ ;\ 40\sqrt{2}\right]$ autrement dit, l'équation $f(x) = 0$ admet une seule solution dans $\left[0\ ;\ 40\sqrt{2}\right]$.

Finalement, **l'équation $f(x) = 0$ admet une seule solution dans [0 ; 80].**

4° • d est la seule solution de **l'équation $f(x) = 0$ dans [0 ; 80].**

En effet, d'après la première question :

$$d \in \left[0\ ;\ 80\right]$$

et d vérifie :

$$d^3 - 9\,600d + 192\,000 = 0.$$

• De plus, à l'aide de la calculatrice, on obtient :

$$f(20) = 8\,000 \quad \text{et} \quad f(21) = -339$$

donc : $20 < d < 21.$

f s'annule entre 20 et 21.

De même :

$$f(20{,}95) = 75{,}007375$$
$$\text{et } f(20{,}96) = -7{,}819264$$

donc : $\mathbf{20{,}95 < d < 20{,}96.}$

f s'annule entre 20,95 et 20,96.

La bille a un diamètre de 20,95 cm à 1 mm près.

13 1° À l'aide d'un logiciel tel que Geogebra, **on peut conjecturer : que 2 est l'abscisse de *P* pour que le triangle *OPQ* ait l'aire la plus petite possible, *P* a pour abscisse 2.**

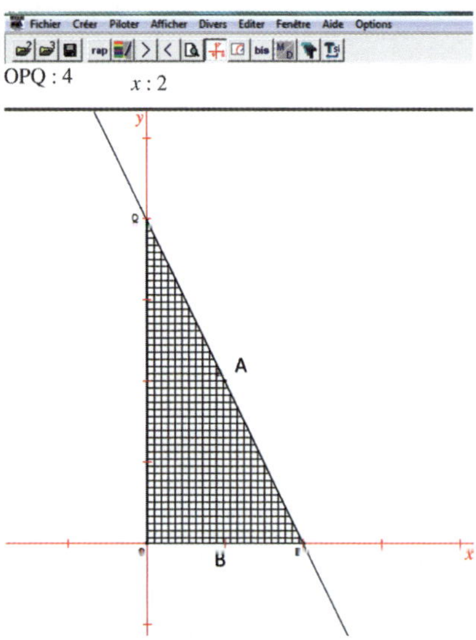

2° Notons y l'ordonnée de Q.

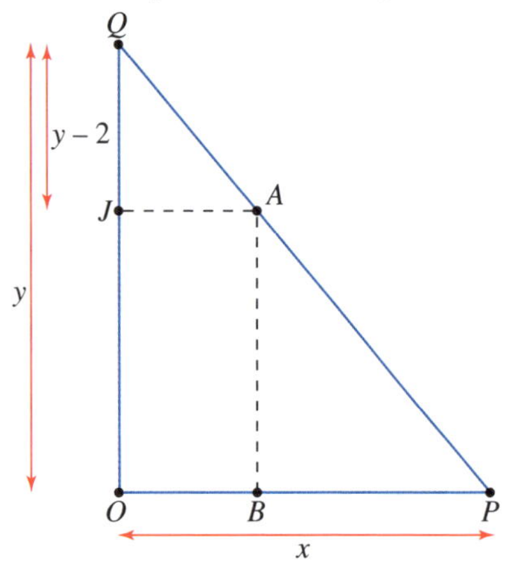

D'après le théorème de Thalès :

$$\frac{y-2}{y} = \frac{1}{x}$$

$JA = 1$,

donc : $yx - 2x = y$,

d'où : $y(x - 1) = 2x$,

et par conséquent :

$$y = \frac{2x}{x-1}.$$

Finalement, **l'ordonnée du point Q est $\dfrac{2x}{x-1}$.**

x est bien différent de 1, car le point P appartient à la demi-droite ouverte $]Bx)$.

L'aire d'un triangle est le demi-produit d'une de ses bases par la hauteur associée.

L'aire du triangle *OPQ* est $\frac{1}{2} \times \frac{2x}{x-1} \times x$, c'est-à-dire $\dfrac{x^2}{x-1}$.

3° La fonction f définie par $f(x) = \dfrac{x^2}{x-1}$, est dérivable sur $]1\ ;\ +\infty[$ et, pour tout x de cet intervalle :

$$f'(x) = \frac{2x(x-1) - 1 \times x^2}{(x-1)^2}$$
$$= \frac{2x^2 - 2x - x^2}{(x-1)^2}$$
$$= \frac{x(x-2)}{(x-1)^2},$$

or : $(x - 1)^2 > 0$ et $x > 0$,

donc le signe de $f'(x)$ est celui de $x - 2$.

Par conséquent :
- $f'(2)=0$,
- si $1<x<2$, alors $f'(x)<0$,
- si $x>2$, alors $f'(x)>0$.

On en déduit que **f est strictement décroissante sur]1 ; 2] et strictement croissante sur [2 ; +∞[.**

x	1		2		$+\infty$
$f'(x)$	‖	$-$	0	$+$	
$f(x)$	‖	↘	4	↗	

$$f(2)=\frac{2^2}{2-1}=4.$$

Le minimun de f est atteint en 2 et il vaut 4.

4° L'aire du triangle OPQ est :

$$\frac{1}{2}\times\frac{2x}{x-1}\times x,$$

c'est-à-dire $f(x)$.

Par conséquent **: l'aire du triangle *OPQ* est minimale lorsque *P* a pour abscisse 2 et le minimum de cette aire est 4.**

14 *ABCD* carré de côté 1.
$AM=x$ et $MN=y$.

1° Il semble que la distance MN est la plus petite possible pour AM proche de 0,4 ; le point E semble alors appartenir à la diagonale $[DB]$ du carré.

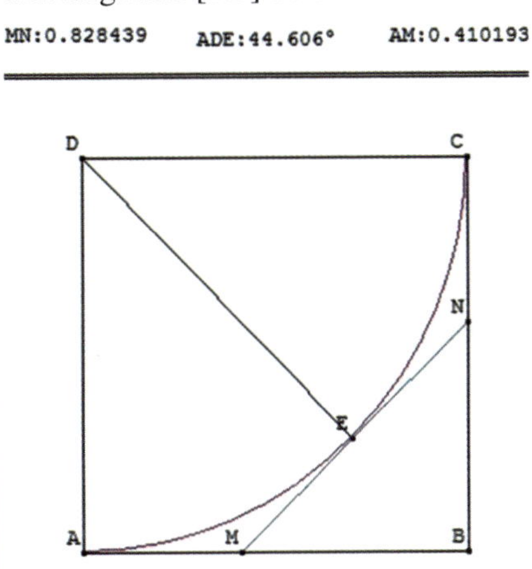

2° Les triangles DAM et DEM rectangles respectivement en A et en E ont la même hypoténuse $[DM]$, de plus : $DE=DA$, donc les triangles DAM et DEM sont symétriques par rapport à la droite (DM), d'où :

$$\boldsymbol{AM=ME=x.}$$

On pouvait aussi utiliser le théorème de Pythagore dans les triangles rectangles DAM et DEM, prouver $AM^2=DM^2-1$ et $ME^2=DM^2-1$ et en déduire : $AM=ME$.

De même, les triangles DCN et DEN rectangles respectivement en C et en E ont la même hypoténuse $[DN]$ et l'on a : $DE=DC$, donc les triangles DCN et DEN sont symétriques par rapport à la droite (DN).

Par conséquent :

$$\boldsymbol{NE=CN}.$$

De plus : $MN=ME+EN$,
en effet, E est un point du segment $[MN]$,
donc : $MN=x+CN$,
d'où : $y=x+1-BN$,
et par conséquent :

$$\boldsymbol{BN=1+x-y.}$$

3° Le triangle BMN est rectangle en B, donc, d'après le théorème de Pythagore :

$$MN^2=BM^2+BN^2,$$

d'où :

$$\boldsymbol{y^2=(1-x)^2+(1+x-y)^2.}$$

$BM=AB-AM=1-x.$

4° De l'égalité :

$$y^2=(1-x)^2+(1+x-y)^2,$$

on déduit :

$$y^2=1-2x+x^2+1+2x+x^2-2y-2xy+y^2$$
$$=2+2x^2-2y+y^2-2xy,$$

pour calculer $(1+x-y)^2$, on peut écrire :

$$(1+x-y)^2=((1+x)-y)^2$$
$$=(1+x)^2-2(1+x)y+y^2$$
$$=1+2x+x^2-2y-2xy+y^2,$$

donc : $2xy+2y=2x^2+2$,
d'où : $y(x+1)=x^2+1$,

$$y=\frac{x^2+1}{x+1}.$$

$x+1$ n'est pas nul, car $x>0$.

Finalement :

$$\boldsymbol{MN=\frac{x^2+1}{x+1}}.$$

5° La fonction f définie sur [0 ; 1] par :

$$f(x)=\frac{x^2+1}{x+1}$$

est dérivable sur [0 ; 1] et, pour tout x de cet intervalle :

$$f'(x)=\frac{2x(x+1)-(x^2+1)\times 1}{(x+1)^2}$$
$$=\frac{2x^2+2x-x^2-1}{(x+1)^2}$$
$$=\frac{x^2+2x-1}{(x+1)^2}$$
$$=\frac{x^2+2x+1-2}{(x+1)^2}$$
$$=\frac{(x+1)^2-(\sqrt{2})^2}{(x+1)^2}$$
$$=\frac{(x+1+\sqrt{2})(x+1-\sqrt{2})}{(x+1)^2}$$

or : $x+1+\sqrt{2}>0$ et $(x+1)^2>0$,
donc le signe de $f'(x)$ est celui de
$$x+1-\sqrt{2}.$$

L'étude du signe de x^2+2x-1 peut se faire en calculant les racines par la méthode du discriminant.

On déduit le tableau de variation de f sur [0 ; 1] :

x	0		$\sqrt{2}-1$		1
$f'(x)$		−	0	+	
$f(x)$	1	↘	$f(\sqrt{2}-1)$	↗	1

Le minimum de f est atteint en $\sqrt{2}-1$.

$$f(\sqrt{2}-1)=\frac{(\sqrt{2}-1)^2+1}{\sqrt{2}-1+1}$$
$$=\frac{1+2-2\sqrt{2}+1}{\sqrt{2}}$$
$$=\frac{4-2\sqrt{2}}{\sqrt{2}}$$
$$=\frac{4}{\sqrt{2}}-2$$
$$=2\sqrt{2}-2$$
$$=2(\sqrt{2}-1).$$

$$\frac{4}{\sqrt{2}}=\frac{2\times\sqrt{2}\times\sqrt{2}}{\sqrt{2}}=2\sqrt{2}$$

6° On a : $MN=\dfrac{x^2+1}{x+1}=f(x)$.

De plus, le minimum de f est atteint en $\sqrt{2}-1$, donc **la distance MN est minimale pour $x=\sqrt{2}-1$.**

Dans ce cas, on peut aussi remarquer :
$BM=AB-AM=1-(\sqrt{2}-1)=2-\sqrt{2}$,
$BN=1+(\sqrt{2}-1)-2(\sqrt{2}-1)=2-\sqrt{2}$.
donc le triangle BMN est isocèle (et rectangle en B).
La droite (BE) qui est la hauteur de ce triangle issue de son sommet principal B est bissectrice de l'angle droit $\widehat{ABC}$, donc l'angle $\widehat{ABE}$ est égal à 45°, ce qui justifie que le point E est sur la diagonale $[BD]$.
Le tableau de variation met en évidence que la valeur minimale n'est atteinte que pour une seule valeur de x. Pour des raisons de symétrie du problème, le point E correspondant ne pouvait qu'appartenir à $[DB]$.

15 1° On a :

$$x(t)=-5t^2+60t$$
$$=-5(t^2-12t)$$
$$=-5[(t-6)^2-36]$$
$$=-5(t-6)^2+180,$$

or : $-5(t-6)^2\leqslant 0$,
donc : $x(t)\leqslant 180$.
De plus :

$$x(t)=180 \Leftrightarrow -5(t-6)^2+180=180$$
$$\Leftrightarrow -5(t-6)^2=0$$
$$\Leftrightarrow (t-6)^2=0$$
$$\Leftrightarrow t=6.$$

On peut aussi résoudre l'inéquation :
$$-5t^2+60t\leq 180.$$

On peut alors affirmer :
la hauteur maximale atteinte par la balle est 180 mètres et la balle est au point le plus haut au bout de 6 secondes.

2° Pour $t\geqslant 0$:
$$x(t)=-5t^2+60t,$$
donc : $x'(t)=-10t+60$,
c'est-à-dire : $v(t)=-10t+60$.
On en déduit :
$$v(6)=-10\times 6+60=0.$$
Finalement, **la vitesse de la balle à son point le plus haut est nulle.**

16 1° La bille sera au sol quand elle aura parcouru une distance de 122,5 mètres. L'équation $122{,}5 = 4{,}9t^2$ a une seule solution positive qui est 5.

$$122{,}5 = 4{,}9t^2 \Leftrightarrow t^2 = \frac{122{,}5}{4{,}9}$$
$$\Leftrightarrow t^2 = 25$$

Donc **la bille arrive au sol au bout de 5 secondes.**

2° Pour $t \geqslant 0$,

$$x(t) = 4{,}9t^2,$$

donc : $x'(t) = 4{,}9 \times 2t = 9{,}8t$,

d'où : $v(t) = 9{,}8t$.

On en déduit :

$$v(5) = 9{,}8 \times 5 = 49.$$

Finalement, la bille arrive au sol avec une vitesse de 49 m/s, c'est-à-dire de 176,4 km/h.

> Bien se rappeler :
> 1 m/s = 3,6 km/h
> car 1 km = 1 000 m et 1 h = 3 600 s.

17 1° Le nombre n de bouteilles vendues en une semaine et le prix à l'unité de ces bouteilles sont supposés liés par la loi :

$$n = a - ep.$$

La première semaine, 200 bouteilles sont vendues au prix de 18 € l'unité, donc :

$$200 = a - 18e.$$

La deuxième semaine, 250 bouteilles sont vendues au prix de 17,5 € l'unité, donc :

$$250 = a - 17{,}5e.$$

Les constantes a et e satisfont donc au système : $\begin{cases} a - 18e = 200 \\ a - 17{,}5e = 250. \end{cases}$

En soustrayant membre à membre la première égalité à la seconde, on obtient :

$$0{,}5e = 50,$$

d'où : $\mathbf{e = 100}$;

puis, en substituant la valeur de e dans la première égalité, il vient :

$$a = 200 + 1\,800,$$

soit : $\mathbf{a = 2\,000}$.

2° Si n bouteilles sont vendues, au prix d'achat de 12 € et de vente de p € chacune, alors le bénéfice b € vérifie :

$$b = np - n \times 12 = n(p - 12),$$

or : $n = a - ep$,

et : $a = 2\,000,\ e = 100$,

donc : $b = (2\,000 - 100p)(p - 12)$
$= 100(20 - p)(p - 12)$.

Soit f la fonction :

$$x \mapsto 100(20 - x)(x - 12).$$

On a alors : $b = f(p)$.

Il reste à chercher le maximum de f.

f est une fonction polynôme (du second degré), donc est dérivable sur $\mathbb{R}$.

Pour tout réel x :

$$f(x) = 100\left(-x^2 + 32x - 240\right),$$
$$f'(x) = 100(-2x + 32) = -200(x - 16),$$

donc le sens de variation de f est donné par le tableau suivant :

x	$-\infty$		16		$+\infty$
$f'(x)$		+	0	−	
f		↗		↘	

Le maximum de f sur $\mathbb{R}$ est donc atteint en 16.

Si $p = 16$, alors :

$$n = 2\,000 - 100 \times 16 = 400,$$
$$b = 400 \times (16 - 12) = 1\,600.$$

Concrètement, **le bénéfice maximal est donc assuré lorsque la bouteille de champagne est vendue 16 €** (le nombre de bouteilles vendues est alors 400, et le bénéfice s'élève à 1 600 €).

18 $C(n) = n^2 - 6n + 144$.

1° On a :

$$C_M(n) = \frac{C(n)}{n} = \frac{n^2 - 6n + 144}{n},$$

donc : $\boldsymbol{C_M(n) = n - 6 + \frac{144}{n}}$.

> Le coût moyen de fabrication d'une pièce est le quotient du coût total par le nombre n de pièces.

2° La fonction f définie sur $]0\,;+\infty[$ par : $f(x) = x - 6 + \dfrac{144}{x}$ est dérivable sur $]0\,;+\infty[$ et, pour tout x de cet intervalle :

$$f'(x) = 1 - \frac{144}{x^2}$$
$$= \frac{x^2 - 144}{x^2}$$
$$= \frac{(x+12)(x-12)}{x^2},$$

or : $x + 12 > 0$ et $x^2 > 0$,
donc le signe de $f'(x)$ est celui de $x - 12$.
On déduit le tableau de variation de f sur $]0 ; +\infty[$:

x	0		12		$+\infty$
$f'(x)$	‖	$-$	0	$+$	
f	‖	↘	$f(12)$	↗	

3° Pour tout entier naturel n non nul :

$$C_M(n) = f(n),$$

En utilisant le tableau de variation de f, **on déduit que le coût moyen de fabrication est minimal pour $n = 12$.**

$C_M(12) = 12 - 6 + \frac{144}{12} = 6 + 12 = 18$,
donc le coût moyen minimal de fabrication s'élève à 18 €.

19 $C(q) = q^3 - 24q^2 + 144q + 1\,169$.

1° $C(q+1) = (q+1)^3 - 24(q+1)^2 + 144(q+1) + 1\,169$

$= (q+1)(q^2 + 2q + 1) - 24(q^2 + 2q + 1) + 144q + 144 + 1\,169$

$= q^3 + 2q^2 + q + q^2 + 2q + 1 - 24q^2 - 48q - 24 + 144q + 144 + 1\,169$

$= q^3 - 21q^2 + 99q + 1\,290$

donc :

$\boldsymbol{C(q+1) - C(q)} = q^3 - 21q^2 + 99q + 1\,290 - q^3 + 24q^2 - 144q - 1\,169$

$= \boldsymbol{3q^2 - 45q + 121.}$

Le coût marginal est le coût additionnel engendré par la fabrication d'une unité supplémentaire.

2° La fonction C est dérivable sur $]0 ; +\infty[$ et pour tout x de cet intervalle :

$$C'(x) = 3x^2 - 48x + 144$$
$$= 3(x^2 - 16x + 48).$$

En économie, le coût marginal est souvent assimilé à la dérivée de la fonction coût total.

Ici : $C'(q) = 3q^2 - 48q + 144$ et
$C(q+1) - C(q) = 3q^2 - 45q + 121$

Déterminons les racines du polynôme du second degré $x^2 - 16x + 48$.

Son discriminant Δ vérifie :

$\Delta = 16^2 - 4 \times 48 = 256 - 192 = 64 = 8^2$,

$\Delta > 0$, donc le polynôme $x^2 - 16x + 48$ admet deux racines $\frac{16-8}{2}$ et $\frac{16+8}{2}$, c'est-à-dire : 4 et 12.

x	0		4		12		$+\infty$
$C'(x)$	‖	$+$	0	$-$	0	$+$	
$C(x)$	‖ 1 169	↗		↘	1 169	↗	

La fonction C n'est pas définie en 0, mais lorsque x tend vers 0, $C(x)$ tend vers 1 169.

3° D'après son tableau de variation, la fonction C admet un minimum absolu en 12.

$C(0)$ n'existe pas.

Par conséquent, **le coût total de fabrication des objets est minimal lorsque l'entier q est égal à 12.**

CONTRÔLE CONTINU

Exercice n° 1

Pour tout x de $\mathbb{R}^*$, $f(x) = x^2 + \frac{16}{x}$.

$\mathscr{C} : y = f(x)$
$\mathscr{P} : y = x^2$.

1° f est une fonction rationnelle, donc f est dérivable sur son ensemble de définition $\mathbb{R}^*$, et pour tout réel x non nul :

$$f'(x) = 2x - \frac{16}{x^2}$$
$$= \frac{2x^3 - 16}{x^2}$$
$$= \frac{2(x^3 - 8)}{x^2}$$
$$= \frac{2(x^3 - 2^3)}{x^2},$$

or $x^2 > 0$,
donc le signe de $f'(x)$ est celui de $x^3 - 2^3$,
c'est-à-dire celui de $x - 2$.

La fonction cube est strictement croissante sur $\mathbb{R}$.

Par conséquent :
- $f'(2) = 0$,
- si $x < 0$ ou $0 < x < 2$, alors $f'(x) < 0$,
- si $x > 2$, alors $f'(x) > 0$.

On en déduit que f **est strictement décroissante sur** $]-\infty\ ;\ 0[$**, strictement décroissante sur** $]0\ ;\ 2]$ **et strictement croissante sur** $[2\ ;\ +\infty[$**.**

La fonction f n'étant pas définie en 0, elle n'est pas dérivable en 0.

x	$-\infty$	0	2	$+\infty$
$f'(x)$	$-$	‖ $-$	0	$+$
f	↘	‖ ↘	12	↗

2° x est un réel non nul quelconque.

a. On a : $y_M - y_P = x^2 + \dfrac{16}{x} - x^2 = \dfrac{\mathbf{16}}{\boldsymbol{x}}$,

donc le signe de $y_M - y_P$ est celui de x.

On en déduit :

$$\boldsymbol{y_M - y_P < 0 \text{ si } x < 0,}$$
$$\boldsymbol{y_M - y_P > 0 \text{ si } x > 0,}$$

c'est-à-dire :

$$y_M < y_P \quad \text{si} \quad x < 0,$$
$$y_M > y_P \quad \text{si} \quad x > 0.$$

Cela permet d'affirmer que **la courbe $\mathscr{C}$ est au-dessus de la parabole $\mathscr{P}$ dans le demi-plan d'inéquation $x > 0$ et que $\mathscr{C}$ est en dessous de $\mathscr{P}$ dans le demi-plan d'inéquation $x < 0$.**

b. Lorsque x prend de grandes valeurs, $\dfrac{16}{x}$ devient proche de zéro, donc $\boldsymbol{y_M - y_P}$ **se rapproche de zéro**.

On dit que, lorsque x tend vers $+\infty$, $\dfrac{16}{x}$ tend vers 0.
Les points de $\mathscr{C}$ et $\mathscr{P}$ de même abscisse x sont aussi proches de 0 que l'on veut, pourvu que x soit suffisamment grand. On dit que $\mathscr{C}$ et $\mathscr{P}$ sont asymptotes, au voisinage de $+\infty$.

3°

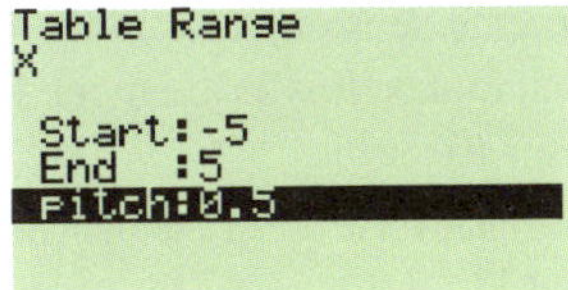

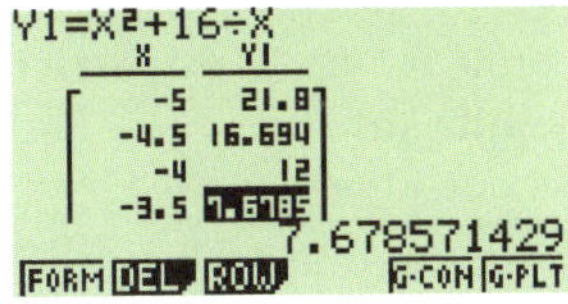

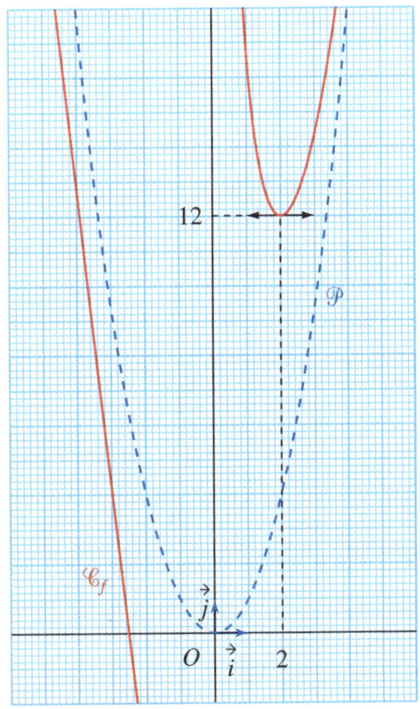

Exercice n° 2

1° x désigne le nombre d'heures de location, donc la dépense mensuelle en euros pour la location des courts de tennis est $2x + 30$. Par conséquent, le prix moyen $f(x)$ en euros vérifie :

$$f(x) = \frac{2x + 30}{x} = 2 + \frac{30}{x}.$$

2°

Si f est une fonction, k une fonction constante et a un réel strictement positif, alors :
- f et $f + k$ ont le même sens de variation ;
- f et af ont le même sens de variation.

Sur $]0\ ;\ +\infty[$, les fonctions

$$f : x \mapsto \frac{30}{x} + 2,\ x \mapsto \frac{30}{x},\ x \mapsto \frac{1}{x}$$

ont le même sens de variation :
elles sont toutes trois strictement décroissantes sur $]0 ; +\infty[$.

La fonction inverse est strictement décroissante sur $]0 ; +\infty[$.

On a prouvé que **f est strictement décroissante sur $]0 ; +\infty[$.**

Pour tout x de $]0 ; +\infty[$:

$$f'(x)=\frac{-30}{x^2},$$
$$f'(x)<0.$$

3° Observons (habilement) que $f(15) = 4$.

$$f(15)=\frac{30}{15}+2=2+2=4.$$

Comme, de plus, f est strictement décroissante sur $]0 ; +\infty[$, **le coût horaire est inférieur à 4 € pour un nombre d'heures de tennis supérieur à 15.**

On peut aussi résoudre, par le calcul, l'inéquation $f(x)<4$.

Pour tout x de $]0 ; +\infty[$:

$$\begin{aligned} f(x)<4 &\Leftrightarrow \frac{30}{x}+2<4 \\ &\Leftrightarrow \frac{30}{x}<2 \\ &\Leftrightarrow 30<2x \text{ car } x>0 \\ &\Leftrightarrow 15<x \\ &\Leftrightarrow x>15. \end{aligned}$$

Exercice n° 3

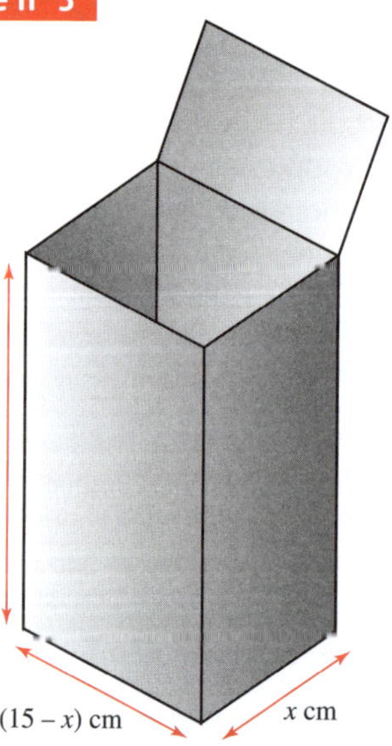

1° Les dimensions, en cm, de la boîte sont x, $15 - x$ et $30 - 2x$.
x est une mesure de longueur, donc x est un réel positif ou nul.
$30 - 2x$ est aussi une mesure de longueur, donc $30 - 2x > 0$, d'où : $x < 15$.
Enfin $15 - x$ est une mesure de longueur, donc $15 - x > 0$, d'où : $x < 15$.
On en déduit que **x appartient à l'intervalle $[0 ; 15]$.**

Il est facile de vérifier que, si x appartient à l'intervalle $[0 ; 15]$, alors la fabrication d'une telle boîte est possible.
On note que, si x vaut 0 ou 15, le volume de la boîte est nul.

2° Pour tout x de $[0 ; 15]$:

$$\begin{aligned} v(x) &= x(30-2x)(15-x) \\ &= x\times 2(15-x)(15-x) \\ &= 2x(15-x)^2 \\ &= 2x(x^2-30x+225) \\ &= \mathbf{2x^3-60x^2+450x}. \end{aligned}$$

$$(15-x)^2=(x-15)^2=x^2-2\times 15\times x+15^2.$$

3° La fonction v est dérivable sur $[0 ; 15]$ et, pour tout x de cet intervalle :

$$\begin{aligned} v'(x) &= 6x^2-120x+450 \\ &= 6(x^2-20x+75) \\ &= 6(x^2-20x+100-25) \\ &= 6[(x-10)^2-5^2] \\ &= 6(x-15)(x-5). \end{aligned}$$

On obtient le tableau de variation de la fonction v sur $[0 ; 15]$:

x	0		5		15
$v'(x)$		+	0	–	0
$v(x)$	0	↗	1 000	↘	0

$$\begin{aligned} v(5) &= 2\times 5\times(15-5)^2 \\ &= 10\times 100 \\ &= 1\,000 \end{aligned}$$

4° Le maximum de la fonction v sur $[0\ ;\ 15]$ est atteint en 5 et il vaut 1 000, donc **le volume maximal de la boîte est 1 000 cm^3 et il est obtenu pour $x = 5$.**

5° 1 litre = 1 dm^3 = 1 000 cm^3.

0,5 litre = 500 cm^3, il s'agit donc de résoudre l'équation $v(x) = 500$.

a. D'après le tableau de variation de v, **l'équation $v(x) = 500$ admet deux solutions, l'une a entre 0 et 5 et l'autre b entre 5 et 15.**

b. Un tableur ou une calculatrice nous donne :

$a \approx 1{,}34$ à 0,01 près et $b = 10$.

Pour fabriquer une boîte de 0,5 litre, on choisira $x = 10$.

Une boîte ayant une de ses dimensions inférieure à 2 cm semble inutilisable !

B2 =2*A2^3-60*A2^2+450*A2

x	v(x)
0	0
1	392
2	676
3	864
4	968
5	1000
6	972
7	896
8	784
9	648
10	500
11	352
12	216
13	104
14	28
15	0

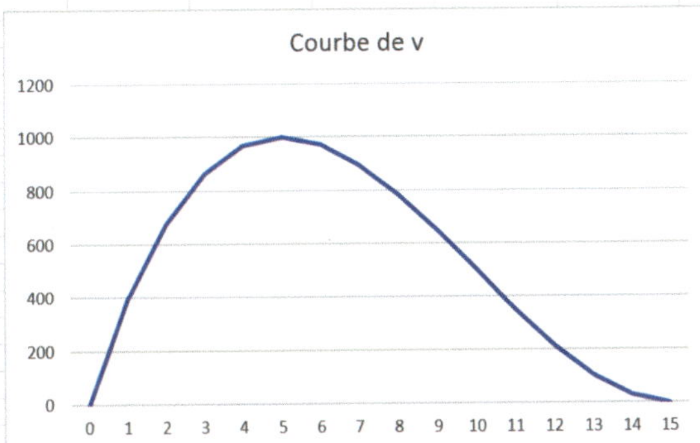

x	v(x)
1	392
1,1	425,062
1,2	457,056
1,3	487,994
1,4	517,888

x	v(x)
1,3	487,994
1,31	491,030182
1,32	494,055936
1,33	497,071274
1,34	500,076208

c. $f(x) = (x-10)(x^2-20x+25)$

• Pour tout réel x :

$f(x) =$
$x \times (x^2-20x+25) - 10 \times (x^2-20x+25)$
$= x^3 - 20x^2 + 25x - 10x^2 + 200x - 250$
$= x^3 - 30x^2 + 225x - 250.$

• Pour tout x de $[0\ ;\ 15]$:

$v(x) = 500$

$$\Leftrightarrow 2x^3 - 60x^2 + 450x - 500 = 0$$
$$\Leftrightarrow 2f(x) = 0$$
$$\Leftrightarrow 2(x-10)(x^2-20x+25) = 0$$
$$\Leftrightarrow x = 10 \text{ ou } x^2 - 20x + 25 = 0.$$

Soit Δ le discriminant du polynôme du second degré g :

$$x \mapsto x^2 - 20x + 25.$$

On a :

$$\Delta = (-20)^2 - 4 \times 1 \times 25$$
$$= 400 - 100$$
$$= 300$$
$$= \left(10\sqrt{3}\right)^2,$$

donc g admet deux racines x_1 et x_2 :

$$x_1 = \frac{20 - 10\sqrt{3}}{2} = 10 - 5\sqrt{3},$$

$$x_2 = \frac{20 + 10\sqrt{3}}{2} = 10 + 5\sqrt{3}.$$

En remarquant que $x_2 > 15$, on peut affirmer que les solutions dans $[0\ ;\ 15]$ de l'équation $v(x) = 500$ sont 10 et $10 - 5\sqrt{3}$, ce qui permet de conclure que **les valeurs de x pour lesquelles la boîte a pour volume 0,5 litre sont 10 et $10 - 5\sqrt{3}$.**

CORRIGÉS

Chapitre 8

Fonction exponentielle

1 Définition et notations

La fonction exponentielle, notée exp, est l'unique fonction dérivable sur $\mathbb{R}$, égale à sa dérivée, et qui prend la valeur 1 en 0.

$$\mathbf{exp' = exp}$$
$$\mathbf{exp(0) = 1}$$

L'image de 1 par exp se note e :

$$\mathbf{exp(1) = e \quad et \quad e \approx 2{,}72}$$

Pour tous réels x et y, $\exp(x+y) = \exp(x) \times \exp(y)$, ce qui justifie la notation :

pour tout réel x, $\exp(x) = e^x$

2 Propriétés algébriques

Pour tous réels x et y, et tout entier n :

$$e^x e^y = e^{x+y} \qquad e^{-x} = \frac{1}{e^x}$$
$$\frac{e^x}{e^y} = e^{x-y} \qquad (e^x)^n = e^{nx}$$

▶ Pour tout réel a, la suite (e^{na}) est géométrique. En effet, pour tout n de $\mathbb{N}$:

$$e^{(n+1)a} = e^{na} \times e^a$$

3 Tableau de variation

x	$-\infty$	0	$+\infty$
signe de $\exp'(x)$		+	
variation de exp	0 ↗	1 ↗	$+\infty$

▶ Pour tout réel x :

$$\mathbf{e^x > 0}$$

▶ Pour tout réel y strictement positif, l'équation $e^x = y$ d'inconnue x admet une seule solution dans $\mathbb{R}$.

▶ Pour tous réels x et y :

$$\mathbf{e^x = e^y \quad \Leftrightarrow \quad x = y}$$
$$\mathbf{e^x < e^y \quad \Leftrightarrow \quad x < y}$$

4 Courbe représentative

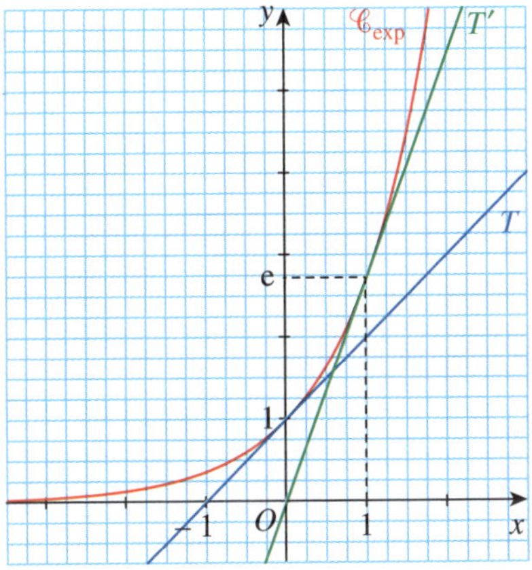

▶ La tangente T à la courbe $\mathscr{C}_{exp}$ au point d'abscisse 0 a pour équation :

$$\mathbf{y = x + 1}$$

▶ La tangente T' à la courbe $\mathscr{C}_{exp}$ au point d'abscisse 1 a pour équation :

$$\mathbf{y = ex}$$

(T' passe par l'origine du repère).

5 Dérivée de $x \mapsto e^{ax}$

Pour tous réels a, la dérivée de la fonction $x \mapsto e^{ax}$ est la fonction $x \mapsto ae^{ax}$.

COURS

EXERCICES

Vrai ou faux ?

1 *(corrigé p. 197)*

1° Le point $A(1\ ;\ \mathrm{e})$ appartient à la courbe de la fonction exp.

2° L'ensemble de définition de la fonction $f : x \mapsto \dfrac{1}{\mathrm{e}^x - 1}$ est $\mathbb{R} - \{1\}$.

3° La fonction exp est positive sur $\mathbb{R}$.

4° La fonction $f : x \mapsto \mathrm{e}^{-x^2}$ est paire.

5° Le réel $-\mathrm{e}^{-10}$ est positif.

6° La fonction $x \mapsto \mathrm{e}^x$ est la seule fonction égale à sa dérivée.

7° Pour tout réel x, $\left(\mathrm{e}^x\right)^2 = \mathrm{e}^{x^2}$.

8° L'équation $\mathrm{e}^x = -3$ admet une seule solution.

9° L'équation $\mathrm{e}^x = 5$ admet une seule solution.

10° Pour tout réel x, $\mathrm{e}^x \geqslant \mathrm{e}^{-x}$.

Propriétés algébriques

2 ★ 5 min *(corrigé p. 197)*

Soit x un nombre réel.
Écrire chacun des nombres suivants sous la forme e^y :

$$\mathrm{e}^{2x} \times \mathrm{e}^{3x},\ \left(\mathrm{e}^x\right)^4,\ \left(\mathrm{e}^{-x}\right)^3,\ \frac{1}{\mathrm{e}^{2x}},\ \mathrm{e}^x \times \mathrm{e},\ \mathrm{e}^{-2x+1} \times \mathrm{e}^x,\ \frac{\mathrm{e}^{3x}}{\mathrm{e}^{-x}}.$$

3 ★★ 5 min *(corrigé p. 197)*

1° Démontrer que, pour tout réel x : $\sqrt{\mathrm{e}^{2x}} = \mathrm{e}^x$.

2° Soit x un nombre réel. Simplifier l'écriture de $\dfrac{1}{\sqrt{\mathrm{e}^{-2x}}}$.

4 ★★ 10 min *(corrigé p. 198)*

Soit x un nombre réel.
Les deux questions sont indépendantes.

1° Démontrer l'égalité : $\dfrac{\mathrm{e}^x + \mathrm{e}^{-x}}{\mathrm{e}^{-x}} = 1 + \mathrm{e}^{2x}$.

2° Simplifier l'écriture du réel A défini par :

$$\mathrm{A} = \frac{\mathrm{e}^{2x+1} + \mathrm{e}^{2x-1}}{\mathrm{e}^{3x+1} + \mathrm{e}^{3x-1}}.$$

5 ★★ 10 min (corrigé p. 198)

Démontrer que la fonction $f : x \mapsto \dfrac{1-e^x}{1+e^x}$ est impaire.

6 ★★ 10 min (corrigé p. 198)

On considère une suite arithmétique (u_n) définie sur $\mathbb{N}$ et la suite (v_n) définie par :

$$v_n = e^{u_n}.$$

Démontrer que la suite (v_n) est géométrique.

Équations. Inéquations

7 ★ 10 min (corrigé p. 198)

Résoudre dans $\mathbb{R}$ chacune des équations proposées.

1° $(E_1) : \dfrac{e^x+3}{e^x+1} = \dfrac{1}{2}$. 2° $(E_2) : \dfrac{e^x+3}{e^x+1} = 2$. 3° $(E_3) : \dfrac{e^{2x}}{e^x+1} = \dfrac{1}{e^{-x}}$.

8 ★ 10 min (corrigé p. 199)

Résoudre dans $\mathbb{R}$ chacune des inéquations proposées.

1° $(I_1) : 1 - e^x > 0$. 2° $(I_2) : e^{-x} \leqslant 0$. 3° $(I_3) : e^{-x} \leqslant 1$.

9 ★ 10 min (corrigé p. 199)

Combien de solutions l'équation (E) : $e^x = -x$ admet-elle dans $\mathbb{R}$?

10 ★★ 10 min (corrigé p. 199)

Résoudre dans $\mathbb{R}$ l'équation (E) : $e^{2x} + e^x - 2 = 0$.

Dérivées

11 ★ 5 min (corrigé p. 199)

Démontrer que la tangente T au point d'abscisse 1 de la courbe de exp passe par l'origine O du repère.

12 ★ 10 min (corrigé p. 200)

Déterminer la dérivée de la fonction f proposée.

1° $x \mapsto e^x - x$. 2° $x \mapsto e^x + x^2 - 4x + 7$. 3° $x \mapsto 3e^x$.

4° $x \mapsto xe^x$. 5° $x \mapsto \dfrac{x}{e^x+1}$. 6° $x \mapsto e^{3x}$.

7° $x \mapsto \dfrac{1}{e^x}$. 8° $x \mapsto 5e^{2x}$.

13 ★★ 15 min (corrigé p. 200)

1° Étudier le sens de variation de la fonction $f : x \mapsto e^x - x - 1$.

2° Démontrer que pour tout réel x, $e^x \geqslant x + 1$.

3° Déterminer une équation de la tangente $\mathcal{T}$ au point d'abscisse 0 de la courbe de exp.

4° Déterminer la position de la droite $\mathcal{T}$ par rapport à la courbe de exp.

14 ★★ 15 min (corrigé p. 201)

Soit f une fonction dérivable sur $\mathbb{R}$ telle que :

$$f' = f \quad \text{et} \quad f(0) = 1,$$

et g la fonction définie sur $\mathbb{R}$ par :

$$g(x) = f(x)e^{-x}.$$

1° Démontrer que la fonction g est constante.

2° En déduire : $f = \exp$.

15 ★★ 20 min (corrigé p. 201)

Dans tout l'exercice, a désigne un réel fixé.

1° On considère la fonction $f : x \mapsto e^{ax}$.

a. Déterminer la dérivée de la fonction f.

b. Que peut-on dire de la fonction $\dfrac{f'}{f}$?

Trouver trois autres fonctions vérifiant la même propriété.

2° Utiliser un logiciel pour représenter dix fonctions f telles que :

a. $f' = 0{,}5f$,

b. $f' = -f$.

Études de fonctions

16 ★★ 15 min (corrigé p. 201)

Soit k un réel strictement positif.

On considère la fonction $f_k : x \mapsto e^{-kx}$.

1° Donner la dérivée de f_k. Quel est le sens de variation de f_k ?

2° À l'aide d'un logiciel, tracer les courbes des fonctions f_2, f_1, $f_{0,5}$ et $f_{0,1}$.

17 ★★ 15 min (corrigé p. 202)

1° Soit k un réel strictement positif.

On considère la fonction $f_k : t \mapsto e^{kt}$.

Quel est le sens de variation de la fonction f_k ?

Que vaut $f_k(0)$?

2° On donne le programme en Python suivant et la sortie graphique obtenue à son exécution.
Associer à chacune des lignes **3**, **4**, **5** et **6** sa courbe représentative.

```
1 from lycee import *
2 x = np.arange(-1,2,0.01)
3 repere.plot(x,np.exp(x))
4 repere.plot(x,np.exp(1.1*x))
5 repere.plot(x,np.exp(0.5*x))
6 repere.plot(x,np.exp(0.2*x))
7 repere.show()
```

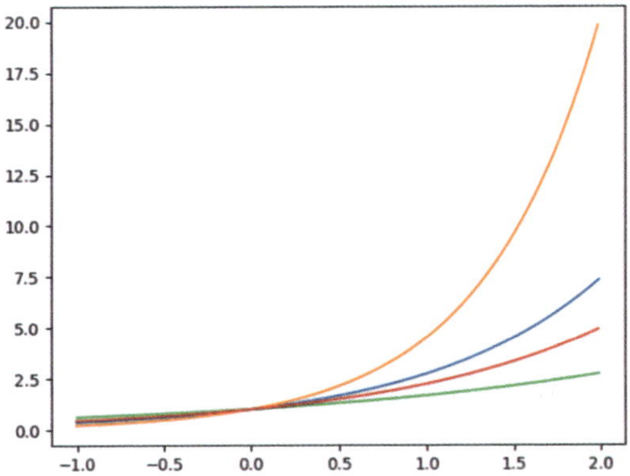

Phénomènes d'évolution

18 ★★ 10 min (corrigé p. 202)

On place à l'instant $t = 0$ un capital de C_0 euros.
La capitalisation est instantanée, elle s'effectue avec un taux d'intérêt instantané p (avec p réel strictement positif).
Le capital en euros acquis au bout de t années, noté $C(t)$, est alors tel que :

$$C(t) = C_0 \mathrm{e}^{pt}.$$

1° Un capital de 20 000 € est placé pendant 6 mois au taux d'intérêt instantané de 2 %. Quelle est la valeur du capital au bout de ces 6 mois ?

2° Un capital de 20 000 € est placé pendant 9 mois. Le capital constitué est de 20 500 €. Estimer, à 0,001 près, le taux d'intérêt instantané appliqué.

19 ★★ 15 min (corrigé p. 202)

La phase de charge d'un condensateur est modélisée à l'aide d'une fonction q définie sur [0 ; 30] par :

$$q(t) = 6(1 - \mathrm{e}^{-0,2t}),$$

où $q(t)$ est la charge du condensateur (exprimée en coulomb) à l'instant t (exprimé en seconde).

1° Démontrer que la fonction q est strictement croissante sur $[0 ; +\infty[$.

2° Déterminer une équation de la tangente T à la courbe de q au point d'abscisse 0.

3° Tracer l'allure de la courbe $\mathscr{C}$ de la fonction q.

4° Au bout de combien de secondes la charge du condensateur sera-t-elle supérieure à 5,7 ?

20 ★★ 15 min *(corrigé p. 203)*

On étudie l'évolution d'une population d'œufs d'insectes en fonction du temps.
Un laboratoire a modélisé le nombre d'œufs vivants en posant :

$$\text{pour tout } t \text{ de } [0 ; 15],\ N(t) = N_0 e^{-0,3t},$$

avec t le temps en mois et $N(t)$ le nombre d'œufs à l'instant t.

1° À quoi correspond N_0 ?

2° Étudier le sens de variation de la fonction N.
Dans la suite du problème, on prendra $N_0 = 1\,000$.

3° Construire la courbe représentative de N sur $[0 ; 15]$.

4° À l'aide du graphique, déterminer à partir de combien de mois la population d'œufs aura diminué de moitié.

21 ★★ 30 min *(corrigé p. 203)*

Partie A

λ et k désignent des réels strictement positifs.
On note f la fonction $t \mapsto \lambda e^{-kt}$ et $\mathscr{C}$ sa courbe représentative.

Pas compris

1° Dresser le tableau de variation de f sur $\mathbb{R}$. Quel est le maximum de f sur $\mathbb{R}^+$? En quel réel est-il atteint ?

2° On pose $\lambda = 2$ et $k = 0,1$.
Tracer la courbe $\mathscr{C}$ et mettre en couleur la partie de $\mathscr{C}$ dont les points ont une abscisse positive ou nulle. Mettre en évidence le point A de $\mathscr{C}$ qui a une ordonnée égale à $\frac{\lambda}{2}$.

Partie B

La loi d'évolution d'un corps radioactif est donnée par la formule :

$$N_t = N_0 e^{-at},$$

avec :
- N_t le nombre d'atomes contenus dans un échantillon de ce corps à l'instant t,
- N_0 le nombre d'atomes contenus dans cet échantillon à l'instant initial,
- a la constante radioactive (positive) du corps.

On appelle demi-vie du corps radioactif le temps T au bout duquel le nombre d'atomes a diminué de moitié.

1° Écrire une relation vérifiée par T.

2° Quel est le pourcentage d'atomes perdus au bout de 20 000 ans sachant que la constante du carbone 14 est $123,8 \times 10^{-6}$?

3° Déterminer la demi-vie en jours de l'iode 131 sachant que sa constante radioactive est 0,086 par jour.

22 ★★★ 30 min (corrigé p. 204)

Une barre de métal est chauffée, puis laissée à refroidir dans un local dont la température ambiante est constante égale à 20 °C.
On choisit pour origine des temps le début de la phase de refroidissement et on note $f(t)$ la température (en degrés Celsius) de la barre de métal à l'instant t (en heures).
On admet que l'évolution de la température de la barre de métal en fonction du temps peut être modélisée en posant :

pour tout réel t positif ou nul, $f(t) = 200\,\mathrm{e}^{-0{,}21t} + 20$.

1° Au dixième de degré près, quelle est la température de la barre de métal au début de la phase de refroidissement ? Au bout d'une heure ? Au bout de vingt-quatre heures ?

2° a. Déterminer le sens de variation de f.

b. Montrer que le modèle respecte la loi de Newton :

> « la vitesse de refroidissement d'un corps inerte est proportionnelle à la différence de température entre ce corps et celle du milieu ambiant ».

3° Pour tout entier naturel n non nul, on note u_n l'abaissement de la température au cours de la n-ième heure de la phase de refroidissement.

a. Exprimer u_n en fonction de l'entier naturel n non nul.

b. Démontrer que la suite (u_n) est géométrique et préciser sa limite.

c. À l'exécution du programme Python ci-dessous, on obtient la valeur 19 à l'affichage dans la console. Interpréter ce résultat.

```python
from lycee import *
q = exp(-0.21)
u = 200*(1-exp(-0.21))
n = 1
while u>1:
    n = n+1
    u = u*q
print(n)
```

CONTRÔLE CONTINU

Exercice n° 1 15 min (6 points) *(corrigé p. 205)*

Déterminer la dérivée de la fonction f proposée.

1° $x \mapsto 7e^{2x} - 15x + \sqrt{2}$.

2° $x \mapsto e^x + x$.

3° $x \mapsto (3x+2)e^{-x}$.

4° $x \mapsto \dfrac{e^x}{x^2+1}$.

Exercice n° 2 15 min (6 points) *(corrigé p. 205)*

Résoudre dans $\mathbb{R}$ les équations et inéquations proposées.

1° (E_1) : $e^{2x+3} = 1$.

2° (E_2) : $e^x + 2 = 0$.

3° (I_1) : $1 - e^x \leqslant 0$.

4° (I_2) : $e^{-x} < e$.

Exercice n° 3 30 min (8 points) *(corrigé p. 205)*

Une tasse de thé dont la température est de 100 °C est oubliée sur une table pendant une heure. La température ambiante est constante égale à 19 °C.
On désigne par $\theta(t)$ la température du thé, en degrés Celsius, au bout de t minutes.
La phase de refroidissement du thé est modélisée par :

$$\text{pour tout } t \text{ de } [0\,;\,60],\ \theta(t) = ke^{-0{,}08t} + 19.$$

1° Que vaut $\theta(0)$?

2° Calculer la constante k et en déduire l'expression de $\theta(t)$.

3° Étudier le sens de variation de la fonction θ.

4° Déterminer, au degré près, la température du corps au bout de 20 minutes, au bout de 30 minutes.

5° Déterminer, au degré près, le temps au bout duquel la température tombera en dessous de 20 °C.

CORRIGÉS

1 1° Le point $A(1\ ;\ \mathrm{e})$ appartient à la courbe de la fonction exp.

Vrai. En effet : $\exp(1) = \mathrm{e}$.

2° L'ensemble de définition de la fonction $f : x \mapsto \dfrac{1}{\mathrm{e}^x - 1}$ est $\mathbb{R} - \{1\}$.

Faux. Pour tout réel x :

$$x \in \mathscr{D}_f \Leftrightarrow \mathrm{e}^x \neq 1 \Leftrightarrow x \neq 0,$$

donc : $\mathscr{D}_f = \mathbb{R} - \{0\} = \mathbb{R}^*$

3° La fonction exp est positive sur $\mathbb{R}$.

Vrai. On peut même affirmer plus précisément que la fonction exp ne prend que des valeurs strictement positives sur $\mathbb{R}$.

exp est positive et ne s'annule pas sur $\mathbb{R}$.

4° La fonction $f : x \mapsto \mathrm{e}^{-x^2}$ est paire.

Vrai. f est définie sur $\mathbb{R}$ et :

pour tout réel x, $f(-x) = f(x)$.

Dans un repère orthogonal, la courbe de la fonction $x \mapsto \mathrm{e}^{-x^2}$ est symétrique par rapport à la droite des ordonnées.

5° Le réel $-\mathrm{e}^{-10}$ est positif.

Faux. Pour tout réel x :

$$\mathrm{e}^{-x} > 0,$$

donc $-\mathrm{e}^{-x} < 0$.

La fonction exponentielle est à valeurs strictement positives.

6° La fonction $x \mapsto \mathrm{e}^x$ est la seule fonction égale à sa dérivée.

Faux. La fonction $x \mapsto 2\mathrm{e}^x$ est aussi égale à sa dérivée.

Les fonctions $x \mapsto k\mathrm{e}^x$ où k désigne un réel, sont égales à leur dérivée.

7° Pour tout réel x, $(\mathrm{e}^x)^2 = \mathrm{e}^{x^2}$.

Faux. Pour tout réel x :

$$(\mathrm{e}^x)^2 = \mathrm{e}^{x^2} \Leftrightarrow \mathrm{e}^{2x} = \mathrm{e}^{x^2}$$
$$\Leftrightarrow 2x = x^2$$
$$\Leftrightarrow x(x-2) = 0$$
$$\Leftrightarrow x = 0 \quad \text{ou} \quad x = 2,$$

donc :

si $x \neq 0$ et $x \neq 2$, alors $\mathrm{e}^{(2x)} \neq \mathrm{e}^{(x^2)}$.

$\mathrm{e}^x = \mathrm{e}^y \Leftrightarrow x = y$

8° L'équation $\mathrm{e}^x = -3$ admet une seule solution.

Faux. L'équation n'a pas de solution, car exp ne prend que des valeurs strictement positives.

9° L'équation $\mathrm{e}^x = 5$ admet une seule solution.

Vrai.

Quel que soit le réel y strictement positif, l'équation $\mathrm{e}^x = y$, d'inconnue x, admet une seule solution dans $\mathbb{R}$.

10° Pour tout réel x, $\mathrm{e}^x \geqslant \mathrm{e}^{-x}$.

Faux. Voici un contre-exemple :

si $x = -1$, alors :

$$\mathrm{e}^x = \mathrm{e}^{-1} = \frac{1}{\mathrm{e}},$$
$$\mathrm{e}^{-x} = \mathrm{e}^1 = \mathrm{e},$$

$\dfrac{1}{\mathrm{e}} < \mathrm{e}$, donc : $\mathrm{e}^x < \mathrm{e}^{-x}$.

$\mathrm{e}^x \geqslant \mathrm{e}^{-x} \Leftrightarrow x \geqslant -x \Leftrightarrow x \geqslant 0.$

2 x est un réel.

- $\mathbf{e^{2x} \times e^{3x} = e^{5x}}$.

$\mathrm{e}^x \times \mathrm{e}^y = \mathrm{e}^{x+y}$.

- $\mathbf{(e^x)^4 = e^{4x}}$.

$(\mathrm{e}^x)^n = \mathrm{e}^{nx}$

- $\mathbf{(e^{-x})^3 = e^{-3x}}$.
- $\mathbf{\dfrac{1}{e^{2x}} = e^{-2x}}$.

$\dfrac{1}{\mathrm{e}^x} = \mathrm{e}^{-x}$

- $\mathbf{e^x \times e} = \mathrm{e}^x \times \mathrm{e}^1 = \mathbf{e^{x+1}}$.
- $\mathbf{e^{-2x+1} \times e^x} = \mathrm{e}^{-2x+1+x} = \mathbf{e^{-x+1}}$.
- $\mathbf{\dfrac{e^{3x}}{e^{-x}}} = \mathrm{e}^{3x+x} = \mathbf{e^{4x}}$.

$\dfrac{\mathrm{e}^x}{\mathrm{e}^y} = \mathrm{e}^{x-y}$

3

$(\mathrm{e}^x)^n = \mathrm{e}^{nx}$

1° **Pour tout réel x :**

$$\mathrm{e}^{\frac{x}{2}} \geqslant 0 \text{ et } \left(\mathrm{e}^{\frac{x}{2}}\right)^2 = \mathrm{e}^{2\times\frac{x}{2}} = \mathrm{e}^x,$$

donc $e^{\frac{x}{2}}$ est la racine carrée de e^x, c'est-à-dire :

$$\sqrt{\mathbf{e}^x} = \mathbf{e}^{\frac{x}{2}}.$$

2° x est un nombre réel.

$$\frac{\mathbf{1}}{\sqrt{\mathbf{e}^{-2x}}} = \frac{1}{e^{\frac{-2x}{2}}} = \frac{1}{e^{-x}} = \mathbf{e}^x.$$

$$e^{-x} = \frac{1}{e^x}$$

4 x est un nombre réel.

1° $$\frac{e^x + e^{-x}}{e^{-x}} = \frac{e^x}{e^{-x}} + \frac{e^{-x}}{e^{-x}} = e^{x-(-x)} + 1 = e^{2x} + 1,$$

donc : $$\frac{\mathbf{e}^x + \mathbf{e}^{-x}}{\mathbf{e}^{-x}} = \mathbf{1} + \mathbf{e}^{2x}.$$

On peut aussi écrire :

$$\frac{e^x + e^{-x}}{e^{-x}} = \frac{e^{-x}(e^{2x}+1)}{e^{-x}} = e^{2x} + 1.$$

2° $$A = \frac{e^{2x+1} + e^{2x-1}}{e^{3x+1} + e^{3x-1}}.$$

$$A = \frac{e^{2x} \times e + e^{2x} \times e^{-1}}{e^{3x} \times e + e^{3x} \times e^{-1}} = \frac{e^{2x} \times (e + e^{-1})}{e^{3x} \times (e + e^{-1})} = \frac{e^{2x}}{e^{3x}} = e^{2x-3x},$$

donc : $$\boldsymbol{A} = \mathbf{e}^{-x}.$$

5 $f : x \mapsto \dfrac{1 - e^x}{1 + e^x}.$

• Pour tout réel x :

$e^x > 0,$

donc : $1 + e^x > 0,$

d'où : $1 + e^x \neq 0,$

donc : $\mathscr{D}_f = \mathbb{R}.$

$\mathscr{D}_f$ est symétrique par rapport au réel 0.

Si x appartient à $\mathbb{R}$, alors son opposé $-x$ appartient aussi à $\mathbb{R}$.

• Pour tout x de $\mathscr{D}_f$:

$$f(-x) = \frac{1 - e^{-x}}{1 + e^{-x}} = \frac{1 - \frac{1}{e^x}}{1 + \frac{1}{e^x}},$$

$$f(-x) = \frac{e^x - 1}{e^x + 1} = -\frac{1 - e^x}{1 + e^x},$$

$\dfrac{e^x - 1}{e^x + 1}$ est l'opposé de $\dfrac{1 - e^x}{1 + e^x}$

donc :

$$f(-x) = -f(x).$$

Cela prouve que ***f* est impaire.**

On en déduit que sa courbe est symétrique par rapport à l'origine O du repère.

6 Notons r la raison de la suite arithmétique (u_n).

Pour tout n de $\mathbb{N}$:

$$v_{n+1} = e^{u_{n+1}} = e^{u_n + r} = e^{u_n} \times e^r$$

donc : $v_{n+1} = v_n \times e^r.$

Cela prouve que $(\boldsymbol{v_n})$ **est une suite géométrique** de raison e^r.

7 Commençons par observer que chacune des équations à résoudre est définie sur $\mathbb{R}$ car, pour tout réel x :

$$e^x + 1 \neq 0 \quad \text{et} \quad e^x > 0.$$

Pour tout réel x, $e^x > 0$.

1° (E_1) : $\dfrac{e^x + 3}{e^x + 1} = \dfrac{1}{2}.$

Pour tout réel x :

$$(E_1) \Leftrightarrow 2(e^x + 3) = e^x + 1 \Leftrightarrow 2e^x + 6 = e^x + 1 \Leftrightarrow e^x = -5,$$

or : $e^x > 0,$

donc l'équation $e^x = -5$ n'a pas de solution.

Finalement, $(\boldsymbol{E_1})$ **n'a pas de solution.**

2° (E_2) : $\dfrac{e^x + 3}{e^x + 1} = 2.$

Pour tout réel x :

$$(E_2) \Leftrightarrow e^x + 3 = 2e^x + 2 \Leftrightarrow 1 = e^x \Leftrightarrow x = 0.$$

Finalement, $(\boldsymbol{E_2})$ **a pour seule solution 0.**

3° (E_3) : $\dfrac{e^{2x}}{e^x + 1} = \dfrac{1}{e^{-x}}.$

Pour tout réel x :

$$(E_3) \Leftrightarrow e^{2x}e^{-x} = e^x + 1 \Leftrightarrow e^x = e^x + 1 \Leftrightarrow 0 = 1.$$

Par conséquent, $(\boldsymbol{E_3})$ **n'a pas de solution.**

8 1° $(I_1) : 1 - e^x > 0$.

Pour tout réel x :

$$\begin{aligned}(I_1) &\Leftrightarrow 1 > e^x\\ &\Leftrightarrow e^0 > e^x\\ &\Leftrightarrow x < 0.\end{aligned}$$

Donc **l'ensemble des solutions de (I_1) est $]-\infty\ ;\ 0[$.**

2° $(I_2) : e^{-x} \leqslant 0$.

Pour tout réel x, $e^{-x} > 0$.

Par conséquent, **(I_2) n'a pas de solution**.

3° $(I_3) : e^{-x} \leqslant 1$.

Pour tout réel x :

$$\begin{aligned}(I_3) &\Leftrightarrow e^{-x} \leqslant e^0\\ &\Leftrightarrow -x \leqslant 0\\ &\Leftrightarrow x \geqslant 0.\end{aligned}$$

Donc **l'ensemble des solutions de (I_3) est $[0\ ;\ +\infty[$.**

9 $(E) : e^x = -x$.

Dans un même repère, traçons la courbe $\mathscr{C}$ de la fonction exponentielle et la droite d d'équation $y = -x$.

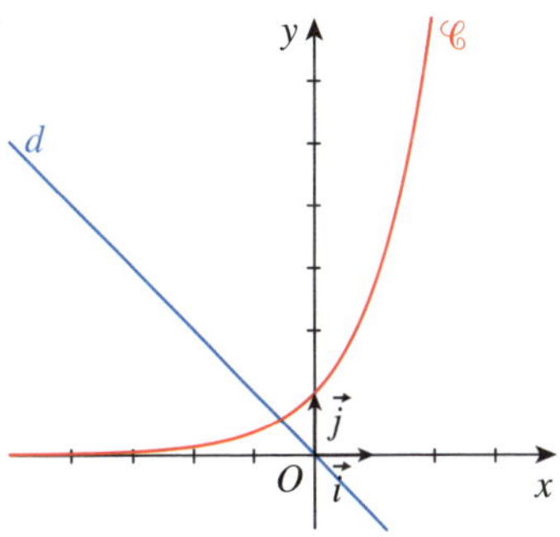

La courbe $\mathscr{C}$ et la droite d ont un seul point d'intersection donc, d'après le graphique, **l'équation (E) : $e^x = -x$ admet une seule solution**.

On lit graphiquement que cette solution (abscisse du point d'intersection de $\mathscr{C}$ et d) est comprise entre -1 et 0.

10 $(E) : e^{2x} + e^x - 2 = 0$.

Pour tout réel x :

$$e^{2x} + e^x - 2 = (e^x)^2 + e^x - 2.$$

Il s'agit de déterminer les réels x tels que e^x soit solution de $X^2 + X - 2 = 0$.

Résolvons l'équation du second degré :

$$X^2 + X - 2 = 0.$$

$\Delta = 1^2 - 4 \times 1 \times (-2) = 9$,

donc $X^2 + X - 2 = 0$ a deux solutions :

$$\frac{-1-3}{2} \text{ et } \frac{-1+3}{2},$$

c'est-à-dire : -2 et 1.

Il est plus rapide d'observer que 1 est une solution « évidente » de l'équation $X^2 + X - 2 = 0$.

L'autre solution α vérifie $1 \times \alpha = \frac{-2}{1}$, donc $\alpha = -2$

On a prouvé que pour tout réel X :

$$X^2 + X - 2 = 0 \Leftrightarrow X = -2 \text{ ou } X = 1.$$

On en déduit que pour tout réel x :

$$(E) \Leftrightarrow e^x = -2 \text{ ou } e^x = 1.$$

Comme l'équation $e^x = -2$ n'admet pas de solution et que l'équation $e^x = 1$ admet pour seule solution 0, on peut conclure que **la seule solution de l'équation (E) : $e^{2x} + e^x - 2 = 0$ est 0.**

11 La tangente T au point d'abscisse 1 de la courbe de exp a pour équation :

$$y - \exp(1) = \exp'(1)(x - 1),$$

or : $\exp(1) = e$,

et : $\exp'(1) = \exp(1) = e$,

donc T a pour équation :

$$y - e = e(x - 1),$$

ou encore :

$$y - e = ex - e.$$

Par conséquent, $y = ex$ est une équation de T, ce qui prouve que **T passe par l'origine O du repère.**

L'ordonnée à l'origine de T est 0, son coefficient directeur est e.

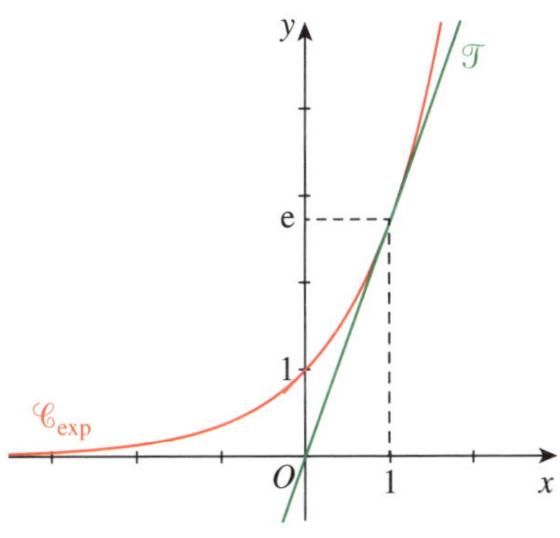

CORRIGÉS

12 D'après les règles opératoires sur les dérivées, chacune des fonctions proposées est dérivable sur $\mathbb{R}$.
Soit x un réel quelconque.

1° $f(x) = e^x - x$.

$$\boldsymbol{f'(x) = e^x - 1}.$$

$\exp' = \exp$

2° $f(x) = e^x + x^2 - 4x + 7$.

$$\boldsymbol{f'(x) = e^x + 2x - 4}.$$

3° $f(x) = 3e^x$.

$$\boldsymbol{f'(x) = 3e^x}.$$

$(ku)' = ku'$

4° $f(x) = xe^x$.

$$\boldsymbol{f'(x) = e^x + xe^x}.$$

$(uv)' = u'v + uv'$

5° $f(x) = \dfrac{x}{e^x + 1}$.

$$f'(x) = \frac{1 \times (e^x + 1) - x \times e^x}{(e^x + 1)^2} = \frac{e^x + 1 - xe^x}{(e^x + 1)^2} = \frac{(1 - x)e^x + 1}{(e^x + 1)^2}.$$

$\left(\dfrac{u}{v}\right)' = \dfrac{u'v - uv'}{v^2}$

6° $f(x) = e^{3x}$.

$$\boldsymbol{f'(x) = 3e^{3x}}.$$

La dérivée de $x \mapsto e^{ax}$ est $x \mapsto ae^{ax}$.

7° $f(x) = \dfrac{1}{e^x} = e^{-x}$.

$$\boldsymbol{f'(x) = -e^{-x} = -\frac{1}{e^x}}.$$

On peut aussi utiliser la dérivée de $\dfrac{1}{u}$.

$$f'(x) = -\frac{e^x}{(e^x)^2} = -\frac{1}{e^x}.$$

$\left(\dfrac{1}{u}\right)' = -\dfrac{u'}{u^2}$

8° $f(x) = 5e^{2x}$.

$$\boldsymbol{f'(x)} = 5 \times 2e^{2x} = \boldsymbol{10e^{2x}}.$$

13 1° $f : x \mapsto e^x - x - 1$.
f est dérivable sur $\mathbb{R}$, et pour tout réel x :

$$f'(x) = e^x - 1,$$

donc :

$$f'(x) > 0 \Leftrightarrow e^x > 1 \Leftrightarrow e^x > e^0 \Leftrightarrow x > 0,$$
$$f'(x) = 0 \Leftrightarrow x = 0,$$
$$f'(x) < 0 \Leftrightarrow x < 0.$$

On en déduit que **f est strictement décroissante sur $]-\infty\ ;\ 0]$ et strictement croissante sur $[0\ ;\ +\infty[$.**

x	$-\infty$	0	$+\infty$
$f'(x)$	$-$	0	$+$
f	↘	0	↗

$f(0) = e^0 - 1 + 0 = 0.$

2° Du tableau de variation de f, on déduit que **pour tout réel x :**

$$f(x) \geqslant 0,$$

le minimum de f est 0,

donc : $e^x - x - 1 \geqslant 0$,

d'où : $\boldsymbol{e^x \geqslant x + 1}$.

3° La tangente $\mathcal{T}$ au point d'abscisse 0 de la courbe de exp a pour équation :

$$y - \exp(0) = \exp'(0)(x - 0),$$

c'est-à-dire : $y - 1 = 1x$,

$\exp'(0) = \exp(0) = 1$.

Par conséquent :

$\mathcal{T}$ a pour équation $y = x + 1$.

4° Pour tout réel x :

$$e^x \geqslant x + 1,$$

et $\mathcal{T}$ a pour équation $y = x + 1$,
donc **la courbe de exp est située au-dessus de sa tangente $\mathcal{T}$ au point d'abscisse 0.**

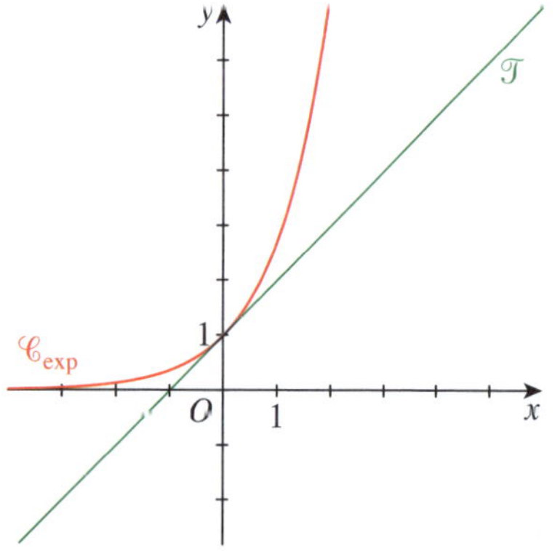

14 $f' = f$ et $f(0) = 1$,

$g(x) = f(x)\,\mathrm{e}^{-x}$.

1° La fonction g est dérivable sur $\mathbb{R}$ et, pour tout réel x :

$$\begin{aligned} g'(x) &= f'(x) \times \mathrm{e}^{-x} + f(x) \times (-\mathrm{e}^{-x}) \\ &= f(x) \times \mathrm{e}^{-x} - f(x) \times \mathrm{e}^{-x} \\ &= 0. \end{aligned}$$

On en déduit que **g est constante**.

Si la dérivée d'une fonction est nulle sur un intervalle I, alors f est constante sur I.

2° La fonction g est constante, donc, pour tout réel x :

$$g(x) = g(0) = f(0)\,\mathrm{e}^{0} = 1 \times 1 = 1$$

donc : $f(x)\,\mathrm{e}^{-x} = 1$.

On en déduit, pour tout réel x :

$$f(x) = \frac{1}{\mathrm{e}^{-x}}\mathrm{e}^{x},$$

ce qui prouve :

$$\boldsymbol{f = \exp}.$$

exp est la seule fonction dérivable sur $\mathbb{R}$, égale à sa dérivée, et qui prend la valeur 1 en 0.

15 a est un réel fixé.

1° $f : x \mapsto \mathrm{e}^{ax}$.

a. La dérivée de la fonction f est la fonction $\boldsymbol{f' : x \mapsto a\,\mathrm{e}^{ax}}$.

b. On en déduit que $\dfrac{f'}{f}$ **est la fonction constante : $x \mapsto a$.**

$x \mapsto 3\,\mathrm{e}^{ax}$, $x \mapsto -2\,\mathrm{e}^{ax}$, $x \mapsto 0{,}5\,\mathrm{e}^{ax}$ sont des fonctions qui vérifient la même propriété.

Toutes les fonctions f de la forme $x \mapsto k\,\mathrm{e}^{ax}$, avec k réel, vérifient $f' = af$.

2° a. $f' = 0{,}5f$.

Choisissons de représenter les fonctions :

$x \mapsto -4\mathrm{e}^{0,5x}$, $x \mapsto -3{,}5\mathrm{e}^{0,5x}$,
$x \mapsto -2\mathrm{e}^{0,5x}$, $x \mapsto -\mathrm{e}^{0,5x}$, $x \mapsto 0$,
$x \mapsto 0{,}5\mathrm{e}^{0,5x}$, $x \mapsto \mathrm{e}^{0,5x}$, $x \mapsto 3\mathrm{e}^{0,5x}$,
$x \mapsto 5\mathrm{e}^{0,5x}$ et $x \mapsto 6\mathrm{e}^{0,5x}$.

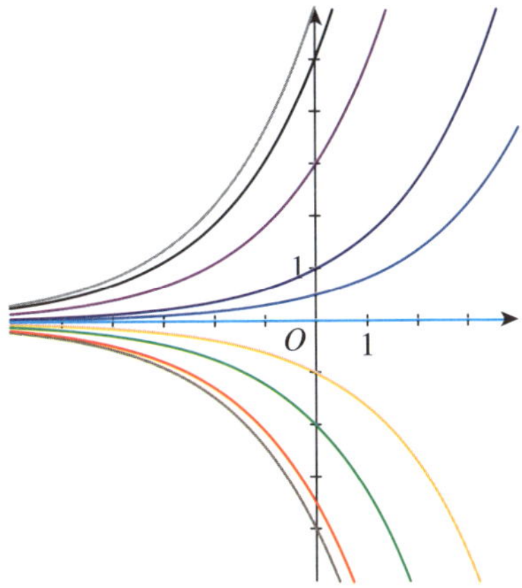

b. $f' = -f$.

Choisissons de représenter les fonctions :

$x \mapsto -4\mathrm{e}^{-x}$, $x \mapsto -3{,}5\mathrm{e}^{-x}$, $x \mapsto -2\mathrm{e}^{-x}$,
$x \mapsto -\mathrm{e}^{-x}$, $x \mapsto 0$, $x \mapsto 0{,}5\mathrm{e}^{-x}$,
$x \mapsto \mathrm{e}^{-x}$, $x \mapsto 3\mathrm{e}^{-x}$, $x \mapsto 5\mathrm{e}^{-x}$
et $x \mapsto 6\mathrm{e}^{-x}$.

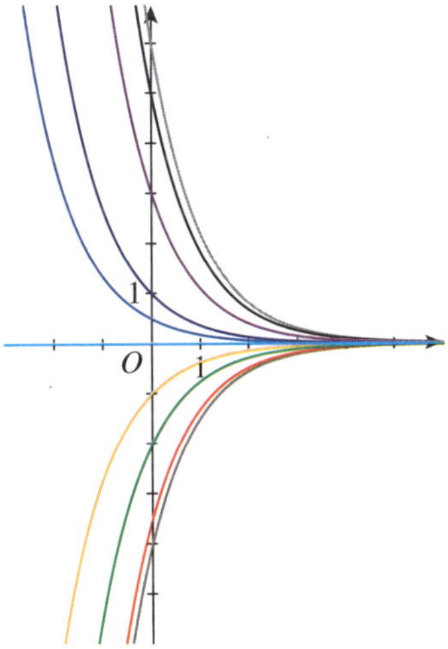

16 $f_k : x \mapsto \mathrm{e}^{-kx}$ avec $k \in]0\,;+\infty[$.

1° f_k est dérivable sur $\mathbb{R}$ et **pour tout réel x :**

$$\boldsymbol{f_k'(x) = -k\mathrm{e}^{-kx}},$$

or : $-k < 0$ et $\mathrm{e}^{-kx} > 0$,

donc : $f_k'(x) < 0$.

On en déduit que **f_k est strictement décroissante sur $\mathbb{R}$.**

CORRIGÉS

x	$-\infty$ $\qquad\qquad$ $+\infty$
$f'_k(x)$	$-$
$f_k(x)$	↘

3° Notons $\mathscr{C}_2$, $\mathscr{C}_1$, $\mathscr{C}_{0,5}$ et $\mathscr{C}_{0,1}$ les courbes respectives des fonctions f_2, f_1, $f_{0,5}$ et $f_{0,1}$.

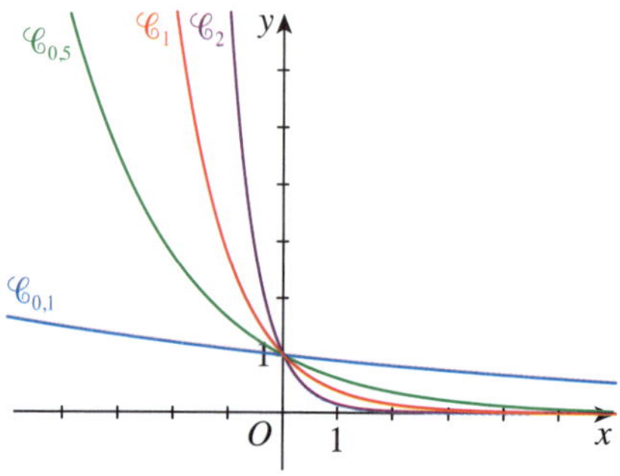

17 $k>0$, $f_k : t \mapsto e^{kt}$.

1° f_k est dérivable sur $\mathbb{R}$ et pour tout réel t :

$$f'_k(t) = k e^{kt},$$

or : $\quad k>0$ et $e^{kt}>0$

donc : $\quad f'_k(t)>0.$

Cela prouve que la fonction f_k **est strictement croissante sur ℝ.**

On a : $\quad \boldsymbol{f_k(0) = e^0 = 1.}$

2°

`ligne 3`	courbe bleue
`ligne 4`	courbe orange
`ligne 5`	courbe verte
`ligne 6`	courbe rouge

Les quatre courbes passent par le point de coordonnées (1 ; 0).

Plus k est grand, plus f_k croît rapidement.

18 1° Une période de six mois est une demi-année.

Il s'agit de calculer le montant du capital au bout d'une demi-année, en sachant :

$$p = 0{,}02.$$

$$C(0{,}5) = 20\,000 \times e^{0{,}02\times\frac{1}{2}}$$

$$= 20\,000 \times e^{0{,}01}$$

$$C(0{,}5) \approx 20\,201{,}003.$$

Au bout de six mois, le capital sera de 20 201 euros.

2° Neuf mois représentent les trois quarts d'une année.

On a : $\quad C\left(\dfrac{3}{4}\right) = 20\,500$

et : $\quad C\left(\dfrac{3}{4}\right) = 20\,000 \times e^{p\times\frac{3}{4}},$

donc : $\quad 20\,500 = 20\,000 \times e^{\frac{3}{4}p},$

d'où : $\quad e^{\frac{3}{4}p} = \dfrac{20\,500}{20\,000} = 1{,}025.$

D'après la calculatrice :

$$e^{0{,}0246} < 1{,}025 < e^{0{,}0247},$$

$e^{0{,}0246} \approx 1{,}02491$ et $e^{0{,}0247} \approx 1{,}02501.$

donc : $\quad 0{,}0246 < \dfrac{3}{4}p < 0{,}0247$

d'où :

$$\frac{4}{3}\times 0{,}0246 < p < \frac{4}{3}\times 0{,}0247$$

$$0{,}0328 < p < 0{,}03294.$$

On peut estimer le taux d'intérêt instantané à 0,033, soit 3,3 %.

19 Pour t de [0 ; 30] :

$$q(t) = 6\left(1 - e^{-0{,}2t}\right).$$

1° La fonction q est dérivable sur [0 ; 30], et pour tout t de [0 ; 30] :

$$q'(t) = 6\left(-(-0{,}2)e^{-0{,}2t}\right)$$

$$= 1{,}2e^{-0{,}2t}$$

et $\quad e^{-0{,}2t} > 0,$

donc : $\quad q'(t) > 0.$

On en déduit que **q est strictement croissante sur l'intervalle [0 ; 30].**

Ceci paraîtra assez clair pour un physicien puisque le condensateur se charge !

$q(0) = 6(1 - e^0) = 6 \times (1-1) = 0,$

$q'(0) = 1{,}2e^{-1{,}2\times 0} = 1{,}2.$

t	0 $\qquad\qquad$ 30
$q'(t)$	1,2 $\qquad$ +
$q(t)$	0 ↗

2° ***La tangente T à la courbe de la fonction q* au point d'abscisse 0 a pour équation :**

$$y - q(0) = q'(0)(t-0),$$

c'est-à-dire : $y - 0 = 1{,}2(t - 0)$,
soit : $\mathbf{y = 1{,}2t}$.

3°

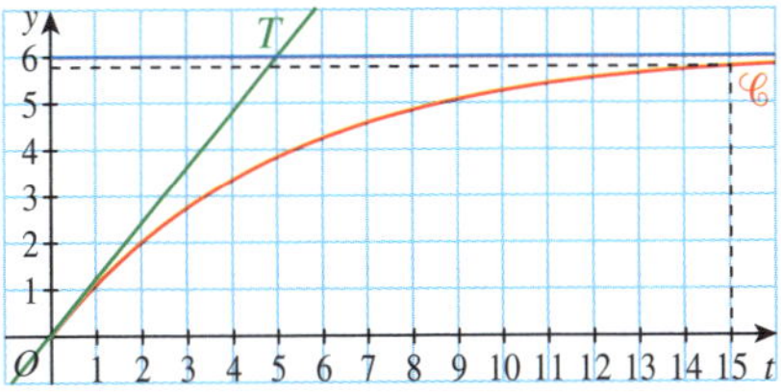

4° D'après le graphique et la calculatrice sur laquelle on a programmé la fonction q, **la charge du condensateur sera supérieure à 5,7 coulombs au bout de 15 secondes.**

20 1° $N(t) = N_0 e^{-0{,}3t}$.

$N(0) = N_0 e^{-0{,}3\times 0} = N_0 e^0 = N_0 \times 1 = N_0$.

$e^0 = 1$.

Par conséquent, **N_0 est le nombre d'œufs à l'instant $t = 0$.**

$$N(t) = N_0 \Leftrightarrow N_0 e^{-0{,}3t} = N_0$$
$$\Leftrightarrow e^{-0{,}3t} = 1$$
$$\Leftrightarrow t = 0.$$

2° Pour tout t de $[0 ; 15]$:

$$N(t) = N_0 e^{-0{,}3t},$$

donc : $N'(t) = N_0 \times (-0{,}3) \times e^{-0{,}3t}$,
d'où : $N'(t) < 0$.

Cela prouve que la **fonction N est strictement décroissante sur $[0 ; 15]$.**

N_0 est strictement positif puisque c'est le nombre d'œufs initial.

3° $N_0 = 1\,000$.

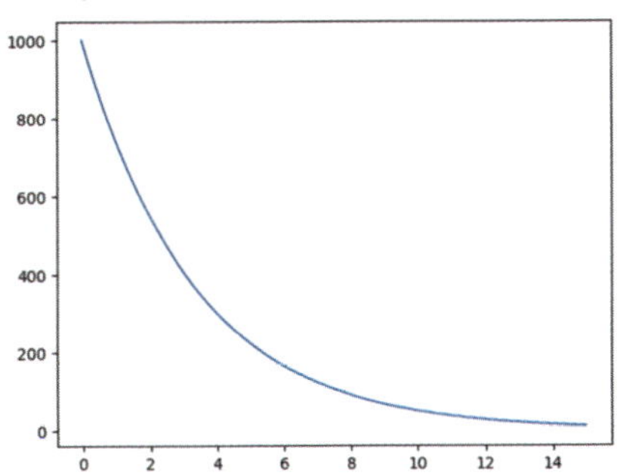

4° En déplaçant le curseur sur l'écran, on obtient :

pour $t \approx 2{,}3$ on a : $N(t) \approx 500$.

Au bout d'environ deux mois et dix jours la population d'œufs aura diminué de moitié.

On peut confirmer ce résultat avec la touche Tabl de la calculatrice.

21 Partie A

λ et k réels strictement positifs.

$f : t \mapsto \lambda e^{-kt}$.

1° f est dérivable sur $\mathbb{R}$ et pour tout réel t :

$$f'(t) = \lambda(-k)e^{-kt} = -\lambda k e^{-kt},$$

or : $\lambda > 0$, $k > 0$, $e^{-kt} > 0$
donc : $f'(t) < 0$.

t	0 $+\infty$
$f'(t)$	$-$
$f(t)$	λ ↘

Comme f est décroissante sur $\mathbb{R}$, **le maximum de f sur $\mathbb{R}^+$ est atteint en 0 et il vaut λ.**

$f(0) = \lambda$

2° $\lambda = 2$ et $k = 0{,}1$

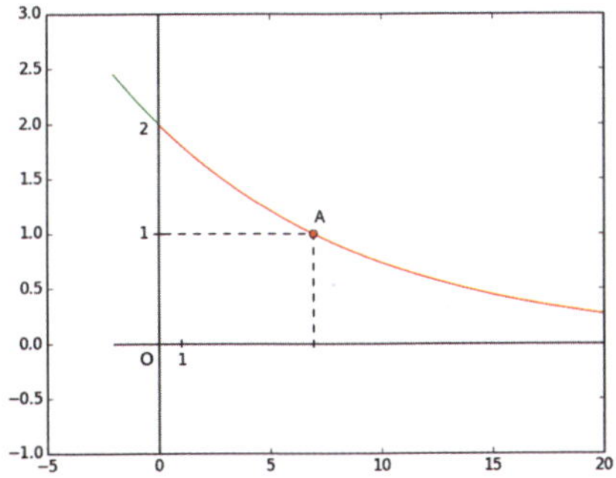

Partie B

$N_t = N_0 e^{-at}$.

1° La demi-vie T est définie par :

$$N_T = \frac{1}{2} N_0,$$

donc T vérifie la relation :

$$N_0 e^{-aT} = \frac{1}{2} N_0,$$

c'est-à-dire que T vérifie :

$$e^{-aT} = \frac{1}{2}.$$

2° On a :

$$e^{-123{,}8\times 10^{-6}\times 20\,000} = e^{-2{,}476}$$

et la calculatrice affiche :

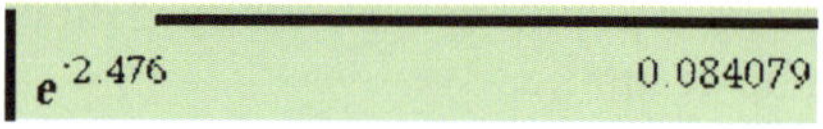

donc :

$$e^{-2,476} \approx 0,084 \text{ à } 0,001 \text{ près.}$$

Au bout de 20 000 ans, il reste environ 8,4 % d'atomes de carbone, donc **le pourcentage d'atomes de carbone 14 perdus au bout de 20 000 ans est d'environ 91,6 %.**

$1 - 0,084 = 0,916.$

3° La demi-vie T de l'iode 131 est définie par :

$$e^{-0,086T} = \frac{1}{2}.$$

En programmant la fonction $x \mapsto e^{-0,086x}$, on lit à l'affichage :

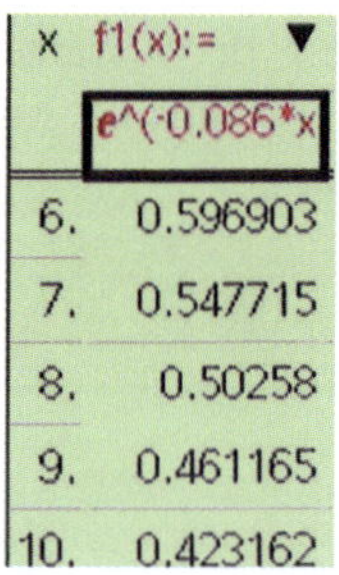

Par conséquent, **la demi-vie en jours de l'iode 131 est d'environ 8 jours.**

On sait, grâce à la **partie A**, que la fonction $t \mapsto e^{-0,086t}$ est décroissante.

22 Pour tout réel t positif ou nul :

$$f(t) = 200\ e^{-0,21t} + 20.$$

1° • On a :

$$\begin{aligned} f(0) &= 200 \times e^{-0,21\times 0} + 20 \\ &= 200 \times e^0 + 20 \\ &= 200 \times 1 + 20 \\ &= 220. \end{aligned}$$

Donc **la température de l'objet au début de la phase de refroidissement est de 220 °C.**

• De même :

$$\begin{aligned} f(1) &= 200 \times e^{-0,21\times 1} + 20 \\ &= 200 \times e^{-0,21} + 20, \end{aligned}$$

donc : $f(1) \approx 182,12$ à 0,01 près.

Donc **la température de la barre au bout d'une heure est d'environ 182,1 °C.**

• $$\begin{aligned} f(24) &= 200 \times e^{-0,21\times 24} + 20 \\ &= 200 \times e^{-5,04} + 20, \end{aligned}$$

donc $f(24) \approx 21,29$ à 0,01 près.

Donc **la température de la barre au bout de vingt-quatre heures est d'environ 21,3 °C.**

2° **a.** Pour tout réel t positif :

$$\begin{aligned} f'(t) &= 200 \times (-0,21) \times e^{-0,21t} \\ &= -42e^{-0,21t}, \end{aligned}$$

or $e^{-0,21t} > 0$, donc $f'(t) < 0$.

Cela prouve que **f est strictement décroissante sur [0 ; +∞[.**

b. La vitesse de refroidissement à l'instant t est $f'(t)$, c'est-à-dire :

$$200 \times (-0,21) \times e^{-0,21t}.$$

La différence de température entre celle de la barre et celle du milieu ambiant est $f(t) - 20$, c'est-à-dire : $200 \times e^{-0,21t}$.

On en déduit :

$$f'(t) = -0,21 \times [f(t) - 20],$$

ce qui montre que **le modèle respecte la loi de Newton.**

$f'(t)$ est proportionnel à $f(t) - 20$. Le coefficient de proportionnalité $-0,21$ ne dépend pas de t.

3° **a.** Pour tout n de $\mathbb{N}^*$:

$$\begin{aligned} u_n &= f(n-1) - f(n) \\ &= \left(200e^{-0,21(n-1)} + 20\right) - \left(200e^{-0,21n} + 20\right) \\ &= 200e^{-0,21n+0,21} - 200e^{-0,21n} \\ &= 200e^{-0,21n} \times e^{0,21} - 200e^{-0,21n} \\ &= 200e^{-0,21n}\left(e^{0,21} - 1\right), \end{aligned}$$

donc : $\boldsymbol{u_n = 200\left(e^{0,21} - 1\right)e^{-0,21n}}$.

$f(0) - f(1)$ est l'abaissement de la température au cours de la 1re heure, soit u_1.

b. Pour tout n de $\mathbb{N}^*$:

$$\begin{aligned} u_{n+1} &= 200\left(e^{0,21} - 1\right)e^{-0,21(n+1)} \\ &= 200\left(e^{0,21} - 1\right)e^{-0,21n} \times e^{-0,21} \\ &= u_n \times e^{-0,21}. \end{aligned}$$

On en déduit que **(u_n) est une suite géométrique de raison $e^{-0,21}$.**

Comme son premier terme u_1 est strictement positif et que sa raison $e^{-0,21}$ est strictement comprise entre 0 et 1, **la suite (u_n) est strictement décroissante et converge vers 0.**

$0 < e^{-0,21}$ et $e^{-0,21} < e^0$.

Pour tout réel x strictement négatif :

$$0 < e^x < 1.$$

c. L'algorithme calcule et affiche le plus petit entier naturel n à partir duquel l'abaissement de la température lors de la n-ième heure est inférieur à 1.

C'est à partir de la 19e heure que l'abaissement horaire de la température est inférieur à 1 °C.

CONTRÔLE CONTINU

Exercice n° 1

Dans chaque question, la fonction f est dérivable sur $\mathbb{R}$. L'expression obtenue pour $f'(x)$ sera valable pour tout réel x.

1° $f : x \mapsto 7e^{2x} - 15x + \sqrt{2}$.

$$f'(x) = 7 \times 2e^{2x} - 15 = \mathbf{14e^{2x} - 15}.$$

La dérivée de $x \mapsto e^{ax}$ est $x \mapsto ae^{ax}$.

2° $f : x \mapsto e^x + x$.

$$f'(x) = \mathbf{e^x + 1}.$$

3° $f : x \mapsto (3x+2)e^{-x}$.

$$f'(x) = 3e^{-x} + (3x+2)(-e^{-x}) = (3 - 3x - 2)(e^{-x}) = \mathbf{(1 - 3x)e^{-x}}.$$

4° $f : x \mapsto \dfrac{e^x}{x^2+1}$.

$$f'(x) = \frac{e^x \times (x^2+1) - 2x \times e^x}{(x^2+1)^2} = \frac{e^x \times (x^2 + 1 - 2x)}{(x^2+1)^2} = \mathbf{\frac{e^x (x-1)^2}{(x^2+1)^2}}.$$

Exercice n° 2

Les équations (E_1), (E_2) et les inéquations (I_1), (I_2) sont définies sur $\mathbb{R}$.

- $(E_1) : e^{2x+3} = 1$.

$$e^{2x+3} = 1 \Leftrightarrow e^{2x+3} = e^0 \Leftrightarrow 2x + 3 = 0 \Leftrightarrow x = -\frac{2}{3},$$

donc :

$-\dfrac{2}{3}$ **est la seule solution de (E_1).**

- $(E_2) :\ e^x + 2 = 0$.

(E_2) n'a pas de solution car :

pour tout réel x, $e^x > 0$.

- $(I_1) :\ 1 - e^x \leqslant 0$.

$$1 - e^x \leqslant 0 \Leftrightarrow 1 \leqslant e^x \Leftrightarrow e^x \geqslant e^0 \Leftrightarrow x \geqslant 0,$$

donc **l'ensemble des solutions de (I_1) est $[0 ; +\infty[$.**

- $(I_2) :\ e^{-x} < e$.

$$e^{-x} < e \Leftrightarrow e^{-x} < e^1 \Leftrightarrow -x < 1 \Leftrightarrow x > -1,$$

donc **l'ensemble des solutions de (I_2) est $]-1 ; +\infty[$.**

Exercice n° 3

Pour tout t de $[0 ; 60]$,

$$\theta(t) = ke^{-0,08t} + 19.$$

1° Le thé a une température initiale de 100 °C, donc :

$$\mathbf{\theta(0) = 100}.$$

2° On a :

$$\theta(0) = ke^{-0,08 \times 0} + 19 = k + 19$$

et : $\theta(0) = 100$

donc : $k + 19 = 100$,

d'où : $\mathbf{k = 81}$.

On en déduit : **pour tout t de $[0 ; 60]$,**

$$\mathbf{\theta(t) = 81e^{-0,08t} + 19}.$$

3° Pour tout t de $[0 ; 60]$:

$$\theta'(t) = 81 \times (-0,08) \times e^{-0,08t},$$

donc : $\theta'(t) < 0$.

On a ainsi prouvé que **la fonction θ est strictement décroissante sur [0 ; 60].**

De façon très pragmatique : la température baisse, donc θ est strictement décroissante.

4° On a :

$$\theta(20) = 81e^{-0,08\times 20} + 19,$$

$$\theta(30) = 81e^{-0,08\times 30} + 19.$$

D'après la calculatrice :

$$\theta(20) \approx 35,35 \text{ et } \theta(30) \approx 26,35.$$

Donc, **au degré près, la température est de 35 °C au bout de 20 minutes et de 26 °C au bout de 30 minutes.**

5° D'après la fonction `Table` de la calculatrice :

$$\theta(54) \approx 20,08 \text{ et } \theta(55) \approx 19,99.$$

Comme de plus la fonction θ est strictement décroissante, **c'est au bout de 55 minutes que la température tombera en dessous de 20 °C.**

Chapitre 9

Fonctions trigonométriques

Le plan est rapporté à un repère orthonormal $\left(O\,;\vec{i},\vec{j}\right)$, et on note I et J les points tels que :

$$\overrightarrow{OI}=\vec{i},\quad \overrightarrow{OJ}=\vec{j}.$$

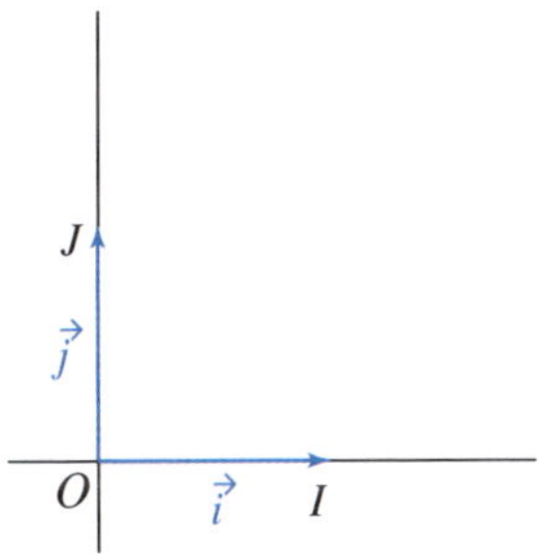

$OI=OJ=1,$
$(OI)\perp(OJ).$

COURS

1 Radian

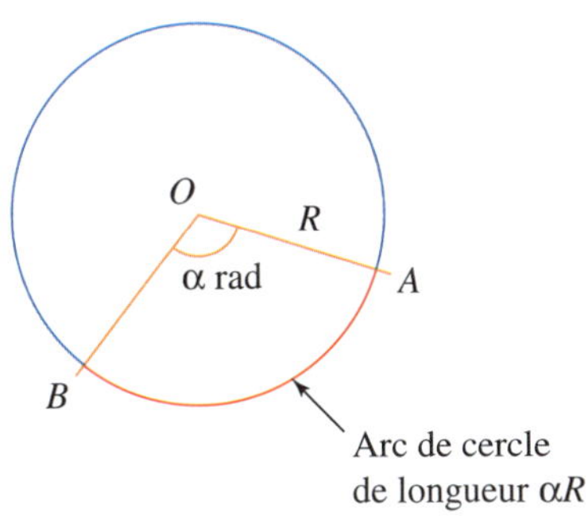

La longueur d'un arc de cercle de rayon R est égale à $\alpha\times R$, α étant la mesure en radians de l'angle au centre qui intercepte l'arc.

Les mesures en degrés et en radians sont proportionnelles.

Radian	0	$\frac{\pi}{6}$	$\frac{\pi}{4}$	$\frac{\pi}{3}$	$\frac{\pi}{2}$	π	2π
Degré	0	30	45	60	90	180	360

2 Repérage sur le cercle trigonométrique

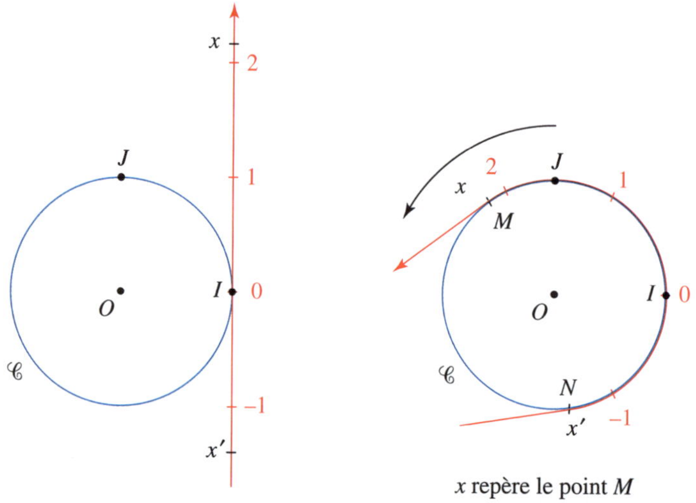

x repère le point M
x′ repère le point N

▶ Le cercle 𝒞 de centre O, de rayon 1, orienté dans le sens direct (c'est-à-dire de I vers J par le plus court chemin) est appelé cercle trigonométrique.

▶ En enroulant l'axe réel représenté par la tangente en I à 𝒞, chaque réel x est associé à un unique point M de 𝒞.

On dit que le réel x repère le point M ou que M est le point de 𝒞 associé au réel x.

▶ Deux réels x et y repèrent le même point sur le cercle trigonométrique si, et seulement si, il existe un entier relatif k tel que :

$$x - y = k \times 2\pi.$$

On dit alors « x égale y modulo 2π » et on note :

$$x = y \ [2\pi].$$

3 Cosinus et sinus d'un nombre réel

A. Définition

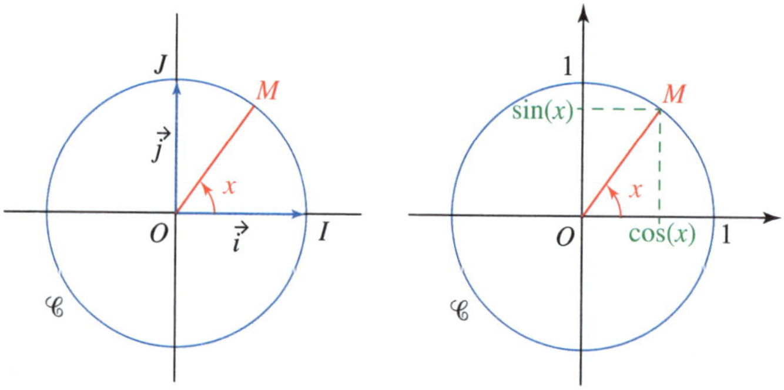

Soient x un nombre réel et M le point du cercle trigonométrique $\mathscr{C}$ associé à x.
Le cosinus de x, noté $\cos(x)$, est l'abscisse de M, et le sinus de x, noté $\sin(x)$, est l'ordonnée de M :

$$\overrightarrow{OM} = \cos(x)\vec{i} + \sin(x)\vec{j}$$

B. Propriétés

▶ Pour tout réel x :

$$\cos^2(x) + \sin^2(x) = 1,$$
$$-1 \leqslant \cos(x) \leqslant 1 \text{ et } -1 \leqslant \sin(x) \leqslant 1.$$

▶ Pour tout réel x et tout entier relatif k :

$$\cos(x + k \times 2\pi) = \cos(x),$$
$$\sin(x + k \times 2\pi) = \sin(x).$$

C. Formules de symétrie

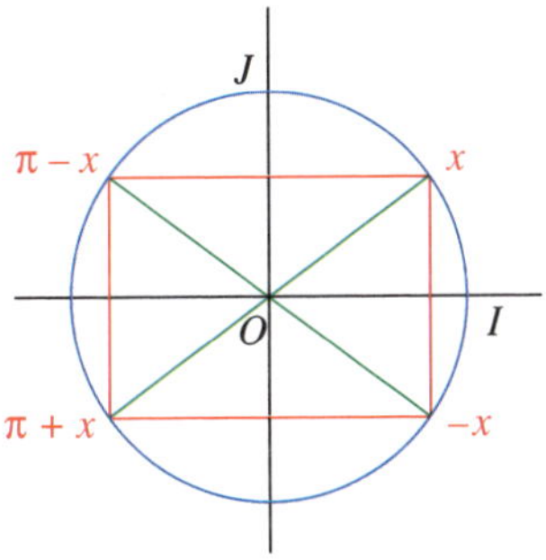

Pour tout réel x :

$$\cos(-x) = \cos(x) \text{ et } \sin(-x) = -\sin(x),$$
$$\cos(\pi - x) = -\cos(x) \text{ et } \sin(\pi - x) = \sin(x),$$
$$\cos(x + \pi) = -\cos(x) \text{ et } \sin(x + \pi) = -\sin(x).$$

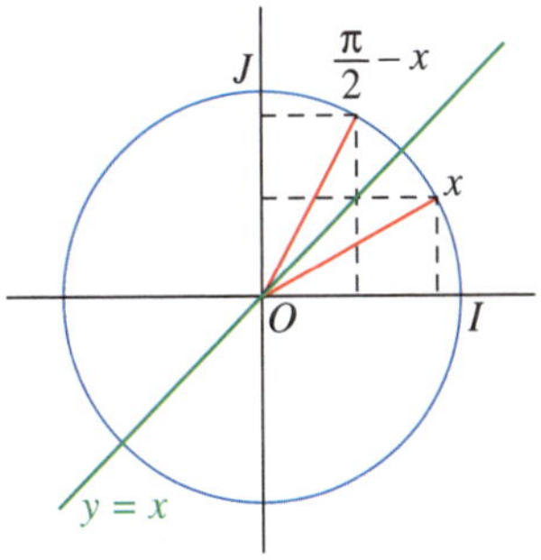

Pour tout réel x :

$$\cos\left(\frac{\pi}{2} - x\right) = \sin(x) \text{ et } \sin\left(\frac{\pi}{2} - x\right) = \cos(x).$$

D. Valeurs remarquables

x	0	$\frac{\pi}{6}$	$\frac{\pi}{4}$	$\frac{\pi}{3}$	$\frac{\pi}{2}$	π
cos(x)	1	$\frac{\sqrt{3}}{2}$	$\frac{\sqrt{2}}{2}$	$\frac{1}{2}$	0	−1
sin(x)	0	$\frac{1}{2}$	$\frac{\sqrt{2}}{2}$	$\frac{\sqrt{3}}{2}$	1	0

COURS

E. Équations trigonométriques

- Soit a un nombre réel.

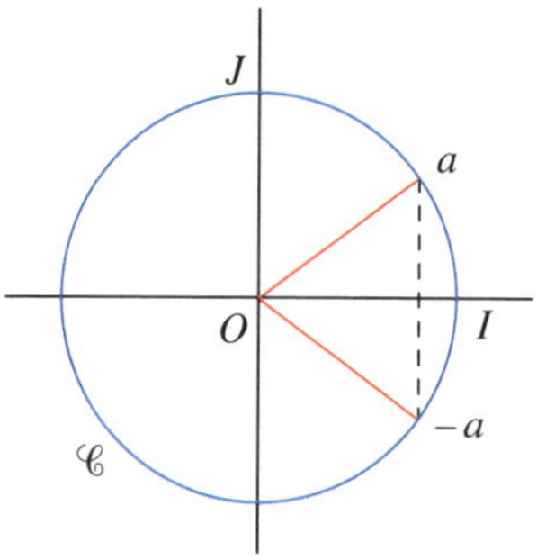

Pour tout réel x, $\cos(x) = \cos(a)$ équivaut à :

$$x = a\ [2\pi] \text{ ou } x = -a\ [2\pi].$$

Les solutions de l'équation $\cos(x) = \cos(a)$ d'inconnue x sont les réels $a + k \times 2\pi$ et $-a + k \times 2\pi$, où k décrit $\mathbb{Z}$.

$$\cos(x) = \cos(a) \Leftrightarrow x = a + k \times 2\pi \text{ ou } x = -a + k \times 2\pi\ (k \in \mathbb{Z})$$

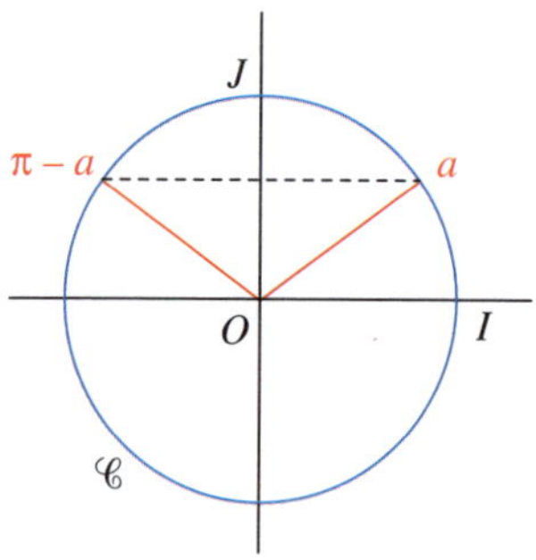

Pour tout réel x, $\sin(x) = \sin(a)$ équivaut à :

$$x = a\ [2\pi] \text{ ou } x = \pi - a\ [2\pi].$$

Les solutions de l'équation $\sin(x) = \sin(a)$ d'inconnue x sont les réels $a + k \times 2\pi$ et $\pi - a + k \times 2\pi$, où k décrit $\mathbb{Z}$.

$$\sin(x) = \sin(a) \Leftrightarrow x = a + k \times 2\pi \text{ ou } x = \pi - a + k \times 2\pi\ (k \in \mathbb{Z})$$

- **Cas particuliers**

$$\cos(x) = 0 \Leftrightarrow x = \frac{\pi}{2} + k\pi\ (k \in \mathbb{Z})$$

$$\sin(x) = 0 \Leftrightarrow x = k\pi\ (k \in \mathbb{Z})$$

$$\cos(x) = 1 \Leftrightarrow x = k \times 2\pi\ (k \in \mathbb{Z})$$

$$\sin(x) = 1 \Leftrightarrow x = \frac{\pi}{2} + k \times 2\pi\ (k \in \mathbb{Z})$$

$$\cos(x) = -1 \Leftrightarrow x = \pi + k \times 2\pi\ (k \in \mathbb{Z})$$

$$\sin(x) = -1 \Leftrightarrow x = -\frac{\pi}{2} + k \times 2\pi\ (k \in \mathbb{Z})$$

F. Fonction cosinus

▶ La fonction cosinus, notée cos, est définie sur $\mathbb{R}$, paire et de période 2π ; elle est bornée par -1 et 1 sur $\mathbb{R}$.

Tableau de variation sur $\left[0\,;\dfrac{\pi}{2}\right]$

x	0 ⟶ $\dfrac{\pi}{2}$
$\cos(x)$	1 ↘ 0

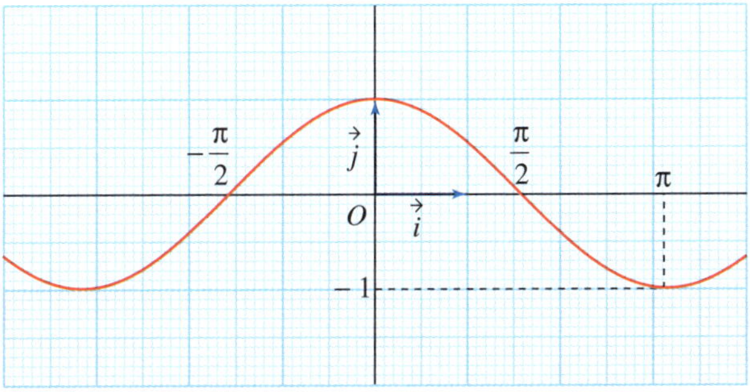

▶ La fonction cosinus est dérivable sur $\mathbb{R}$ et pour tout réel x, $\cos'(x) = -\sin(x)$.

$$\cos' = -\sin$$

G. Fonction sinus

▶ La fonction sinus, notée sin, est définie sur $\mathbb{R}$, impaire et de période 2π ; elle est bornée par -1 et 1 sur $\mathbb{R}$.

Tableau de variation sur $\left[0\,;\dfrac{\pi}{2}\right]$

x	0 ⟶ $\dfrac{\pi}{2}$
$\sin(x)$	0 ↗ 1

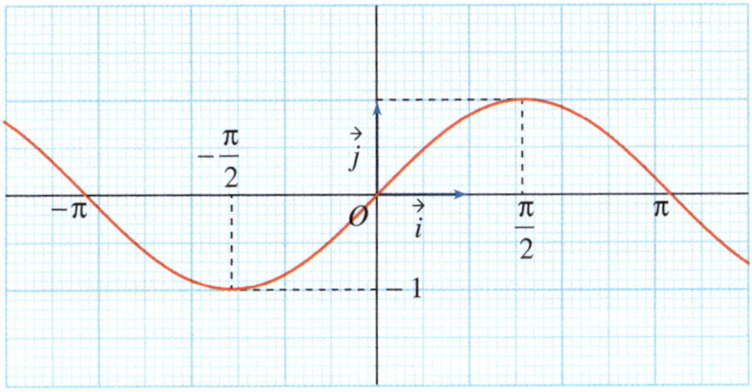

▶ La fonction sinus est dérivable sur $\mathbb{R}$ et pour tout réel x, $\sin'(x) = \cos(x)$.

$$\sin' = \cos$$

EXERCICES

Dans tous les exercices, sauf mention explicite du contraire, le plan est rapporté à un repère orthonormal $\left(O\,;\vec{i},\,\vec{j}\right)$, et $\mathscr{C}$ est le cercle trigonométrique associé à ce repère.

Vrai ou faux ?

1

(corrigé p. 218)

1° a. $\frac{2\pi}{3}\text{rad} = 120°$. **b.** $\frac{\pi}{10}\text{rad} = 18°$. **c.** $\frac{4\pi}{5}\text{rad} = 144°$.

2° Tout triangle dont deux des angles mesurent $\frac{\pi}{5}$rad et $\frac{2\pi}{5}$rad est isocèle.

3° a. $\frac{41\pi}{6} = \frac{5\pi}{6}\ [2\pi]$. **b.** $\frac{\pi}{2} = -\frac{3\pi}{2}\ [2\pi]$. **c.** $\frac{15\pi}{4} = \frac{3\pi}{4}\ [2\pi]$.

4° Si des réels x et y vérifient :

$$x = \frac{\pi}{6}\ [2\pi] \text{ et } y = \frac{\pi}{3}\ [2\pi],$$

alors :

$$x + y = \frac{\pi}{2}\ [2\pi].$$

5° Si un réel x vérifie :

$$2x = \frac{\pi}{3}\ [2\pi],$$

alors :

$$x = \frac{\pi}{6}\ [2\pi].$$

6° a. $\cos(6\pi) = 1$. **b.** $\cos(11\pi) = -1$. **c.** $\cos\left(\frac{9\pi}{2}\right) = 0$.

7° Si un réel x de $[0\,;\pi]$ vérifie : $\cos(x) = 0{,}4$, alors : $\sin(x) = \sqrt{0{,}84}$.

8° Si un réel x de $[0\,;\pi]$ vérifie : $\sin(x) = 0{,}4$, alors : $\cos(x) = \sqrt{0{,}84}$.

Repérage sur le cercle trigonométrique

2 ★ 5 min

(corrigé p. 220)

$\mathscr{C}$ désigne le cercle trigonométrique.
Placer sur $\mathscr{C}$ les points M_1, M_2, …, M_8 images respectives des réels :

$$-\frac{2\pi}{3},\ \frac{3\pi}{4},\ \frac{17\pi}{2},\ \frac{19\pi}{6},\ -\frac{39\pi}{4},\ -2\,020\pi,\ \frac{43\pi}{3},\ -\frac{31\pi}{6}.$$

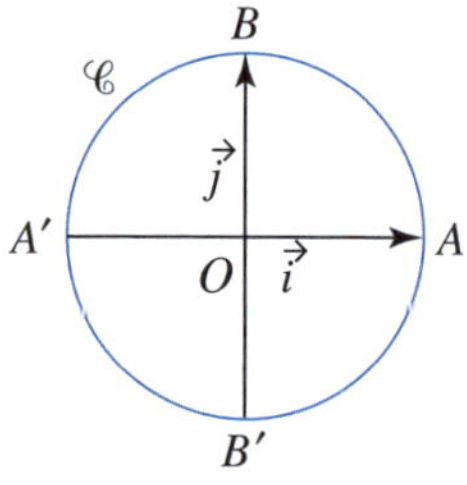

3 ★★ 10 min (corrigé p. 221)

Représenter sur le cercle trigonométrique les réels suivants, lorsque k décrit $\mathbb{Z}$.

1° $k\dfrac{\pi}{2}$. **2°** $k\pi$. **3°** $k\dfrac{\pi}{3}$.

4° $\dfrac{\pi}{4}+k\pi$. **5°** $-\dfrac{\pi}{4}+k\dfrac{\pi}{2}$. **6°** $\dfrac{\pi}{6}+k\dfrac{\pi}{4}$.

4 ★★ 15 min (corrigé p. 221)

Le programme Python ci-dessous demande à l'utilisateur la mesure d'un angle en degrés, qui doit être une valeur entière de $[0, 360[$, puis calcule et affiche la mesure de cet angle dans $[0, 2\pi[$ en radians.

Compléter la ligne 6.

```
1 from lycee import *
2 print("Conversion de degrés en radians.")
3 x = demande("Entrer la mesure en degré:")
4 p = pgcd(x,180)
5 numer = quotient(x,p)
6 denom =
7 print("Un angle de",x,"degrés mesure")
8 print(numer,"pi/",denom,"radians")
```

Propriétés élémentaires de sin et cos

5 ★ 15 min (corrigé p. 221)

Calculer les nombres A, B, C, D et E.

1° $A=\sin\left(\dfrac{\pi}{4}\right)+\sin\left(\dfrac{\pi}{2}\right)+\sin\left(\dfrac{3\pi}{4}\right)+\sin(\pi)$.

2° $B=\sin\left(\dfrac{2\pi}{3}\right)+\sin\left(\dfrac{4\pi}{3}\right)+\sin\left(\dfrac{6\pi}{3}\right)+\sin\left(\dfrac{8\pi}{3}\right)$.

3° $C=\cos\left(-\dfrac{\pi}{3}\right)+\cos\left(-\dfrac{2\pi}{3}\right)+\cos\left(\dfrac{2\pi}{3}\right)$.

4° $D=\sin\left(-\dfrac{7\pi}{6}\right)+\sin\left(\dfrac{5\pi}{6}\right)+\sin\left(\dfrac{17\pi}{6}\right)$.

5° $E=\cos\left(-\dfrac{11\pi}{4}\right)+\cos\left(\dfrac{7\pi}{4}\right)+\cos\left(\dfrac{23\pi}{4}\right)$.

6 ★★ 15 min (corrigé p. 222)

Exprimer $A(x)$, $B(x)$, $C(x)$ et $D(x)$ en fonction de $\sin(x)$ et de $\cos(x)$.

1° $A(x)=\sin(-x)+\sin(\pi-x)$. **2°** $B(x)=\cos(-x)+\cos(\pi+x)$.

3° $C(x)=\sin\left(\dfrac{5\pi}{2}-x\right)+\cos(3\pi-x)$. **4°** $D(x)=\cos\left(\dfrac{5\pi}{2}+x\right)+\sin\left(x-\dfrac{7\pi}{2}\right)$.

7 ★★ 15 min (corrigé p. 222)

Démontrer que les relations suivantes sont valables pour tout réel a.

1° $(\sin(a)+\cos(a))^2 = 1+2\sin(a)\cos(a)$.

2° $(\sin(a)-\cos(a))^2 = 1-2\sin(a)\cos(a)$.

3° $\sin^4(a)+\cos^4(a) = 1-2\sin^2(a)\cos^2(a)$.

4° $\sin^4(a)-\cos^4(a) = 1-2\cos^2(a)$.

Équations et inéquations trigonométriques

8 ★ 10 min (corrigé p. 223)

1° Quels sont les réels x de $[0 ; 2\pi[$ vérifiant $\cos(x)=\frac{1}{2}$?

2° Quels sont les réels x de $]-\pi ; \pi]$ vérifiant $\cos(x)=\frac{1}{2}$?

3° Quels sont les réels x vérifiant $\cos(x)=\frac{1}{2}$?

9 ★ 15 min (corrigé p. 223)

Dans chacun des cas suivants, représenter sur le cercle trigonométrique les réels x qui satisfont à la condition proposée.

1° $\sin(x)\geqslant 0$.

2° $\cos(x)\geqslant 0$.

3° $\sin(x)\leqslant \frac{1}{3}$.

4° $\cos(x)< -\frac{1}{4}$.

5° $\begin{cases} \sin(x)\geqslant \frac{1}{2} \\ \cos(x)\leqslant 0. \end{cases}$

6° $\sin(x)\cos(x)\leqslant 0$.

10 ★★ 15 min (corrigé p. 224)

À l'aide du cercle trigonométrique, résoudre successivement dans $[0 ; 2\pi[$, puis dans $]-\pi ; \pi]$ l'inéquation (I) proposée.

1° $\sin(x)\geqslant \frac{1}{2}$.

2° $\cos(x)<\frac{\sqrt{2}}{2}$.

3° $\cos(x)>-\frac{\sqrt{3}}{2}$.

11 ★★★ 15 min (corrigé p. 224)

À l'aide d'une calculatrice, donner les arrondis automatiques à 10^{-3} près des solutions éventuelles dans $]-\pi ; \pi]$ de l'équation (E) proposée.

1° $\sin(x)=\frac{1}{4}$.

2° $\sin(x)=-\frac{3}{4}$.

3° $\sin(x)=\frac{\pi}{3}$.

4° $\cos(x)=-\frac{1}{3}$.

12 ★★★ 20 min (corrigé p. 225)

Résoudre dans $\mathbb{R}$ l'équation (E) proposée.

1° $\cos(x)=\dfrac{\sqrt{3}}{2}$.

2° $\cos(2x)=\dfrac{\sqrt{3}}{2}$.

3° $\sin(x)(2\cos(x)+1)=0$.

4° $4\sin^2(x)-3=0$.

5° $2\cos^2(x)+\sqrt{3}\cos(x)-3=0$.

Fonctions cosinus et sinus

13 ★★ 15 min (corrigé p. 227)

Déterminer la dérivée de la fonction f proposée et préciser $f'\left(\dfrac{\pi}{2}\right)$.

1° $f : x \mapsto x+\cos(x)$.

2° $f : x \mapsto x\sin(x)$.

3° $f : x \mapsto \sin(x)\cos(x)$.

4° $f : x \mapsto (\cos(x))^2$.

14 ★★ 10 min (corrigé p. 227)

Soit f la fonction :

$$x \mapsto x^2-2x\sin(x)+3\sin^2(x).$$

1° Pour tout réel x, développer $(x-\sin(x))^2$.

2° En déduire le minimum de f sur $\mathbb{R}$.

15 ★★ 15 min (corrigé p. 227)

1° Démontrer que la fonction $f : x \mapsto x-\sin(x)$ est croissante sur $\mathbb{R}$.
En déduire :

$$\text{pour tout } x \text{ de }]-\infty\,;0[,\ \sin(x)\geqslant x,$$
$$\text{pour tout } x \text{ de } [0\,;+\infty[,\ \sin(x)\leqslant x.$$

2° Déterminer une équation de la tangente Δ à la courbe représentative $\mathscr{C}$ de la fonction sinus en son point d'abscisse 0.
Interpréter alors les résultats de la question 1°.

16 ★★ 10 min (corrigé p. 228)

Résoudre l'équation (E) : $2x-\cos(x)=\pi$.

17 ★★★ 20 min (corrigé p. 228)

Connaissant la courbe représentative $\mathscr{C}$ de la fonction sinus, tracer celle notée $\mathscr{C}_f$ de la fonction f proposée, puis en déduire graphiquement les propriétés éventuelles de parité, périodicité et les extrema de f.

1° $x \mapsto |\sin(x)|$.

2° $x \mapsto \sin(|x|)$.

3° $x \mapsto 2\sin(x)$.

4° $x \mapsto \sin(2x)$.

5° $x \mapsto 1{,}5+\sin(x)$.

Résolution approchée d'une équation

18 ★★★ 15 min (corrigé p. 229)

Soit f la fonction $x \mapsto \cos(x) - x$.

```
from lycee import *
x = np.arange(0,1,0.05)
y = np.cos(x)-x
repere.plot(x,y)
repere.plot([0,1],[0,0])
repere.show()
```

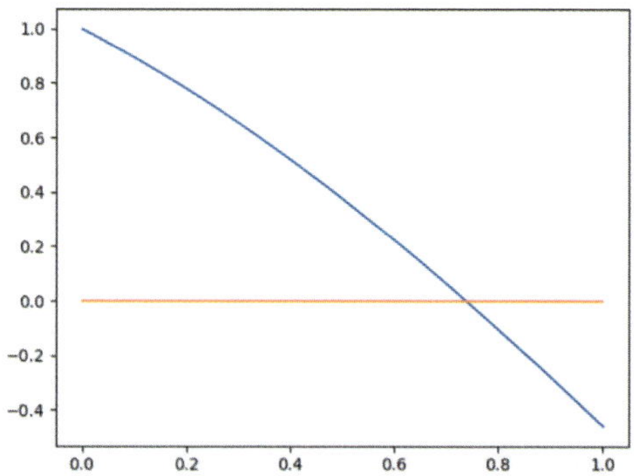

Comme le suggère la sortie graphique ci-dessus, où figure en bleu la courbe représentative de f sur $[0\,;1]$, la fonction f est strictement décroissante sur $[0\,;1]$ et s'annule en un réel s et un seul de $[0\,;1]$. Ainsi, s est la seule solution dans $[0\,;1]$ de l'équation $f(x) = 0$.
On veut déterminer une valeur approchée de s à 10^{-3} près.
Pour chacun des trois programmes Python **P1**, **P2**, **P3** ci-dessous, dire s'il répond au problème posé.

P1

```
from lycee import *
a=0
h=0.001
while math.cos(a)-a>0:
    a=a+h
print(a)
```

P2

```
from lycee import *
a,b=0,1
while b-a>1e-3:
    m=(a+b)/2
    if math.cos(m)>m:
        b=m
    else:
        a=m
print(a)
```

P3

```
from lycee import *
a,b=0,1
while b-a>1e-3:
    m-(a+b)/2
    if math.cos(m)>m:
        a=m
    else:
        b=m
print(a)
```

CONTRÔLE CONTINU

Exercice n° 1 15 min (6 points)

(corrigé p. 230)

1° Convertir en degrés chacune de ces mesures d'angle exprimée en radians :

$$\frac{7\pi}{9},\ \frac{5\pi}{12},\ \frac{3\pi}{8},\ \frac{4\pi}{5}.$$

2° Convertir en radians chacune de ces mesures d'angle :

$$160°,\ 70°,\ 145°,\ 63°.$$

Exercice n° 2 20 min (8 points)

(corrigé p. 230)

Les questions 1° et 2° sont indépendantes.

1° On pose :

$$c = \cos\left(\frac{\pi}{5}\right) \text{ et } s = \sin\left(\frac{\pi}{5}\right).$$

Exprimer en fonction de c et de s le cosinus et le sinus de chacun des nombres réels $\frac{6\pi}{5}$, $\frac{9\pi}{5}$ et $\frac{5\pi}{5}$.

2° Vérifier que le point $M\left(\sin\left(\frac{\pi}{5}\right), \cos\left(\frac{\pi}{5}\right)\right)$ appartient au cercle trigonométrique et trouver un réel a dont M est l'image sur le cercle trigonométrique.

Exercice n° 3 15 min (6 points)

(corrigé p. 231)

1° Quels sont les réels x de $[0 ; 2\pi[$ vérifiant $\sin(x) = -\frac{1}{2}$?

2° Quels sont les réels x de $]-\pi ; \pi]$ vérifiant $\sin(x) = -\frac{1}{2}$?

3° Quels sont les réels x vérifiant $\sin(x) = -\frac{1}{2}$?

CORRIGÉS

1 1° a. $\frac{2\pi}{3}$ rad $= 120°$.

Vrai.

De la relation : 2π rad $= 360°$,
on déduit en divisant chaque membre de l'égalité par 3 :

$$\frac{2\pi}{3}\text{rad} = \left(\frac{360}{3}\right)^\circ = 120°.$$

Plus généralement, pour tout réel θ de $[0\,;2\pi]$:

$$\theta\ \text{rad} = \left(\frac{360}{2\pi}\times\theta\right)^\circ = \left(\frac{180}{\pi}\times\theta\right)^\circ.$$

b. $\frac{\pi}{10}$ rad $= 18°$.

Vrai.

$$\frac{\pi}{10}\text{rad} = \left(\frac{180}{\pi}\times\frac{\pi}{10}\right)^\circ = \left(\frac{180}{10}\right)^\circ = 18°.$$

c. $\frac{4\pi}{5}$ rad $= 144°$.

Vrai.

$$\frac{4\pi}{5}\text{rad} = \left(\frac{180}{\pi}\times\frac{4\pi}{5}\right)^\circ = \left(\frac{4\times180}{5}\right)^\circ = 144°.$$

Le tableau suivant est un tableau de proportionnalité.

π	$\frac{2\pi}{3}$	$\frac{\pi}{10}$	$\frac{4\pi}{5}$
180	120	18	144

2° Tout triangle dont deux des angles mesurent $\frac{\pi}{5}$ rad et $\frac{2\pi}{5}$ rad est isocèle.

Vrai.

La somme des angles d'un triangle vaut π radians et :

$$\pi - \frac{\pi}{5} - \frac{2\pi}{5} = \frac{5-1-2}{5}\pi = \frac{2\pi}{5}.$$

Le 3e angle mesure $\frac{2\pi}{5}$ rad.

Le triangle a deux angles égaux (à $\frac{2\pi}{5}$ rad), il est donc isocèle.

$\frac{\pi}{5}$ rad $= 36°$, $\frac{2\pi}{5}$ rad $= 72°$.

$36 + 2\times72 = 180$.

3° a. $\frac{41\pi}{6} = \frac{5\pi}{6}\ [2\pi]$.

Vrai.

En effet :

$$\frac{41\pi}{6} - \frac{5\pi}{6} = \frac{36}{6}\pi = 6\pi = 3\times2\pi.$$

Pour tous réels x et y, dire que $x = y\ [2\pi]$ signifie qu'il existe un entier relatif k tel que :

$$x - y = k\times2\pi.$$

b. $\frac{\pi}{2} = -\frac{3\pi}{2}\ [2\pi]$.

Vrai.

En effet :

$$\frac{\pi}{2} - \left(-\frac{3\pi}{2}\right) = \frac{\pi}{2} + \frac{3\pi}{2} = 2\pi.$$

c. $\frac{15\pi}{4} = \frac{3\pi}{4}\ [2\pi]$.

Faux.

En effet :

$$\frac{15\pi}{4} - \frac{3\pi}{4} = \frac{12\pi}{4} = 3\pi$$

et 3 est un entier impair, donc $\frac{15\pi}{4}$ n'est pas égal à $\frac{3\pi}{4}$ modulo 2π.

3π n'est pas un multiple de 2π.

4° Si $x = \frac{\pi}{6}\ [2\pi]$ et $y = \frac{\pi}{3}\ [2\pi]$,

alors : $x + y = \frac{\pi}{2}\ [2\pi]$.

Vrai.

Si $x = \frac{\pi}{6}\ [2\pi]$ et $y = \frac{\pi}{3}\ [2\pi]$, alors il existe des entiers relatifs k et k' tels que :

$$x = \frac{\pi}{6} + k\times2\pi,$$

$$y=\frac{\pi}{3}+k'\times 2\pi,$$

d'où, en additionnant membre à membre ces deux égalités :

$$\begin{aligned}x+y&=\frac{\pi}{6}+\frac{\pi}{3}+k\times 2\pi+k'\times 2\pi\\&=\frac{3\pi}{6}+(k+k')\times 2\pi\\&=\frac{\pi}{2}+(k+k')\times 2\pi.\end{aligned}$$

Comme de plus $k+k'$ est un entier relatif, on a ainsi prouvé :

$$x+y=\frac{\pi}{2}\ [2\pi].$$

Si $x=x'\ [2\pi]$ et $y=y'\ [2\pi]$,
alors : $x+y=x'+y'\ [2\pi]$.

5° Si $2x=\frac{\pi}{3}\ [2\pi]$, alors $x=\frac{\pi}{6}\ [2\pi]$.

Faux.

Pour le prouver, il suffit de prendre $x=\frac{\pi}{6}+\pi$; on a alors :

• $2x=\frac{2\pi}{6}+2\pi=\frac{\pi}{3}+2\pi$, donc :

$$2x=\frac{\pi}{3}\ [2\pi]\ ;$$

• $x-\frac{\pi}{6}=\pi$, donc $x-\frac{\pi}{6}$ n'est pas de la forme $k\times 2\pi$, où k est un entier relatif, donc x n'est pas égal à $\frac{\pi}{6}$ modulo 2π.

En revanche, il est vrai que, si $2x=\frac{\pi}{3}\ \left[2\pi\right]$, alors $x=\frac{\pi}{6}\ \left[\pi\right]$,

6° a. $\cos(6\pi)=1$.

Vrai.

$\cos(6\pi)=\cos(3\times 2\pi)=\cos(0)=1$.

Pour tout réel x et tout entier k :

$$\cos(x+k\times 2\pi)=\cos(x).$$

b. $\cos(11\pi)=-1$.

Vrai.

$$\begin{aligned}\cos(11\pi)&=\cos(\pi+5\times 2\pi)\\&=\cos(\pi)\\&=-1.\end{aligned}$$

Plus généralement, pour tout entier k :

$$\cos(k\pi)=\begin{cases}1 & \text{si } k \text{ est pair}\\ -1 & \text{si } k \text{ est impair,}\end{cases}$$

c'est-à-dire :

$$\cos(k\pi)=(-1)^k.$$

c. $\cos\left(\frac{9\pi}{2}\right)=0$.

Vrai.

$$\begin{aligned}\cos\left(\frac{9\pi}{2}\right)&=\cos\left(\frac{\pi+8\pi}{2}\right)\\&=\cos\left(\frac{\pi}{2}+2\times 2\pi\right)\\&=\cos\left(\frac{\pi}{2}\right),\end{aligned}$$

donc : $$\cos\left(\frac{9\pi}{2}\right)=0.$$

Pour tout entier k :

$$\cos\left(\frac{\pi}{2}+k\pi\right)=0.$$

7° Si un réel x de $[0\ ;\pi]$ vérifie :

$$\cos(x)=0{,}4,$$

alors : $$\sin(x)=\sqrt{0{,}84}.$$

Vrai.

Soit x un réel de $[0\ ;\pi]$ tel que :

$$\cos(x)=0{,}4.$$

De l'égalité $\cos^2(x)+\sin^2(x)=1$, on déduit :

$$\sin^2(x)=1-\cos^2(x),$$

d'où : $\sin^2(x)=1-(0{,}4)^2=1-0{,}16$,

c'est-à-dire : $\sin^2(x)=0{,}84$.

$\sin(x)=\sqrt{0{,}84}$ ou $\sin(x)=-\sqrt{0{,}84}$.

Comme, de plus, x appartient à $[0\ ;\pi]$:

$$\sin(x)\geqslant 0,$$

et on peut conclure :

$$\sin(x)=\sqrt{0{,}84}.$$

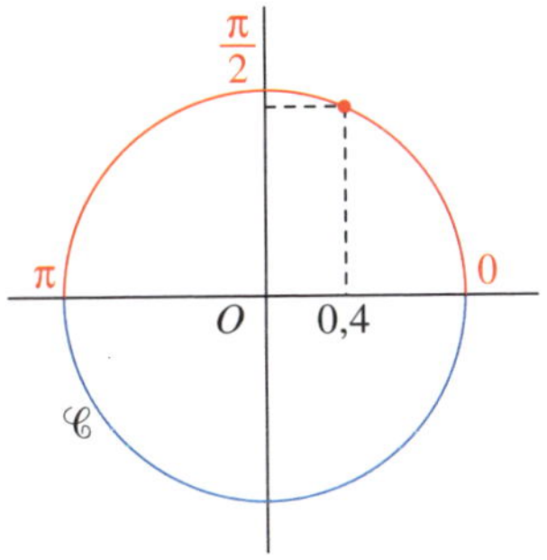

Un seul point du demi-cercle rouge a pour abscisse 0,4. Son ordonnée est positive.

CORRIGÉS

8° Si un réel x de $[0 ; \pi]$ vérifie :

$$\sin(x) = 0{,}4,$$

alors : $\cos(x) = \sqrt{0{,}84}$.

Faux.

Soit x un réel de $[0 ; \pi]$ tel que :

$$\sin(x) = 0{,}4.$$

En procédant comme dans la question précédente, on obtient :

$$\cos^2(x) = 0{,}84,$$

c'est-à-dire :

$\cos(x) = \sqrt{0{,}84}$ ou $\cos(x) = -\sqrt{0{,}84}$, et on ne peut pas savoir sans information supplémentaire sur x quelle est la valeur de $\cos(x)$. On peut affirmer que :

si $0 \leqslant x \leqslant \frac{\pi}{2}$, alors $\cos(x) = \sqrt{0{,}84}$,

si $\frac{\pi}{2} \leqslant x \leqslant \pi$, alors $\cos(x) = -\sqrt{0{,}84}$.

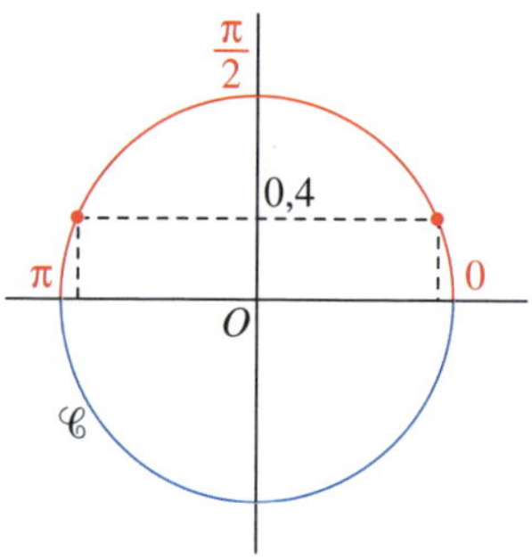

Deux points du demi-cercle rouge ont pour ordonnée 0,4. Ils ont des abscisses opposées.

2

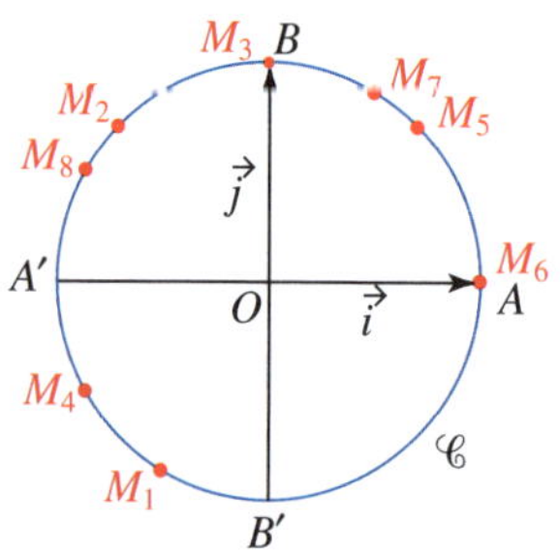

1° M_1 image de $-\frac{2\pi}{3}$;

Le triangle $OA'M_1$ est équilatéral direct.

Un triangle *MNP* est dit direct lorsque l'on « parcourt » ses sommets *M*, *N*, *P* dans le sens direct (on parle aussi de sens *trigonométrique*).

2° M_2 image de $\frac{3\pi}{4}$.

M_2 est un point de la médiatrice du segment $[A'B]$ d'ordonnée positive.

3° M_3 image de $\frac{17\pi}{2}$.

$\frac{17\pi}{2} = \frac{\pi}{2}$ $[2\pi]$, donc M_3 et B sont confondus.

$M_3 = B$

4° M_4 image de $\frac{19\pi}{6}$.

$\frac{19\pi}{6} = -\frac{5\pi}{6}$ $[2\pi]$.

$$\frac{19\pi}{6} = -\frac{5\pi}{6} + 4\pi$$

Le triangle $B'OM_4$ est équilatéral direct.

5° M_5 image de $-\frac{39\pi}{4}$.

$-\frac{39\pi}{4} = \frac{\pi}{4}$ $[2\pi]$.

$$-\frac{39\pi}{4} = \frac{\pi}{4} - 10\pi$$

M_5 est un point de la médiatrice du segment $[AB]$ d'abscisse positive.

6° M_6 image de $-2\,020\,\pi$.

$-2\,020\,\pi = 0$ $[2\pi]$, donc M_6 et A sont confondus.

7° M_7 image de $\frac{43\pi}{3}$.

$\frac{43\pi}{3} - \frac{\pi}{3}$ $[2\pi]$.

$$\frac{43\pi}{3} = \frac{\pi}{3} + 14\pi$$

Le triangle OAM_7 est équilatéral direct.

8° M_8 image de $-\frac{31\pi}{6}$.

$-\frac{31\pi}{6} = \frac{5\pi}{6}$ $[2\pi]$

Le triangle OBM_8 est équilatéral direct.

$$-\frac{31\pi}{6} = \frac{5\pi}{6} - 6\pi$$

3 Dans chaque cas, les images des réels donnés sont les points en rouge du cercle trigonométrique.

1° $k\dfrac{\pi}{2}$.

Les points cherchés sont les sommets d'un carré.

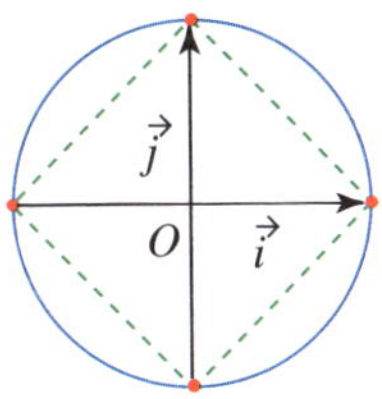

2° $k\pi$.

Les points cherchés sont symétriques par rapport à O.

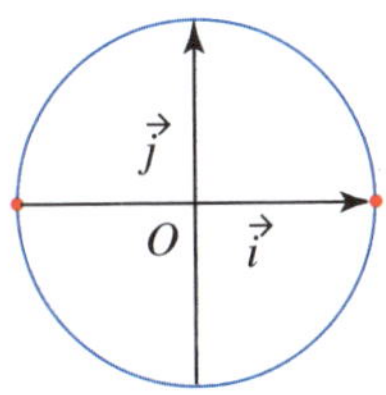

3° $k\dfrac{\pi}{3}$.

Les points cherchés sont les sommets d'un hexagone régulier.

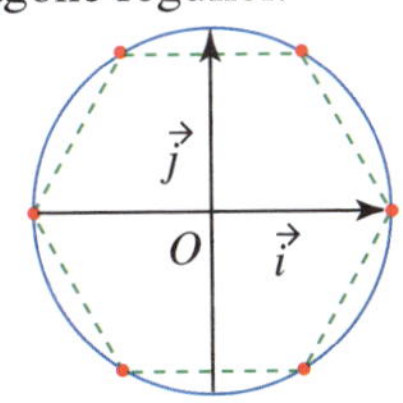

4° $\dfrac{\pi}{4}+k\pi$.

Les points cherchés sont symétriques par rapport à O.

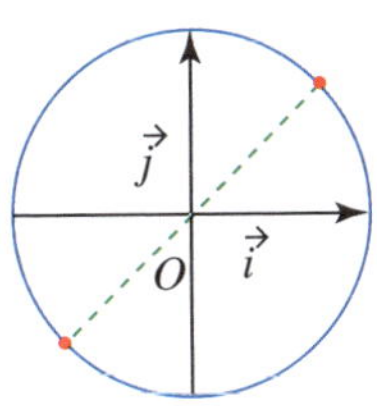

5° $-\dfrac{\pi}{4}+k\dfrac{\pi}{2}$.

Les points cherchés sont les sommets d'un carré.

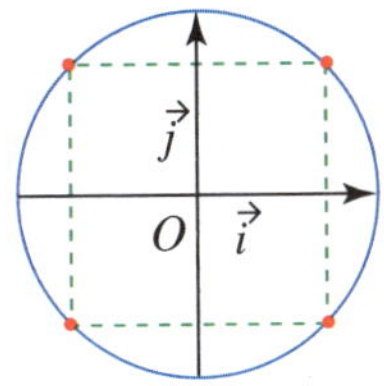

6° $\dfrac{\pi}{6}+k\dfrac{\pi}{4}$.

Les points cherchés sont les sommets d'un octogone régulier.

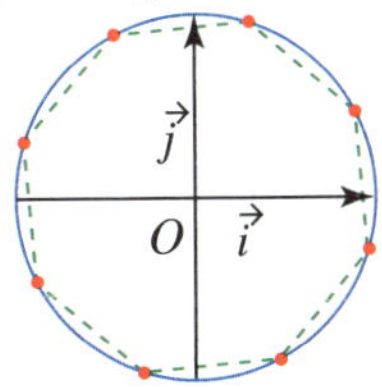

4 **Conversion degrés → radians.**

Éditeur

```
from lycee import *
print("Conversion de degrés en radians.")
x = demande("Entrer la mesure en degré:")
p = pgcd(x,180)
numer = quotient(x,p)
denom = quotient(180,p)
print("Un angle de",x,"degrés mesure")
print(numer,"pi/",denom,"radians")
```

Console

```
Un angle de 120 degrés mesure
2 pi/ 3 radians
>>>
Conversion de degrés en radians.
Un angle de 120 degrés mesure
2 pi/ 3 radians
```

pgcd(a, b) est le plus grand commun diviseur de deux entiers a et b.

pgcd(180, 120) = 60.

5 **1°** $A=\sin\left(\dfrac{\pi}{4}\right)+\sin\left(\dfrac{\pi}{2}\right)+\sin\left(\dfrac{3\pi}{4}\right)+\sin(\pi)$.

$$A=\frac{\sqrt{2}}{2}+1+\frac{\sqrt{2}}{2}+0=\sqrt{2}+1.$$

```
sin (π÷4)+sin (π÷2)+s
in (3π÷4)+sin π
             2.414213562
√2+1
             2.414213562
```

Pour vérifier les réponses, ne pas oublier de basculer la calculatrice en mode radian, si ce n'est déjà fait.

$2°\ B=\sin\left(\frac{2\pi}{3}\right)+\sin\left(\frac{4\pi}{3}\right)+\sin\left(\frac{6\pi}{3}\right)+\sin\left(\frac{8\pi}{3}\right).$

$$\boldsymbol{B}=\frac{\sqrt{3}}{2}-\frac{\sqrt{3}}{2}+0+\frac{\sqrt{3}}{2}=\boldsymbol{\frac{\sqrt{3}}{2}}.$$

$3°\ C=\cos\left(-\frac{\pi}{3}\right)+\cos\left(-\frac{2\pi}{3}\right)+\cos\left(\frac{2\pi}{3}\right).$

$$\boldsymbol{C}=\frac{1}{2}-\frac{1}{2}-\frac{1}{2}=-\boldsymbol{\frac{1}{2}}.$$

$4°\ D=\sin\left(-\frac{7\pi}{6}\right)+\sin\left(\frac{5\pi}{6}\right)+\sin\left(\frac{17\pi}{6}\right)$

$$\boldsymbol{D}=\frac{1}{2}+\frac{1}{2}+\frac{1}{2}=\boldsymbol{\frac{3}{2}}.$$

5°

$$E=\cos\left(-\frac{11\pi}{4}\right)+\cos\left(\frac{7\pi}{4}\right)+\cos\left(\frac{23\pi}{4}\right)$$

$$\boldsymbol{E}=-\frac{\sqrt{2}}{2}+\frac{\sqrt{2}}{2}+\frac{\sqrt{2}}{2}=\boldsymbol{\frac{\sqrt{2}}{2}}.$$

6 Dans chaque cas, nous utiliserons le cercle trigonométrique pour retrouver les propriétés de sin et de cos avec les formules de symétrie.

$1°\ A(x)=\sin(-x)+\sin(\pi-x).$

$$A(x)=-\sin(x)+\sin(x),$$

donc : $\boldsymbol{A(x)=0}.$

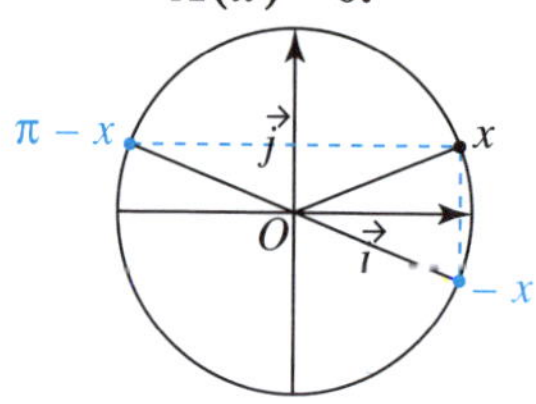

$2°\ B(x)=\cos(-x)+\cos(\pi+x).$

$$B(x)=\cos(x)-\cos(x),$$

d'où : $\boldsymbol{B(x)=0}.$

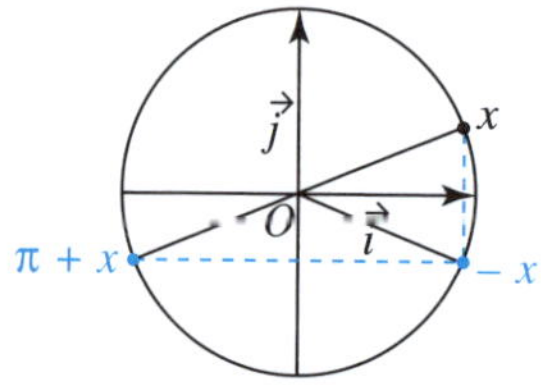

$3°\ C(x)=\sin\left(\frac{5\pi}{2}-x\right)+\cos(3\pi-x).$

$$C(x)=\sin\left(\frac{\pi}{2}-x\right)+\cos(\pi-x)$$
$$=\cos(x)-\cos(x),$$

donc : $\boldsymbol{C(x)=0}.$

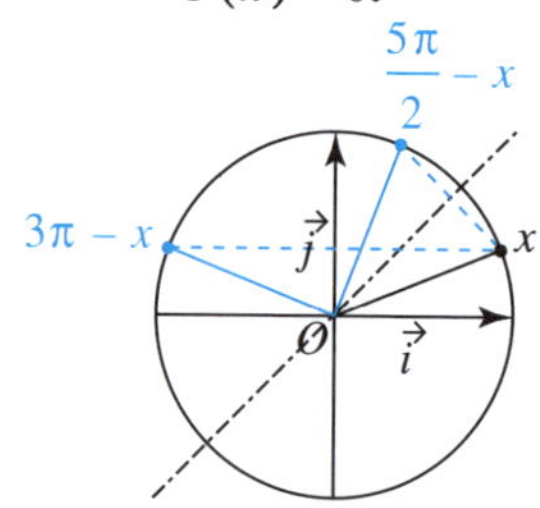

$4°\ D(x)=\cos\left(\frac{5\pi}{2}+x\right)+\sin\left(x-\frac{7\pi}{2}\right).$

$$D(x)=\cos\left(\frac{\pi}{2}+x\right)+\sin\left(x+\frac{\pi}{2}\right),$$

donc : $\boldsymbol{D(x)=-\sin(x)+\cos(x)}.$

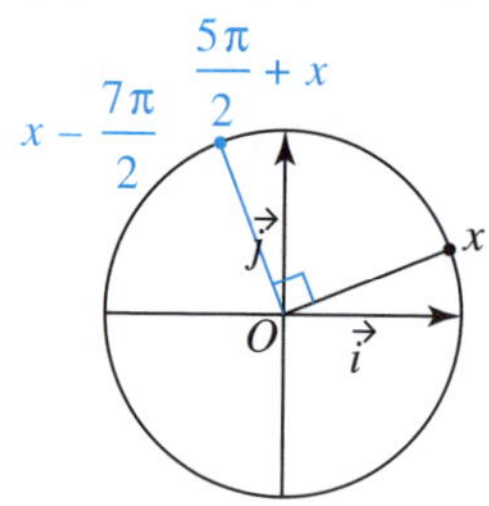

7 Soit a un réel.

$1°\ (\sin(a)+\cos(a))^2=\sin^2(a)+\cos^2(a)+2\sin(a)\cos(a),$

donc :

$$\boldsymbol{(\sin(a)+\cos(a))^2=1+2\sin(a)\cos(a)}.$$

$$\sin^2(x)+\cos^2(x)=1$$

$2°\ (\sin(a)-\cos(a))^2=\sin^2(a)+\cos^2(a)-2\sin(a)\cos(a),$

donc :

$$\boldsymbol{(\sin(a)-\cos(a))^2=1-2\sin(a)\cos(a)}.$$

$3°\ \sin^4(a)+\cos^4(a)$

$$=(\sin^2(a)+\cos^2(a))^2-2\sin^2(a)\cos^2(a)$$
$$=1^2-2\sin^2(a)\cos^2(a),$$

donc :

$$\boldsymbol{\sin^4(a)+\cos^4(a)=1-2\sin^2(a)\cos^2(a)}.$$

$$x^2 + y^2 = (x+y)^2 - 2xy$$

4° $\sin^4(a) - \cos^4(a)$

$= (\sin^2(a) + \cos^2(a))(\sin^2(a) - \cos^2(a))$

$= 1 \times (\sin^2(a) - \cos^2(a))$

$= \sin^2(a) - \cos^2(a)$

$= 1 - \cos^2(a) - \cos^2(a)$,

donc :

$$\mathbf{\sin^4(a) - \cos^4(a) = 1 - 2\cos^2(a).}$$

$$x^2 - y^2 = (x+y)(x-y)$$

8 **1°** Les réels x de $[0\,;2\pi[$ vérifiant $\cos(x) = \frac{1}{2}$ sont :

$$\boldsymbol{\frac{\pi}{3}} \text{ et } \boldsymbol{\frac{5\pi}{3}}.$$

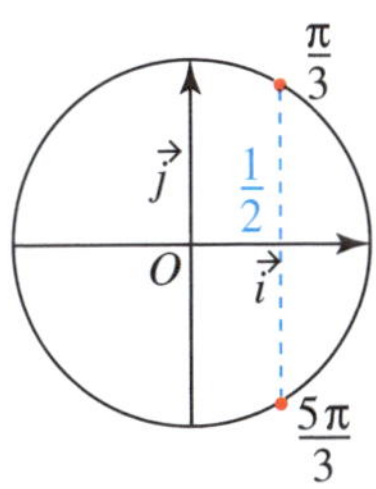

2° Les réels x de $]-\pi\,;\pi]$ vérifiant $\cos(x) = \frac{1}{2}$ sont :

$$\boldsymbol{\frac{\pi}{3}} \text{ et } \boldsymbol{-\frac{\pi}{3}}.$$

3° Les réels x vérifiant $\cos(x) = \frac{1}{2}$ sont les nombres :

$$\boldsymbol{\frac{\pi}{3} + k \times 2\pi \text{ et } -\frac{\pi}{3} + k \times 2\pi,}$$

avec k entier relatif.

Les réels x vérifiant $\cos(x) = \frac{1}{2}$ sont aussi ceux qui s'écrivent :

$$\frac{\pi}{3} + k \times 2\pi \text{ ou } \frac{5\pi}{3} + k \times 2\pi,$$

avec k entier.

9 Les réels qui satisfont à la condition proposée sont représentés en rouge sur le cercle trigonométrique.

1° $\sin(x) \geqslant 0$.

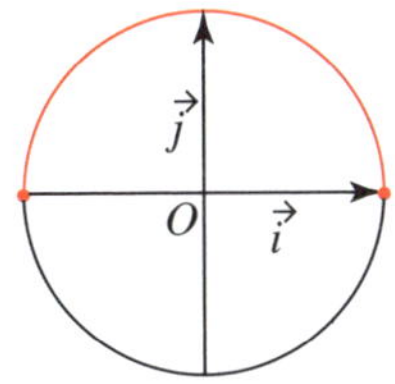

2° $\cos(x) \geqslant 0$.

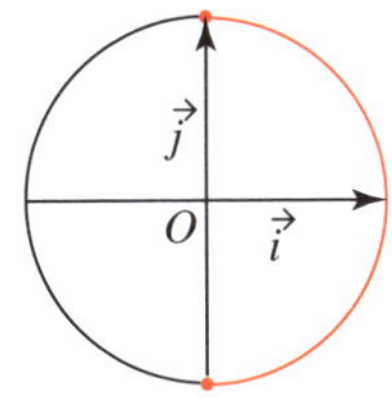

3° $\sin(x) \leqslant \frac{1}{3}$.

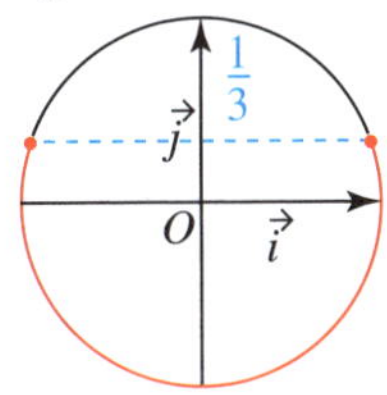

4° $\cos(x) < -\frac{1}{4}$.

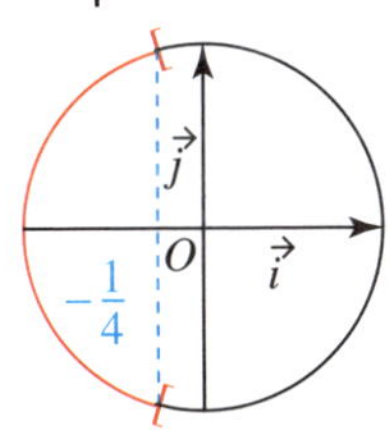

5° $\sin(x) \geqslant \frac{1}{2}$ et $\cos(x) \leqslant 0$.

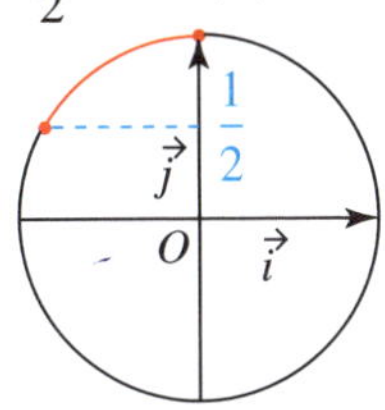

6° $\sin(x)\cos(x) \leqslant 0$.

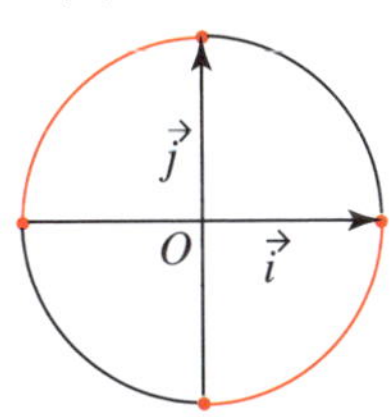

10 On notera $\mathscr{C}$ le cercle trigonométrique, S_1 et S_2 les ensembles des solutions de l'inéquation (I) respectivement dans $[0\,;2\pi[$ et $]-\pi\,;\pi]$.

1° $\sin(x) \geqslant \dfrac{1}{2}$.

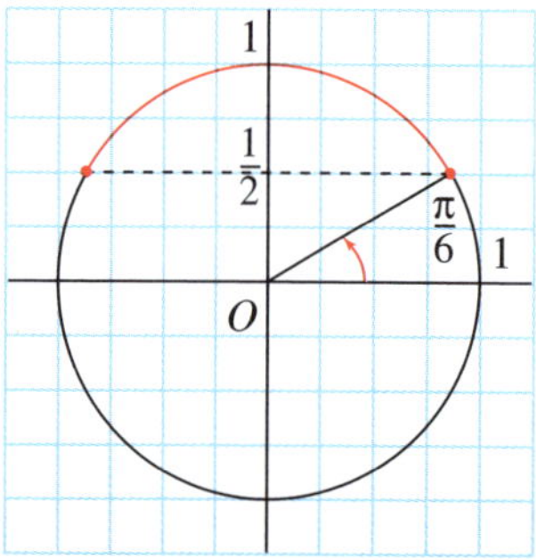

S_1 et S_2 sont représentés par les points de $\mathscr{C}$ d'ordonnée supérieure ou égale à $\dfrac{1}{2}$.

$$S_1 = S_2 = \left[\frac{\pi}{6}\,;\frac{5\pi}{6}\right].$$

2° $\cos(x) < \dfrac{\sqrt{2}}{2}$.

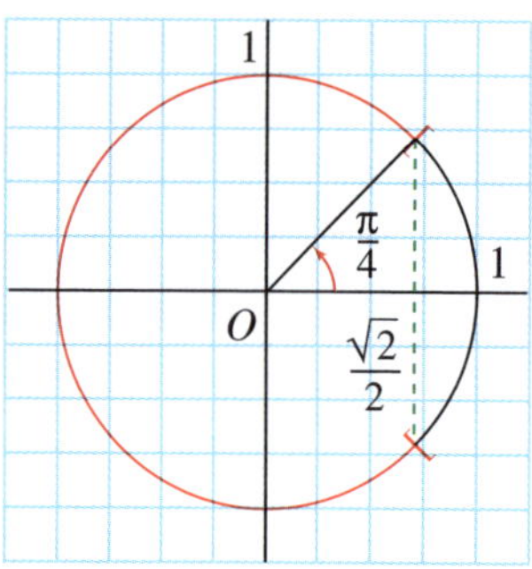

S_1 et S_2 sont représentés par les points de $\mathscr{C}$ dont l'abscisse est strictement inférieure à $\dfrac{\sqrt{2}}{2}$.

$$S_1 = \left]\frac{\pi}{4}\,;\,\frac{7\pi}{4}\right[,$$

$$S_2 = \left]-\pi\,;\,-\frac{\pi}{4}\right[\cup \left]\frac{\pi}{4}\,;\pi\right].$$

3° $\cos(x) > -\dfrac{\sqrt{3}}{2}$.

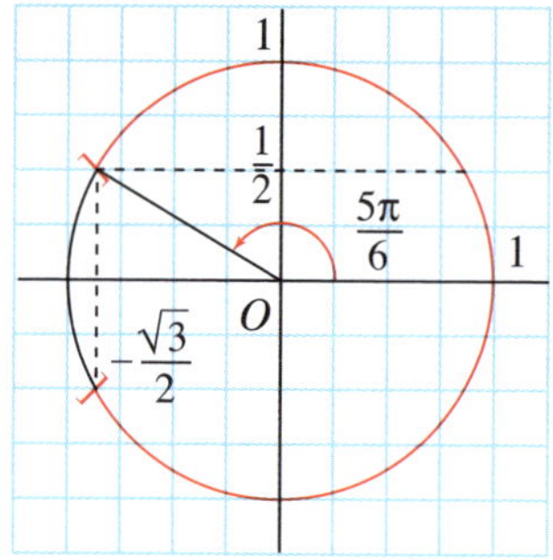

S_1 et S_2 sont représentés par les points de $\mathscr{C}$ dont l'abscisse est strictement supérieure à $-\dfrac{\sqrt{3}}{2}$.

$$S_1 = \left[0\,;\frac{5\pi}{6}\right[\cup \left]\frac{7\pi}{6}\,;2\pi\right[\;;$$

$$S_2 = \left]-\frac{5\pi}{6}\,;\frac{5\pi}{6}\right[.$$

11 **1°** $(E): \sin(x) = \dfrac{1}{4}$.

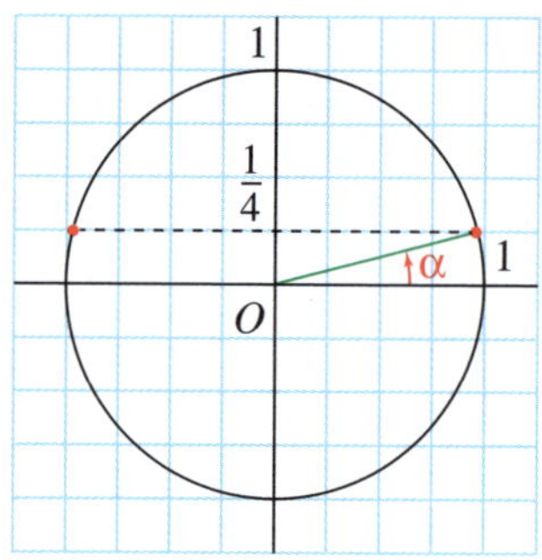

Dans $]-\pi\,;\pi]$, (E) admet exactement deux solutions :

- l'une, notée α, vérifie $0 < \alpha < \dfrac{\pi}{2}$,
- l'autre est alors $\pi - \alpha$.

Soit a un réel tel que $-1 \leqslant a \leqslant 1$; si a est à l'affichage d'une calculatrice, placée en « mode radian », **INV sin** ou **sin⁻¹** fournit une approximation de la seule solution dans $\left[-\dfrac{\pi}{2}\,;\dfrac{\pi}{2}\right]$ de l'équation $\sin(x) = a$.

À l'affichage d'une calculatrice, on obtient :

0,252 680 255 1 pour α

puis :

2,888 912 398 pour $\pi - \alpha$.

Donc **les deux solutions dans]–π ; π] de l'équation (E) ont respectivement pour arrondis automatiques à 10^{-3} près les décimaux 0,253 et 2,889**.

```
sin⁻¹ (1÷4)
         0.2526802551
π-Ans
         2.888912398
```

2° $(E): \sin(x) = -\dfrac{3}{4}$.

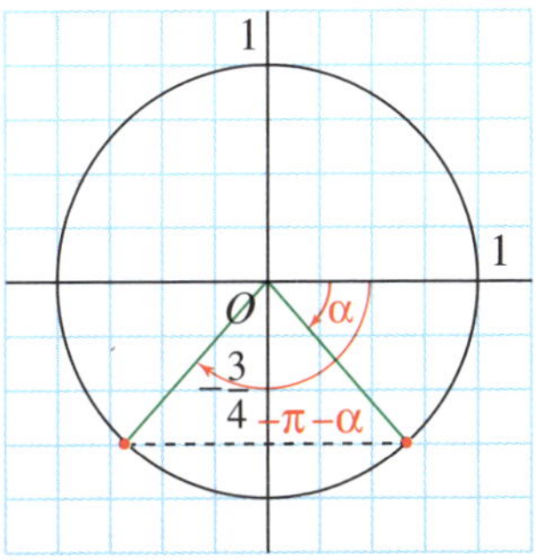

Dans]–π ; π], (E) admet exactement deux solutions :

- l'une, notée α, vérifie $-\dfrac{\pi}{2} < \alpha < 0$,
- l'autre est alors $-\pi - \alpha$.

En procédant comme au 1°, on obtient : **les deux solutions dans]–π ; π] de l'équation $\sin(x) = -\dfrac{3}{4}$ ont respectivement pour arrondis automatiques à 10^{-3} près les décimaux –0,848 et –2,294.**

```
sin⁻¹ (-3÷4)
         -0.848062079
-π-Ans
         -2.293530575
```

3° $(E): \sin(x) = \dfrac{\pi}{3}$.

$\dfrac{\pi}{3} > 1$, donc **l'équation $\sin(x) = \dfrac{\pi}{3}$ n'a pas de solution**.

```
sin⁻¹ (π÷3)



      Ma   ERROR
```

4° $(E): \cos(x) = -\dfrac{1}{3}$.

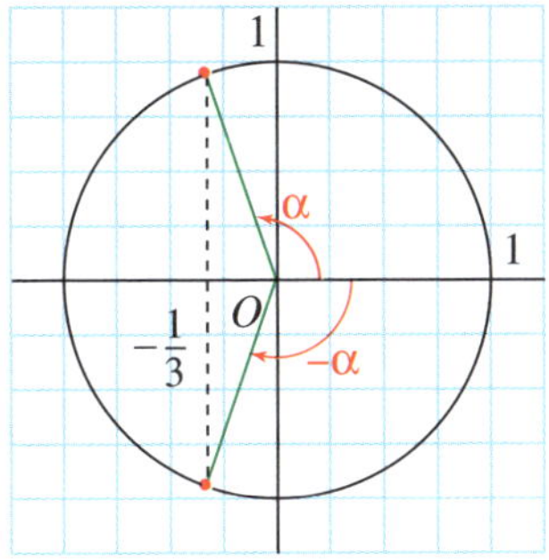

Dans]–π ; π], (E) admet exactement deux solutions :

- l'une, notée α, vérifie $\dfrac{\pi}{2} < \alpha < \pi$,
- l'autre est alors $-\alpha$.

Soit a un réel tel que $-1 \leqslant a \leqslant 1$; si a est l'affichage d'une calculatrice, placée en « mode radian », **INV cos** ou **cos⁻¹** fournit une approximation de la seule solution dans [0 ; π] de l'équation $\cos(x) = a$.

À l'affichage d'une calculatrice, on obtient comme approximation de α :

1,910 633 236

Finalement :

les deux solutions dans]–π ; π] de l'équation $\cos(x) = -\dfrac{1}{3}$ ont respectivement pour arrondis automatiques à 10^{-3} près les décimaux 1,911 et –1,911.

```
cos⁻¹ (-1÷3)
          1.910633236
```

12 1° $(E): \cos(x) = \dfrac{\sqrt{3}}{2}$.

Pour tout réel x :

$$(E) \Leftrightarrow \cos(x) = \cos\left(\frac{\pi}{6}\right)$$

$$\Leftrightarrow x = \frac{\pi}{6} + k \times 2\pi$$

$$\text{ou } x = -\frac{\pi}{6} + k \times 2\pi \ (k \in \mathbb{Z}).$$

$\mathbb{Z}$ est l'ensemble des entiers relatifs, c'est-à-dire l'ensemble des entiers positifs, négatifs ou nuls.

On a ainsi prouvé que **les solutions de (E) sont les réels :**

$$\boldsymbol{\frac{\pi}{6}+k\times 2\pi,\quad -\frac{\pi}{6}+k\times 2\pi,}$$

avec k entier.

2° $(E): \cos(2x)=\dfrac{\sqrt{3}}{2}$.

Pour tout réel x :

$$(E) \Leftrightarrow \cos(2x)=\cos\left(\frac{\pi}{6}\right)$$

$$\Leftrightarrow 2x=\frac{\pi}{6}+k\times 2\pi$$

$$\text{ou } 2x=-\frac{\pi}{6}+k\times 2\pi \ (k\in\mathbb{Z}),$$

$$\Leftrightarrow x=\frac{\pi}{12}+k\times\pi$$

$$\text{ou } x=-\frac{\pi}{12}+k\times\pi \ (k\in\mathbb{Z}),$$

donc **les solutions de (E) sont les réels** :

$$\boldsymbol{\frac{\pi}{12}+k\pi,\quad -\frac{\pi}{12}+k\pi,}$$

avec k entier.

3° $(E): \sin(x)(2\cos(x)+1)=0$.

Pour tout réel x :

$$(E) \Leftrightarrow \sin(x)=0 \text{ ou } 2\cos(x)+1=0$$

$$\Leftrightarrow \sin(x)=0 \text{ ou } \cos(x)=-\frac{1}{2}$$

$$\Leftrightarrow \sin(x)=0 \text{ ou } \cos(x)=\cos\left(\frac{2\pi}{3}\right)$$

$$\Leftrightarrow x=k\times\pi \text{ ou } x=\frac{2\pi}{3}+k\times 2\pi$$

$$\text{ou } x=-\frac{2\pi}{3}+k\times 2\pi \ (k\in\mathbb{Z}).$$

On peut alors conclure que **les solutions de (E) sont les réels :**

$$\boldsymbol{k\pi,\quad \frac{2\pi}{3}+2k\pi,\quad -\frac{2\pi}{3}+2k\pi,}$$

où k décrit $\mathbb{Z}$.

4° $(E): 4\sin^2(x)-3=0$.

(E) étant équivalente à l'équation :

$$\sin^2(x)=\frac{3}{4},$$

les solutions de (E) sont les réels dont le sinus est égal à $-\dfrac{\sqrt{3}}{2}$ ou $\dfrac{\sqrt{3}}{2}$.

De plus :

$$\frac{\sqrt{3}}{2}=\sin\left(\frac{\pi}{3}\right),\ -\frac{\sqrt{3}}{2}=\sin\left(-\frac{\pi}{3}\right),$$

donc **les solutions de (E)** sont les réels :

$$\boldsymbol{\frac{\pi}{3}+2k\pi,\quad \frac{2\pi}{3}+2k\pi,}$$

$$\boldsymbol{-\frac{\pi}{3}+2k\pi,\quad -\frac{2\pi}{3}+2k\pi,}$$

où k décrit $\mathbb{Z}$.

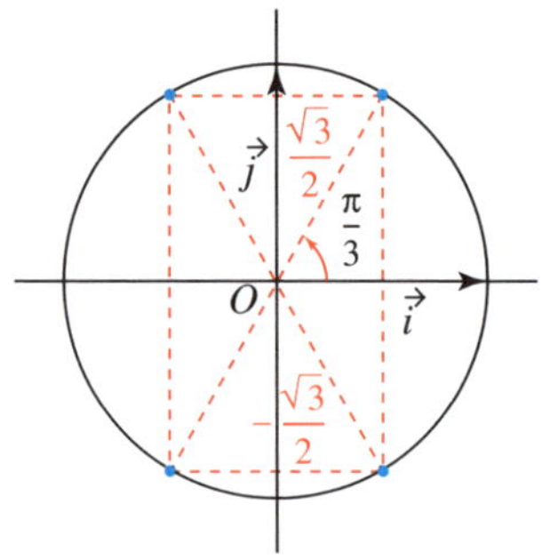

Plus simplement, les solutions de (E) sont les réels :

$$\frac{\pi}{3}+k\pi,\quad \frac{2\pi}{3}+k\pi,$$

où k décrit $\mathbb{Z}$.

5° $(E): 2\cos^2(x)+\sqrt{3}\cos(x)-3=0$.

Les solutions de (E) sont les réels dont le cosinus est solution de l'équation du second degré (E') :

$$2X^2+\sqrt{3}\,X-3=0.$$

En notant Δ le discriminant de (E') :

$$\Delta=\left(\sqrt{3}\right)^2-4\times 2\times(-3)=3+24=27,$$

donc les solutions de (E') sont les réels :

$$\frac{-\sqrt{3}-3\sqrt{3}}{4} \text{ et } \frac{-\sqrt{3}+3\sqrt{3}}{4},$$

$\sqrt{27}=\sqrt{3^2\times 3}=3\sqrt{3}$

c'est-à-dire $-\sqrt{3}$ et $\dfrac{\sqrt{3}}{2}$.

De plus :

$$-\sqrt{3}<-1,$$

donc aucun réel n'est solution de l'équation $\cos(x)=-\sqrt{3}$ et les solutions de (E) sont celles de l'équation :

$$\cos(x)=\frac{\sqrt{3}}{2}.$$

Enfin :

$$\frac{\sqrt{3}}{2}=\cos\left(\frac{\pi}{6}\right),$$

ce qui permet de conclure que **les solutions de (E) sont les réels :**

$$\boldsymbol{\frac{\pi}{6}+2k\pi \text{ et } -\frac{\pi}{6}+2k\pi,}$$

k décrivant $\mathbb{Z}$.

13 1° $f : x \mapsto x + \cos(x)$.

Étant la somme des fonctions $x \mapsto x$ et $x \mapsto \cos(x)$, toutes deux dérivables sur $\mathbb{R}$, f est dérivable sur $\mathbb{R}$.

Pour tout réel x :

$$\boldsymbol{f'(x) = 1 - \sin(x)},$$

donc : $\boldsymbol{f'\left(\frac{\pi}{2}\right)} = 1 - \sin\left(\frac{\pi}{2}\right) = 1 - 1 = \mathbf{0}$.

2° $f : x \mapsto x\sin(x)$.

Étant le produit des fonctions $x \mapsto x$ et $x \mapsto \sin(x)$, toutes deux dérivables sur $\mathbb{R}$, f est dérivable sur $\mathbb{R}$.

> $(uv)' = u'v + uv'$

Pour tout réel x :

$$\begin{aligned} \boldsymbol{f'(x)} &= 1 \times \sin(x) + x \times \cos(x) \\ &= \boldsymbol{\sin(x) + x\cos(x)}, \end{aligned}$$

donc :

$$f'\left(\frac{\pi}{2}\right) = \sin\left(\frac{\pi}{2}\right) + \frac{\pi}{2}\cos\left(\frac{\pi}{2}\right) = 1 + \frac{\pi}{2} \times 0$$

$$\boldsymbol{f'\left(\frac{\pi}{2}\right) = 1.}$$

3° $f : x \mapsto \sin(x)\cos(x)$.

Étant le produit des fonctions $x \mapsto \cos(x)$ et $x \mapsto \sin(x)$, toutes deux dérivables sur $\mathbb{R}$, f est dérivable sur $\mathbb{R}$.

Pour tout réel x :

$$\begin{aligned} \boldsymbol{f'(x)} &= \cos(x) \times \cos(x) \\ &\quad + \sin(x) \times (-\sin(x)) \\ &= \boldsymbol{(\cos(x))^2 - (\sin(x))^2}. \end{aligned}$$

On écrira souvent $\cos^2(x)$ pour $(\cos(x))^2$ et $\sin^2(x)$ pour $(\sin(x))^2$.

Ainsi, pour tout réel x :

$$f'(x) = \cos^2(x) - \sin^2(x),$$

et comme $\cos^2(x) + \sin^2(x) = 1$, on a les égalités :

$$f'(x) = 2\cos^2(x) - 1 = 1 - 2\sin^2(x).$$

On en déduit :

$$\boldsymbol{f'\left(\frac{\pi}{2}\right)} = \cos^2\left(\frac{\pi}{2}\right) - \sin^2\left(\frac{\pi}{2}\right) = 0 - 1 = \mathbf{-1}.$$

4° $f : x \mapsto (\cos(x))^2$.

La fonction $x \mapsto \cos(x)$ est dérivable sur $\mathbb{R}$ et f est le produit de la fonction $x \mapsto \cos(x)$ par elle-même, donc f est dérivable sur $\mathbb{R}$.

Pour tout réel x :

$$f(x) = \cos(x) \times \cos(x),$$

$$\begin{aligned} \boldsymbol{f'(x)} &= -\sin(x) \times \cos(x) \\ &\quad + \cos(x) \times (-\sin(x)) \\ &= \boldsymbol{-2\sin(x)\cos(x)}. \end{aligned}$$

On en déduit :

$$f'\left(\frac{\pi}{2}\right) = -2\sin\left(\frac{\pi}{2}\right)\cos\left(\frac{\pi}{2}\right) = -2 \times 1 \times 0$$

$$\boldsymbol{f'\left(\frac{\pi}{2}\right) = 0.}$$

14 $f : x \mapsto x^2 - 2x\sin(x) + 3\sin^2(x)$.

> $\sin^2(x) = (\sin(x))^2$

1° • Pour tout réel x,

$$\boldsymbol{(x - \sin(x))^2 = x^2 - 2x\sin(x) + \sin^2(x).}$$

> $(a - b)^2 = a^2 - 2ab + b^2$

2° La fonction f est définie sur $\mathbb{R}$, et on déduit de la question 1° que, pour tout réel x :

$$f(x) = (x - \sin(x))^2 + 2\sin^2(x),$$

or :

$$(x - \sin(x))^2 \geqslant 0 \text{ et } 2\sin^2(x) \geqslant 0,$$

donc :

$$f(x) \geqslant 0,$$

ce qui prouve que 0 est un minorant de f.

> $\sin(0) = 0$

De plus, en utilisant que la fonction sinus s'annule en 0, on obtient :

$$f(0) = 0,$$

ce qui prouve que **0 est le minimum de f sur $\mathbb{R}$.**

15 1° $f : x \mapsto x - \sin(x)$.

La fonction f est définie et dérivable sur $\mathbb{R}$ et, pour tout réel x :

$$f'(x) = 1 - \cos(x),$$

donc : $f'(x) \geqslant 0$,

ce qui prouve que **f est croissante sur $\mathbb{R}$.**

D'autre part : $f(0) = -\sin(0) = 0$.

x	$-\infty$	0	$+\infty$
$f(x)$	↗	0	↗

f est croissante sur $\mathbb{R}$ et s'annule en 0, donc f est négative sur $]-\infty ; 0]$ et positive sur $[0 ; +\infty[$:

pour tout x de $]-\infty\ ;0]$, $x-\sin(x)\leqslant 0$,
pour tout x de $[0\ ;+\infty[$, $x-\sin(x)\geqslant 0$,
autrement dit :
pour tout x de $]-\infty\ ;0]$, $\sin(x)\geqslant x$,
pour tout x de $[0\ ;+\infty[$, $\sin(x)\leqslant x$.

2° $\mathscr{C}$: $y=\sin(x)$.

• L'équation réduite de la tangente Δ à la courbe représentative $\mathscr{C}$ de la fonction sinus en son point d'abscisse 0 est :

$$y=\sin'(0)(x-0)+\sin(0),$$

or : $\sin(0)=0$, $\sin'(0)=\cos(0)=1$, donc le point de $\mathscr{C}$ d'abscisse 0 est l'origine O du repère et **Δ admet pour équation : $y=x$.**

• D'après les résultats de la question 1° :
$\mathscr{C}$ est située au-dessus de Δ dans le demi-plan d'inéquation $x\leqslant 0$;
$\mathscr{C}$ est située en dessous de Δ dans le demi-plan d'inéquation $x\geqslant 0$.

On dit que la courbe $\mathscr{C}$ « traverse sa tangente » à l'origine O.

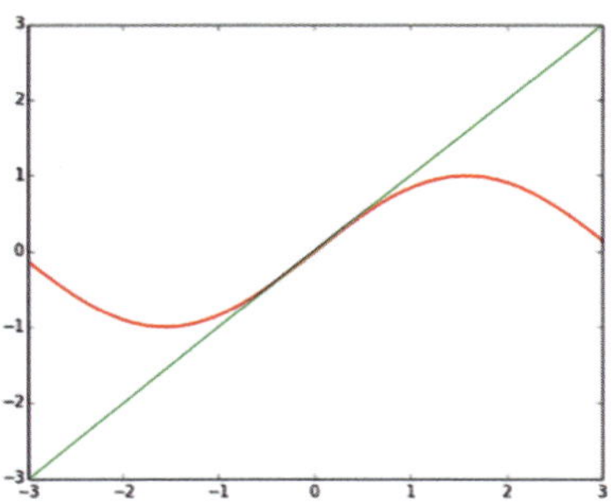

16 (E) : $2x-\cos(x)=\pi$.

L'ensemble de définition de (E) est $\mathbb{R}$.

Tout d'abord, remarquons que $\dfrac{\pi}{2}$ est une solution de (E).

$$2\times\frac{\pi}{2}-\cos\left(\frac{\pi}{2}\right)=\pi-0=\pi$$

La fonction f :

$$x\mapsto 2x-\cos(x)$$

est dérivable sur $\mathbb{R}$ et sa dérivée f' :

$$x\mapsto 2+\sin(x)$$

est à valeurs strictement positives sur $\mathbb{R}$, donc f est strictement croissante sur $\mathbb{R}$.

Pour tout x de $\mathbb{R}$, $-1\leqslant\sin(x)\leqslant 1$.

x	$-\infty$	$\dfrac{\pi}{2}$	$+\infty$
$f(x)$	↗	π	↗

Comme f ne prend qu'une seule fois la valeur π, on peut alors conclure que $\dfrac{\pi}{2}$ **est la seule solution de l'équation :**

$$(E) : 2x-\cos(x)=\pi.$$

17 La légende suivante est valable pour tous les graphiques :

- - - - - - $\mathscr{C}$ ——— $\mathscr{C}_f$

1° $f : x\mapsto|\sin(x)|$.

Appelons Γ la réunion de $\mathscr{C}$ et de la courbe symétrique de $\mathscr{C}$ par rapport à l'axe des abscisses ; alors $\mathscr{C}_f$ est la partie de Γ dont les points ont une ordonnée positive.

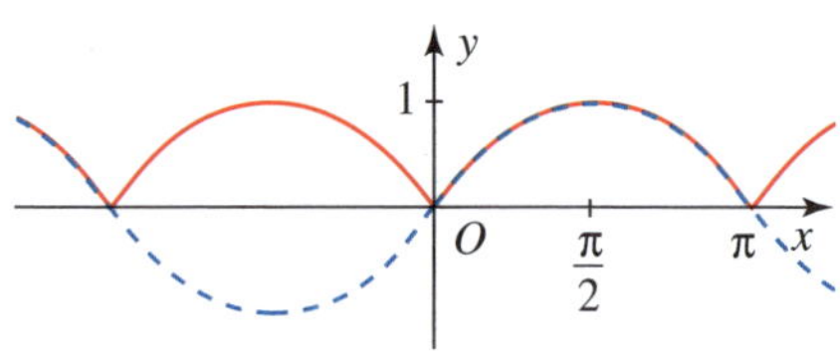

2° $f : x\mapsto\sin(|x|)$.

La fonction f est paire ; $\mathscr{C}_f$ est la réunion de la partie $\mathscr{C}_1$ de $\mathscr{C}$ dont les points ont une abscisse positive et de la courbe symétrique de $\mathscr{C}_1$ par rapport à l'axe des ordonnées.

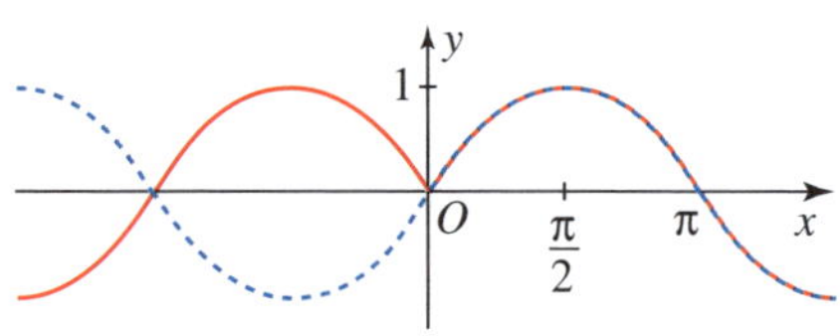

3° $f : x\mapsto 2\sin(x)$.

Si M est un point de $\mathscr{C}$ et P est celui de $\mathscr{C}_f$ de même abscisse, alors l'ordonnée de P est double de celle de M.

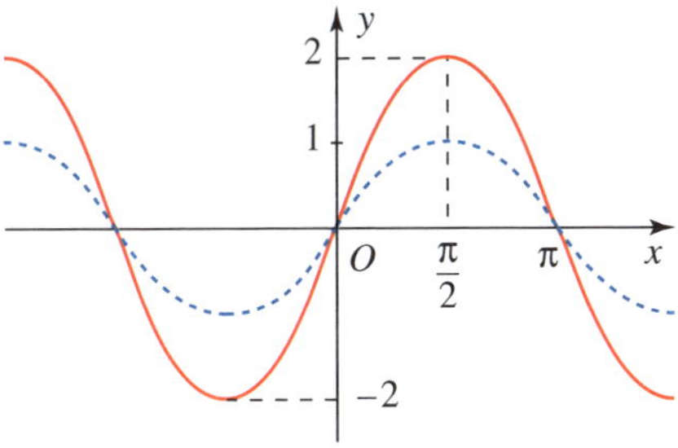

4° $f : x \mapsto \sin(2x)$.
Pour tout point de $\mathscr{C}$, le point de même ordonnée et d'abscisse moitié appartient à $\mathscr{C}_f$.

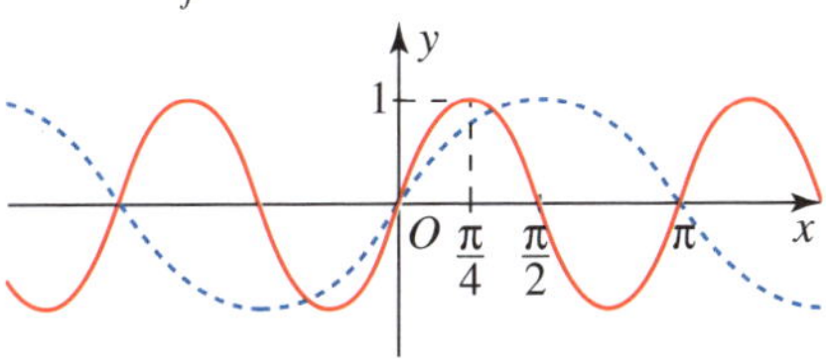

5° $f : x \mapsto 1{,}5 + \sin(x)$.
$\mathscr{C}_f$ est l'image de $\mathscr{C}$ par la translation de vecteur $1{,}5\,\vec{j}$.

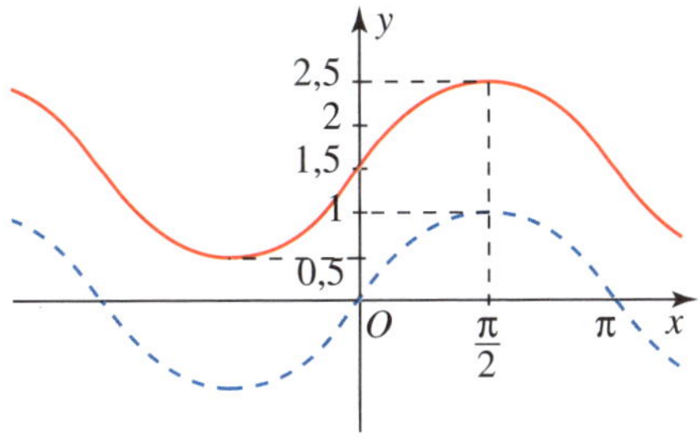

Le tableau suivant résume les propriétés des fonctions proposées que les graphiques mettent en évidence.

Fonctions	Parité	Période	Minimum	Maximum
$x \mapsto \sin(x)$	impaire	2π	-1	1
$x \mapsto \lvert\sin(x)\rvert$	paire	π	0	1
$x \mapsto \sin(\lvert x\rvert)$	paire		-1	1
$x \mapsto 2\sin(x)$	impaire	2π	-2	2
$x \mapsto \sin(2x)$	impaire	π	-1	1
$x \mapsto 1{,}5 + \sin(x)$		2π	0,5	2,5

18 $f : x \mapsto \cos(x) - x$.

Problème : déterminer une valeur approchée de s à 10^{-3} près, où s est la solution dans $[0\,;1]$ de l'équation $f(x) = 0$.

P1

```
from lycee import *
a = 0
h = 0.001
while cos(a)-a>0:
    a = a+h
print(a)
```

La variable **a** contient la valeur 0.

À chaque passage dans la boucle **while**, **a** est incrémentée de 0,001. Au début, les valeurs affectées à la variable **a** ont une image par f strictement positive, et en sortie de la boucle, la variable **a** est affectée pour la première fois d'une valeur x telle que $f(x) \leqslant 0$.
On a ainsi : $x - 10^{-3} < s \leqslant x$, ce qui prouve que le programme renvoie une valeur approchée de s à 10^{-3} près par excès.
Ainsi, **le programme P1 répond au problème posé.**

Le programme **P1** est basé sur la méthode dite de « *balayage* ».

P2

```
1 from lycee import *
2 a,b = 0,1
3 while b-a>1e-3:
4     m = (a+b)/2
5     if cos(m)>m:
6         b = m
7     else:
8         a = m
9 print(a)
```

Avec les programmes **P2** et **P3**, à chaque passage dans la boucle, la moyenne des valeurs de **a** et **b** est affectée à **m**, puis l'une des variables **a** ou **b** prend la valeur de **m**. Ainsi, à chaque passage dans la boucle, l'écart entre les valeurs est divisé par 2.

Dans le programme **P2**, les lignes **5** et **6** assurent que, dès le premier passage dans la boucle, les valeurs des variables **a** et **b** restent toujours strictement supérieures à s (le programme « tourne indéfiniment »).

On voit sur la représentation graphique que $f(0{,}5) > 0$.

Donc **le programme P2 ne répond pas au problème posé**.

P3

```
1 from lycee import *
2 a,b = 0,1
3 while b-a>1e-3:
4     m = (a+b)/2
5     if cos(m)>m:
6         a = m
7     else:
8         b = m
9 print(a)
```

Dans le programme **P3**, les lignes **5** et **6** assurent que les valeurs des variables **a** et **b** encadrent toujours s. En sortie de la boucle, les valeurs α et β des variables **a** et **b** vérifient :

$$\alpha < s < \beta \text{ et } \beta - \alpha \leqslant 10^{-3},$$

donc α est une valeur approchée de s à 10^{-3} près par défaut.

Finalement, **le programme P3 répond au problème posé**.

Le programme **P3** est basé sur la méthode de *dichotomie*.

CONTRÔLE CONTINU

Exercice n° 1

1° $\pi \text{ rad} = 180°$

- $\mathbf{\dfrac{7\pi}{9}\,rad} = \dfrac{7}{9} \times 180° = 7 \times 20° = \mathbf{140}°$.
- $\mathbf{\dfrac{5\pi}{12}\,rad} = \dfrac{5}{12} \times 180° = 5 \times 15° = \mathbf{75}°$.
- $\mathbf{\dfrac{3\pi}{8}\,rad} = \dfrac{3}{8} \times 180° = 3 \times 22{,}5° = \mathbf{67{,}5}°$.
- $\mathbf{\dfrac{4\pi}{5}\,rad} = \dfrac{4}{5} \times 180° = 4 \times 36° = \mathbf{144}°$.

2° $1° = \dfrac{\pi}{180} \text{ rad}$

- $\mathbf{160}° = \dfrac{160\pi}{180} \text{ rad} = \mathbf{\dfrac{8\pi}{9}\,rad}$.
- $\mathbf{70}° = \dfrac{70\pi}{180} \text{ rad} = \mathbf{\dfrac{7\pi}{18}\,rad}$.
- $\mathbf{145}° = \dfrac{145\pi}{180} \text{ rad} = \mathbf{\dfrac{29\pi}{36}\,rad}$.
- $\mathbf{63}° = \dfrac{63\pi}{180} \text{ rad} = \mathbf{\dfrac{7\pi}{20}\,rad}$.

Exercice n° 2

1° $c = \cos\left(\dfrac{\pi}{5}\right)$, $s = \sin\left(\dfrac{\pi}{5}\right)$.

Penser à appliquer les formules de symétrie.

- $\dfrac{6\pi}{5} = \dfrac{\pi}{5} + \pi$, donc :

$$\cos\left(\frac{6\pi}{5}\right) = \cos\left(\frac{\pi}{5} + \pi\right) = -\cos\left(\frac{\pi}{5}\right),$$

$$\mathbf{\cos\left(\frac{6\pi}{5}\right) = -c.}$$

$$\cos(x + \pi) = -\cos(x)$$

$$\sin\left(\frac{6\pi}{5}\right) = \sin\left(\frac{\pi}{5} + \pi\right) = -\sin\left(\frac{\pi}{5}\right),$$

$$\mathbf{\sin\left(\frac{6\pi}{5}\right) = -s.}$$

$$\sin(x+\pi) = -\sin(x)$$

• $\dfrac{9\pi}{5} = \dfrac{10\pi - \pi}{5} = -\dfrac{\pi}{5} + 2\pi$, donc :

$$\cos\left(\frac{9\pi}{5}\right) = \cos\left(-\frac{\pi}{5}\right) = \cos\left(\frac{\pi}{5}\right),$$

$$\mathbf{\cos\left(\frac{9\pi}{5}\right) = c.}$$

$$\sin\left(\frac{9\pi}{5}\right) = \sin\left(-\frac{\pi}{5}\right) = -\sin\left(\frac{\pi}{5}\right),$$

$$\mathbf{\sin\left(\frac{9\pi}{5}\right) = -s.}$$

$$\sin(-x) = -\sin(x)$$

• $\dfrac{3\pi}{10} = \dfrac{5\pi - 2\pi}{10} = \dfrac{\pi}{2} - \dfrac{\pi}{5}$, donc :

$$\cos\left(\frac{3\pi}{10}\right) = \cos\left(\frac{\pi}{2} - \frac{\pi}{5}\right) = \sin\left(\frac{\pi}{5}\right),$$

$$\mathbf{\cos\left(\frac{3\pi}{10}\right) = s.}$$

$$\sin\left(\frac{3\pi}{10}\right) = \sin\left(\frac{\pi}{2} - \frac{\pi}{5}\right) = \cos\left(\frac{\pi}{5}\right),$$

$$\mathbf{\sin\left(\frac{3\pi}{10}\right) = c.}$$

2° $M\left(\sin\left(\dfrac{\pi}{5}\right), \cos\left(\dfrac{\pi}{5}\right)\right)$,

$\mathscr{C}$: cercle de centre O et de rayon 1.

• On a les égalités :

$$\begin{aligned} OM^2 &= x_M^2 + y_M^2 \\ &= \sin^2\left(\frac{\pi}{5}\right) + \cos^2\left(\frac{\pi}{5}\right) \\ &= 1. \end{aligned}$$

$$\cos^2(x) + \sin^2(x) = 1$$

Donc $OM = 1$, ce qui prouve :

M appartient à $\mathscr{C}$.

• On peut écrire :

$$\begin{aligned} \overrightarrow{OM} &= x_M\vec{i} + y_M\vec{j} \\ &= \sin\left(\frac{\pi}{5}\right)\vec{i} + \cos\left(\frac{\pi}{5}\right)\vec{j} \\ &= \cos\left(\frac{\pi}{2} - \frac{\pi}{5}\right)\vec{i} + \sin\left(\frac{\pi}{2} - \frac{\pi}{5}\right)\vec{j} \\ &= \cos\left(\frac{3\pi}{10}\right)\vec{i} + \sin\left(\frac{3\pi}{10}\right)\vec{j}, \end{aligned}$$

$$\cos\left(\frac{\pi}{2} - x\right) = \sin(x)$$

$$\sin\left(\frac{\pi}{2} - x\right) = \cos(x)$$

ce qui permet de conclure que **M est l'image de $\dfrac{3\pi}{10}$ sur le cercle trigonométrique.**

Exercice n° 3

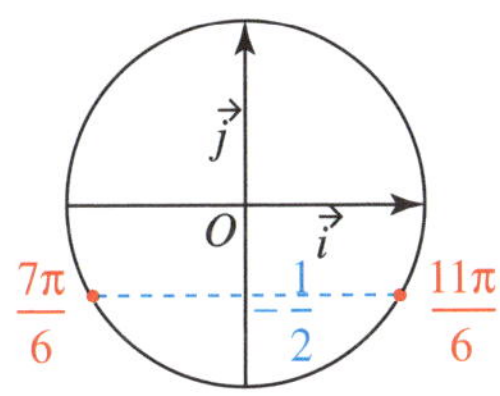

1° Les réels x de $[0\ ;\ 2\pi[$ vérifiant $\sin(x) = -\dfrac{1}{2}$ sont $\mathbf{\dfrac{11\pi}{6}}$ **et** $\mathbf{\dfrac{7\pi}{6}}$.

2° Les réels x de $]-\pi\ ;\ \pi]$ vérifiant $\sin(x) = -\dfrac{1}{2}$ sont $\mathbf{-\dfrac{\pi}{6}}$ **et** $\mathbf{-\dfrac{5\pi}{6}}$.

3° Les réels x vérifiant $\sin(x) = -\dfrac{1}{2}$ sont les nombres :

$$\mathbf{\frac{11\pi}{6} + k \times 2\pi,\ \frac{7\pi}{6} + k \times 2\pi,}$$

avec k entier.

Les réels x vérifiant $\sin(x) = -\dfrac{1}{2}$ sont aussi les nombres : $-\dfrac{\pi}{6} + k \times 2\pi$, $-\dfrac{5\pi}{6} + k \times 2\pi$, avec k entier.

Chapitre 10

Calcul vectoriel, produit scalaire

1 Définition du produit scalaire

Le produit scalaire des vecteurs $\overrightarrow{AB}$ et $\overrightarrow{AC}$ est un réel que l'on note $\overrightarrow{AB} \cdot \overrightarrow{AC}$.

Si $A = B$, alors $\overrightarrow{AB} \cdot \overrightarrow{AC} = 0$.

Sinon, en notant H le projeté orthogonal de C sur (AB) :

▶ $\overrightarrow{AB} \cdot \overrightarrow{AC} = AB \times AH$ si $H \in [AB)$

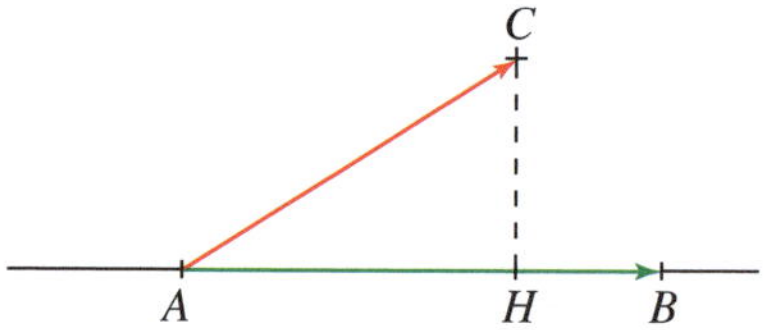

▶ $\overrightarrow{AB} \cdot \overrightarrow{AC} = -AB \times AH$ si $H \notin [AB)$

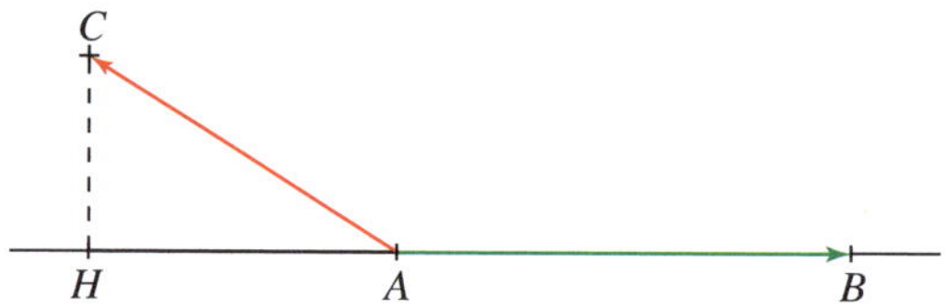

2 Produit scalaire et vecteurs colinéaires

Soient A, B et C des points alignés tels que $A \neq B$ et $A \neq C$.

Le produit scalaire des vecteurs colinéaires $\overrightarrow{AB}$ et $\overrightarrow{AC}$ est égal à :

- $AB \times AC$ si $\overrightarrow{AB}$ et $\overrightarrow{AC}$ sont de même sens,
- $-AB \times AC$ si $\overrightarrow{AB}$ et $\overrightarrow{AC}$ sont de sens contraires.

3 Produit scalaire et orthogonalité

Des vecteurs $\vec{u}$ et $\vec{v}$ sont orthogonaux si, et seulement si, leur produit scalaire est nul.

$$\vec{u} \perp \vec{v} \iff \vec{u}.\vec{v} = 0$$

4 Propriétés

▶ Pour tous vecteurs $\vec{u}$ et $\vec{v}$ et tout réel k :

$$\vec{u} \cdot \vec{u} = \|\vec{u}\|^2$$
$$\vec{u} \cdot \vec{v} = \vec{v} \cdot \vec{u}$$
$$\vec{u} \cdot (k\vec{v}) = k \times (\vec{u} \cdot \vec{v})$$
$$\vec{u} \cdot (\vec{v} + \vec{w}) = \vec{u} \cdot \vec{v} + \vec{u} \cdot \vec{w}$$
$$\begin{aligned}\|\vec{u} + \vec{v}\|^2 &= (\vec{u} + \vec{v})^2 \\ &= \vec{u}^2 + \vec{v}^2 + 2\vec{u}.\vec{v} \\ &= \|\vec{u}\|^2 + \|\vec{v}\|^2 + 2\vec{u}.\vec{v}\end{aligned}$$

COURS

5 Expressions du produit scalaire

A. Produit scalaire $\overrightarrow{AB} \cdot \overrightarrow{AC}$

▶ **Avec un projeté orthogonal (dans le cas $A \neq B$)**

Si H est le projeté orthogonal du point C sur la droite (AB), alors :

$$\overrightarrow{AB} \cdot \overrightarrow{AC} = \overrightarrow{AB} \cdot \overrightarrow{AH}.$$

▶ **Avec le cosinus (dans le cas $A \neq B$ et $A \neq C$)**

$$\overrightarrow{AB} \cdot \overrightarrow{AC} = AB \times AC \times \cos\widehat{BAC}.$$

▶ **Avec des distances**

$$\overrightarrow{AB} \cdot \overrightarrow{AC} = \frac{1}{2}\left(AB^2 - AC^2 - BC^2\right)$$

B. Produit scalaire $\vec{u} \cdot \vec{v}$

▶ **Expression analytique (dans un repère orthonormal)**

Avec $\vec{u}(x, y)$ et $\vec{v}(x', y')$:

$$\vec{u} \cdot \vec{v} = xx' + yy'$$

▶ **Avec des normes**

$$\vec{u} \cdot \vec{v} = \frac{1}{2}\left(\|\vec{u} + \vec{v}\|^2 - \|\vec{u}\|^2 - \|\vec{v}\|^2\right)$$

6 Formule d'Al-Kashi

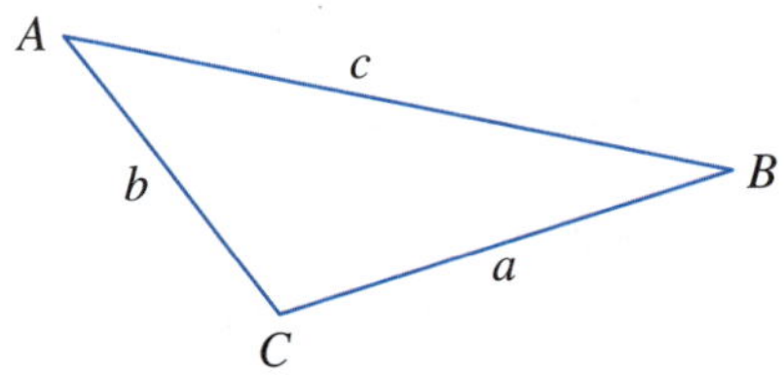

Soit ABC un triangle.

En posant : $AB = c$, $BC = a$ et $AC = b$, on a :

$$a^2 = b^2 + c^2 - 2bc \cos \widehat{BAC}$$

7 Expression $\overrightarrow{MA} \cdot \overrightarrow{MB}$

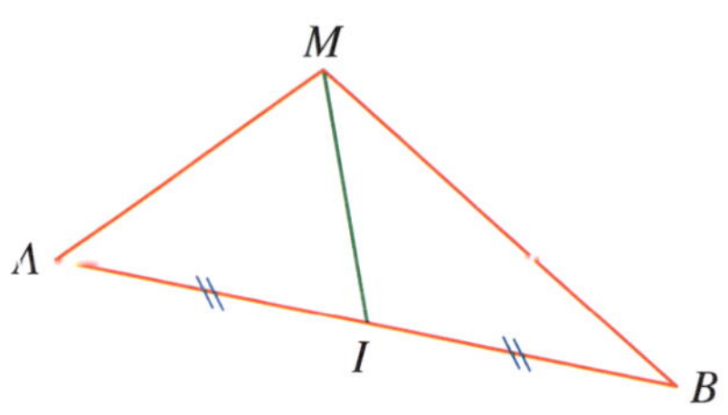

Soient A et B des points. On note I le milieu de $[AB]$.

Pour tout point M, on a :

$$\overrightarrow{MA} \cdot \overrightarrow{MB} = MI^2 - \frac{1}{4}AB^2$$

EXERCICES

Dans tous les exercices, le plan est rapporté à un repère orthonormal $\left(O\,;\vec{i}\,,\vec{j}\right)$.

Vrai ou faux ?

1

(corrigé p. 244)

Partie A

On considère la figure suivante pour les cinq affirmations numérotées de 1° à 5°.

1° $\overrightarrow{AB} = 4\overrightarrow{CD}$. 2° $\overrightarrow{ED} = 5\overrightarrow{BC}$. 3° $\overrightarrow{AC} = \overrightarrow{ED}$. 4° $\overrightarrow{BD} = \frac{3}{4}\overrightarrow{AB}$. 5° $\overrightarrow{AE} = 2\overrightarrow{BD}$.

Partie B

On considère la figure suivante pour les cinq affirmations numérotées de 6° à 10°.

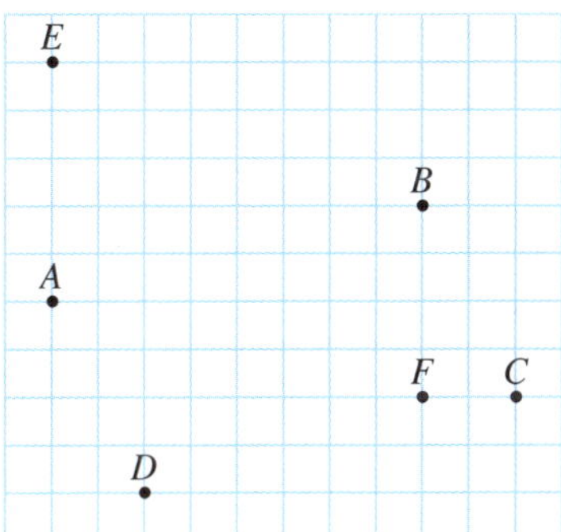

6° $\overrightarrow{AB} = \overrightarrow{CD}$.

7° $\overrightarrow{AE} = \overrightarrow{FB}$.

8° $[AC]$ et $[BD]$ ont le même milieu.

9° $\overrightarrow{AD}$ et $\overrightarrow{CB}$ sont opposés.

10° $AC = DB$.

Partie C

11°

Si ABC est un triangle équilatéral de centre de gravité G, alors le projeté orthogonal du point G sur la droite (BC) est le milieu de $[BC]$.

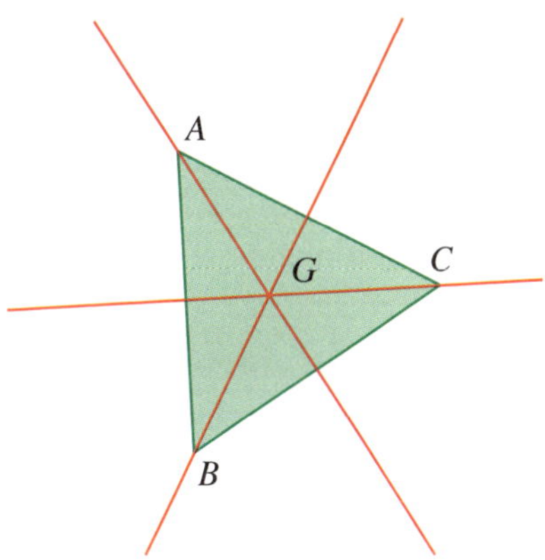

12° Si $ABCD$ est un carré de centre O, alors le projeté orthogonal du point A sur la droite (BD) est le point C.

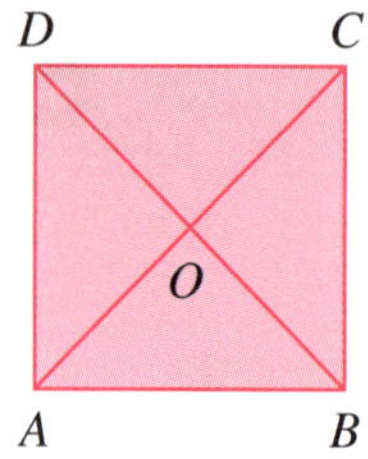

Mise au point sur le calcul vectoriel

2 ★ 5 min (corrigé p. 244)

A, B, C et D désignent des points quelconques.
Écrire les sommes suivantes sous la forme d'un seul vecteur :

$$\overrightarrow{BC}+\overrightarrow{AB}\ ;\ -\overrightarrow{AC}+\overrightarrow{BC}\ ;\ \overrightarrow{CA}-\overrightarrow{CB}+\overrightarrow{AB}\ ;\ \overrightarrow{AD}-\overrightarrow{BD}-\overrightarrow{DC}+\overrightarrow{DA}.$$

3 ★ 5 min (corrigé p. 244)

$EFGH$ est un parallélogramme (non aplati) de centre O.

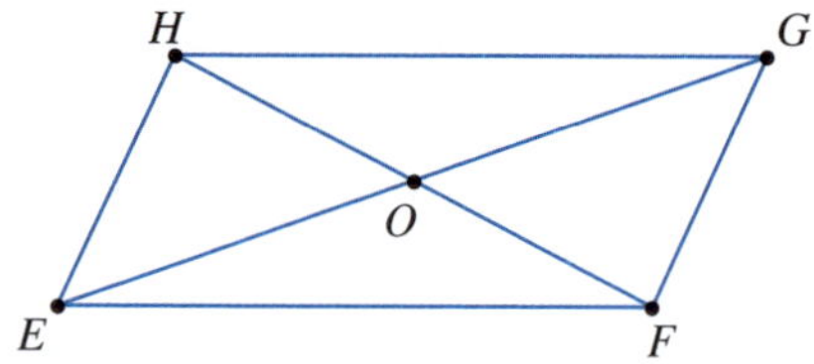

1° Compléter les égalités suivantes en n'utilisant que les points de la figure.

a. $\overrightarrow{EF}+\overrightarrow{FG}=\ldots$ **b.** $\overrightarrow{OH}+\overrightarrow{OF}=\ldots$ **c.** $\overrightarrow{HG}-\overrightarrow{HF}=\ldots$

d. $\overrightarrow{EO}+\ldots=\overrightarrow{EF}$ **e.** $\overrightarrow{GO}+\overrightarrow{EF}=\ldots$ **f.** $\overrightarrow{OG}+\overrightarrow{OH}=\ldots$

2° Exprimer les vecteurs $\overrightarrow{GF}$, $\overrightarrow{EF}$, $\overrightarrow{EH}+\overrightarrow{EG}$ en fonction des vecteurs $\overrightarrow{OG}$ et $\overrightarrow{OF}$.

4 ★ 5 min (corrigé p. 244)

ABC est un triangle.
Exprimer chacun des vecteurs $\vec{u}$, $\vec{v}$, $\vec{w}$ suivants en fonction des vecteurs $\overrightarrow{AB}$ et $\overrightarrow{AC}$.

$$\vec{u}=\overrightarrow{AB}-\overrightarrow{CD}+\overrightarrow{BD}\ ;\ \vec{v}=2\overrightarrow{CA}-2\overrightarrow{CB}\ ;\ \vec{w}=2\overrightarrow{BC}+\overrightarrow{CA}.$$

5 ★★ 10 min (corrigé p. 245)

Soit un triangle ABC.

1° Le point D est défini par : $2\overrightarrow{AD}+\overrightarrow{BD}=\overrightarrow{CD}$.
Exprimer $\overrightarrow{AD}$ en fonction de $\overrightarrow{BC}$ et placer le point D.

2° On définit le point E par la relation vectorielle : $2\overrightarrow{AE}+2\overrightarrow{BE}-3\overrightarrow{CD}=\vec{0}$.
Exprimer $\overrightarrow{AE}$ en fonction de $\overrightarrow{AB}$ et de $\overrightarrow{CD}$, puis placer le point E.

6 ★★ 10 min (corrigé p. 245)

$ABCD$ est un parallélogramme.
E et F sont les points tels que : $\overrightarrow{AE}=\frac{3}{2}\overrightarrow{AB}$ et $\overrightarrow{AF}=3\overrightarrow{AD}$.
Démontrer que les points C, E et F sont alignés.

7 ★★ 15 min (corrigé p. 245)

ABC est un triangle et I est le milieu du segment $[BC]$.
D est le point tel que : $2\overrightarrow{BD}+3\overrightarrow{CD}=8\overrightarrow{AB}$.
J est le point tel que : $\overrightarrow{AJ}=\frac{1}{5}\overrightarrow{AC}$.

1° Exprimer le vecteur $\overrightarrow{BD}$ en fonction de $\overrightarrow{AB}$ et de $\overrightarrow{AC}$.
2° Faire une figure.
3° Exprimer le vecteur $\overrightarrow{IJ}$ en fonction de $\overrightarrow{AB}$ et de $\overrightarrow{AC}$.
4° Démontrer que les droites (BD) et (IJ) sont parallèles.

Calculs de produits scalaires

8 ★ 15 min (corrigé p. 246)

$ABCD$ est un carré de centre O tel que : $AB=4$.
1° Calculer le produit scalaire $\overrightarrow{AB}\cdot\overrightarrow{AC}$ de quatre façons différentes.
2° Calculer les produits scalaires :
a. $\overrightarrow{AB}\cdot\overrightarrow{BC}$; **b.** $\overrightarrow{AB}\cdot\overrightarrow{CD}$; **c.** $\overrightarrow{AB}\cdot\overrightarrow{OD}$; **d.** $\overrightarrow{OD}\cdot\overrightarrow{OB}$; **e.** $\overrightarrow{OD}\cdot\overrightarrow{OC}$.

9 ★ 15 min (corrigé p. 247)

Dans chacun des cas suivants, calculer le produit scalaire $\overrightarrow{AB}\cdot\overrightarrow{AC}$.
1° $ABCD$ est un rectangle.

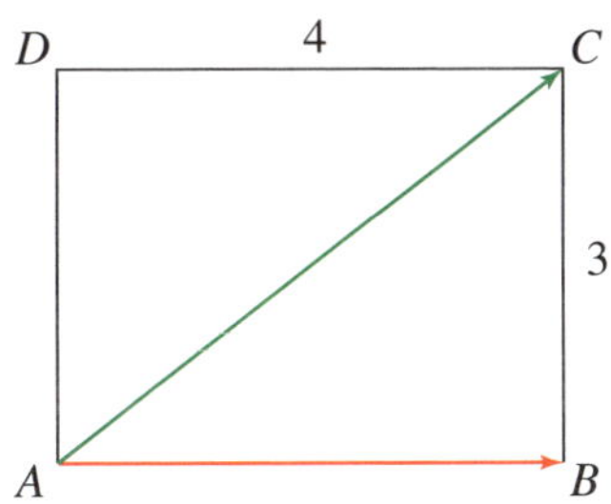

2°

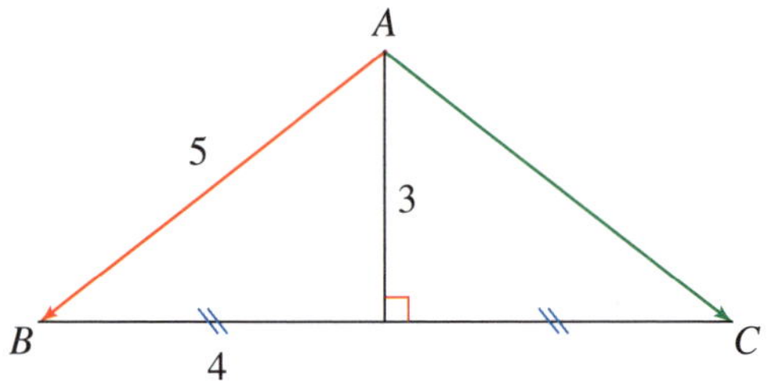

3°

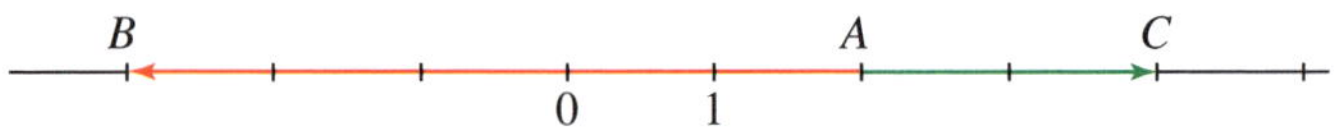

4°

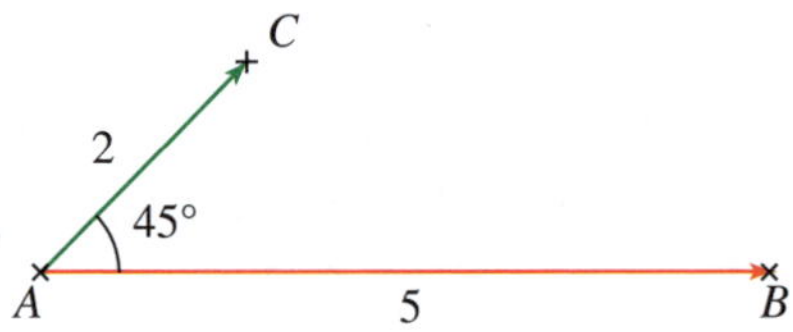

5°

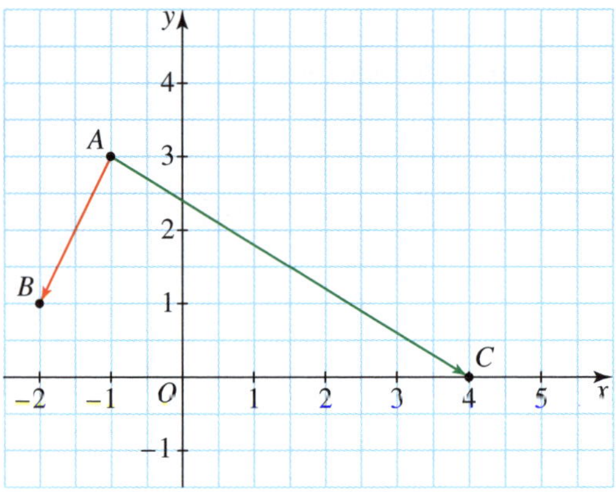

10 ★★ 15 min *(corrigé p. 248)*

Soient A et B deux points tels que : $AB = 5$.
Dans chacun des cas suivants, construire un point C tel que $AC = 6$ et qui vérifie :

1° $\overrightarrow{AB} \cdot \overrightarrow{AC} = 15$; **2°** $\overrightarrow{AB} \cdot \overrightarrow{AC} = 40$; **3°** $\overrightarrow{AB} \cdot \overrightarrow{AC} = -10$.

11 ★★ 15 min (corrigé p. 249)

Soient $\vec{u}$ et $\vec{v}$ deux vecteurs tels que :

$$\|\vec{u}\| = 2, \quad \|\vec{v}\| = 3 \text{ et } \vec{u}\cdot\vec{v} = 5.$$

Calculer :

1° $(\vec{u}+\vec{v})^2$; 2° $(2\vec{u}+\vec{v})\cdot(\vec{u}-3\vec{v})$; 3° $\|\vec{u}-\vec{v}\|$.

12 ★★★ 20 min (corrigé p. 249)

Le triangle ABC est rectangle en C.
H est le projeté orthogonal de C sur la droite (AB).
Une droite d passant par A coupe (CH) en M et le cercle de diamètre $[AB]$ en N.

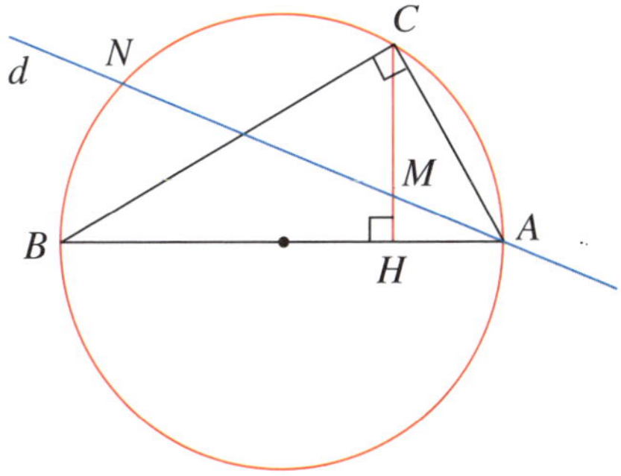

1° Comparer les produits scalaires $\overrightarrow{AB}\cdot\overrightarrow{AM}$ et $\overrightarrow{AB}\cdot\overrightarrow{AC}$.

2° Comparer $\overrightarrow{AB}\cdot\overrightarrow{AC}$ et AC^2.

3° Comparer les produits scalaires $\overrightarrow{AM}\cdot\overrightarrow{AN}$ et $\overrightarrow{AM}\cdot\overrightarrow{AB}$.

4° Déduire des questions précédentes l'égalité :

$$\overrightarrow{AM}\cdot\overrightarrow{AN} = AC^2.$$

Vecteurs orthogonaux

13 ★ 5 min (corrigé p. 250)

1° Les vecteurs $\vec{u}(1\,;-2)$ et $\vec{v}(6\,;3)$ sont-ils orthogonaux ?

2° Les vecteurs $\vec{u}(\sqrt{3}-2\,;-1)$ et $\vec{v}(\sqrt{3}+2\,;1)$ sont-ils orthogonaux ?

14 ★ 10 min (corrigé p. 250)

Écrire en Python un programme qui demande à l'utilisateur les coordonnées de deux vecteurs, puis qui détermine si ces vecteurs sont orthogonaux.

15 ★★ 10 min (corrigé p. 250)

Déterminer le réel m pour que les vecteurs $\vec{u}(m-2\,;1)$ et $\vec{v}(m+2\,;3)$ soient orthogonaux.

16 ★★ 10 min (corrigé p. 251)

On considère les points $A(2\ ;\ 0)$, $B(5\ ;\ -4)$, $C(-1\ ;\ -2)$ et $D(6\ ;\ 3)$.

Les droites (AB) et (CD) sont-elles perpendiculaires ?

EXERCICES

Relations métriques dans le triangle

Dans les trois exercices suivants :
- ABC est un triangle,
- $\widehat{A}$, $\widehat{B}$, $\widehat{C}$ désignent respectivement les angles géométriques $\widehat{BAC}$, $\widehat{CBA}$, $\widehat{ACB}$ (ou leur mesure en radians),
- a, b, c désignent respectivement les distances BC, CA, AB.

17 ★★ 20 min (corrigé p. 251)

1° Démontrer la **relation d'Al-Kashi** :

$$a^2 = b^2 + c^2 - 2bc\cos\left(\widehat{A}\right).$$

2° On donne : $a = 4,\ b = 5,\ c = 6.$

a. Faire une figure.

b. Calculer $\cos\left(\widehat{A}\right)$ et $\cos\left(\widehat{B}\right)$.

c. Donner l'arrondi automatique de $\widehat{A}$, $\widehat{B}$ et $\widehat{C}$ à 10^{-2} près.

18 ★★ 30 min (corrigé p. 252)

1° On considère la hauteur $[CH]$ issue de C dans le triangle ABC (supposé non aplati).

a. En discutant suivant la position de H par rapport aux points A et B sur la droite (AB), démontrer l'égalité :

$$HC = b\sin\left(\widehat{A}\right).$$

b. En considérant l'aire S du triangle ABC, démontrer :

$$\frac{1}{2}bc\sin\left(\widehat{A}\right) = \frac{1}{2}ac\sin\left(\widehat{B}\right) = \frac{1}{2}ab\sin\left(\widehat{C}\right),$$

et en déduire la **loi des sinus** :

$$\frac{a}{\sin\left(\widehat{A}\right)} = \frac{b}{\sin\left(\widehat{B}\right)} = \frac{c}{\sin\left(\widehat{C}\right)}.$$

2° On donne : $a = 1,\ \widehat{B} = \dfrac{\pi}{6},\ \widehat{C} = \dfrac{\pi}{4}$, et on admet que $\sin\left(\dfrac{7\pi}{12}\right)$ est égal à $\dfrac{\sqrt{6}+\sqrt{2}}{4}$.

a. Faire une figure.

b. Calculer la mesure en radians de l'angle $\widehat{A}$.

c. Calculer b et c.

19 ★★ 15 min (corrigé p. 253)

On donne : $a = \sqrt{2}$, $b = \sqrt{3}$, $\widehat{A} = \dfrac{\pi}{4}$ et $\widehat{B} < \dfrac{\pi}{2}$.

1° Faire une figure.

2° Calculer les mesures en radians des angles $\widehat{B}$ et $\widehat{C}$.

On pourra utiliser la loi des sinus (voir l'exercice **18**).

3° Déterminer à l'aide de la calculatrice une valeur approchée à 10^{-2} près de c.

Expression $\overrightarrow{MA} \cdot \overrightarrow{MB}$

20 ★★ 20 min (corrigé p. 254)

Soient A et B deux points distincts et k un nombre réel.
Le but de l'exercice est de déterminer l'ensemble $\mathscr{E}$ des points M tels que :

$$\overrightarrow{MA} \cdot \overrightarrow{MB} = k.$$

1° On note I le milieu du segment $[AB]$.

a. Démontrer que, pour tout point M :

$$\overrightarrow{MA} \cdot \overrightarrow{MB} = MI^2 - \frac{1}{4}AB^2.$$

b. Conclure.

2° Quel résultat retrouve-t-on dans le cas où $k = 0$?

Représenter graphiquement l'ensemble $\mathscr{E}$ lorsque $k = \frac{1}{4}AB^2$.

CONTRÔLE CONTINU

Exercice n° 1 20 min (6 points) *(corrigé p. 255)*

ABCD est un parallélogramme.

On note I le milieu de $[AB]$ et Q le symétrique de I par rapport à A.

P est le point tel que :

$$\overrightarrow{AP} = \frac{1}{3}\overrightarrow{AD}.$$

1° Exprimer $\overrightarrow{QP}$ en fonction des vecteurs $\overrightarrow{AB}$ et $\overrightarrow{AD}$.

2° Exprimer $\overrightarrow{QC}$ fonction des vecteurs $\overrightarrow{AB}$ et $\overrightarrow{AD}$.

3° En déduire que les points Q, P et C sont alignés.

Exercice n° 2 20 min (8 points) *(corrigé p. 255)*

Partie A

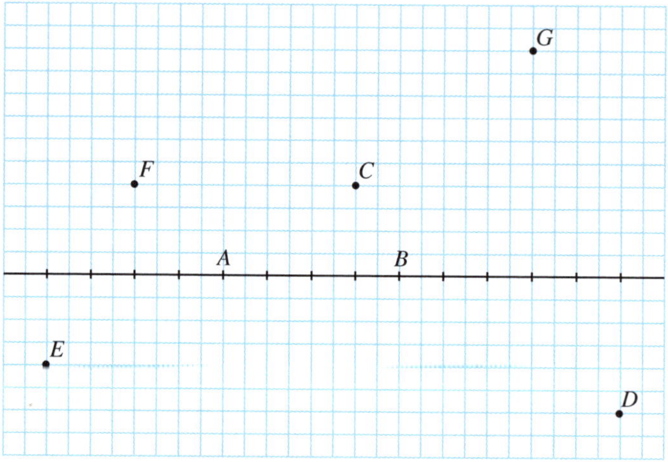

Les points A, B, C, D, E, F et G sont tous situés sur des nœuds du quadrillage et l'on a : $AB = 4$.

Lire graphiquement les produits scalaires :

$$\overrightarrow{AB}\cdot\overrightarrow{AC},\quad \overrightarrow{AB}\cdot\overrightarrow{AD},\quad \overrightarrow{AB}\cdot\overrightarrow{AE},\quad \overrightarrow{AB}\cdot\overrightarrow{AD},\quad \overrightarrow{AB}\cdot\overrightarrow{AE}.$$

Partie B

Pour chacune des figures suivantes, calculer $\overrightarrow{AB} \cdot \overrightarrow{AC}$.

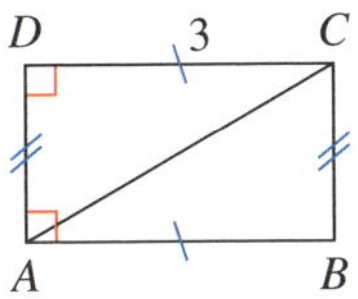

Figure n° 1

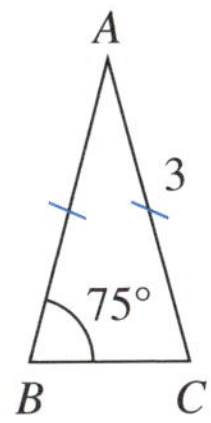

Figure n° 2

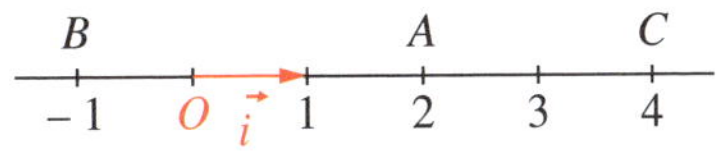

Figure n° 3

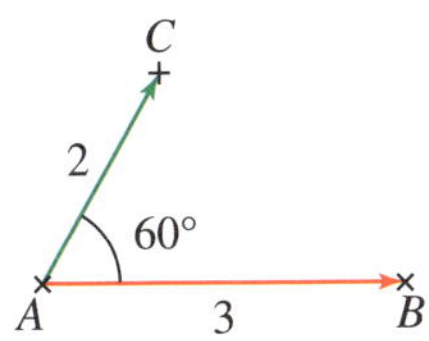

Figure n° 4

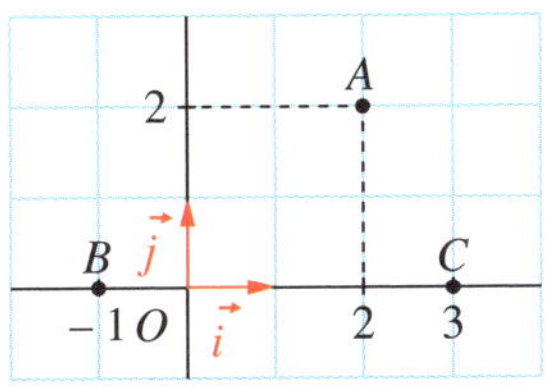

Figure n° 5

Exercice n° 3 20 min (6 points) *(corrigé p. 256)*

Écrire en Python :

1° une fonction **`produit_scalaire`** qui prend en entrée les coordonnées de deux vecteurs et retourne leur produit scalaire.

2° une fonction **`norme`** qui prend en entrée les coordonnées d'un vecteur et retourne sa norme.

3° une fonction **`cosinus`** qui prend en entrée les coordonnées de deux points M et M' distincts de l'origine O et retourne le cosinus de l'angle $\widehat{MOM'}$.

CORRIGÉS

1 1° **Faux.** $\overrightarrow{AB} = 2\overrightarrow{CD}$.

2° **Faux.** $\overrightarrow{ED} = -5\overrightarrow{BC}$.

3° **Faux**. $\overrightarrow{AC} = -\overrightarrow{ED}$.

4° **Vrai.** $\overrightarrow{BD} = \dfrac{3}{4}\overrightarrow{AB}$.

5° **Faux.** $\overrightarrow{AE} = 4\overrightarrow{BD}$.

6° **Faux.** En revanche, l'affirmation $\overrightarrow{AB} = \overrightarrow{DC}$ est vraie.

7° **Faux.** En revanche, l'affirmation $\overrightarrow{AE} = \dfrac{5}{4}\overrightarrow{FB}$ est vraie.

8° **Vrai.** En effet $\overrightarrow{AB} = \overrightarrow{DC}$, donc $ABCD$ est un parallélogramme et ses diagonales se coupent en leur milieu.

9° **Vrai**. $\overrightarrow{AD} = \overrightarrow{BC}$

10° **Faux**. Les diagonales d'un parallélogramme non rectangle n'ont pas la même longueur.

11° **Vrai.**
La médiane (AG) est aussi une hauteur : elle est perpendiculaire à (BC).

12° **Faux.**

Le projeté d'un point sur une droite d appartient à d.

2 • $\overrightarrow{BC} + \overrightarrow{AB} = \overrightarrow{AB} + \overrightarrow{BC} = \overrightarrow{AC}$.

On a permuté les vecteurs pour montrer qu'on applique la relation de Chasles.

$$\overrightarrow{AB} + \overrightarrow{BC} = \overrightarrow{AC}$$

• $-\overrightarrow{AC} + \overrightarrow{BC} = \overrightarrow{CA} + \overrightarrow{BC}$
$= \overrightarrow{BC} + \overrightarrow{CA}$
$= \overrightarrow{BA}$.

• $\overrightarrow{CA} - \overrightarrow{CB} + \overrightarrow{AB} = \overrightarrow{CA} + \overrightarrow{BC} + \overrightarrow{AB}$
$= \overrightarrow{AB} + \overrightarrow{BC} + \overrightarrow{CA}$
$= \overrightarrow{AA}$
$= \vec{0}$.

• $\overrightarrow{AD} - \overrightarrow{BD} - \overrightarrow{DC} + \overrightarrow{DA}$
$= \overrightarrow{AD} + \overrightarrow{DB} + \overrightarrow{CD} + \overrightarrow{DA}$
$= \overrightarrow{DA} + \overrightarrow{AD} + \overrightarrow{CD} + \overrightarrow{DB}$
$= \vec{0} + \overrightarrow{CB}$
$= \overrightarrow{CB}$.

3

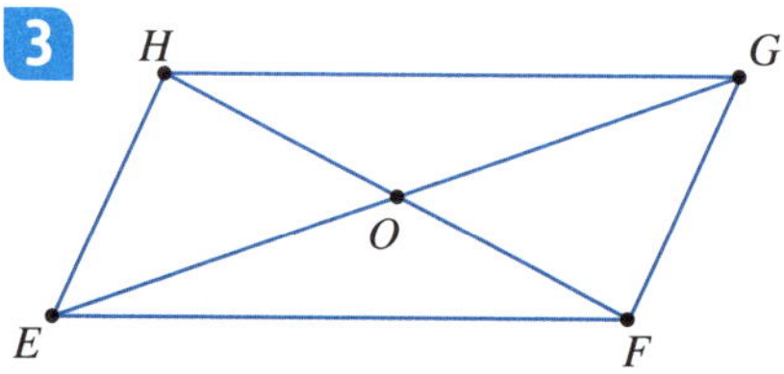

1° a. $\overrightarrow{EF} + \overrightarrow{FG} = \overrightarrow{EG}$.
Relation de Chasles

b. $\overrightarrow{OH} + \overrightarrow{OF} = \vec{0}$,

O est le milieu de $[FH]$, donc les vecteurs $\overrightarrow{OH}$ et $\overrightarrow{OF}$ sont opposés.

c. $\overrightarrow{HG} - \overrightarrow{HF} = \overrightarrow{FH} + \overrightarrow{HG}$
$= \overrightarrow{FG}$.

d. $\overrightarrow{EO} + \overrightarrow{OF} = \overrightarrow{EF}$.

e. $\overrightarrow{GO} + \overrightarrow{EF} = \overrightarrow{OE} + \overrightarrow{EF} = \overrightarrow{OF}$.

O est le milieu de $[GE]$, donc $\overrightarrow{GO} = \overrightarrow{OE}$.

f. $\overrightarrow{OG} + \overrightarrow{OH} = \overrightarrow{OG} + \overrightarrow{FO}$
$= \overrightarrow{FO} + \overrightarrow{OG}$
$= \overrightarrow{FG}$.

2° • $\overrightarrow{GF} = \overrightarrow{GO} + \overrightarrow{OF} = -\overrightarrow{OG} + \overrightarrow{OF}$.

• $\overrightarrow{EF} = \overrightarrow{EO} + \overrightarrow{OF} = \overrightarrow{OG} + \overrightarrow{OF}$,

$\overrightarrow{EO} = \overrightarrow{OG}$, car O milieu de $[EF]$.

• $\overrightarrow{EH} + \overrightarrow{EG} = \overrightarrow{EO} + \overrightarrow{OH} + \overrightarrow{EO} + \overrightarrow{OG}$
$= \overrightarrow{OG} - \overrightarrow{OF} + \overrightarrow{OG} + \overrightarrow{OG}$
$= 3\overrightarrow{OG} - \overrightarrow{OF}$.

4 • $\vec{u} = \overrightarrow{AB} - \overrightarrow{CD} + \overrightarrow{BD}$
$= \overrightarrow{AB} - \left(\overrightarrow{CA} + \overrightarrow{AD}\right) + \left(\overrightarrow{BA} + \overrightarrow{AD}\right)$
$= \overrightarrow{AB} - \overrightarrow{CA} - \overrightarrow{AD} + \overrightarrow{BA} + \overrightarrow{AD}$

donc : $\vec{u} = \overrightarrow{AC}$.

$\overrightarrow{AB}+\overrightarrow{BA}=\vec{0}$ et $-\overrightarrow{AD}+\overrightarrow{AD}=\vec{0}$.

• $\vec{v} = 2\overrightarrow{CA} - 2\overrightarrow{CB}$
$= 2(\overrightarrow{CA} - \overrightarrow{CB})$
$= 2(\overrightarrow{CA} + \overrightarrow{BC})$
$= 2(\overrightarrow{BC} + \overrightarrow{CA})$
$= 2\overrightarrow{BA}$,

donc : $\vec{v} = -2\overrightarrow{AB}$.

• $\vec{w} = 2\overrightarrow{BC} + \overrightarrow{CA}$
$= 2(\overrightarrow{BA} + \overrightarrow{AC}) + \overrightarrow{CA}$
$= 2\overrightarrow{BA} + 2\overrightarrow{AC} - \overrightarrow{AC}$

donc : $\vec{w} = -2\overrightarrow{AB} + \overrightarrow{AC}$.

5

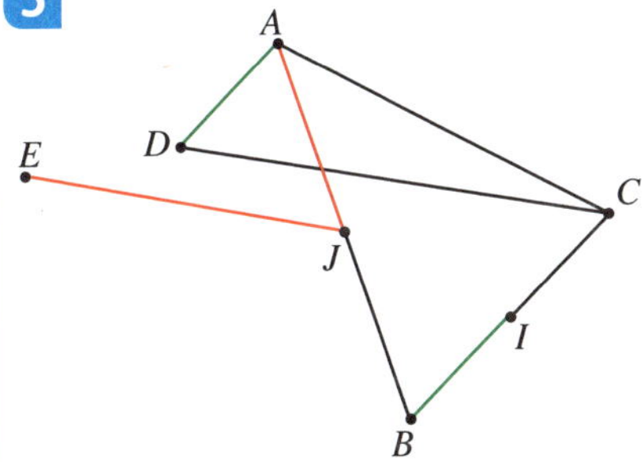

1° $2\overrightarrow{AD} + \overrightarrow{BD} = \overrightarrow{CD}$,

donc : $2\overrightarrow{AD} + \overrightarrow{BC} + \overrightarrow{CD} = \overrightarrow{CD}$,
$2\overrightarrow{AD} + \overrightarrow{BC} = \vec{0}$,

d'où : $\overrightarrow{AD} = -\frac{1}{2}\overrightarrow{BC}$.

2° $2\overrightarrow{AE} + 2\overrightarrow{BE} - 3\overrightarrow{CD} = \vec{0}$,

d'où : $2\overrightarrow{AE} + 2(\overrightarrow{BA} + \overrightarrow{AE}) - 3\overrightarrow{CD} = \vec{0}$,
$2\overrightarrow{AE} + 2\overrightarrow{BA} + 2\overrightarrow{AE} - 3\overrightarrow{CD} = \vec{0}$,
$4\overrightarrow{AE} + 2\overrightarrow{BA} - 3\overrightarrow{CD} = \vec{0}$,
$4\overrightarrow{AE} = 2\overrightarrow{AB} + 3\overrightarrow{CD}$,

d'où : $\overrightarrow{AE} = \frac{1}{2}\overrightarrow{AB} + \frac{3}{4}\overrightarrow{CD}$.

6 *ABCD* parallélogramme.

$\overrightarrow{AE} = \frac{3}{2}\overrightarrow{AB}$ et $\overrightarrow{AF} = 3\overrightarrow{AD}$.

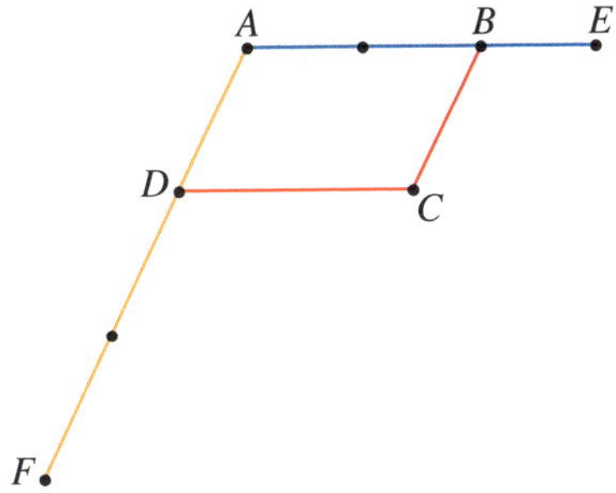

Pour prouver l'alignement des points *C*, *E* et *F*, démontrons la colinéarité des vecteurs $\overrightarrow{CF}$ et $\overrightarrow{CE}$.

Pour cela, exprimons chacun des vecteurs $\overrightarrow{CE}$ et $\overrightarrow{CF}$ en fonction des vecteurs $\overrightarrow{AB}$ et $\overrightarrow{AD}$.

• D'une part :
$\overrightarrow{CE} = \overrightarrow{CB} + \overrightarrow{BA} + \overrightarrow{AE}$
$= -\overrightarrow{AD} - \overrightarrow{AB} + \frac{3}{2}\overrightarrow{AB}$
$= -\overrightarrow{AD} + \frac{1}{2}\overrightarrow{AB}$
$= \frac{1}{2}\overrightarrow{AB} - \overrightarrow{AD}$.

• D'autre part :
$\overrightarrow{CF} = \overrightarrow{CD} + \overrightarrow{DA} + \overrightarrow{AF}$
$= -\overrightarrow{AB} - \overrightarrow{AD} + 3\overrightarrow{AD}$
$= -\overrightarrow{AB} + 2\overrightarrow{AD}$.

• Des égalités vectorielles :
$\overrightarrow{CE} = \frac{1}{2}\overrightarrow{AB} - \overrightarrow{AD}$,
$\overrightarrow{CF} = -\overrightarrow{AB} + 2\overrightarrow{AD}$,

on déduit : $\overrightarrow{CF} = -2\overrightarrow{CE}$,
ce qui permet d'affirmer que les vecteurs $\overrightarrow{CF}$ et $\overrightarrow{CE}$ sont colinéaires.
On en déduit que **les points *C*, *E* et *F* sont alignés**.

7 *I* milieu de [*BC*].
$\overrightarrow{AJ} = \frac{1}{5}\overrightarrow{AC}$ et $2\overrightarrow{BD} + 3\overrightarrow{CD} = 8\overrightarrow{AB}$.

1° On a : $2\overrightarrow{BD} + 3\overrightarrow{CD} = 8\overrightarrow{AB}$,
donc :
$2\overrightarrow{BD} + 3\overrightarrow{CA} + 3\overrightarrow{AB} + 3\overrightarrow{BD} = 8\overrightarrow{AB}$,
$5\overrightarrow{BD} = 3\overrightarrow{AC} - 3\overrightarrow{AB} + 8\overrightarrow{AB}$,
$5\overrightarrow{BD} = 5\overrightarrow{AB} + 3\overrightarrow{AC}$,

CORRIGÉS

d'où : $\qquad \boldsymbol{\overrightarrow{BD} = \overrightarrow{AB} + \frac{3}{5}\overrightarrow{AC}}.$

2°

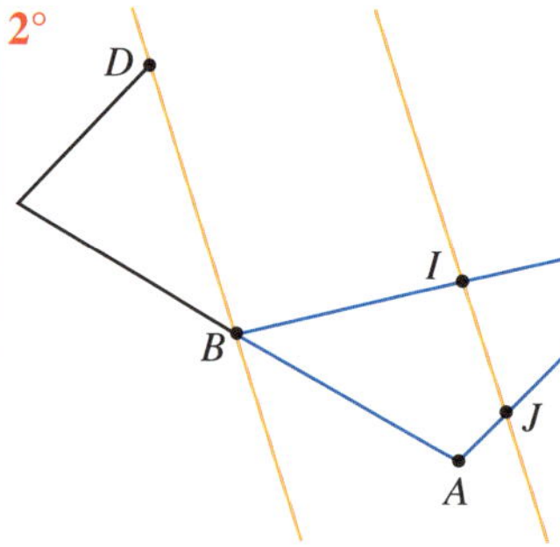

3° On sait : $\quad \overrightarrow{AJ} = \frac{1}{5}\overrightarrow{AC},$

donc : $\quad \overrightarrow{AI} + \overrightarrow{IJ} = \frac{1}{5}\overrightarrow{AC},$

d'où : $\quad \overrightarrow{IJ} = -\overrightarrow{AI} + \frac{1}{5}\overrightarrow{AC},$

comme de plus I est le milieu du segment $[BC]$, on a l'égalité vectorielle :

$$\overrightarrow{AI} = \frac{1}{2}\overrightarrow{AB} + \frac{1}{2}\overrightarrow{AC}.$$

Il vient :

$$\overrightarrow{IJ} = -\frac{1}{2}\overrightarrow{AB} - \frac{1}{2}\overrightarrow{AC} + \frac{1}{5}\overrightarrow{AC},$$

c'est-à-dire :

$$\boldsymbol{\overrightarrow{IJ} = -\frac{1}{2}\overrightarrow{AB} - \frac{3}{10}\overrightarrow{AC}}.$$

4° D'après les questions 1° et 3°, on sait :

$$\overrightarrow{BD} = \overrightarrow{AB} + \frac{3}{5}\overrightarrow{AC},$$

$$\overrightarrow{IJ} = -\frac{1}{2}\overrightarrow{AB} - \frac{3}{10}\overrightarrow{AC} = -\frac{1}{2}\left(\overrightarrow{AB} + \frac{3}{5}\overrightarrow{AC}\right),$$

donc : $\quad \overrightarrow{IJ} = -\frac{1}{2}\overrightarrow{BD}.$

Par conséquent, les vecteurs $\overrightarrow{BD}$ et $\overrightarrow{IJ}$ sont colinéaires, ce qui prouve que **les droites (BD) et (IJ) sont parallèles.**

8

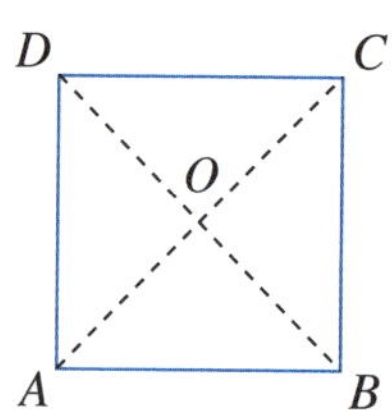

1° **• Produit scalaire et projeté orthogonal**

B est le projeté orthogonal de C sur (AB), donc :

$$\overrightarrow{AB} \cdot \overrightarrow{AC} = \overrightarrow{AB} \cdot \overrightarrow{AB},$$

d'où :

$$\boldsymbol{\overrightarrow{AB} \cdot \overrightarrow{AC}} = AB^2 = 4^2 = \mathbf{16}.$$

• Produit scalaire et cosinus

$\overrightarrow{AB} \cdot \overrightarrow{AC} = AB \times AC \times \cos(\widehat{BAC}),$

et on a :

$$AB = 4,$$
$$AC = 4\sqrt{2},$$
$$\cos(\widehat{BAC}) = \cos(45°) = \frac{\sqrt{2}}{2},$$

donc : $\boldsymbol{\overrightarrow{AB} \cdot \overrightarrow{AC}} = 4 \times 4\sqrt{2} \times \frac{\sqrt{2}}{2} = \mathbf{16}.$

• Produit scalaire et coordonnées

Posons : $\vec{i} = \frac{1}{4}\overrightarrow{AB},\ \vec{j} = \frac{1}{4}\overrightarrow{AD}$;

$(A\,; \vec{i}, \vec{j})$ est alors un repère orthonormal, dans lequel on a :

$$\overrightarrow{AB}(4\,;0) \text{ et } \overrightarrow{AC}(4\,;4).$$

Il vient :

$$\boldsymbol{\overrightarrow{AB} \cdot \overrightarrow{AC}} = 4 \times 4 + 0 \times 4 = \mathbf{16}.$$

• Produit scalaire et distances

On sait :

$$\overrightarrow{AB} \cdot \overrightarrow{AC} = \frac{1}{2}(AB^2 + AC^2 - BC^2),$$

or : $\qquad BC = AB = 4,$

$$AC = \sqrt{2}AB = 4\sqrt{2},$$

donc :

$$\boldsymbol{\overrightarrow{AB} \cdot \overrightarrow{AC}} = \frac{1}{2}(16 + 16 \times 2 - 16) = \mathbf{16}.$$

2° Nous utiliserons ici la première expression du produit scalaire mise en œuvre au 1° (elle conduit à une méthode géométrique bien adaptée au problème).

a. (AB) et (BC) étant perpendiculaires, on a : $\qquad \boldsymbol{\overrightarrow{AB} \cdot \overrightarrow{BC} = 0}.$

b. $\overrightarrow{AB} \cdot \overrightarrow{CD} = \overrightarrow{AB} \cdot \left(-\overrightarrow{AB}\right)$

$$= -\overrightarrow{AB} \cdot \overrightarrow{AB}$$
$$= -AB^2,$$

donc : $\qquad \boldsymbol{\overrightarrow{AB} \cdot \overrightarrow{CD} = -16}.$

c. $\overrightarrow{AB} \cdot \overrightarrow{OD} = \overrightarrow{AB} \cdot \left(\frac{1}{2}\overrightarrow{BD}\right)$

$$= \frac{1}{2}\overrightarrow{AB} \cdot \overrightarrow{BD},$$

or D se projette orthogonalement en A sur (AB),
donc :

$$\overrightarrow{AB} \cdot \overrightarrow{OD} = \frac{1}{2} \overrightarrow{AB} \cdot \overrightarrow{BA} = -\frac{1}{2} AB^2.$$

Il vient : $\boldsymbol{\overrightarrow{AB} \cdot \overrightarrow{OD} = -8.}$

d. O étant le milieu de $[BD]$, on a :

$$\overrightarrow{OB} = -\overrightarrow{OD},$$

donc :

$$\overrightarrow{OD} \cdot \overrightarrow{OB} = -\overrightarrow{OD} \cdot \overrightarrow{OD} = -OD^2.$$

D'autre part : $OD = \dfrac{\sqrt{2}}{2} AB = 2\sqrt{2}$,

donc : $\boldsymbol{\overrightarrow{OD} \cdot \overrightarrow{OB} = -8.}$

$$AB^2 = \left\|\overrightarrow{AB}\right\|^2 = \overrightarrow{AB} \cdot \overrightarrow{AB} = \overrightarrow{AB}^2.$$

e. $\boldsymbol{\overrightarrow{OD} \cdot \overrightarrow{OC} = 0}$, car les diagonales d'un carré sont perpendiculaires.

9 **1°**

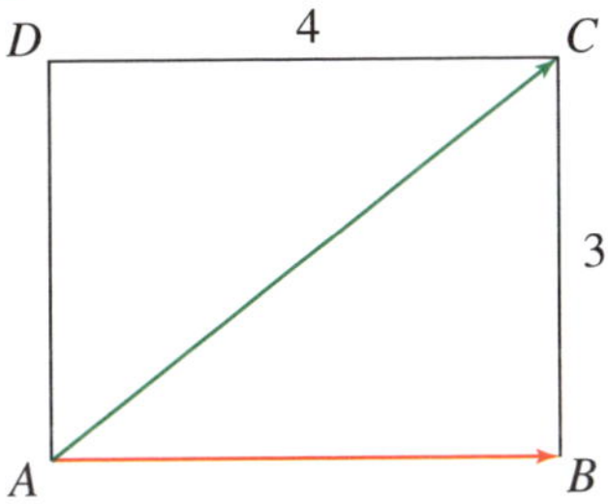

B est le projeté orthogonal de C sur (AB),
ABC est rectangle en B
donc :

$$\overrightarrow{AB} \cdot \overrightarrow{AC} = \overrightarrow{AB} \cdot \overrightarrow{AB},$$

d'où :

$$\boldsymbol{\overrightarrow{AB} \cdot \overrightarrow{AC}} = AB^2 = 4^2 = \mathbf{16}.$$

$AB = DC$, car $ABCD$ est un rectangle
Noter que la distance BC n'intervient pas dans ce calcul.

2°

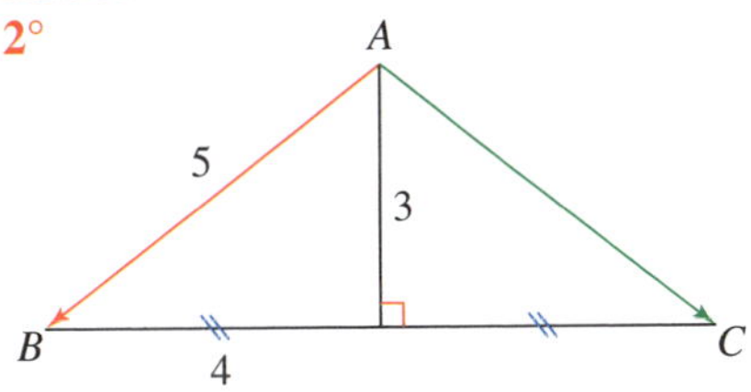

Un triangle de côtés 3, 4 et 5 est bien rectangle :

$$3^2 + 4^2 = 9 + 16 = 25 = 5^2.$$

On a :

$$\overrightarrow{AB} \cdot \overrightarrow{AC} = \frac{1}{2}\left(AB^2 + AC^2 - BC^2\right),$$

donc :

$$\boldsymbol{\overrightarrow{AB} \cdot \overrightarrow{AC}} = \frac{1}{2}\left(5^2 + 5^2 - 8^2\right) = \frac{1}{2}(25 + 25 - 64) = \frac{1}{2} \times (-14) = \mathbf{-7}.$$

3°

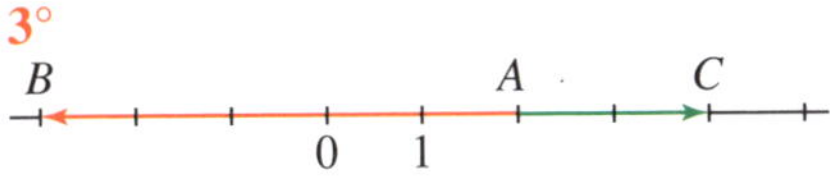

A, B, C sont alignés et C n'appartient pas à la demi-droite $[AB)$
B et C sont de part et d'autre de A,
donc :

$$\overrightarrow{AB} \cdot \overrightarrow{AC} = -AB \times AC,$$

d'où :

$$\boldsymbol{\overrightarrow{AB} \cdot \overrightarrow{AC}} = -5 \times 2 = \mathbf{-10}.$$

4°

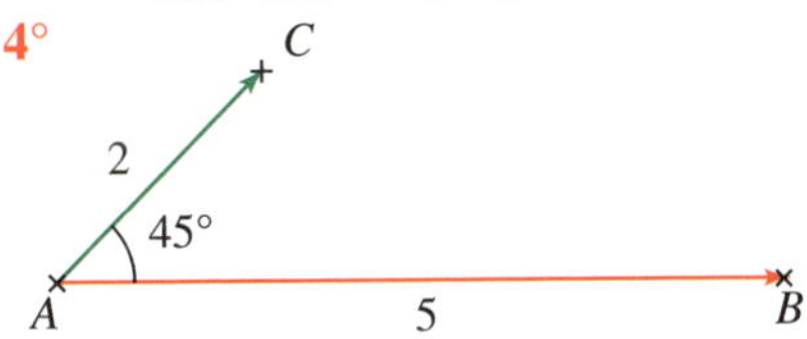

On a :

$$\overrightarrow{AB} \cdot \overrightarrow{AC} = AB \times AC \times \cos\left(\widehat{BAC}\right),$$

d'où :

$$\boldsymbol{\overrightarrow{AB} \cdot \overrightarrow{AC}} = 5 \times 2 \times \cos(45°) = 10 \times \frac{\sqrt{2}}{2} = \mathbf{5\sqrt{2}}.$$

5°

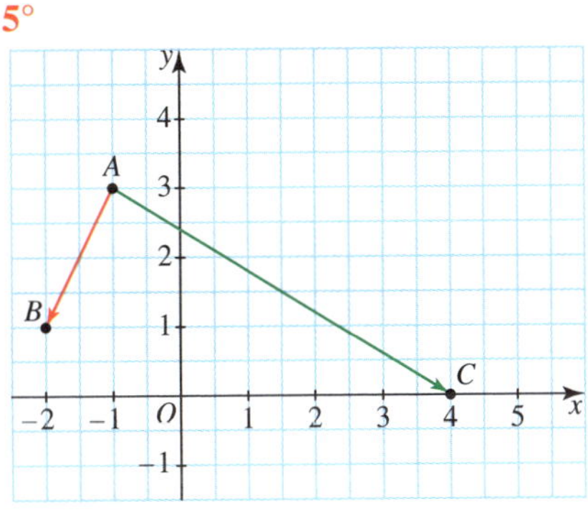

Le vecteur $\overrightarrow{AB}$ a pour coordonnées $(-1\ ;-2)$,

CORRIGÉS

$$x_B - x_A = -2-(-1) = -2+1 = -1,$$
$$y_B - y_A = 1-3 = -2,$$

le vecteur $\overrightarrow{AC}$ a pour coordonnées $(5\,;-3)$,

$$x_C - x_A = 4-(-1) = 4+1 = 5,$$
$$y_C - y_A = 0-3 = -3,$$

donc :

$$\begin{aligned}\overrightarrow{AB}\cdot\overrightarrow{AC} &= (-1)\times 5+(-2)\times(-3)\\ &= -5+6\\ &= \mathbf{1}.\end{aligned}$$

$$\vec{u}\cdot\vec{v} = xx' + yy'$$

10 **1°** $AB = 5$, $AC = 6$ et $\overrightarrow{AB}\cdot\overrightarrow{AC} = 15$.
Soit C un point du plan.

• La condition « $AC = 6$ » se traduit géométriquement par :
« C est un point du cercle de centre A et de rayon 6 ».
Appelons Γ ce cercle.

• En notant H le projeté orthogonal de C sur (AB), on a :

$$\overrightarrow{AB}\cdot\overrightarrow{AC} = \overrightarrow{AB}\cdot\overrightarrow{AH}.$$

De plus, le produit scalaire $\overrightarrow{AB}\cdot\overrightarrow{AH}$ n'est positif que si H appartient à la demi-droite $[AB)$, et dans ce cas :

$$\overrightarrow{AB}\cdot\overrightarrow{AH} = AB\times AH.$$

Si $H \notin [AB)$, alors $\overrightarrow{AB}\cdot\overrightarrow{AH} = -AB\times AH$.

Donc :

$$\begin{aligned}\overrightarrow{AB}\cdot\overrightarrow{AC} = 15 &\Leftrightarrow H\in[AB) \text{ et } AB\times AH = 15\\ &\Leftrightarrow H\in[AB) \text{ et } 5\times AH = 15\\ &\Leftrightarrow H\in[AB) \text{ et } AH = 3.\end{aligned}$$

Autrement dit :

$$\overrightarrow{AB}\cdot\overrightarrow{AC} = 15 \Leftrightarrow \overrightarrow{AH} = \frac{3}{5}\overrightarrow{AB}.$$

La condition « $\overrightarrow{AB}\cdot\overrightarrow{AC} = 15$ » signifie donc que C appartient à la droite d perpendiculaire à (AB) passant par le point H de $[AB)$ tel que $AH = 3$.

• En regroupant les deux conditions, il vient :

$(AC = 6 \text{ et } \overrightarrow{AB}\cdot\overrightarrow{AC} = 15) \Leftrightarrow C \in \Gamma \cap d$.

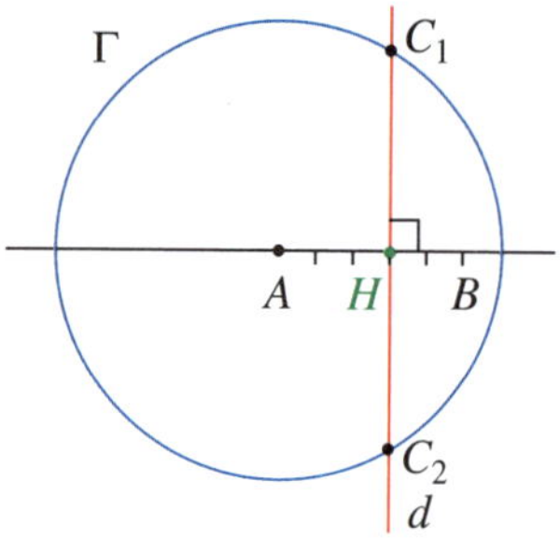

Le cercle Γ et la droite d sont sécants (on le voit numériquement en constatant que la distance AH est strictement inférieure au rayon du cercle).
Le problème admet donc deux solutions. C est l'un des deux points C_1, C_2 du graphique.

On pouvait exploiter deux autres expressions du produit scalaire.

$$\overrightarrow{AB}\cdot\overrightarrow{AC} = AB\times AC\times\cos(\widehat{BAC})$$

• $\overrightarrow{AB}\cdot\overrightarrow{AC} = 15 \Leftrightarrow \cos(\widehat{BAC}) = \frac{1}{2}$

$$\Leftrightarrow \widehat{BAC} = \frac{\pi}{3}.$$

$$\vec{u}\cdot\vec{v} = xx' + yy'$$

• Rapportons le plan à un repère orthonormal adapté à la situation étudiée.
Pour ce repère, on peut choisir $(A\,;\vec{i},\vec{j})$, avec : $\vec{i} = \frac{1}{5}\overrightarrow{AB}$
($\vec{j}$ est alors un des deux vecteurs unitaires orthogonaux à $\overrightarrow{AB}$).
En notant (x, y) le couple de coordonnées de C, on a :

$$\overrightarrow{AB}\cdot\overrightarrow{AC} = 15 \Leftrightarrow 5x + 0y = 15 \Leftrightarrow x = 3.$$

2° $AB = 5$, $AC = 6$ et $\overrightarrow{AB}\cdot\overrightarrow{AC} = 40$.
En procédant comme au **1°**, on obtient facilement :

$$\overrightarrow{AB}\cdot\overrightarrow{AC} = 40 \Leftrightarrow C \in d'$$

où d' est la perpendiculaire à (AB) passant par le point H' de la demi-droite $[AB)$ défini par :

$$AH' = 8.$$

Cette droite d' et le cercle Γ n'ayant pas de point d'intersection, le problème n'a pas de solution.

$$-\|\vec{u}\|\times\|\vec{v}\| \leqslant \vec{u}\cdot\vec{v} \leqslant \|\vec{u}\|\times\|\vec{v}\|$$

S'il existait un point C répondant à la question, on aurait : $\overrightarrow{AB}\cdot\overrightarrow{AC} > AB\times AC$.
La construction demandée est donc impossible.

3° $AB = 5$, $AC = 6$ et $\overrightarrow{AB}\cdot\overrightarrow{AC} = -10$.
De manière analogue, on obtient :
$(AC = 6 \text{ et } \overrightarrow{AB}\cdot\overrightarrow{AC} = -10)$
$$\Leftrightarrow C \in \Gamma \cap d''$$
où d'' est la perpendiculaire à (AB) passant par le point H'' défini par l'égalité vectorielle :
$$\overrightarrow{AH''} = -\frac{2}{5}\overrightarrow{AB}.$$
C est l'un des deux points C_1, C_2 du graphique.

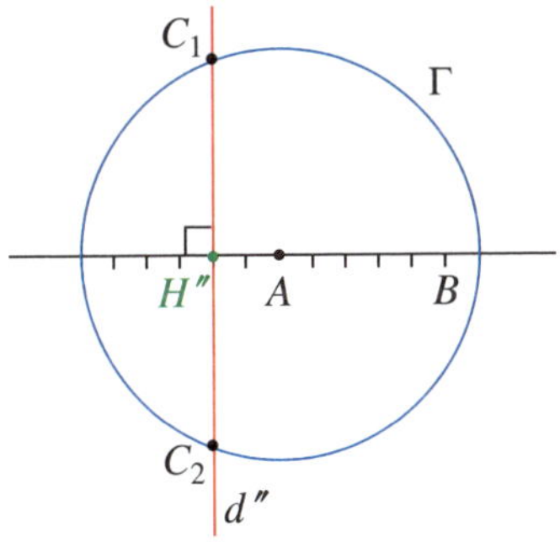

$$\cos(\widehat{BAC}) = \frac{-10}{5\times 6} = -\frac{1}{3}$$

11 $\|\vec{u}\| = 2$, $\|\vec{v}\| = 3$ et $\vec{u}\cdot\vec{v} = 5$.

Notons en premier lieu qu'il existe bien des vecteurs $\vec{u}$ et $\vec{v}$ vérifiant ces conditions. Cela se démontre en prouvant que les inégalités suivantes sont satisfaites :
$$-\|\vec{u}\|\times\|\vec{v}\| \leqslant \vec{u}\cdot\vec{v} \leqslant \|\vec{u}\|\times\|\vec{v}\|.$$
On peut aussi s'en persuader en construisant effectivement des représentants de tels vecteurs (voir l'exercice précédent).

1°
$$\begin{aligned}(\vec{u}+\vec{v})^2 &= (\vec{u}+\vec{v})\cdot(\vec{u}+\vec{v})\\ &= \vec{u}\cdot\vec{u} + \vec{u}\cdot\vec{v} + \vec{v}\cdot\vec{u} + \vec{v}\cdot\vec{v}\\ &= \|\vec{u}\|^2 + 2\vec{u}\cdot\vec{v} + \|\vec{v}\|^2\\ &= 4 + 10 + 9,\end{aligned}$$
donc : $\quad \boldsymbol{(\vec{u}+\vec{v})^2 = 23.}$

Ces calculs peuvent se mener plus rapidement quand a bien été saisie leur analogie avec le développement du produit de deux sommes de nombres.

2° $(2\vec{u}+\vec{v})\cdot(\vec{u}-3\vec{v})$
$$\begin{aligned}&= (2\vec{u})\cdot\vec{u} + (2\vec{u})\cdot(-3\vec{v}) + \vec{v}\cdot\vec{u} + \vec{v}\cdot(-3\vec{v})\\ &= 2\vec{u}\cdot\vec{u} - 6\vec{u}\cdot\vec{v} + \vec{v}\cdot\vec{u} - 3\vec{v}\cdot\vec{v}\\ &= 2\|\vec{u}\|^2 - 5\vec{u}\cdot\vec{v} - 3\|\vec{v}\|^2\\ &= 8 - 25 - 27,\end{aligned}$$
donc : $\boldsymbol{(2\vec{u}+\vec{v})\cdot(\vec{u}-3\vec{v}) = -44.}$

3° $\|\vec{u}-\vec{v}\| = \sqrt{(\vec{u}-\vec{v})^2}$,
et on a :
$$\begin{aligned}(\vec{u}-\vec{v})^2 &= \|\vec{u}\|^2 + \|\vec{v}\|^2 - 2\vec{u}\cdot\vec{v}\\ &= 4 + 9 - 10\\ &= 3,\end{aligned}$$
donc : $\quad \boldsymbol{\|\vec{u}-\vec{v}\| = \sqrt{3}.}$

12 La droite d passe par A et n'est pas parallèle à la droite (CH), donc d est une droite distincte de la tangente en A au cercle de diamètre $[AB]$.

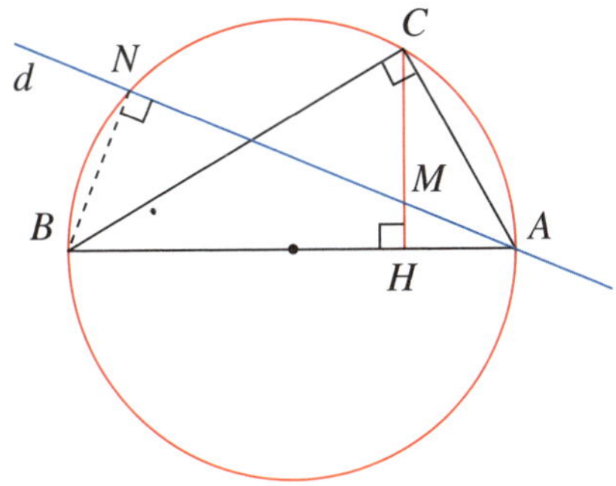

1° Les points C et M ont le même projeté orthogonal H sur la droite (AB), donc : $\quad \overrightarrow{AB}\cdot\overrightarrow{AM} = \overrightarrow{AB}\cdot\overrightarrow{AC}$.

$$\overrightarrow{AB}\cdot\overrightarrow{AM} = \overrightarrow{AB}\cdot\overrightarrow{AH}$$
$$\overrightarrow{AB}\cdot\overrightarrow{AC} = \overrightarrow{AB}\cdot\overrightarrow{AH}$$

2° Le point C est le projeté orthogonal du point B sur la droite (AC), donc :
$$\overrightarrow{AB}\cdot\overrightarrow{AC} = \overrightarrow{AC}\cdot\overrightarrow{AC},$$
c'est-à-dire : $\boldsymbol{\overrightarrow{AB}\cdot\overrightarrow{AC} = AC^2.}$

CORRIGÉS

3° N est un point du cercle de diamètre $[AB]$, donc N est le projeté orthogonal de B sur la droite (AN).

Si $d \neq (AB)$, alors le triangle ABN est rectangle en N.
Si $d = (AB)$, alors $N = B$.

De plus, les points A, M, N sont alignés, donc : $\boldsymbol{\overrightarrow{AM} \cdot \overrightarrow{AN} = \overrightarrow{AM} \cdot \overrightarrow{AB}}$.

4° On a successivement :

$$\begin{aligned} \overrightarrow{AM} \cdot \overrightarrow{AN} &= \overrightarrow{AM} \cdot \overrightarrow{AB} \text{ (d'après 3°)} \\ &= \overrightarrow{AB} \cdot \overrightarrow{AM} \\ &= \overrightarrow{AB} \cdot \overrightarrow{AC} \text{ (d'après 1°)} \\ &= AC^2 \quad \text{(d'après 2°)}. \end{aligned}$$

$\vec{u} \cdot \vec{v} = \vec{v} \cdot \vec{u}$

Finalement, on a prouvé :

$$\boldsymbol{\overrightarrow{AM} \cdot \overrightarrow{AN} = AC^2}.$$

Le produit scalaire $\overrightarrow{AM} \cdot \overrightarrow{AN}$ ne dépend pas de la droite d choisie.
Si $d = (AB)$, alors $M = H$, $N = B$ et :

$$\overrightarrow{AH} \cdot \overrightarrow{AB} = AC^2.$$

13 **1°** $\vec{u}(1\,;-2)$, $\vec{v}(6\,;3)$.

On a :

$$\vec{u} \cdot \vec{v} = 1 \times 6 + (-2) \times 3 = 6 - 6,$$

donc : $\vec{u} \cdot \vec{v} = 0$.

$\vec{u} \cdot \vec{v} = xx' + yy'$

On en déduit que **les vecteurs $\vec{u}$ et $\vec{v}$ sont orthogonaux.**

Si $\vec{u} \cdot \vec{v} = 0$, alors $\vec{u}$ et $\vec{v}$ sont orthogonaux.

2° $\vec{u}(\sqrt{3} - 2\,;-1)$, $\vec{v}(\sqrt{3} + 2\,;1)$.

On a :

$$\begin{aligned} \vec{u} \cdot \vec{v} &= (\sqrt{3} - 2) \times (\sqrt{3} + 2) + (-1) \times 1 \\ &= (\sqrt{3})^2 - 2^2 - 1 \\ &= 3 - 4 - 1 \\ &= -2, \end{aligned}$$

donc : $\vec{u} \cdot \vec{v} \neq 0$.

Par conséquent, **les vecteurs $\vec{u}$ et $\vec{v}$ ne sont pas orthogonaux.**

Si $\vec{u}$ et $\vec{v}$ sont orthogonaux, alors $\vec{u} \cdot \vec{v} = 0$.

Cette proposition est équivalente à sa contraposée :

si $\vec{u} \cdot \vec{v} \neq 0$, alors $\vec{u}$ et $\vec{v}$ ne sont pas orthogonaux.

14 Orthogonalité de deux vecteurs.

```
from lycee import *
print("Test de l'orthogonalité de deux vecteurs.")
print("Entrer les coordonnées, séparées par une virgule.")
u=liste_demande("Coordonnées du premier vecteur :")
v=liste_demande("Coordonnées du deuxième vecteur :")
ps=u[0]*v[0]+u[1]*v[1]
if ps==0:
    print("Les vecteurs sont orthogonaux.")
else:
    print("Les vecteurs ne sont pas orthogonaux.")
```

15 $\vec{u}(m-2\,;1)$, $\vec{v}(m+2\,;3)$.

$\vec{u} \perp \vec{v} \Leftrightarrow \vec{u} \cdot \vec{v} = 0$

On a :

$$\begin{aligned} \vec{u} \cdot \vec{v} &= (m-2) \times (m+2) + 1 \times 3 \\ &= m^2 - 4 + 3 \\ &= m^2 - 1, \end{aligned}$$

donc :

$$\begin{aligned} \vec{u} \cdot \vec{v} = 0 &\Leftrightarrow m^2 = 1 \\ &\Leftrightarrow m = -1 \text{ ou } m = 1. \end{aligned}$$

On en déduit que **les valeurs de m telles que les vecteurs $\vec{u}(m-2\,;1)$ et $\vec{v}(m+2\,;3)$ soient orthogonaux sont -1 et 1.**

Si $m = -1$, alors $\vec{u}$ et $\vec{v}$ ont respectivement pour coordonnées $(-3\,;1)$ et $(1\,;3)$.
Si $m = 1$, alors $\vec{u}$ et $\vec{v}$ ont respectivement pour coordonnées $(-1\,;1)$ et $(3\,;3)$.

16

$A(2\,;0)$, $B(5\,;-4)$, $C(-1\,;-2)$, $D(6\,;3)$.

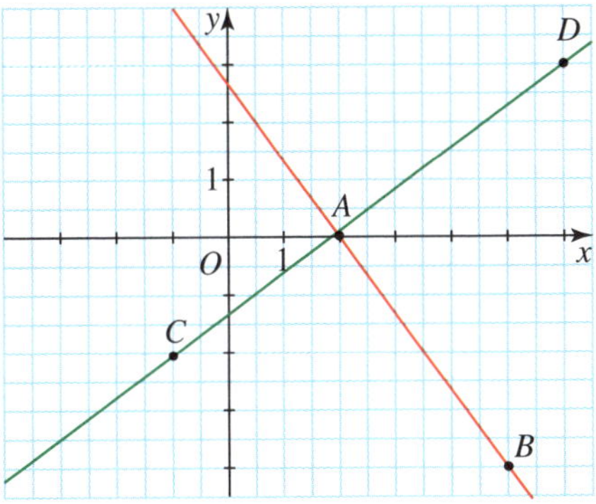

On a : $\overrightarrow{AB}(3\,;-4)$ et $\overrightarrow{CD}(7\,;5)$,
d'où :
$\overrightarrow{AB}\cdot\overrightarrow{CD}=3\times7+(-4)\times5=21-20=1,$

donc : $\qquad \overrightarrow{AB}\cdot\overrightarrow{CD}\neq0,$

ce qui prouve que les vecteurs $\overrightarrow{AB}$ et $\overrightarrow{CD}$ ne sont pas orthogonaux.

On peut alors affirmer que **les droites (AB) et (CD) ne sont pas perpendiculaires**.

Ce n'est pas évident sur la figure !

17 1° De l'égalité :

$$\overrightarrow{BC}=\overrightarrow{AC}-\overrightarrow{AB},$$

on déduit :

$$\left\|\overrightarrow{BC}\right\|^2=\left(\overrightarrow{AC}-\overrightarrow{AB}\right)\cdot\left(\overrightarrow{AC}-\overrightarrow{AB}\right).$$

$$\left\|\vec{u}\right\|^2=\vec{u}^2=\vec{u}\cdot\vec{u}$$

D'où, en développant le second membre :

$$\overrightarrow{BC}\cdot\overrightarrow{BC}=\overrightarrow{AC}\cdot\overrightarrow{AC}+\overrightarrow{AB}\cdot\overrightarrow{AB}-2\overrightarrow{AB}\cdot\overrightarrow{AC}$$

$$\left\|\vec{u}-\vec{v}\right\|^2=\left\|\vec{u}\right\|^2+\left\|\vec{v}\right\|^2-2\vec{u}\cdot\vec{v}$$

On obtient en simplifiant les écritures :

$$BC^2=AC^2+AB^2-2\overrightarrow{AB}\cdot\overrightarrow{AC}.$$

On pouvait aussi obtenir ce résultat à partir de l'égalité du cours :

$$\overrightarrow{AB}\cdot\overrightarrow{AC}=\frac{1}{2}\left(AB^2+AC^2-BC^2\right).$$

De plus :

$$\overrightarrow{AB}\cdot\overrightarrow{AC}=AB\times AC\times\cos\left(\widehat{BAC}\right),$$

donc :

$$BC^2=AC^2+AB^2-2AB\times AC\times\cos\left(\widehat{BAC}\right),$$

soit, avec les conventions de notation adoptées :

$$\mathbf{a^2=b^2+c^2-2bc\cos\left(\widehat{A}\right).}$$

• Lorsque le triangle ABC est rectangle en A, la relation d'Al-Kashi s'écrit :

$$a^2=b^2+c^2.$$

Ainsi, la relation d'Al-Kashi est une généralisation du théorème de Pythagore.

• Les rôles de A, B, C étant symétriques, on obtient par permutation circulaire :

$$b^2=c^2+a^2-2ca\cos\left(\widehat{B}\right),$$

$$c^2=a^2+b^2-2ab\cos\left(\widehat{C}\right).$$

2° $a=4$, $b=5$, $c=6$.

a.

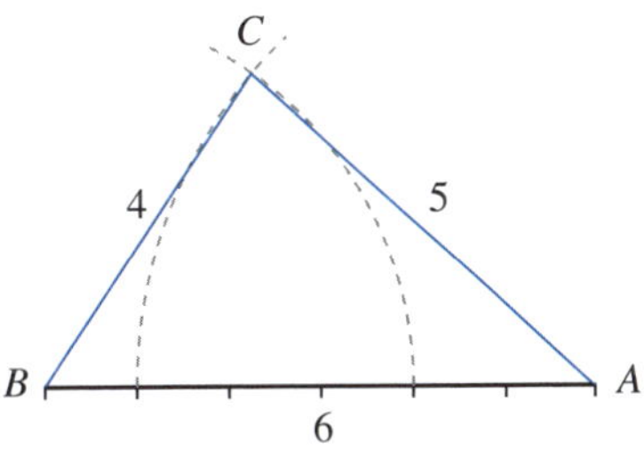

Remarquons qu'un tel triangle ABC existe bien et n'est pas aplati, puisque la plus grande des distances a, b, c est strictement inférieure à la somme des deux autres.

b. • On a : $a^2=b^2+c^2-2bc\cos\left(\widehat{A}\right)$,

formule d'Al-Kashi

soit : $\qquad \cos\left(\widehat{A}\right)=\dfrac{b^2+c^2-a^2}{2bc},$

ou encore : $\cos\left(\widehat{A}\right)=\dfrac{25+36-16}{2\times5\times6},$

c'est-à-dire : $\mathbf{\cos\left(\widehat{A}\right)=\dfrac{3}{4}}.$

• De même : $\cos\left(\widehat{B}\right)=\dfrac{a^2+c^2-b^2}{2ac},$

soit : $\cos\left(\widehat{B}\right)=\dfrac{16+36-25}{2\times4\times6},$

ou encore : $\quad \mathbf{\cos\left(\widehat{B}\right)=\dfrac{9}{16}}.$

c. À l'aide de la calculatrice (basculée en mode Radian) :

$$\widehat{A} \approx \mathbf{0{,}72} \text{ et } \widehat{B} \approx \mathbf{0{,}97}.$$

De plus : $\widehat{C} = \pi - \widehat{A} - \widehat{B}$,

et on obtient : $\widehat{C} \approx \mathbf{1{,}45}$.

18 **1°** $[CH]$: hauteur issue de C dans le triangle ABC.

a. On peut distinguer les quatre cas suivants :

❶

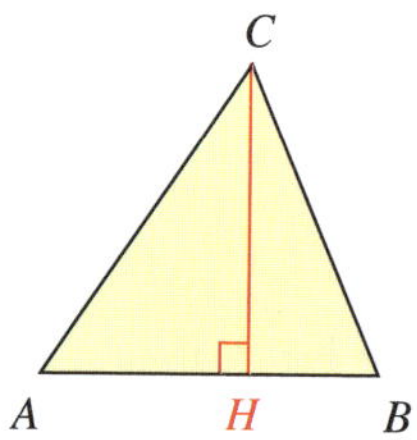

❷

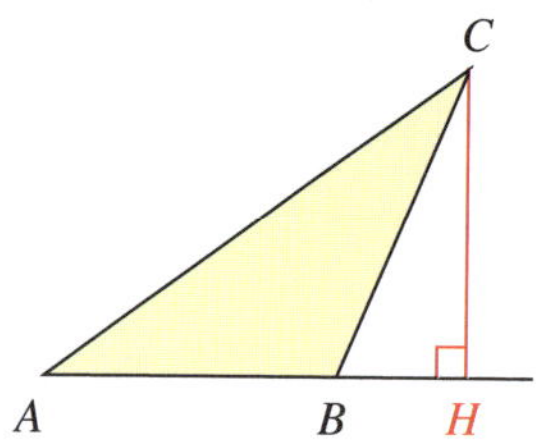

❸

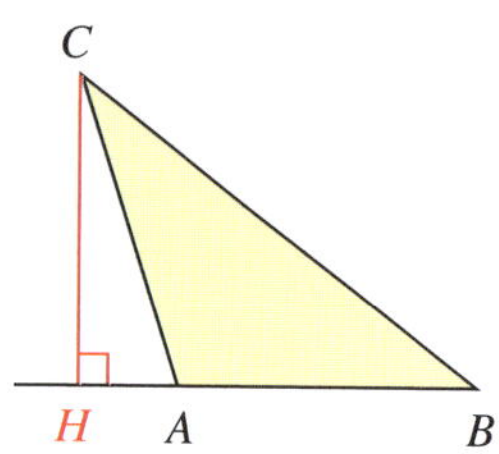

❹

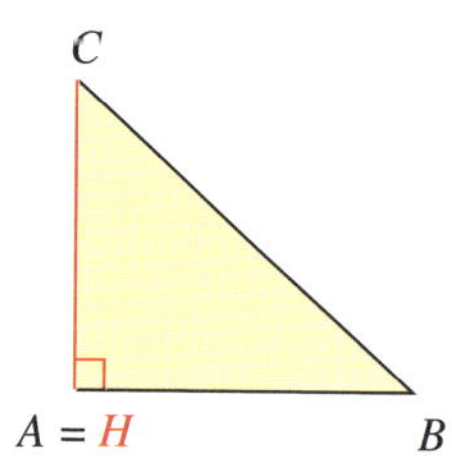

• Dans les deux premiers cas, on a :

$$\widehat{A} = \widehat{BAC} - \widehat{HAC},$$

or, en considérant le triangle HAC rectangle en H :

$$\sin\left(\widehat{HAC}\right) = \frac{HC}{AC},$$

donc :

$$\sin\left(\widehat{A}\right) = \frac{HC}{AC},$$

c'est-à-dire :

$$HC = b\sin\left(\widehat{A}\right).$$

• Dans le troisième cas, les angles géométriques $\widehat{HAC}$ et $\widehat{BAC}$ étant supplémentaires, ils ont le même sinus, et on peut écrire :

$$\sin\left(\widehat{A}\right) = \sin\left(\widehat{HAC}\right) = \frac{HC}{AC}.$$

On retrouve à nouveau :

$$HC = b\sin\left(\widehat{A}\right).$$

• Enfin, dans le dernier cas où le triangle ABC est rectangle en A :

$$HC = AC = b\sin\left(\widehat{A}\right).$$

L'angle $\widehat{A}$ est droit, donc $\sin\left(\widehat{A}\right) = 1$.

Finalement, on a démontré :

$$\boldsymbol{HC = b\sin\left(\widehat{A}\right).}$$

b. On sait que l'aire S du triangle ABC vérifie :

$$S = \frac{1}{2} \times AB \times HC = \frac{1}{2} \times c \times HC,$$

donc, d'après la question précédente :

$$S = \frac{1}{2} \times c \times b\sin\left(\widehat{A}\right),$$

ou encore :

$$S = \frac{1}{2} bc\sin\left(\widehat{A}\right).$$

Les rôles de A, B et C étant symétriques, on a aussi les égalités :

$$S = \frac{1}{2} ca\sin\left(\widehat{B}\right),$$

$$S = \frac{1}{2} ab\sin\left(\widehat{C}\right).$$

On en déduit :

$$\boldsymbol{\frac{1}{2} bc\sin\left(\widehat{A}\right) = \frac{1}{2} ac\sin\left(\widehat{B}\right) = \frac{1}{2} ab\sin\left(\widehat{C}\right).}$$

Enfin, en multipliant par 2 et en divisant par le produit abc, on obtient :

$$\frac{\sin\left(\widehat{A}\right)}{a} = \frac{\sin\left(\widehat{B}\right)}{b} = \frac{\sin\left(\widehat{C}\right)}{c},$$

et en passant aux inverses :

$$\boldsymbol{\frac{a}{\sin\left(\widehat{A}\right)} = \frac{b}{\sin\left(\widehat{B}\right)} = \frac{c}{\sin\left(\widehat{C}\right)}.}$$

2° $a = 1$, $\widehat{B} = \frac{\pi}{6}$, $\widehat{C} = \frac{\pi}{4}$,

$$\sin\left(\frac{7\pi}{12}\right) = \frac{\sqrt{6}+\sqrt{2}}{4}.$$

a.

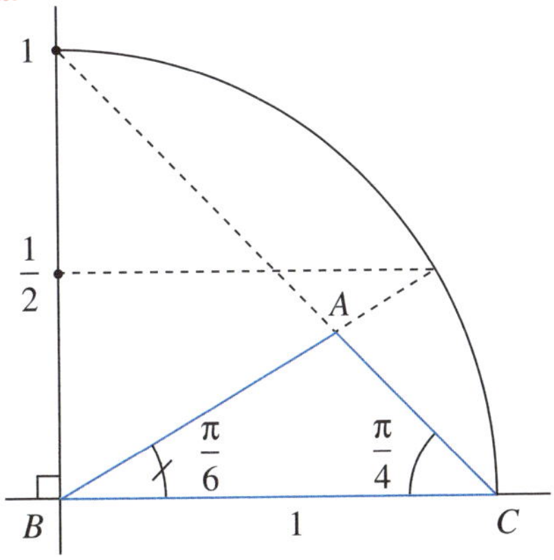

Géométriquement, l'existence d'un tel triangle est évidente.

b. On a :

$$\widehat{A} = \pi - (\widehat{B}+\widehat{C}) = \pi - \left(\frac{\pi}{6}+\frac{\pi}{4}\right),$$

$$\boldsymbol{\widehat{A} = \pi - \frac{5\pi}{12} = \frac{7\pi}{12}}.$$

c. • D'après la loi des sinus :

$$\frac{a}{\sin(\widehat{A})} = \frac{b}{\sin(\widehat{B})},$$

donc :

$$b = \frac{a\sin(\widehat{B})}{\sin(\widehat{A})} = \frac{1\times\frac{1}{2}}{\frac{\sqrt{6}+\sqrt{2}}{4}},$$

$$\widehat{A} = \frac{7\pi}{12} \text{ et } \widehat{B} = \frac{\pi}{6}$$

d'où :

$$\boldsymbol{b = \frac{2}{\sqrt{6}+\sqrt{2}}}.$$

En multipliant numérateur et dénominateur par $\sqrt{6}-\sqrt{2}$, on obtient :

$$b = \frac{2\times(\sqrt{6}-\sqrt{2})}{(\sqrt{6}+\sqrt{2})\times(\sqrt{6}-\sqrt{2})} = \frac{2\times(\sqrt{6}-\sqrt{2})}{6-2} = \frac{\sqrt{6}-\sqrt{2}}{2}.$$

• De même :

$$c = \frac{a\sin(\widehat{C})}{\sin(\widehat{A})} = \frac{1\times\frac{\sqrt{2}}{2}}{\frac{\sqrt{6}+\sqrt{2}}{4}} = \frac{2\sqrt{2}}{\sqrt{6}+\sqrt{2}},$$

c'est-à-dire, en divisant numérateur et dénominateur par $\sqrt{2}$:

$$\boldsymbol{c = \frac{2}{\sqrt{3}+1}}.$$

En multipliant numérateur et dénominateur par $\sqrt{3}-1$, on obtient :

$$c = \frac{2\times(\sqrt{3}-1)}{(\sqrt{3}+1)\times(\sqrt{3}-1)} = \frac{2\times(\sqrt{3}-1)}{3-1} = \sqrt{3}-1.$$

19 $a = \sqrt{2}, b = \sqrt{3}, \widehat{A} = \frac{\pi}{4}$ et $\widehat{B} < \frac{\pi}{2}$.

1° Étapes successives :
- tracé de deux droites perpendiculaires (Ax) et (Ay) ;
- choix d'une unité ;
- tracé du cercle de centre A et de rayon 2 ;
- construction de C ;
- construction de B ($CB = \sqrt{2} = AD$).

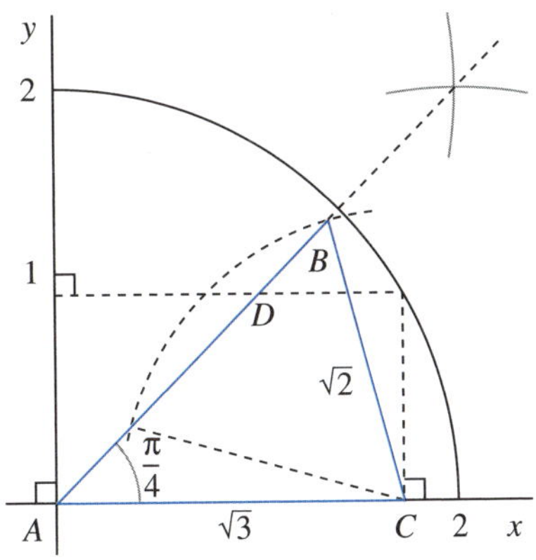

Cette construction montre qu'il existe deux « sortes » de triangles vérifiant les trois premières conditions, d'où l'intérêt de la dernière…

2° • D'après la loi des sinus :

$$\frac{a}{\sin(\widehat{A})} = \frac{b}{\sin(\widehat{B})},$$

CORRIGÉS

donc :

$$\sin(\widehat{B}) = \frac{b}{a}\sin(\widehat{A})$$
$$= \frac{\sqrt{3}}{\sqrt{2}}\sin\left(\frac{\pi}{4}\right)$$
$$= \frac{\sqrt{3}}{\sqrt{2}} \times \frac{\sqrt{2}}{2},$$

soit :

$$\sin(\widehat{B}) = \frac{\sqrt{3}}{2},$$

or $\frac{\pi}{3}$ est le seul réel de $\left[0\,;\frac{\pi}{2}\right]$ dont le sinus soit égal à $\frac{\sqrt{3}}{2}$, donc :

$$\boldsymbol{\widehat{B} = \frac{\pi}{3}}.$$

• On a :

$$\widehat{C} = \pi - (\widehat{A} + \widehat{B}) = \pi - \left(\frac{\pi}{4} + \frac{\pi}{3}\right),$$

c'est-à-dire :

$$\boldsymbol{\widehat{C} = \frac{5\pi}{12}}.$$

3° • En utilisant à nouveau la loi des sinus :

$$\frac{c}{\sin(\widehat{C})} = \frac{a}{\sin(\widehat{A})},$$

d'où :

$$c = \frac{a}{\sin(\widehat{A})}\sin(\widehat{C})$$
$$= \sqrt{2} \times \frac{2}{\sqrt{2}} \times \sin\left(\frac{5\pi}{12}\right)$$
$$= 2\sin\left(\frac{5\pi}{12}\right).$$

Avec la calculatrice, on obtient :

$$\boldsymbol{c \approx 1{,}93 \text{ à } 10^{-2} \text{ près.}}$$

Pour calculer c, on pouvait aussi utiliser la relation d'Al-Kashi (voir l'exercice 17) :

$$c^2 = a^2 + b^2 - 2ab\cos(\widehat{C}).$$

20 $A \neq B$, $\mathscr{E} : \overrightarrow{MA} \cdot \overrightarrow{MB} = k$.

1° I : milieu de $[AB]$.

a. **Pour tout point M :**

$$\overrightarrow{MA} \cdot \overrightarrow{MB} = (\overrightarrow{MI} + \overrightarrow{IA}) \cdot (\overrightarrow{MI} + \overrightarrow{IB})$$
$$= \overrightarrow{MI} \cdot \overrightarrow{MI} + \overrightarrow{MI} \cdot \overrightarrow{IB} + \overrightarrow{IA} \cdot \overrightarrow{MI} + \overrightarrow{IA} \cdot \overrightarrow{IB},$$

or :

$$\overrightarrow{IA} \cdot \overrightarrow{MI} = \overrightarrow{MI} \cdot \overrightarrow{IA},$$

donc :

$$\overrightarrow{MA} \cdot \overrightarrow{MB} = \overrightarrow{MI} \cdot \overrightarrow{MI} + \overrightarrow{MI} \cdot (\overrightarrow{IA} + \overrightarrow{IB}) + \overrightarrow{IA} \cdot \overrightarrow{IB},$$

de plus, I étant le milieu de $[AB]$:

$$\overrightarrow{IA} + \overrightarrow{IB} = \vec{0},$$
$$\overrightarrow{IA} = -\frac{1}{2}\overrightarrow{AB},$$
$$\overrightarrow{IB} = \frac{1}{2}\overrightarrow{AB},$$

d'où :

$$\overrightarrow{MA} \cdot \overrightarrow{MB} = \overrightarrow{MI} \cdot \overrightarrow{MI} - \frac{1}{4}\overrightarrow{AB} \cdot \overrightarrow{AB},$$

et finalement :

$$\boldsymbol{\overrightarrow{MA} \cdot \overrightarrow{MB} = MI^2 - \frac{1}{4}AB^2.}$$

b. Soit k un nombre réel.

D'après la question précédente, $\mathscr{E}$ est l'ensemble des points M tels que :

$$MI^2 - \frac{1}{4}AB^2 = k,$$

c'est-à-dire :

$$MI^2 = k + \frac{1}{4}AB^2.$$

On en déduit la discussion suivante.

• **Si $k < -\frac{1}{4}AB^2$,** alors :

$$\boldsymbol{\mathscr{E} = \varnothing.}$$

$\mathscr{E}$ est l'ensemble vide : aucun point n'appartient à $\mathscr{E}$, car IM^2 ne peut être strictement négatif.

• **Si $k = -\frac{1}{4}AB^2$,** alors :

$$\boldsymbol{\mathscr{E} = \{I\}.}$$

L'ensemble $\mathscr{E}$ n'a qu'un seul élément ; on dit que c'est un singleton.

• **Si $k > -\frac{1}{4}AB^2$,** alors $\mathscr{E}$ **est le cercle de centre I et de rayon $\sqrt{k + \frac{1}{4}AB^2}$.**

2° • **Lorsque $k = 0$, $\mathscr{E}$ est l'ensemble des points M tels que les vecteurs $\overrightarrow{MA}$ et $\overrightarrow{MB}$ sont orthogonaux**, donc $\mathscr{E}$ est l'ensemble formé du point A, du point B et des points M (distincts de A et B) tels que l'angle $\widehat{AMB}$ est droit : **c'est le cercle de diamètre $[AB]$, c'est-à-dire le cercle de centre I et de rayon $\frac{1}{2}AB$.**

Si $k = 0$, alors $\sqrt{k + \frac{1}{4}AB^2} = \frac{1}{2}AB$.

• Lorsque $k = \frac{1}{4}AB^2$, on a :

$$\sqrt{k + \frac{1}{4}AB^2} = \sqrt{\frac{1}{4}AB^2 + \frac{1}{4}AB^2}$$
$$= \sqrt{\frac{2}{4}AB^2}$$
$$= \frac{\sqrt{2}}{2}AB.$$

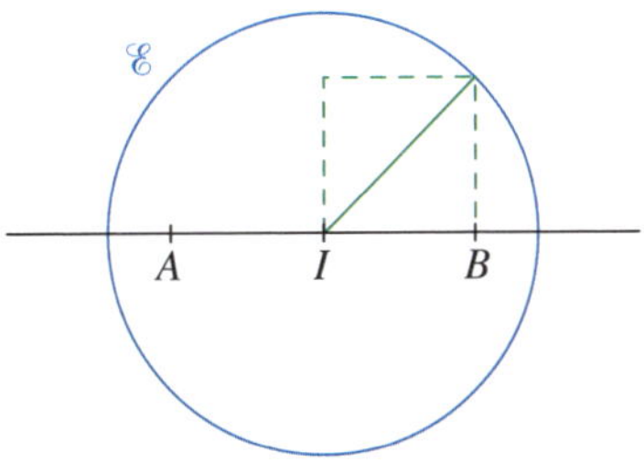

$IA = IB = \frac{AB}{2}$

La diagonale d'un carré de côté a vaut $a\sqrt{2}$.

CONTRÔLE CONTINU

Exercice n° 1

$ABCD$ parallélogramme,
I milieu de $[AB]$,
Q symétrique de I par rapport à A,

$$\overrightarrow{AP} = \frac{1}{3}\overrightarrow{AD}.$$

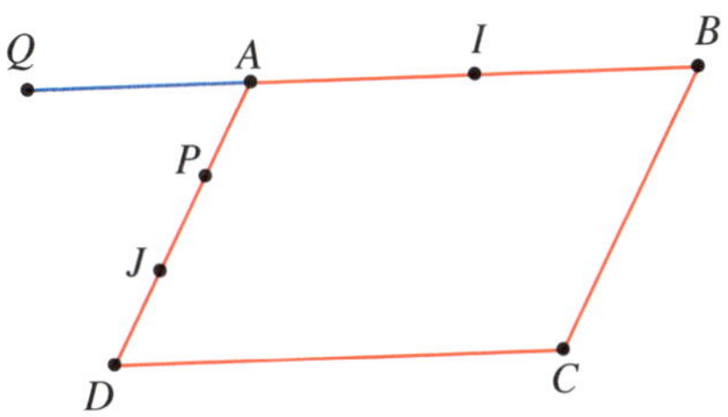

1° On a :

$$\overrightarrow{QP} = \overrightarrow{QA} + \overrightarrow{AP} = \overrightarrow{AI} + \frac{1}{3}\overrightarrow{AD},$$

$\overrightarrow{QA} = \overrightarrow{AI}$, car Q est le symétrique de I par rapport à A

donc : $$\boldsymbol{\overrightarrow{QP} = \frac{1}{2}\overrightarrow{AB} + \frac{1}{3}\overrightarrow{AD}.}$$

$\overrightarrow{AI} = \frac{1}{2}\overrightarrow{AB}$, car I est le milieu de $[AB]$

2° On a :

$$\overrightarrow{QC} = \overrightarrow{QA} + \overrightarrow{AD} + \overrightarrow{DC}$$
$$= \overrightarrow{AI} + \overrightarrow{AD} + \overrightarrow{AB}$$
$$= \frac{1}{2}\overrightarrow{AB} + \overrightarrow{AB} + \overrightarrow{AD}$$

donc : $$\boldsymbol{\overrightarrow{QC} = \frac{3}{2}\overrightarrow{AB} + \overrightarrow{AD}.}$$

3° Des questions **1°** et **2°**, on déduit :

$$\overrightarrow{QC} = 3\overrightarrow{QP},$$

$$\overrightarrow{QC} = 3\left(\frac{1}{2}\overrightarrow{AB} + \frac{1}{3}\overrightarrow{AD}\right)$$

ce qui permet d'affirmer que les vecteurs $\overrightarrow{QP}$ et $\overrightarrow{QC}$ sont colinéaires.

On peut alors conclure que **les points Q, P et C sont alignés**.

Exercice n° 2

Partie A

$AB = 4$.

Notons C', D', E', F' et G' les projetés orthogonaux respectifs de C, D, E, F et G sur la droite (AB).

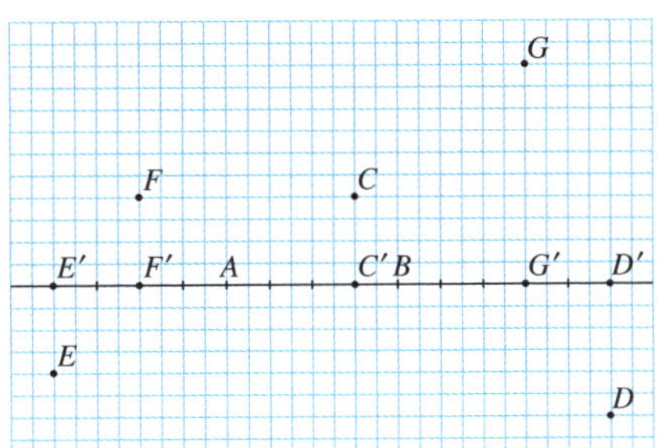

• $\overrightarrow{AB} \cdot \overrightarrow{AC} = AB \times AC' = 4 \times 3 = \mathbf{12}$.

• $\overrightarrow{AB} \cdot \overrightarrow{AD} = AB \times AD' = 4 \times 9 = \mathbf{36}$.

• $\overrightarrow{AB} \cdot \overrightarrow{AE} = AB \times AE' = -4 \times 4 = \mathbf{-16}$.

• $\overrightarrow{AB} \cdot \overrightarrow{AF} = -AB \times AF' = -4 \times 2 = \mathbf{-8}$.

• $\overrightarrow{AB} \cdot \overrightarrow{AG} = AB \times AG' = 4 \times 7 = \mathbf{28}$.

Partie B

Figure 1.

$\overrightarrow{AB}\cdot\overrightarrow{AC} = AB^2 = \mathbf{9}$.

B projeté orthogonal de *C* sur [*AB*].

Figure 2.

ABC est isocèle de sommet *A*, donc :

$$\widehat{B} = \widehat{C} = 75°,$$

$$\widehat{A} = 180° - 2\times 75° = 30°.$$

$$\begin{aligned}\overrightarrow{AB}\cdot\overrightarrow{AC} &= AB\times AC\times\cos\left(\widehat{BAC}\right)\\ &= 3\times 3\times\cos(30°)\\ &= 9\times\frac{\sqrt{3}}{2}\\ &= \frac{\mathbf{9\sqrt{3}}}{\mathbf{2}}.\end{aligned}$$

On connaît *AB*, *AC* et $\widehat{BAC}$.

Figure 3.

$\overrightarrow{AB}\cdot\overrightarrow{AC} = -AB\times AC = -3\times 2 = \mathbf{-6}$.

B, *A* et *C* alignés dans cet ordre.

Figure 4.

$$\begin{aligned}\overrightarrow{AB}\cdot\overrightarrow{AC} &= AB\times AC\times\cos\left(\widehat{BAC}\right)\\ &= 3\times 2\times\cos(60°)\\ &= 3\times 2\times\frac{1}{2}\\ &= \mathbf{3}.\end{aligned}$$

On connaît *AB*, *AC* et $\widehat{BAC}$.

Figure 5.

On lit :

$$\overrightarrow{AB}(-3,-2), \overrightarrow{AC}(1,-2).$$

$\overrightarrow{AB}\cdot\overrightarrow{AC} = -3\times 1 + (-2)\times(-2) = \mathbf{-7}$.

Expression analytique du produit scalaire dans un repère orthonormé.

Exercice n° 3

1°, 2°, 3°

```
from lycee import *
def produit_scalaire(x,y,xprime,yprime):
    return x*xprime+y*yprime

def norme(x,y):
    return sqrt(x**2+y**2)

def cosinus(x,y,xprime,yprime):
    n1=norme(x,y)
    n2=norme(xprime,yprime)
    ps=produit_scalaire(x,y,xprime,yprime)
    return ps/(n1*n2)
```

$$\vec{u}\cdot\vec{v} = xx' + yy'$$

$$\left\|\vec{u}\right\| = \sqrt{x^2+y^2}$$

$$\cos\left(\widehat{MOM'}\right) = \frac{\overrightarrow{OM}\cdot\overrightarrow{OM'}}{OM\times OM'}$$

Exemples d'appel de la fonction cosinus dans la console :

```
>>> cosinus(1,-2,6,3)
0.0
>>> cosinus(1,-2,-3,6)
-0.9999999999999999
>>> cosinus(1,-2,3,-6)
0.9999999999999999
>>> cosinus(0,1,1,1)
0.7071067811865475
```

Chapitre 11

Géométrie repérée

Le plan est rapporté à un repère orthonormal $(O\,;\vec{i},\vec{j})$.

1 Coordonnées cartésiennes

A. Coordonnées d'un point

Pour tout point M, il existe un unique couple (x, y) de réels tels que :

$$\overrightarrow{OM} = x\vec{i} + y\vec{j}\ .$$

(x, y) est appelé le couple de coordonnées du point M,
x est l'abscisse du point M et y est l'ordonnée du point M.

B. Coordonnées d'un vecteur

Pour tout vecteur $\vec{u}$, il existe un unique couple (x, y) de réels tels que :

$$\vec{u} = x\vec{i} + y\vec{j}.$$

(x, y) est appelé le couple de coordonnées du vecteur $\vec{u}$,
x est l'abscisse du vecteur $\vec{u}$ et y est l'ordonnée du vecteur $\vec{u}$.

2 Vecteurs colinéaires

A. Définition

▶ Dire que des vecteurs **non nuls** $\vec{u}$ et $\vec{v}$ sont **colinéaires** signifie qu'il existe un nombre réel k tel que $\vec{u} = k\vec{v}$.

Des vecteurs colinéaires non nuls ont la même direction.

▶ Le vecteur nul est colinéaire à n'importe quel vecteur.

B. Déterminant de deux vecteurs

On appelle déterminant des vecteurs $\vec{u}\begin{pmatrix} x \\ y \end{pmatrix}$ et $\vec{v}\begin{pmatrix} x' \\ y' \end{pmatrix}$ le réel noté $\det(\vec{u}, \vec{v})$ et égal à $xy' - x'y$.

$$\det(\vec{u}, \vec{v}) = \begin{vmatrix} x & x' \\ y & y' \end{vmatrix} = xy' - x'y.$$

COURS

C. Propriété caractéristique de la colinéarité

Deux vecteurs sont colinéaires si, et seulement si, leur déterminant est nul.

$\vec{u}\begin{pmatrix} x \\ y \end{pmatrix}$ et $\vec{v}\begin{pmatrix} x' \\ y' \end{pmatrix}$ sont colinéaires si, et seulement si : $xy' - x'y = 0$.

D. Alignement

Les points A, B et C sont alignés si, et seulement si, les vecteurs $\overrightarrow{AB}$ et $\overrightarrow{AC}$ sont colinéaires.

E. Parallélisme

Soient A, B, C et D des points tels que $A \neq B$ et $C \neq D$.

Les droites (AB) et (CD) sont parallèles si, et seulement si, les vecteurs $\overrightarrow{AB}$ et $\overrightarrow{CD}$ sont colinéaires.

3 Vecteur directeur d'une droite

A. Définition

Soient A et B des points distincts.

On appelle vecteur directeur de la droite (AB) tout vecteur non nul colinéaire au vecteur $\overrightarrow{AB}$.

Les vecteurs $\vec{u}$, $\vec{v}$, $\vec{w}$ sont des vecteurs directeurs de la droite (AB).

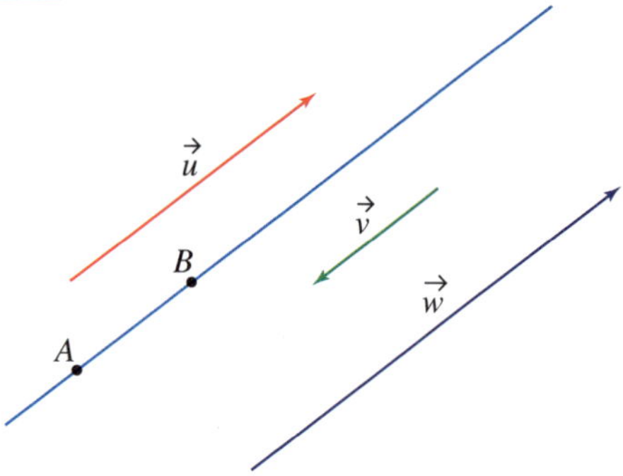

B. Coefficient directeur

▶ Si une droite d n'est pas parallèle à la droite des ordonnées, alors elle a un coefficient directeur p et le vecteur $\vec{u}$ $(1, p)$ est un vecteur directeur de d.

▶ Si une droite d est parallèle à la droite des ordonnées, alors elle n'a pas de coefficient directeur et le vecteur $\vec{j}$ est un vecteur directeur de d.

4 Équation de droite

A. Théorème 1

Soient A un point et $\vec{u}$ un vecteur non nul.

Dire qu'un point M appartient à la droite d passant par A et ayant pour vecteur directeur $\vec{u}$ signifie que les coordonnées des vecteurs $\overrightarrow{AM}$ et $\vec{u}$ sont proportionnelles :

$$M \in d \Leftrightarrow \det(\overrightarrow{AM}, \vec{u}) = 0.$$

B. Théorème 2

Toute équation de droite peut s'écrire sous la forme :

$$ax + by + c = 0$$

où a, b et c sont des réels, a et b n'étant pas simultanément nuls.

C. Théorème 3

a, b et c désignent des réels tels que a et b ne soient pas simultanément nuls. L'ensemble d'équation $ax + by + c = 0$ est une droite d dont un des vecteurs directeurs est $\vec{u}(-b, a)$.

- Si $b = 0$, alors d est parallèle à la droite des ordonnées.
- Si $b \neq 0$, alors d a pour coefficient directeur $-\frac{a}{b}$.

D. Équation réduite

Soit d une droite.

- Si d est parallèle à la droite des ordonnées, alors d admet une équation de la forme

$$x = k\text{, avec } k \text{ réel.}$$

- Si d n'est pas parallèle à la droite des ordonnées, alors d admet une équation de la forme $y = px + q$,

où :

- p est le coefficient directeur de d,
- q est l'ordonnée à l'origine (ordonnée du point de d d'abscisse 0).

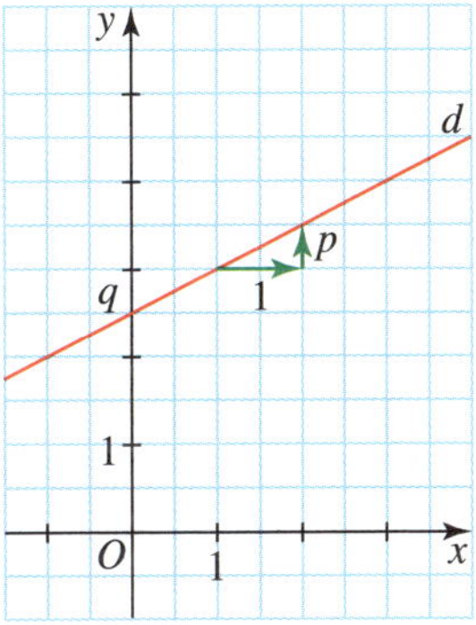

E. Vecteur normal à une droite

Définition

On appelle vecteur normal à une droite d tout vecteur non nul orthogonal à un vecteur directeur de d.

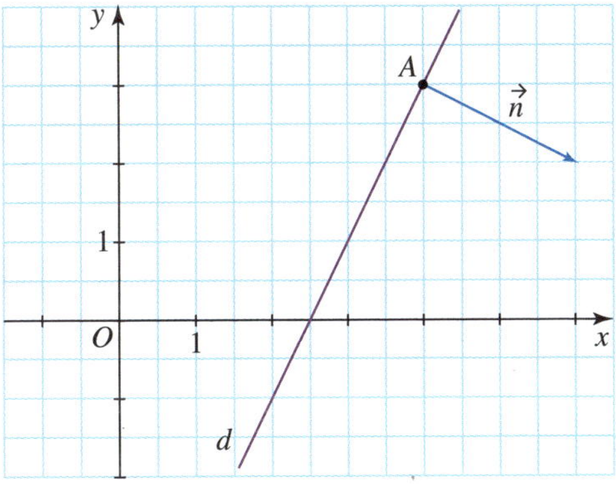

Propriétés

- Une droite d est parfaitement déterminée par la donnée d'un de ses points A et d'un de ses vecteurs normaux $\vec{n}$.
- Si $\vec{n}$ est un vecteur normal à une droite d, alors les vecteurs normaux à d sont les vecteurs non nuls colinéaires à $\vec{n}$.

▶ Coordonnées

Si une droite d admet une équation de la forme :

$$ax + by + c = 0$$

(a, b, c réels, a et b non simultanément nuls),

alors le vecteur $\vec{n}(a, b)$ est un vecteur normal à d.

5 Cercle

Soient I un point et R un réel positif.

A. Définition

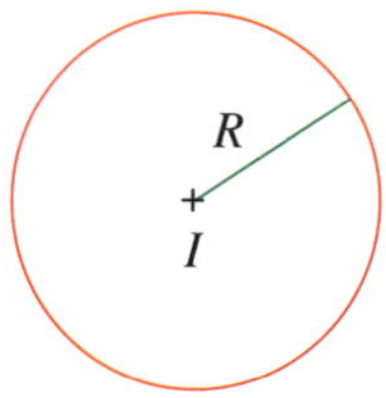

Le cercle de centre I et de rayon R est l'ensemble des points M du plan tels que :

$$IM = R.$$

B. Équation

Le cercle de centre I et de rayon R admet pour équation :

$$(x - x_I)^2 + (y - y_I)^2 = R^2.$$

6 Parabole d'axe vertical

L'ensemble d'équation :

$$y = ax^2 + bx + c,$$

avec a, b, c réels et a non nul, est une parabole dont l'axe de symétrie est la droite d'équation :

$$x = -\frac{b}{2a}.$$

EXERCICES

Vrai ou faux ?

1 (corrigé p. 267)

1° Les vecteurs $\vec{u}(1\ ;\ 2)$ et $\vec{v}(4\ ;\ -8)$ sont colinéaires.

2° La droite d d'équation $y = 5$ est parallèle à la droite des ordonnées.

3° Si deux points distincts A et B ont la même abscisse, alors $\vec{i}$ est un vecteur directeur de la droite (AB).

4° Le vecteur $\vec{u}$ de coordonnées $(3\ ;-1)$ est un vecteur directeur de la droite d'équation $3x - y - 5 = 0$.

5° La droite d'équation $2x - 6y + 7 = 0$ a pour coefficient directeur 3.

6° Les droites d et d' d'équations respectives $x - 4y + 2 = 0$ et $2x - 8y - 15 = 0$ sont parallèles.

7° Le point A de coordonnées $(3\ ;\ 2)$ appartient à la droite d d'équation $x - y + 1 = 0$.

8° Soient les points $A(1\ ;-2)$, $B(-2\ ;\ 6)$. On a : $AB^2 = 65$.

9° Soient les points $A(-2\ ;-1)$, $B(4\ ;-2)$ et $C(-1\ ;\ 3)$. On a : $\overrightarrow{AB} \cdot \overrightarrow{AC} = 9$.

10° Les vecteurs $\vec{u}(5\ ;\ 2)$ et $\vec{v}(-4\ ;\ 10)$ sont orthogonaux.

11° La droite d d'équation $x = 34$ est perpendiculaire à la droite des ordonnées.

12° Si deux points distincts A et B ont la même abscisse, alors $\vec{i}$ est un vecteur normal à la droite (AB).

13° Le vecteur $\vec{n}$ de coordonnées $(9\ ;-11)$ est un vecteur normal à la droite d'équation $9x - 11y - 23 = 0$.

14° Les droites d et d' d'équations respectives $2x - 6y + 9 = 0$ et $3x + y + 5 = 0$ sont perpendiculaires.

15° Les droites d et d' d'équations respectives $3x - 4y + 1 = 0$ et $9x - 12y + 24 = 0$ sont parallèles.

16° Le cercle $\mathscr{C}$ de centre $I(3\ ;\ 2)$ et de rayon 5 a pour équation $(x+3)^2 + (y+2)^2 = 25$.

17° $x^2 + y^2 + 2x - 4y + 6 = 0$ est une équation de cercle.

18° L'ensemble d'équation $y = x^2 - 4x + 5$ est une parabole dont l'axe de symétrie est la droite d'équation $x = 2$.

19° L'ensemble E d'équation $x^2 - y + 5 = 0$ est une droite.

20° L'ensemble E d'équation $x^2 + y^2 + 5 = 0$ est un cercle.

Vecteurs colinéaires

2 ★ 5 min (corrigé p. 269)

1° Les vecteurs $\vec{u}(1\ ;-2)$ et $\vec{v}(3\ ;\ 6)$ sont-ils colinéaires ?

2° Les vecteurs $\vec{u}(\sqrt{3} - 2\ ;-5)$ et $\vec{v}\left(\dfrac{1}{5}\ ;\ \sqrt{3} + 2\right)$ sont-ils colinéaires ?

3 ★ 5 min (corrigé p. 269)

Écrire en Python un programme qui demande à l'utilisateur les coordonnées de deux vecteurs, puis qui détermine si ces vecteurs sont colinéaires.

4 ★★ 5 min (corrigé p. 269)

1° Déterminer les réels m pour que les vecteurs $\vec{u}(m+1\ ;\ 3)$ et $\vec{v}(1\ ;\ m-1)$ soient colinéaires.

2° Pour chacune des valeurs trouvées, donner une relation de colinéarité entre $\vec{u}$ et $\vec{v}$.

5 ★★ 5 min (corrigé p. 269)

On considère les points $M(1\ ;\ -2)$, $N(3\ ;\ 3)$, $P\left(4\ ;\ \dfrac{11}{2}\right)$.

Les points M, N et P sont-ils alignés ?

6 ★★ 5 min (corrigé p. 270)

On considère les points $A(-1\ ;\ 4)$, $B\left(\dfrac{7}{3}\ ;\ 3\right)$, $C(-3\ ;\ 2)$ et $D\left(\dfrac{11}{3}\ ;\ \dfrac{1}{4}\right)$.

Les droites (AB) et (CD) sont-elles parallèles ?

Vecteurs directeurs d'une droite

7 ★ 5 min (corrigé p. 270)

On considère les points $A(-6\ ;\ 8)$ et $B(3\ ;\ 7)$.
Donner un vecteur directeur de la droite (AB).
Quels sont les vecteurs directeurs de la droite (AB) ?

8 ★ 5 min (corrigé p. 270)

On considère la droite d de coefficient directeur 4.
Quels sont les vecteurs directeurs de la droite d ?

9 ★ 5 min (corrigé p. 270)

1° Tracer la droite d passant par $A(1\ ;\ 2)$ et de vecteur directeur $\vec{u}(2\ ;\ -3)$.

2° Tracer la droite d' passant par $B(-4\ ;\ 3)$ et de vecteur directeur $\vec{v}(5\ ;\ 2)$.

Vecteur normal à une droite

10 ★ 5 min (corrigé p. 271)

On considère les points $A(-6\ ;\ 8)$ et $B(3\ ;\ 7)$.
Donner un vecteur normal à la droite (AB).
Quels sont les vecteurs normaux à la droite (AB) ?

11 ★ 5 min (corrigé p. 271)

On considère une droite d de coefficient directeur 4.
Quels sont les vecteurs normaux à la droite d ?

12 ★ 5 min (corrigé p. 271)

Tracer la droite d passant par $A(1\ ;\ 2)$ et de vecteur normal $\vec{n}(2\ ;\ -3)$, puis la droite d' passant par $B(-4\ ;\ 3)$ et de vecteur normal $\vec{n}'(5\ ;\ 2)$.

13 ★ 5 min (corrigé p. 271)

Représenter un vecteur normal à chacune des droites D_1, D_2, D_3 et D_4.

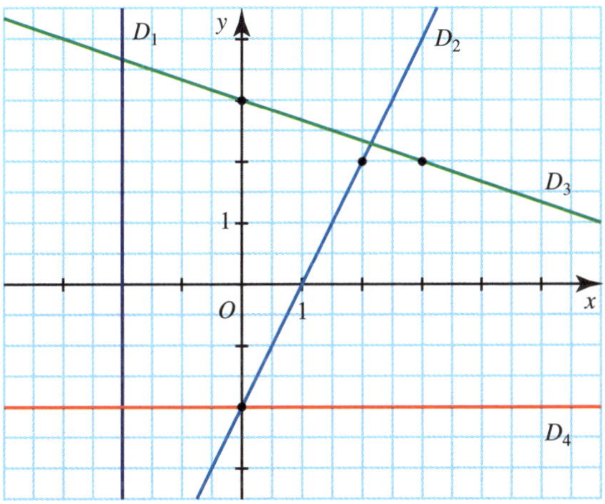

EXERCICES

Équations de droites et parallélisme

14 ★ 5 min (corrigé p. 272)

1° Donner une équation de chacune des droites D_1, D_2, D_3 et D_4 représentées sur la figure de l'exercice **13**.

2° Tracer les droites :

- D_5 d'équation $y = 3x + 1$,
- D_6 d'équation $y = -\frac{2}{5}x - 2$,
- D_7 passant par $A(-3\ ;\ 3)$ et de coefficient directeur -2,
- D_8 passant par $A(-3\ ;\ 3)$ et de coefficient directeur $\frac{1}{2}$.

15 ★ 5 min (corrigé p. 272)

1° Déterminer une équation de la droite d passant par $A(3\ ;\ 4)$ et de vecteur directeur $\vec{u}(2\ ;\ -1)$.
2° Tracer la droite d.

16 ★ 5 min *(corrigé p. 273)*

On considère les points $A(-4\ ;\ -1)$ et $B(5\ ;\ 7)$.
Déterminer une équation de la droite (AB).

17 ★ 5 min *(corrigé p. 273)*

On considère les points $A(2\ ;\ -3)$, $B(0\ ;\ 5)$ et $C(3\ ;\ 1)$.
Déterminer une équation de la médiane issue du sommet A du triangle ABC.

18 ★ 5 min *(corrigé p. 274)*

1° Tracer la droite d d'équation $y = \frac{1}{2}x - 1$.

2° Construire la droite d' symétrique de d par rapport à la droite des abscisses et donner une équation de d'.

3° Construire la droite d'' symétrique de d par rapport à la droite des ordonnées et donner une équation de d''.

19 ★★ 20 min *(corrigé p. 274)*

1° Déterminer une équation de la droite d_1 passant par les points $A(-3\ ;\ 7)$ et $B(2\ ;\ 5)$.

2° Déterminer une équation de la droite d_2 passant par les points $C(3\ ;\ -5)$ et $D(3\ ;\ \sqrt{2})$.

3° Déterminer une équation de la droite d_3 passant par le point $E(3\ ;\ -5)$ et parallèle à la droite des abscisses.

4° Déterminer une équation de la droite d_4 passant par le point $F(2\ ;\ -4)$ et de coefficient directeur $-\frac{1}{4}$.

5° Déterminer une équation de la droite d_5 passant par le point $G(-2\ ;\ 3)$ et d'ordonnée à l'origine -4.

6° Déterminer une équation de la droite d_6 passant par le point $H(4\ ;\ -2)$ et parallèle à la droite Δ d'équation $y = -2x - 36$.

20 ★★ 15 min *(corrigé p. 275)*

Écrire un algorithme demandant les coordonnées d'un point et déterminant si ce point appartient à la droite d'équation $3x + 2y - 5 = 0$.

21 ★★ 15 min *(corrigé p. 275)*

Déterminer par le calcul les coordonnées du point d'intersection des deux droites d et d' et contrôler graphiquement la réponse.

1° $d : y = -3x + 1$ et $d' : x = \frac{1}{2}$.

2° $d : y = \frac{1}{3}x - 2$ et $d' : y = -1$.

3° $d : y = 2x - 1$ et $d' : y = x + 1$.

Équations de droites et orthogonalité

22 ★ 5 min (corrigé p. 276)

On considère la droite Δ d'équation $-5x + 3y - 2 = 0$, les points $A(-1 ; -1)$ et $B(4 ; -4)$. Démontrer que A est le projeté orthogonal de B sur Δ.

23 ★ 5 min (corrigé p. 277)

1° Déterminer une équation de la droite d passant par $A(4 ; 3)$ et ayant $\vec{n}(2 ; -1)$ pour vecteur normal.

2° Tracer la droite d.

24 ★ 5 min (corrigé p. 277)

On considère les points $A(-4 ; -1)$ et $B(5 ; 7)$.
Déterminer une équation de la droite d perpendiculaire à (AB) en A.

25 ★★ 15 min (corrigé p. 277)

On considère les points $A(1 ; 4)$, $B(-5 ; -2)$ et $C(2 ; 0)$.

1° Déterminer une équation de la droite Δ perpendiculaire à la droite (AB) et passant par le point C.

2° Déterminer une équation de la médiatrice d du segment $[AB]$.

3° Déterminer une équation de la droite $\mathcal{D}$ parallèle à la droite (BC) et passant par le point A.

EXERCICES

Équations de cercles

26 ★ 2 min (corrigé p. 278)

Écrire une équation du cercle de centre $I(-8 ; 17)$ et de rayon 3.

27 ★★ 10 min (corrigé p. 278)

Démontrer que (E) :

$$x^2 + y^2 - 6x + 8y + 16 = 0$$

est une équation d'un cercle dont on précisera le centre et le rayon.

28 ★★★ 30 min (corrigé p. 278)

Soient A, B, C les points de coordonnées respectives :

$$(2 ; 1),\ (-4 ; -3),\ (4 ; -2).$$

Déterminer une équation cartésienne :

1° du cercle Γ_1 de diamètre $[AB]$;

2° du cercle Γ_2 passant par A, B, C ;

3° du cercle Γ_3 circonscrit au triangle OBC.

CONTRÔLE CONTINU

Exercice n° 1 10 min (3 points) *(corrigé p. 280)*

A est le point de coordonnées $(-3 ; -1)$.

1° Déterminer une équation de la droite d_1 passant par A et parallèle à la droite d d'équation $y = 2x - 3$.

2° Déterminer une équation de la droite d_2 passant par A et parallèle à la droite d'équation $x = 1$.

3° Déterminer une équation de la droite d_3 passant par A et parallèle à la droite d'équation $y = 5$.

Exercice n° 2 20 min (5 points) *(corrigé p. 280)*

On considère le cercle $\mathscr{C}$ de centre $\Omega(3 ; 0)$ et de rayon 2, la droite d d'équation : $x\sqrt{3} - y + 4 - 3\sqrt{3} = 0$ et le point $A(3 - \sqrt{3} ; 1)$.

1° Calculer les coordonnées et la norme du vecteur $\overrightarrow{A\Omega}$. Qu'en déduit-on pour le point A et le cercle $\mathscr{C}$?

2° Démontrer que A est le projeté orthogonal de Ω sur d.

3° Quelle est l'intersection de la droite d et du cercle $\mathscr{C}$? Que peut-on dire de la position de la droite d par rapport au cercle $\mathscr{C}$?

Exercice n° 3 30 min (12 points) *(corrigé p. 281)*

On considère les points $A(3 ; 4)$, $B(-2 ; 1)$, $C(5 ; -2)$.

1° Déterminer une équation de la droite (AB).

2° Déterminer une équation de la droite Δ perpendiculaire à la droite (AB) et passant par C.

3° Déterminer une équation du cercle $\mathscr{C}$ de diamètre $[AC]$.

4° Déterminer géométriquement l'ensemble $\mathscr{E}$ d'équation : $x^2 + y^2 + 6x - 5y + 15 = 0$.

5° Déterminer géométriquement l'ensemble $\mathscr{F}$ d'équation : $3x + 2y - 5 = 0$.

6° Quelle est la nature géométrique de l'ensemble $\mathscr{G}$ d'équation $x^2 + y + 4x + 7 = 0$?

CORRIGÉS

1 1° Les vecteurs $\vec{u}(1\ ;\ 2)$ et $\vec{v}(4\ ;\ -8)$ sont colinéaires.

Faux. Les coordonnées de ces deux vecteurs ne sont pas proportionnelles.

$1 \times (-8) - 2 \times 4 \neq 0.$

2° La droite d d'équation $y = 5$ est parallèle à la droite des ordonnées.

Faux. Tous les points de d ont la même ordonnée, donc d est parallèle à la droite des abscisses.

3° Si deux points distincts A et B ont la même abscisse, alors $\vec{i}$ est un vecteur directeur de la droite (AB).

Faux. La droite (AB) est parallèle à la droite des ordonnées et $\vec{j}$ est un vecteur directeur de (AB).

4° Le vecteur $\vec{u}$ de coordonnées $(3\ ;\ -1)$ est un vecteur directeur de la droite d'équation $3x - y - 5 = 0$.

Faux. Les vecteurs directeurs de cette droite sont ceux qui ont des coordonnées du type $(k\ ;\ 3k)$, où k est un réel non nul.

5° La droite d'équation $2x - 6y + 7 = 0$ a pour coefficient directeur 3.

Faux. Cette droite a pour coefficient directeur $\frac{1}{3}$.

$2x - 6y + 7 = 0 \Leftrightarrow 6y = 2x + 7 \Leftrightarrow y = \frac{1}{3}x + \frac{7}{6}$

6° Les droites d et d' d'équations respectives :

$x - 4y + 2 = 0$ et $2x - 8y - 15 = 0$

sont parallèles.

Vrai. Les droites d et d' ont toutes deux pour coefficient directeur $\frac{1}{4}$.

$x - 4y + 2 = 0 \Leftrightarrow y = \frac{1}{4}x + \frac{1}{2}$

$2x - 8y - 15 = 0 \Leftrightarrow y = \frac{1}{4}x - \frac{15}{8}$

7° Le point A de coordonnées $(3\ ;\ 2)$ appartient à la droite d d'équation :

$x - y + 1 = 0.$

Faux. Les coordonnées de A ne vérifient pas l'équation $x - y + 1 = 0$, donc A n'appartient pas à d.

$3 - 2 + 1 \neq 0.$

8° Si $A(1\ ;-2)$, $B(-2\ ;\ 6)$, alors : $AB^2 = 65$.

Faux. En effet :

$$\begin{aligned} AB^2 &= (-2-1)^2 + (6-(-2))^2 \\ &= (-3)^2 + 8^2 \\ &= 9 + 64 \\ &= 73. \end{aligned}$$

$AB^2 = (x_B - x_A)^2 + (y_B - y_A)^2$

9° Si $A(-2\ ;-1)$, $B(4\ ;-2)$ et $C(-1\ ;\ 3)$, alors : $\overrightarrow{AB} \cdot \overrightarrow{AC} = 9$.

Faux. En effet :

$\overrightarrow{AB}(6\ ;\ -1)$ et $\overrightarrow{AC}(1\ ;\ 4)$,

donc : $$\begin{aligned} \overrightarrow{AB} \cdot \overrightarrow{AC} &= 6 \times 1 + (-1) \times 4 \\ &= 6 - 4 \\ &= 2. \end{aligned}$$

$\vec{u} \cdot \vec{v} = xx' + yy'$

10° Les vecteurs $\vec{u}(5\ ;\ 2)$ et $\vec{v}(-4\ ;\ 10)$ sont orthogonaux.

Vrai. En effet :

$$\begin{aligned} \vec{u} \cdot \vec{v} &= 5 \times (-4) + 2 \times 10 \\ &= -20 + 20 \\ &= 0. \end{aligned}$$

Si $\vec{u} \cdot \vec{v} = 0$, alors $\vec{u}$ et $\vec{v}$ sont orthogonaux.

11° La droite d d'équation $x = 34$ est perpendiculaire à la droite des ordonnées.

Faux. La droite d est parallèle à la droite des ordonnées.

Tous les points de d ont la même abscisse.

12° Si deux points distincts A et B ont la même abscisse, alors $\vec{i}$ est un vecteur normal à la droite (AB).

Vrai. Si deux points distincts A et B ont la même abscisse, alors la droite (AB) est parallèle à la droite des ordonnées, $\vec{j}$

est un vecteur directeur de (AB) et $\vec{i}$ est un vecteur normal à (AB).

13° $\vec{n}\,(9\,;-11)$ est un vecteur normal à la droite d'équation $9x - 11y - 23 = 0$.

Vrai.

C'est un résultat du cours.

$\vec{n}(a, b)$ est un vecteur normal à la droite d'équation $ax + by + c = 0$.

14° Les droites d et d' d'équations respectives :

$$2x - 6y + 9 = 0,$$
$$3x + y + 5 = 0$$

sont perpendiculaires.

Vrai.

$\vec{n}(2\,;-6)$ est un vecteur normal à la droite d,

$\vec{n}'(3\,;1)$ est un vecteur normal à la droite d',

et :

$\vec{n}\cdot\vec{n}' = 2\times 3 + (-6)\times 1 = 6 - 6 = 0,$

donc $\vec{n}$ et $\vec{n}'$ sont orthogonaux, ce qui permet de conclure que d et d' sont perpendiculaires.

On pouvait aussi démontrer que $\vec{u}(6\,;2)$ et $\vec{u}'(-1\,;3)$, des vecteurs directeurs respectifs de d et d', sont orthogonaux.

$\vec{u}(-b, a)$ est un vecteur directeur de la droite d'équation $ax + by + = 0$.

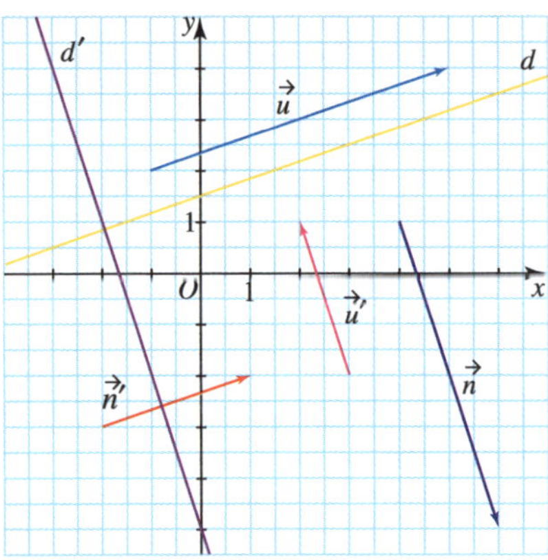

15° Les droites d et d' d'équations respectives :

$$3x - 4y + 1 = 0,$$
$$9x - 12y + 24 = 0$$

sont parallèles.

Vrai.

$\vec{n}(3\,;-4)$ est un vecteur normal à d,

$\vec{n}'(9\,;-12)$ est un vecteur normal à d',

et : $\vec{n}' = 3\vec{n}$,

donc $\vec{n}$ et $\vec{n}'$ sont colinéaires et les droites d et d' sont parallèles.

$\vec{n}$ est un vecteur normal à d et d'.

$\vec{n}'$ est un vecteur normal à d et d'.

Si deux droites admettent un même vecteur normal, alors elles sont parallèles.

On pouvait aussi démontrer que $\vec{u}(4\,;3)$ et $\vec{u}'(12\,;9)$, des vecteurs directeurs respectifs de d et d', sont colinéaires.

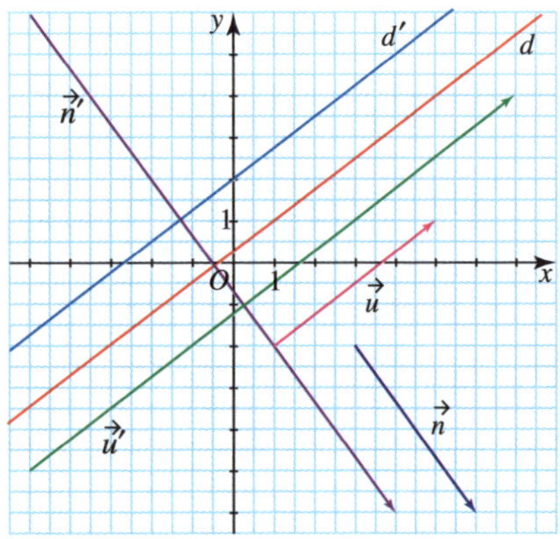

16° Le cercle $\mathscr{C}$ de centre $I\,(3\,;2)$ et de rayon 5 a pour équation :

$$(x+3)^2 + (y+2)^2 = 25.$$

Faux.

$(x+3)^2 + (y+2)^2 = 25$ est une équation d'un cercle ayant pour centre le point de coordonnées $(-3\,;-2)$.

Le cercle $\mathscr{C}$ a pour équation :

$$(x-3)^2 + (y-2)^2 = 25.$$

17° $x^2 + y^2 + 2x - 4y + 6 = 0$ est une équation de cercle.

Faux. Pour tous réels x et y :

$$\begin{aligned} x^2 + y^2 + 2x - 4y + 6 &= (x^2 + 2x) + (y^2 - 4y) + 6 \\ &= (x+1)^2 - 1 + (y-2)^2 - 4 + 6 \\ &= (x+1)^2 + (y-2)^2 + 1, \end{aligned}$$

donc :

$$x^2 + y^2 + 2x - 4y + 6 > 0.$$

Il n'existe donc aucun couple (x, y) tel que :

$$x^2 + y^2 + 2x - 4y + 6 = 0.$$

Toute équation de cercle peut s'écrire sous la forme $x^2 + y^2 + ax + by + c = 0$. En revanche, $x^2 + y^2 + ax + by + c = 0$ n'est pas nécessairement une équation de cercle.

18° L'ensemble d'équation :

$$y = x^2 - 4x + 5$$

est une parabole dont l'axe de symétrie est la droite d'équation $x = 2$.

Vrai. Pour tout réel x :

$$x^2 - 4x + 5 = (x - 2)^2 + 1.$$

Le sommet de la parabole a pour coordonnées (2 ; 1).

19° L'ensemble E d'équation :

$$x^2 - y + 5 = 0$$

est une droite.

Faux. E est la parabole d'équation : $y = x^2 + 5$.

20° L'ensemble E d'équation :

$$x^2 + y^2 + 5 = 0$$

est un cercle. **Faux.**

$E = \varnothing$, en effet, pour tous réels x et y :

$$x^2 + y^2 \geqslant 0,$$

donc : $$x^2 + y^2 + 5 \neq 0.$$

2 Des vecteurs sont colinéaires si, et seulement si, leur déterminant est nul.

1° On a :

$$\det(\vec{u}, \vec{v}) = 1 \times 6 - (-2) \times 3$$
$$= 6 + 6$$
$$\neq 0.$$

Donc **les vecteurs $\vec{u}$ et $\vec{v}$ ne sont pas colinéaires.**

2° On a :

$$\det(\vec{u}, \vec{v}) = (\sqrt{3} - 2) \times (\sqrt{3} + 2)$$
$$\frac{1}{5} \times (-5)$$
$$= 3 - 4 + 1$$
$$= 0$$

Donc **les vecteurs $\vec{u}$ et $\vec{v}$ sont colinéaires.**

3

```
from lycee import *
print("Test de la colinéarité de deux vecteurs.")
print("Entrer les coordonnées, séparées par une virgule.")
u = liste_demande("Coordonnées du premier vecteur :")
v = liste_demande("Coordonnées du deuxième vecteur :")
d = u[0]*v[1]-u[1]*v[0]
if d==0:
    print("Les vecteurs sont colinéaires.")
else:
    print("Les vecteurs ne sont pas colinéaires.")
```

4 **1°** soit m est un réel.

Dire que les vecteurs $\vec{u}$ $(m + 1 ; 3)$ et $\vec{v}$ $(1 ; m - 1)$ sont colinéaires signifie :

$$\det(\vec{u}, \vec{v}) = 0.$$

On a :

$$\det(\vec{u}, \vec{v}) = (m + 1)(m - 1) - 3 \times 1$$
$$= m^2 - 1 - 3$$
$$= m^2 - 4,$$

donc :

$$\det(\vec{u}, \vec{v}) = 0 \Leftrightarrow m^2 - 4 = 0$$
$$\Leftrightarrow m^2 = 4$$
$$\Leftrightarrow m = -2 \text{ ou } m = 2.$$

Finalement, **les valeurs de m telles que les vecteurs $\vec{u}(m + 1 ; 3)$ et $\vec{v}(1 ; m - 1)$ sont colinéaires sont –2 et 2.**

2° Si $m = -2$, alors :

$$\vec{u}(-1 ; 3) \text{ et } \vec{v}(1 ; -3),$$

donc :

$$\vec{v} = -\vec{u}.$$

• Si $m = 2$, alors :

$$\vec{u}(3 ; 3) \text{ et } \vec{v}(1 ; 1),$$

donc :

$$\vec{u} = 3\vec{v}.$$

5 $M(1 ; -2)$, $N(3 ; 3)$, $P\left(4 ; \dfrac{11}{2}\right)$.

On a : $\overrightarrow{MN}(2 ; 5)$ et $\overrightarrow{NP}\left(1 ; \dfrac{5}{2}\right)$,

abscisse de $\overrightarrow{MN}$:

$$x_N - x_M = 3 - 1 = 2,$$

ordonnée de $\overrightarrow{MN}$:

$$y_N - y_M = 3 - (-2) = 5,$$

CORRIGÉS

donc :

$$\overrightarrow{MN} = 2\overrightarrow{NP},$$

ce qui prouve que les vecteurs $\overrightarrow{MN}$ et $\overrightarrow{NP}$ sont colinéaires.

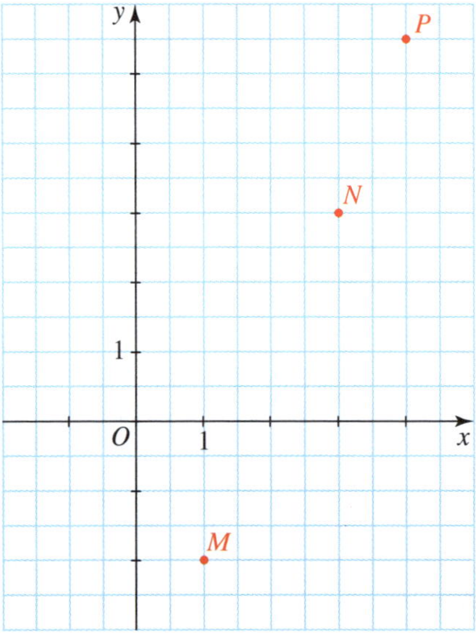

On aurait pu aussi choisir de démontrer (par exemple) que les vecteurs $\overrightarrow{PM}$ et $\overrightarrow{NP}$ sont colinéaires.

On peut alors conclure que **les points *M*, *N* et *P* sont alignés**.

6 $A(-1\ ;\ 4)$, $B\left(\frac{7}{3}\ ;\ 3\right)$, $C(-3\ ;\ 2)$, $D\left(\frac{11}{3}\ ;\ \frac{1}{4}\right)$.

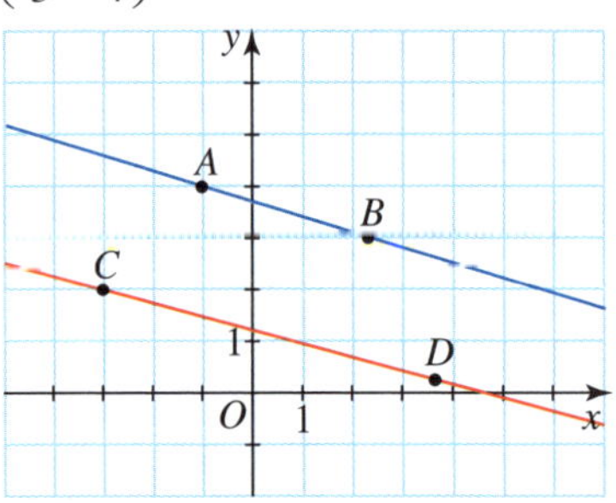

On a : $\overrightarrow{AB}\left(\frac{10}{3}\ ;\ -1\right)$, $\overrightarrow{CD}\left(\frac{20}{3}\ ;\ -\frac{7}{4}\right)$,

et :

$$\det(\overrightarrow{AB}, \overrightarrow{CD}) = \frac{10}{3} \times \frac{-7}{4} - (-1) \times \frac{20}{3},$$

donc :

$$\det(\overrightarrow{AB}, \overrightarrow{CD}) \neq 0,$$

$$\frac{10}{3} \times \frac{-7}{4} = -\frac{70}{12}$$

$$\frac{20}{3} \times (-1) = -\frac{20}{3} = -\frac{80}{12}$$

donc les vecteurs $\overrightarrow{AB}$ et $\overrightarrow{CD}$ ne sont pas colinéaires.

On peut alors affirmer que **les droites (*AB*) et (*CD*) ne sont pas parallèles.**

Ce qui n'est pas évident sur la figure !

7 $A(-6\ ;\ 8)$ et $B(3\ ;\ 7)$.

$\overrightarrow{AB}(9\ ;\ -1)$ est un vecteur directeur de la droite (*AB*).

Les vecteurs directeurs de (*AB*) sont les vecteurs non nuls colinéaires à $\overrightarrow{AB}$, c'est-à-dire **les vecteurs qui s'écrivent $k\overrightarrow{AB}$, avec *k* réel non nul.**

Ce sont les vecteurs de coordonnées $(9k\ ;\ -k)$, avec k réel non nul.

8 La droite d a pour coefficient directeur 4, donc $\vec{u}(1\ ;\ 4)$ est un vecteur directeur de d.

On en déduit que **les vecteurs directeurs de *d* sont les vecteurs non nuls colinéaires à $\vec{u}(1\ ;\ 4)$.**

Ce sont les vecteurs de coordonnées $(k\ ;\ 4k)$, avec k réel non nul.

9 **1°** d droite passant par $A\ (1\ ;\ 2)$, de vecteur directeur $\vec{u}(2\ ;\ -3)$.

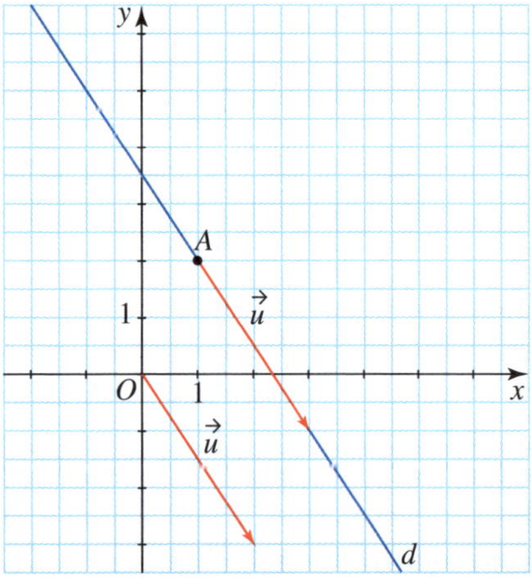

2° d droite passant par $B'(-4 ; 3)$, de vecteur directeur $\vec{v}(5 ; 2)$.

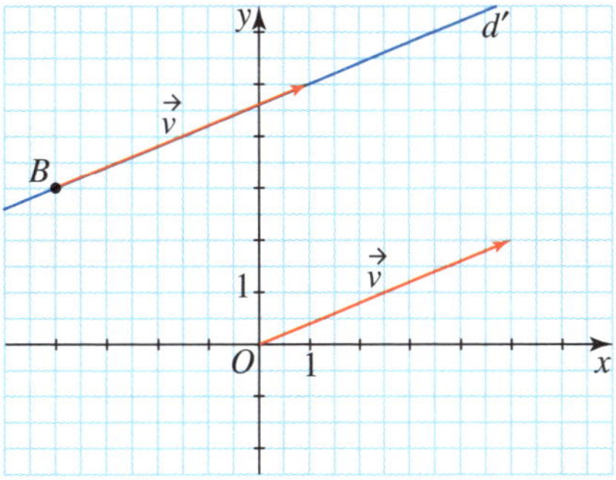

10 $A(-6 ; 8)$, $B(3 ; 7)$.

Tout vecteur non nul orthogonal au vecteur $\overrightarrow{AB}$ est un vecteur normal à la droite (AB).

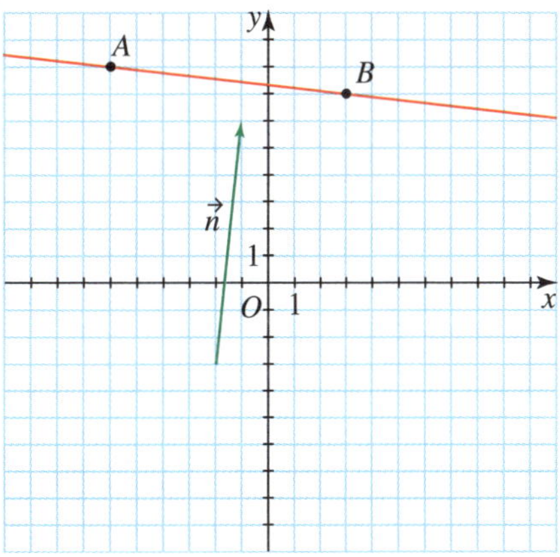

On a : $\overrightarrow{AB}\ (9 ; -1)$,
donc $\vec{n}(1 ; 9)$ est orthogonal à $\overrightarrow{AB}$.

$\overrightarrow{AB} \cdot \vec{n} = 9 \times 1 + (-1) \times 9 = 9 - 9 = 0.$

On en déduit que **$\vec{n}(1 ; 9)$ est un vecteur normal à la droite (AB).**

Si $\vec{n}$ est un vecteur normal à une droite, alors les vecteurs non nuls colinéaires à $\vec{n}$ sont les vecteurs normaux à cette droite.

Par conséquent, **les vecteurs normaux à la droite (AB) sont les vecteurs de coordonnées $(k ; 9k)$, où k décrit $\mathbb{R}^*$.**

11 d a pour coefficient directeur 4, donc $\vec{u}(1 ; 4)$ est un vecteur directeur de d. Par conséquent, le vecteur $\vec{n}(4 ; -1)$, qui est non nul et orthogonal à $\vec{u}$, est un vecteur normal à d.

$\vec{u} \cdot \vec{n} = 1 \times 4 + 4 \times (-1) = 4 - 4 = 0.$

On en déduit que **les vecteurs normaux à d sont les vecteurs de coordonnées $(4k ; -k)$, où k décrit $\mathbb{R}^*$.**

12 d passe par $A(1 ; 2)$, de vecteur normal $\vec{n}(2 ; -3)$.

d' passe par $B(-4 ; 3)$, de vecteur normal $\vec{n}'(5 ; 2)$.

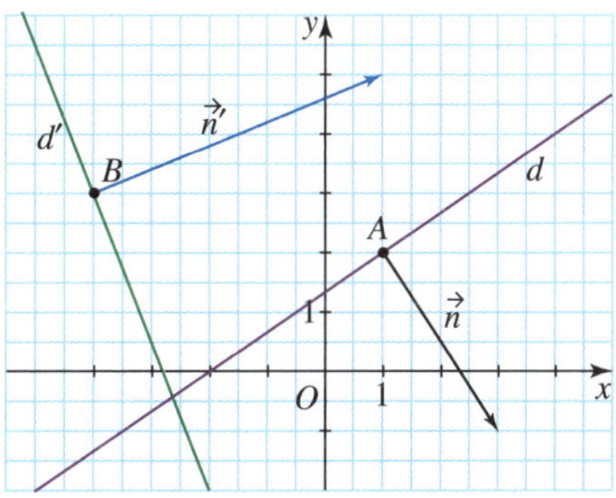

13 $\vec{n}_1(1 ; 0)$ est un vecteur normal à D_1.

$\vec{n}_1 = \vec{i}.$

$\vec{n}_2(2 ; -1)$ est un vecteur normal à D_2.
$\vec{n}_3(1 ; 3)$ est un vecteur normal à D_3.
$\vec{n}_4(0 ; 1)$ est un vecteur normal à D_4.

$\vec{n}_4 = \vec{j}.$

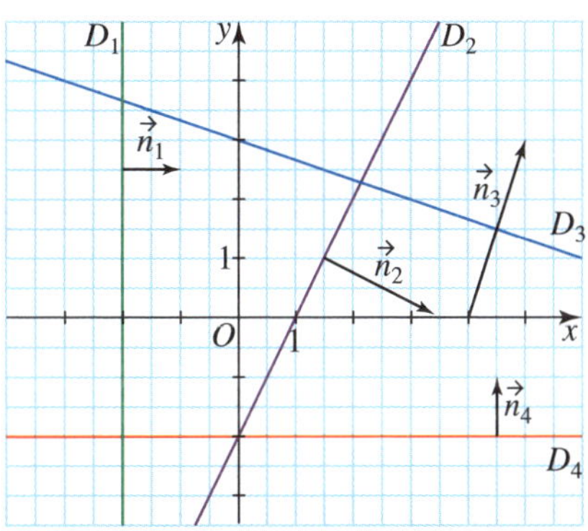

14 1°

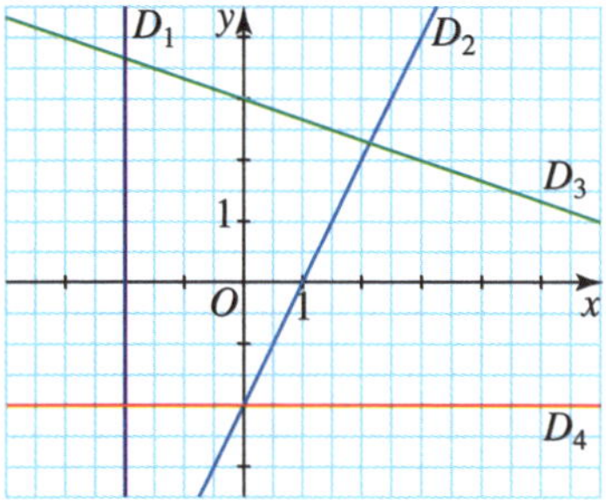

• D_1 **a pour équation** $x = -2$.

Tous les points de D_1 ont pour abscisse –2.

• D_2 **a pour équation** $y = 2x - 2$.

Le coefficient directeur de D_2 est 2 et l'ordonnée du point de D_2 qui a une abscisse nulle est – 2.

• D_3 **a pour équation** $y = -\frac{1}{3}x + 3$.

Le coefficient directeur de D_3 est $-\frac{1}{3}$ et l'ordonnée à l'origine de D_3 est 3.

• D_4 **a pour équation** $y = -2$.

Tous les points de D_4 ont une ordonnée égale à –2.

2° • $D_5 : y = 3x + 1$,

• $D_6 : y = -\frac{2}{5}x - 2$,

• D_7 passe par $A(-3 ; 3)$ et a pour coefficient directeur –2,

• D_8 passe par $A(-3 ; 3)$ et a pour coefficient directeur $\frac{1}{2}$.

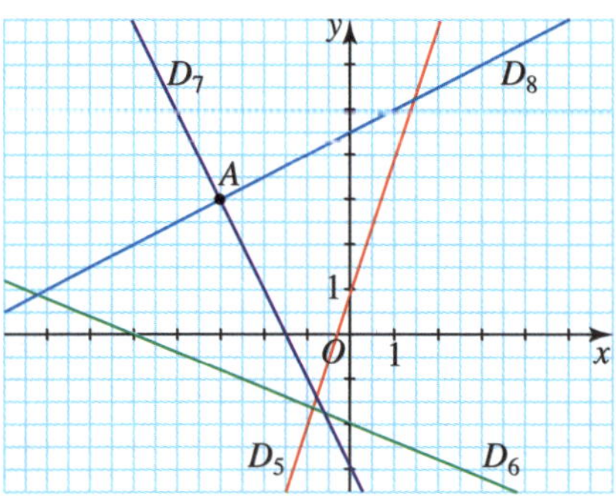

15 1° d passe par $A(3 ; 4)$,

$\vec{u}(2 ; -1)$ vecteur directeur de d.

Méthode 1

Dire qu'un point $M(x, y)$ appartient à la droite d signifie que les vecteurs $\vec{u}(2 ; -1)$ et $\overrightarrow{AM}(x - 3 ; y - 4)$ sont colinéaires, c'est-à-dire :

$$\det(\vec{u}, \overrightarrow{AM}) = 0.$$

Or :

$$\det(\vec{u}, \overrightarrow{AM}) = 2(y - 4) - (-1) \times (x - 3)$$
$$= 2y - 8 + x - 3$$
$$= x + 2y - 11,$$

donc **la droite d a pour équation :**

$$x + 2y - 11 = 0.$$

Méthode 2

$\vec{u}(2 ; -1)$ est un vecteur directeur de d, donc d a une équation du type

$$-x - 2y + c = 0, \text{ avec } c \text{ réel.}$$

> $\vec{u}(-b ; a)$ est un vecteur directeur de la droite d'équation $ax + by + c = 0$.

De plus, A est un point de d, donc ses coordonnées vérifient :

$$-x_A - 2y_A + c = 0,$$

donc : $-3 - 2 \times 4 + c = 0$,

d'où : $c = 11$.

Finalement, **d a pour équation :**

$$-x - 2y + 11 = 0.$$

Méthode 3

$\vec{u}(2 ; -1)$ est un vecteur directeur de d, donc le coefficient directeur de d est $\frac{-1}{2}$.

Par conséquent, d a une équation du type $y = \frac{-1}{2}x + q$, avec q réel.

De plus, A est un point de d, donc ses coordonnées vérifient :

$$y_A = -\frac{1}{2}x_A + q,$$

c'est-à-dire : $4 = -\frac{1}{2} \times 3 + q$,

donc : $q = \frac{8}{2} + \frac{3}{2} = \frac{11}{2}$.

Par conséquent, **d a pour équation (réduite) $y = \frac{-1}{2}x + \frac{11}{2}$.**

$x + 2y - 11 = 0$, $-x - 2y + 11 = 0$ et $y = \frac{-1}{2}x + \frac{11}{2}$ sont des équations de d.

2°

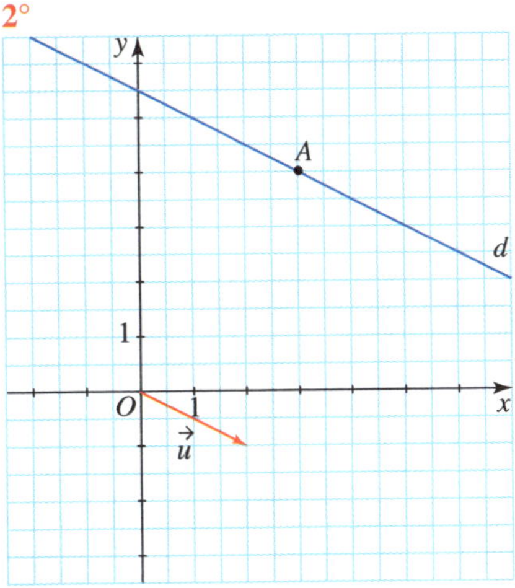

16 $A(-4\ ;-1)$ et $B(5\ ;7)$.

Méthode 1

Dire qu'un point $M(x, y)$ appartient à la droite (AB) signifie que les vecteurs $\overrightarrow{AB}(9\ ;\ 8)$ et $\overrightarrow{AM}(x+4\ ;\ y+1)$ sont colinéaires, c'est-à-dire :

$$9(y+1)-8\times(x+4)=0,$$

ou encore : $9y+9-8x-32=0$,

soit : $-8x+9y-23=0$.

On a prouvé que **la droite (AB) a pour équation :**

$$\mathbf{-8x+9y-23=0.}$$

Méthode 2

$\overrightarrow{AB}(9\ ;\ 8)$ est un vecteur directeur de la droite (AB), donc(AB) a une équation du type $8x-9y+c=0$, avec c réel.
De plus : $A\in(AB)$,
donc ses coordonnées vérifient :

$$8x_A-9y_A+c=0,$$

donc : $8\times(-4)-9\times(-1)+c=0$,
d'où : $c=23$.

Finalement, **la droite (AB) a pour équation $8x-9y+23=0$.**

Méthode 3

Le coefficient directeur p de la droite (AB) vérifie :

$$p=\frac{y_B-y_A}{x_B-x_A}=\frac{7-(-1)}{5-(-4)}=\frac{8}{9},$$

donc (AB) a une équation du type :

$$y=\frac{8}{9}x+q$$

avec q réel.
En outre, A est un point de (AB), donc ses coordonnées vérifient :

$$y_A=\frac{8}{9}x_A+q,$$

c'est-à-dire :

$$-1=\frac{8}{9}\times(-4)+q,$$

donc : $q=\dfrac{23}{9}$.

On en déduit que **la droite (AB) a pour équation (réduite) $y=\dfrac{8}{9}x+\dfrac{23}{9}$.**

17 $A(2\ ;-3)$, $B(0\ ;5)$ et $C(3\ ;1)$.

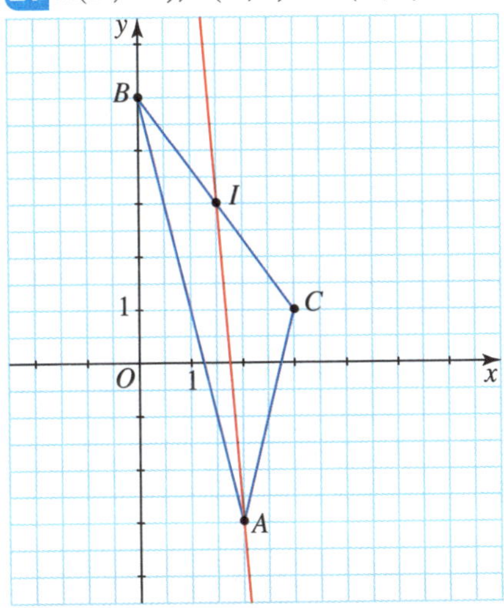

La médiane issue du sommet A du triangle ABC est la droite passant par A et le milieu de $[BC]$.

Notons I le milieu de $[BC]$.
La médiane issue du sommet A du triangle ABC est la droite (AI).

I a pour coordonnées $\left(\dfrac{3}{2}\ ;\ 3\right)$.

L'abscisse du milieu d'un segment est la moyenne des abscisses des extrémités de ce segment, l'ordonnée du milieu d'un segment est la moyenne des ordonnées des extrémités de ce segment.

CORRIGÉS

$$x_I = \frac{0+3}{2} = \frac{3}{2} \text{ et } y_I = \frac{5+1}{2} = 3.$$

Méthode 1

Dire qu'un point $M(x, y)$ appartient à la droite (AI) signifie que les vecteurs $\overrightarrow{AI}\left(-\frac{1}{2} ; 6\right)$ et $\overrightarrow{AM}(x-2 ; y+3)$ sont colinéaires, c'est-à-dire :

$$-\frac{1}{2}(y+3) - 6 \times (x-2) = 0,$$

ou encore :

$$(y+3) + 12 \times (x-2) = 0,$$

soit :

$$12x + y - 21 = 0.$$

On a prouvé que **la médiane issue du sommet A du triangle ABC a pour équation :**

$$\mathbf{12x + y - 21 = 0.}$$

Méthode 2

$\overrightarrow{AI}\left(-\frac{1}{2} ; 6\right)$ est un vecteur directeur de la droite (AI), donc -12 est le coefficient directeur de (AI).

On peut aussi calculer le coefficient directeur p de (AI) de la façon suivante :

$$p = \frac{y_I - y_A}{x_I - x_A} = \frac{3-(-3)}{\frac{3}{2}-2} = \frac{6}{-\frac{1}{2}} = -12.$$

(AI) a une équation du type :

$$y = -12x + q,$$

avec q réel.

De plus, le point A appartient à (AI), donc :

$$y_A = -12\, x_A + q,$$

c'est à dire :

$$-3 = -12 \times 2 + q,$$

d'où :

$$q = 21.$$

On peut conclure que **la médiane issue du sommet A du triangle ABC a pour équation :**

$$\mathbf{y = -12x + 21.}$$

18 1° $d : y = \frac{1}{2}x - 1.$

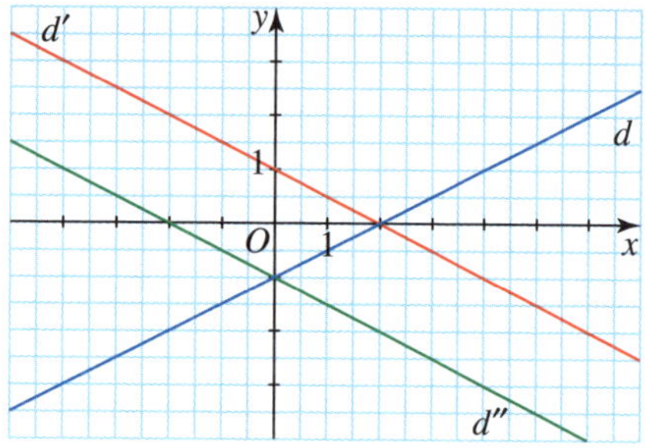

2° d' est la droite symétrique de d par rapport à la droite des abscisses.

d' a pour équation $y = -\frac{1}{2}x + 1$.

d et d' ont des ordonnées à l'origine opposées.

d et d' ont des coefficients directeurs opposés.

3° d'' est la droite symétrique de d par rapport à la droite des ordonnées.

d'' a pour équation $y = -\frac{1}{2}x - 1$.

d et d'' ont la même ordonnée à l'origine.

d et d'' ont des coefficients directeurs opposés.

d' et d'' ont le même coefficient directeur, elles sont parallèles.

19 1° $A(-3 ; 7)$, $B(2 ; 5)$, $d_1 = (AB)$.

Dire qu'un point $M(x, y)$ appartient à la droite d_1 signifie que les vecteurs $\overrightarrow{AB}(5 ; -2)$ et $\overrightarrow{AM}(x+3 ; y-7)$ sont colinéaires, c'est-à-dire :

$$\det(\overrightarrow{AB}, \overrightarrow{AM}) = 0.$$

Or :

$$\det(\overrightarrow{AB}, \overrightarrow{AM}) = 5(y-7) + 2(x+3)$$
$$= 2x + 5y - 29,$$

donc **la droite d_1 a pour équation :**

$$\mathbf{2x + 5y - 29 = 0.}$$

Autre méthode

Le coefficient directeur p de la droite (AB) vérifie :

$$p = \frac{y_B - y_A}{x_B - x_A} = \frac{5-7}{2-(-3)} = \frac{-2}{5},$$

donc (AB) a pour équation :

$$y = \frac{-2}{5}x + q, \text{ avec } q \text{ réel.}$$

En outre, A est un point de (AB), donc ses coordonnées vérifient :

$$y_A = \frac{-2}{5}x_A + q,$$

c'est-à-dire : $7 = \frac{-2}{5} \times (-3) + q,$

donc : $q = \frac{35}{5} - \frac{6}{5} = \frac{29}{5}.$

Finalement, la droite d_1 a pour équation $y = \frac{-2}{5}x + \frac{29}{5}.$

2° $C(3\ ;-5)$, $D(3\ ;\sqrt{2})$, $d_2 = (CD)$.

Les deux points C et D ont la même abscisse 3, donc la droite (CD) est parallèle à la droite des ordonnées et **la droite d_2 a pour équation :**

$$\mathbf{x = 3.}$$

3° $E(3\ ;-5)$.

La droite d_3 est parallèle à la droite des abscisses, donc elle admet une équation de la forme $y = k$, avec k réel.

De plus, d_3 passe par le point E qui a pour ordonnée -5, donc **d_3 a pour équation :**

$$\mathbf{y = -5.}$$

4° $F(2\ ;-4)$.

d_4 a pour coefficient directeur $-\frac{1}{4}$, donc elle admet une équation du type :

$$y = -\frac{1}{4}x + q,$$

où q est un réel.

De plus : $F \in d_4$,

donc :

$$-4 = -\frac{1}{4} \times 2 + q,$$

d'où :

$$q = -4 + \frac{2}{4} = -\frac{8}{2} + \frac{1}{2} = -\frac{7}{2}.$$

Finalement, **d_4 a pour équation :**

$$\mathbf{y = -\frac{1}{4}x - \frac{7}{2}.}$$

5° $G(-2\ ;3)$.

d_5 a pour ordonnée à l'origine -4, donc d_5 a une équation du type : $y = px - 4$, avec p réel.

De plus, d_5 passe par $G(-2\ ;3)$, donc :

$$3 = -2p - 4,$$

d'où : $p = -\frac{7}{2}.$

Par conséquent, **d_5 a pour équation :**

$$\mathbf{y = -\frac{7}{2}x - 4.}$$

6° $H(4\ ;-2)$.

d_6 est parallèle à la droite Δ d'équation $y = -2x - 36$, donc son équation réduite est de la forme : $y = -2x + q$, avec q réel.

De plus : $H \in d_6$,

donc : $-2 = -2 \times 4 + q,$

d'où : $q = 6.$

Finalement, **d_6 a pour équation :**

$$\mathbf{y = -2x + 6.}$$

20 Notons d la droite d'équation :

$$3x + 2y - 5 = 0.$$

L'algorithme suivant précise si un point donné appartient à cette droite ou non.

```
Saisir x, y
p ← 3x + 2y – 5
Si p = 0 alors
   afficher « point sur d »
sinon
   afficher « point pas sur d »
Fin Si
```

21 1° $d : y = -3x + 1$ et $d' : x = \frac{1}{2}.$

d et d' ne sont pas parallèles, elles sont donc sécantes.

d a pour coefficient directeur -3, alors que d' est parallèle à la droite des ordonnées.

Leur point I d'intersection a pour abscisse $\frac{1}{2}$.

De plus :

$$y_I = -3x_I + 1,$$

donc :

$$y_I = -3 \times \frac{1}{2} + 1 = \frac{-3}{2} + \frac{2}{2} = -\frac{1}{2}.$$

Finalement :

d et d' ont pour point d'intersection

$$\mathbf{I\left(\frac{1}{2}\ ;-\frac{1}{2}\right).}$$

CORRIGÉS

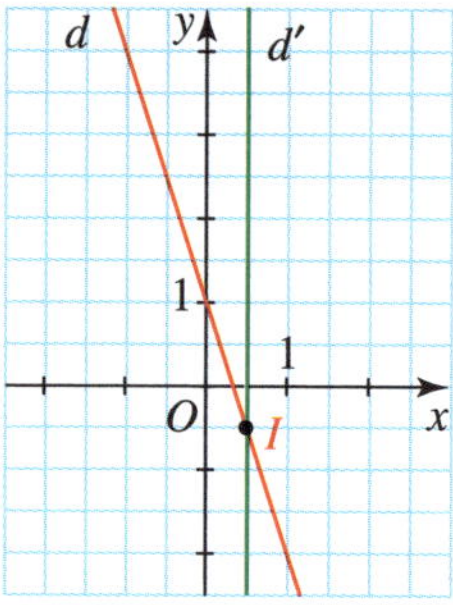

2° $d : y = \frac{1}{3}x - 2$ et $d' : y = -1$.

d et d' ne sont pas parallèles, elles sont donc sécantes.

d a pour coefficient directeur $\frac{1}{3}$, alors que d' est parallèle à la droite des abscisses.

Leur point I d'intersection a pour ordonnée -1.

De plus : $y_I = \frac{1}{3}x_I - 2$,

donc : $-1 = \frac{1}{3}x_I - 2$,

$\frac{1}{3}x_I = -1 + 2 = 1$,

$x_I = 3$.

Finalement :

***d* et *d′* ont pour point d'intersection *I*(3 ; – 1).**

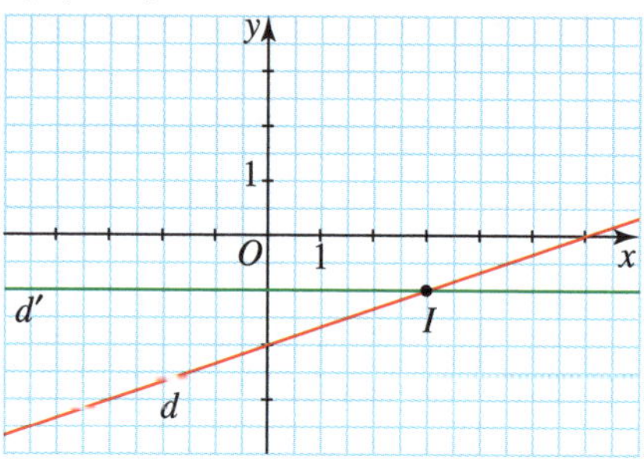

3° $d : y = 2x - 1$ et $d' : y = x + 1$.

d et d' ne sont pas parallèles, elles sont donc sécantes.

d a pour coefficient directeur 2 et d' a pour coefficient directeur 1.

Le couple de coordonnées du point I d'intersection de d et d' est solution du système : $\begin{cases} y = 2x - 1 \\ y = x + 1. \end{cases}$

De plus :

$$\begin{cases} y = 2x - 1 \\ y = x + 1 \end{cases} \Leftrightarrow \begin{cases} 2x - 1 = x + 1 \\ y = x + 1 \end{cases} \Leftrightarrow \begin{cases} x = 2 \\ y = x + 1 \end{cases} \Leftrightarrow \begin{cases} x = 2 \\ y = 3 \end{cases}.$$

On peut conclure que ***d* et *d′* ont pour point d'intersection *I* (2 ; 3).**

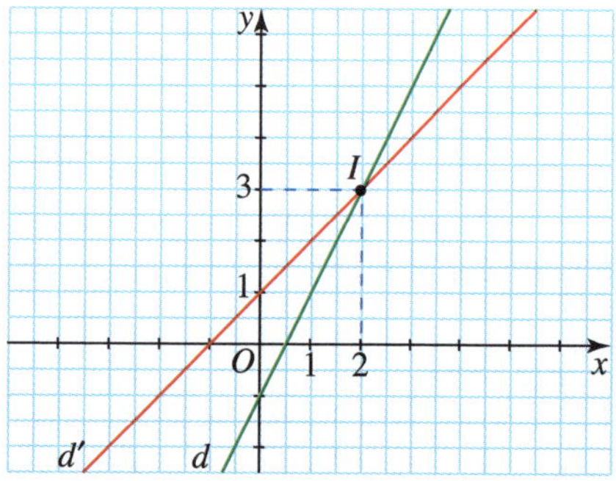

22 $\Delta : -5x + 3y - 2 = 0$,
$A(-1 ; -1)$, $B(4 ; -4)$.

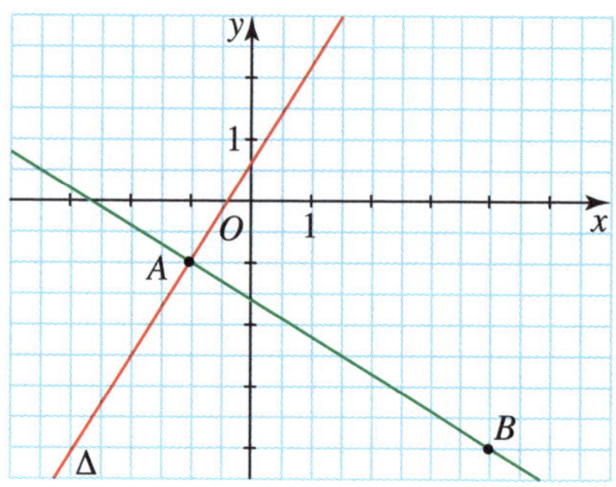

• $\vec{n}(-5 ; 3)$ est un vecteur normal à Δ, or $\overrightarrow{AB}$ a pour coordonnées $(5 ; -3)$,

donc : $\overrightarrow{AB} = -\vec{n}$,

$\overrightarrow{AB}$ et $\vec{n}$ sont colinéaires

et $\overrightarrow{AB}$ est aussi un vecteur normal à Δ. On en déduit que (AB) est perpendiculaire à Δ.

• De plus, les coordonnées de A vérifient l'équation de Δ,

$-5 \times (-1) + 3 \times (-1) - 2 = 5 - 3 - 2 = 0$,

donc A appartient à Δ.

Par conséquent, **A est le projeté orthogonal de B sur Δ.**

23 1° d passe par $A(4 ; 3)$, de vecteur normal $\vec{n}(2 ; -1)$.

Dire qu'un point $M(x, y)$ appartient à la droite d signifie que les vecteurs $\overrightarrow{AM}(x-4 ; y-3)$ et $\vec{n}(2 ; -1)$ sont orthogonaux, c'est-à-dire : $\overrightarrow{AM} \cdot \vec{n} = 0$.

Or :

$$\begin{aligned}\overrightarrow{AM} \cdot \vec{n} &= (x-4) \times 2 + (y-3) \times (-1)\\ &= 2x - 8 - y + 3\\ &= 2x - y - 5,\end{aligned}$$

donc **la droite d a pour équation :**

$$\mathbf{2x - y - 5 = 0.}$$

2°

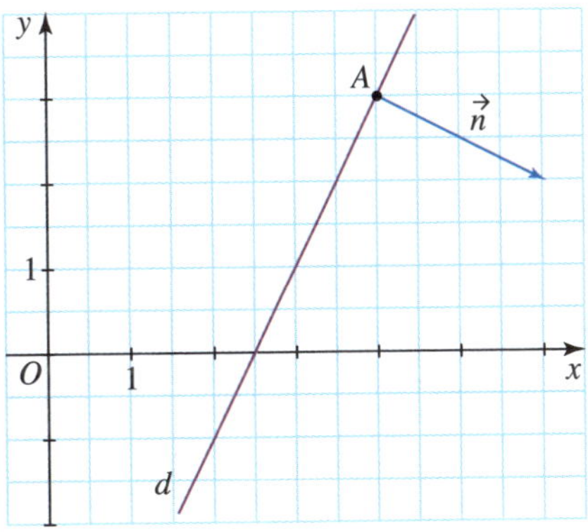

24 $A(-4 ; -1)$, $B(5 ; 7)$,
d perpendiculaire à (AB) en A.

Dire qu'un point $M(x, y)$ appartient à la droite d signifie que les vecteurs $\overrightarrow{AM}(x+4 ; y+1)$ et $\overrightarrow{AB}(9 ; 8)$ sont orthogonaux, c'est-à-dire : $\overrightarrow{AM} \cdot \overrightarrow{AB} = 0$.

Or :

$$\begin{aligned}\overrightarrow{AM} \cdot \overrightarrow{AB} &= (x+4) \times 9 + (y+1) \times 8\\ &= 9x + 36 + 8y + 8\\ &= 9x + 8y + 44,\end{aligned}$$

donc **la droite d a pour équation :**

$$\mathbf{9x + 8y + 44 = 0.}$$

25 $A(1 ; 4)$, $B(-5 ; -2)$ et $C(2 ; 0)$.

1° Δ est perpendiculaire à la droite (AB), donc $\overrightarrow{AB}(-6 ; -6)$ est un vecteur normal à Δ, et $\vec{n}(1 ; 1)$ est un autre vecteur normal à Δ.

$\overrightarrow{AB} = -6\vec{n}$

> Si $\vec{n}(a , b)$ est un vecteur normal à une droite, alors celle-ci admet une équation de la forme :
> $$ax + by + c = 0.$$

Δ a une équation de la forme :

$$x + y + c = 0.$$

De plus, Δ passe par $C(2 ; 0)$, donc le réel c vérifie :

$$2 + 0 + c = 0,$$

d'où : $c = -2$.

Par conséquent :

$x + y - 2 = 0$ est une équation de Δ.

2° La médiatrice d du segment $[AB]$ est parallèle à Δ, donc elle a les mêmes vecteurs normaux que Δ.

$d \perp (AB)$ et $\Delta \perp (AB)$, donc $d \,/\!/\, \Delta$.

Par conséquent, d a une équation de la forme :

$$x + y + c = 0.$$

De plus, le milieu $I(-2 ; 1)$ de $[AB]$ appartient à d, donc le réel c vérifie :

$$-2 + 1 + c = 0,$$

d'où : $c = 1$.

On peut conclure que **$x + y + 1 = 0$ est une équation de d.**

3° $\mathscr{D}$ est parallèle à (BC), donc $\overrightarrow{BC}(7 ; 2)$ est un vecteur directeur de $\mathscr{D}$.

> $\vec{u}(-b, a)$ est un vecteur directeur de toute droite d'équation de la forme :
> $$ax + by + c = 0.$$

On en déduit que $\mathscr{D}$ a une équation de la forme :

$$2x - 7y + c = 0.$$

De plus, $A(1 ; 4)$ est un point de $\mathscr{D}$, donc le réel c vérifie :

$$2 - 28 + c = 0,$$

d'où : $c = 26$.

Finalement :

$2x - 7y + 26 = 0$ est une équation de $\mathscr{D}$.

CORRIGÉS

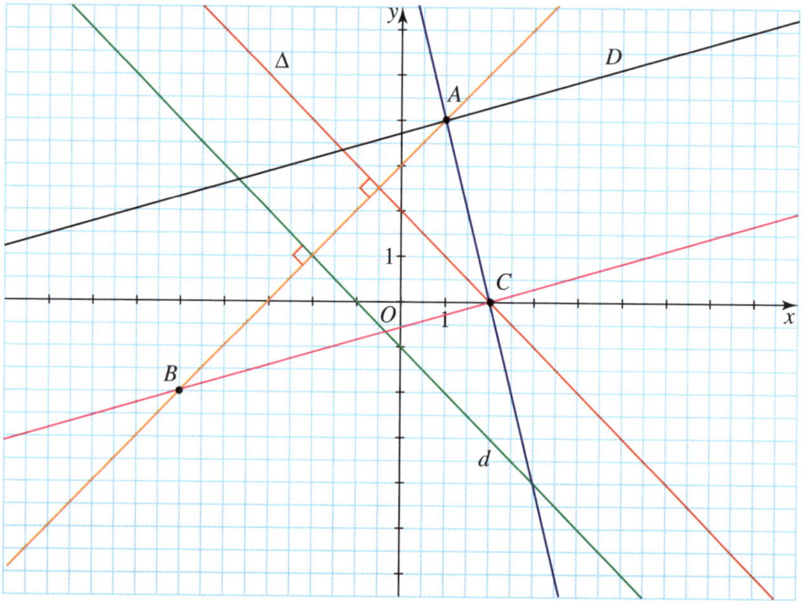

26 **Le cercle de centre $I(-8\ ;\ 17)$ et de rayon 3 a pour équation :**

$$(x+8)^2+(y-17)^2=3^2,$$

c'est-à-dire :

$$\mathbf{(x+8)^2+(y-17)^2=9.}$$

Le cercle de centre I et de rayon R admet pour équation :

$$(x-x_I)^2+(y-y_I)^2=R^2.$$

27 $(E) : x^2+y^2-6x+8y+16=0.$

Pour tous réels x et y :

$$x^2+y^2-6x+8y+16$$
$$=x^2-6x+(y^2+8y+16)$$
$$=(x-3)^2-9+(y+4)^2.$$

On en déduit l'équivalence :

$$(E) \Leftrightarrow (x-3)^2+(y+4)^2=9.$$

ce qui permet d'affirmer que (E) est une **équation du cercle de centre le point $I(3\ ;\ -4)$ et de rayon 3.**

Pour tout point $M(x, y)$:

$$(E) \Leftrightarrow IM^2=9$$
$$\Leftrightarrow IM=3.$$

28 $A(2\ ;\ 1)$, $B(-4\ ;\ -3)$, $C(4\ ;\ -2)$.

1° Soit M un point de coordonnées (x, y). Dire que M appartient au cercle Γ_1 de diamètre $[AB]$ signifie que les vecteurs $\overrightarrow{AM}$ et $\overrightarrow{BM}$ sont orthogonaux, c'est-à-dire que leur produit scalaire est nul.

On a :

$\overrightarrow{AM}(x-2\ ;\ y-1)$, $\overrightarrow{BM}(x+4\ ;\ y+3)$,

et :

$$\overrightarrow{AM}\cdot\overrightarrow{BM}=(x-2)(x+4)+(y-1)(y+3)$$
$$=x^2+2x-8+y^2+2y-3$$
$$=x^2+2x+y^2+2y-11.$$

On en déduit que **Γ_1 admet pour équation** :

$$\mathbf{x^2+2x+y^2+2y=11.}$$

Autre façon

Γ_1 est le cercle de centre le milieu Ω_1 de $[AB]$ et de rayon $\frac{AB}{2}$.

Ω_1 a pour coordonnées $(-1\ ;\ -1)$ et :

$$AB^2=(-4-2)^2+(-3-1)^2=52,$$
$$AB=\sqrt{52}=\sqrt{4\times 13}=2\sqrt{13}.$$

On en déduit que Γ_1 admet pour équation :

$$(x+1)^2+(y+1)^2=13,$$

ou encore :

$$x^2+2x+y^2+2y=11.$$

2° Après avoir fait une figure, on est amené à conjecturer que le triangle ABC est rectangle en A.

On a : $\overrightarrow{AC}(2\ ;-3)$ et $\overrightarrow{AB}(-6\ ;-4)$,

donc :

$\overrightarrow{AC}\cdot\overrightarrow{AB} = 2\times(-6)+(-3)\times(-4)=0$,

donc les vecteurs $\overrightarrow{AC}$ et $\overrightarrow{AB}$ sont orthogonaux, ce qui prouve que le triangle ABC est rectangle en A ; le cercle Γ_2 circonscrit à ABC a donc pour diamètre $[BC]$. En appliquant la même méthode qu'au 1°, on obtient que **Γ_2 a pour équation :**

$$\mathbf{x^2+y^2+5y=10.}$$

3° Les points O, B, C n'étant pas alignés, il existe bien un cercle passant par ces trois points. Le triangle OBC n'est pas rectangle, on ne peut donc pas appliquer la méthode utilisée au 2°. Pour déterminer une équation du cercle Γ_3 circonscrit à OBC, on va calculer les coordonnées du centre Ω_3 de ce cercle, sachant que Ω_3 est le point de concours des médiatrices du triangle OBC. Pour cela, on peut commencer par déterminer une équation de deux de ces médiatrices.

La médiatrice de $[OB]$ est la droite d_1 passant par le milieu I de $[OB]$ et perpendiculaire à (OB).

De plus : $I\left(-2\ ;-\dfrac{3}{2}\right)$.

Dire qu'un point $M(x, y)$ appartient à d_1 signifie que les vecteurs $\overrightarrow{IM}$ et $\overrightarrow{OB}$ sont orthogonaux, c'est-à-dire que leur produit scalaire est nul. Or :

$$\overrightarrow{IM}\cdot\overrightarrow{OB} = (x+2)\times(-4)+\left(y+\frac{3}{2}\right)\times(-3)$$
$$= -4x-3y-\frac{25}{2},$$

donc d_1 a pour équation :

$$y=-\frac{4}{3}x-\frac{25}{6}.$$

$$M\in d_1 \Leftrightarrow -4x-3y-\frac{25}{2}=0$$
$$\Leftrightarrow 3y=-4x-\frac{25}{2}$$
$$\Leftrightarrow y=-\frac{4}{3}x-\frac{25}{6}$$

De manière analogue, on trouve que la médiatrice d_2 de $[OC]$ a pour équation :

$$y=2x-5.$$

Le couple de coordonnées de Ω_3 est la seule solution du système d'inconnue (x, y) :

$$\begin{cases} y=-\dfrac{4}{3}x-\dfrac{25}{6} \\ y=2x-5. \end{cases}$$

Après résolution, on trouve :

$$\Omega_3\left(\frac{1}{4}\ ;-\frac{9}{2}\right).$$

Le rayon de Γ_3 est la distance Ω_3C ;

on a : $\overrightarrow{\Omega_3C}\left(\dfrac{15}{4}\ ;\dfrac{5}{2}\right)$,

donc : $\Omega_3C^2=\left(\dfrac{15}{4}\right)^2+\left(\dfrac{5}{2}\right)^2=\dfrac{325}{16}$.

Dire qu'un point $M(x, y)$ appartient à Γ_3 signifie :

$$\Omega_3M=\Omega_3C,$$

ou encore :

$$\Omega_3M^2=\frac{325}{16}.$$

Finalement, **Γ_3 a pour équation :**

$$\left(\mathbf{x-\frac{1}{4}}\right)^2+\left(\mathbf{y+\frac{9}{2}}\right)^2=\mathbf{\frac{325}{16}}.$$

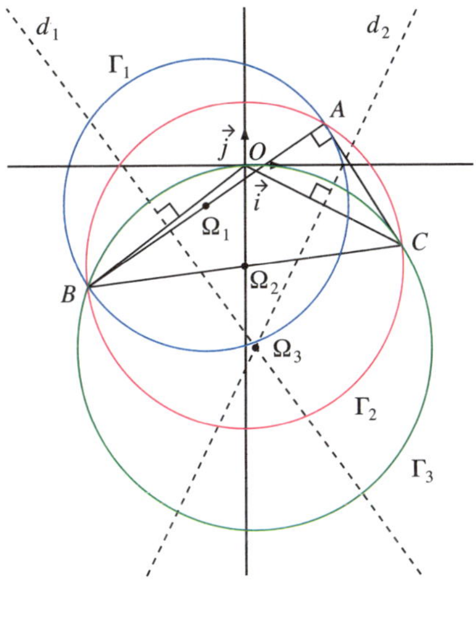

CONTRÔLE CONTINU

Exercice n° 1

$A(-3 ; -1)$

1° d_1 est parallèle à la droite d d'équation $y = 2x - 3$, donc d_1 a une équation du type :

$$y = 2x + q.$$

De plus, d_1 passe par le point $A(-3 ; -1)$,

donc : $-1 = 2 \times (-3) + q$,

d'où : $q = -1 + 6 = 5$.

En conclusion,

d_1 a pour équation $y = 2x + 5$.

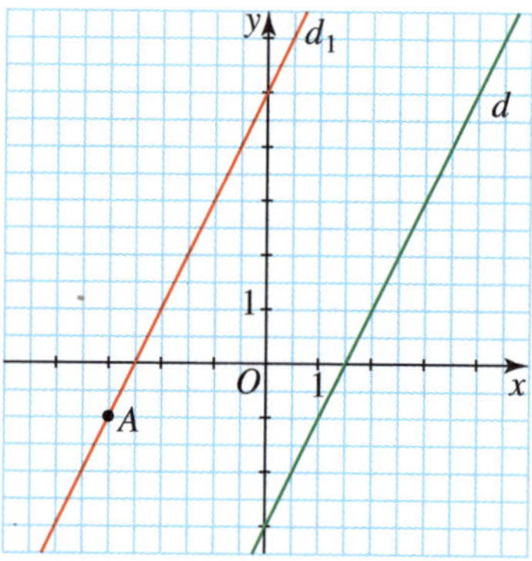

2° La droite d_2 est parallèle à la droite d'équation $x = 1$, donc d_2 est parallèle à la droite des ordonnées.

De plus, d_2 passe par le point A d'abcisse -3 donc **d_2 a pour équation $x = -3$.**

Tous les points de d_2 ont la même abscisse que A.

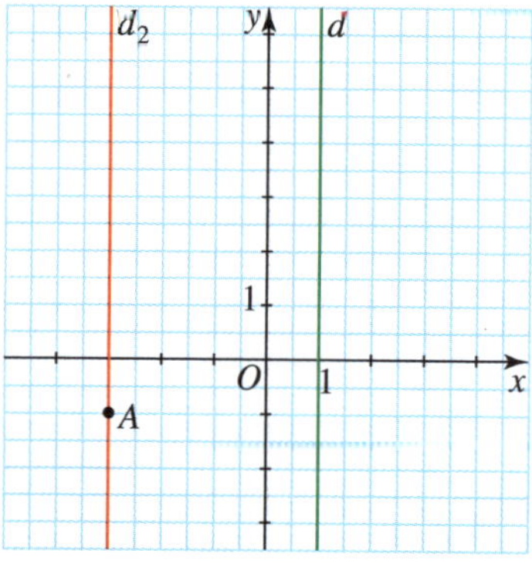

3° La droite d_3 est parallèle à la droite d'équation $y = 5$, donc parallèle à la droite des abscisses,

d_3 a une équation de la forme $y = k$, avec k réel.

De plus, d_3 passe par le point A qui a pour ordonnée -1, donc **d_3 a pour équation :**

$$\mathbf{y = -1.}$$

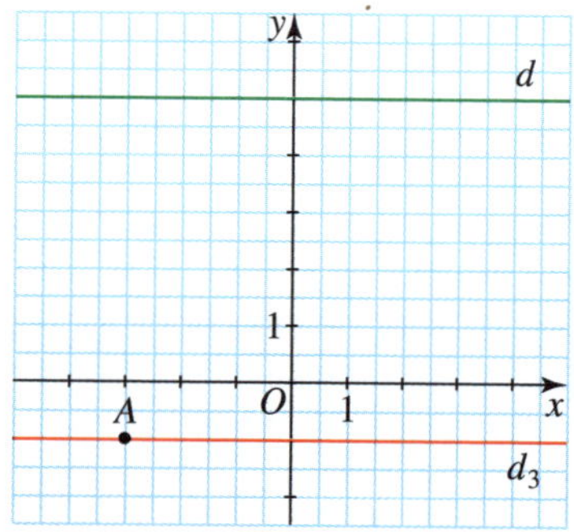

Exercice n° 2

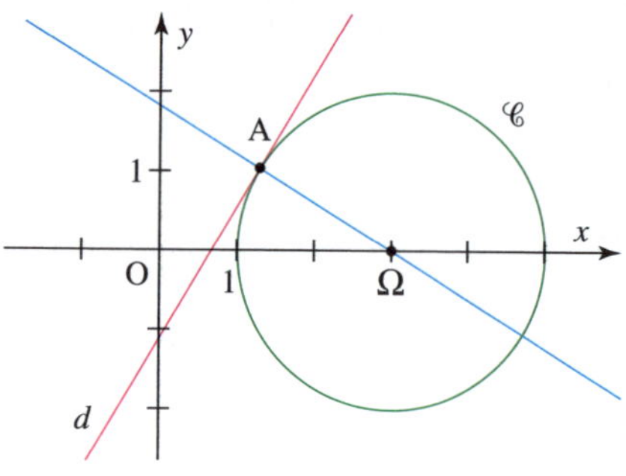

1° • $A(3 - \sqrt{3} ; 1)$, $\Omega(3 ; 0)$ et on a :

$3 - (3 - \sqrt{3}) = \sqrt{3}$ et $0 - 1 = -1$,

donc **le vecteur $\overrightarrow{A\Omega}$ a pour coordonnées $\left(\sqrt{3} ; -1\right)$.**

• $\|\overrightarrow{A\Omega}\| = \sqrt{(\sqrt{3})^2 + (-1)^2} = \sqrt{4} = 2$,

donc **la norme du vecteur $\overrightarrow{A\Omega}$ est égale à 2.**

• Le résultat précédent peut s'écrire : $A\Omega = 2$, or le cercle $\mathscr{C}$ a pour centre Ω et pour rayon 2, donc **le point A appartient au cercle $\mathscr{C}$.**

Dire qu'un point appartient à un cercle signifie que la distance du point au centre du cercle est égale au rayon du cercle.

2° • d a pour équation :

$$x\sqrt{3} - y + 4 - 3\sqrt{3} = 0,$$

donc le vecteur de coordonnées $(\sqrt{3}\ ;\ -1)$ est normal à d, c'est-à-dire que $\overrightarrow{A\Omega}$ est normal à d, ou encore que la droite $(A\Omega)$ est perpendiculaire à d.

Le vecteur de coordonnées (a, b) est un vecteur normal à la droite d'équation $ax + by + c = 0$.

On a :

$$A(3 - \sqrt{3}\ ;\ 1),$$

$$d : x\sqrt{3} - y + 4 - 3\sqrt{3} = 0,$$

et :

$$(3 - \sqrt{3}) \times \sqrt{3} - 1 + 4 - 3\sqrt{3}$$

$$= 3\sqrt{3} - 3 + 3 - 3\sqrt{3}$$

$$= 0,$$

donc les coordonnées de A vérifient l'équation de d, autrement dit A appartient à d.

Ainsi, la droite $(A\Omega)$ coupe perpendiculairement la droite d en A, donc **A est le projeté orthogonal de Ω sur d.**

3° Le cercle $\mathscr{C}$ a pour centre Ω et la droite d est perpendiculaire en A au rayon $[\Omega A]$ du cercle $\mathscr{C}$, **donc d est la tangente à $\mathscr{C}$ en A.**

On en déduit que A est le seul point commun à d et $\mathscr{C}$, autrement dit :

$$\boldsymbol{d \cap \mathscr{C} = \{ A \}}.$$

Exercice n° 3

$A(3\ ;\ 4)$, $B(-2\ ;\ 1)$, $C(5\ ;\ -2)$

1° Le vecteur $\overrightarrow{AB}(-5\ ;\ -3)$ est un vecteur directeur de la droite (AB).

Une équation de la droite (AB) est donc du type :

$$-3x + 5y + c = 0.$$

Le point $A(3\ ;\ 4)$ appartient à la droite (AB), donc ses coordonnées vérifient l'équation de (AB) :

$$-3 \times 3 + 5 \times 4 + c = 0,$$

donc : $c = -11$.

Par conséquent, **$-3x + 5y - 11 = 0$ est une équation de la droite (AB).**

2° Le vecteur $\overrightarrow{AB}(-5\ ;\ -3)$ est un vecteur normal à la droite Δ.

Une équation de la droite Δ est donc du type :

$$-5x - 3y + c = 0.$$

De plus, le point $C(5\ ;\ -2)$ appartient à la droite Δ, donc ses coordonnées vérifient l'équation de Δ :

$$-5 \times 5 - 3 \times (-2) + c = 0,$$

donc : $c = 19$.

Finalement, **la droite Δ admet pour équation : $-5x - 3y + 19 = 0$.**

3° $\mathscr{C}$: cercle de diamètre $[AC]$.

$\mathscr{C}$ a pour centre le milieu K de $[AC]$ et pour rayon $\dfrac{AC}{2}$.

On a : $x_K = \dfrac{3 + 5}{2} = 4$

et : $y_K = \dfrac{4 + (-2)}{2} = 1$.

De plus :

$$AC^2 = (5 - 3)^2 + (-2 - 4)^2$$

$$= 4 + 36$$

$$= 40,$$

d'où : $AC = \sqrt{40} = 2\sqrt{10}$.

Le rayon du cercle $\mathscr{C}$ est donc $\sqrt{10}$.

On peut alors conclure que **le cercle $\mathscr{C}$ de diamètre $[AC]$ admet pour équation :**

$$\boldsymbol{(x - 4)^2 + (y - 1)^2 = 10.}$$

4° $\mathscr{E} : x^2 + y^2 + 6x - 5y + 15 = 0$.

L'équation proposée équivaut à :

$$(x + 3)^2 - 9 + \left(y - \frac{5}{2}\right)^2 - \frac{25}{4} + 15 = 0,$$

c'est-à-dire à :

$$(x + 3)^2 + \left(y - \frac{5}{2}\right)^2 = \frac{1}{4}.$$

On en déduit que **$\mathscr{E}$ est le cercle de centre $\Omega\left(-3\ ;\ \dfrac{5}{2}\right)$ et de rayon $\dfrac{1}{2}$.**

CORRIGÉS

5° $\mathcal{F} : 3x + 2y - 5 = 0$

L'ensemble $\mathcal{F}$ est la droite passant par le point $D(1\ ;\ 1)$ et de vecteur normal $\vec{n}(3\ ;\ 2)$.

Les points de coordonnées $\left(0\,;\frac{5}{2}\right)$ et $\left(\frac{5}{3}\,;0\right)$ appartiennent aussi à $\mathcal{F}$.

$\vec{u}(-2\,;3)$ est un vecteur directeur de $\mathcal{F}$.

6° $\mathcal{G} : x^2 + y + 4x + 7 = 0.$

On a :

$$\begin{aligned} x^2 + y + 4x + 7 = 0 &\Leftrightarrow y = -x^2 - 4x - 7 \\ &\Leftrightarrow y = -(x^2 + 4x) - 7 \\ &\Leftrightarrow y = -[(x+2)^2 - 4] - 7 \\ &\Leftrightarrow y = -(x+2)^2 - 3, \end{aligned}$$

donc **l'ensemble $\mathcal{G}$ est une parabole.**

La parabole $\mathcal{G}$ est tournée vers le bas, admet pour sommet le point $S(-2\ ;\ -3)$ et pour axe de symétrie la droite d'équation $x = -2$.

Chapitre 12

Géométrie et problèmes

EXERCICES

Théorème de la médiane

1 ★★ 15 min (corrigé p. 289)

Soient A et B des points.

1° **Théorème de la médiane**

Soit I le milieu du segment $[AB]$.

Démontrer que, pour tout point M :

$$MA^2 + MB^2 = 2MI^2 + \frac{1}{2}AB^2.$$

2° Quel est le minimum de $MA^2 + MB^2$ lorsque M décrit le plan ?

2 ★★ 15 min (corrigé p. 289)

$ABCD$ est un quadrilatère. On note I et J les milieux respectifs des segments $[AC]$ et $[BD]$.

1° Démontrer l'égalité :

$$AB^2 + BC^2 + CD^2 + DA^2 = AC^2 + BD^2 + 4IJ^2.$$

On pourra appliquer plusieurs fois le théorème de la médiane (voir l'exercice **1**).

2° En déduire que le quadrilatère $ABCD$ est un parallélogramme si, et seulement si :

$$AB^2 + BC^2 + CD^2 + DA^2 = AC^2 + BD^2.$$

Calculs d'angles et de distances

3 ★★ 15 min (corrigé p. 290)

Dans la figure ci-contre, $ABCD$ est un carré de côté a, M est le milieu de $[AD]$ et E est le symétrique de A par rapport à B.

Le but de l'exercice est de calculer une valeur approchée de l'angle α.

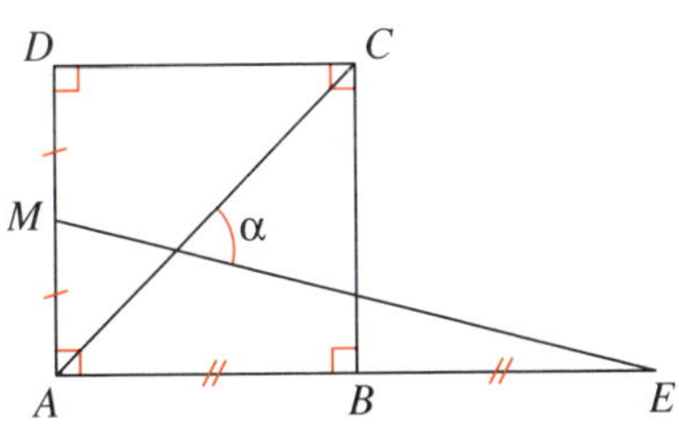

EXERCICES

1° Exprimer chacun des vecteurs $\overrightarrow{ME}$ et $\overrightarrow{AC}$ en fonction de $\overrightarrow{AB}$ et $\overrightarrow{AD}$, puis prouver l'égalité :

$$\overrightarrow{ME} \cdot \overrightarrow{AC} = \frac{3}{2}a^2.$$

2° Calculer AC et ME en fonction de a.

3° En déduire une valeur approchée de α au degré près.

Études de configurations

4 ★★ 15 min

(corrigé p. 291)

$ABCD$ est un carré, I est le milieu du côté $[AB]$ et J celui du côté $[BC]$.

Démontrer que les droites (DI) et (AJ) sont perpendiculaires.

5 ★★ 15 min

(corrigé p. 291)

OAB est un triangle isocèle et rectangle en O.
C et D sont des points, appartenant respectivement aux segments $[OA]$ et $[OB]$, tels que : $OC = OD$.

Démontrer que la médiane issue de O dans le triangle OBC est la hauteur issue de O dans le triangle OAD.

6 ★★ 15 min

(corrigé p. 292)

Soient ABC un triangle de centre de gravité G, et A' le milieu de $[BC]$.
On pourra utiliser les égalités vectorielles :

$$\overrightarrow{AG} = \frac{2}{3}\overrightarrow{AA'}, \quad \overrightarrow{GA} + \overrightarrow{GB} + \overrightarrow{GC} = \vec{0}.$$

1° Démontrer, à l'aide du théorème de la médiane :

$$AA'^2 = \frac{9}{4}(GB^2 + GC^2 + 2\overrightarrow{GB} \cdot \overrightarrow{GC}).$$

2° On suppose que les médianes issues de B et C sont perpendiculaires.
Démontrer :

$$AB^2 + AC^2 = 5BC^2.$$

7 ★★ 15 min

(corrigé p. 292)

Dans la figure ci-contre, ABC est un triangle, $ABDE$ et $ACFG$ sont des carrés, I est le milieu de $[BC]$.

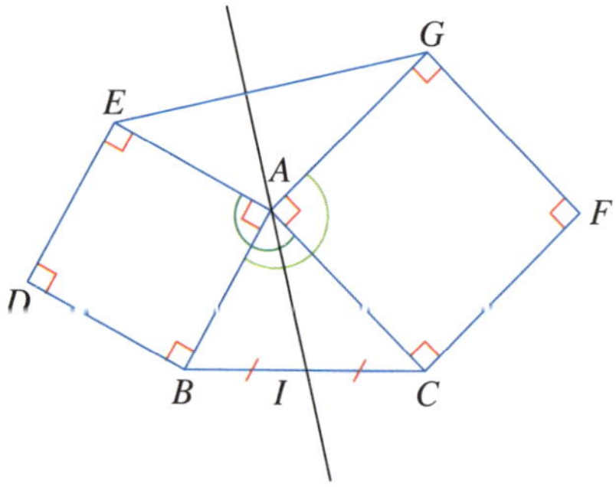

1° Comparer les angles $\widehat{BAG}$ et $\widehat{CAE}$, puis les produits scalaires $\overrightarrow{AB} \cdot \overrightarrow{AG}$ et $\overrightarrow{AC} \cdot \overrightarrow{AE}$.

2° Exprimer le vecteur $\overrightarrow{AB} + \overrightarrow{AC}$ en fonction de $\overrightarrow{AI}$.

3° Démontrer que la médiane (AI) du triangle ABC est une hauteur du triangle AEG.

8 ★★ 15 min (corrigé p. 293)

ABCD est un quadrilatère.

1° Démontrer l'égalité : $AB^2 + CD^2 = AD^2 + BC^2 + 2\overrightarrow{AC} \cdot \overrightarrow{DB}$.

2° En déduire que les diagonales du quadrilatère *ABCD* sont perpendiculaires si, et seulement si :

$$AB^2 + CD^2 = AD^2 + BC^2.$$

Une construction

9 ★★★ 30 min (corrigé p. 294)

ABC est un triangle (non aplati).

1° Démontrer que, pour tout point *M*, on a :

$$\overrightarrow{MA} \cdot \overrightarrow{BC} + \overrightarrow{MB} \cdot \overrightarrow{CA} + \overrightarrow{MC} \cdot \overrightarrow{AB} = 0.$$

2° Déduire de l'égalité établie au 1° que les trois hauteurs du triangle *ABC* sont concourantes.

3° *Application*

Deux droites *d* et *d′* tracées sur une feuille de papier se coupent en un point Ω situé en dehors de cette feuille.

A est un point de la feuille, n'appartenant ni à *d*, ni à *d′*.

Tracer la droite (Ω*A*), sans que les constructions nécessaires « sortent » de la feuille.

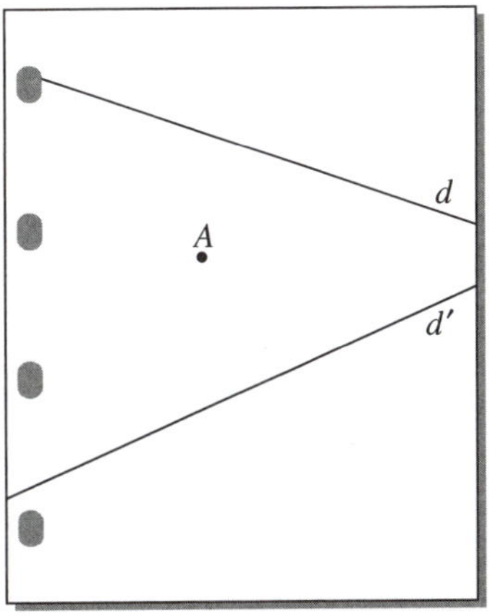

Lignes de niveaux

10 ★★ 15 min (corrigé p. 294)

ABCD est un carré ; on note *I* le milieu de [*AB*].

On considère l'ensemble $\mathscr{E}$ des points *M* tels que :

$$MA^2 + MB^2 = 3AB^2.$$

1° Démontrer que *C* et *D* appartiennent à $\mathscr{E}$.

2° Déterminer et construire l'ensemble $\mathscr{E}$.

On utilisera le théorème de la médiane démontré dans l'exercice **1**.

11 ★★ 20 min (corrigé p. 295)

Soient *A* et *B* deux points distincts et *k* un nombre réel.

1° Déterminer l'ensemble $\mathscr{E}$ des points *M* tels que :

$$\overrightarrow{AM} \cdot \overrightarrow{AB} = k.$$

On pourra rapporter le plan à un repère orthonormal adapté.

2° Représenter graphiquement l'ensemble $\mathscr{E}$ lorsque $k = -\frac{1}{4}AB^2$.

EXERCICES

12 ★★ 15 min (corrigé p. 295)

Soient A et B deux points distincts.

1° Démontrer qu'il existe un seul point G tel que :

$$2\overrightarrow{GA} - 5\overrightarrow{GB} = \vec{0}.$$

2° En déduire l'ensemble $\mathscr{E}$ des points M tels que :

$$(2\overrightarrow{MA} - 5\overrightarrow{MB}) \cdot \overrightarrow{AB} = 0.$$

Géométrie analytique

13 ★★ 15 min (corrigé p. 296)

On considère le cercle $\mathscr{C}$ d'équation $x^2 + y^2 + 2x - y = 5$, et le cercle Γ de centre le point F, de coordonnées $(4 ; 3)$, et de rayon 5.

1° **a.** On note I le centre du cercle $\mathscr{C}$.
Déterminer les coordonnées du point I et le rayon du cercle $\mathscr{C}$.
b. Donner une équation du cercle $\mathscr{C}$.
c. Tracer $\mathscr{C}$ et Γ sur une même figure.

2° Soit A le point de coordonnées $(1 ; -1)$.
a. Démontrer que A appartient à chacun des deux cercles $\mathscr{C}$ et Γ.
b. Démontrer que les droites (AI) et (AF) sont perpendiculaires.
c. En déduire que la tangente $\mathscr{T}$ au cercle $\mathscr{C}$ en A et la tangente $\mathscr{T}'$ au cercle Γ en A sont perpendiculaires.

3° **a.** Démontrer que les cercles $\mathscr{C}$ et Γ ont exactement deux points d'intersection, le point A et un autre point que l'on appellera B et dont on calculera les coordonnées.
b. Justifier d'une phrase que les tangentes en B à chacun des deux cercles $\mathscr{C}$ et Γ sont perpendiculaires.

14 ★★ 30 min (corrigé p. 298)

Soit $\mathscr{C}$ la partie du plan d'équation :

$$x^2 + y^2 - 4x + 2y = 4.$$

1° Démontrer que $\mathscr{C}$ est un cercle dont on précisera le centre Ω et le rayon.

2° Soit t un réel et M le point de coordonnées $(2 + 3\cos(t), -1 + 3\sin(t))$.
Démontrer que M appartient au cercle $\mathscr{C}$.

3° Compléter le programme Python ci-après de façon qu'il provoque la sortie graphique ci-contre, où figurent :
- le cercle $\mathscr{C}$,
- le cercle de centre le point de coordonnées $(1 ; 2)$ et de rayon 2,
- la partie du cercle de centre le point de coordonnées $(4 ; -3)$ et de rayon 1 dont les points ont une ordonnée supérieure à -3.

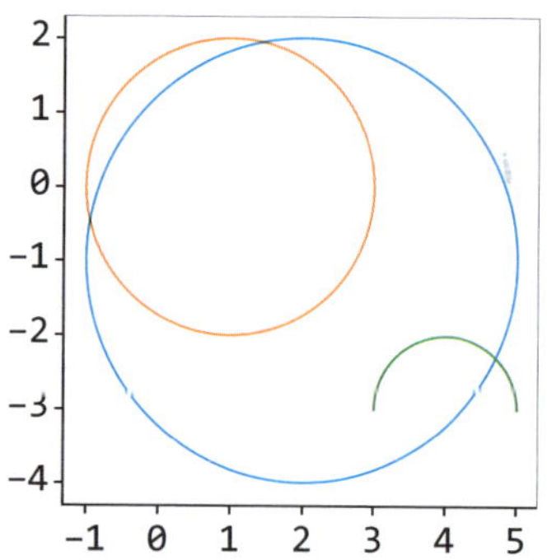

La fenêtre graphique (page précédente) a été redimensionnée manuellement pour que le repère soit orthonormé.

```
from lycee import *

T = np.arange(0,2*pi,0.01)
x = [2+3*cos(t) for t in T]
y = [-1+3*sin(t) for t in T]
repere.plot(x,y)

x = [1+2*cos(t) for t in T]
y =
repere.plot(x,y)

T =
x =
y =
repere.plot(x,y)

repere.show()
```

15 ★★ 30 min *(corrigé p. 298)*

On considère la parabole $\mathcal{P}$ d'équation $y = 2x^2 - 2x - 1$ et les droites d_1, d_2 d'équations respectives $y = -x + 2$, $y = 6x - 9$.

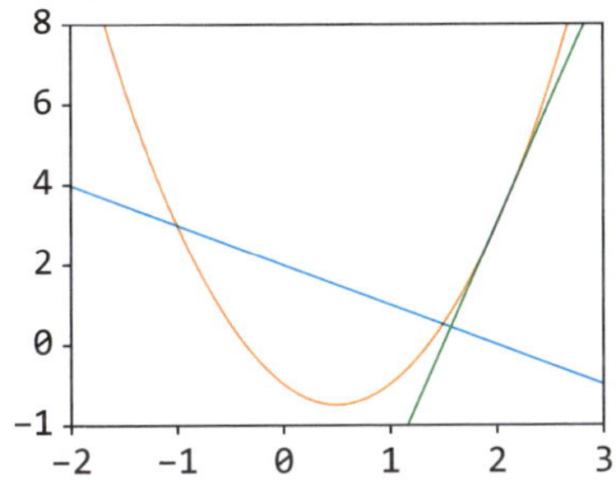

1° Compléter le programme Python ci-dessous de façon qu'il provoque la sortie graphique ci-dessus, où figurent la parabole $\mathcal{P}$ et les droites d_1 et d_2. La **`ligne 12`** fixe le cadre à $-2 \leqslant x \leqslant 3$ et $-2 \leqslant y \leqslant 8$.

```
1  from lycee import *
2  x = np.arange(-2,3,0.01)
3  # Tracé de d1
4  y = [-t+2 for t in x]
5  repere.plot(x,y)
6  # Tracé de d2
7  y =
8  repere.plot(x,y)
9  # Tracé de la parabole
10 y =
11 repere.plot(x,y)
12 repere.axis([-2,3,-2,8])
13 repere.show()
```

2° Déterminer les coordonnées des points d'intersection de la parabole $\mathcal{P}$ et de la droite d_1.

3° Déterminer l'intersection de la parabole $\mathcal{P}$ et de la droite d_2.

CONTRÔLE CONTINU

Exercice n° 1 30 min (10 points) (corrigé p. 299)

On considère un carré $ABCD$ de côté a et l'on désigne par I le milieu de $[BC]$.

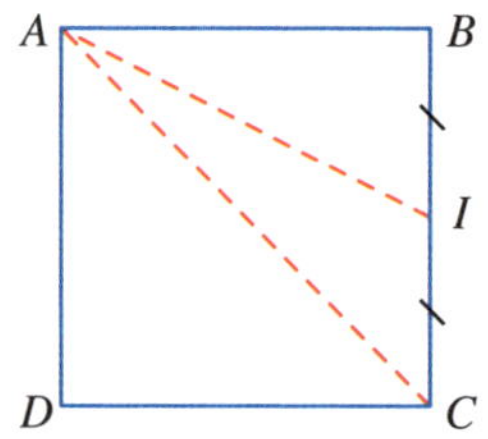

1° Démontrer : $\overrightarrow{AI} \cdot \overrightarrow{AC} = \dfrac{3}{2}a^2$.

2° Déterminer une valeur approchée, au dixième près, de l'angle $\widehat{IAC}$ exprimé en degrés.

Exercice n° 2 30 min (10 points) (corrigé p. 300)

ABC est un triangle rectangle en C.
I est le milieu de $[AB]$.
H est le projeté orhogonal de C sur (AB).
Le point H se projette orthogonalement en J sur (AC) et en K sur (BC).

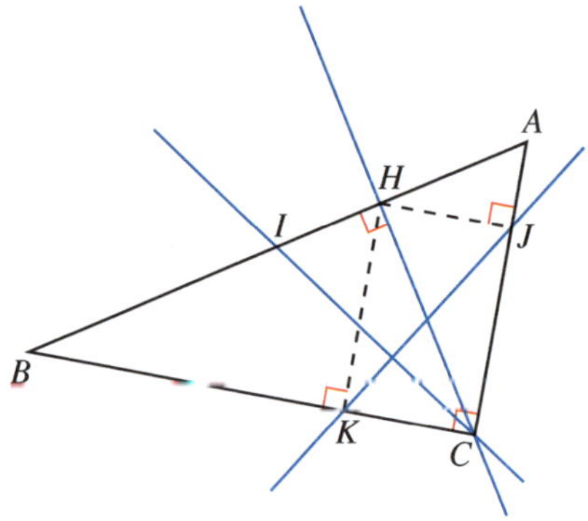

1° Démontrer :

$$\overrightarrow{CA} \cdot \overrightarrow{JK} = \overrightarrow{CA} \cdot \overrightarrow{HC},$$

puis :

$$\overrightarrow{CB} \cdot \overrightarrow{JK} = \overrightarrow{CB} \cdot \overrightarrow{CH}.$$

2° Démontrer que les droites (CI) et (JK) sont perpendiculaires.

CORRIGÉS

1 1° I milieu du segment $[AB]$.

Pour tout point M :

$$\begin{aligned} MA^2 + MB^2 &= (\overrightarrow{MA})^2 + (\overrightarrow{MB})^2 \\ &= (\overrightarrow{MI} + \overrightarrow{IA})^2 + (\overrightarrow{MI} + \overrightarrow{IB})^2 \\ &= (\overrightarrow{MI})^2 + (\overrightarrow{IA})^2 + 2\overrightarrow{MI}\cdot\overrightarrow{IA} \\ &\quad + (\overrightarrow{MI})^2 + (\overrightarrow{IB})^2 + 2\overrightarrow{MI}\cdot\overrightarrow{IB} \\ &= 2\overrightarrow{MI}^2 + IA^2 + IB^2 \\ &\qquad + 2\overrightarrow{MI}\cdot(\overrightarrow{IA} + \overrightarrow{IB}), \end{aligned}$$

or : $IA = IB = \dfrac{1}{2}AB,$

et : $\overrightarrow{IA} + \overrightarrow{IB} = \vec{0},$

$\vec{u}\cdot\vec{0} = 0$

donc :

$$MA^2 + MB^2 = 2MI^2 + \frac{1}{4}AB^2 + \frac{1}{4}AB^2,$$

d'où :

$$\mathbf{MA^2 + MB^2 = 2MI^2 + \frac{1}{2}AB^2}.$$

2° Pour tout point M :

$$2MI^2 \geqslant 0,$$

donc, d'après le théorème de la médiane :

$$MA^2 + MB^2 \geqslant \frac{1}{2}AB^2.$$

De plus, lorsque $M = I$:

$$2MI^2 = 0,$$

d'où :

$$MA^2 + MB^2 = \frac{1}{2}AB^2.$$

On en déduit que, **lorsque M décrit le plan, le minimum de $MA^2 + MB^2$ est égal à $\frac{1}{2}AB^2$**, et que ce minimum est atteint en I.

$$MA^2 + MB^2 = \frac{1}{2}AB^2 \Leftrightarrow 2MI^2 = 0$$
$$\Leftrightarrow M = I,$$

donc ce minimum n'est atteint qu'en I.

2 1°

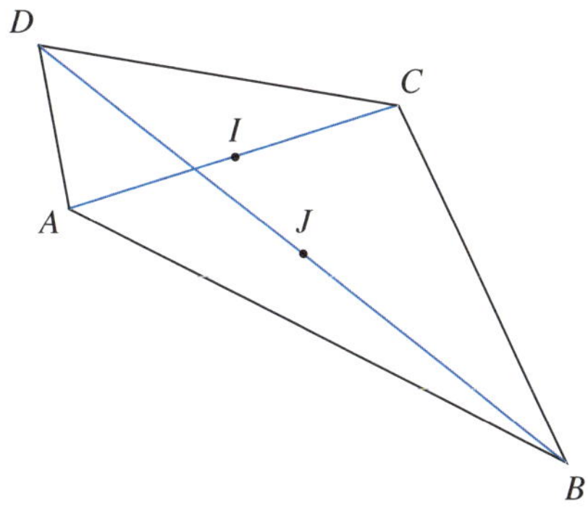

• Sachant que I est le milieu de $[AC]$, on peut appliquer le théorème de la médiane dans les triangles ABC et CDA. On obtient alors :

$$AB^2 + BC^2 = 2BI^2 + \frac{1}{2}AC^2,$$

$$CD^2 + DA^2 = 2DI^2 + \frac{1}{2}AC^2,$$

d'où :

$$AB^2 + BC^2 + CD^2 + DA^2 = 2IB^2 + 2ID^2 + AC^2 \quad (1)$$

• Sachant que J est le milieu de $[BD]$, on peut encore appliquer le théorème de la médiane dans le triangle BDI.

On obtient alors :

$$IB^2 + ID^2 = 2IJ^2 + \frac{1}{2}BD^2 \quad (2).$$

De (1) et (2), on déduit :

$$AB^2 + BC^2 + CD^2 + DA^2 = 2\left(2IJ^2 + \frac{1}{2}BD^2\right) + AC^2.$$

Finalement :

$$\mathbf{AB^2 + BC^2 + CD^2 + DA^2 = AC^2 + BD^2 + 4IJ^2}.$$

2° Dire que $ABCD$ est un parallélogramme signifie que les diagonales $[AC]$ et $[BD]$ ont le même milieu, c'est-à-dire : $IJ = 0$.

En utilisant 1°, on en déduit :

***ABCD* est un parallélogramme si, et seulement si :**

$$\boldsymbol{AB^2 + BC^2 + CD^2 + DA^2 = AC^2 + BD^2}.$$

Ce résultat peut se traduire par « un parallélogramme est un quadrilatère tel que la somme des carrés de ses côtés est égale à la somme des carrés de ses diagonales ».

3

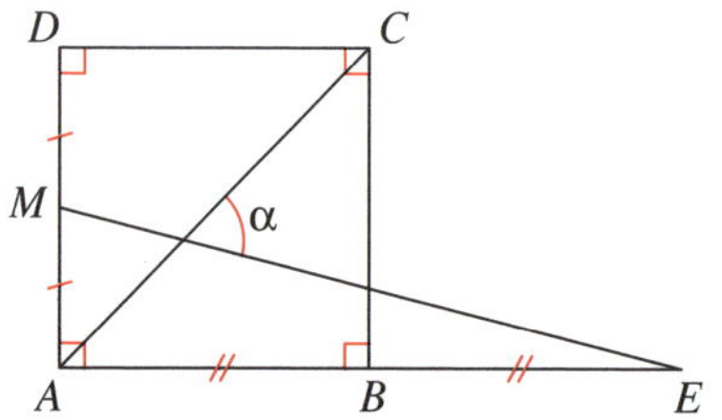

1° • D'après la relation de Chasles :

$$\overrightarrow{ME} = \overrightarrow{MA} + \overrightarrow{AE}.$$

De plus, M est le milieu de $[AD]$, donc :

$$\overrightarrow{MA} = -\frac{1}{2}\overrightarrow{AD},$$

E est le symétrique de A par rapport à B, donc :

$$\overrightarrow{AE} = 2\overrightarrow{AB}.$$

On a ainsi obtenu :

$$\boldsymbol{\overrightarrow{ME} = 2\overrightarrow{AB} - \frac{1}{2}\overrightarrow{AD}}.$$

• *ABCD* étant un parallélogramme :

$$\boldsymbol{\overrightarrow{AC} = \overrightarrow{AB} + \overrightarrow{AD}}.$$

• On en déduit :

$$\overrightarrow{ME} \cdot \overrightarrow{AC} = \left(2\overrightarrow{AB} - \frac{1}{2}\overrightarrow{AD}\right) \cdot (\overrightarrow{AB} + \overrightarrow{AD}).$$

Si des vecteurs sont orthogonaux, alors leur produit scalaire est nul.

ABCD étant un carré, les vecteurs $\overrightarrow{AB}$ et $\overrightarrow{AD}$ sont orthogonaux, donc :

$$\begin{aligned}\overrightarrow{ME} \cdot \overrightarrow{AC} &= 2\ \overrightarrow{AB}^2 - \frac{1}{2}\ \overrightarrow{AD}^2\\ &= 2\,\|\overrightarrow{AB}\|^2 - \frac{1}{2}\,\|\overrightarrow{AD}\|^2\\ &= 2a^2 - \frac{1}{2}a^2\\ &= \frac{3}{2}a^2,\end{aligned}$$

$$\overrightarrow{AB} \cdot \overrightarrow{AB} = \|\overrightarrow{AB}\|^2 = AB^2$$

et finalement :

$$\boldsymbol{\overrightarrow{ME} \cdot \overrightarrow{AC} = \frac{3}{2}a^2}.$$

2° • $[AC]$ est la diagonale d'un carré de côté a, donc :

$$AC = a\sqrt{2}.$$

D'après le théorème de Pythagore :

$$\begin{aligned}AC^2 &= AB^2 + BC^2\\ &= a^2 + a^2\\ &= 2a^2\end{aligned}$$

• D'après le théorème de Pythagore appliqué dans le triangle AME rectangle en A :

$$\begin{aligned}ME^2 &= AM^2 + AE^2\\ &= \left(\frac{1}{2}a\right)^2 + (2a)^2\\ &= \frac{1}{4}a^2 + 4a^2\\ &= \frac{17}{4}a^2,\end{aligned}$$

donc :

$$\boldsymbol{ME = \frac{\sqrt{17}}{2}a}.$$

3° On a l'égalité :

$$\overrightarrow{ME} \cdot \overrightarrow{AC} = ME \times AC \times \cos(\alpha).$$

On déduit des deux questions précédentes :

$$\begin{aligned}\frac{3}{2}a^2 &= a\sqrt{2} \times \frac{\sqrt{17}}{2}a \times \cos(\alpha)\\ &= a^2\ \frac{\sqrt{34}}{2}\cos(\alpha),\end{aligned}$$

d'où :

$$\cos(\alpha) = \frac{3}{\sqrt{34}},$$

$$\frac{3}{\sqrt{34}} = \frac{3\sqrt{34}}{34}.$$

Avec la calculatrice placée en mode degré, on obtient pour approximation de α :

59,036 243 47.

On peut conclure qu'au degré près :

$$\boldsymbol{\alpha \approx 59°}.$$

4

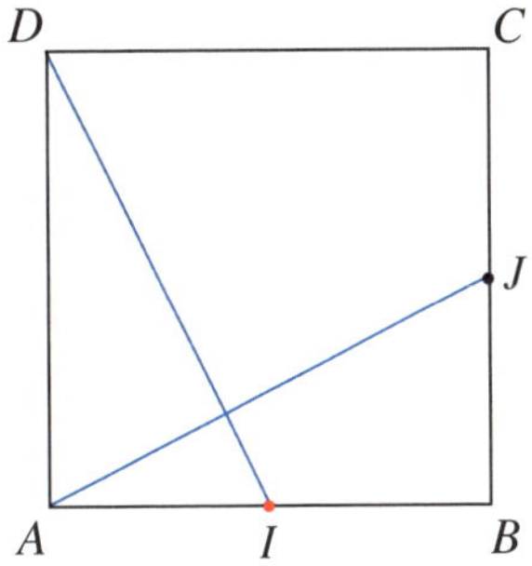

Démontrer que les droites (DI) et (AJ) sont perpendiculaires revient à prouver que le produit scalaire des vecteurs $\overrightarrow{DI}$ et $\overrightarrow{AJ}$ est nul.

1re méthode

$$\overrightarrow{MA} + \overrightarrow{MB} = 2\,\overrightarrow{MI}$$

Comme I et J sont les milieux respectifs des segments $[AB]$ et $[BC]$, on a :

$$\overrightarrow{DI} = \frac{1}{2}(\overrightarrow{DA} + \overrightarrow{DB}),$$

$$\overrightarrow{AJ} = \frac{1}{2}(\overrightarrow{AB} + \overrightarrow{AC}),$$

d'où :

$$\overrightarrow{DI} \cdot \overrightarrow{AJ} = \frac{1}{4}(\overrightarrow{DA} \cdot \overrightarrow{AB} + \overrightarrow{DA} \cdot \overrightarrow{AC} + \overrightarrow{DB} \cdot \overrightarrow{AB} + \overrightarrow{DB} \cdot \overrightarrow{AC}).$$

Le quadrilatère $ABCD$ étant un carré :

$\overrightarrow{DA} \cdot \overrightarrow{AB} = 0,$

$\overrightarrow{DA} \cdot \overrightarrow{AC} = \overrightarrow{DA} \cdot \overrightarrow{AD} = -AD^2 = -AB^2,$

$\overrightarrow{DB} \cdot \overrightarrow{AB} = \overrightarrow{AB} \cdot \overrightarrow{AB} = AB^2,$

$\overrightarrow{DB} \cdot \overrightarrow{AC} = 0.$

On obtient : $\overrightarrow{DI} \cdot \overrightarrow{AJ} = 0,$

ce qui prouve que **les droites (DI) et (AJ) sont perpendiculaires.**

2e méthode

$$\overrightarrow{DI} \cdot \overrightarrow{AJ} = (\overrightarrow{DA} + \overrightarrow{AI}) \cdot (\overrightarrow{AB} + \overrightarrow{BJ}) = \overrightarrow{DA} \cdot \overrightarrow{AB} + \overrightarrow{DA} \cdot \overrightarrow{BJ} + \overrightarrow{AI} \cdot \overrightarrow{AB} + \overrightarrow{AI} \cdot \overrightarrow{BJ},$$

or :

$$\overrightarrow{DA} \cdot \overrightarrow{AB} = \overrightarrow{AI} \cdot \overrightarrow{BJ} = 0,$$

$$\overrightarrow{DA} \cdot \overrightarrow{BJ} = -\frac{AB^2}{2},$$

$$\overrightarrow{AI} \cdot \overrightarrow{AB} = \frac{AB^2}{2},$$

donc : $\overrightarrow{DI} \cdot \overrightarrow{AJ} = 0.$

3e méthode

Notons a la longueur du côté du carré et rapportons le plan au repère orthonormé $\left(A\,;\frac{1}{a}\overrightarrow{AB}, \frac{1}{a}\overrightarrow{AD}\right)$.

On a alors :

$$A(0\,;0),\ B(1\,;0),\ D(0\,;1),\ C(1\,;1),$$

$$I\left(\frac{1}{2}\,;0\right),\ J\left(1\,;\frac{1}{2}\right)$$

$$\overrightarrow{DI}\left(\frac{1}{2}\,;-1\right),\ \overrightarrow{AJ}\left(1\,;\frac{1}{2}\right).$$

On en déduit :

$$\overrightarrow{DI} \cdot \overrightarrow{AJ} = \frac{1}{2} \times 1 + (-1) \times \frac{1}{2},$$

donc : $\overrightarrow{DI} \cdot \overrightarrow{AJ} = 0.$

5 Soit I le milieu du segment $[BC]$.
(OI) est alors la médiane issue de O dans le triangle OBC.

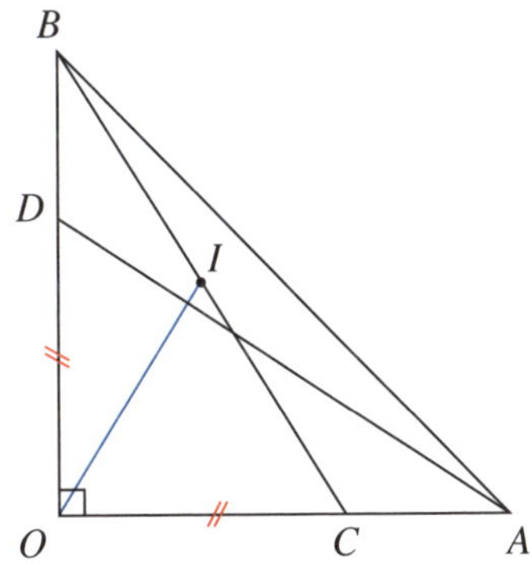

Démontrer que (OI) est la hauteur issue de O dans le triangle OAD revient à prouver que les droites (OI) et (AD) sont perpendiculaires, c'est-à-dire que l'on a :

$$\overrightarrow{OI} \cdot \overrightarrow{AD} = 0.$$

I étant le milieu de $[BC]$, on a :

$$\overrightarrow{OC} + \overrightarrow{OB} = 2\,\overrightarrow{OI}$$

$$\overrightarrow{OI} = \frac{1}{2}(\overrightarrow{OC} + \overrightarrow{OB}).$$

De plus, on peut écrire :

$$\overrightarrow{AD} = \overrightarrow{AO} + \overrightarrow{OD}.$$

On obtient alors :

$$\overrightarrow{OI} \cdot \overrightarrow{AD} = \frac{1}{2}(\overrightarrow{OC} \cdot \overrightarrow{AO} + \overrightarrow{OC} \cdot \overrightarrow{OD} + \overrightarrow{OB} \cdot \overrightarrow{AO} + \overrightarrow{OB} \cdot \overrightarrow{OD}).$$

On sait que les triangles OCD et OAB sont rectangles en O, donc :

$$\overrightarrow{OC} \cdot \overrightarrow{OD} = 0 \text{ et } \overrightarrow{OB} \cdot \overrightarrow{AO} = 0.$$

D'autre part, le point C appartient à $[OA]$, le point D à $[OB]$, et l'on a :

$$OA = OB, OC = OD.$$

Il vient :

$$\overrightarrow{OC} \cdot \overrightarrow{AO} = -OA \times OC,$$

$$\overrightarrow{OB} \cdot \overrightarrow{OD} = OB \times OD = OA \times OC.$$

On obtient finalement :

$$\overrightarrow{OI} \cdot \overrightarrow{AD} = \frac{1}{2}(-OA \times OC + OA \times OC) = 0,$$

ce qui prouve que **la médiane issue de O dans le triangle OBC est la hauteur issue de O dans le triangle OAD.**

6 **1°**

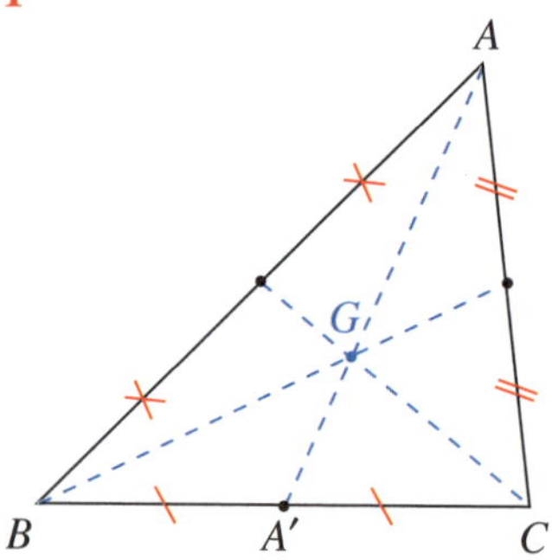

Le centre de gravité G d'un triangle est le point d'intersection des médianes. Il est situé, à partir d'un sommet, aux $\frac{2}{3}$ du segment joignant ce sommet et le milieu du côté opposé.

D'après le théorème de la médiane :

$$AB^2 + AC^2 = 2AA'^2 + \frac{1}{2}BC^2,$$

or :

$$\overrightarrow{AA'} = \frac{3}{2}\overrightarrow{AG}, \quad \left(\overrightarrow{AG} = \frac{2}{3}\overrightarrow{AA'}\right)$$

$$\overrightarrow{GA} + \overrightarrow{GB} + \overrightarrow{GC} = \vec{0},$$

donc : $\overrightarrow{AA'} = \frac{3}{2}(\overrightarrow{GB} + \overrightarrow{GC}),$

d'où : $\overrightarrow{AA'}^2 = \frac{9}{4}(\overrightarrow{GB} + \overrightarrow{GC})^2,$

$$\boldsymbol{AA'^2 = \frac{9}{4}[GB^2 + GC^2 + 2\overrightarrow{GB} \cdot \overrightarrow{GC}].}$$

2°

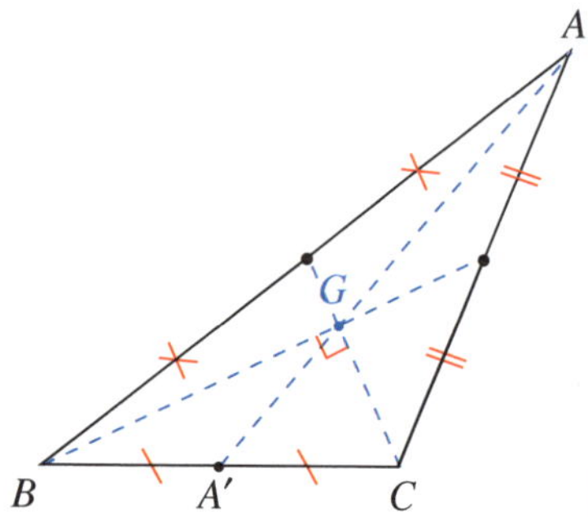

D'après le théorème de la médiane :

$$AB^2 + AC^2 = 2AA'^2 + \frac{1}{2}BC^2.$$

De plus, par hypothèse, les médianes issues de B et C sont perpendiculaires, donc les vecteurs $\overrightarrow{GB}$ et $\overrightarrow{GC}$ sont orthogonaux, d'où :

$$\overrightarrow{GB} \cdot \overrightarrow{GC} = 0.$$

Donc d'après **1°** :

$$AA'^2 = \frac{9}{4}(GB^2 + GC^2).$$

D'autre part, d'après le théorème de Pythagore :

$$GB^2 + GC^2 = BC^2,$$

donc : $AA'^2 = \frac{9}{4}BC^2.$

Il vient :

$$AB^2 + AC^2 = 2 \times \frac{9}{4}BC^2 + \frac{1}{2}BC^2.$$

$$= \frac{9}{2}BC^2 + \frac{1}{2}BC^2$$

$$= 5BC^2.$$

On a ainsi prouvé :

$$\boldsymbol{AB^2 + AC^2 = 5BC^2.}$$

7

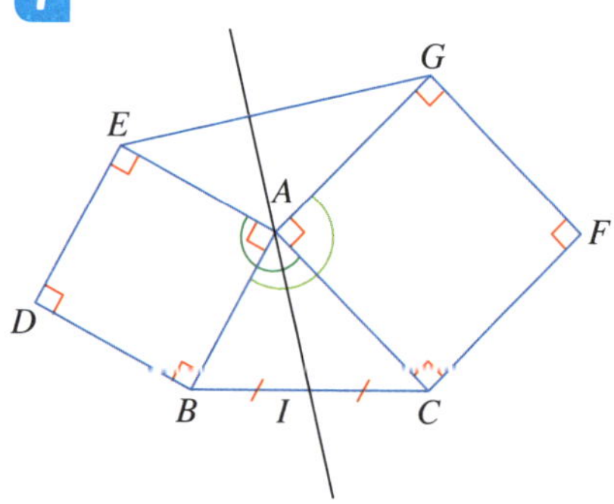

1° • D'après la figure, **les angles $\widehat{BAG}$ et $\widehat{CAE}$ sont égaux.**

$\widehat{BAG} = \widehat{BAC} + 90°$
$\widehat{CAE} = \widehat{CAB} + 90°$

• On peut écrire :

$\overrightarrow{AB} \cdot \overrightarrow{AG} = AB \times AG \times \cos(\widehat{BAG})$,

de même :

$\overrightarrow{AC} \cdot \overrightarrow{AE} = AC \times AE \times \cos(\widehat{CAE})$.

De plus :

$$AB = AE,\ AC = AG,$$
$$\widehat{BAG} = \widehat{CAE}.$$

On en déduit :

$$\mathbf{\overrightarrow{AB} \cdot \overrightarrow{AG} = \overrightarrow{AC} \cdot \overrightarrow{AE}.}$$

2° D'après la relation de Chasles :

$$\overrightarrow{AB} + \overrightarrow{AC} = \overrightarrow{AI} + \overrightarrow{IB} + \overrightarrow{AI} + \overrightarrow{IC},$$

donc :

$$\overrightarrow{AB} + \overrightarrow{AC} = 2\overrightarrow{AI} + \overrightarrow{IB} + \overrightarrow{IC}.$$

De plus, I est le milieu de $[BC]$, donc :

$$\overrightarrow{IB} + \overrightarrow{IC} = \vec{0},$$

et on peut conclure :

$$\mathbf{\overrightarrow{AB} + \overrightarrow{AC} = 2\overrightarrow{AI}.}$$

3° Calculons le produit scalaire des vecteurs $\overrightarrow{AI}$ et $\overrightarrow{EG}$ en utilisant l'égalité démontrée à la question 2° :

$$\overrightarrow{AI} = \frac{1}{2}(\overrightarrow{AB} + \overrightarrow{AC}),$$

et la décomposition suivante de $\overrightarrow{EG}$:

$$\overrightarrow{EG} = \overrightarrow{AG} - \overrightarrow{AE}.$$

$\overrightarrow{EG} = \overrightarrow{EA} + \overrightarrow{AG} = -\overrightarrow{AE} + \overrightarrow{AG}$

On obtient après développement :

$$\overrightarrow{AI} \cdot \overrightarrow{EG} = \frac{1}{2}(\overrightarrow{AB} \cdot \overrightarrow{AG} - \overrightarrow{AB} \cdot \overrightarrow{AE} + \overrightarrow{AC} \cdot \overrightarrow{AG} - \overrightarrow{AC} \cdot \overrightarrow{AE}),$$

c'est-à-dire, $\overrightarrow{AB}$ et $\overrightarrow{AE}$ étant orthogonaux ainsi que $\overrightarrow{AC}$ et $\overrightarrow{AG}$:

$$\overrightarrow{AI} \cdot \overrightarrow{EG} = \frac{1}{2}(\overrightarrow{AB} \cdot \overrightarrow{AG} - \overrightarrow{AC} \cdot \overrightarrow{AE}),$$

et finalement, d'après la question 1° :

$$\overrightarrow{AI} \cdot \overrightarrow{EG} = 0.$$

On en déduit que les vecteurs $\overrightarrow{AI}$ et $\overrightarrow{EG}$ sont orthogonaux, ce qui prouve que les droites (AI) et (EG) sont perpendiculaires.

On a ainsi prouvé que **la médiane (AI) du triangle ABC est une hauteur du triangle AEG**.

8 1°

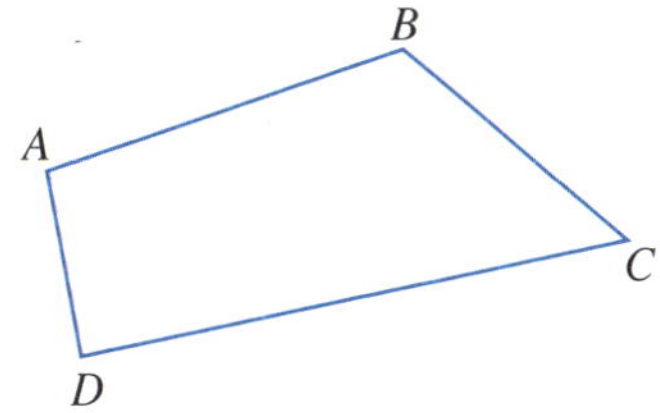

$AB^2 + CD^2$
$= \overrightarrow{AB}^2 + \overrightarrow{CD}^2$
$= (\overrightarrow{AD} + \overrightarrow{DB})^2 + (\overrightarrow{CB} + \overrightarrow{BD})^2$
$= AD^2 + DB^2 + 2\overrightarrow{AD} \cdot \overrightarrow{DB} + CB^2 + BD^2 + 2\overrightarrow{CB} \cdot \overrightarrow{BD}$
$= AD^2 + CB^2 + 2DB^2 + 2\overrightarrow{DB} \cdot \overrightarrow{AD} + 2\overrightarrow{DB} \cdot \overrightarrow{BC}$

$\overrightarrow{CB} \cdot \overrightarrow{BD} = \overrightarrow{BD} \cdot \overrightarrow{CB}$
$= (-\overrightarrow{DB}) \cdot (-\overrightarrow{BC})$
$= \overrightarrow{DB} \cdot \overrightarrow{BC}$

$= AD^2 + CB^2 + 2\overrightarrow{DB} \cdot (\overrightarrow{DB} + \overrightarrow{AD} + \overrightarrow{BC})$
$= AD^2 + CB^2 + 2\overrightarrow{DB} \cdot (\overrightarrow{AD} + \overrightarrow{DB} + \overrightarrow{BC})$,

et finalement :

$$\mathbf{AB^2 + CD^2 = AD^2 + BC^2 + 2\overrightarrow{AC} \cdot \overrightarrow{DB}.}$$

$AB^2 = \|\overrightarrow{AB}\|^2 = \overrightarrow{AB} \cdot \overrightarrow{AB} = \overrightarrow{AB}^2$

2° Dire que les diagonales du quadrilatère $ABCD$ sont perpendiculaires signifie que le produit scalaire des vecteurs $\overrightarrow{AC}$ et $\overrightarrow{DB}$ est nul, c'est-à-dire :

$$\overrightarrow{AC} \cdot \overrightarrow{DB} = 0.$$

Or, d'après 1°, on a :

$AB^2 + CD^2 = AD^2 + BC^2 + 2\overrightarrow{AC} \cdot \overrightarrow{DB}$,

donc **les diagonales du quadrilatère $ABCD$ sont perpendiculaires si, et seulement si** :

$$\mathbf{AB^2 + CD^2 = AD^2 + BC^2.}$$

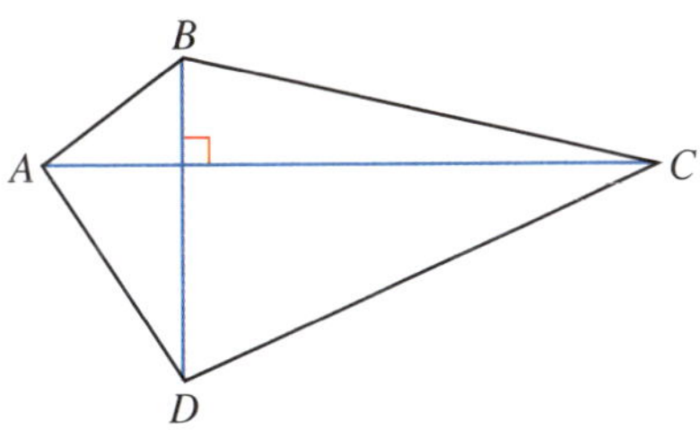

CORRIGÉS

9 1° **Pour tout point M :**

$$\overrightarrow{MA}\cdot\overrightarrow{BC}+\overrightarrow{MB}\cdot\overrightarrow{CA}+\overrightarrow{MC}\cdot\overrightarrow{AB}$$
$$=\overrightarrow{MA}\cdot\overrightarrow{BC}+(\overrightarrow{MA}+\overrightarrow{AB})\cdot\overrightarrow{CA}$$
$$+(\overrightarrow{MA}+\overrightarrow{AC})\cdot\overrightarrow{AB}$$
$$=\overrightarrow{MA}\cdot(\overrightarrow{BC}+\overrightarrow{CA}+\overrightarrow{AB})+\overrightarrow{AB}\cdot(\overrightarrow{CA}+\overrightarrow{AC})$$
$$=\overrightarrow{MA}\cdot\vec{0}+\overrightarrow{AB}\cdot\vec{0},$$

donc :

$$\boldsymbol{\overrightarrow{MA}\cdot\overrightarrow{BC}+\overrightarrow{MB}\cdot\overrightarrow{CA}+\overrightarrow{MC}\cdot\overrightarrow{AB}=0.}$$

2°

Dans le plan, si deux droites sont sécantes, toute perpendiculaire à l'une est sécante à toute perpendiculaire à l'autre.

Comme les droites (AB), (BC), (CA) sont deux à deux sécantes, les hauteurs du triangle ABC le sont également.

Pour démontrer que ces hauteurs sont concourantes, il suffit de prouver qu'elles passent par un même point.

Soit H le point d'intersection des hauteurs issues des sommets B et C.

Les vecteurs $\overrightarrow{HB}$ et $\overrightarrow{CA}$ sont orthogonaux, donc :

$$\overrightarrow{HB}\cdot\overrightarrow{CA}=0.$$

Les vecteurs $\overrightarrow{HC}$ et $\overrightarrow{AB}$ sont orthogonaux, donc :

$$\overrightarrow{HC}\cdot\overrightarrow{AB}=0.$$

D'après l'égalité établie au 1°, on a, de plus :

$$\overrightarrow{HA}\cdot\overrightarrow{BC}+\overrightarrow{HB}\cdot\overrightarrow{CA}+\overrightarrow{HC}\cdot\overrightarrow{AB}=0.$$

On en déduit :

$$\overrightarrow{HA}\cdot\overrightarrow{BC}=0,$$

ce qui prouve que la hauteur issue de A passe par H.

On a donc démontré que **les trois hauteurs du triangle *ABC* sont concourantes.**

Le point d'intersection des hauteurs d'un triangle est appelé orthocentre de ce triangle.

3° On peut considérer le point A comme l'orthocentre d'un triangle dont un sommet est le point d'intersection Ω des droites d et d', les deux autres sommets étant un point P' de d' et un point Q de d.

Construisons les points P et Q', projetés orthogonaux de A respectivement sur d et d'.

(AQ') coupe d en Q et (AP) coupe d' en P'.

Les hauteurs du triangle $\Omega P'Q$ étant concourantes en A, la droite $(A\Omega)$, qui est une hauteur de ce triangle, est la perpendiculaire à la droite $(P'Q)$, passant par A.

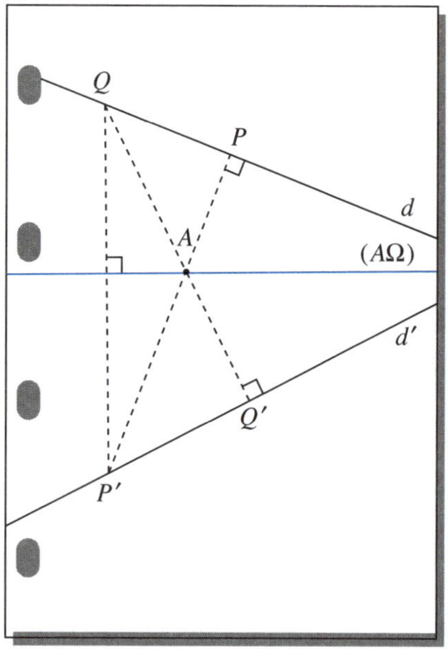

10 $ABCD$ carré,

I milieu de $[AB]$,

$M \in \mathscr{E} \Leftrightarrow MA^2+MB^2=3AB^2.$

1° • $ABCD$ étant un carré, on a :

$$CB - AB,$$
$$CA=\sqrt{2}AB,$$

$[CA]$ est une diagonale du carré

La digonale d'un carré de côté a vaut $a\sqrt{2}$

donc :

$$CA^2+CB^2=2AB^2+AB^2=3AB^2,$$

ce qui prouve que **C appartient à $\mathscr{E}$.**

On démontre de façon analogue que **D appartient à $\mathscr{E}$.**

On peut observer que $\mathscr{E}$ admet pour axe de symétrie la perpendiculaire $\mathscr{D}$ à (AB) en I : si un point appartient à $\mathscr{E}$, son symétrique par rapport à $\mathscr{D}$ appartient aussi à $\mathscr{E}$.

2° Pour tout point M, d'après le théorème de la médiane :

$$MA^2 + MB^2 = 2MI^2 + \frac{1}{2}AB^2,$$

I est le milieu de $[AB]$

donc :

$$M \in \mathscr{E} \Leftrightarrow 2IM^2 + \frac{1}{2}AB^2 = 3AB^2$$
$$\Leftrightarrow IM^2 = \frac{1}{2}\left(3 - \frac{1}{2}\right)AB^2$$
$$\Leftrightarrow IM^2 = \frac{5}{4}AB^2,$$

et finalement :

$$M \in \mathscr{E} \Leftrightarrow IM = \frac{\sqrt{5}}{2}AB.$$

On en déduit que $\mathscr{E}$ **est le cercle de centre I et de rayon $\frac{\sqrt{5}}{2}AB$.**

Pour construire $\mathscr{E}$, on utilise bien sûr que $\mathscr{E}$ est le cercle de centre I, passant par C.

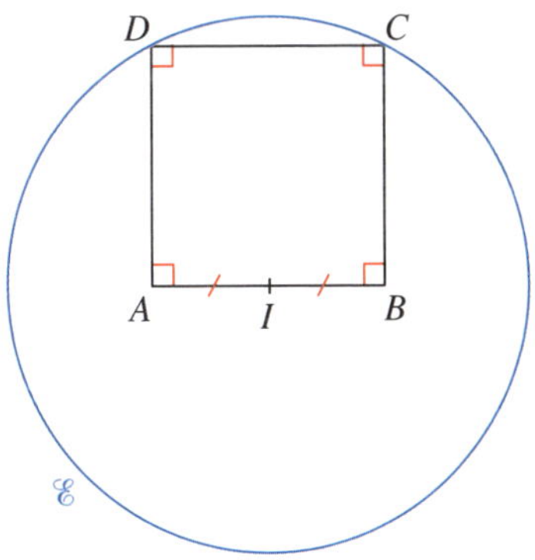

11 $M \in \mathscr{E} \Leftrightarrow \overrightarrow{AM} \cdot \overrightarrow{AB} = k.$

1° En posant : $\vec{i} = \frac{1}{AB}\overrightarrow{AB},$

le vecteur $\vec{i}$ est unitaire.

Notons $\vec{j}$ un vecteur unitaire orthogonal à $\vec{i}$ et rapportons le plan au repère orthonormal $(A\,;\vec{i}, \vec{j})$.

Soient M un point, x et y les réels tels que :

$$\overrightarrow{AM} = x\vec{i} + y\vec{j}.$$

On a les équivalences :

$$\overrightarrow{AM} \cdot \overrightarrow{AB} = k \Leftrightarrow (x\vec{i} + y\vec{j}) \cdot AB\,\vec{i} = k$$
$$\Leftrightarrow x \times AB = k$$
$$\Leftrightarrow x = \frac{k}{AB}.$$

Les vecteurs $y\vec{j}$ et $AB\vec{i}$ sont orthogonaux, donc leur produit scalaire est nul.

$\vec{i}\cdot\vec{i} = \|\vec{i}\|^2 = 1$

On en déduit que $\mathscr{E}$ **est la droite d'équation $x = \frac{k}{AB}$ dans le repère $(A\,;\vec{i}, \vec{j})$, c'est-à-dire la droite perpendiculaire à la droite (AB) passant par le point C défini par :**

$$\overrightarrow{AC} = \frac{k}{AB}\vec{i} = \frac{k}{AB^2}\overrightarrow{AB}.$$

On sait que l'ensemble des points M tels que $\overrightarrow{AM} \cdot \overrightarrow{AB} = 0$ est la droite passant par A et perpendiculaire à la droite (AB), ce qui est cohérent avec le résultat précédent dans le cas où $k = 0$.

2° Lorsque $k = -\frac{1}{4}AB^2$, le point C est défini par :

$$\overrightarrow{AC} = \left(-\frac{1}{4}AB^2 \times \frac{1}{AB^2}\right)\overrightarrow{AB}.$$
$$= -\frac{1}{4}\overrightarrow{AB}.$$

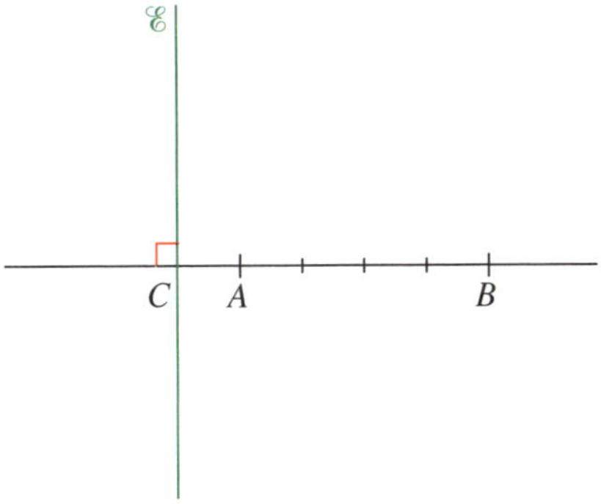

12 $A \neq B$.

1° Pour tout point G :

$$2\overrightarrow{GA} - 5\overrightarrow{GB} = 2\overrightarrow{GA} - 5(\overrightarrow{GA} + \overrightarrow{AB}).$$
$$= 2\overrightarrow{GA} - 5\overrightarrow{GA} - 5\overrightarrow{AB}$$
$$= -3\overrightarrow{GA} - 5\overrightarrow{AB}$$
$$= 3\overrightarrow{AG} - 5\overrightarrow{AB},$$

CORRIGÉS

donc :

$$2\overrightarrow{GA} - 5\overrightarrow{GB} = \vec{0} \Leftrightarrow 3\overrightarrow{AG} - 5\overrightarrow{AB} = \vec{0}$$
$$\Leftrightarrow 3\overrightarrow{AG} = 5\overrightarrow{AB}$$
$$\Leftrightarrow \overrightarrow{AG} = \frac{5}{3}\overrightarrow{AB}.$$

On en déduit qu'**il existe un seul point G tel que :**

$$\mathbf{2\overrightarrow{GA} - 5\overrightarrow{GB} = \vec{0},}$$

ce point G vérifiant l'égalité :

$$\overrightarrow{AG} = \frac{5}{3}\overrightarrow{AB}.$$

2° $\mathscr{E} : (2\overrightarrow{MA} - 5\overrightarrow{MB}) \cdot \overrightarrow{AB} = 0.$

On peut écrire, pour tout point M :

$$2\overrightarrow{MA} - 5\overrightarrow{MB}$$
$$= 2(\overrightarrow{MG} + \overrightarrow{GA}) - 5(\overrightarrow{MG} + \overrightarrow{GB})$$
$$= 2\overrightarrow{MG} + 2\overrightarrow{GA} - 5\overrightarrow{MG} - 5\overrightarrow{GB}$$
$$= -3\overrightarrow{MG} + (2\overrightarrow{GA} - 5\overrightarrow{GB}),$$

donc, en utilisant la définition du point G :

$$2\overrightarrow{MA} - 5\overrightarrow{MB} = -3\overrightarrow{MG} + \vec{0} = -3\overrightarrow{MG},$$

d'où :

$$2\overrightarrow{MA} - 5\overrightarrow{MB} = 3\overrightarrow{GM}.$$

On en déduit qu'un point M appartient à l'ensemble $\mathscr{E}$ si, et seulement si :

$$3\,\overrightarrow{GM} \cdot \overrightarrow{AB} = 0,$$

c'est-à-dire :

$$\overrightarrow{GM} \cdot \overrightarrow{AB} = 0,$$

ce qui permet de conclure que **$\mathscr{E}$ est la droite passant par le point G, perpendiculaire à la droite (AB).**

L'égalité $\overrightarrow{GM} \cdot \overrightarrow{AB} = 0$ signifie que les vecteurs $\overrightarrow{GM}$ et $\overrightarrow{AB}$ sont orthogonaux.

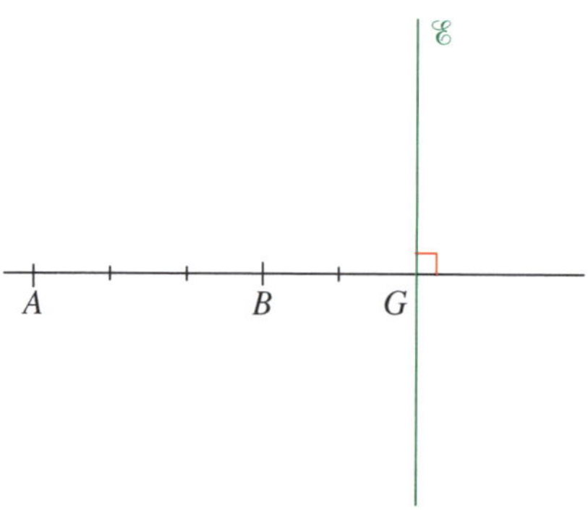

13 $\mathscr{C} : x^2 + y^2 + 2x - y = 5,$

Γ : cercle de centre $F(4\,;\,3)$ et de rayon 5.

1° a. Pour tous réels x et y :

$$x^2 + y^2 + 2x - y = 5$$
$$\Leftrightarrow (x^2 + 2x) + (y^2 - y) = 5$$
$$\Leftrightarrow (x+1)^2 - 1 + \left(y - \frac{1}{2}\right)^2 - \frac{1}{4} = 5$$
$$\Leftrightarrow (x+1)^2 + \left(y - \frac{1}{2}\right)^2 = 5 + 1 + \frac{1}{4},$$

donc $\mathscr{C}$ admet pour équation :

$$(x+1)^2 + \left(y - \frac{1}{2}\right)^2 = \frac{25}{4},$$

ce qui prouve que **$\mathscr{C}$ est le cercle de centre $I\left(-1\,;\,\frac{1}{2}\right)$ et de rayon $\frac{5}{2}$.**

b. Le cercle Γ de centre F et de rayon 5 **admet pour équation :**

$$(x - x_F)^2 + (y - y_F)^2 = 5^2,$$

c'est-à-dire, F ayant pour coordonnées $(4\,;\,3)$:

$$\mathbf{(x-4)^2 + (y-3)^2 = 25.}$$

c.

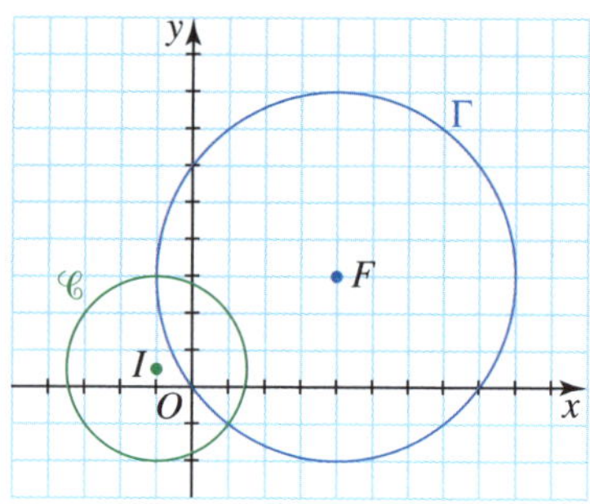

2° $A(1\,;\,-1)$.

a. • $\mathscr{C}$ admet pour équation :

$$x^2 + y^2 + 2x - y = 5,$$

et :

$$x_A^2 + y_A^2 + 2x_A - y_A$$
$$= 1^2 + (-1)^2 + 2 \times 1 - (-1)$$
$$= 1 + 1 + 2 + 1$$
$$= 5,$$

donc **A appartient à $\mathscr{C}$.**

On aurait aussi pu démontrer l'égalité :

$$IA = \frac{5}{2}.$$

• De même, Γ admet pour équation :

$$(x-4)^2+(y-3)^2=25,$$

et :

$$(1-4)^2+(-1-3)^2=9+16=25,$$

donc **A appartient à Γ**.

b. $\overrightarrow{AI}$ a pour coordonnées $\left(-2\,;\,\dfrac{3}{2}\right)$,

$$x_I-x_A=-1-1=-2$$

$$y_I-y_A=\frac{1}{2}-(-1)=\frac{1}{2}+1=\frac{3}{2}$$

$\overrightarrow{AF}$ a pour coordonnées $(3\,;\,4)$,

$$x_F-x_A=4-1=3$$

$$y_F-y_A=3-(-1)=3+1=4$$

donc :

$$\overrightarrow{AI}\cdot\overrightarrow{AF}=-2\times 3+\frac{3}{2}\times 4=-6+6,$$

d'où : $\overrightarrow{AI}\cdot\overrightarrow{AF}=0,$

ce qui prouve que **les droites (AI) et (AF) sont perpendiculaires**.

c. $\mathscr{C}$ ayant pour centre le point I, la tangente $\mathscr{T}$ au cercle $\mathscr{C}$ en A est la perpendiculaire en A à la droite (AI), donc, d'après la question précédente :

$$\mathscr{T}=(AF).$$

De même, Γ ayant pour centre le point F, la tangente $\mathscr{T}'$ au cercle Γ en A est la perpendiculaire en A à la droite (AF), donc :

$$\mathscr{T}'=(AI).$$

(AI) et (AF) étant perpendiculaires, on en déduit que **$\mathscr{T}$ et $\mathscr{T}'$ sont perpendiculaires**.

3° a. Graphiquement, il est clair que $\mathscr{C}$ et Γ ont exactement deux points en commun (on dit que les cercles sont sécants), nous allons l'établir par le calcul.

Dire qu'un point M appartient à $\mathscr{C}$ et à Γ signifie que ses coordonnées $(x\,;\,y)$ vérifient le système Σ :

$$\begin{cases}x^2+y^2+2x-y=5\\(x-4)^2+(y-3)^2=25.\end{cases}$$

Pour tous réels x et y, on a :

$$\Sigma\Leftrightarrow\begin{cases}x^2+y^2+2x-y=5\\x^2+y^2-8x-6y=0,\end{cases}$$

d'où, en soustrayant la seconde équation à la première :

$$\Sigma\Leftrightarrow\begin{cases}10x+5y=5\\x^2+y^2-8x-6y=0\end{cases}$$

$$\Leftrightarrow\begin{cases}y=-2x+1\\x^2+y^2-8x-6y=0,\end{cases}$$

puis, en substituant $-2x+1$ à y dans la seconde équation :

$$\Sigma\Leftrightarrow\begin{cases}y=-2x+1\\x^2+(-2x+1)^2-8x\\\qquad -6(-2x+1)=0,\end{cases}$$

d'où, en développant le premier membre de la seconde équation :

$$\Sigma\Leftrightarrow\begin{cases}y=-2x+1\\x^2+4x^2-4x+1-8x\\\qquad +12x-6=0\end{cases}$$

$$\Leftrightarrow\begin{cases}y=-2x+1\\5x^2-5=0\end{cases}$$

$$\Leftrightarrow\begin{cases}y=-2x+1\\x^2-1=0\end{cases}$$

$$\Leftrightarrow\begin{cases}y=-2x+1\\(x+1)(x-1)=0\end{cases}$$

$$\Leftrightarrow\begin{cases}y=-2x+1\\x=-1\text{ ou }x=1\end{cases}$$

$$\Leftrightarrow\begin{cases}y=-2x+1\\x=-1\end{cases}\text{ ou }\begin{cases}y=-2x+1\\x=1,\end{cases}$$

$\mathscr{P}$, $\mathscr{Q}$ et $\mathscr{R}$ désignant des propositions mathématiques :

$(\mathscr{P}$ et $(\mathscr{Q}$ ou $\mathscr{R}))\Leftrightarrow(\mathscr{P}$ et $\mathscr{Q})$ ou $(\mathscr{P}$ et $\mathscr{R})$

et finalement :

$$\Sigma\Leftrightarrow\begin{cases}x=-1\\y=3\end{cases}\text{ ou }\begin{cases}x=1\\y=-1.\end{cases}$$

On a ainsi démontré que **$\mathscr{C}$ et Γ ont exactement deux points d'intersection, le point A et le point B de coordonnées $(-1\,;\,3)$.**

$$\mathscr{C}\cap\Gamma=\{A,B\}.$$

b. Les tangentes en A à chacun des deux cercles $\mathscr{C}$ et Γ sont perpendiculaires et la figure constituée des deux cercles et des quatre tangentes en jeu (la tangente en A à $\mathscr{C}$, la tangente en B à $\mathscr{C}$, la tangente en A à Γ, la tangente en B à Γ) est symétrique par rapport à la droite passant par les deux centres,

CORRIGÉS

donc **les tangentes en B à chacun des deux cercles $\mathscr{C}$ et Γ sont** aussi **perpendiculaires**.

Les cercles $\mathscr{C}$ et Γ sont dits orthogonaux.

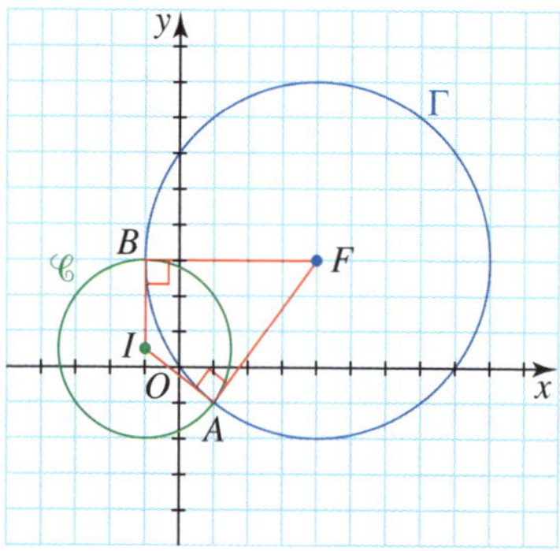

14

1° $\mathscr{C} : x^2 + y^2 - 4x + 2y = 4$.

Pour tous réels x et y :

$$x^2 + y^2 - 4x + 2y = 4 \Leftrightarrow (x^2 - 4x + 4) + (y^2 + 2y + 1) = 4 + 4 + 1 \Leftrightarrow (x-2)^2 + (y+1)^2 = 9,$$

donc **$\mathscr{C}$ est le cercle de centre le point $\Omega(2, -1)$ et de rayon 3.**

2° $M(2 + 3\cos(t), -1 + 3\sin(t))$.

On a :

$$\begin{aligned}(x_M - x_\Omega)^2 + (y_M - y_\Omega)^2 &= (2 + 3\cos(t) - 2)^2 + (-1 + 3\sin(t) + 1)^2\\ &= (3\cos(t))^2 + (3\sin(t))^2\\ &= 9(\cos^2(t) + \sin^2(t))\\ &= 9 \times 1\\ &= 9,\end{aligned}$$

donc **le point M appartient au cercle $\mathscr{C}$.**

Les **`lignes`** de codes numérotées de **3** à **6** correspondent à la représentation graphique du cercle $\mathscr{C}$. En s'en inspirant, on écrit les **`lignes`** de code de **8** à **10** pour la représentation graphique du cercle orange, les **`lignes`** de code numérotées de **12** à **15** pour la représentation graphique du demi-cercle vert.

```
1 from lycee import *
2
3 T = np.arange(0,2*pi,0.01)
4 x = [2+3*cos(t) for t in T]
5 y = [-1+3*sin(t) for t in T]
6 repere.plot(x,y)
7
8 x = [1+2*cos(t) for t in T]
9 y = [2*sin(t) for t in T]
10 repere.plot(x,y)
11
12 T = np.arange(0,pi,0.01)
13 x = [4+cos(t) for t in T]
14 y = [-3+sin(t) for t in T]
15 repere.plot(x,y)
16 repere.show()
```

15

1°

```
from lycee import *
x = np.arange(-2,3,0.01)
# Tracé de d1
y = [-t+2 for t in x]
repere.plot(x,y)
# Tracé de d2
y = [2*t**2-2*t-1 for t in x]
repere.plot(x,y)
# Tracé de La parabole
y = [6*t-9 for t in x]
repere.plot(x,y)
repere.axis([-2,3,-2,8])
repere.show()
```

2° $\mathscr{P} : y = 2x^2 - 2x - 1$.

$d_1 : y = -x + 2$.

Soit $M(x, y)$ un point.

On a les équivalences :

$$M \in \mathscr{P} \Leftrightarrow \begin{cases} y = 2x^2 - 2x - 1 \\ y = -x + 2 \end{cases} \Leftrightarrow \begin{cases} 2x^2 - 2x - 1 = -x + 2 \\ y = -x + 2 \end{cases} \Leftrightarrow \begin{cases} 2x^2 - x - 3 = 0 \\ y = -x + 2. \end{cases}$$

Le discriminant Δ de l'équation du second degré $(E) : 2x^2 - x - 3 = 0$ vérifie :

$$\Delta = 1 - 4 \times 2 \times (-3) = 1 + 24 = 25,$$

donc les solutions de (E) sont les réels x_1 et x_2 donnés par :

$$x_1 = \frac{1 - \sqrt{25}}{2 \times 2} = \frac{1-5}{4} = -1,$$

$$x_2 = \frac{1 + \sqrt{25}}{2 \times 2} = \frac{1+5}{4} = \frac{3}{2}.$$

−1 est solution évidente de (E), donc l'autre solution x vérifie :

$$-1 \times x = -\frac{3}{2},$$
$$x = \frac{3}{2}.$$

Donc :
De plus :

$$-x_1 + 2 = 1 + 2 = 3,$$
$$-x_2 + 2 = -\frac{3}{2} + 2 = \frac{1}{2},$$

donc **l'intersection de $\mathcal{P}$ et d_1 est formée des points de coordonnées (–1 ; 3) et $\left(\frac{3}{2}, \frac{1}{2}\right)$**.

3° $\mathcal{P} : y = 2x^2 - 2x - 1$.

$d_2 : y = 6x - 9$.

Soit $M(x, y)$ un point.
On a les équivalences :

$$M \in \mathcal{P} \Leftrightarrow \begin{cases} y = 2x^2 - 2x - 1 \\ y = 6x - 9 \end{cases}$$
$$\Leftrightarrow \begin{cases} 2x^2 - 2x - 1 = 6x - 9 \\ y = 6x - 9 \end{cases}$$
$$\Leftrightarrow \begin{cases} 2x^2 - 8x + 8 = 0 \\ y = 6x - 9 \end{cases}$$
$$\Leftrightarrow \begin{cases} x^2 - 4x + 4 = 0 \\ y = 6x - 9 \end{cases}$$
$$\Leftrightarrow \begin{cases} (x-2)^2 = 0 \\ y = 6x - 9 \end{cases}$$
$$\Leftrightarrow \begin{cases} x = 2 \\ y = 6x - 9 \end{cases}$$
$$\Leftrightarrow \begin{cases} x = 2 \\ y = 3. \end{cases}$$

On en déduit que **l'intersection de $\mathcal{P}$ et d_2 est formée du seul point de coordonnées (2 ; 3)**.

En notant C ce point, on peut écrire :

$$\mathcal{P} \cap d_2 = \{C\}.$$

La droite d_2 est la tangente à $\mathcal{P}$ en C. En effet, $\mathcal{P}$ est la courbe représentative de la fonction f :

$$x \longmapsto 2x^2 - 2x - 1,$$

et la tangente à $\mathcal{P}$ en son point d'abscisse 2 admet pour équation :

$$y = f'(2)(x-2) + f(2),$$

c'est-à-dire après calcul :

$$y = 6x - 3.$$

CONTRÔLE CONTINU

Exercice n° 1

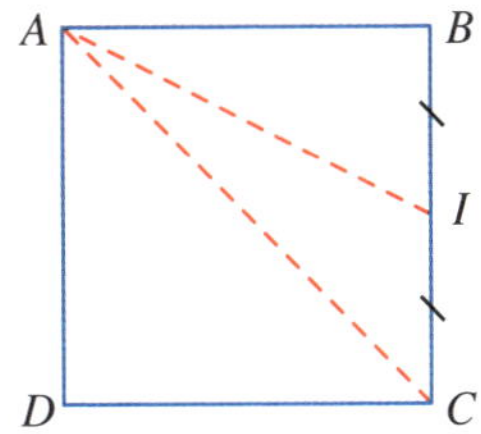

1° 1re méthode

Rapportons le plan au repère orthonormal $\left(A ; \frac{1}{a}\overrightarrow{AB}, \frac{1}{a}\overrightarrow{AD}\right)$.

Les vecteurs $\frac{1}{a}\overrightarrow{AB}$ et $\frac{1}{a}\overrightarrow{AD}$ sont orthogonaux et de norme 1.

Dans ce repère :

A a pour coordonnées (0 ; 0),
B a pour coordonnées $(a ; 0)$,
C a pour coordonnées $(a ; a)$,
I a pour coordonnées $\left(a ; \frac{a}{2}\right)$.

Par conséquent, les vecteurs $\overrightarrow{AI}$ et $\overrightarrow{AC}$ ont respectivement pour coordonnées :

$$\left(a ; \frac{a}{2}\right) \text{ et } (a ; a).$$

Donc, d'après l'expression analytique du produit scalaire :

$$\overrightarrow{AI} \cdot \overrightarrow{AC} = a \times a + \left(\frac{a}{2}\right) \times (a)$$
$$= a^2 + \left(\frac{a^2}{2}\right),$$

donc :

$$\overrightarrow{AI} \cdot \overrightarrow{AC} = \frac{3a^2}{2}.$$

2e méthode

On peut écrire :

$$\overrightarrow{AI} \cdot \overrightarrow{AC} = \frac{1}{2}(AI^2 + AC^2 - CI^2).$$

D'une part : $CI^2 = \frac{a^2}{4}$.

D'autre part, d'après le théorème de Pythagore :

$$AC^2 = 2a^2,$$

$$AI^2 = a^2 + \frac{a^2}{4} = \frac{5}{4}a^2.$$

La diagonale d'un carré de côté a mesure $a\sqrt{2}$.

On en déduit :

$$\overrightarrow{AI} \cdot \overrightarrow{AC} = \frac{1}{2}\left(\frac{5}{4}a^2 + 2a^2 - \frac{a^2}{4}\right)$$

$$= \frac{1}{2}(a^2 + 2a^2),$$

d'où :

$$\boldsymbol{\overrightarrow{AI} \cdot \overrightarrow{AC} = \frac{3}{2}a^2.}$$

2° On peut écrire :

$$\overrightarrow{AI} \cdot \overrightarrow{AC} = AI \times AC \times \cos(\widehat{IAC})$$

$$= a\frac{\sqrt{5}}{2} \times a\sqrt{2} \times \cos(\widehat{IAC})$$

$$= a^2\frac{\sqrt{10}}{2} \times \cos(\widehat{IAC}).$$

De la question 1°, on déduit :

$$\frac{3}{2}a^2 = a^2\frac{\sqrt{10}}{2} \times \cos(\widehat{IAC}),$$

$$3 = \sqrt{10} \times \cos(\widehat{IAC}),$$

puis :

$$\cos(\widehat{IAC}) = \frac{3}{\sqrt{10}}.$$

À l'aide de la calculatrice, on obtient :

$$\boldsymbol{\widehat{IAC} \approx 18{,}4°.}$$

Exercice n° 2

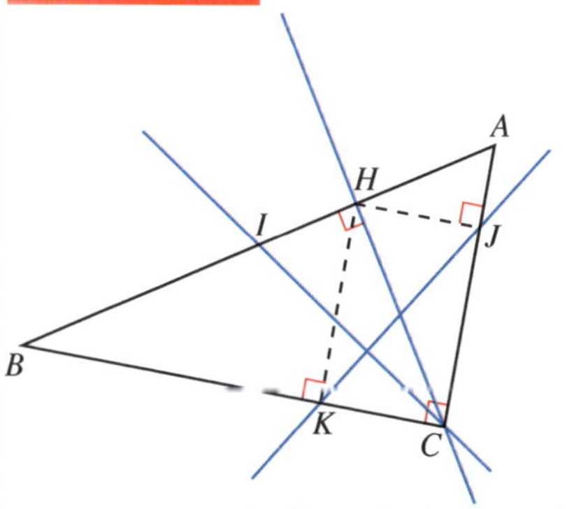

1° • On a : $\overrightarrow{CA} \cdot \overrightarrow{JK} = \overrightarrow{CA} \cdot \overrightarrow{JC}$

C est le projeté orthogonal de K sur (CA)

et : $\overrightarrow{CA} \cdot \overrightarrow{HC} = \overrightarrow{CA} \cdot \overrightarrow{JC}$,

J est le projeté orthogonal de H sur (CA)

donc : $\boldsymbol{\overrightarrow{CA} \cdot \overrightarrow{JK} = \overrightarrow{CA} \cdot \overrightarrow{HC}}$.

• De même : $\overrightarrow{CB} \cdot \overrightarrow{JK} = \overrightarrow{CB} \cdot \overrightarrow{CK}$

C est le projeté orthogonal de J sur (CB)

et : $\overrightarrow{CB} \cdot \overrightarrow{CH} = \overrightarrow{CB} \cdot \overrightarrow{CK}$,

K est le projeté orthogonal de H sur (CB)

donc : $\boldsymbol{\overrightarrow{CB} \cdot \overrightarrow{JK} = \overrightarrow{CB} \cdot \overrightarrow{CH}}$.

2° Démontrer que les droites (CI) et (JK) sont perpendiculaires revient à prouver que les vecteurs $\overrightarrow{CI}$ et $\overrightarrow{JK}$ sont orthogonaux.

On a :

$$\overrightarrow{CI} \cdot \overrightarrow{JK} = \frac{1}{2}(\overrightarrow{CA} + \overrightarrow{CB}) \cdot \overrightarrow{JK}$$

$\overrightarrow{CA} + \overrightarrow{CB} = 2\overrightarrow{CI}$ car I milieu de $[AB]$

$$= \frac{1}{2}(\overrightarrow{CA} \cdot \overrightarrow{JK} + \overrightarrow{CB} \cdot \overrightarrow{JK})$$

$$= \frac{1}{2}(\overrightarrow{CA} \cdot \overrightarrow{HC} + \overrightarrow{CB} \cdot \overrightarrow{CH})$$

d'après la question 1° :

$$\overrightarrow{CA} \cdot \overrightarrow{JK} = \overrightarrow{CA} \cdot \overrightarrow{HC}$$

$$\overrightarrow{CB} \cdot \overrightarrow{JK} = \overrightarrow{CB} \cdot \overrightarrow{CH}$$

$$= \frac{1}{2}(-\overrightarrow{CA} \cdot \overrightarrow{CH} + \overrightarrow{CB} \cdot \overrightarrow{CH})$$

$$= \frac{1}{2}(-\overrightarrow{CA} + \overrightarrow{CB}) \cdot \overrightarrow{CH}$$

$$= \frac{1}{2}(\overrightarrow{AC} + \overrightarrow{CB}) \cdot \overrightarrow{CH}$$

$$= \frac{1}{2} \times (\overrightarrow{AB} \cdot \overrightarrow{CH}).$$

Comme les droites (AB) et (CH) sont perpendiculaires, les vecteurs $\overrightarrow{AB}$ et $\overrightarrow{CH}$ sont orthogonaux et leur produit scalaire est nul :

$$\overrightarrow{AB} \cdot \overrightarrow{CH} = 0.$$

Par conséquent :

$$\overrightarrow{CI} \cdot \overrightarrow{JK} = \frac{1}{2} \times (\overrightarrow{AB} \cdot \overrightarrow{CH}) = 0.$$

Les vecteurs $\overrightarrow{CI}$ et $\overrightarrow{JK}$ sont orthogonaux, donc **les droites (*CI*) et (*JK*) sont perpendiculaires.**

Chapitre 13

Probabilités conditionnelles et indépendance

On considère une expérience aléatoire et un univers Ω associé, muni d'une loi de probabilité P.

1 Probabilités conditionnelles

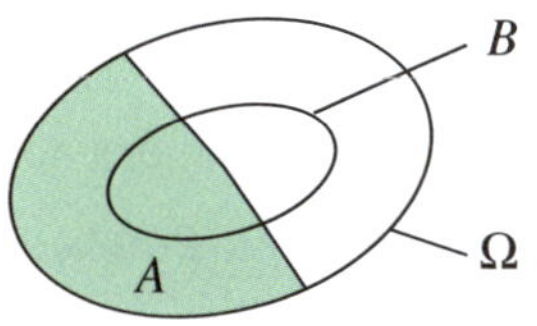

Soit A un événement de probabilité non nulle. Pour tout événement B, la probabilité conditionnelle de B sachant A, noté $P_A(B)$ est définie par :

$$P_A(B) = \frac{P(A \cap B)}{P(A)}$$

2 Événements indépendants

- Des événements A et B sont dits indépendants lorsque :

$$P(A \cap B) = P(A) \times P(B)$$

- Si A et B sont des événements indépendants de probabilité non nulle, alors :

$$P_A(B) = P(B), \ P_B(A) = P(A)$$

- Si A et B sont des événements indépendants, alors il en est de même pour A et $\overline{B}$.

3 Formule des probabilités totales

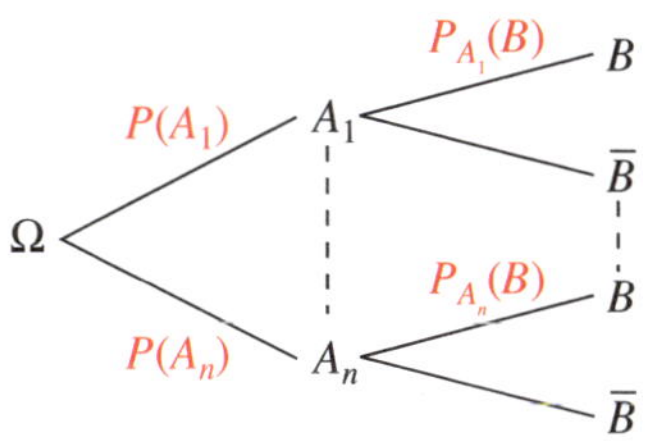

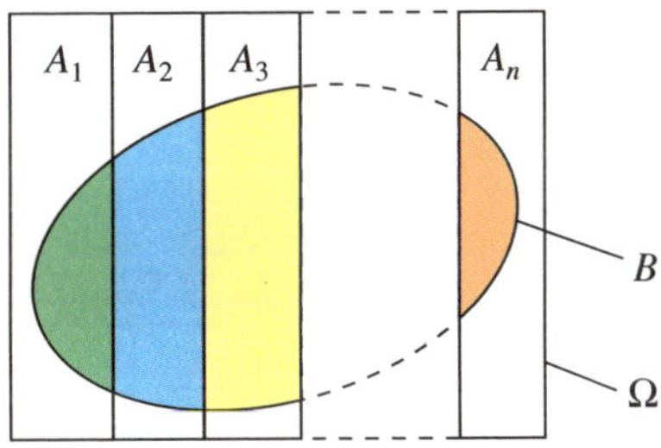

Si A_1, …, A_n sont des événements de probabilité non nulle formant une partition de l'univers, alors, pour tout événement B :

$$P(B) = P(A_1 \cap B) + \ldots + P(A_n \cap B) = P(A_1) \times P_{A_1}(B) + \ldots + P(A_n) \times P_{A_n}(B)$$

COURS

EXERCICES

Vrai ou faux ?

1 (corrigé p. 311)

1° Pour tout événement A :

$$P(A) + P(\overline{A}) = 1.$$

2° Quels que soient les événements A et B : $P(A \cup B) = P(A) + P(B)$.

3° Quels que soient les événements A et B : $P(A \cap B) = P(A) \times P(B)$.

4° On lance deux pièces de monnaie équilibrées.
La probabilité que sortent *pile* et *face* est égale à $\frac{1}{2}$.

5° On lance deux dés non truqués.

a. La probabilité d'obtenir un double 6 est égale à $\frac{1}{6}$.

b. La probabilité d'obtenir au moins un 6 est égale à $\frac{11}{36}$.

c. La probabilité que la somme des points soit égale à 8 vaut $\frac{5}{36}$.

d. La probabilité que la somme des points soit égale à 8 sachant que le minimum des points dépasse 2 est égale à $\frac{3}{16}$.

6° On tire aléatoirement une carte dans un jeu de 52 cartes.
La probabilité d'avoir un roi ou un cœur est $\frac{17}{52}$.

7° On tire une carte au hasard dans un jeu de 32 cartes. On note V l'événement « la carte tirée est un valet », N l'événement « la carte tirée est noire (*pique* ou *trèfle*) ».
Si l'événement $V \cap \overline{N}$ est réalisé, alors :

a. la carte tirée n'est ni un valet, ni noire ;

b. la carte tirée n'est pas un valet noir ;

c. la carte tirée est rouge.

8° On choisit aléatoirement une perle dans un sac contenant 100 perles dont la répartition par couleur et aspect est donnée par le tableau d'effectifs ci-dessous.

	Mate	Brillante
Rouge	81	9
Verte	9	1

On note R l'événement : « tirer une perle rouge » et M l'événement : « tirer une perle mate »

a. Les événements R et M sont indépendants.

b. $P_M(R) = \frac{9}{10}$.

c. $P(M) = P_R(M) + P_{\overline{R}}(M)$.

Simulations

2 ★ 5 min (corrigé p. 312)

Une expérience aléatoire consiste à tirer une boule au hasard dans une urne contenant six boules, certaines étant rouges et les autres blanches.
Les trois graphiques suivants, obtenus avec un tableur, représentent quatre distributions des fréquences d'apparition d'une boule rouge et d'une boule blanche lors de la répétition de n expériences, respectivement pour :

$$n = 10, \quad n = 100 \quad \text{et} \quad n = 1\,000.$$

Commenter ces graphiques.
Peut-on savoir combien l'urne comporte de boules rouges ?

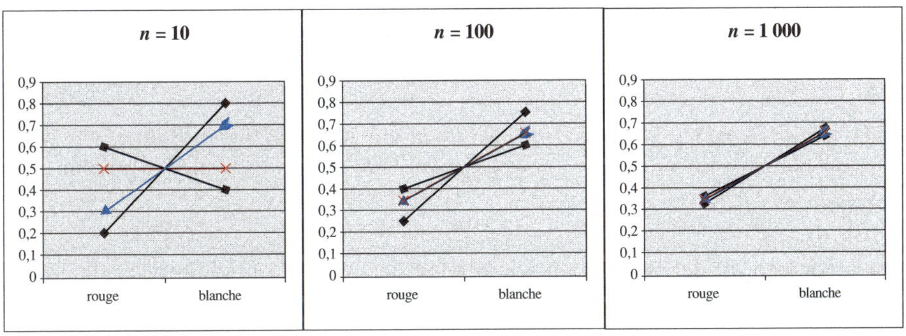

3 ★★ 10 min (corrigé p. 312)

On effectue cinq lancers successifs d'une pièce de monnaie équilibrée.

1° Écrire un algorithme qui simule cette expérience aléatoire et donne en sortie le nombre de côtés *face* obtenus.

2° Transcrire l'algorithme précédent sur la calculatrice, puis avec une ligne de code en langage Python.

4 ★★ 15 min (corrigé p. 313)

On effectue quatre jets successifs d'un dé équilibré.
Éditer sur calculatrice et en Python un programme qui simule cette expérience et qui affiche le minimum des points amenés par le dé.

5 ★★ 15 min (corrigé p. 313)

On effectue cinquante tirages aléatoires successifs d'une boule avec remise dans une urne contenant trois boules rouges et cinq boules bleues.
Éditer un programme sur calculatrice et un programme en Python qui simulent cette expérience et affichent le nombre de boules rouges obtenues.

6 ★★ 15 min (corrigé p. 314)

On lance cinquante fois de suite un dé équilibré.

1° Écrire en langage naturel un algorithme qui simule cette expérience aléatoire et qui affiche la fréquence du 2.

2° Écrire le programme correspondant en langage Python.

7 ★★★ 15 min (corrigé p. 314)

On lance cinquante fois de suite un dé équilibré.

1° Écrire un algorithme qui simule cette expérience aléatoire et qui affiche le nombre de fois où deux lancers consécutifs donnent le même résultat.
Par exemple, si le dé amène successivement 2, 3, 3, 4, 4, 5, 2, 2, 2, 6, alors sur ces dix lancers, le nombre de fois où deux lancers consécutifs ont donné le même résultat vaut 4.

2° Écrire le programme correspondant en langage Python.

Probabilité d'un événement

8 ★ 5 min (corrigé p. 315)

Dans une expérience aléatoire qui consiste à tirer au hasard une boule d'une urne comportant des boules rouges et des boules bleues, la probabilité d'obtenir une boule rouge est $\frac{2}{3}$.

Que peut-on dire des nombres N_1 de boules rouges et N_2 de boules bleues contenues dans l'urne ?

9 ★★ 15 min (corrigé p. 315)

On dispose d'une urne contenant des boules rouges et des boules bleues, et on effectue dans cette urne trois tirages au hasard successifs d'une boule avec remise. On note R_i l'événement « obtenir une boule rouge au i-ème tirage » pour i valant 1, 2 ou 3.

1° Décrire chacun des événements $R_1 \cap R_2$, $R_1 \cup R_2$, $\overline{R}_1 \cap R_2 \cap R_3$.

2° Écrire à l'aide des événements R_i chacun des événements suivants.
- A : « obtenir trois boules rouges ».
- B : « obtenir au moins une boule rouge ».
- C : « obtenir une boule rouge au premier tirage et une boule bleue au deuxième ».

3° Décrire l'événement contraire de chacun des événements :

$$R_1 \cap R_2,\ R_1 \cup R_2.$$

10 ★★ 15 min (corrigé p. 316)

On tire au hasard une carte dans un jeu de 32 cartes.
Calculer la probabilité de chacun des événements A, B, C, D, E et F définis ci-dessous.

1° A : « tirer un cœur ».

2° B : « tirer un roi ».

3° C : « tirer le roi de cœur ».
4° D : « tirer une dame rouge ».
5° E : « tirer un roi ou un cœur ».
6° F : « tirer une carte qui ne soit ni un roi ni un cœur ».

11 ★★ 15 min (corrigé p. 316)

On s'intéresse à l'expérience aléatoire qui consiste à choisir trois lettres au hasard, les deux premières parmi les lettres A, B et C, la troisième parmi A et B.
Un résultat possible est une liste de trois lettres ; on notera par exemple CAB celui pour lequel la première lettre est C, la deuxième A et la troisième B.

Les résultats des calculs de probabilités seront présentés sous forme de fraction irréductible.

1° Construire un arbre permettant d'obtenir tous les résultats possibles.

2° Calculer la probabilité des événements E, F, G, H suivants.

E : « obtenir trois lettres identiques ».
F : « obtenir au plus une lettre A ».
G : « obtenir trois lettres distinctes ».
H : « obtenir au moins une lettre C ».

3° Montrer que la probabilité de l'événement $F \cap H$ est égale à $\frac{4}{9}$.

En déduire la probabilité de l'événement $F \cup H$.

Événements indépendants

12 ★ 5 min (corrigé p. 317)

A et B sont des événements indépendants tels que : $P(A) = \frac{1}{4}$ et $P(B) = \frac{1}{3}$.
Calculer $P(A \cap B)$ et $P(A \cup B)$.

13 ★ 5 min (corrigé p. 317)

A et B sont des événements indépendants tels que : $P(A) = 0{,}7$ et $P(B) = 0{,}4$.
Calculer $P(\overline{A} \cap \overline{B})$ et $P(\overline{A \cup B})$.

14 ★★ 10 min (corrigé p. 317)

On lance deux pièces de monnaie équilibrées et on considère les événements :

A : « la première pièce donne *face* »,
B : « les pièces donnent le même résultat» .

Les événements A et B sont-ils indépendants ?

15 ★★ 10 min (corrigé p. 318)

On lance cinq fois un dé équilibré.
Les événements A : « n'obtenir aucun chiffre 1 » et B : « n'obtenir aucun chiffre 6 » sont-ils indépendants ?

EXERCICES

Probabilités conditionnelles

16 ★ 10 min (corrigé p. 318)

Le personnel d'une entreprise est composé de 500 salariés, dont 200 sont des femmes. Parmi les femmes, 150 ont plus de 30 ans, et parmi les hommes, 200 ont plus de 30 ans.

1° Résumer ces informations dans un tableau.

2° On choisit au hasard une personne dans le fichier de l'entreprise.
a. Sachant que cette personne est une femme, quelle est la probabilité qu'elle ait plus de trente ans ?
b. Sachant que cette personne a au plus 30 ans, quelle est la probabilité que ce soit une femme ?
c. Construire un arbre pondéré de cette expérience aléatoire.

17 ★★ 10 min (corrigé p. 319)

Une urne contient cinq boules rouges et trois boules noires. On tire au hasard une boule dans l'urne. Si cette boule est noire, on arrête l'expérience, sinon on replace la boule tirée dans l'urne, on ajoute deux boules rouges et on procède à un second tirage aléatoire d'une boule dans l'urne.

1° Construire un arbre pondéré de l'expérience aléatoire.

2° Quelle est la probabilité de tirer deux boules rouges ?

18 ★★ 10 min (corrigé p. 319)

Une boîte A contient 40 berlingots dont 10 au citron et 30 à la menthe, une deuxième boîte B contient 50 berlingots, dont 30 au citron et 20 à la menthe.
On choisit au hasard une des deux boîtes puis un berlingot dans cette boîte.

1° Construire un arbre pondéré de l'expérience aléatoire.

2° Quelle est la probabilité que le berlingot extrait soit à la menthe ?

3° Sachant qu'un berlingot à la menthe a été extrait, quelle est la probabilité qu'il provienne de la boîte A ?

19 ★★ 10 min (corrigé p. 320)

L'urne U contient un jeton rouge et un noir, l'urne V contient trois jetons rouges et un noir. On tire au hasard un jeton dans U, on le met dans V puis on tire au hasard un jeton dans V.

1° Construire un arbre pondéré de l'expérience aléatoire.

2° Quelle est la probabilité que les jetons tirés soient de la même couleur ?

3° Quelle est la probabilité que le premier jeton tiré soit rouge, sachant que le deuxième est noir ?

20 ★★ 10 min (corrigé p. 321)

En Sylvanie, une importante campagne de vaccination contre la grippe a été mise en œuvre : 70 % des habitants ont été vaccinés. Une étude a démontré que 5 % des individus vaccinés ont contracté la maladie, pourcentage qui s'est élevé à 60 % chez les non-vaccinés.

Un individu étant choisi au hasard dans la population, calculer au centième près :

1° la probabilité qu'il ait été touché par la maladie ;

2° la probabilité qu'il ait été vacciné, sachant qu'il a été touché par la maladie.

21 ★★ 15 min (corrigé p. 321)

Un même individu peut être atteint de surdité unilatérale (portant sur une seule oreille) ou bilatérale (portant sur les deux oreilles).
On admet que, dans la population étudiée, les deux événements :

D : « être atteint de surdité à l'oreille droite »,
G : « être atteint de surdité à l'oreille gauche »,

sont indépendants, et tous deux de probabilité 0,05.

On considère les événements suivants :

B : « être atteint de surdité bilatérale »,
U : « être atteint de surdité unilatérale »,
S : « être atteint de surdité (sur une oreille au moins) ».

1° Exprimer les événements B et S à l'aide des événements G et D, puis calculer les probabilités de B et de S. En déduire la probabilité de U.

2° Sachant qu'un individu pris au hasard dans la population considérée est atteint de surdité, quelle est à 10^{-3} près la probabilité qu'il soit atteint de surdité bilatérale ?

22 ★★ 15 min (corrigé p. 322)

Dans les cas simples, un gène est formé de deux allèles A et a, et un individu peut avoir l'un des trois génotypes suivants : AA, Aa, aa.
Lors de sa conception, un enfant hérite d'un allèle de chacun de ses parents, chacun étant choisi au hasard, et indépendamment l'un de l'autre. Par exemple, si le père est de type AA et la mère de type Aa, les enfants sont de type AA ou Aa.
On considère une population dont les proportions des génotypes, pour les hommes comme pour les femmes, sont données par le tableau suivant :

AA	Aa	aa
p_0	q_0	r_0

1° Calculer la probabilité qu'un enfant ait :
a. deux parents de type AA ;
b. un parent de type AA et un parent de type Aa ;
c. deux parents de type Aa.

2° Calculer la probabilité qu'un enfant soit de type AA sachant que :
a. les deux parents sont de type AA ;
b. un des deux parents est de type AA et l'autre de type Aa ;
c. les deux parents sont de type Aa.

EXERCICES

23 ★★★ 30 min *(corrigé p. 323)*

Un mobile se déplace sur les sommets d'une pyramide $ABCDO$ de sommet le point O et de base le carré $ABCD$.

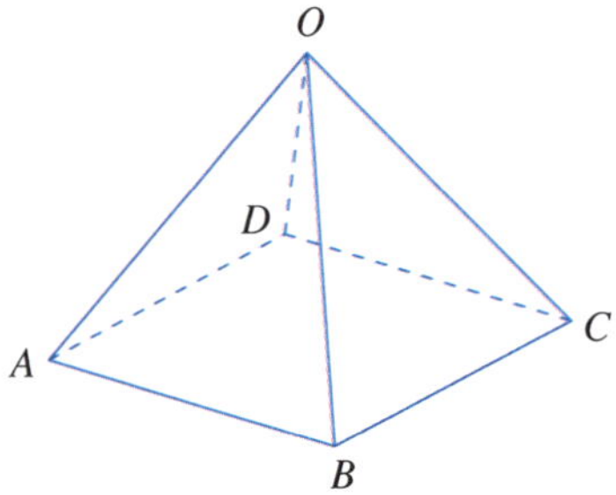

À chaque étape, il passe de façon équiprobable du sommet où il se trouve sur l'un des autres sommets voisins.
Par exemple, s'il est en A, il passe avec la probabilité $\frac{1}{3}$ sur B, D ou O alors que s'il est en O, il passe avec la probabilité $\frac{1}{4}$ sur A, B, C ou D.

Au départ, le mobile se trouve en O.
Pour tout entier naturel n non nul, pour tout sommet M de la pyramide $ABCD$, M_n désignera l'événement :

« le mobile est en M à l'issue du n-ième pas ».

1° Calculer la probabilité que le mobile soit en A, B, C, D, O à l'issue des deux premiers pas.

2° Pour tout entier naturel n non nul, on pose : $p_n = P(O_n)$

(p_n est la probabilité que le mobile soit en O à l'issue du n-ième pas).

a. Soit n un entier naturel non nul.

Justifier l'égalité :

$$P(O_{n+1}) = P(A_n \cap O_{n+1}) + P(B_n \cap O_{n+1}) + P(C_n \cap O_{n+1}) + P(D_n \cap O_{n+1}).$$

En déduire :

$$p_{n+1} = \frac{1}{3}(1 - p_n).$$

b. Pour tout entier naturel n non nul, on pose : $u_n = p_n - \frac{1}{4}$.

Démontrer que la suite (u_n) est géométrique.

c. Exprimer alors u_n puis p_n en fonction de n.

Quelle est la limite de p_n quand n tend vers $+\infty$?

CONTRÔLE CONTINU

Exercice n° 1 15 min (5 points) (corrigé p. 325)

Soit n un entier naturel non nul.
On effectue n lancers successifs d'une pièce de monnaie équilibrée.

1° Écrire un algorithme qui simule cette expérience aléatoire et donne en sortie le nombre de côtés *face* obtenu.

2° Écrire le programme correspondant pour la calculatrice ou en langage Python.

Exercice n° 2 20 min (7 points) (corrigé p. 325)

La municipalité d'une grande ville dispose d'un stock qu'elle propose aux usagers des différentes médiathèques de cette ville.
Afin de renouveler son offre de location, la municipalité décide de retirer des DVD de son stock.
Parmi les DVD à retirer, certains sont défectueux, d'autres non.
Parmi les 6 % de DVD défectueux sur l'ensemble du stock, 98 % seront retirés.
Enfin, parmi les DVD non défectueux, 92 % seront maintenus dans le stock.
On choisit un DVD au hasard dans le stock de la municipalité.
On considère les événements suivants :

D : « le DVD est défectueux »,
R : « le DVD sera retiré du stock ».

1° Dresser un arbre pondéré représentant la situation.

2° Démontrer que la probabilité de l'événement R est 0,134.

3° Une association caritative contacte la municipalité dans l'objectif de récupérer l'ensemble des DVD qui seront retirés du stock.
Un responsable de la ville affirme que parmi les DVD à retirer, plus de la moitié est composée de DVD défectueux.
Cette affirmation est-elle vraie ?

Exercice n° 3 25 min (8 points) (corrigé p. 326)

Des enquêtes concernant les véhicules circulant en France ont montré que :
- 12% des véhicules ont des freins défectueux ;
- parmi les véhicules ayant des freins défectueux, 20 % ont un éclairage défectueux ;
- parmi les véhicules ayant de bons freins, 8 % ont un éclairage défectueux.

Dans l'espoir d'améliorer la sécurité routière, la gendarmerie effectue au hasard des contrôles de véhicules.
On appelle :

E l'événement « le véhicule contrôlé a un bon éclairage »,
F l'événement « le véhicule contrôlé a de bons freins ».

1° Donner la probabilité de F, la probabilité de $\overline{E}$ sachant que $\overline{F}$ est réalisé, la probabilité de $\overline{E}$ sachant que F est réalisé.

2° Dresser un arbre pondéré représentant la situation.

3° a. Calculer la probabilité pour qu'un véhicule contrôlé ait des freins défectueux et un éclairage défectueux.

b. Calculer la probabilité pour qu'un véhicule contrôlé ait de bons freins et un éclairage défectueux.

c. Calculer la probabilité pour qu'un véhicule contrôlé ait un éclairage défectueux.

4° Sachant qu'un véhicule contrôlé a un éclairage défectueux, quelle est la probabilité pour qu'il ait des freins défectueux ?

5° Démontrer que la probabilité qu'un véhicule contrôlé soit en bon état est égale à 0,8096.

CORRIGÉS

1 1° Pour tout événement A :

$$P(A) + P(\bar{A}) = 1.$$

Vrai.

$$P(\bar{A}) = 1 - P(A).$$

2° Quels que soient les événements A et B :

$$P(A \cup B) = P(A) + P(B) \quad (*).$$

Faux.

$$P(A \cup B) = P(A) + P(B) - P(A \cap B)$$

L'égalité **(*)** est vraie si et seulement si $P(A \cap B) = 0$, c'est-à-dire si et seulement si A et B sont incompatibles.

3° Quels que soient les événements A et B :

$$P(A \cap B) = P(A) \times P(B) \quad (**).$$

Faux. L'égalité **(**)** n'est vraie que si A et B sont indépendants.

Dire que A et B sont indépendants signifie :

$$P(A \cap B) = P(A) \times P(B)$$

4° On lance deux pièces de monnaie équilibrées. La probabilité que sortent *pile* et *face* est égale à $\frac{1}{2}$.

Vrai.

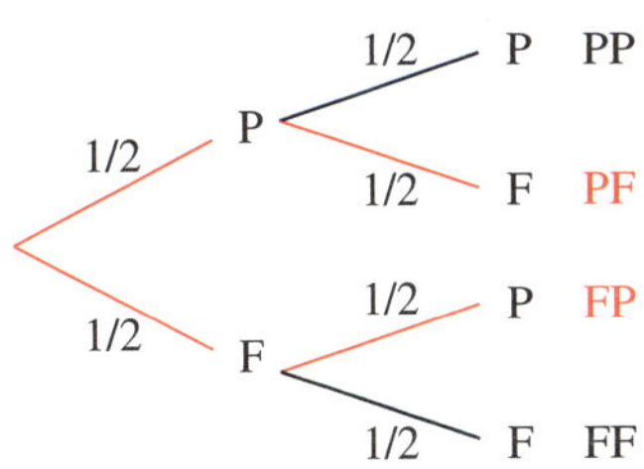

La probabilité que *pile* et *face* sortent est égale à $\frac{1}{2} \times \frac{1}{2} + \frac{1}{2} \times \frac{1}{2}$.

5° On lance deux dés non truqués. Modélisons l'expérience aléatoire par l'équiprobabilité sur l'ensemble des 36 couples d'entiers compris entre 1 et 6.

a. La probabilité d'obtenir un double 6 est égale à $\frac{1}{6}$.

Faux. Notons A l'événement :

« obtenir un double 6 ».

$A = \{(6 ; 6)\}$, donc : $P(A) = \frac{1}{36}$.

b. La probabilité d'obtenir au moins un 6 est égale à $\frac{11}{36}$.

Vrai. Notons B l'événement :

« obtenir au moins un 6 ».

Alors $\bar{B}$ est l'événement « aucun 6 n'apparaît », et les résultats qui réalisent $\bar{B}$ sont les couples d'entiers compris entre 1 et 5, donc :

$$P(\bar{B}) = \frac{5 \times 5}{36} = \frac{25}{36},$$

or $P(B) = 1 - P(\bar{B})$, donc :

$$P(\bar{B}) = 1 - \frac{25}{36} = \frac{11}{36}.$$

c. La probabilité que la somme des points soit égale à 8 vaut $\frac{5}{36}$.

Vrai. Notons C l'événement :

« la somme des points vaut 8 ».

$C = \{(2 ; 6), (3 ; 5), (4 ; 4), (5 ; 3), (6 ; 2)\}$,

donc : $$P(C) = \frac{5}{36}.$$

d. La probabilité que la somme des points soit égale à 8 sachant que le minimum des points dépasse 2 est égale à $\frac{3}{16}$.

Vrai. Notons D l'événement :

« le minimum des points dépasse 2 ».

- Les résultats qui réalisent D sont les couples d'entiers de $\{3 ; 4 ; 5 ; 6\}$

$4 \times 4 = 16$

donc 16 résultats réalisent D.

• Les résultats qui réalisent $D \cap C$ sont les trois couples (3 ; 5), (4 ; 4), (5 ; 3).

Donc : $P_D(C) = \dfrac{3}{16}$.

6° On tire aléatoirement une carte dans un jeu de 52 cartes.
La probabilité d'avoir un roi ou un cœur est $\dfrac{17}{52}$.

Faux. Notons R l'événement :
« la carte tirée est un roi »
et C l'événement :
« la carte tirée est un cœur ».
Alors $R \cup C$ est l'événement « la carte tirée est un roi ou un cœur » et :

$$P(R \cup C) = P(R) + P(C) - P(R \cap C).$$

Comme le jeu de cartes comporte 4 rois et 13 cœurs et bien sûr un seul roi de cœur :

$$P(R) = \frac{4}{52} = \frac{1}{13},\ P(C) = \frac{13}{52} = \frac{1}{4},$$

$$P(R \cap C) = \frac{1}{52},$$

donc :

$$P(R \cup C) = \frac{4}{52} + \frac{13}{52} - \frac{1}{52} = \frac{16}{52} = \frac{4}{13}.$$

7° On tire une carte au hasard dans un jeu de 32 cartes.
V : « la carte tirée est un valet »,
N : « la carte tirée est noire ».
$V \cap \overline{N}$ est l'événement « la carte tirée est un valet rouge », donc si $V \cap \overline{N}$ est réalisé, alors :
a. l'assertion « la carte tirée n'est ni un valet, ni noire » est **fausse** ;
b. l'assertion « la carte tirée n'est pas un valet noir » est **vraie** ;
c. l'assertion « la carte tirée est rouge » est **vraie**.

8° On choisit aléatoirement une perle dans un sac contenant 100 perles.
R : « tirer une perle rouge »,
M : « tirer une perle mate ».

Complétons les marges du tableau croisé de répartition des effectifs par couleur et aspect :

	mate	brillante	
rouge	81	9	90
verte	9	1	10
	90	10	100

a. Les événements R et M sont indépendants.
Vrai.

$$P(R) = \frac{90}{100} = \frac{9}{10},\ P(M) = \frac{90}{100} = \frac{9}{10},$$

$$P(R \cap M) = \frac{81}{100},$$

81 perles sont rouges et mates.

donc : $P(R \cap M) = P(R) \times P(M)$.

b. $P_M(R) = \dfrac{9}{10}$.

Vrai. Parmi les 90 perles mates, 81 sont rouges et $\dfrac{81}{90} = \dfrac{9}{10}$.

c. $P(M) = P_R(M) + P_{\overline{R}}(M)$.

Faux. $P_R(M) + P_{\overline{R}}(M) = \dfrac{81}{90} + \dfrac{9}{10} > 1$.

D'après la formule des probabilités totales :
$P(M) = P(R)P_R(M) + P(\overline{R})P_{\overline{R}}(M)$.

2 Les trois graphiques mettent en évidence des fluctuations d'échantillonnage, d'autant plus faibles que le nombre n d'expériences est grand.
Le troisième graphique fait apparaître une stabilisation de la fréquence de sortie d'une boule rouge sur un nombre compris entre 0,3 et 0,4. Or 2 est le seul entier k tel que : $0{,}3 \leqslant \dfrac{k}{6} \leqslant 0{,}4$.

Donc **il est raisonnable d'affirmer que l'urne contient deux boules rouges et quatre boules blanches.**

3 **Expérience aléatoire :** cinq lancers successifs d'une pièce de monnaie équilibrée.

Relevé du nombre de côtés *face*.

1° On choisit de coder l'obtention de face par 1 et l'obtention de *pile* par 0. Dans le compteur *x*, initialisé à 0, on ajoutera 1 à chaque fois que « la pièce amène *face* ».

```
x ← 0
Pour i variant de 1 à 5, faire
|  a ← 0 ou 1 aléatoirement
|  Si a = 1, alors
|  |  x ← x + 1
|  └fin Si
└fin Pour
Afficher x
```

2° **TI**

```
:0→X
:For (I, 1, 5)
:If nbrAléatEnt(0,1)=1
:Then
:X+1→X
:End
:End
:Disp"NB FACE", X
```

CASIO

```
0→ X↵
For 1→I To 5↵
If RanInt#(0,1)= 1↵
Then X+1→X↵
If End↵
Next↵
"NB FACE": X↵
```

Python

```
sum(listeRandint(0,1,5))
```

```
>>> from lycee import*
...module lycee actif....
>>> sum(listeRandint(0,1,5))
4
```

En choisissant un nombre au hasard dans [0 ; 1[, il y a une chance sur deux qu'il soit inférieur à 0,5.

4 **Expérience aléatoire :** quatre jets successifs d'un dé équilibré.

Relevé du minimum des points.

Programmons l'algorithme suivant :

- définir une liste à quatre éléments,
- à l'aide de quatre passages dans une boucle **Pour**, remplir la liste par des entiers choisis au hasard dans $\{1 ; 2 ; 3 ; 4 ; 5 ; 6\}$,
- afficher le minimum de la liste.

TI

```
:4→Dim L1
:For (I, 1, 4)
:nbrAléatEnt(1,6) → L1[I]
:End
:Min (L1)→X
:Disp"MIN", X
```

CASIO

```
4→Dim List 1 ↵
For 1→I To 4 ↵
RanInt#(1,6)→List 1[I]↵
Next↵
Min (List1) → X↵
"MIN": X↵
```

Python

```
min(listeRandint(1,6,4))
```

```
>>> from lycee import*
...module lycee actif....
>>> min(listeRandint(1,6,4))
3
```

5 **Expérience aléatoire :** cinquante tirages aléatoires successifs d'une boule avec remise dans une urne contenant trois boules rouges et cinq boules bleues.

Relevé du nombre de boules rouges.

Les cinquante tirages aléatoires successifs d'une boule dans l'urne se faisant avec remise, la composition de l'urne ne varie pas au cours des tirages.

CORRIGÉS

À chaque tirage, la probabilité d'obtenir une boule rouge est égale à la proportion de boules rouges dans l'urne, c'est-à-dire à $\frac{3}{8}$.

Structure du programme

• Initialiser un compteur x à 0 (dans lequel seront cumulées les boules rouges obtenues), une variable p à $\frac{3}{8}$.

• À chacun des cinquante passages dans une boucle **Pour**, si le générateur de nombre aléatoire fournit un nombre inférieur à p, alors ajouter 1 à x.

• Afficher x.

En choisissant un nombre au hasard dans [0 ; 1[, la probabilité que ce nombre soit inférieur à $\frac{3}{8}$ est égale à $\frac{3}{8}$.

TI

```
:0→X
:For (I, 1,50)
:If nbrAléat<3/8
:Then
:X+1→X
:End
:End
:Disp"NB ROUGES", X
```

CASIO

```
0→X↵
For 1→I To 50↵
If Ran#<3÷8↵
Then X+1→X↵
IfEnd↵
Next↵
"NB ROUGES" : X↵
```

Python (deux versions)

```
from lycee import *
s = 0
for k in range(50):
    if random() < 3/8:
        s = s + 1
print('Nombre de rouges :',s)
```

```
from lycee import *
urne = ['r','r','r','b','b']
s = 0
for k in range(50):
    if choice(urne) == 'r':
        s = s + 1
print('Nombre de rouges :',s)
```

6 50 lancers d'un dé.

Affichage de la fréquence du 2.

1° Algorithme

$k \leftarrow 0$
Pour i variant de 1 à 50
  $a \leftarrow$ entier aléatoire entre 1 et 6
  Si $a = 2$
  alors $k \leftarrow k + 1$
  Fin Si
Fin Pour
$f \leftarrow \frac{k}{50}$
Afficher f

2° Programme en Python

```
from lycee import *
k = 0
for i in range(50):
    a = randint(1,6)
    if a == 2:
        k = k + 1
print(k/50)
```

7 50 lancers d'un dé.

Nombre de fois où deux lancers consécutifs donnent le même résultat.

1° Algorithme

$k \leftarrow 0$
$x \leftarrow$ entier aléatoire entre 1 et 6
Pour i variant de 2 à 50
  $a \leftarrow$ entier aléatoire entre 1 et 6
  ⋮

```
    Si x = a
    alors k ← k + 1
    Fin Si
    x ← a
Fin Pour
Afficher k
```

2° **Programme Python**

```python
from lycee import *
k = 0
x = randint(1,6)
for i in range(49):
    a = randint(1,6)
    if x == a:
        k = k + 1
    x = a
print(k)
```

8 Les événements « tirer une boule rouge » et « tirer une boule bleue » sont des événements contraires, donc la somme de leurs probabilités est égale à 1. La probabilité de tirer une boule rouge étant $\frac{2}{3}$, celle de tirer une boule bleue est $\frac{1}{3}$. La probabilité de tirer une boule d'une des deux couleurs rouge ou bleu est égale à la proportion de boules de cette couleur dans l'urne.

$$\frac{N_1}{N_1 + N_2} = \frac{2}{3}, \quad \frac{N_2}{N_1 + N_2} = \frac{1}{3}$$

La probabilité de tirer une boule rouge (2/3) étant le double de celle de tirer une boule bleue (1/3), l'urne contient deux fois plus de boules rouges que de boules bleues :

$$\mathbf{N_1 = 2\,N_2.}$$

9 R_i : « obtenir une boule rouge au i-ième tirage ».

1° • $\boldsymbol{R_1 \cap R_2}$ est l'événement « **obtenir une boule rouge au premier et au deuxième tirage** ».

$A \cap B$ est réalisé si et seulement si à la fois A et B sont réalisés.

• $\boldsymbol{R_1 \cup R_2}$ est l'événement « **obtenir une boule rouge au premier ou au deuxième tirage** ».

$A \cup B$ est réalisé si et seulement si A ou B est réalisé.

• $\boldsymbol{\overline{R_1} \cap R_2 \cap R_3}$ est l'événement « **obtenir une boule bleue au premier et une boule rouge aux deuxième et troisième tirages** ».

2° • L'événement A : « obtenir trois boules rouges » est réalisé si, et seulement si, R_1, R_2 et R_3 le sont, donc :

$$\boldsymbol{A = R_1 \cap R_2 \cap R_3.}$$

• L'événement B : « obtenir au moins une boule rouge » est réalisé si, et seulement si, R_1 ou R_2 ou R_3 est réalisé, donc :

$$\boldsymbol{B = R_1 \cup R_2 \cup R_3.}$$

• L'événement C : « obtenir une boule rouge au premier tirage et une boule bleue au deuxième » est réalisé si, et seulement si, R_1 et l'événement contraire de R_2 sont réalisés, donc :

$$\boldsymbol{C = R_1 \cap \overline{R_2}.}$$

3° • La négation de « obtenir une boule rouge au premier et au deuxième tirage » est « ne pas obtenir une boule rouge au premier tirage ou ne pas obtenir une boule rouge au deuxième tirage », donc **l'événement contraire de $R_1 \cap R_2$ est l'événement « obtenir une boule bleue au premier ou au deuxième tirage ».**

$$\overline{R_1 \cap R_2} = \overline{R_1} \cup \overline{R_2}.$$

• La négation de « obtenir une boule rouge au premier ou au deuxième tirage » est « ne pas obtenir une boule rouge au premier tirage et ne pas obtenir une boule rouge au deuxième tirage », donc **l'événement contraire de $R_1 \cup R_2$ est l'événement « obtenir une boule bleue au premier tirage et au deuxième tirage ».**

$$\overline{R_1 \cup R_2} = \overline{R_1} \cap \overline{R_2}.$$

CORRIGÉS

10 L'expérience aléatoire est modélisée par la loi équirépartie sur l'ensemble des 32 cartes du jeu.

La probabilité d'un événement est égale au nombre de ses éléments divisé par 32.

1° A : « tirer un cœur ».

Un jeu de 32 cartes comprend huit cœurs, donc :

$$\boldsymbol{P(A)} = \frac{8}{32} = \boldsymbol{\frac{1}{4}}.$$

A possède 8 éléments : card(A) = 8.

2° B : « tirer un roi ».

Quatre cartes sont des rois, donc :

$$\boldsymbol{P(B)} = \frac{4}{32} = \boldsymbol{\frac{1}{8}}.$$

card(B) = 4

3° C : « tirer le roi de cœur ».

Le jeu comporte un seul roi de cœur, donc :

$$\boldsymbol{P(C) = \frac{1}{32}}.$$

4° D : « tirer une dame rouge ».

La dame de carreau et la dame de cœur sont les deux dames rouges du jeu, donc :

$$\boldsymbol{P(D)} = \frac{2}{32} = \boldsymbol{\frac{1}{16}}.$$

5° E : « tirer un roi ou un cœur ».

$$P(A \cup B) = P(A) + P(B) - P(A \cap B).$$

On remarque :

$$E = A \cup B \quad \text{et} \quad C = A \cap B,$$

donc :

$$P(E) = P(A) + P(B) - P(C) = \frac{8}{32} + \frac{4}{32} - \frac{1}{32},$$

d'où : $\boldsymbol{P(E) = \frac{11}{32}}.$

Un jeu de 32 cartes comprend huit cœurs dont le roi de cœur, et trois autres rois, donc : card(E) = 11, et on retrouve bien :

$$P(E) = \frac{11}{32}.$$

6° F : « tirer une carte qui ne soit ni un roi ni un cœur ».

F est l'événement contraire de l'événement E, donc :

$$P(F) = 1 - P(E) = 1 - \frac{11}{32},$$

d'où : $\boldsymbol{P(F) = \frac{21}{32}}.$

11 **1°**

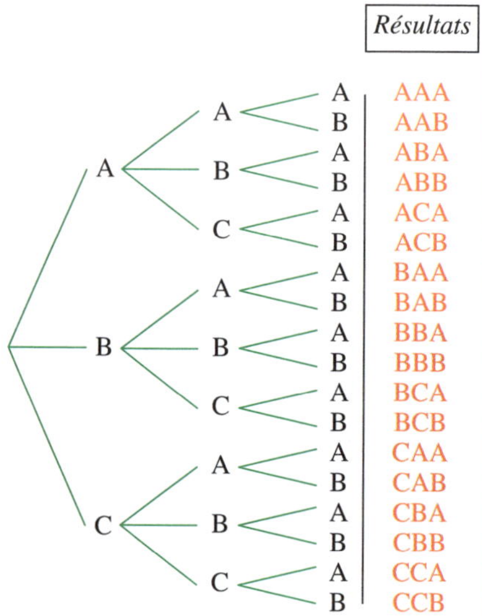

D'après l'arbre ci-dessus, les résultats sont au nombre de 18, ce qui correspond au calcul suivant :

$$3 \times 3 \times 2 = 18$$

- trois choix possibles pour la première lettre,
- le premier choix étant fait, trois choix possibles pour la deuxième lettre,
- les deux premiers choix étant faits, deux choix possibles pour la troisième lettre.

2° La loi de probabilité P associée à l'expérience aléatoire est l'équiprobabilité sur l'ensemble des 18 listes obtenues précédemment.

La probabilité d'un événement est donc le quotient par 18 du nombre de listes qui réalisent cet événement.

• E : « obtenir trois lettres identiques ».

$E = \{AAA, BBB\}$, donc :

$$\boldsymbol{P(E)} = \frac{2}{18} = \boldsymbol{\frac{1}{9}}.$$

• F : « obtenir au plus une lettre A ».
Les listes qui réalisent l'événement F sont au nombre de 12, donc :

$$\boldsymbol{P(F)} = \frac{12}{18} = \boldsymbol{\frac{2}{3}}.$$

• G : « obtenir trois lettres distinctes ».
Seules quatre listes réalisent l'événement G : ACB, BCA, CAB et CBA, donc :

$$\boldsymbol{P(G)} = \frac{4}{18} = \boldsymbol{\frac{2}{9}}.$$

• H : « obtenir au moins une lettre C ».
Exactement dix listes réalisent l'événement H, donc :

$$\boldsymbol{P(H)} = \frac{10}{18} = \boldsymbol{\frac{5}{9}}.$$

3° • $F \cap H$ est l'événement : « obtenir au plus une lettre A et au moins une lettre C » ; les listes qui le réalisent sont au nombre de 8 :
ACB, BCA, BCB, CAB, CBA, CBB, CCA, CCB,
donc :

$$\boldsymbol{P(F \cap H)} = \frac{8}{18} = \boldsymbol{\frac{4}{9}}.$$

• De l'égalité :
$P(F \cup H) = P(F) + P(H) - P(F \cap H)$,
on déduit :

$$\boldsymbol{P(F \cup H)} = \frac{2}{3} + \frac{5}{9} - \frac{4}{9} = \frac{6+5-4}{9} = \boldsymbol{\frac{7}{9}}.$$

12

> Si des événements A et B sont indépendants, alors :
> $$P(A \cap B) = P(A) \times P(B).$$

$P(A) = \dfrac{1}{4}$ et $P(B) = \dfrac{1}{3}$.

• A et B sont indépendants, donc :

$$\boldsymbol{P(A \cap B)} = P(A) \times P(B) = \frac{1}{4} \times \frac{1}{3} = \boldsymbol{\frac{1}{12}}.$$

• On sait :
$P(A \cup B) = P(A) + P(B) - P(A \cap B)$,
donc :

$$P(A \cup B) = \frac{1}{4} + \frac{1}{3} - \frac{1}{12} = \frac{3+4-1}{12} = \frac{6}{12},$$

d'où :

$$\boldsymbol{P(A \cup B)} = \boldsymbol{\frac{1}{2}}.$$

13

> Si des événements A et B sont indépendants, alors $\overline{A}$ et $\overline{B}$ le sont aussi.

$P(A) = 0{,}7$ donc $P(\overline{A}) = 1 - 0{,}7 = 0{,}3$

$P(B) = 0{,}4$ donc $P(\overline{B}) = 1 - 0{,}4 = 0{,}6$

Comme A et B sont indépendants, $\overline{A}$ et $\overline{B}$ le sont également, donc :

$$\boldsymbol{P(\overline{A} \cap \overline{B})} = P(\overline{A}) \times P(\overline{B}) = 0{,}3 \times 0{,}6 = \boldsymbol{0{,}18}.$$

De plus :

$$\begin{aligned}\boldsymbol{P(\overline{A \cup B})} &= 1 - P(A \cup B) \\ &= 1 - P(A) - P(B) + P(A \cap B) \\ &= 1 - 0{,}7 - 0{,}4 + 0{,}28 \\ &= 1{,}28 - 1{,}1 \\ &= \boldsymbol{0{,}18}.\end{aligned}$$

On remarque que l'on a :

$$\boldsymbol{P(\overline{A \cup B})} = \boldsymbol{P(\overline{A} \cap \overline{B})},$$

ce qui n'a rien d'étonnant car, de façon générale :

$$\overline{A \cup B} = \overline{A} \cap \overline{B}$$

14 On peut modéliser ce lancer de pièces avec la loi équirépartie sur l'ensemble {FF, PF, FP, PP}.

On a alors :

$A = \{FF, FP\}$ et $P(A) = \dfrac{1}{2}$,

CORRIGÉS

$B = \{FF, PP\}$ et $P(B) = \frac{1}{2}$,

$A \cap B = \{FF\}$ et $P(A \cap B) = \frac{1}{4}$.

Par conséquent :

$$P(A \cap B) = P(A) \times P(B),$$

ce qui prouve :

A et B sont indépendants.

15 Expérience aléatoire : cinq lancers d'un dé équilibré.

A : « n'obtenir aucun chiffre 1 ».

B : « n'obtenir aucun chiffre 6 ».

Intuitivement, les événements A et B ne sont pas indépendants : si aucun chiffre 1 n'est sorti, il y a plus de chance qu'au moins un chiffre 6 sorte.

Le dé étant équilibré et les résultats des cinq lancers successifs du dé étant « physiquement » indépendants :

$$P(A) = \left(\frac{5}{6}\right)^5.$$

La probabilité que le chiffre 1 ne sorte pas en un lancer du dé est égale à $\frac{5}{6}$.

De même :

$$P(B) = \left(\frac{5}{6}\right)^5,$$

$$P(A \cap B) = \left(\frac{4}{6}\right)^5 = \left(\frac{2}{3}\right)^5.$$

La probabilité que ni le chiffre 1 ni le chiffre 6 ne sortent en un lancer du dé est égale à $\frac{4}{6}$.

On a :

$$P(A) \times P(B) = \left(\frac{5}{6}\right)^5 \times \left(\frac{5}{6}\right)^5 = \left(\frac{25}{36}\right)^5,$$

de plus : $\left(\frac{25}{36}\right)^5 \neq \left(\frac{2}{3}\right)^5$,

$$\frac{25}{36} \neq \frac{2}{3}$$

donc :

$$P(A \cap B) \neq P(A) \times P(B),$$

ce qui prouve que **les événements A et B ne sont pas indépendants.**

16 1° Le tableau suivant résume les informations données par l'énoncé.

	⩽ 30 ans	> 30 ans	Total
Femmes	50	150	200
Hommes	100	200	300
Total	150	350	500

2° L'expérience aléatoire est modélisée par la loi équirépartie sur l'ensemble des 500 personnes.

Notons F l'événement :

« la personne est une femme »

et T l'événement :

« la personne a plus de trente ans ».

a. Il s'agit de calculer $P_F(T)$, et l'on sait :

$$P_F(T) = \frac{P(F \cap T)}{P(F)},$$

de plus :

$$P(F \cap T) = \frac{150}{500} \text{ et } P(F) = \frac{200}{500},$$

donc :

$$P_F(T) = \frac{150}{200} = \frac{3}{4}.$$

Finalement, **sachant que la personne choisie est une femme, la probabilité qu'elle ait plus de 30 ans est $\frac{3}{4}$.**

De façon analogue, on obtient :

$$P_{\overline{F}}(T) = \frac{200}{300} = \frac{2}{3}.$$

$$P_A(B) = \frac{P(A \cap B)}{P(A)}.$$

b. À calculer : $P_{\overline{T}}(F)$.

Par définition :

$$P_{\overline{T}}(F) = \frac{P(\overline{T} \cap F)}{P(\overline{T})},$$

or :

$$P(\overline{T} \cap F) = \frac{50}{500} \text{ et } P(\overline{T}) = \frac{150}{500},$$

donc :

$$P_{\overline{T}}(F) = \frac{50}{150} = \frac{1}{3}.$$

En conclusion, **sachant que la personne choisie a au plus 30 ans, la probabilité que ce soit une femme est $\frac{1}{3}$.**

De façon analogue, on obtient :

$$P_T(F) = \frac{150}{350} = \frac{3}{7}.$$

c. On construit sans difficulté l'un ou l'autre des deux arbres pondérés suivants :

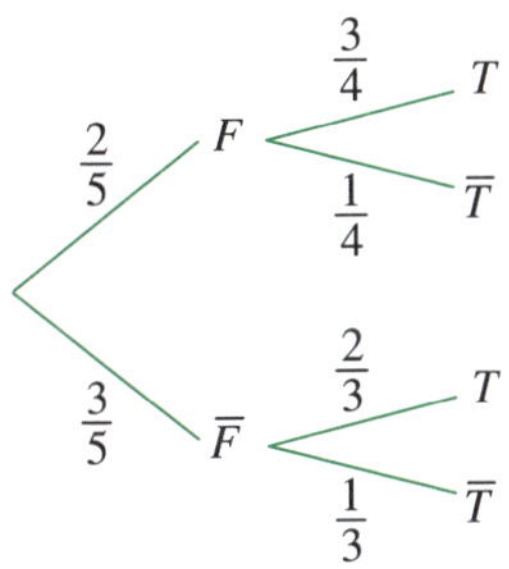

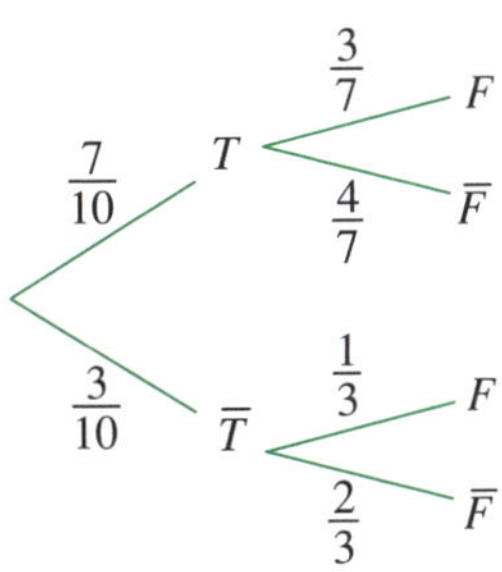

17 1° En notant R_1 l'événement :
« obtenir une boule rouge au premier tirage »
et R_2 l'événement :
« obtenir une boule rouge au deuxième tirage »,
l'expérience aléatoire étudiée admet pour arbre pondéré :

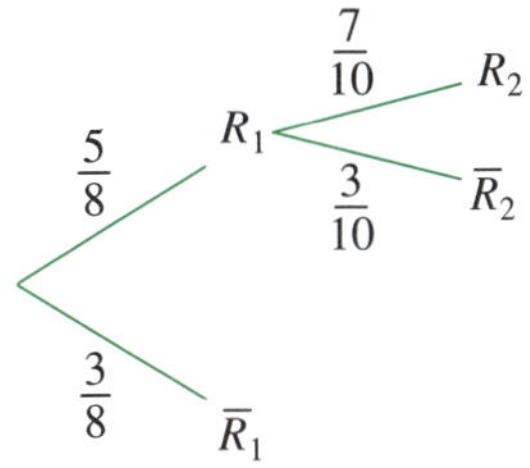

Sachant qu'une boule rouge est obtenue au premier tirage, le deuxième tirage s'effectue dans une urne qui contient au total 10 boules, dont 7 sont rouges.

2° D'après l'arbre :

$$P(R_1 \cap R_2) = \frac{5}{8} \times \frac{7}{10} = \frac{7}{16},$$

$$P(R_1 \cap R_2) = P(R_1) \times P_{R_1}(R_2)$$

autrement dit, **la probabilité de tirer deux boules rouges est $\frac{7}{16}$.**

$$\frac{7}{16} = 0{,}4375$$

$$P(A \cap B) = P(A) \times P_A(B)$$

18 1° Avec des notations évidentes, les données de l'énoncé se traduisent par :

$$P(A) = P(B) = \frac{1}{2},$$

choix au hasard d'une des boîtes A, B

$$P_A(C) = \frac{10}{40} = \frac{1}{4},$$

$$P_A(M) = \frac{30}{40} = \frac{3}{4},$$

choix au hasard d'un berlingot dans la boîte A, qui contient 40 berlingots dont 10 au citron et 30 à la menthe

$$P_B(C) = \frac{30}{50} = \frac{3}{5},$$

$$P_B(M) = \frac{20}{50} = \frac{2}{5},$$

choix au hasard d'un berlingot dans la boîte B, qui contient 50 berlingots dont 30 au citron et 20 à la menthe.

CORRIGÉS

On peut alors construire l'arbre pondéré suivant :

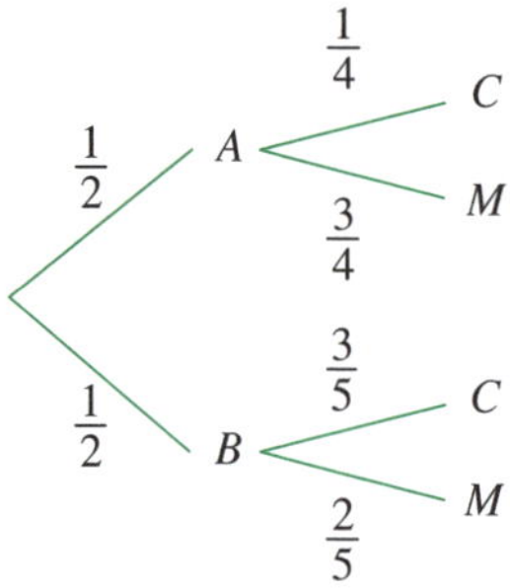

2° D'après l'arbre pondéré :

$$P(M) = \frac{1}{2} \times \frac{3}{4} + \frac{1}{2} \times \frac{2}{5},$$

d'où :

$$P(M) = \frac{1}{2} \times \frac{15 + 8}{20} = \frac{23}{40}.$$

$P(B) = P(A) \times P_A(B) + P(\overline{A}) \times P_{\overline{A}}(B)$

Autrement dit, **la probabilité que le berlingot extrait soit à la menthe est $\frac{23}{40}$.**

$\frac{23}{40} = 0{,}575$

3° À calculer : $P_M(A)$.
Par définition d'une probabilité conditionnelle :

$$P_M(A) = \frac{P(M \cap A)}{P(M)},$$

or, d'après l'arbre pondéré :

$$P(A \cap M) = \frac{1}{2} \times \frac{3}{4} = \frac{3}{8},$$

$P(A \cap M) = P(A) \times P_A(M)$

et d'après la question précédente :

$$P(M) = \frac{23}{40},$$

donc :

$$P_M(A) = \frac{3}{8} \times \frac{40}{23} = \frac{15}{23}.$$

Finalement, **sachant qu'un berlingot à la menthe a été extrait, la probabilité qu'il provienne de la boîte A est égale à $\frac{15}{23}$.**

$\frac{15}{23} \approx 0{,}652$ au millième près.

19 1° Avec des notations transparentes, les données de l'énoncé se traduisent par :

$$P(R_1) = P(N_1) = \frac{1}{2},$$

on tire au hasard un jeton dans l'urne U, qui contient deux jetons, un rouge et un noir

$$P_{R_1}(R_2) = \frac{4}{5}, \quad P_{R_1}(N_2) = \frac{1}{5},$$

si R_1 est réalisé, alors le deuxième tirage s'effectue dans une urne qui contient cinq jetons, quatre rouges et un noir

$$P_{N_1}(R_2) = \frac{3}{5}, \quad P_{N_1}(N_2) = \frac{2}{5},$$

si N_1 est réalisé, alors le deuxième tirage s'effectue dans une urne qui contient cinq jetons, trois rouges et deux noirs.

On peut alors construire l'arbre pondéré suivant :

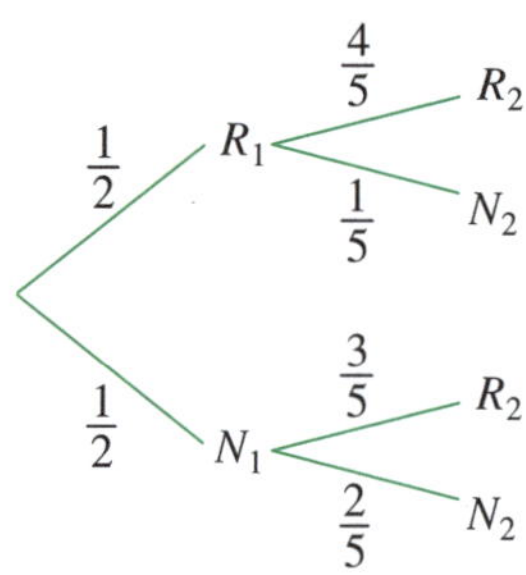

2° L'événement A : « les deux jetons tirés sont de la même couleur » est la réunion des deux événements incompatibles $R_1 \cap R_2$ et $N_1 \cap N_2$.

Si A et B sont incompatibles, alors :
$P(A \cup B) = P(A) + P(B)$.

$$\begin{aligned} P(A) &= P(R_1 \cap R_2) + P(N_1 \cap N_2) \\ &= P(R_1) \times P_{R_1}(R_2) \\ &\quad + P(N_1) \times P_{N_1}(N_2). \end{aligned}$$

d'où :

$$P(A) = \frac{1}{2} \times \frac{4}{5} + \frac{1}{2} \times \frac{2}{5} = \frac{3}{5}.$$

La probabilité que les deux jetons tirés soient de la même couleur est égale à $\frac{3}{5}$.

3° À calculer : $P_{N_2}(R_1)$.

Par définition d'une probabilité conditionnelle :

$$P_{N_2}(R_1) = \frac{P(R_1 \cap N_2)}{P(N_2)},$$

et on a :

$$P(R_1 \cap N_2) = \frac{1}{2} \times \frac{1}{5} = \frac{1}{10},$$

$$P(N_2) = \frac{1}{2} \times \frac{1}{5} + \frac{1}{2} \times \frac{2}{5} = \frac{3}{10}.$$

$P(N_2) = P(R_1) \times P_{R_1}(N_2) + P(N_1) \times P_{N_1}(N_2)$.

On en déduit :

$$P_{N_2}(R_1) = \frac{1}{10} \times \frac{10}{3} = \frac{1}{3},$$

autrement dit, **la probabilité que le premier jeton tiré soit rouge sachant que le deuxième est noir est égale à $\frac{1}{3}$.**

20 Visualisons la situation étudiée avec un arbre pondéré, en notant V l'événement :

« l'individu choisi est vacciné »

et M l'événement :

« l'individu choisi a été touché par la maladie ».

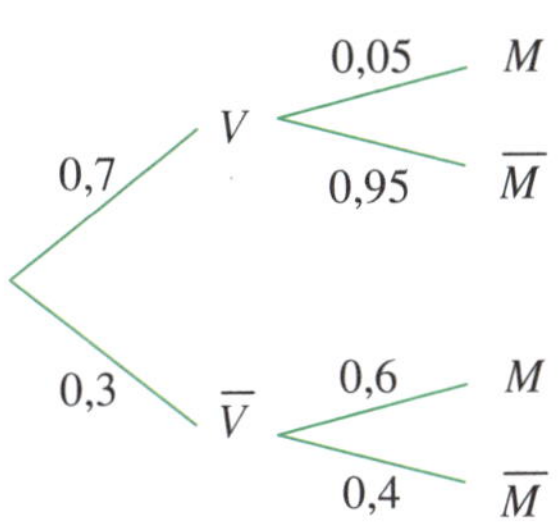

1° À calculer : $P(M)$.

D'après l'arbre pondéré :

$$\begin{aligned} P(M) &= 0{,}7 \times 0{,}05 + 0{,}3 \times 0{,}6 \\ &= 0{,}035 + 0{,}18 \\ &= 0{,}215, \end{aligned}$$

donc **la probabilité qu'un individu choisi au hasard dans la population ait été touché par la maladie est égale à 0,22 au centième près.**

2° À calculer : $P_M(V)$.

$$P_A(B) = \frac{P(A \cap B)}{P(A)}$$

Par définition d'une probabilité conditionnelle :

$$P_M(V) = \frac{P(V \cap M)}{P(M)},$$

de plus :

$$P(V \cap M) = 0{,}7 \times 0{,}05 = 0{,}035,$$

et d'après la question précédente :

$$P(M) = 0{,}215,$$

donc :

$$P_M(V) = \frac{0{,}035}{0{,}215} = \frac{35}{215} = \frac{7}{43}.$$

Finalement, **la probabilité qu'un individu choisi au hasard dans la population ait été vacciné sachant qu'il a été touché par la maladie, est égale à 0,16 au centième près.**

21 D : « être atteint de surdité à l'oreille droite »,

G : « être atteint de surdité à l'oreille gauche ».

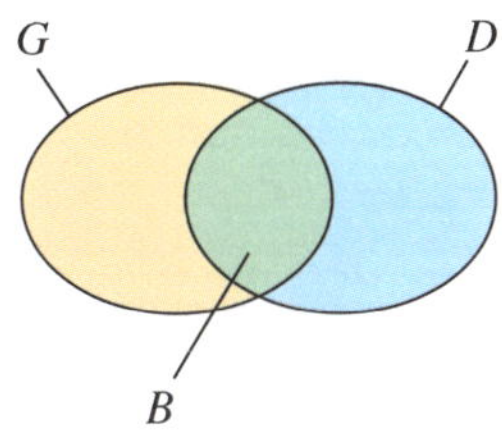

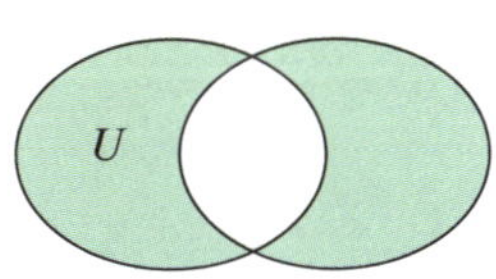

CORRIGÉS

1° • L'événement B :

« être atteint de surdité bilatérale »

est réalisé si, et seulement si, les événements G et D sont réalisés, autrement dit :

$$\boldsymbol{B = G \cap D.}$$

• L'événement S :

« être atteint de surdité »

est réalisé si, et seulement si, l'événement G ou l'événement D est réalisé, autrement dit :

$$\boldsymbol{S = G \cup D.}$$

• Les événements G et D étant indépendants :

$$P(B) = P(G) \times P(D),$$

d'où :

$$\boldsymbol{P(B)} = 0{,}05^2 = \mathbf{0{,}002\ 5.}$$

• On a l'égalité :

$$P(G \cup D) = P(G) + \mathrm{P}(D) - P(G \cap D),$$

donc :

$$P(S) = 0{,}05 + 0{,}05 - 0{,}002\ 5,$$

d'où :

$$\boldsymbol{P(S) = 0{,}097\ 5.}$$

• Les événements U et B forment une partition de S.

$U \cap B = \varnothing$ et $U \cup B = S$

Donc :

$$P(S) = P(U) + P(B),$$

d'où :

$$P(U) = P(S) - P(B) = 0{,}097\ 5 - 0{,}002\ 5,$$

et finalement :

$$\boldsymbol{P(U) = 0{,}095.}$$

2° À calculer : $P_S(B)$.

On a l'égalité :

$$P_S(B) = \frac{P(B \cap S)}{P(S)},$$

or :

$$B \cap S = B,$$

car $B \subset S$

donc :

$$P_S(B) = \frac{P(B)}{P(S)} = \frac{0{,}0025}{0{,}0975},$$

$$P_S(B) = \frac{25}{975} = \frac{1}{39}.$$

```
1/39
          .0256410256
```

En conclusion, **sachant qu'un individu pris au hasard dans la population considérée est atteint de surdité, la probabilité qu'il soit atteint de surdité bilatérale est égale à 0,026 à 10^{-3} près.**

22

AA	Aa	aa
p_0	q_0	r_0

1° Les données de l'énoncé peuvent se traduire par l'arbre pondéré ci-dessous :

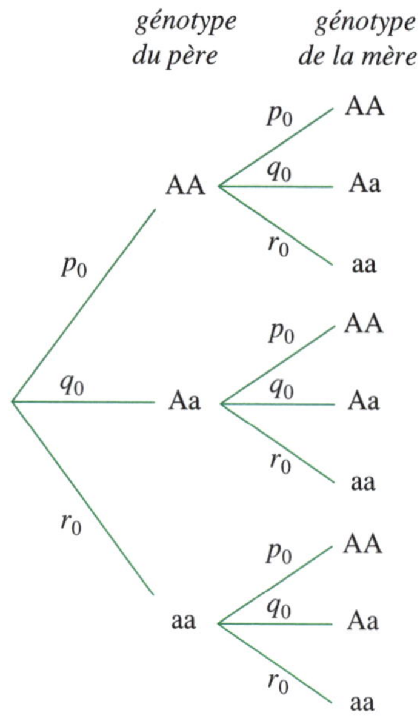

Notons :

• AA-AA l'événement :

« les deux parents sont de type AA » ;

• AA-Aa l'événement :

« un parent est de type AA, l'autre de type Aa » ;

• Aa-Aa l'événement :

« les deux parents sont de type Aa ».

a. $\boldsymbol{P(\mathrm{AA\text{-}AA})} = p_0 \times p_0 = \boldsymbol{p_0^2}.$

L'événement AA-AA est l'intersection des événements indépendants « le père est de type AA », « la mère est de type AA », tous deux de probabilité p_0.

b. $P(\text{AA-Aa}) = p_0 \times p_0 + q_0 \times p_0$, d'où :

$$\boldsymbol{P(\text{AA-Aa}) = 2p_0q_0}.$$

L'événement AA-Aa est la réunion des deux événements incompatibles « le père est de type AA et la mère de type Aa », « le père est de type Aa et la mère de type AA », tous deux de probabilité p_0q_0.

c. $\boldsymbol{P(\text{Aa-Aa})} = q_0 \times q_0 = \boldsymbol{q_0^2}$.

2° a. Si les deux parents sont de type AA, alors l'enfant est de type AA, donc **la probabilité qu'un enfant soit de type AA sachant que les deux parents sont de type AA est égale à 1.**

b. Sachant qu'un des parents est de type AA et l'autre de type Aa, la probabilité que l'enfant soit de type AA est celle qu'il hérite de l'allèle A du parent de type Aa, c'est-à-dire **0,5**.

c.

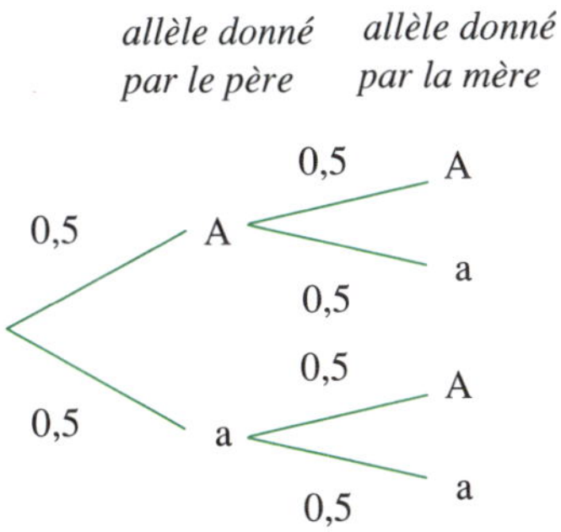

Sachant que les deux parents sont de type Aa, la probabilité que l'enfant soit de type AA est égale à 0,5 × 0,5, c'est-à-dire **0,25**.

23

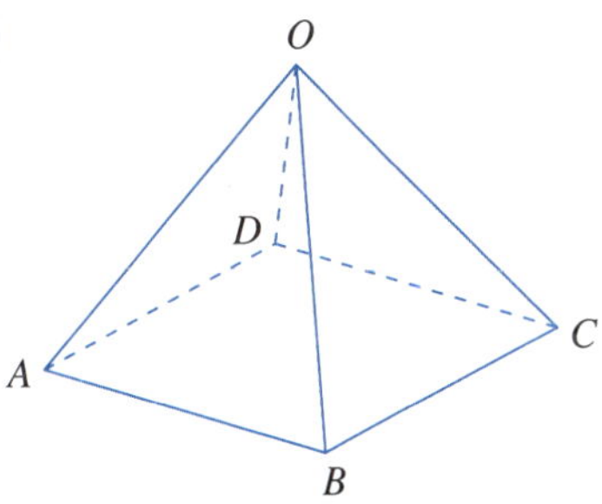

M_n :« le mobile est en M à l'issue du n-ième pas ».

1°

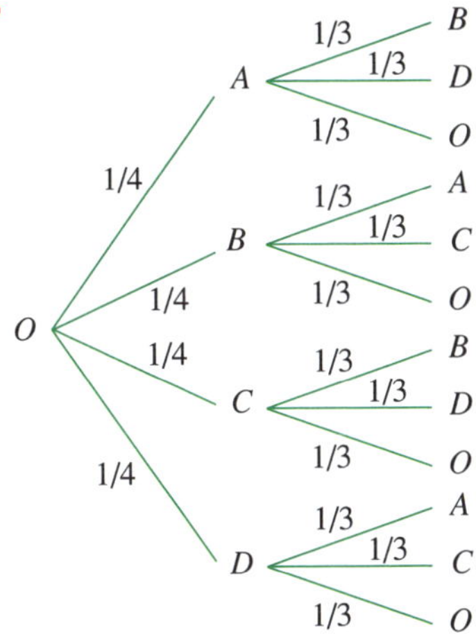

D'après l'arbre pondéré « à deux pas » ci-dessus :

$$\boldsymbol{P(A_2)} = \frac{1}{4} \times \frac{1}{3} + \frac{1}{4} \times \frac{1}{3} = \boldsymbol{\frac{1}{6}},$$

deux chemins passent de O à A en deux pas

de même :

$$\boldsymbol{P(B_2) = P(C_2) = P(D_2) = \frac{1}{6}},$$

$$\boldsymbol{P(O_2)} = 4 \times \frac{1}{4} \times \frac{1}{3} = \boldsymbol{\frac{1}{3}}$$

quatre chemins reviennent en O en deux pas.

2° $p_n = P(O_n)$.

a. Soit n un entier naturel non nul.

• À l'issue des n premiers pas, le mobile est en un et un seul des cinq sommets de la pyramide, donc la probabilité $P(O_{n+1})$ qu'il soit en O au pas suivant est la somme des probabilités des événements :

$$A_n \cap O_{n+1},\quad B_n \cap O_{n+1},$$
$$C_n \cap O_{n+1},\quad D_n \cap O_{n+1},$$
$$O_n \cap O_{n+1}.$$

La somme des probabilités des événements A_n, B_n, C_n, D_n et O_n est égale à 1.

De plus, si le mobile est en O à l'issue du n-ième pas, il ne peut pas se trouver en O au pas suivant, donc :

$$P(O_n \cap O_{n+1}) = 0,$$

et on obtient :

CORRIGÉS

$$P(O_{n+1}) = P(A_n \cap O_{n+1}) + P(B_n \cap O_{n+1}) + P(C_n \cap O_{n+1}) + P(D_n \cap O_{n+1}).$$

• Les événements A_n, B_n, C_n, D_n étant tous de probabilités non nulle,

cela se conçoit bien en imaginant comment se poursuivrait la construction de l'arbre pondéré aux pas suivants

on peut écrire :

$$P(A_n \cap O_{n+1}) = P(A_n) \times P_{A_n}(O_{n+1}),$$

c'est-à-dire :

$$P(A_n \cap O_{n+1}) = \frac{1}{3}P(A_n),$$

si le mobile est en A, il passe de façon équiprobable en O, B ou D au pas suivant

de même :

$$P(B_n \cap O_{n+1}) = \frac{1}{3}P(B_n),$$

$$P(C_n \cap O_{n+1}) = \frac{1}{3}P(C_n),$$

$$P(D_n \cap O_{n+1}) = \frac{1}{3}P(D_n).$$

On en déduit :

$$P(O_{n+1}) = \frac{1}{3}(P(A_n) + P(B_n) + P(C_n) + P(D_n)),$$

c'est-à-dire :

$$P(O_{n+1}) = \frac{1}{3}(1 - (P(O_n)).$$

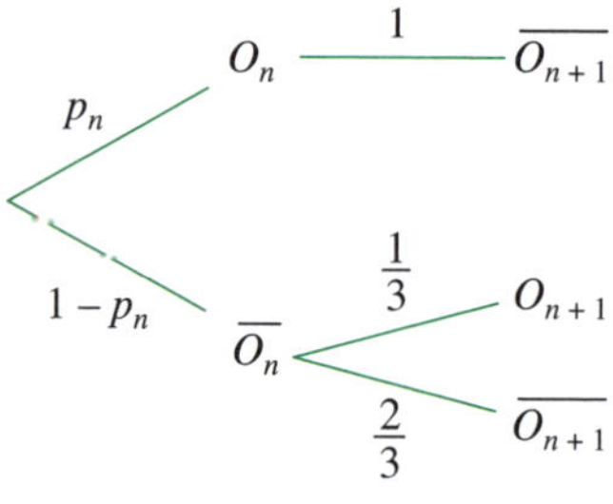

On a ainsi prouvé que, **pour tout n de $\mathbb{N}^*$** :

$$\boldsymbol{p_{n+1} = \frac{1}{3}(1 - p_n)}.$$

$p_1 = 0, \quad p_2 = \frac{1}{3}$

$p_2 = \frac{1}{3}(1 - p_1)$

b. $u_n = p_n - \frac{1}{4}$.

Pour tout n de $\mathbb{N}^*$:

$$u_{n+1} = p_{n+1} - \frac{1}{4},$$

par définition de la suite (u_n)

donc d'après la question précédente :

$$u_{n+1} = \frac{1}{3}(1 - p_n) - \frac{1}{4},$$

d'où :

$$u_{n+1} = \frac{1}{3} - \frac{1}{3}p_n - \frac{1}{4} = \frac{1}{12} - \frac{1}{3}p_n = -\frac{1}{3}\left(p_n - \frac{1}{4}\right),$$

il s'ensuit :

$$u_{n+1} = -\frac{1}{3}u_n,$$

ce qui prouve que **(u_n) est une suite géométrique** de raison $-\frac{1}{3}$.

c. On déduit de la question précédente que, **pour tout n de $\mathbb{N}^*$** :

$$u_n = u_1 \times \left(-\frac{1}{3}\right)^{n-1},$$

or :

$$u_1 = p_1 - \frac{1}{4} = -\frac{1}{4},$$

à l'issue du premier pas, la probabilité que le mobile soit en O est nulle

donc :

$$u_n = -\frac{1}{4}\left(-\frac{1}{3}\right)^{n-1},$$

ou encore :

$$\boldsymbol{u_n = \frac{3}{4}\left(-\frac{1}{3}\right)^n},$$

$$\frac{3}{4}\left(-\frac{1}{3}\right)^n = \frac{3}{4} \times \frac{-1}{3} \times \left(-\frac{1}{3}\right)^{n-1} = \frac{-1}{4} \times \left(-\frac{1}{3}\right)^{n-1}$$

et, d'après la définition de la suite (u_n) :

$$p_n = \frac{1}{4} + \frac{3}{4}\left(-\frac{1}{3}\right)^n.$$

$$p_n = \frac{1}{4}\left(1 + 3\left(-\frac{1}{3}\right)^n\right)$$

$-1 < -\dfrac{1}{3} < 1$, donc :

$$\lim_{n \to +\infty} \left(-\frac{1}{3}\right)^n = 0,$$

d'où :

$$\lim_{n \to +\infty} \boldsymbol{p_n} = \frac{\mathbf{1}}{\mathbf{4}}.$$

Si $-1 < q < 1$, alors $\lim\limits_{n \to +\infty} q^n = 0$.

CONTRÔLE CONTINU

Exercice n° 1

On effectue n lancers successifs d'une pièce de monnaie équilibrée et l'on compte le nombre de côtés *face*.

1° On code par exemple *face* par 1 et *pile* par 0.

```
Saisir n
k ← 0
a ← 0
Pour i variant de 1 à n
    a ← un entier aléatoire :
    0 ou 1
    Si a = 1
        alors k ← k + 1
    fin Si
fin Pour
Afficher k
```

2°

TI

```
: Input N
: 0 —>K
: 0 —>A
: For (I, 1, N)
: nbrAléatEnt(0,1)—> A
: If A = 1
: Then
: K+1 —>K
: End
: End
: Disp "NB FACE", K
```

CASIO

```
? →N↲
0 →K↲
0 →A↲
For 1 →I To N↲
RanInt#(0,1)→ A↲
If A = 1↲
Then K+1 →K↲
IfEnd↲
Next↲
"NB FACE" : K↲
```

Python

```python
from lycee import *
n = demande("n = ?")
k = 0
for i in range(n):
    k = k + randint(0,1)
print('Nombre de FACE :',k)
```

Exercice n° 2

1° D'après l'énoncé, on a :

$$P(D) = 0{,}06$$
$$P_D(R) = 0{,}98$$
$$P_{\overline{D}}(\overline{R}) = 0{,}92.$$

CORRIGÉS

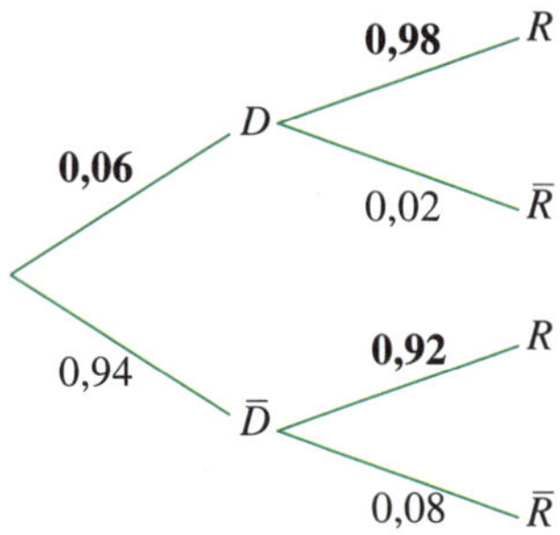

1° D'après la formule des probabilités totales :

$$P(R) = P(D \cap R) + P(\bar{D} \cap R)$$
$$= P(D) \times P_D(R) + P(\bar{D}) \times P_{\bar{D}}(R)$$
$$= 0{,}06 \times 0{,}98 + 0{,}94 \times 0{,}08,$$

donc : $\boldsymbol{P(R) = 0{,}134.}$

2° Il s'agit d'évaluer $P_R(D)$.

$$P_A(B) = \frac{P(A \cap B)}{P(A)}$$

On sait :

$$P_R(D) = \frac{P(D \cap R)}{P(R)},$$

donc : $$P_R(D) = \frac{0{,}06 \times 0{,}98}{0{,}134},$$

d'où : $P_R(D) \approx 0{,}44$.

On a prouvé : $P_R(D) < 0{,}5$

donc **l'affirmation du responsable est fausse.**

Exercice n° 3

1° D'après l'énoncé :

$$\boldsymbol{P(F)} = 1 - P(\bar{F}) = 1 - 0{,}12 = \boldsymbol{0{,}88}$$

$$\boldsymbol{P_{\bar{F}}(\bar{E}) = 0{,}2}$$

$$\boldsymbol{P_F(\bar{E}) = 0{,}08.}$$

2°

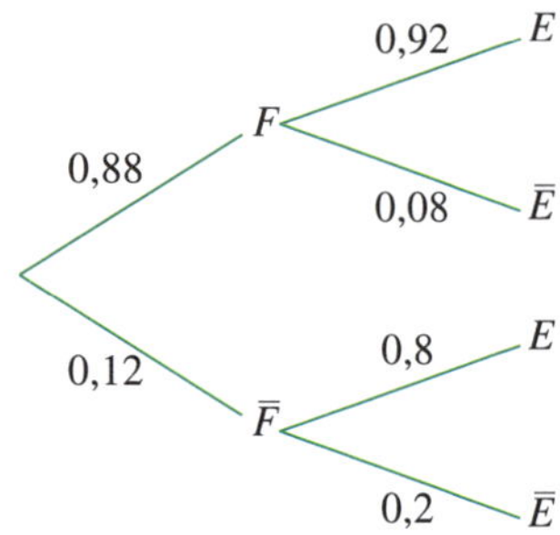

3°a. $\boldsymbol{P(\bar{F} \cap \bar{E})} = 0{,}12 \times 0{,}2 = \boldsymbol{0{,}024}$.

b. $\boldsymbol{P(F \cap \bar{E})} = 0{,}88 \times 0{,}08 = \boldsymbol{0{,}0704}$.

c. D'après la formule des probabilités totales :

$$P(\bar{E}) = P(\bar{F} \cap \bar{E}) + P(F \cap \bar{E}),$$

donc :

$$\boldsymbol{P(\bar{E})} = 0{,}024 + 0{,}0704 = \boldsymbol{0{,}0944}.$$

4° On sait : $P_{\bar{E}}(\bar{F}) = \dfrac{P(\bar{E} \cap \bar{F})}{P(\bar{E})}$,

donc :

$$\boldsymbol{P_{\bar{E}}(\bar{F})} = \frac{0{,}024}{0{,}0944} = \frac{240}{944} = \boldsymbol{\frac{15}{59}}.$$

$P_{\bar{E}}(\bar{F}) \approx 0{,}254$

5° Dire que le véhicule est en bon état signifie ici qu'il dispose à la fois d'un bon éclairage et de bons freins.

$$P(E \cap F) = 0{,}88 \times 0{,}92 = 0{,}8096.$$

Donc **la probabilité qu'un véhicule contrôlé soit en bon état est égale à 0,8096.**

Chapitre 14

Variables aléatoires

On considère une expérience aléatoire modélisée par une loi de probabilité P sur un ensemble fini Ω des issues.

On appelle variable aléatoire toute fonction X de Ω dans $\mathbb{R}$.

Pour tout réel x, l'ensemble des éléments de Ω qui ont pour image x est un événement, noté $\{X = x\}$.

L'ensemble image de Ω par X est l'ensemble de toutes les images des éléments de Ω par X (c'est l'ensemble des valeurs prises par X).

COURS

1 Loi de probabilité

Déterminer la loi de probabilité de X, c'est déterminer :

- les différentes valeurs $x_1, \ldots, x_n$ prises par X,
- pour tout i de $\{1, \ldots, n\}$, la probabilité de l'événement $\{X = x_i\}$.

Posons : pour tout i de $\{1, \ldots, n\}$, $p_i = P(X = x_i)$
(les réels $p_1, \ldots, p_n$ ont pour somme 1).

2 Espérance, variance, écart-type

- L'espérance mathématique de X est le réel noté $E(X)$ et défini par :

$$E(X) = x_1 p_1 + \ldots + x_n p_n = \sum_{i=1}^{n} x_i p_i$$

- La variance de X est le réel noté $V(X)$ et défini par :

$$V(X) = (x_1 - E(X))^2 p_1 + \ldots + (x_n - E(X))^2 p_n = \sum_{i=1}^{n} (x_i - E(X))^2 p_i$$

- L'écart-type de X est le réel noté $\sigma(X)$ et défini par : $\sigma(X) = \sqrt{V(X)}$

- Pour tous réels a et b :

$$E(aX + b) = aE(X) + b, \qquad V(aX + b) = a^2 V(X)$$

$$\sigma(aX + b) = |a| \sigma(X)$$

EXERCICES

Vrai ou faux ?

1 (corrigé p. 338)

1° On lance un dé à 6 faces et on note X le chiffre lu sur la face supérieure. On considère que l'univers des possibles est l'ensemble des entiers de 1 à 6.

a. $\{X \leqslant 3\} = \{0 ; 1 ; 2 ; 3\}$.

b. $\{X > 5\} = \{5 ; 6\}$.

2° On tire au hasard une carte dans un jeu de 32 cartes et on note X le nombre de cœurs.

a. $P(X = 0) = \frac{3}{4}$. **b.** $P(X > 1) = \frac{1}{4}$.

3° Dans une urne contenant quatre boules numérotées de 1 à 4, on effectue deux tirages aléatoires successifs d'une boule sans remise.
On considère que l'univers est constitué des couples (a, b) tels que a soit le numéro porté par la première boule tirée et b celui porté par la deuxième.
Enfin, on note X la variable aléatoire qui, à tout résultat de l'expérience aléatoire, associe la somme des numéros portés par les deux boules tirées.

a. $\{X = 2\} = \{(1 ; 1)\}$.

b. $\{X < 4\} = \{(1 ; 2), (2 ; 1)\}$.

c. $\{X = 11\} = \{(5 ; 6), (6 ; 5)\}$.

d. Les valeurs prises par X sont les entiers de 2 à 11.

e. $\{X \geqslant 10\}$ est un ensemble à quatre éléments.

4° Soit X une variable aléatoire dont les valeurs prises sont 1, 2 et 3.

a. $P(X = 1) + P(X = 2) + P(X = 3) = 1$.

b. $1 \leqslant E(X) \leqslant 3$.

c. $E(-2X + 3) = -2E(X) + 3$.

d. $V(-2X - 3) = 4V(X) - 9$.

e. $\sigma(-2X - 3) = -2\sigma(X)$.

5° On lance un dé équilibré à 6 faces et on note X le chiffre lu sur la face supérieure.

a. L'espérance de X est égale à 3,5.

b. En Python, la commande :

```
[randint(1,6) for k in range(100)]
```

simule un échantillon de taille 100 de la variable aléatoire X.

c. Si la commande Python `randint(1,6)` a renvoyé 4 fois consécutivement 6, alors la probabilité qu'elle renvoie à nouveau 6 au cinquième appel est inférieure (strictement) à celle d'obtenir 1.

Espérance et variance

2 ★ 5 min (corrigé p. 339)

La loi de probabilité d'une variable aléatoire X est donnée par le tableau suivant :

x	-2	1	3
$P(X=x)$	$\frac{1}{15}$	$\frac{1}{3}$	$\frac{3}{5}$

Calculer l'espérance et la variance de X.

3 ★★ 10 min (corrigé p. 339)

```
def myst(x,p):
    m = 0
    for k in range(len(x)):
        m = m + x[k]*p[k]
    return m

def var(x,p):
    m = myst(x,p)



    return v
```

1° La fonction **myst** éditée dans l'encadré ci-dessus prend en paramètres d'entrée des listes **x** et **p** ayant respectivement pour composantes :

- les valeurs x_1, x_2, … prises par une variable aléatoire X ;
- les probabilités p_1, p_2, … que ces valeurs soient prises par X.

Que calcule et retourne la fonction **myst** ?

2° Avec la même définition des paramètres d'entrée que dans la question précédente, compléter l'édition de la fonction **var** de façon qu'elle calcule et retourne la variance de la variable aléatoire X.

Loi de probabilité

4 ★★ 10 min (corrigé p. 339)

On dispose de deux boîtes B_1 et B_2 dans chacune desquelles sont placés un jeton numéroté **0** et un jeton numéroté **1**.

On tire aléatoirement un jeton de chacune des boîtes, et on les échange. On appelle X la variable aléatoire qui, à chaque résultat de l'expérience aléatoire, associe le nombre de jetons numérotés **1** dans la boîte B_1.

Déterminer la loi de probabilité de X.

5 ★★ 10 min *(corrigé p. 340)*

Un joueur lance un dé équilibré, et :

- il gagne 1 € si le dé amène 1, 2 ou 3,
  0,5 € si le dé amène 4,
- il perd 2 € si le dé amène 5 ou 6.

Soit X la variable aléatoire qui, à chaque résultat amené par le dé, associe le gain en euros (positif ou négatif) du joueur.

1° Déterminer la loi de probabilité de X.

2° Écrire une fonction **`simulX`** en Python qui simule la variable aléatoire X.

6 ★★ 10 min *(corrigé p. 340)*

On dispose d'une urne contenant quatre boules, numérotées de 1 à 4. On effectue dans cette urne deux tirages aléatoires successifs d'une boule avec remise, et on appelle X la variable aléatoire qui, à chaque résultat de l'expérience aléatoire, associe la différence entre le plus grand nombre de points et le plus petit nombre de points portés par les boules tirées.

Déterminer la loi de probabilité de X.

7 ★★★ 30 min *(corrigé p. 340)*

Dans un jeu de *pile* ou *face* avec une pièce de monnaie équilibrée, on gagne le double de la mise sur *pile* et on perd la mise sur *face*.
Un joueur qui dispose de 1 000 € commence par miser un euro, double sa mise quand il perd et ne s'arrête que s'il gagne ou s'il ne peut plus miser.
On modélisera n lancers de la pièce de monnaie (n entier supérieur ou égal à 1) par la loi équirépartie sur les n-listes dont les éléments valent 0 ou 1 (on code « le joueur gagne » par 1 et « le joueur perd » par 0).

1° On suppose que le joueur mise n fois.
a. Quelle est la probabilité que le joueur gagne au n-ième coup ?
b. Calculer la somme des mises successives, du premier au n-ième coup.
c. Calculer le gain du joueur lorsqu'il gagne au n-ième coup.

2° Déterminer le nombre maximal de coups.

3° Soit G la variable aléatoire qui donne le gain en euros (positif ou négatif) du joueur.
a. Quelles sont les valeurs prises par la variable aléatoire G ?
Déterminer la loi de probabilité de G.
b. Calculer l'espérance de la variable aléatoire G.

Variables aléatoires associées

8 ★★ 20 min *(corrigé p. 341)*

Une urne contient 3 boules blanches, 4 boules rouges et 10 boules noires. On tire au hasard une boule.

Partie A

1° Proposer un modèle pour cette expérience aléatoire.

2° Déterminer les probabilités des événements suivants.

B : « tirer une boule blanche »,

R : « tirer une boule rouge »,

N : « tirer une boule noire ».

3° Écrire un algorithme qui simule l'expérience aléatoire et qui affiche GAGNÉ si la boule est blanche et PERDU sinon.

Partie B

On gagne 1 euro si on a tiré une boule noire, 3 euros si on a tiré une boule rouge et 10 euros si on a tiré une boule blanche.
On définit la variable aléatoire X comme étant lc gain réalisé en jouant une fois à ce jeu.

1° Déterminer les valeurs prises par X, puis déterminer la loi de probabilité de X.

2° Calculer l'espérance de X. Que représente-t-elle ?

3° Calculer l'écart-type de X.

Partie C

On reçoit 10 euros si on a tiré une boule noire, 30 euros si on a tiré une boule rouge et 100 euros si on a tiré une boule blanche. Mais pour jouer une fois, on doit payer 35 euros.
On définit la variable aléatoire Y comme étant le gain algébrique (positif ou négatif) réalisé en jouant une fois à ce jeu.

1° Déterminer la loi de probabilité de Y.

2° Calculer l'espérance et l'écart-type de Y.

9 ★★ 20 min (corrigé p. 342)

Dans une usine, le coût de fabrication d'un objet est de 900 €.
Cet objet peut présenter un défaut A, un défaut B, ou en même temps le défaut A et le défaut B.
Le réparer pour le mettre sur le marché entraîne des frais supplémentaires : 100 € pour le défaut A et 150 € pour le défaut B.
On admet que :

- 90 % des objets fabriqués n'ont aucun défaut,
- 4 % ont le seul défaut A,
- 2 % ont le seul défaut B,
- 4 % ont les deux défauts A et B.

On note X la variable aléatoire qui, à chaque objet choisi au hasard dans la production, associe son prix de revient en euros, c'est-à-dire son coût de fabrication augmenté du coût de réparation éventuel.

1° Quelles sont les seules valeurs que peut prendre X ?

2° Déterminer la loi de probabilité de X.

3° Calculer l'espérance $E(X)$ et l'écart-type $\sigma(X)$. Que représente $E(X)$ pour l'usine ?

4° On admet que tous les produits seront vendus.

a. L'usine peut-elle raisonnablement espérer réaliser des bénéfices en vendant 910 € chaque objet produit ?

b. L'usine veut réaliser un bénéfice moyen de 100 € par objet. Quel prix de vente doit-elle choisir pour l'objet produit ?

EXERCICES

10 ★★ 20 min

(corrigé p. 343)

On considère l'expérience aléatoire qui consiste à effectuer quatre lancers successifs d'une pièce de monnaie équilibrée.
Le modèle est la loi équirépartie sur l'ensemble des 4-listes d'éléments de {P, F}.
On adoptera la notation simplifiée qui correspond, par exemple, à noter PFFP le résultat (P, F, F, P).

1° Représenter l'expérience aléatoire à l'aide d'un arbre.

2° Soit X la variable aléatoire qui, à chaque résultat de l'expérience aléatoire, associe la longueur de la plus grande chaîne de côtés *pile* obtenue.
Par exemple : $X(\{\text{FPPF}\}) = 2$, $X(\{\text{FPFP}\}) = 1$.
a. Déterminer la loi de probabilité de X.
b. Calculer l'espérance de X.

2° Soit Y la variable aléatoire qui, à chaque résultat de l'expérience aléatoire, associe 0 si aucun *pile* n'apparaît, le rang d'apparition du dernier *pile* sinon.
Déterminer la loi de probabilité de Y et calculer son espérance.

3° Quelle est la probabilité de l'événement $\{X = 2\} \cup \{Y = 3\}$?

Simulations

11 ★ 5 min

(corrigé p. 344)

On considère le programme ci-dessous, qui simule une expérience aléatoire où sont effectués des lancers successifs d'un dé équilibré.

```
from lycee import*
N = demande("N = ?")
C = 0
for i in range(N):
    if randint(1,6)==1:
        C = C+1
print(C/N)
```

Combien de valeurs sont prises par le compteur **i** ?
Que simule la commande **randint(1,6)** ?
Quel est le contenu de **C** à la sortie de la boucle **for** ?
À quoi correspond la valeur obtenue à l'affichagc ?

12 ★ 15 min

(corrigé p. 344)

On effectue trois lancers successifs d'un dé équilibré et on note X la variable aléatoire qui prend la valeur 0 si aucun 6 n'apparaît, qui sinon donne le numéro du lancer où apparaît le premier 6.
1° Déterminer la loi de probabilité de X à l'aide d'un arbre.
Calculer l'espérance de X.

2° Écrire en Python une fonction **simulX** qui simule l'expérience aléatoire et donne en sortie la valeur prise par X.

13 ★★ 15 min

(corrigé p. 345)

1°

```
from lycee import *
res = [randint(1,6) for k in range(10)]
print(res)
```

Le programme ci-dessus simule dix lancers successifs d'un dé équilibré et affiche la liste des résultats.
Modifier ce programme de façon qu'il simule cinq tirages au hasard d'une boule avec remise dans une urne contenant quatre boules numérotées de **1** à **4**, affiche la liste des résultats et le nombre de fois où la boule portant le numéro **3** a été obtenue.

2°

```
from lycee import *
urne =['n','n','r','r','r']
res = []
for k in range(3):
    x = choice(urne)
    res.append(x)
    urne.remove(x)
print(res)
```

Le programme ci-dessus simule trois tirages au hasard successifs d'une boule sans remise dans une urne contenant initialement deux boules noires et trois boules rouges, puis affiche la liste des résultats.
Modifier ce programme de façon qu'il simule cinq tirages au hasard d'un jeton sans remise dans une urne contenant initialement huit jetons numérotés de **0** à **7**, affiche la liste des résultats et leur moyenne.

3°

```
from lycee import *
res = []
for k in range(5):
    if random()<0.5:
        res.append('face')
    else:
        res.append('pile')
print(res)
```

Le programme ci-dessus simule cinq lancers successifs d'une pièce de monnaie équilibrée et affiche la liste des résultats.

Modifier ce programme de façon qu'il simule six lancers successifs d'une pièce de monnaie, qui amène *face* avec la probabilité $\frac{1}{3}$ et *pile* avec la probabilité $\frac{2}{3}$, puis affiche la liste des résultats.

14 ★★ 15 min

(corrigé p. 346)

On effectue deux lancers successifs d'un dé tétraédrique, dont les faces sont numérotées de 1 à 4.
Le modèle est la loi équirépartie sur l'ensemble Ω des couples d'éléments de $\{1, 2, 3, 4\}$.
On appelle X la variable aléatoire qui, à chaque résultat de l'expérience aléatoire, associe le plus grand des deux numéros amenés par le dé.

1° Déterminer la loi de probabilité de X.
Calculer l'espérance de X.

2° On considère le programme Python suivant :

```
from lycee import *
n = demande("Entrer n : ")
s = 0
for k in range(n):
    alea = listeRandint(1,4,2)
    s = s + max(alea)
print(s/n)
```

Que calcule ce programme ?
Que peut-on dire de la valeur en sortie pour de grandes valeurs de n ?

15 ★★★ 30 min

(corrigé p. 346)

On considère l'expérience aléatoire qui consiste à effectuer neuf lancers successifs d'une pièce de monnaie équilibrée.
En considérant qu'un résultat est la 9-liste $(x_1, \ldots, x_9)$ où, pour tout entier i compris au sens large entre 1 et 9, x_i vaut 1 si la pièce a amené *pile* au i-ème lancer, 0 sinon, le modèle est la loi équirépartie sur l'ensemble Ω des 9-listes d'éléments de l'ensemble $\{0 ; 1\}$, le nombre d'éléments de Ω étant égal à 2^9.
On s'intéresse à la variable aléatoire X qui, à tout résultat de l'expérience aléatoire, associe le nombre « d'alternances ». Par exemple, si les neufs lancers ont donné successivement :

pile, *pile*, *pile*, *face*, *face*, *pile*, *face*, *face*, *pile*,
↑ ↑ ↑ ↑

alors l'événement $\{X = 4\}$ est réalisé, autrement dit le résultat (1, 1, 1, 0, 0, 1, 0, 0, 1) réalise l'événement $\{X = 4\}$.

1° a. Déterminer les résultats qui réalisent l'événement $\{X = 0\}$, puis ceux qui réalisent l'événement $\{X = 8\}$.
b. Déterminer le nombre de résultats qui réalisent l'événement $\{X = 1\}$.
c. En déduire la probabilité de chacun des événements $\{X = 0\}$, $\{X = 8\}$, $\{X = 1\}$.
On donnera la valeur exacte et l'arrondi automatique à 10^{-3} près.

2° Compléter l'algorithme suivant qui simule l'expérience aléatoire et donne en sortie le nombre d'alternances.

```
x ← 0
a ← aléatoirement la valeur 0 ou 1
Pour i variant de ■ à 9, faire
|    b prend aléatoirement la valeur 0 ou 1
|    Si a ≠ b, alors
|    |    x ← ■
|    |    a ← ■
|    └── fin Si
└── fin Pour
Afficher x
```

3° Compléter l'algorithme suivant qui simule N expériences aléatoires et donne en sortie la fréquence de réalisation des événements $\{X = 0\}$, $\{X = 1\}, \ldots, \{X = 8\}$. On a noté **algo1** la valeur en sortie de l'algorithme de la question **2°**.

> Les composantes de L seront notées $L[1]$, $L[2], \ldots, L[9]$.

```
Saisir N
x ← (0, 0, 0, 0, 0, 0, 0, 0, 0)
Pour i variant de …, faire
|   n ← algo1 + 1
|   L[n] ← …
└── fin Pour
Pour i variant de 1 à 9, faire
|   …
└── fin Pour
Afficher L
```

4° Après avoir programmé l'algorithme précédent, trois exécutions en prenant successivement $N = 1\,000$, $N = 10\,000$ et $N = 100\,000$ ont donné en sortie les listes suivantes (valeurs arrondies au millième).

$N = 1\,000$:

0,005 0,034 0,113 0,217 0,235 0,250 0,112 0,031 0,003

$N = 10\,000$:

0,005 0,034 0,108 0,221 0,275 0,218 0,106 0,033 0,004

$N = 100\,000$:

0,004 0,031 0,109 0,216 0,274 0,221 0,110 0,031 0,004

Ces résultats sont-ils en accord avec ceux de la question **1° c.** ?

16 ★★★ 30 min (corrigé p. 347)

Le lièvre et la tortue

Il y a six étapes du départ à l'arrivée.
On lance un dé.
Si un 6 sort, alors le lièvre franchit les six étapes d'un coup et gagne la course.
Sinon, la tortue franchit une étape.
On recommence, jusqu'à ce qu'il y ait un vainqueur.

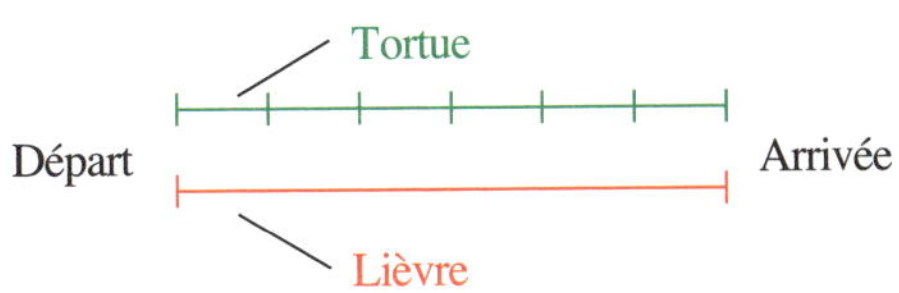

1° Justifier que l'on peut modéliser l'expérience aléatoire par la probabilité équirépartie sur l'ensemble des 6-listes de nombres entiers compris entre 1 et 6.

2° Calculer la probabilité que la tortue gagne ; en déduire la probabilité que le lièvre gagne.

3° Écrire un programme qui simule n répétitions de cette expérience aléatoire. Ce programme :
- demandera le nombre d'expériences à réaliser ;
- affichera la fréquence du cas où la tortue gagne.

Exécuter le programme pour un grand nombre d'expériences. Commenter.

4° Simuler avec un tableur 400 expériences aléatoires et calculer la fréquence du cas où la tortue gagne.

CONTRÔLE CONTINU

Exercice n° 1 30 min (10 points) (corrigé p. 349)

Une entreprise fabrique des moteurs électriques.
Afin de vérifier la conformité des moteurs, on procède à deux tests : l'un de type mécanique, l'autre de type électrique.
Un moteur est rejeté s'il présente au moins l'un des deux types de défaut.
Un moteur est déclaré en parfait état de marche s'il ne présente aucun des deux types de défaut.
Une étude statistique de la production conduit à dégager les résultats suivants :

- la probabilité qu'un moteur soit défectueux pour le test mécanique est 0,08 ;
- la probabilité qu'un moteur soit défectueux pour le test électrique est 0,05 ;
- la probabilité qu'un moteur soit défectueux pour les deux tests est 0,02.

On prélève au hasard un moteur dans la production.
On appelle M l'événement :

« le moteur prélevé présente un défaut de type mécanique »,

et E l'événement :

« le moteur prélevé présente un défaut de type électrique ».

1° a. Les événements M et E sont-ils indépendants ?
b. Calculer la probabilité de l'événement M sachant que l'événement E est réalisé.

2° a. Calculer la probabilité de l'événement A :

« le moteur prélevé présente au moins un défaut. »

b. Démontrer que l'événement B :

« le moteur prélevé est en parfait état de marche » a pour probabilité 0,89.

c. Déterminer la probabilité de l'événement C :

« le moteur prélevé présente un seul défaut ».

3° Soit X la variable aléatoire désignant le nombre de types de défaut (électrique ou mécanique) présentés par le moteur.
a. Déterminer la loi de probabilité de X.
b. Calculer l'espérance $E(X)$.

Exercice n° 2 30 min (10 points) (corrigé p. 350)

On distribue au hasard trois jetons dans trois boîtes notées B_1, B_2, B_3 et on appelle X la variable aléatoire qui, à tout résultat de l'expérience aléatoire, associe le nombre de boîtes restées vides.

1° Proposer un modèle pour cette expérience aléatoire où tous les résultats sont équiprobables.

2° Déterminer la loi de probabilité de X.

3° Calculer l'espérance de X.

4° Compléter l'algorithme suivant, qui simule l'expérience aléatoire étudiée et fournit en sortie le nombre de boîtes restées vides.
À la fin de l'algorithme, la i-ème composante de L ($1 \leqslant i \leqslant 3$) vaudra 1 si au moins un jeton a été placé dans la boîte B_i, 0 sinon.

```
x ← 3
L ← [0, 0, 0]
Pour k variant de …, faire
|   alea ← entier aléatoire entre 1 et 3
|   Si L[alea] = 0, alors
|   |   L[alea] ← 1
|   |   x ← …
|   └── fin Si
└── fin Pour
  Afficher x
```

CORRIGÉS

1 1° Lancer d'un dé.

X : chiffre amené par le dé.

a. $\{X \leqslant 3\} = \{0 ; 1 ; 2 ; 3\}$.

Faux. $\{X \leqslant 3\} = \{1 ; 2 ; 3\}$.

X ne prend pas la valeur 0.

Aucune face du dé ne porte le chiffre 0

b. $\{X > 5\} = \{5 ; 6\}$.

Faux. $\{X > 5\}$ est constitué des résultats strictement supérieurs à 5 :

$$\{X > 5\} = \{6\}.$$

2° Tirage d'une carte parmi 32.

X : le nombre de cœurs.

a. $P(X = 0) = \frac{3}{4}$.

Vrai. $\{X = 0\}$ est l'événement contraire de « tirer un cœur ».

$P(X = 0) = 1 - \frac{8}{32} = 1 - \frac{1}{4} = \frac{3}{4}$.

b. $P(X > 1) = \frac{1}{4}$.

Faux. $\{X > 1\}$ est l'événement : « tirer plus d'un cœur », qui est impossible puisque l'on tire une seule carte.

$P(X > 1) = 0$

3° Deux tirages sans remise parmi des boules numérotées de 1 à 4.

X : somme des numéros.

a. $\{X = 2\} = \{(1 ; 1)\}$.

Vrai. La somme des numéros ne peut valoir 2 que si les deux boules tirées portent le numéro 1.

b. $\{X < 4\} = \{(1 ; 2), (2 ; 1)\}$.

Faux.

$\{X < 4\} = \{(1 ; 1), (1 ; 2), (2 ; 1)\}$.

c. $\{X = 11\} = \{(5 ; 6), (6 ; 5)\}$.

Vrai.

d. Les valeurs prises par X sont les entiers de 2 à 11.

Faux. X prend aussi la valeur 12.

e. $\{X \geqslant 10\}$ est un ensemble à quatre éléments.

Faux. $\{X \geqslant 10\}$ est un ensemble à 6 éléments.

$\{X \geqslant 10\} = \{(4 ; 6), (6 ; 4), (5 ; 5), (5 ; 6), (6 ; 5), (6 ; 6)\}$

4° X variable aléatoire de valeurs 1, 2 et 3.

a. $P(X = 1) + P(X = 2) + P(X = 3) = 1$.

Vrai. Les seules valeurs prises par X sont 1, 2 et 3.

$((X = 1), (X = 2), (X = 3))$ est un système complet d'événements.

b. $1 \leqslant E(X) \leqslant 3$.

Vrai. Les valeurs prises par X sont comprises au sens large entre 1 et 3 et l'espérance est une moyenne pondérée des valeurs prises, à coefficients positifs.

c. $E(-2X + 3) = -2E(X) + 3$.

Vrai. $E(aX + b) = aE(X) + b$

d. $V(-2X - 3) = 4V(X) - 9$.

Faux. $V(-2X - 3) = 4V(X)$

$$V(aX + b) = a^2V(X)$$

e. $\sigma(-2X - 3) = -2\sigma(X)$.

Faux. $\sigma(-2X - 3) = 2\sigma(X)$

$$\sigma(aX + b) = |a|\sigma(X)$$

5° Lancer d'un dé équilibré à 6 faces.

X : chiffre lu sur la face supérieure.

a. L'espérance de X est égale à 3,5.

Vrai. En effet :

$$E(X) = 1 \times \frac{1}{6} + 2 \times \frac{1}{6} + 3 \times \frac{1}{6} + 4 \times \frac{1}{6} + 5 \times \frac{1}{6} + 6 \times \frac{1}{6}$$

$$= (1 + 2 + 3 + 4 + 5 + 6) \times \frac{1}{6}$$

$$= \frac{21}{6}$$

$$= \frac{7}{2}$$

$$= 3{,}5.$$

b. La commande :

```
[randint(1,6) for k in
                    range(100)]
```

simule un échantillon de taille 100 de X.

Vrai. En effet :

• `randint(1,6)` fournit un entier aléatoire compris au sens large entre 1 et 6.

• `for k in range(100)` permet de répéter 100 fois l'appel de `randint(1,6)`.

c. Si la commande Python :

`randint(1,6)`

a renvoyé 4 fois consécutivement 6, la probabilité qu'elle renvoie à nouveau 6 au cinquième appel est inférieure (strictement) à celle d'obtenir 1.

Faux. La probabilité que la commande renvoie 6 ne dépend pas des résultats précédents. Les résultats d'appels successifs de la fonction `randint` sont indépendants.

2 Commençons par observer que le tableau donné dans l'énoncé est bien le tableau de la loi de probabilité d'une variable aléatoire car les nombres $\frac{1}{15}$, $\frac{1}{3}$ et $\frac{3}{5}$ sont positifs, de somme 1.

• D'après la définition de l'espérance :

$$E(X) = -2 \times \frac{1}{15} + 1 \times \frac{1}{3} + 3 \times \frac{3}{5},$$

$$\boldsymbol{E(X)} = \frac{-2+5+27}{15} = \frac{30}{15} = \mathbf{2}.$$

• D'après la définition de la variance :

$$V(X) = (-2-2)^2 \times \frac{1}{15} + (1-2)^2 \times \frac{1}{3} + (3-2)^2 \times \frac{3}{5},$$

$$\boldsymbol{V(X)} = \frac{16+5+9}{15} = \frac{30}{15} = \mathbf{2}.$$

3 1° Notons n le nombre de valeurs prises par la variable aléatoire X.

À la sortie de la boucle **`for`**, la variable **`m`** contient :

$$x_1 p_1 + \ldots + x_n p_n$$

donc **la fonction `myst` calcule et retourne l'espérance de X.**

2°

```
def var(x,p):
    m = myst(x,p)
    v = 0
    for k in range(n):
        v = v + p[k]*(x[k]-m)**2
    return v
```

$V(X) = (x_1 - E(X))^2\, p_1 + \ldots + (x_n - E(X))^2\, p_n$

4 **Expérience aléatoire :** les boîtes B_1 et B_2 contiennent chacune un jeton numéroté **0** et un jeton numéroté **1**, on tire aléatoirement un jeton de chacune des boîtes, et on les échange.

Variable aléatoire X : le nombre de jetons numérotés **1** dans la boîte B_1.

Quatre cas sont possibles, et ils sont équiprobables :

• soit dans chacune des deux boîtes a été tiré le jeton numéroté **0**, et le contenu des boîtes est inchangé ;
• soit dans chacune des deux boîtes a été tiré le jeton numéroté **1**, et le contenu des boîtes est inchangé ;
• soit on a tiré de la boîte B_1 le jeton numéroté **0**, de la boîte B_2 celui numéroté **1**, et la boîte B_1 contient alors deux jetons numérotés **1** ;
• soit on a tiré de la boîte B_1 le jeton numéroté **1**, de la boîte B_2 celui numéroté **0**, et la boîte B_1 contient alors deux jetons numérotés **0**.

La loi équirépartie sur l'ensemble :

$\{(0, 0), (0, 1), (1, 0), (1, 1)\}$

est un modèle adapté.

On en déduit que **les valeurs prises par X sont 0, 1, 2** et :

$$\boldsymbol{P(X=0) = \frac{1}{4}}, \quad \boldsymbol{P(X=1) = \frac{1}{2}},$$

$$\boldsymbol{P(X=2) = \frac{1}{4}}.$$

CORRIGÉS

5 1° Le dé étant équilibré, chacun des numéros 1, 2, 3, 4, 5 et 6 apparaît avec la même probabilité $\frac{1}{6}$.

D'après la définition de la variable aléatoire X, les valeurs prises par X sont -2, 0,5 et 1, avec respectivement la probabilité :

$$2 \times \frac{1}{6},\ \frac{1}{6} \text{ et } 3 \times \frac{1}{6},$$

ce que l'on peut résumer par le tableau suivant :

x	-2	0,5	1
$P(X = x)$	$\frac{1}{3}$	$\frac{1}{6}$	$\frac{1}{2}$

2° La fonction **simulX** simule la variable aléatoire X.

```
from lycee import*
def simulX():
    N = demande("N = ?")
    for i in range (N):
        if randint(1,6)<=3:
            X = 1
        if randint(1,6) >=5:
            X = -2
        else:
            X = 0.5
    return X
```

6 **Expérience aléatoire :** deux tirages d'une boule avec remise dans une urne contenant quatre boules numérotées de 1 à 4.

Variable aléatoire X : la différence entre le plus grand nombre de points et le plus petit nombre de points portés par les boules tirées.

1° En considérant qu'un résultat est la liste (x_1, x_2) où x_1 est le numéro porté par la boule obtenue au premier tirage et x_2 est celui porté par la boule obtenue au second tirage, le modèle est la loi équirépartie sur l'ensemble Ω des 2 listes d'éléments de l'ensemble $\{1 ; 2 ; 3 ; 4\}$, le nombre d'éléments de Ω étant égal à 2^4, c'est-à-dire 16.

Pour déterminer facilement la loi de probabilité de X, complétons un tableau à double entrée de telle sorte que le nombre placé dans la case de la ligne numérotée i et de la colonne numérotée j soit égal à la valeur prise par X lorsque la première boule tirée porte le numéro i et la seconde le numéro j.

i \ j	1	2	3	4
1	0	1	2	3
2	1	0	1	2
3	2	1	0	1
4	3	2	1	0

Pour le résultat « la première boule tirée porte le numéro 3, la seconde le numéro 4 », X prend la valeur 1.

Six résultats réalisent l'événement $\{X = 1\}$:
(2, 1), (3, 2), (4, 3), (1, 2), (2, 3) et (3, 4).

Le tableau met en évidence que **les valeurs prises par X sont 0, 1, 2, 3** et :

$$P(X = 0) = \frac{4}{16} = \frac{1}{4},$$

$$P(X = 1) = \frac{6}{16} = \frac{3}{8},$$

$$P(X = 2) = \frac{4}{16} = \frac{1}{4},$$

$$P(X = 3) = \frac{2}{16} = \frac{1}{8}.$$

k	0	1	2	3
$P(X = k)$	$\frac{1}{4}$	$\frac{3}{8}$	$\frac{1}{4}$	$\frac{1}{8}$

7 1° On suppose que le joueur mise n fois.

a. Le modèle est l'équirépartition sur les n-listes dont les éléments valent 0 ou 1 (on code « le joueur perd » par 0 et « le joueur gagne » par 1). Le nombre de telles n-listes est égal à 2^n, et la seule n-liste qui réalise l'événement :

« le joueur gagne au n-ième coup » est la liste (0,… 0, 1) dont tous les éléments sont des 0, sauf le n-ième qui est 1. On en déduit que **la probabilité que le joueur gagne au n-ième coup est égale à $\frac{1}{2^n}$.**

b. Le joueur doublant sa mise tant qu'il perd, et la première mise s'élevant à 1 €, il a misé successivement 1 €, 2 €, …, 2^{n-1} €, et :

$$1 + 2 + \ldots + 2^{n-1} = \frac{1-2^n}{1-2} = 2^n - 1.$$

$1 + 2 + \ldots + 2^{n-1}$ est la somme des n premiers termes de la suite géométrique de premier terme 1 et de raison 2.

La somme des mises successives du premier au n-ième coup est donc égale à $(2^n - 1)$.

c. La mise au n-ième coup est de 2^{n-1} €. **En gagnant au n-ième coup**, le joueur reçoit 2^n €, et **son gain s'élève à** 2^n € moins $(2^n - 1)$ €, c'est-à-dire à **1 €**.

2° Le joueur n'a pu miser n fois que si :

$$1\,000 \geqslant 2^n - 1,$$

or : $2^9 = 512$ et $2^{10} = 1\,024$,

donc **le nombre maximal de coups est 9.**

3° Soit G la variable aléatoire qui donne le gain en euros (positif ou négatif) du joueur.

a. Soit le gain du joueur s'élève à 1 €, lorsqu'il gagne au 1er, 2-ième, …, ou 9-ième coup, soit le joueur joue 9 fois et perd, auquel cas il perd la somme de ses mises, c'est-à-dire $(2^9 - 1)$ €.

La variable aléatoire G prend donc deux valeurs : 1 et $1 - 2^9$.

• L'événement $\{G = 1\}$ est réalisé si, et seulement si, le joueur gagne au 1er, 2-ième, …, ou au 9-ième coup, donc la probabilité de l'événement $\{G = 1\}$ est égale à :

$$\frac{1}{2} + \frac{1}{2^2} + \ldots + \frac{1}{2^9},$$

c'est-à-dire à : $1 - \frac{1}{2^9}$.

$$\sum_{k=1}^{9} \frac{1}{2^k} = \sum_{k=1}^{9} \left(\frac{1}{2}\right)^k = \frac{1}{2} \times \frac{1-\left(\frac{1}{2}\right)^9}{1-\frac{1}{2}} = 1 - \frac{1}{2^9}$$

• L'événement $\{G = 1 - 2^9\}$ est réalisé si, et seulement si, le joueur perd du 1er au 9-ième coup (la seule éventualité qui réalise $\{G = 1 - 2^9\}$ est la 9-liste nulle (0, …, 0)), donc la probabilité de l'événement $\{G = 1 - 2^9\}$ est égale à $\frac{1}{2^9}$.

$\{G = 1\}$ et $\{G = 1 - 2^9\}$ sont des événements contraires, donc la somme de leurs probabilités est égale à 1.

i	1	$1 - 2^9$
$P(G = i)$	$1 - \frac{1}{2^9}$	$\frac{1}{2^9}$

b. L'espérance de la variable aléatoire G vérifie :

$$E(G) = 1 \times \left(1 - \frac{1}{2^9}\right) + (1 - 2^9) \times \frac{1}{2^9}$$

$$= 1 - \frac{1}{2^9} + \frac{1}{2^9} - 1,$$

donc : $\mathbf{E(G) = 0}$.

Le gain moyen du joueur est nul

8 Tirage aléatoire d'une boule parmi 3 boules blanches, 4 boules rouges, 10 boules noires.

Partie A

1° Pour cette expérience aléatoire, on choisit pour univers l'ensemble E des 17 boules, que l'on munit de la loi équirépartie.

2° B : « tirer une boule blanche » ;

R : « tirer une boule rouge » ;

N : « tirer une boule noire ».

CORRIGÉS

$$P(B) = \frac{3}{17}, \quad P(R) = \frac{4}{17},$$

$$P(N) = \frac{10}{17}.$$

3° Voici un algorithme qui simule le tirage d'une boule et qui affiche GAGNÉ si elle est blanche.

```
X ← entier aléatoire entre1 et 17
Si X ⩽ 3, alors afficher « GAGNÉ »
Sinon afficher « PERDU »
```

Partie B

On reçoit :

$$\begin{cases} 1 \text{ € si la boule tirée est noire} \\ 3 \text{ € si la boule tirée est rouge} \\ 10 \text{ € si la boule tirée est blanche.} \end{cases}$$

X : gain en euros.

1° Les seules valeurs que peut prendre X sont 1 ; 3 et 10.

k	1	3	10
$P(X = k)$	$\frac{10}{17}$	$\frac{4}{17}$	$\frac{3}{17}$

2° $E(X) = \frac{10}{17} \times 1 + \frac{4}{17} \times 3 + \frac{3}{17} \times 10,$

$$E(X) = \frac{52}{17}.$$

$E(X)$ représente le gain moyen théorique en euros.

$E(X) \approx 3{,}06$ à 0,01 près.

3°

$$V(X) = \frac{10}{17}\left(1 - \frac{52}{17}\right)^2 + \frac{4}{17}\left(3 - \frac{52}{17}\right)^2 + \frac{3}{17} \times \left(10 - \frac{52}{17}\right)^2,$$

$$= \frac{3\,178}{289},$$

$$\sigma(X) = \sqrt{V(X)} = \sqrt{\frac{3\,178}{289}} = \frac{\sqrt{3\,178}}{17}.$$

$\sigma(X) \approx 3{,}32$ à 0,01 près.

Partie C

Mise : 35 €

On reçoit :

$$\begin{cases} 10 \text{ € si la boule tirée est noire} \\ 30 \text{ € si la boule tirée est rouge} \\ 100 \text{ € si la boule tirée est blanche.} \end{cases}$$

Y : gain en euros.

1° $Y = 10X - 35$, donc les seules valeurs que prend Y sont -25, -5 et 65.

Pour k valant 1, 3 ou 10 :

$$P(X = k) = P(10X - 35 = 10k - 35) = P(Y = 10k - 35),$$

donc :

$$P(Y = -25) = P(X = 1),$$
$$P(Y = -5) = P(X = 3),$$
$$P(Y = 65) = P(X = 10).$$

k	-25	-5	65
$P(Y = k)$	$\frac{10}{17}$	$\frac{4}{17}$	$\frac{3}{17}$

2° $E(aX + b) = aE(X) + b$
$\sigma(aX + b) = |a|\,\sigma(X)$

D'après les propriétés de l'espérance et de l'écart-type :

$$E(Y) = 10E(X) - 35 = 10 \times \frac{52}{17} - 35,$$

$$E(Y) = -\frac{75}{17}.$$

$$\sigma(Y) = 10 \times \sigma(X) = 10\frac{\sqrt{3\,178}}{17}.$$

$E(Y) \approx -4{,}41$ à 0,01 près

$\sigma(Y) \approx 33{,}16$ à 0,01 près

$E(Y) < 0$, donc le jeu est défavorable au joueur.

9 Coût de production : 900 €.
Coût pour le défaut A : 100 €.
Coût pour le défaut B : 150 €.

- 90 % : aucun défaut,
  4 % : seul défaut A,
  2 % : seul défaut B,
  4 % : les deux défauts A et B.
- X : prix de revient d'un objet en euros.

1° **Les valeurs prises par X sont :**

$$900,\ 900 + 100,\ 900 + 150,$$
$$900 + 100 + 150,$$

c'est-à-dire :

900, 1 000, 1 050 et 1 150.

2° Le prix de revient d'un objet sans défaut s'élève à 900 € et 90 % des objets produits sont sans défaut, donc :

$$\boldsymbol{P(X = 900) = \frac{90}{100} = 0,9}.$$

De même :

$$\boldsymbol{P(X = 1\,000) = 0,04}\ ;$$
$$\boldsymbol{P(X = 1\,050) = 0,02}\ ;$$
$$\boldsymbol{P(X = 1\,150) = 0,04.}$$

3°

• **Espérance de X**

$$E(X) = 900 \times 0,9 + 1\,000 \times 0,04 + 1\,050 \times 0,02 + 1\,150 \times 0,04,$$

donc : $\boldsymbol{E(X) = 917}$.

• **Écart-type de X**

$$V(X) = (900 - 917)^2 \times 0,9 + (1\,000 - 917)^2 \times 004 + (1\,050 - 917)^2 \times 0,02 + (1\,150 - 917)^2 \times 0,04,$$

donc :

$$V(X) = 3\,061 \text{ et } \boldsymbol{\sigma(X) = \sqrt{3\,061}}.$$

• **Pour l'usine, $E(X)$ représente le prix de revient moyen en euros d'un objet.**

4° Tous les produits sont vendus.

a. **L'usine ne peut pas raisonnablement espérer réaliser des bénéfices en vendant 910 € chaque objet produit** car l'espérance de X est supérieure à 910.

b. **Si l'usine veut réaliser un bénéfice moyen de 100 € par objet, elle doit vendre chaque objet à 1 017 €.**

Prix de revient + bénéfice = prix de vente

$E(X) + 100 = 917 + 100 = 1\,017.$

10 **Expérience aléatoire :** quatre lancers successifs d'une pièce de monnaie équilibrée.

1° On peut représenter l'expérience aléatoire par l'arbre suivant.

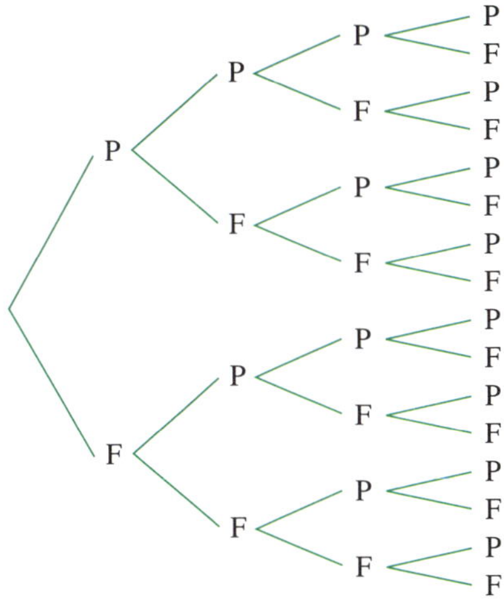

2° **Variable aléatoire X :** longueur de la plus grande chaîne de côtés *pile*.

a) Les valeurs prises par X sont les entiers de 0 (aucun *pile* n'apparaît) à 4.

On obtient facilement à l'aide de l'arbre de la question 1° :

• FFFF est le seul résultat qui réalise l'événement $\{X = 0\}$,

• les résultats qui réalisent $\{X = 1\}$ sont au nombre de 7 :

PFPF, PFFP, PFFF, FPFP, FPFF, FFPF, FFFP ;

$\{X = 1\}$ est l'événement : « il n'y a pas deux P consécutifs ».

• les résultats qui réalisent $\{X = 2\}$ sont au nombre de 5 :

PPFP, PPFF, PFPP, FPPF, FFPP ;

• les résultats qui réalisent $\{X = 3\}$ sont au nombre de 2 :

PPPF et FPPP ;

• PPPP est le seul résultat qui réalise $\{X = 4\}$.

Le modèle étant la loi équirépartie sur un ensemble à 16 éléments ($2^4 = 16$), on obtient le tableau de la loi de probabilité de X suivant :

k	0	1	2	3	4
$P(X = k)$	$\frac{1}{16}$	$\frac{7}{16}$	$\frac{5}{16}$	$\frac{2}{16}$	$\frac{1}{16}$

CORRIGÉS

$$\sum_{k=0}^{4} P(X = k) = 1$$

b) L'espérance de X est donnée par la relation :

$$E(X) = \sum_{k=0}^{4} kP(X = k),$$

d'où :

$$E(X) = 0 \times \frac{1}{16} + 1 \times \frac{7}{16} + 2 \times \frac{5}{16} + 3 \times \frac{2}{16} + 4 \times \frac{1}{16}$$

$$= \frac{1}{16}(7 + 10 + 6 + 4)$$

$$\mathbf{E(X) = \frac{27}{16} = 1{,}6875.}$$

3° Variable aléatoire Y : rang d'apparition du dernier pile (0 si aucun pile n'apparaît).
Par la même méthode que celle développée dans la question précédente, on obtient :

• le tableau de la loi de probabilité de Y suivant :

k	0	1	2	3	4
$P(Y = k)$	$\frac{1}{16}$	$\frac{1}{16}$	$\frac{2}{16}$	$\frac{4}{16}$	$\frac{8}{16}$

• l'espérance de Y :

$$E(Y) = 0 \times \frac{1}{16} + 1 \times \frac{1}{16} + 2 \times \frac{2}{16} + 3 \times \frac{4}{16} + 4 \times \frac{8}{16}$$

$$\mathbf{E(Y) = \frac{49}{16} = 3{,}0625.}$$

4° On a l'égalité :

$$P(\{X = 2\} \cup \{Y = 3\}) = P(X = 2) + P(Y = 3) - P(\{X = 2\} \cap \{Y = 3\}),$$

et :

• $P(X = 2) = \frac{5}{16}$ d'après la question **2°**,

• $P(Y = 3) = \frac{4}{16}$ d'après la question **3°**,

• $P(\{X = 2\} \cap \{Y = 3\}) = \frac{1}{16}$,

car, parmi les résultats qui réalisent $\{X = 2\}$, FPPF est le seul qui réalise aussi $\{Y = 3\}$.

Donc :

$$\mathbf{P(\{X = 2\} \cup \{Y = 3\})} = \frac{5}{16} + \frac{4}{16} - \frac{1}{16} = \frac{8}{16} = \mathbf{\frac{1}{2}}.$$

11 Le **compteur `i`** prend **`N` valeurs**.

• La commande **`randint(1,6)`** donne un nombre **entier aléatoire** compris au sens large **entre 1 et 6**.

• À la fin de la boucle **`for`, `C`** contient le **nombre de 1** lors des **`N`** lancers.

• **La valeur obtenue à l'affichage est la fréquence du 1 au cours des `N` lancers.**

12 **Expérience aléatoire :** trois lancers successifs d'un dé équilibré.
Variable aléatoire X : numéro du lancer où apparaît le premier 6.
0 si aucun 6 n'apparaît.

1° À chaque lancer, le dé étant équilibré, la probabilité d'obtenir 6 est égale à $\frac{1}{6}$, et celle de ne pas obtenir 6 est égale à $\frac{5}{6}$.

Construisons l'arbre pondéré de cette expérience aléatoire :

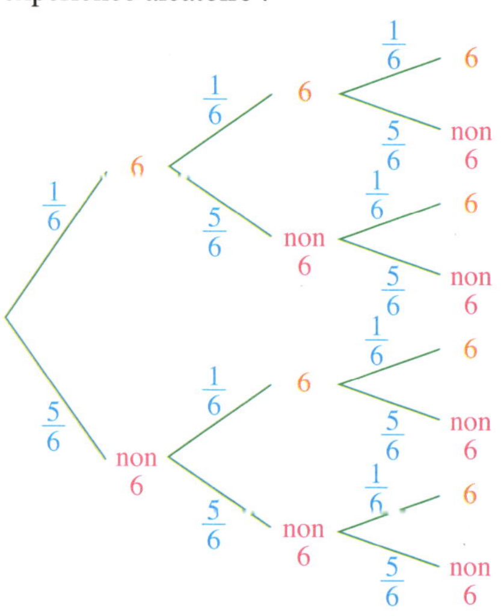

Les valeurs prises par X sont clairement les entiers de 0 à 3.

La probabilité du résultat auquel conduit un chemin est le produit des probabilités rencontrées le long du chemin.

$$P(X=0)=\left(\frac{5}{6}\right)^3,$$

$$P(X=1)=\frac{1}{6},$$

$$P(X=2)=\frac{5}{6}\times\frac{1}{6},$$

$$P(X=3)=\left(\frac{5}{6}\right)^2\times\frac{1}{6}.$$

k	0	1	2	3
P(X = k)	$\frac{125}{216}$	$\frac{36}{216}$	$\frac{30}{216}$	$\frac{25}{216}$

$$\sum_{k=0}^{3} P(X=k)=1$$

• L'espérance de X est donnée par la relation :

$$E(X)=\sum_{k=0}^{3} k\,P(X=k),$$

d'où :

$$E(X)=0\times\frac{125}{216}+1\times\frac{36}{216}+2\times\frac{30}{216}+3\times\frac{25}{216},$$

$$E(X)=\frac{1}{216}(36+60+75)=\frac{171}{216},$$

$$\boldsymbol{E(X)=\frac{19}{24}\approx 0{,}792.}$$

2° Chacune des deux fonctions Python éditées ci-dessous simule l'expérience aléatoire étudiée et donne en sortie la valeur prise par X.

```
from lycee import*
def simulX():
    k = 0
    alea = 0
    while alea!=6 and k<3:
        k = k+1
        alea = randint(1,6)
    if alea==6:
...
        x = k
    else:
        x = 0
    return x
```

```
from lycee import*
def simulX():
    for k in range(3):
        if randint(1,6)==6:
            return k+1
    return 0
```

```
>>> [simulX() for k in range(10)]
[3, 0, 0, 0, 1, 2, 0, 0, 1, 0]
>>>
```

13 1° Simulation de cinq tirages au hasard d'une boule avec remise dans une urne contenant quatre boules numérotées de **1** à **4**, affichage de la liste des résultats et du nombre de fois où la boule portant le numéro **3** a été obtenue.

```
from lycee import *
res = [randint(1,4) for k in range(5)]
print(res)
print('Nombre de 3 :',res.count(3))
```

2° Simulation de cinq tirages au hasard d'un jeton sans remise dans une urne contenant initialement huit jetons numérotés de **0** à **7**, affichage de la liste des résultats et de leur moyenne.

```
from lycee import *
urne = list(range(8))
res = []
for k in range(5):
    x = choice(urne)
    res.append(x)
    urne.remove(x)
print(res)
print('moyenne des résultats :'\
                    ,moyenne(res))
```

3° Simulation de six lancers successifs d'une pièce de monnaie, qui amène *face* avec la probabilité $\frac{1}{3}$ et *pile* avec la probabilité $\frac{2}{3}$ puis affiche la liste des résultats.

```
from lycee import *
res = []
for k in range(6):
    if random()<1/3:
        res.append('face')
    else:
        res.append('pile')
print(res)
```

CORRIGÉS

14 **Expérience aléatoire :** deux lancers successifs d'un dé tétraédrique (faces numérotées de 1 à 4).
Variable aléatoire X : le plus grand des deux numéros amenés par le dé.

1° Les valeurs prises par X sont clairement les entiers de 1 à 4.
• (1, 1) est le seul résultat qui réalise l'événement $\{X = 1\}$.
• Les résultats qui réalisent $\{X = 2\}$ sont au nombre de 3 :
(1, 2), (2, 1), (2, 2).
• Les résultats qui réalisent $\{X = 3\}$ sont au nombre de 5 :
(1, 3), (3, 1), (2, 3), (3, 2), (3, 3).
• Les résultats qui réalisent $\{X = 4\}$ sont au nombre de 7 :
(1, 4), (4, 1), (2, 4), (4, 2), (3, 4), (4, 3), (4, 4).

S'aider d'un tableau comme dans l'exercice 16 est pertinent voire indispensable.

Le modèle étant la loi équirépartie sur un ensemble à 16 éléments ($2^4 = 16$), on obtient le tableau de la loi de probabilité de X suivant :

k	1	2	3	4
$P(X = k)$	$\frac{1}{16}$	$\frac{3}{16}$	$\frac{5}{16}$	$\frac{7}{16}$

$$\sum_{k=1}^{4} P(X = k) = 1$$

a. L'espérance de X est donnée par la relation :

$$E(X) = \sum_{k=1}^{4} k\,P(X = k),$$

$$E(X) = 1 \times P(X=1) + 2 \times P(X=2) + 3 \times P(X=3) + 4 \times P(X=4)$$

d'où :

$$E(X) = 1 \times \frac{1}{16} + 2 \times \frac{3}{16} + 3 \times \frac{5}{16} + 4 \times \frac{7}{16}$$

$$= \frac{1}{16}(1 + 6 + 15 + 28)$$

$$= \frac{50}{16},$$

$$E(X) = \frac{25}{8} = 3{,}125.$$

2° L'algorithme proposé simule **n** répétitions de l'expérience aléatoire ; dans la variable **s** sont cumulées les valeurs prises par X.

Donc **la valeur en sortie s/n est la moyenne des valeurs prises par X lors de n répétitions de l'expérience aléatoire étudiée.**

On sait que **cette moyenne fluctue autour de l'espérance de X, dans un intervalle de fluctuation d'autant plus petit que n est grand)**

15 **Expérience aléatoire :** neuf lancers d'une pièce de monnaie équilibrée.
Variable aléatoire X : nombre d'alternances.

1° a. **Les résultats qui réalisent l'événement $\{X = 0\}$** (aucune alternance) **sont les deux listes :**

(1, 1, 1, 1, 1, 1, 1, 1, 1),
(0, 0, 0, 0, 0, 0, 0, 0, 0).

Ceux qui réalisent l'événement $\{X = 8\}$ sont les deux listes :

(1, 0, 1, 0, 1, 0, 1, 0, 1).
(0, 1, 0, 1, 0, 1, 0, 1, 0)

8 est le nombre maximal d'alternances.

b. Les résultats qui réalisent l'événement $\{X = 1\}$ sont les listes :

$(0,\underbrace{1,\ldots,1}_{\text{huit chiffres 1}})$, $(0,0,\underbrace{1,\ldots,1}_{\text{sept chiffres 1}}),\ldots,$ $(\underbrace{0,\ldots,0,1}_{\text{huit chiffres 0 et un seul 1}})$

et les listes obtenues en échangeant 0 et 1 dans les huit listes précédentes.
Donc **16 résultats réalisent l'événement $\{X = 1\}$.**

c. On déduit de a. et b. :

• $P(X = 0) = \frac{2}{2^9} = \frac{1}{2^8} = \mathbf{\frac{1}{256}}$,

$P(X = 0) \approx 0{,}004$ à 10^{-3} près.

• De même : $\boldsymbol{P(X = 8) = \frac{1}{256}}$,

$\boldsymbol{P(X = 8) \approx 0{,}0004}$ **à** $\boldsymbol{10^{-3}}$ **près.**

• $\boldsymbol{P(X = 1)} = \frac{16}{2^9} = \frac{1}{2^5} = \boldsymbol{\frac{1}{32}}$,

$\boldsymbol{P(X = 1) \approx 0{,}004}$ **à** $\boldsymbol{10^{-3}}$ **près.**

2° Pour fixer les idées, on peut considérer que la valeur 1 code « la pièce amène *pile* » et que la valeur 0 code « la pièce amène *face* ».

```
x ← 0
a ← aléatoirement la valeur 0 ou
1 (premier lancer)
Pour i variant de 2 à 9 faire
(il reste huit lancers à effectuer)
│    b ← aléatoirement
│    la valeur 0 ou 1
│    Si a ≠ b, alors
│    │   (il y a alternance)
│    │      x ← x + 1
│    │      (a prend la valeur
│    │      correspondant
│    │      au dernier lancer)
│    │      a ← b
│    └──── fin Si
└──── fin Pour
Afficher x
```

3° Simulation de N expériences aléatoires. À la fin de la première boucle **Pour**, les composantes $L[1]$, $L[2]$, …, $L[9]$, de L contiennent le nombre de fois où **algo1** a donné en sortie respectivement 0, 1, …, 8.

```
Saisir N
x ← (0,0,0,0,0,0,0,0,0)
Pour i variant de 1 à N, faire
(Simulation de N expériences)
│    n ← algo1 + 1
│    (Si algo1 donne en sortie p,
…
│    alors l'événement {X = p}
│    est réalisé et on ajoute 1 à la
│    (p + 1)-ième composante de L)
│    (Fréquences sur N expériences)
│    L[n] ← L[n] + 1
└──── fin Pour
Pour i variant de 1 à 9, faire
│    L[i] ← L[i]/N
└──── fin Pour
  Afficher L
```

4° Quand le nombre d'expériences augmente, la distribution des fréquences se rapproche de la loi de probabilité, ce que l'on observe en comparant les résultats obtenus à la question 1° c. :

$P(X = 0) \approx 0{,}004,$
$P(X = 1) \approx 0{,}031,$
$P(X = 8) \approx 0{,}004,$

avec les deux premières et la dernière des valeurs de chacune des trois listes :

N = 1 000 : 0,005 0,034 et 0,003
N = 10 000 : 0,005 0,034 et 0,004
N = 100 000 : 0,004 0,0031 et 0,004.

On peut donc considérer que **les résultats obtenus par simulation sont en accord avec ceux obtenus par le calcul à la question 1° c.**.

16 1° Le nombre maximal de fois où le dé est lancé est 6 ; considérons que, quels que soient les résultats des lancers, on effectue six lancers du dé. En décidant qu'une issue est une 6-liste de nombres entiers compris entre 1 et 6, toutes les issues sont équiprobables.

Le dé est équilibré

Par exemple, les listes :

(1, 2, 1, 6, 4, 6), (5, 1, 3, 6, 1, 1)

correspondent toutes les deux au cas où le lièvre gagne au quatrième lancer du dé, car le nombre 6 apparaît pour la première fois en quatrième position dans chacune des 6-listes, et, contrairement à la

CORRIGÉS

description de l'expérience aléatoire, on continue à lancer le dé deux fois.

Les résultats des deux derniers lancers du dé n'ont aucune influence sur le jeu.

L'expérience aléatoire est donc modélisée par la loi de probabilité équirépartie sur l'ensemble Ω des 6^6 issues possibles.

$$\Omega = \{1 ; 2 ; ... ; 6\}^6,$$
$$\text{card}(\Omega) = 6^6 = 46\,656.$$

2° La tortue gagne si, et seulement si, le dé n'amène jamais 6 en six coups ; les issues qui réalisent l'événement « la tortue gagne » sont les 6-listes de nombres entiers compris entre 1 et 5, et il y a 5^6 telles listes.

$$\text{card}(\{1 ; 2 ; ... ; 5\}^6) = 5^6.$$

La probabilité que la tortue gagne est donc $\frac{5^6}{6^6}$, c'est-à-dire $\left(\frac{5}{6}\right)^6$.

$$\left(\frac{5}{6}\right)^6 \approx 0{,}335$$

• L'événement « le lièvre gagne » étant l'événement contraire de l'événement « la tortue gagne », **la probabilité que le lièvre gagne est égale à $1 - \frac{5^6}{6^6}$.**

$$1-\left(\frac{5}{6}\right)^6 \approx 0{,}335$$

3° **Simulation sur calculatrice**

Remarquons que la tortue gagne si, et seulement si, aucun 6 ne sort en six coups, c'est-à-dire si, et seulement si, le maximum des chiffres amenés par le dé en six coups est strictement inférieur à 6.

Voici l'algorithme que nous allons programmer :

• définir une liste à six éléments, initialiser la variable A à 0, entrer la valeur du nombre d'expériences souhaité dans la variable N,

• à chacun des N passages dans une boucle **Pour**, remplir la 6-liste par des entiers choisis au hasard dans {1, 2,…, 6}, et ajouter 1 à la variable A si le maximum des éléments de la liste est strictement inférieur à 6,

• afficher le quotient A/N.

TI

```
6 → dim (L1)
0 →A
Prompt N
For (I, 1, N)
For (J, 1, 6)
nbrAléatEnt (1, 6) → L1(J)
End
If max(L1) < 6
Then
A + 1 → A
End
End
Disp « FRQ T GAGNE », A/N
```

CASIO

```
6 → Dim List 1
0 → A
« NB EXP » ? → N
For 1→ I To N
For 1 → J To 6
RanInt#(1,6) → List1[J]
Next
If Max(List1) < 6
Then A + 1 → A
IfEnd
Next
« FRQ TORTUE GAGNE » : A ÷ N
```

Pour 50 et 500 expériences, on a obtenu :

```
50
FRQ TORTUE GAGNE
                0.3
NB EXP?
500
FRQ TORTUE GAGNE
              0.334
```

Python

```
from lycee import *

def tortue_gagne():
    """Renvoie 1 si la tortue
       gagne, 0 sinon."""
    for k in range(6):
        if randint(1,6) == 6:
            return 0
    return 1

def frequence(n):
    """Renvoie la fréquence de
       réussite de la tortue
       sur n compétitions."""
    s = 0
    for k in range(n):
        s = s + tortue_gagne()
    return s/n
```

```
>>> frequence(1000)
0.322
>>> frequence(100000)
0.33441
```

Pour un grand nombre d'expériences, la fréquence du cas où la tortue gagne se rapproche de la probabilité de l'événement « la tortue gagne ».

4° **Simulation avec un tableur**

G2 =SI(MAX(A2:F2)=6;0;1)

	A	B	C	D	E	F	G	H	I
1	400 expériences							Moyenne	
2	1	4	5	2	5	2	1	0,315	
3	5	5	1	4	2	5	1		
4	4	3	2	5	1	1	1		
5	6	3	4	4	1	6	0		
6	4	1	3	2	6	6	0		
7	3	4	5	5	4	1	1		

Pour simuler le lancer d'un dé équilibré, on entre dans la cellule **A2** la formule **= ALEA.ENTRE.BORNES(1,6)**, puis on étire la formule vers la droite jusqu'à **F2** (les six étapes d'une expérience).
Dans la cellule **G2**, on entre la formule **= SI(MAX(A2:F2) = 6;0;1)**, qui retourne la valeur 0 (la tortue perd) si le maximum des valeurs de la plage **A2:F2** est égal à 6, et la valeur 1 (la tortue gagne) sinon.
Ensuite, on étire vers le bas la plage **A2:G2** jusqu'à la ligne 401 pour simuler 400 expériences.
Enfin, dans la cellule **H2**, on entre la formule **= MOYENNE(G2:G401)** qui calcule la moyenne des cellules de la plage **G2:G401**.
En actionnant la touche **F9**, une nouvelle simulation est exécutée.

CONTRÔLE CONTINU

Exercice n° 1

M : « moteur avec un défaut mécanique »
E : « moteur avec un défaut électrique »
$P(M) = 0{,}08$
$P(E) = 0{,}05$
$P(M \cap E) = 0{,}02$

1° **a.** $P(M) \times P(E) = 0{,}08 \times 0{,}05 = 0{,}04$
et : $P(M \cap E) = 0{,}02$
donc : $P(M) \times P(E) \neq P(M \cap E)$,
ce qui prouve que **les événements *M* et *E* ne sont pas indépendants.**

b. $P_E(M) = \dfrac{P(M \cap E)}{P(E)} = \dfrac{0{,}02}{0{,}05} = \dfrac{2}{5}$.

La probabilité de l'événement *M* sachant que l'événement *E* est réalisé est $\dfrac{2}{5}$.

2° **a.** $P(A) = P(M \cup E)$
$= P(M) + P(E) - P(M \cap E)$
$= 0{,}08 + 0{,}05 - 0{,}02$
$= \mathbf{0{,}11}$.

b. $P(B) = P(\overline{M} \cap \overline{E})$
$= 1 - P(M \cup E)$
$= 1 - P(A)$
$= 1 - 0{,}11$
$= \mathbf{0{,}89}$.

A et B sont des événements contraires.

c. $P(C) = P(A) - P(M \cap E)$
$= 0{,}11 - 0{,}02$
$= \mathbf{0{,}09}$.

3° X : nombre de types de défaut présentés par le moteur.
a. Les seules valeurs que peut prendre X sont 0, 1 et 2.

$$P(X = 0) = P(B) = \mathbf{0{,}89}$$
$$P(X = 1) = P(C) = \mathbf{0{,}09}$$
$$P(X = 2) = P(M \cap D) = \mathbf{0{,}02}.$$

b. $E(X) = 0 \times 0{,}89 + 1 \times 0{,}09 + 2 \times 0{,}02$
$$E(X) = \mathbf{0{,}13}.$$

Exercice n° 2

Expérience aléatoire : distribution au hasard de trois jetons dans trois boîtes B_1, B_2, B_3.

Variable aléatoire X : nombre de boîtes restées vides.

1° Numérotons les jetons de 1 à 3. Il revient au même de considérer que l'on place aléatoirement dans B_1, B_2 ou B_3 un premier jeton, puis un deuxième, puis un troisième.

En prenant pour résultat la liste (x_1, x_2, x_3), où, pour tout entier i compris au sens large entre 1 et 3, x_i est le numéro de la boîte où est placé le i-ème jeton, tous les résultats sont équiprobables d'après la description de l'expérience aléatoire. Les résultats sont alors les triplets d'éléments de $\{1, 2, 3\}$, il y en a 3^3, c'est-à-dire 27.

En conclusion, la loi équirépartie sur l'ensemble des triplets d'éléments de {1, 2, 3}, est un modèle adapté.

2° Il est clair que seuls les trois cas suivants sont possibles :

aucune boîte ne reste vide,
une seule boîte reste vide,
deux boîtes restent vides.

Les valeurs prises par X sont donc les entiers 0, 1 et 2.

• Les résultats qui réalisent l'événement $\{X = 2\}$ sont $(1, 1, 1)$, $(2, 2, 2)$ et $(3, 3, 3)$. Tous les jetons sont placés dans une même boîte, exactement deux boîtes sont vides.

Donc :
$$P(X = 2) = \frac{3}{27} = \frac{1}{9}.$$

• Les résultats qui réalisent l'événement $\{X = 0\}$ sont $(1, 2, 3)$, $(1, 3, 2)$, $(2, 1, 3)$, $(2, 3, 1)$, $(3, 1, 2)$ et $(3, 2, 1)$.
Un seul jeton par boîte, aucune boîte n'est vide

Donc :
$$P(X = 0) = \frac{6}{27} = \frac{2}{9}.$$

• De l'égalité
$$P(X = 0) + P(X = 1) + P(X = 2) = 1,$$
on déduit :
$$P(X = 1) = 1 - P(X = 0) - P(X = 2)$$
$$= 1 - \frac{2}{9} - \frac{1}{9}$$
$$= \frac{6}{9}$$
$$= \frac{2}{3}$$

La méthode utilisée pour calculer $P(X = 1)$ n'est pas sans danger : mieux vaut être sûr des valeurs trouvées pour $P(X = 2)$ et $P(X = 0)$!

On aurait bien sûr pu déterminer tous les résultats qui réalisent l'événement $\{X = 1\}$ (il y en a 18), mais c'était nettement plus long.

k	0	1	2
$P(X = k)$	$\frac{2}{9}$	$\frac{6}{9}$	$\frac{1}{9}$

3° On a :
$$E(X) = 0 \times \frac{2}{9} + 1 \times \frac{6}{9} + 2 \times \frac{1}{9} = \mathbf{\frac{8}{9}}.$$

4° L'algorithme proposé repose sur les observations suivantes :

• avant l'expérience aléatoire, les trois boîtes sont vides ;

• à chaque fois que l'on place aléatoirement un jeton dans une des trois boîtes, le nombre de boîtes vides ne diminue d'une unité que si la boîte où est placé le jeton était inoccupée.

```
x ← 3
L ← [0, 0, 0]
Pour k variant de 1 à 3, faire
   alea ← entier aléatoire entre 1 et 3
   Si L[alea] = 0, alors
        L[alea] ← 1
        x ← x – 1
   fin Si
fin Pour
Afficher x
```

Voici deux fonctions Python qui simulent l'expérience aléatoire et retournent le nombre de boîtes restées vides :

```
from lycee import *
def simulX_1():
    x = 3
    pasvu = [1,2,3] # liste des
    # valeurs non encore sorties
    for k in range(3):
        alea = randint(1,3)
        if alea in pasvu:
            x = x-1
            pasvu.remove(alea)
    return(x)
```

```
from lycee import *
def simulX_2():
    # Ensemble des numéros des boîtes
    # où sont placés les jetons
    alea=set(listeRandint(1,3,3))
    # Le nombre de boîtes occupées
    # est le cardinal de alea
    x = 3-len(alea)
    return(x)
```

Achevé d'imprimer en juillet 2022 en Slovaquie par Polygraf
Dépôt légal : août 2019 - Édition . 04
75/5961/1